科技创新经典 STEM + 课程

视频书

传统文化 影像传播

科技创新经典 STEM+课程：青少年科学影像

主　编：姜冬梅　　副主编：张　静　杨　柳

中国环境出版集团·北京

图书在版编目（CIP）数据

科技创新经典STEM+课程：青少年科学影像. 传统文化 影像传播 / 姜冬梅主编. -- 北京：中国环境出版集团，2025.1
ISBN 978-7-5111-5543-6

Ⅰ. ①科… Ⅱ. ①姜… Ⅲ. ①环境保护－青少年读物 Ⅳ. ①X-49

中国国家版本馆CIP数据核字（2023）第113115号

责任编辑 杨旭岩
装帧设计 宋 瑞

出版发行 中国环境出版集团
（100062 北京市东城区广渠门内大街16号）
网 址：http://www.cesp.com.cn
电子邮箱：bjgl@cesp.com.cn
联系电话：010-67112765（编辑管理部）
发行热线：010-67125803，010-67113405（传真）
印装质量热线：010-67113404
印 刷 玖龙（天津）印刷有限公司
经 销 各地新华书店
版 次 2025年1月第1版
印 次 2025年1月第1次印刷
开 本 787×1092 1/16
印 张 13
字 数 130千字
定 价 238.00元（全四册）

国际青少年科学影像大赛组委会主席介绍

姜冬梅　博士、教授

2016—2024年大赛组委会主席

南京大学环境学院博士，清华大学环境学院博士后、清华大学核能与新能源研究院博士后，现任郑州工程技术学院学术副校长、郑州师范学院教授、香港岭南大学荣誉研究员、香港青少年科学院终身荣誉院长，曾担任香港浸会大学访问研究员、香港金融管理学院副院长、香港宋庆龄教育学院院长、中国碳中和发展集团首席科学家、战略发展委员会主席等。由于在环境保护和科学教育上的突出贡献，早在2002年就获得了我国第六届“地球奖”。

在环境保护方面，主要从事应对气候变化与碳达峰碳中和领域的研究，出版专著《应对气候变化》（2007年由中国环境科学出版社出版），发表核心期刊论文47篇。中国林业生态发展促进会碳中和工作委员会理事长、森林研学委员会理事长，中国环境学学会碳捕获封存与利用委员会常务理事、碳排放交易委员会委员。

在科学教育方面，自1994年从事青少年科学教育30余年，辅导青少年科技创新项目数百项，在《小学生学习报》《中学生数理化》主持专栏“应对气候变化”“蓝鲸科学电影院”“毛毛虫学科学”等，发表科普文章超过500篇；曾担任义务教育小学《科学》（大象出版社）编委，并担任《科学》教材课程向教育部申请批准时的执笔编委，提出了课程的主要思想、结构和主要案例，是《科学》教材第一次全国培训的主讲专家；主编《环境教育与科学教育的融合》《环境教育教学方法与实践》（中国环境科学出版社）《我的低碳生活——全国青少年科技实践活动手册》（人民出版社）等著作10余部。

在青少年科学影像教育方面，2006年带领科学教育团队开发了我国第一套青少年科学影像资源包《打开DV学科学》丛书（化学工业出版社），在2010年发起举办了“全国青少年科学影像节”（2025年举行到第15届）、2016年发起举办了“国际青少年科学发现影像大赛”，2019年更名为“国际青少年科学影像大赛”（2025年举行到第10届），目前青少年科学影像活动已经成为国际和国内青少年科技创新经典STEAM活动。2016年和2017年连续出版《透过镜头　放飞好奇》《科学影像　点燃梦想》（人民出版社），2025年出版《科技创新经典STEM+课程：青少年科学影像》，包括《奇妙生命　影像发现》《生物多样　影像探索》《生态环境　影像调查》《传统文化　影像传播》（中国环境出版集团）。

国际青少年科学影像大赛评审委员会介绍

袁小军　博士、研究教授

2019至2024大赛评审委员会主席

美国哥伦比亚大学Lamont-Doherty地球研究所，海洋学教授、海洋及冰川学家，知名华人科学家、为数不多的华人女性终身研究教授。她主导了大量美国顶尖地球科学研究课题，研究集中于海洋-大气-海冰在极地区域的相互作用、热带和极地的联系、极地物理海洋学以及海冰的可预测性等方面，为地球科学做出了卓越的贡献。长期以来，她在科研之余，为地球科学领域的青年人才培养做出不懈的努力。连续担任2019、2020、2021、2022、2023、2024国际青少年科学影像大赛评审委员会主席。

罗伯特·牛顿　博士、资深科学家（Dr. Robert Newton）

科学技术工程数学（STEM）评委

美国哥伦比亚大学Lamont-Doherty地球研究所资深科学家，海洋物理学家、极地气候学家，热爱青少年科学普及，每年暑期指导多个高中生团队开展科学研究。连续担任2019、2020、2021、2022、2023国际青少年科学影像大赛评委。

玛吉·图林　科普主任（Ms. Margie Turrin）

科学技术工程数学（STEM）评委

美国哥伦比亚大学Lamont-Doherty地球研究所，负责公众与青少年科学普及工作，每年组织研究所公众开放日活动，指导多所高中学生开展科学调查活动。多次获得科普、教育、公众服务等领域杰出大奖。连续担任2019、2020、2021、2022、2024国际青少年科学影像大赛评委。

颜备战　博士、教授

科学技术工程数学（STEM）评委

美国哥伦比亚大学Lamont-Doherty地球研究所，国际和公共事务副教授、研究教授。他建立的环境有机地球化学实验室，能够从环境和生物样品中提取、分离和鉴定有机污染物和生物标志物。担任2019国际青少年科学影像大赛评委。

若阿金·戈什　博士、教授（Dr. Joaquim Goes）

科学技术工程数学（STEM）评委

美国哥伦比亚大学Lamont-Doherty地球研究所，生物学和古环境研究教授，日本名古屋大学海洋生物地球化学理学博士，印度孟买大学微生物学硕士。他曾发表120多篇同行评审论文，参与的研究项目包括：海洋浮游植物的生理学和生产力、海洋中的碳循环、气候对海洋生态系统和社会经济的影响、水生生态系统中的微塑料等。担任2019国际青少年科学影像大赛评委。

张波　博士

2016至2018大赛评审委员会主席

美国新罕布什尔大学博士、哈佛大学博士后、哈佛大学医学院讲师、美国诺娃（OvaScience, 2015 top 50 Smartest companies）公司研发部主任，美国青少年科学工程技术协会（ASET4U）创始人。从事疾病检测和新药开发研究，并领导数个新型药物的研发，新药的临床转化及肿瘤生物分子标记物在临床检测中的应用。目前主要致力于干细胞的临床应用和相关产品开发。在青少年科学教育上，倡导Hands On理念，提倡“动手动脑，知行合一”。连续担任2016、2017、2018国际青少年科学影像大赛评审委员会主席。

迈克尔·邦科夫斯基　博士（Dr. Michael Bonkowski）

科学技术工程数学（STEM）评委

美国西北大学费恩伯格医学院研究助理教授兼实验室主任。曾在哈佛大学医学院David Sinclair实验室做研究工作，NAD+生物学和人类衰老研究专家，旨在研究人类新陈代谢、衰老和年龄相关疾病之间的联系。他发表了35篇同行评议的期刊文章，并进行了多项成功的人类长寿研究。担任2017国际青少年科学影像大赛评委。

刘鼎　博士

科学技术工程数学（STEM）评委

哈佛大学分子与细胞生物学系博士后，专注于动物社交本能和孤独感的研究。2016年在中科院上海神经科学研究所获得博士学位，其博士研究论文发表在《Science》杂志。曾获得研究生国家奖学金、吴瑞奖学金、中科院院长奖、Jane Coffin Childs 博士后奖学金等荣誉，2015年应邀参加德国林岛诺贝尔奖获得者大会。2018、2019 英特尔国际科学与工程学大赛（ISEF）评委，连续担任2017、2018、2019、2020、2021、2022国际青少年科学影像大赛评委。

徐浩然　博士

科学技术工程数学（STEM）评委

美国麻省理工学院麦戈文脑研究所罗伯特·戴西蒙实验室从事博士后研究。目前研究以狨猴为模式动物研究大脑皮层如何处理复杂社会信息，进而阐释自闭症症候群社会认知缺陷原因。2016年获得中国科学院上海生命科学学院神经科学研究所神经生理学博士。2018英特尔国际科学与工程学大赛（ISEF）评委，2017和2018国际青少年科学影像大赛评委。

卡尔提克·斯里尼瓦桑　博士（Dr. Karthik Srinivasan）

科学技术工程数学（STEM）评委

美国麻省理工学院罗伯特·戴西蒙实验室博士后，波士顿大学认知与神经系统博士。他的研究工作侧重于使用电生理学、药理学和光遗传学技术研究非人类灵长类动物的注意力神经机制，以及神经表征、皮质图的发展、形成和功能的相关问题。担任2018国际青少年科学影像大赛评委。

劳雷尔·赛玛　女士（Ms. Laurel Zaima）

科学技术工程数学（STEM）评委

美国哥伦比亚大学Lamont-Doherty地球研究所，从事海洋地质学和地球物理学领域的科学研究，极地地球物理研究小组成员，担任Lamont-Doherty地球研究所教育与外联协调员。每年举办地球所的开放日，组织上百位科学家搭建数十个“科普帐篷”，同时为来自纽约的公众开展“接地气”的科普宣传；长年为纽约自然博物馆等机构提供丰富多彩的科普展示和讲座。担任2020国际青少年科学影像大赛评委。

牛瑶　博士、教授

科学技术工程数学（STEM）评委

河南师范大学动物学教授、河南省昆虫学会常务理事、中国昆虫学会蝴蝶分会终身会员。长期从事昆虫学和无脊椎动物学的教学与科研工作，发现并命名数百种昆虫的新种。热爱科学普及工作，我国第一套青少年科学影像资源包《打开DV学科学》课题组资深专家，长期义务从事“全国青少年科学影像节”“国际青少年科学影像节”的评审工作。

吕尚伟　院长

影视技术与艺术评委

UCG学院院长。2003年创办国内第一本DV杂志《DV@时代》（现名《数码影像时代》）并任执行主编。国内首家动态数码影像技术测评中心[DVCLUB]产品测评室创立者、负责人，北京电影学院电影制作人高级研修班讲师团讲师 。2006年参与开发编写我国第一套青少年科学影像资源包《打开DV学科学》，主编《DV技术100问》。多次担任“全国青少年科学影像节”“国际青少年科学影像大赛”评委和骨干教师培训主讲专家，培训骨干教师上千名。

薛建峰　编审、制片人

影视编导与艺术评委

资深媒体制作人，多年从事媒体传播的创作与管理，长期关注“科学影像的美学表达”这一国内前沿课题。先后参与创办《走近科学》《原来如此》等科普栏目在科学影像制作方面积累了实践经验，曾获得星光奖“电视科普节目大奖”。多次担任“全国青少年科学影像节”“国际青少年科学影像大赛”“广东省大学生科学影像节”评委。

尚钊　教授

脚本创作与艺术评委

郑州师范学院文学院教授，在文艺理论、写作理论的研究和教学方面卓有建树。我国第一套青少年科学影像资源包《打开DV学科学》课题组资深专家，为了解决科学教师在辅导科学影像作品上的关键难题，开创了青少年科学影像的脚本创作理论，并在实践中摸索了一套将科学探究活动与脚本创作相磨合的方法。多次担任“全国青少年科学影像节”“国际青少年科学发现影像大赛”的评委。作为主讲专家，培训全国科学影像骨干教师上千名。

张红梅　副编审

科学技术与社会（STS精神）评委

《教育时报》原副总编辑，《科学家专访》专栏资深记者，全国青少年科技创新大赛资深记者，《创新之路——青少年科技创新教育活动辅导与研究》主编，国家标版级小学《科学》大象版教材编写组成员；中国科协“青少年科学DV活动资源包”项目组负责人之一，参与开发了我国第一套青少年科学影像资源包《打开DV学科学》，参与发起举办“全国青少年科学影像节”“国际科学影像大赛”，并多次担任两赛评委和骨干教师培训主讲专家，培训骨干教师上千名。

吕萌　总编辑

科学技术与社会（STS精神）评委

小学生学习报社总编辑，从事青少年教育和编辑工作20多年，积累了大量青少年成长成才的经典案例，在科学影像作品的选题和呈现方式上有丰富的经验，坚持科学、技术与人文社会相融合的教育理念。参与开发了我国第一套青少年科学影像资源包《打开DV学科学》，参与发起举办“全国青少年科学影像节”“国际科学影像大赛”，并多次担任两赛评委。在《小学生学习报》上创办了《蓝鲸科学电影院》栏目，已经展播国际和国内优秀科学影像作品百余部。

主编自序

见证青少年科学家群体的成长

姜冬梅

我每次到中小学去，兴致勃勃地和一个个科学影像小组轮番讨论他们的选题、研究计划、拍摄计划，他们的头脑风暴敲打着教室的门窗，整个教室都被智慧的火花照亮着。时间一晃就会过去三五个小时，而我们都浑然不知，心流交汇激起千重浪，我们全都沉浸在无比的幸福之中。当每个小组都确定下来自己的选题准备大干一场时，我能感受到他们的心流在奔腾。作为一名普通的科学教师，在青少年科学影像活动中我一次次地体会到了“得天下英才而育之”的人生快乐。

青少年科学影像活动，是指中小学生组成研究团队，不仅从问题入手完成一个科学探究项目，按照观察提问、猜想假设、计划组织、事实证据、模型解释、表达交流的步骤推进自己的创新研究，而且整个研究过程还能利用数码影像设备拍摄记录下来，创造性地剪辑完成一部科学探究纪录片。在科学影像活动中，中小学生不仅是少年科学家、工程师、发明家，还是摄影师、编剧、导演、出镜演员、配音、配乐，甚至还有更多角色，制片人、舞台设计师、道具设计师等等。

要完成一部作品，这样的青少年科学影像团队听上去需要很多很多人参与，其实，3至5人就可以组成一个研究小组，他们完全可以在研究的同时完成自己小组的科学影像作品。本套丛书共分为4本，分别是《奇妙生命 影像发现》《生态环境 影像调查》《生物多样 影像探索》《传统文化 影像传播》，收录了108部优秀的青少年科学影像作品，这些作品是第二届至第五届“国际青少年科学影像大赛“上的获奖作品。

每一部获奖作品都记录了一群小科学家在好奇心的驱动下像大科学家一样开展科学研究的故事，无论是他们探究的问题，还是他们的数据质量，还是他们最终分享的探究成果，都在一定程度上具备了和大科学家的研究项目一样的品质。我们不能不感叹，一个具备创新精神和掌握了一定创新能力的青少年科学家群体正在成长！

每一部获奖作品也同时记录了这群掌握了数码影像技术的小科学家组成的摄制组的故事，如何利用现代数码技术拍摄和编辑影像，有图有真相地把数码影像设备“玩”成了跨越时空的观察工具、记录工具、数据处理工具、分享交流工具……在数码影像技术的帮助下，影像使创新更真实，影像也使科学更美丽！

透过这些获奖作品，总结青少年科学影像活动中少年科学家的共同特征，或者说是他们在科学影像活动中成长的三大法宝，分别是放飞好奇、沉浸探索、享受交流。

放飞好奇

“好奇心是人的天性，对科学兴趣的引导和培养要从娃娃抓起。”好奇心就是个体在认识世界过程中对未知和新异事物进行积极探索的心理倾向或内部动机。每个中小学生都天生具有好奇心，如果带领他们走出家门、走出教室、走进大自然之中，无论是公园，是田野，还是森林，他们的好奇心就会自发地放飞，太多新奇的事物在等待着他们去探索。

《星系巢穴》中杨沐华、叶若言、黄柯霖在学校门口的大树上发现了一种会编织叶子的黄猄蚁，它们不仅会吐丝，还会把叶子编制成巢穴，这些巢穴布局奇妙，引起了三位中学生探索的兴趣……《星系巢穴》代表香港队赴美国匹兹堡参加了2018年国际科学与工程学大赛（ISEF），他们的发现引起了许多动物学家的兴趣。到今天，三位中学生已经走进了科学的殿堂，杨沐华正在香港大学医学院攻读生物医学博士，叶若言正在美国杜克大学攻读分子生物学，黄柯霖正在北京师范大学攻读艺术设计专业。

《一管一世界》中李瑞妍、陈程睿、赵卓玥在太平山的护坡上发现了许多排水管，不看不知道，一看吓一跳，这些排水管里竟然住着很多小动物，有的住着黑框蟾蜍，有的住着中华壁虎，有的住着雷氏大疣蛛，还有的住着红火蚁……三位中学生将科学与艺术结合，在《一管一世界》中记录了他们的发现之旅。到今天，三位中学生也已经开始了大学生活，李瑞妍考取浙江大学本硕博8年连读的临床医学专业，陈程睿考取了深圳大学高等研究院理工创新实验班数学专业，赵卓玥则远赴日本攻读动漫创作。

《青蛙王子变身记》中陈梓桐、王奕涵、左佑三位小学生在宠物市场发现了一种五颜六色的“小青蛙”，买回来研究它们的习性，竟然发现它们不是青蛙，而是非洲爪蟾，一种繁殖力强大的入侵生物！到今天，他们虽然还在读高中，但是科学探究的经历却像种子一样深植在了他们的心中。

随手打开4本书中的任何一本，仅仅扫一眼目录，中小学生探究自然的好奇心就足以让我们应接不暇，《会吃肉的植物》《长鼻小丑》《蚂蚁的地狱》《以虫治虫》《古树空心之谜》《不朽的龙舟》《金砖探秘》……在好奇心的驱动下，他们拉开了科学探索的序幕。

沉浸探索

每一部科学影像作品都是中小学生完成科学探究项目的真实记录，他们在科学探索中不仅可以更多地了解科学知识，而且最重要的是能够掌握科学探究的方法，成长

为具备科学家潜质的青少年。

《寻蜻记》中何佳茗、王泓乾、肖赫三位中学生在游览香港公园的蜻蜓保育基地时产生了疑问，蜻蜓保育基地为什么蜻蜓反而稀少呢？他们不仅查阅资料，而且采用了采访法、野外调查法、对比分析法等多个研究方法开展探索。他们不辞辛劳地调查了香港新界、九龙、港岛的多个水塘的环境，以便能够进行对比研究，最后终于揭示了一个令人警醒的现象，蜻蜓保育池里放生的大量巴西红耳龟、大型鱼类是蜻蜓幼虫乃至成虫的天敌！有了这个发现，如何管理好蜻蜓保育池这个问题就迎刃而解了。到今天，三位中学生已经扣开了国际名校的大门，踏上了自己追求科学的道路，何佳茗从美国约翰霍普金斯大学神经生物学专业毕业，继续到位于德国柏林的伯恩斯坦计算神经科学中心（BCCN）攻读硕士；王泓乾考取了北京化工大学攻读高分子材料专业；肖赫正在伦敦大学城市学院贝叶斯商学院攻读金融专业。

《毒毛虫来袭》中韦诗瑶、张璐瑶两位中学生在数码港海滨公园观察毛毛虫时，在没有接触毛毛虫的情况下她们的皮肤却出现了严重的皮肤过敏症状，她们反复调查发现原来是毛毛虫掉落的刚毛能够引起皮肤过敏，让人们尤其是孩子的皮肤起成千上万的疙瘩。为了提醒公园游客注意，他们调查了整个海滨公园，统计了毒毛虫的分布情况，并向数码港管理委员会提出了毒毛虫对公共健康的危害及治理建议。管委会不仅及时采取了治理毒毛虫的行动，而且还把两位中学生的科学影像作品在十多个大屏幕上循环播放，提醒游客注意。虽然只是一个小小的社区事件，但是两位中学生科学探究的严谨性和社会责任感却令人赞叹。到今天，韦诗瑶已经入读美国哥伦比亚大学巴纳德学院，张璐瑶也已经入读伦敦大学学院，她们的科学家潜质一定可以让她们在未来的专业探索上出类拔萃。

《“以眼还眼”的螳螂》中马一诺、孙星悦、卢旸岚、孟令宇四位同学在野外抓到了几只螳螂，他们带回来一起观察时，偶然发现了一种奇怪的现象。四个人围着一只螳螂观察，每个人都认为这只螳螂在盯着自己看。他们的实验设计非常有趣，用饮料吸管模仿出了螳螂的眼睛，解构了为什么螳螂总是盯着观察者的看的问题。到今天，马一诺从美国加州大学伯克利分校环境科学专业毕业，已经在攻读宾夕法尼亚大学环境科学专业的硕士，孙星悦本着对摄影技术的兴趣考取了上海大学攻读传媒学，卢旸岚进入伦敦大学学院攻读数学统计专业。

《狮舞岭南之人机共舞》中李欣、陈启涛等7位中等职业技术学校的学生遇到了一个扎心的问题，他们很热爱舞狮活动，但是他们的父母却要求他们要退出舞狮队去好好学习机器人专业。为了能说服父母，也为了能传承舞狮这个传统技艺，他们决定研究用机器人舞狮，实现人和机器人同台共舞。他们经历了重重艰辛，克服了种种困难，想出了各种办法，终于利用工业机器人的专业知识编程设计出了人机共舞。到今天，7位同学已经活跃在佛山市顺德区的各个岗位，他们在科学影像创作中的历练，让李欣成为了当地婚庆公司的著名司仪，陈启涛也成了当地影视制作公司的摄影师。尤其是陈启涛，在国庆70周年时，他和舞狮队受邀在天安门广场展示岭南狮舞，他的骄傲就不必说了，全顺德都在流传科学少年天安门舞狮的故事。科学探究的素质不仅滋润了科学家

的成长，也培养出了许多像李欣、陈启涛一样对社会有用的人。

享受交流

科学成果不是武林秘籍，也不是传男不传女的祖传秘方，科学家取得的研究成果一定会选择一种公之于众的方式展示、分享、交流，要么发表论文，要么出版著作，要么在学术会议上发言或展示，科学影像是21世纪展示交流科学探究成果的新方式，这种方式会随着数码影像的普及成为传播科学成果的重要形式。让中小学生掌握科学影像的创作方式，把科学论文写在屏幕上展示、分享、交流成果，是培养中小学生科学家潜质的重要环节。

《不仅是棵树》中的严知同学从初一就爱上了科学影像创作，《皮包壳的树栖蜗牛》《帝国的交通》《生化结合治白蚁》这三部优秀作品都出自严知之手，他在上中学的4个暑假里陆续完成了角度各不相同的4部作品，他把用科学的方法表达交流、展示分享成果当成了一种日常习惯。到今天，他已经从美国伊利诺伊大学香槟分校毕业，在项目管理上的领导力使他脱颖而出，毕业典礼上受到了校长嘉奖。他现在已经在美国哥伦比亚大学商学院继续攻读硕士学位。严知告诉妈妈，一定要让弟弟参加科学影像活动，让弟弟也沿着哥哥的脚步成长为有科学家潜质的投资人。

《木瓜树上的联合虫害》中的钟家瑞、张小令、王浩丞三位中学生也都是在中学阶段就创作了多部科学影像作品，他们热爱科学探索，也热爱数码影像。到今天，钟家瑞考取了中国民用航空飞行学院飞行技术专业，将来会成为一名飞行员；张小令考取了英国帝国理工大学正在攻读生物学专业，将来会成为一名生物学者；王浩丞考取了厦门大学攻读数学专业，将来也会继续在科学领域深造。

《我还活着》中的苏昱雯就更不用说了，她从小学到中学多次出现在国际和全国科学影像赛事的领奖台上，她花了很多时间做科学探索，培养科学思维，但是让人想不到的是她竟被中国音乐学院录取，并且获得了杰出学生奖。科学与音乐在科学影像中的融合在苏昱雯的身上得到了完美体现。

《客居他乡的鸟》中费利浦也是一个具有音乐创作天赋的少年，他很热爱多样的生物，关心一种濒危动物长冠八哥的异地保护，但是他更热爱音乐创作，在长冠八哥的这部探究纪录片中每一帧的剪辑变换都和音乐节奏相配合。他让科学老师告诉她的妈妈，他要学习音乐创作。科学影像活动发现了这个音乐天才，他也如愿以偿地进入到了美国伯克利音乐学院攻读音乐创作。

《花丛中的“钢铁侠”》中的张艺、温秋芬、吴彩瑶、邹敏、陈林等5位职业技术学校的中学生也都多次参加科学影像创作，他们研究的夹竹桃天蛾幼虫酷似电影中钢铁侠的模样，他们分享交流的研究成果让哈佛大学的科学家在评审时都赞叹“数据质量可以和大科学家的工作相媲美”。他们的科学影像分享交流不仅走进了哈佛大学，还走上了中央电视台，“芝麻开门”栏目专门到学校为他们制作了专题片。

放飞好奇、沉浸探索、享受交流这三大法宝使青少年科学影像活动成为了一个经典STEAM教育，但是放飞好奇需要时间，沉浸探索也需要时间，享受交流更需要时间，在目前仍然以知识讲授、刷题考试、分数评价为主的教育模式下，让学校腾出时间、分配出教师资源、提供设备支持去开展青少年科学影像活动，能做到的学校还只是凤毛麟角。我们在这里编辑出版这108部优秀科学影像作品，是希望星星之火可以燎原。士不可不弘毅，任重而道远！怀着和我们一样科教兴国梦想的学生、老师和校长们，希望这4本书108部作品能够助您一臂之力！

最后，我代表大赛组委会和评审委员会感谢邓予立先生及其亨达集团对大赛奖项的热忱赞助！我代表青少年科学影像课程研发团队感谢胡宝星胡韵琴伉俪对师生培养的鼎力支持！相信爱心汇聚能创造教育奇迹！

mù lù

目录

第三篇

传统渔农与园林 / 75

第四篇

传统手工艺及传承人 / 109

第五篇

传统风俗及文化 / 141

第一篇

传统数学、工程与技术

一、妙珠神算

2019 New York • International Youth Science Video Fair

國際青少年科學影像大賽

獲獎證書

茲頒發給**「亨達」最佳出鏡獎**獲得者。特頒此證，以資鼓勵。

項目名稱 ：妙珠神算

作　　者 ：張涵軼、武怡彤、田嘉梁

所在學校 ：鄭州市二七區優智外國語學校

指導教師 ：李清泉、高輝

國際青少年科學影像大賽評審委員會

姜冬梅 博士　　袁小軍 博士

2019年9月30日至1[illegible]6日於[illegible]紐約

主辦方：HKYSA 香港青少年科學院 Hong Kong Youth Science Academy　COLUMBIA UNIVERSITY IN THE CITY OF NEW YORK LAMONT-DOHERTY EARTH OBSERVATORY

在内地观赏影片：

2019 New York • International Youth Science Video Fair

Hantec Best Interview Skills Award

is hereby awarded to

Hanyi Zhang, Yitong Wu & Jialiang Tian

from

Zhengzhou Er-Qi District Youzhi Foreign Language School

for their discovery video project on

The Magical Abacus Calculations

under supervision of

Qingquan Li & Hui Gao

Dr. Dongmei Jiang
CO-Chair
International Youth Science Videos Fair

Dr. Xiaojun Yuan
CO-Chair
International Youth Science Videos Fair

Organizers: HKYSA 香港青少年科學院 Hong Kong Youth Science Academy　COLUMBIA UNIVERSITY IN THE CITY OF NEW YORK LAMONT-DOHERTY EARTH OBSERVATORY

在境外观赏影片：

探究故事

蓝鲸的话

在哥伦比亚大学地球研究所的会议室中，2019纽约。国际青少年科学影像大赛进行到高潮，3名中国小学生超乎寻常的运算速度令在场的评委惊呆了！在哥伦比亚大学和哈佛大学5位科学家的反复提问下，3名只有10岁的小学生对答如流，全场不时发出“啧啧”的赞叹声。他们为什么这么厉害？因为他们研究了“珠心算”——一种中国古代珠算与数学心算相结合而产生的速算方法。珠心算不是魔术，珠心算是珠算在心理学上的应用。快来学珠心算吧，你也会像他们一样成为数学“神童”！

这名同学叫张涵轶，是小学三年级的学生。他非常喜欢珠心算，还参加了学校组织的珠心算第二课堂。每周和同学们一起培训珠心算是他最期盼的时光。张涵轶发现，在第二课堂有许多珠心算小能手，他们不仅计算速度快、准确率高，而且其他学科成绩在班里也遥遥领先。

这让张涵铁很好奇，为什么学珠心算的同学其他学科成绩也很好？珠心算对人的智力究竟发挥着怎样的作用呢？张涵铁上网查阅资料，了解到珠心算又叫珠算式心算，以珠算为基础。而珠算是由石头贝壳计数—结绳计数—算筹计数一步一步演变而来的。

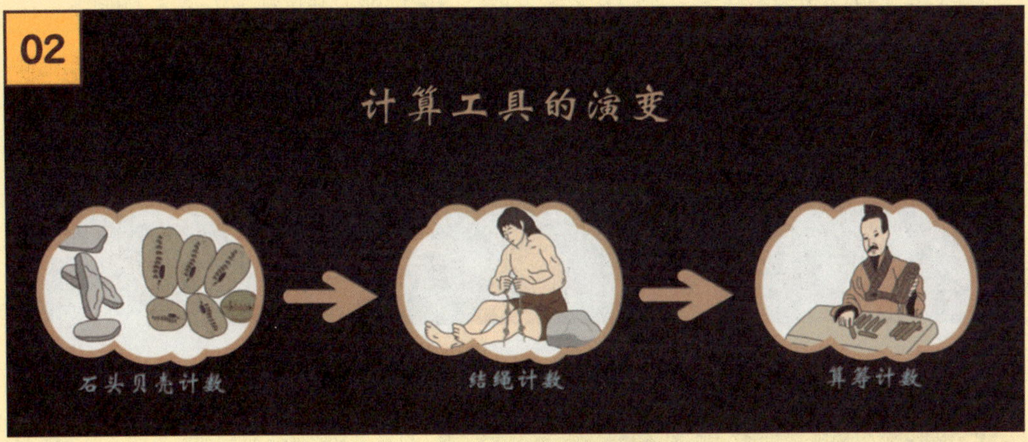

张涵铁还了解到，珠算是世界上最古老的计算器。“珠算”一词，最早出现在汉代徐岳撰写的《数术记遗》中。在宋代名画《清明上河图》中，也可以清晰地看到赵太承家药店柜台上放着一把算盘。珠算在明代中后期传播到日本、朝鲜等30多个国家，对世界文明的发展做出了卓越的贡献。2013年12月4日，联合国教科文组织正式批准中国珠算项目列入教科文组织人类非物质文化遗产名录。

为了详细了解珠心算对智力的影响，张涵轶和他的小伙伴田嘉梁、武怡彤经过商议，决定展开探究。首先，他们采访了数学老师和第二课堂的同学。数学老师表示，珠心算就是通过一定的拨珠练习，把算盘“内化”到脑子里，从而进行复杂数量计算的一种快捷的心算方法。据老师介绍，学过珠心算的学生，综合能力确实优于未接触过珠心算的学生。学过珠心算的同学也表示在学习珠心算之后，自己的阅读能力和记忆能力都大大提高了。

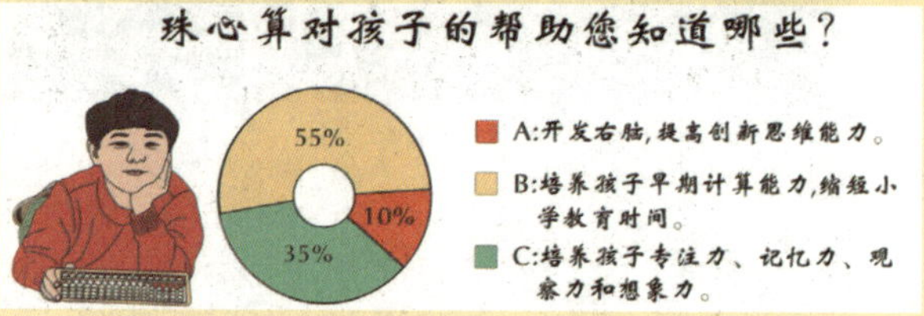

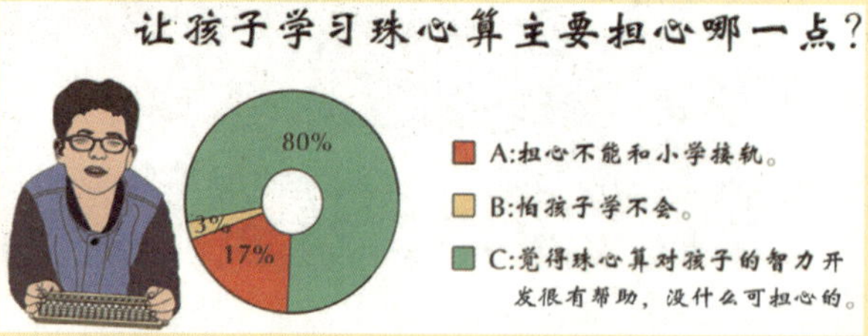

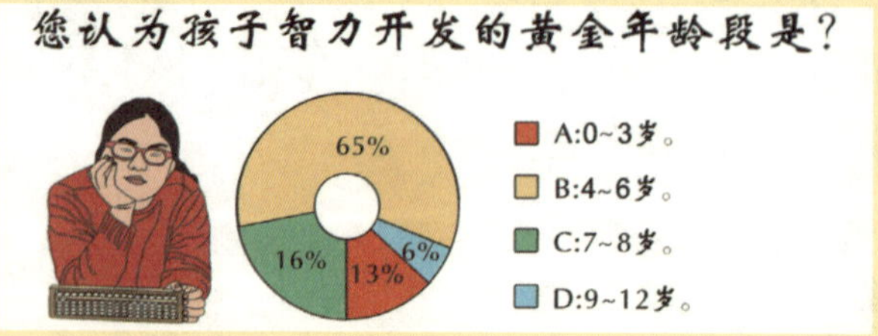

在对老师和同学进行采访的基础上，3位同学制作了调查问卷，并先后发放了160份。调查结果显示，有10%的家长认为珠心算可以开发右脑，提高创新思维能力；55%的家长认为珠心算能够培养孩子早期计算能力，缩短小学教育时间；35%的家长认为珠心算可以培养孩子专注力、记忆力、观察力和想象力。80%的家长觉得珠心算对孩子的智力开发很有帮助，没什么可担心的。65%的家长认为4~6岁是孩子智力开发的黄金年龄段。从调查结果中可以看出，整体上大家对珠心算有助于开发智力持肯定态度。

张涵轶和田嘉梁、武怡彤继续讨论，认为只咨询人们的看法还不能从客观上说明珠心算的作用。在老师的建议和帮助下，3位同学分别对学过珠心算和未学过珠心算的学生做了计算能力测试。他们从自己学校的三年级学生中随机抽出14名学过珠心算的同学和14名未学过珠心算的同学，分别进行了口算测试和试卷测试。

06

口算测试中，5分钟内，学过珠心算的学生，最快的做了185题、做对183题，最慢的做了68题、做对65题；未学过珠心算的学生，最快的做了56题、做对55题，最慢的做了19题、做对16题。从平均值来看，学过珠心算的同学平均做对107题，未学过珠心算的同学平均做对39题。再从试卷成绩来看，学过珠心算的同学试卷平均分是95.71，未学过珠心算的同学试卷平均分是92.43。可见，无论是口算测试还是试卷测试，学过珠心算的学生成绩都高于没有学过珠心算的学生。

07

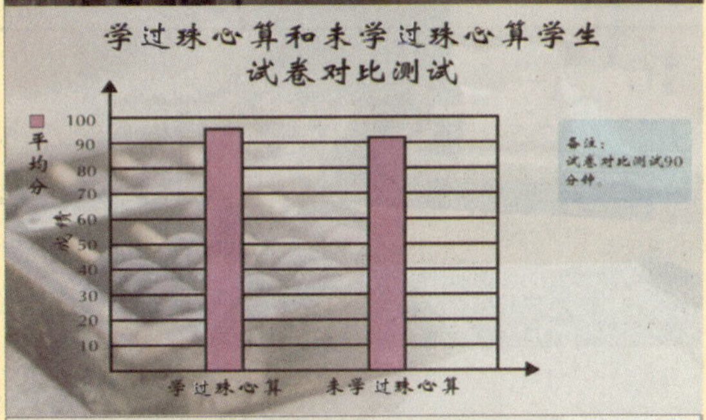

学过珠心算和未学过珠心算学生
口算测试

三年级	最快（做对题数/做题数）	最慢（做对题数/做题数）	平均（做对题数）
学过珠心算	183/185	65/68	107
未学过珠心算	55/56	16/19	39

备注：口算时间5分钟。

张涵轶和小伙伴们决定分析珠心算的启智原理。珠心算以珠算为基础，需要计算者的大脑模拟出打算盘的影像，将看到或者听到的数字转化成大脑里的算珠图像，并且按照珠算的原理进行心算。这个过程像看电视一样，图像可以清晰地在大脑里显现出来。计算者的拨算越熟练，心算图像就会越清晰，运算速度就越快。例如心算“217+342”，当计算者看到或听到217时，脑子里会出现217的珠码图，加342时，脑图像根据珠算的拨算原理，算珠上下跳动转换为559，这就是珠心算的运算过程。

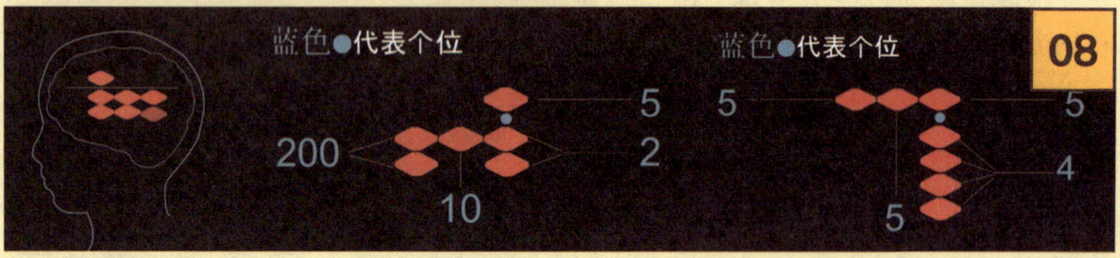

学生在练习珠心算的过程中，眼、手、脑等多个器官同时参与进来，注意力也要高度集中。经过长期的练习，学生的专注力、反应能力及右脑的开发程度都会有不同幅度的提升。

3位同学为了验证结论，在老师的带领下来到北京，采访了北京师范大学心理学部认知神经科学与学习国家重点实验室的周新林教授。周教授告诉同学们，珠心算对人智力的开发主要体现在3个方面：第一，注意能力的提升、改善、发展；第二，空间能力的发展；第三，能够促进计算及其相关的数学能力的发展。

通过这次调查，张涵轶、武怡彤和田嘉梁体会到了珠心算的无穷魅力，也深深感受到了珠心算对智力发展的神奇作用。3位“珠心算”少年纷纷表示自己要为弘扬祖国传统文化而努力！

专家点评

短片选题来自3名10岁的数学“小神童”的亲身学习体验，很有现实意义。在短片中，3名数学“小神童”并没有居功自傲，而是对珠心算产生了好奇，他们很希望找到对自身产生“神奇”作用的珠心算的科学原理。

他们从查阅历史资料开始，了解了珠心算的发展历史；通过调查问卷，了解了人们对珠心算的认识和看法；又用对比测试的方法，验证了接受过珠心算训练的同学与对照组同学的运算速度和准确率的差别。在此基础上，他们利用动画解释了珠心算的运算原理，让观众对珠心算到底是什么一目了然。最后，他们采访了心理学专家，证实珠心算的神奇不只是在计算方面，更重要的是对学生专注能力的提升。

开场的珠心算表演设计吸引眼球。珠心算是一种学习方法，建议短片不要只介绍珠心算的神奇，如果在探究中能显示珠心算方式与其他计算方式的主要区别，会使条理更加清晰。

短片采用传统纪录片的表达方式，主要展示探究结果，对探究过程中的思维过程展示很少，采访录音欠佳。

二、不朽的龙舟

2019 New York · International Youth Science Video Fair
國際青少年科學影像大賽
獲獎證書

茲頒發給優秀科學微電影「一等獎」獲得者。特頒此證，以資鼓勵。

項目名稱 ：不朽的龍舟

作　　者 ：范偉儀、葉燕怡、唐龍崗

所在學校 ：佛山市順德區胡寶星職業技術學校

指導教師 ：譚淑芬、梁堅

國際青少年科學影像大賽評審委員會主席

姜冬梅 博士　　袁小軍 博士

2019年9月30日至10月6日於美國紐約

主辦方：HKYSA 香港青少年科學院 Hong Kong Youth Science Academy　COLUMBIA UNIVERSITY IN THE CITY OF NEW YORK LAMONT-DOHERTY EARTH OBSERVATORY

在内地观赏影片：

2019 New York · International Youth Science Video Fair

The First Place Of Grand Award

is hereby awarded to

Weiyi Fan, Yangyi Ye & Longgang Tang

from

Hubaoxing Vocational Technical School Of Shunde

for their discovery video project on

Immortal Dragon Boat

under supervision of

Shufen Tan & Jian Liang

Dr. Dongmei Jiang
CO-Chair
International Youth Science Videos Fair

September 30 to October 6, 2019
New York, USA

Dr. Xiaojun Yuan
CO-Chair
International Youth Science Videos Fair

Organizers: HKYSA 香港青少年科學院 Hong Kong Youth Science Academy　COLUMBIA UNIVERSITY IN THE CITY OF NEW YORK LAMONT-DOHERTY EARTH OBSERVATORY

在境外观赏影片：

探究故事

蓝鲸的话

龙舟赛后，龙舟去哪儿了？了解中国传统文化的人都知道赛龙舟，但是，你知道几十米长的龙舟的保存方法吗？岭南的天气酷热潮湿，蛀虫滋生，暴雨、台风经常发生，龙舟放到哪里才不会腐朽呢？来自广东省佛山市顺德区胡宝星职业技术学校的科学少年范伟仪、叶燕怡和唐龙岗，提出了一个平常人不会关注的问题。如果你也不知道答案，那就跟随他们一起探索龙舟的不朽之谜吧！

龙舟文化在泱泱中华已有上千年的历史。珠江流域地势西北高、东南低，雨水不断。珠江地区的先人通过龙舟竞渡，祭祀求福。但是龙舟赛后，人们是怎样保存龙舟的呢？

01

每年4—9月珠江一带降水集中，天气炎热潮湿，木头很容易腐烂，还会滋生许多以木头为食的昆虫，毫无保护措施的龙舟很容易被虫蛀或腐蚀掉。这里暴雨、台风频繁，树都能被连根拔起，更不要说暴露在外的龙舟了。龙舟的保存面临着诸多困难。在顺德长大的范伟仪、叶燕怡、唐龙岗3位同学对龙舟的保存问题很感兴趣，他们决定展开探究。让我们跟着这3位科学少年一探究竟吧！

02

03

岭南水乡的百姓在这数百年来是如何保存龙舟的呢？3位同学对周围的人进行了采访，大家都不是很清楚。但在调查访问中，他们偶然得知，农历四月十一是吉日，顺德龙潭村将有盛大的起龙仪式。所谓起龙仪式，就是在龙舟竞渡前，将龙舟从河底重新起出。顺德龙潭村的起龙仪式，将要起出一条150岁的龙舟。难道龙舟是在水底保存的？同学们对龙潭村的起龙仪式充满了兴趣，想要去一探究竟。

农历四月十一到了，龙潭村村民有的敲锣打鼓，有的舞狮助威，一起庆祝起龙。看！在几十个青壮村民的合力下，一条150岁的龙舟，在沉睡了一年之后，重新出水出征！这条150岁的龙舟竟然百年不腐，难道将龙舟沉于水底，是保存龙舟的传统绝招吗？

04

3位科学少年决定利用科学的方法，设计对比实验，研究这种神奇的水下保存龙舟的方法。他们找来了木块、水箱，将一组木块放于装了水的水箱中保存，一组木块直接置于太阳下暴晒。一周后，3人发现被太阳暴晒的木块已经开裂，水中保存的木块则完好无损。原来在水下保存龙舟，可以隔绝氧气，阻止阳光暴晒，杜绝风雨吹打。这样龙舟就像在“水晶宫”中，可以得到庇护。

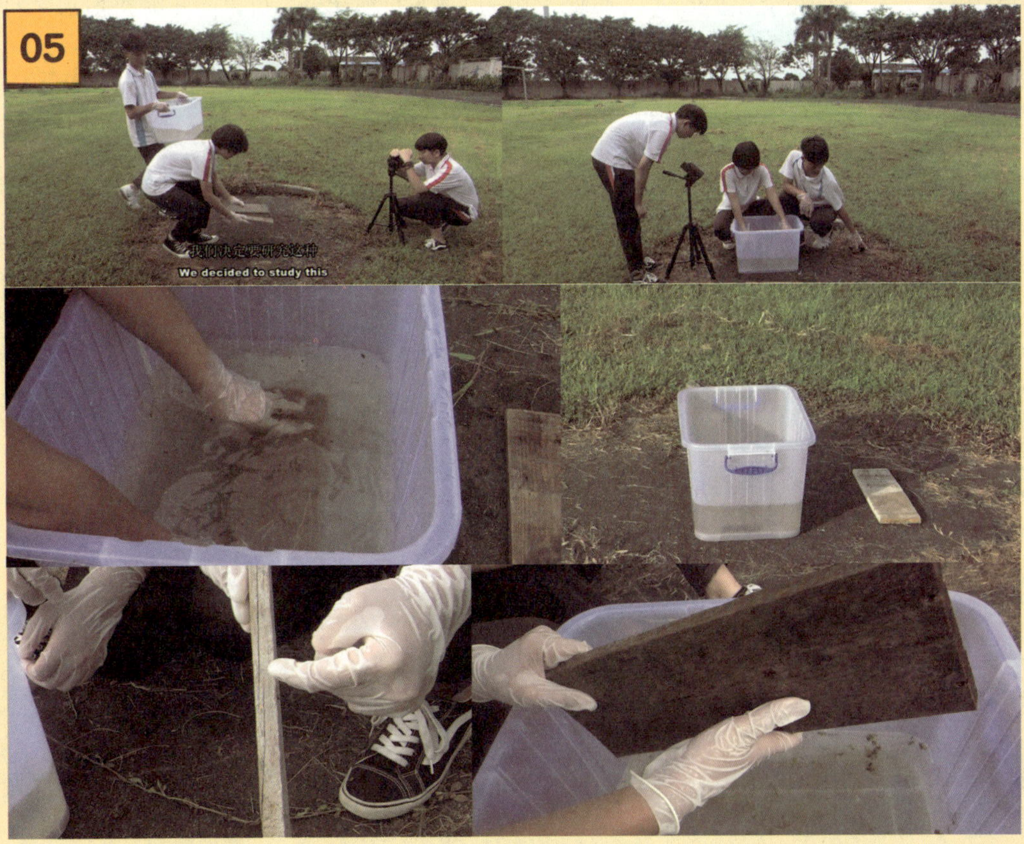

05

同学们进一步实验，找到无虫蛀的木头作为一组，有虫蛀的木头作为另一组，分别浸入水中，观察现象。结果，有虫蛀的那组木头中，有虫子爬出来。原来，将龙舟保存在水中，还可以有效防止虫蛀。

06

这些浸在水中保存的百年龙舟，木材是不是也有玄机呢？带着这个疑问，3人采访了一位上了年纪的起龙员。起龙员爷爷告诉同学们，制作百年龙舟的木材是上好的坤甸木。这种木材木质纤维致密，沉入水中后不仅不会受到侵蚀，反而在水的养护下得以保存。起龙员爷爷还提到，龙舟在水底要用河泥盖好，第二年取出来的时候把泥洗掉就可以用了。难道淤泥也能保护龙舟？原来，用淤泥把龙舟埋起来，可以防止龙舟被水中的大型生物啃咬，同时也可以防止淡水贝类、螺类寄生。

07

在网上查阅资料时，3位同学发现与顺德临近的盐步镇竟然有一条将近600年的老龙舟。于是，他们马上到盐步镇进行寻访。盐步社区的工作人员告诉同学们，这条老龙舟是明朝宣德七年（1432年）建造的，用坤甸木制作。又是一艘用坤甸木制作的百年龙舟！难道所有龙舟都是用坤甸木制成的？

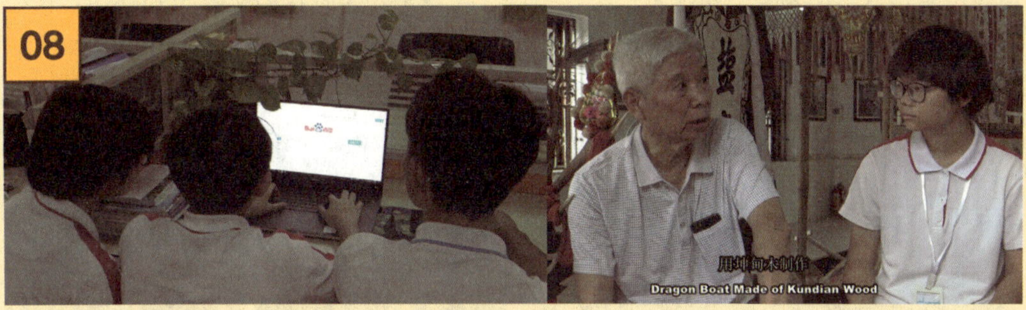

08

同学们带着疑问前往高赞龙舟厂，得知这里的龙舟都是用杉木制成。看来，并不是所有龙舟都是由坤甸木制成的。坤甸木价格很高，现代龙舟更多的是用杉木制成。但是杉木龙舟很难传承，只能作为一次性的比赛工具，未免有点浪费。

09

3位同学继续在网络上搜索资料，得知广州番禺上滘有一家做坤甸木龙舟的工厂。于是他们起程前往这家工厂，发现这里竟是制作龙舟的非物质文化遗产基地。同学们很想知道不同材料制成的龙舟的差异到底是什么。龙舟制造厂厂长看到同学们这么热情，就送了他们一些坤甸木、杉木和渣木用来做对比实验。

10

3位同学用得到的不同木材又进行了对比实验。他们设置了3个实验组，分别是清水环境实验组、淤泥环境实验组、自然环境实验组，把坤甸木、杉木和渣木各取一块分别放入每个实验组。60天后，他们将不同组的木头取出，发现3种木头在毫无保护措施的自然环境实验组中都裂开变形了；坤甸木在清水环境实验组和淤泥环境实验组中保存得都很好，但在淤泥中保存后木质更硬了；杉木在清水环境实验组和淤泥环境实验组中都变软了；渣木在清水环境实验组和淤泥环境实验组中都完全腐烂了。看来，用坤甸木做龙舟确实能“百年不腐”。

60天后3种木头在不同环境下的变化

木头	没有任何保护措施	在清水里	在淤泥里
坤甸木	有明显裂痕，而且变形	没有裂痕，没有变形，而且颜色变深了	变硬了，颜色变黑了，保存得完好无损
渣木	有明显裂痕	变软了，已经散开	已经断开，变软了
杉木	已经断开	没有裂痕和变形，但变软了	没有裂痕和变形，但变软了，颜色变黑

龙舟的保存及用坤甸木制作龙舟的方法是岭南劳动人民千百年来积淀下来的智慧。这样的龙舟“百年不腐”，可以重复利用，达到了保护树木、保护生态环境的效果。百岁龙舟所蕴含的不仅是代代相传的可持续发展思想，更有团结一致、积极向上的龙舟精神！

专家点评

短片选题具体、有意义，片名准确、易懂。短片开场画面龙腾虎跃，把观众带入水乡龙舟赛的热闹场景，身临其境地体验到龙舟文化的典型特征。

画风一转，3位科学少年提出了要探究的问题：龙舟赛后，龙舟是怎样保存的？虽然出人意料，却引人入胜。他们分析了岭南保存木质龙舟特有的困难：岭南的天气酷热潮湿，蛀虫滋生，暴雨、台风经常发生，这些困难为后面的研究埋下了伏笔，让观众继续跟随镜头思考下去。

3位科学少年像记者一样在民间走访调查，像摄影师一样把三脚架摆在各种有关龙舟活动的现场，像科学家一样反复做对比实验分析龙舟的材质，最终揭示了龙舟不腐的秘密，完成了一个集科学、技术、人文、艺术于一体的优秀STEM项目。

短片多处应用了延时摄影、航拍、动画等技术手段，画面漂亮，解说准确、流畅，出镜自然。如果能在现场出镜讲述龙舟的故事和发展就更好了。同期采访录音不佳（左右声道问题），片尾字幕太快，音乐不合适。

三、香云纱
——中国纺织界的软黄金

3rd International Youth Science Fair for Discovery Videos

第三屆國際青少年科學發現影像大賽

獲獎證書

茲頒發給優秀科學微電影「一等獎」獲得者。特頒此證，以資鼓勵。

項目名稱 ：香雲紗——中國紡織界的軟黃金

作　　者 ：陳彥銘、韋春如、嚴嘉偉

所在學校 ：佛山市順德區胡寶星職業技術學校

指導教師 ：張亮、周洋

國際青少年科學發現影像大賽評審委員會主席

張波 博士

2018年9月30日至10月6日 於美國波士頓

在内地观赏影片：

3rd International Youth Science Fair for Discovery Videos

The First Place Of Grand Award

is hereby awarded to

Mr. Yanming Chen, Ms. Chunru Wei & Mr. Jiawei Yan

from

Hubaoxing Vocational Technical School Of Shunde

for their discovery video project on

Gambiered Canton Gauze :The Gold of Chinese Textile

under supervision of

Mr. Liang Zhang & Mr. Yang Zhou

Dr. BO Zhang

Chair

International Youth Science Fair for Discovery Videos

September 30 to October 6, 2018

Boston, USA

在境外观赏影片：

探究故事

蓝鲸的话

香云纱，一面呈黑色，另一面呈黄褐色、深棕色等，是世界纺织品中唯一用纯天然的植物染料染色的丝绸面料。因为穿着这种面料走路会沙沙作响，所以得名“响云纱”，后来人们取其谐音，叫它“香云纱”。2008年，香云纱染整技艺入选第二批国家级非物质文化遗产名录，广东省佛山市顺德区成为香云纱染整技艺传承地。了解了香云纱的前世今生，你是不是已经迫不及待地想了解它的制作过程呢？下面，我们就随胡宝星职业技术学校的陈彦铭、韦春如、严嘉伟3位同学一起，走进制作香云纱的生产基地，去探寻那神秘的香云纱吧！

在有“鱼米之乡”之称的珠三角地带，诞生了一种神秘的面料——香云纱。香云纱又名“响云纱”，是用透孔小花丝绸织物经多次染色后制成的面料，比丝绸更加透气，被纺织界誉为“软黄金”。香云纱是如何制作的？在顺德长大的陈彦铭、韦春如、严嘉伟3位同学对香云纱很感兴趣，他们决定探究香云纱的奥秘。

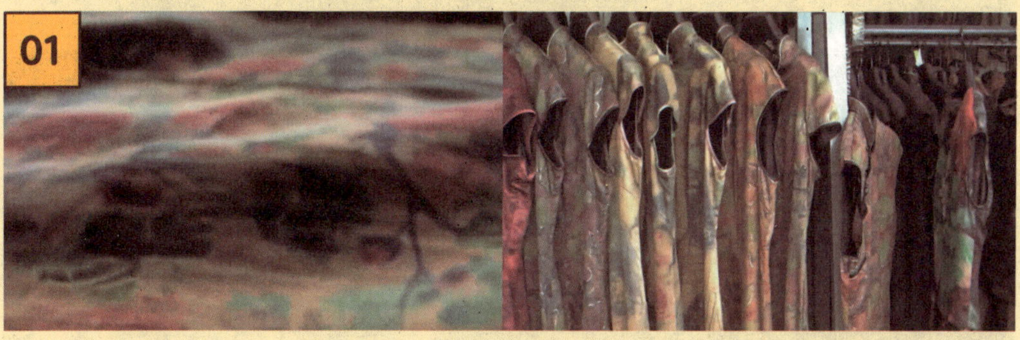

02

他们来到了广东香云纱文化产业园区的晒莨厂，想要了解香云纱的生产制作过程。在这里，虽然师傅们都很忙碌，但工作井然有序、有条不紊。韦春如蹲下来观察香云纱布料：“咦？为什么布料一面是棕红色的，一面是黑色的呢？”在这里工作的杜师傅回应，这正是香云纱神秘的地方。3人被杜师傅邀请一起体验香云纱的染整过程，于是，他们成了晒莨厂的“学徒”。

一天早晨7点，杜师傅一边做一边向“学徒”们介绍。捣碎的这种东西叫薯莨，是用来给香云纱染色的天然染料。为什么一定要选用薯莨作为染色的原材料呢？杜师傅告诉3人，薯莨汁富含单宁，可以使丝绸里面的蛋白质更加稳定。严嘉伟把榨好的薯莨汁倒入水槽，然后将丝绸坯料浸入。丝绸坯料浮起的地方需要不断按入薯莨汁，力求每一根丝都充分染上薯莨的汁液。这个过程叫“浸染”。

03

上色后的坯绸会被运到草地。韦春如、严嘉伟给坯绸的两端装上钢管，固定坯绸，再将染好色的坯绸顺着风向在草地上展开暴晒，这一过程叫“晒莨”。晒莨时，气温最好为28~30摄氏度，还要注意观察风向和风力。有人说，香云纱是阳光、薯莨和汗水“炼”出来的柔软之物。确实如此！

04

晒莨后，师傅们用蘸满薯莨汁的葵叶扫把均匀地涂抹坯绸，这个过程叫“洒莨水”。洒莨水之后的过程叫“封莨水”，师傅们将坯绸放到封水槽，加入薯莨汁浸泡30分钟以上。然后是“煮绸”，师傅将坯绸置入大铜锅，用温度为45~50摄氏度的薯莨汁浸泡4~5分钟，其间需要不停地翻动。坯绸需要反复经过晒莨、洒莨水、封莨水、煮绸，直至达到深棕色，这就是香云纱一面呈现棕红色的原因。薯莨汁的浓度决定坯绸着色的程度。师傅们按照自己多年的经验，根据需要制作坯绸的数量来调制薯莨汁。

05

06

香云纱黑色的一面又是如何染成的呢？杜师傅告诉“学徒”们，黑色的一面与香云纱制作中的一道工序——“过泥”有关，这是香云纱制作中既神圣又美妙的地方。那么“过泥”是什么呢？

把河泥打捞上来，将其均匀地搅拌成糊状。然后将坯绸正面向上，平摊于洁净的水泥地面。再向坯绸的一面涂抹河泥，使其表面形成均匀的薄河泥层，以肉眼看不到坯绸为准，这个过程就叫“过泥”。这是一道讲究集体合作的工序，需要所有人耐心操作。因为坯绸制作成本高，不能随便用制作好的坯绸来试验过泥，所以陈彦铭、韦春如、严嘉伟3人选择用两张和坯绸差不多大的一般布料来体验过泥。虽然不是真正的过泥，但他们也体会到了过泥时的不容易。过泥的泥从哪来呢？由于珠三角地区河道交错，顺德的西江河床下细润无沙之泥层逐渐沉积，形成丰富且未经污染的河泥，为香云纱的制作提供了充足的过泥原料。

07

3位“学徒”把过泥后的坯绸抬到晒场附近的河水中洗涤，用水冲洗掉河泥，这个过程叫“洗水”。河泥又流回河中。河泥洗干净后，3人在日落前后，将坯绸正面向上，平摊在草地上晾晒40分钟，使坯绸吸收草地上的水分而软化。这个过程叫“摊雾”。

08

洗掉河泥的布料一面呈现出黑色。“学徒”们总结，原来香云纱一面的黑色是留下来的河泥。“错啦！”师傅听到后赶紧纠正。这黑色面虽然是过泥时形成的，但这些黑色并不是河泥，而是河泥中的硫化铁与单宁起化学作用形成的。丝绸过泥的一面呈黑色，没过泥的一面则呈棕红色等，这就是香云纱黑、棕两面的秘密。

根据实践，陈彦铭、韦春如、严嘉伟3人总结了香云纱染色的完整工序：浸染、晒莨、洒莨水、封莨水、煮绸、过泥、洗水、摊雾。

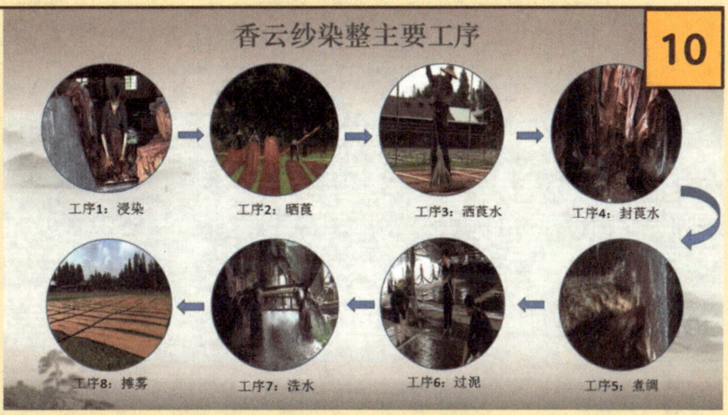

不仅总结了工序，3人还分析了香云纱染色的原理。薯莨汁中的单宁与坯绸中的蛋白质会发生化学反应变成棕红色，晒莨过程中阳光的照射起到催化作用。过泥后，单宁与河泥中的铁离子反应，变成黑色。

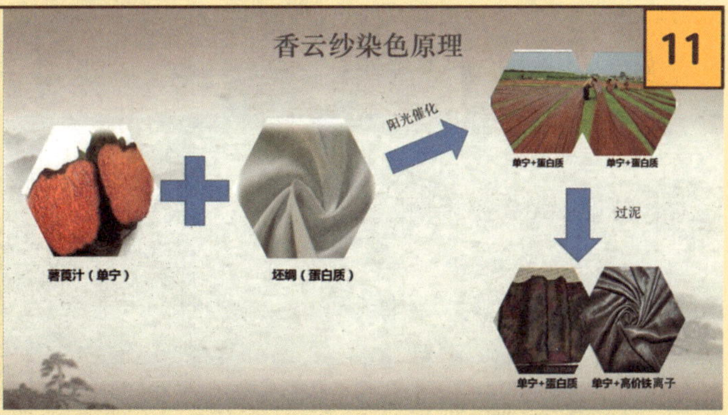

夕阳西下，大家一起收回用汗水换来的坯绸。师傅们娴熟的收布动作，成了晒莨厂独特的风景。香云纱是薯莨汁和河泥制作而成的，是一种健康的标志，纯净、天然，穿得越久越轻盈、柔软。

12

这么神奇的香云纱是怎么起源的呢？陈彦铭、韦春如、严嘉伟3人不断查阅资料后才得知，香云纱的起源与织造技术和染整工艺的发展有关。香云纱是广东人民勤劳智慧的结晶，这种传统工艺或许不能给现代印染业直接、具体的技术支持，但其丰富的生态内涵和文化意义可以给予纺织界一种环保、人文发展思路的启迪。炎热的夏天，香云纱便是广东人的最优之选，出了汗不沾身，一阵凉风吹过，身体便像是与风融在了一起。3人在想，有没有更好的办法，可以提高香云纱的生产效率，同时降低师傅们的劳动强度呢？他们将进一步展开探究。

13

专家点评

中国历史悠久、地大物博，各地都有入选国家级非物质文化遗产的工艺。研究一种当地的非物质文化遗产是青少年科学探究的经典选题。短片中的3位科学少年陈彦铭、韦春如、严嘉伟就选择了香云纱的染整技艺作为“揭秘”焦点，详细讲述了香云纱制作的特殊工艺过程，令人耳目一新。

他们巧妙地提出问题：香云纱为什么一面是棕红色、一面是黑色呢？用问题把染整工艺的各个环节有效地串起来，环环相扣，结构合理，不蔓不枝。

短片中小科学家们在重要环节身临其境，亲手制作，机会实在难得，其中小科学家们满头大汗的镜头让人印象深刻。如果小科学家们能够在现场介绍，并谈谈自己劳动的感受，会让观众更有代入感。

解说沉稳准确，与内容和谐无间。配音吐字发音准确，流畅自然。但两位同学参与香云纱的染整工作一声未发，建议至少要增加同期声。

画面精美，使用的航拍镜头提升了视觉效果。如果继续探究，能否将香云纱从白色纱坯到一件衣服的完整过程全面揭秘？可否在强度、韧性、耐磨、防腐、美观等方面进行对比实验呢？

四、走进龙窑

3rd International Youth Science Fair for Discovery Videos

第三屆國際青少年科學發現影像大賽

獲獎證書

茲頒發給優秀科學微電影「二等獎」獲得者。特頒此證，以資鼓勵。

項目名稱 ：走進龍窯

作　　者 ：梁翠雯、麥泳深、楊桂芬、肖龍

所在學校 ：佛山市順德區胡寶星職業技術學校

指導教師 ：尤永祥、麥綺莉

國際青少年科學發現影像大賽評審委員會主席

張波 博士

2018年9月30日至10月6日 於美國波士頓

在内地观赏影片：

3rd International Youth Science Fair for Discovery Videos

The Second Place Of Grand Award

is hereby awarded to

Ms. Cuiwen Liang, Ms.Yongshen Mai, Ms.Guifen Yang & Mr.Long Xiao

from

Hubaoxing Vocational Technical School Of Shunde

for their discovery video project on

Into the Dragon Kiln

under supervision of

Mr.Yongxiang You & Mrs.Qili Mai

September 30 to October 6, 2018

Boston, USA

Dr. BO Zhang

Chair

International Youth Science Fair for Discovery Videos

在境外观赏影片：

探究故事

蓝鲸的话

你知道烧制陶瓷的窑长什么样子吗？4位少年创客梁翠雯、麦泳深、杨桂芬、肖龙来自胡宝星职业技术学校，要带你看看有500年历史的龙窑“南风古灶”。虽然叫“灶”，其实是窑，不是用来做饭的灶，而是烧制陶瓷的窑。它像一条长龙从天而降，所以叫龙窑。下面让我们一起走进龙窑！

陶瓷是中国的名片，中国是陶瓷的故乡。在英文中陶瓷“china”与中国“China”同为一个词。陶瓷是陶器和瓷器的总称。陶器历史悠久，是古代劳动人民的一个重要的创造，是中华民族文化的精粹之一。梁翠雯、麦泳深、杨桂芬和肖龙4位同学对陶器的制作产生了极大的兴趣，那么陶器到底是如何烧制的呢？

02

带着这个疑问，4位同学开始上网查阅资料，得知龙窑是烧制的地方。龙窑是我国窑炉的一种形式，是陶器重要的生产工具。在佛山，现存最古老的龙窑是佛山石湾的南风古灶。南风古灶依山坡而建，呈长条形，犹如一条巨龙从天而降。

03

为了更深入地了解龙窑与陶器的制作，梁翠雯、麦泳深、杨桂芬和肖龙4人决定前往佛山石湾的南风古灶一探究竟。哇！它真的犹如一条巨龙趴在山坡上。这座窑由窑头、窑身、窑尾3个部分组成。龙窑全长30~60米，高2~4米，宽2米左右，烟囱高6~10米。龙窑两端设有投柴口，用来投入木柴，也有通风透气的作用；窑前有两个烧火口，用来烧火；窑门用来搬运烧好的陶器。在这里，他们还了解到，陶器的好坏与龙窑的烧制过程有密切关系。

4位同学在和南风古灶的工作人员沟通时了解到，龙窑的结构会使它里面各部位的温度有所不同。这是为什么呢？同学们打算根据龙窑的结构，按比例做一个模型，看一看窑内不同部位的温度究竟是如何变化的。

4位同学准备了钳子、割刀、木板。他们按照龙窑下面斜坡的比例，割出了斜坡的正面、侧面，把割好的木板合起来组成一个斜坡的结构。然后，他们在相应的部位钻孔，目的是用铁丝将龙窑固定在这个斜坡上。

4位同学用粗铁丝制作一个龙窑的框架，再分别用中细铁丝加以固定；把用铁丝制成的龙窑框架固定在斜坡上，再用钳子把铁丝扭紧；然后用水泥浸满毛巾，并铺在铁丝框架表面，直至铺到看不见铁丝为止，以支撑起水泥；等到水泥干透了，在龙窑表面钻出几个透气孔。这样，一个龙窑模型就完成了！

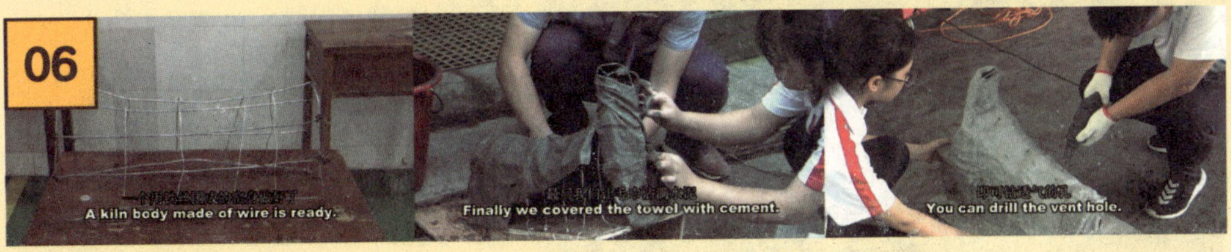

4位同学设计了一个模拟龙窑烧制陶器的实验，看看不同部位是否会有不同的温度。他们准备了温度计、木柴、铁罐、炭、汽油、钳子、安全手套、防火眼镜、灭火器，以木柴、炭为燃料，在空旷的地方进行烧制。烧制时，4位同学也做好了防火措施。

实验前，4位同学在温度计顶端下2厘米处贴上了透明胶。这样在温度计深入龙窑模型时，测量的深度是一样的，以尽量保持测量条件相同、数据稳定。同学们在每个温度测量孔都做了记号。

第一次实验，4位同学先把温度计放置在每个测量孔内测试初温，把燃烧的木柴先放在铁罐上，再放进窑内，模拟烧制过程。他们每隔一段时间记录窑内不同部位的温度数据。第二次实验，他们将木柴换成滴有汽油的木柴，然后重复上述步骤。

将测得的结果列出来，4位同学发现窑内不同的部位确实有着不同的温度。实验结果还表明，窑头的温度比窑尾要高。这是为什么呢？同学们分析后认为，整个龙窑“头低尾高”，而热量对流的方向由低到高，这就造成了龙窑不同部位有不同温度的现象。

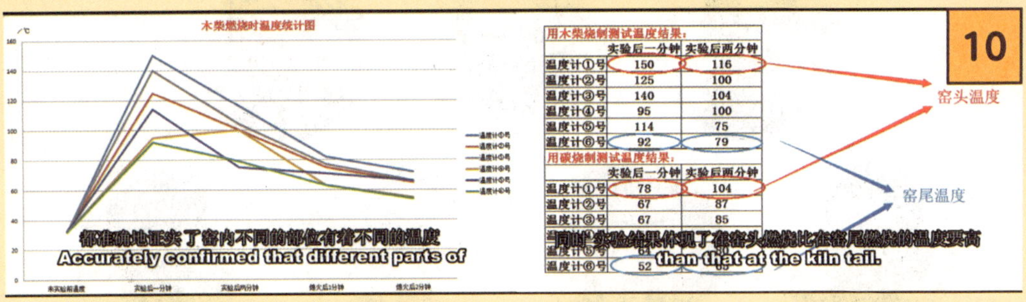

正因如此，龙窑不同部位烧成的陶器才会“老”“嫩”不同，釉色也会有所不同。看来，这就是龙窑陶器的价值所在！

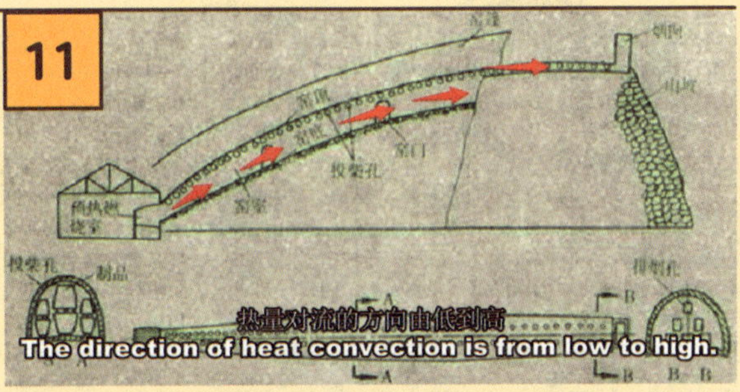

龙窑烧出的陶器散发着一种质朴、浑厚、古拙的美感。4位同学呼吁大家保护好现存的龙窑，珍视祖先传下来的宝贵遗产，并将它们发扬光大！

专家点评

各地都有不同级别的文物保护单位，这些地方都保存着中华传统文化的瑰宝。用科学的方法探究出中国古代劳动人民的智慧，这是科学探究纪录片的经典选题。本片聚焦国家级文物保护单位“南风古灶”，探究了烧制陶瓷的龙窑所具有的特殊构造，并采用制作模型和模拟实验的方法试图解释龙窑的特殊构造对窑温变化的影响，揭示了南风古灶中的科学智慧。

4位少年创客具有很强的动手能力，在制作模型的过程中，他们利用木板制作斜坡，利用铁丝搭建龙骨，利用浸满水泥的毛巾做窑身，最后还用打孔的方法模拟窑眼。

虽然只是制作模型，但是4位少年创客想了很多办法去克服每一个困难。在模拟实验中，插满温度计的龙窑模型让我们再次看到了他们虽然粗糙但是充满“原始创新”的探索精神。本片对南风古灶的探索仍然需要进一步加深，但是4位少年创客却给观众留下了深刻印象，他们让观众相信在科学探究中“办法总比困难多”。

配音流畅，但节奏单一，缺乏情绪的表达。解说太平淡，语言的魅力有待提升。解说时使用虚词过多，以致语言表现力较弱。

4位少年创客在做模拟窑温实验中，自身安全防护和安全防范的意识很强，这也是本短片的一个亮点！但是，他们在用水泥浸染毛巾时，为什么忘了戴手套呢？水泥很容易腐蚀皮肤，实验安全，需要警钟长鸣。

第二篇

传统建筑与保护

五、文峰耸秀

2nd International Youth Science Fair for Discovery Videos

第二屆國際青少年科學發現影像大賽

獲獎證書

茲頒發給優秀科學微電影「二等獎」獲得者。特頒此證，以資鼓勵。

項目名稱 ： 文峰聳秀

作　　者 ： 石子豪、賈恩澤、張鈴昆、馬晨淼

所在學校 ： 河南省安陽市三官廟小學

指導教師 ： 李紅婷、吳志強

國際青少年科學發現影像大賽評審委員會主席

張波 博士

2017年9月30日至10月6日 於美國波士頓

在内地观赏影片：

2nd International Youth Science Fair for Discovery Videos

The Second Place Of Grand Award

is hereby awarded to

Mr. Zibao Shi, Mr. Enze Jia, Mr. Lingkun Zhang, Mr. Chenmiao Ma

from

Henan Anyang Sanguanmiao Primary School

for their discovery video project on

Wen Fen Tower in Anyang

under supervision of

Ms. Hongting Li, Mr. Zhiqiang Wu

September 30 to October 6, 2017

Boston, USA

Dr. BO Zhang

Chair

International Youth Science Fair for Discovery Videos

在境外观赏影片：

探究故事

蓝鲸的话

我们平时见到的古塔都是“上小下大”，但是你有没有见过“上大下小”的古塔呢？面对家乡这座与众不同的古塔，4位科学少年心生疑惑，古塔为何屹立数百年不倒？建筑方法上有什么秘密？是否有特殊的抗震装置？能不能动手做一座古塔模型？ 4位科学少年将带我们揭开古塔之谜。

安阳是一座有3千多年历史的文化古都，这里出土的甲骨文，是可考证的中国最早的文字。殷墟、天宁寺、曹操墓等都是著名的文化古迹。在这些众多的文化遗迹中，有一座神秘的古塔，一直是安阳古城的标志性建筑。

一天，石子豪、贾恩泽、张铃昆、马晨淼4人跟随老师一起到天宁寺游玩。在天宁寺导游的指引下，他们一起游览了寺里的文峰塔。文峰塔是一座佛塔，曾叫“天宁寺塔”。在清乾隆年间，一位黄姓知府在塔门上题字“文峰耸秀”，渐渐地，后人就将此塔唤作“文峰塔”。

02

文峰塔是一座很有特色的建筑，最大的特点就是它“上大下小”的结构。所谓“上大下小”，是指在这座佛塔的重檐部分，上层大、下层小。在远处观看此塔，就像一支倒立的毛笔。据史料记载，1830年，安阳有一次大地震，很多房子都倒塌了，但是文峰塔却屹立不倒，所以当时很多人便选择躲在文峰塔里，最终在余震中幸存下来。

03

一座“上大下小”结构的塔，还可以防震？同学们对此产生了好奇。为什么文峰塔有“上大下小”的结构？这种结构是否有利于文峰塔的稳定？

04

带着问题，同学们跟着老师进入文峰塔。塔内楼梯很陡，一开始必须紧抓扶手才能前行。走过数阶楼梯，科学少年们来到了一个塔室。原来，在文峰塔内部，每上一层都有一个塔室，内部的塔室与外部的重檐相对应，不同层的塔室则由陡峭的楼梯连接。塔室内部很暗，通过通风口，可以让阳光与空气进入。一直向上爬，大约半小时，4位同学陆续登到塔顶。登高望远，安阳市的市容市貌尽收眼底。虽然登塔的过程新鲜、有趣、刺激，但是他们还是没找到文峰塔"上大下小"的原因。

从天宁寺出来，同学们便去图书馆查阅资料，找到了文峰塔的相关资料，但资料里只是介绍文峰塔有"上大下小"的特征，并没有介绍这种特征的科学原理。同学们便开始采访市民，同样也没有找到合理的答案。

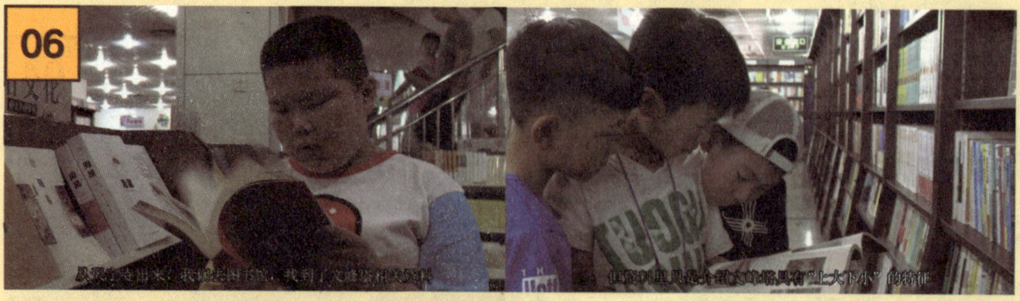

文峰塔为什么“上大下小”？4位同学展开了讨论，并用积木和乐高模拟文峰塔的样子，猜想文峰塔“上大下小”可能的原因。一种猜想是，文峰塔具有某些扣锁结构，就像乐高可以扣在一起一样，文峰塔利用这些扣锁变得稳定。第二种猜想是，文峰塔最上面有一个重物，依靠这个重物的压力稳定塔身。就像搭积木时，如果想在一层多放一块积木，那么在它们上面需要放上足够重的积木，从而让下面两块积木不会掉落。

带着这两种猜想，同学们决定再探文峰塔。这次观察时，石子豪发现在重檐与重檐之间，有一些方块状的东西密布。这些是什么？贾恩泽采访了这里的导游，了解到重檐之间这些方块状的东西叫“斗拱”，这些斗拱具有榫卯结构，起到了稳定塔身的作用。

同学们再次进入塔内探究。这次，他们测量了每层楼道台阶的高度，楼道的宽度，塔室的大小以及通风口的长、宽、高。同学们发现，随着层数的增加，楼道会变得越来越狭窄；随着层数的增加，塔室变得越来越宽敞，通风口也变长、变宽、变高。看来，随着层数的增加，塔内实体的部分越来越少，空心的部分越来越多，这说明文峰塔整体应该是下层质量大、上层质量小，即“上轻下重”。

09

在最顶层的塔室，4位同学发现了一个“十”字结构的顶梁。通过观察，他们发现这个顶梁连接了塔顶的塔刹与这一层塔室的墙壁。原来，文峰塔塔顶的塔刹部分，通过十字顶梁与其下面一层的塔室及重檐连接；塔刹通过自身的重力，压住了下一层的塔室与重檐，这一层的重力再压住下一层，以此类推，从而稳定了塔身。

10

通过两次对文峰塔内部的探索，结合讨论时得到的猜想，同学们总结出了“上大下小”的文峰塔稳定的原因：首先，文峰塔塔身部分有很多木质的斗拱，这些斗拱具有榫卯结构，可以稳固每一层重檐；其次，文峰塔塔柱部分只有一条向上的楼道，近乎实心，越往上，虽然楼道越窄，但是塔室越宽敞、通风口也越大，从外面看，下层的斗拱也明显多于上层，这些因素会减轻塔上层的质量，形成“上轻下重”的特点来稳固塔身；最后，文峰塔最上面的塔刹利用自身重力产生一定压力，压住每一层重檐来稳固塔身。通过以上3个因素的作用，文峰塔虽然呈现出“上大下小”的外观，但并不失稳定性，如此屹立安阳千年而不倒。

“上大下小”的文峰塔稳定的秘密终于被揭开了！文峰耸秀，文峰塔不愧是安阳的标志建筑。通过这次探究，4位同学也愈发热爱自己的家乡。

专家点评

中国古代建筑中的科学内涵，这样的选题很好，但是有较大难度。小科学家们在片头部分对文峰塔进行了详细的描述，自然地引出探究的问题：文峰塔为何“上大下小”？这样的结构对塔身稳定和抗震有什么作用？从探索内部结构、观察外部构造、查阅相关文献，到从积木中寻找灵感，再到反复实地考察，终于得出相对合理的结论，整个探究过程充实，逻辑性强。

短片结构完整，小组成员探究当地历史人文建筑的过程和细节记录完整，其中积木猜想段落生动自然。全景画面清晰，塔内画面细节丰富。

在短片中，文峰塔特殊的结构、古都安阳的历史胜景、现今古城的风貌，三者相辅相成，展示了小科学家们对科学与人文相结合的探究意识。

配音情绪饱满，表达较为清晰。出镜的画面都是同学们走路的空镜头，在爬塔的时候可以增加同期声的渲染，导游讲述也缺失同期声。

短片标题应更具体，建议用副标题交代出研究课题。入题稍显缓慢，解说词不够生动。

六、蚝壳墙

——岭南古建筑研究

3rd International Youth Science Fair for Discovery Videos

第三屆國際青少年科學發現影像大賽

獲獎證書

茲頒發給「亨達」最佳腳本獎 獲得者。特頒此證，以資鼓勵。

項目名稱 ：蠔殼墻——嶺南古建築研究

作　　者 ：何梓汶、梁淑欣、敬思彤

所在學校 ：佛山市順德區胡寶星職業技術學校

指導教師 ：馬啟珍、陳春瑛

國際青少年科學發現影像大賽評審委員會主席

張波 博士

2018年9月30日至10月6日 於美國波士頓

HKISA HKISA HKISA

在内地观赏影片：

3rd International Youth Science Fair for Discovery Videos

Hantec Best Screenplay Award

is hereby awarded to

Ms. Ziwen He, Ms.Shuxin Liang & Ms.Sitong Jing

from

Hubaoxing Vocational Technical School Of Shunde

for their discovery video project on

Oyster Shell Wall : Ling Nan Ancient Architecture Research

under supervision of

Mrs.Qizhen Ma & Mrs.Chunying Chen

September 30 to October 6, 2018

Boston, USA

Dr. BO Zhang

Chair

International Youth Science Fair for Discovery Videos

HKISA HKISA HKISA

在境外观赏影片：

探究故事

蓝鲸的话

中国南方地区有一道美食——生蚝，人们吃完生蚝，留下了大量蚝壳垃圾，这些固体废物怎么处理呢？中国古代劳动人民想了一个好主意，把它建成“蚝壳墙”，这种墙坚固、耐用，而且冬暖夏凉。真的有这么神奇吗？胡宝星职业技术学校的3位女同学迷上了这个问题，她们既当建筑师、又当科学家，忙得不亦乐乎，搞得满手满脸都是泥！这么辛苦，她们有什么发现吗？让我们一起来看一看吧！

01

蚝，咸水所结，被人们视为海鲜中的佳品，备受青睐。无论是清蒸生蚝还是炭烧生蚝，都令人垂涎欲滴。然而在人们大快朵颐之后，蚝壳去哪儿了？在海鲜店门外的马路边、树底下、垃圾桶旁边、草地上，到处可见一堆堆的蚝壳。

02

梁淑欣发现，他们家附近居然有用蚝壳做成的房子！于是她和好朋友何梓汶、敬思彤来到了高赞梁氏祖屋，祖屋墙壁皆为蚝壳所建。3位女同学摸摸墙体，感觉非常凉爽。难道蚝壳墙可以降低室温？它又是怎样建成的呢？

03

何梓汶咨询了当地村民蚝壳墙的建筑方法。按照村民的说法，3位女同学将红糖、糯米、蚝壳粉分别按照1∶1∶3和1∶1∶1的比例调试黏合剂，发现第一种比例的黏合剂没有黏性，第二种有黏性。于是，她们采用第二种比例的黏合剂建蚝壳墙。建好5天后，何梓汶发现墙面还是湿的，墙体已经发霉，根本立不起来。难道是黏合剂的比例不对？

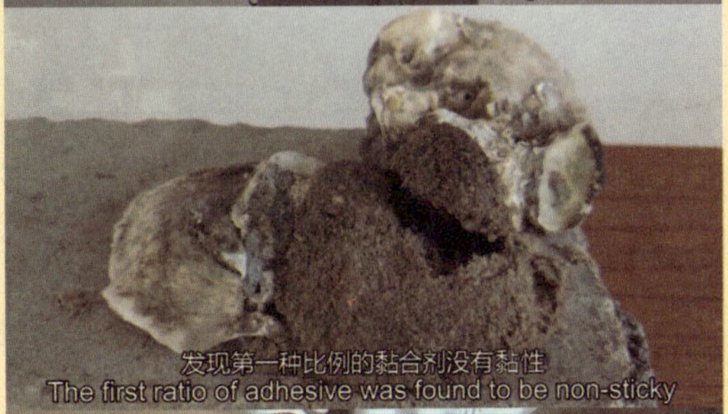

3位同学在网上都找不到相应的资料。于是，何梓汶咨询了东莞蚝岗遗址博物馆的工作人员，得知博物馆是用水泥粘的蚝壳。但古时候又没有水泥，古人是怎么建造的呢？最后，何梓汶从一位广东民俗专家邓家声先生口中得知，蚝壳墙墙基的主要原料是黄泥巴混合干稻草、红糖、糯米、蚝壳粉。

新的实验又开始啦！3位女同学一起，先尝试把红糖、糯米、蚝壳粉、黄泥巴按照1∶1∶5∶10的比例调试黏合剂，发现做成的墙体会开裂；再尝试按照1∶1∶5∶25的比例调试，发现做成的墙体非常坚固。随后，她们按照这个比例加上干稻草搅拌均匀，把蚝壳沾上黏合剂一层层叠上去，看上去更加坚固。

蚝壳墙是否具有冬暖夏凉的效果呢？3位女同学决定通过对比实验进行验证。她们找来了水泥、砂子、砖头等，请教建筑工人，把砂子、水泥按2∶1的比例调成水泥砂浆，建成一面砖墙和一面贴马赛克的墙，与蚝壳墙进行对比。然后，一人搬着一面墙，将3面墙搬到天台上，用高密度塑料板做3面墙的屋顶，在太阳下暴晒相同的时间，看看蚝壳墙是不是比其他两面墙“夏凉”效果更好，即具有更好的保温（隔热）效果。

她们分别取10分钟、30分钟、1小时和2小时的时间点，对比3面墙内部的温度。结果显示，蚝壳墙的温度最低，变化幅度最小，确实有“夏凉”的效果。但蚝壳墙的建造难度较大。如果只是把蚝壳当装饰材料贴在砖墙外面，是否会有同样的效果呢？

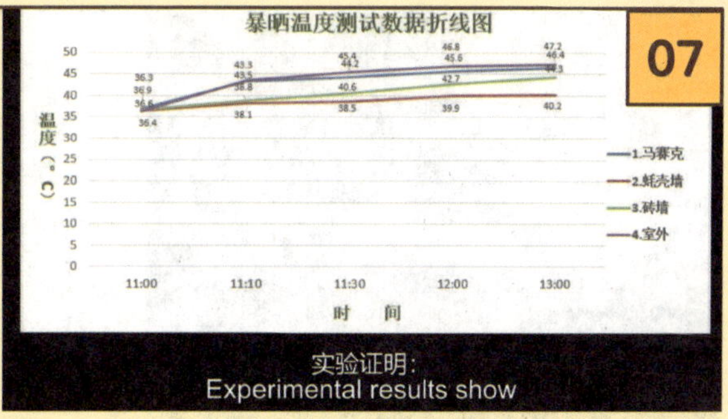

在已有实验的基础上，3位女同学结合砖墙和蚝壳墙的特点，在砖墙外面贴上蚝壳，做成了蚝壳装饰墙，决定对比蚝壳墙、蚝壳装饰墙、砖墙、马赛克墙的保温能力。她们买来5瓶全冻的冰水，将其中4瓶分别放进4面墙内，第5瓶留在室外，每隔半小时监测每瓶水的融化程度。结果显示，蚝壳装饰墙和蚝壳墙能达到近似的保温效果，两者的保温效果好于其他墙面。

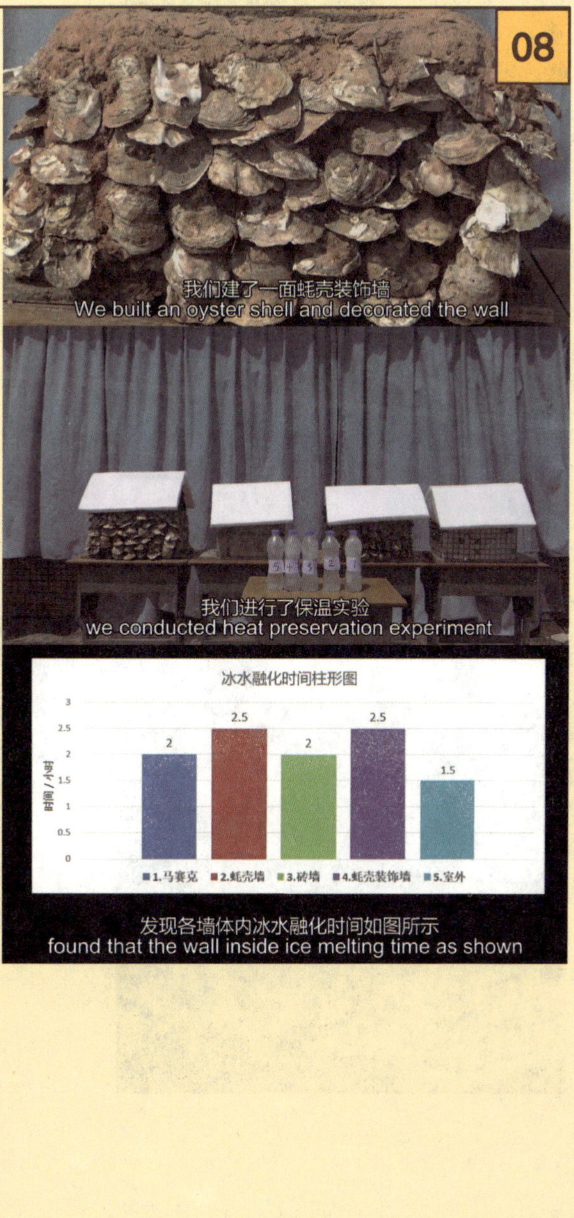

何梓汶分析蚝壳墙保温的原理，认为表面凹凸不平的蚝壳在日光照射下可以形成大片蚝壳阴影，这样会降低墙面的热度，也能很快地散热。在走访过程中，梁淑欣还发现均安黄氏大宗祠、碧江金楼、高赞梁氏祖屋的蚝壳墙保存至今且屹立不倒，而一般的老墙墙面或有开裂或长满青苔。这是什么原因呢？

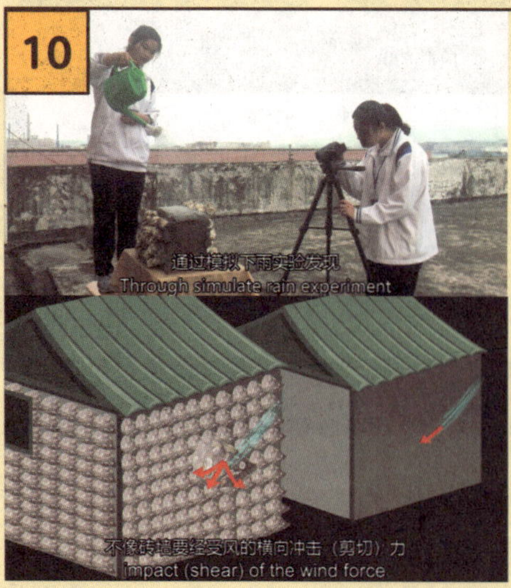

通过模拟下雨实验，何梓汶发现，鳞状的蚝壳更便于雨水下泄，避免雨水浸入内墙，有助于保持墙体干爽。同时，蚝壳具有独特的弧形结构，能有效化解风的横向力，不像砖墙要经受风的横向冲击（剪切）力。因此，蚝壳墙能防霉、防潮、防蛀、抗台风。难怪有“以其壳垒墙，高至五六丈不仆”之句，更有“千年砖，万年蚝”之说。

自明代以来，岭南地区多以蚝壳墙建筑房屋，它是广府文化的代表。另外，3位女同学还发现顺德清晖园、东莞可园等古代名园中还有用蚝壳打磨的蚝壳窗。这是她们要继续深入了解的课题。她们相信，如果现代建筑能结合蚝壳装饰，将会有更好的环保、节能效果。

专家点评

在中国古代建筑中，有很多建筑不仅美观，而且具有节能环保的功能。在全球变暖的大背景下，研究传统建筑的建造方法和节能效果非常有现实意义与环保价值。本片中的小科学家们聚焦家乡岭南特有的建筑“蚝壳墙”，希望能够挖掘出这种“冬暖夏凉”的墙体的价值。为了探究蚝壳墙的建材配料和比例，她们采访专家、亲自搬砖砌墙、反复变换不同比例进行实验，终于还原出古代蚝壳墙的有效建材配方。她们继续深挖，探索蚝壳墙的保温效果和机理，用对比实验的方法证明了蚝壳墙比砖墙、马赛克墙更保温，对建筑节能具有一定意义。

短片在探究、拍摄与剪辑方面兼具美感。脚本结构完整、合理，重点突出。解说语速适中、准确简洁，在解说词的基础上有所提升。

配音顺畅，口齿清晰，语言流畅，情绪饱满。在娓娓道来中将独特的蚝壳墙建筑讲解得生动有趣。同学们在自己实验蚝壳墙的过程中一定有很多有趣的同期声，建议剪辑时可以保留在片子里。

七、金砖探秘

2019 New York • International Youth Science Video Fair

國際青少年科學影像大賽

獲獎證書

茲頒發給優秀科學微電影「一等獎」獲得者。特頒此證，以資鼓勵。

項目名稱 ： 金磚探秘

作　　者 ： 胡雅淇、張博樺、張昊、瞿晟希

所在學校 ： 蘇州市景范中學

指導教師 ： 沈妍婧、董敏華、陳淩傑

國際青少年科學影像大賽評審委員會主席

姜冬梅 博士　　袁小軍 博士

2019年9月30日至10月6日於美國紐約

主辦方： HKYSA 香港青少年科學院 Hong Kong Youth Science Academy　COLUMBIA UNIVERSITY IN THE CITY OF NEW YORK LAMONT-DOHERTY EARTH OBSERVATORY

在内地观赏影片：

2019 New York • International Youth Science Video Fair

The First Place Of Grand Award

is hereby awarded to

Yaqi Hu, David Zhang, Hao Zhang & Shenxi Qu

from

SuZhou JingFan Middle School

for their discovery video project on

Secrets of the Gold Brick

under supervision of

Yanjing Shen, Minhua Dong & Lingjie Chen

Dr. Dongmei Jiang
CO-Chair
International Youth Science Videos Fair

September 30 to October 6, 2019
New York, USA

Dr. Xiaojun Yuan
CO-Chair
International Youth Science Videos Fair

Organizers: HKYSA 香港青少年科學院 Hong Kong Youth Science Academy　COLUMBIA UNIVERSITY IN THE CITY OF NEW YORK LAMONT-DOHERTY EARTH OBSERVATORY

在境外观赏影片：

探究故事

蓝鲸的话

“金砖”这个名称很吸引人，让人浮想联翩。金砖是金子做的砖吗？是金色的砖吗？是比金子还贵重的砖吗？苏州市景范中学的走廊上整齐地摆放着一块块金砖，它引起了小科学家们的注意，他们决定寻根究底找出这些看上去平平无奇的金砖蕴藏的秘密。

胡雅淇、张博桦、张昊、瞿晟希在学校里发现了许多方方正正的灰砖，但它们却被命名为金砖，在走廊、陈列馆里都能看到它们的身影。为什么学校里会有这些砖呢？它们为什么被称为金砖呢？带着疑问，“金砖”少年们的探究之旅开始了。

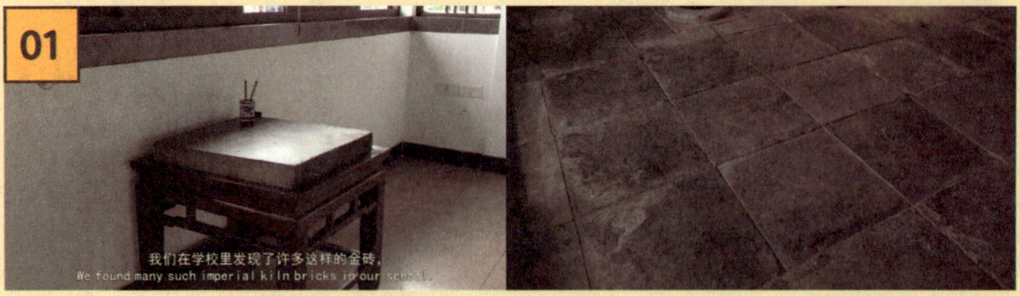

几位同学所在的苏州市景范中学的校址曾是北宋名相范仲淹的祖宅，也正是在这里，范仲淹开启了中国历史上的义庄和义学历史。而这些砖，就是义庄的遗留产物。查找资料，关于金砖的命名，4位同学找寻到3种广为流传的说法：第一种说法，是由于金砖被敲击时有金石之声，因此被称为金砖；第二种说法，是这些砖在过去只供皇家使用，同时砖在五行中属金，所以金砖是坚硬和江山永固的象征；第三种说法，是这些砖的制作工艺极为精细复杂，成本花费巨大，有着“一两黄金一块砖”的说法，于是被称为金砖。

虽然金砖的命名尚未形成统一的结论，但4位同学认为这3种解释都依托于金砖的特点和历史，它反映出的是丰富的文化内涵和研究价值。因此，金砖绝不仅仅是一种古式建筑材料，它还是传统工艺和非物质文化遗产的重要载体。2006年5月，苏州御窑金砖制作技艺被列入第一批国家级非物质文化遗产代表性项目名录。于是，同学们决定前往苏州陆慕御窑金砖厂探究金砖制作的秘密。

整个金砖制作的过程可分为取土、炼泥、制坯、阴干、焙烧、洇水、出窑7个步骤。在泥土的选用上，工匠们选取的是苏州陆慕地区的黄色粉砂型黏土，经过多道工序后，使土块变小变细。

炼泥工艺则极为复杂，工匠们常说“六转而成泥”。筛选好的泥要经过澄浆、过滤、晾干、晾晒、分割、踩踏6道工序才能炼出用来制坯的泥料。泥料在制坯之前还需要进行无数次的翻、捣、摔、揉，这一过程是要让泥的黏性和砂性达到最佳的融合程度，同时排出泥料中的气泡。匠人们常常依据泥料的切面是否存在气孔来判断炼泥的程度。

炼泥之后，将泥装入木质的模具，做成平整的砖坯。在这个过程中，工匠们需要不断将泥填入模具，用力夯实。制坯的关键在于不能留有空隙。因此，为了保证砖坯的紧实，工匠们常按照先4个角、再4条边、最后中央的顺序填补泥土。同时，为了保证砖坯的光滑，工匠们还会用铁丝、刮尺或滚筒使泥的表面平整。随后，工匠们会将泥坯取出，竖立放置。这就进入阴干环节了，阴干需要5~8个月。在这个过程中，工匠们需要每天翻转泥坯，并轻柔地敲击，同时遮光保存，适时进行通风晾干。

金砖的成色与焙烧和洇水关系密切。砖坯需要经历4个多月的烧造，在此过程中，工匠们需要用砻糠、片柴、稻草、松枝各烧一个多月。然后，工匠们用洇水将其冷却，冷却时从窑顶慢慢将水渗入窑座。高温下，水化为蒸汽，起到了隔绝空气的作用。由于窑内缺少氧气，泥料中的三氧化二铁会还原为氧化亚铁，这造就了砖瓦独特的青灰色。出窑后的金砖仍需反复检验，颜色不均、质地松脆、断裂斑驳的砖都是不合格的，合格的砖往往十不得二。

08

复杂且精细的工艺，造就出独特而珍贵的金砖，也让它得到了“天下第一砖”的称誉。通过采访金砖厂的工匠，同学们得知，泥料的精细处理、焙烧的特殊程序都是金砖区别于普通砖块的地方。同时，苏州陆慕也是全国唯一可以烧制金砖的场所。

09

造就苏州独特金砖工艺地位的原因在于土质。从古至今，金砖的原料一直源于陆慕。工匠们说，只有陆慕的土才能制作金砖。苏州的地貌属于典型的冲积平原，这里的土壤易于胶结，适于制坯，因此烧结后的砖结实耐用。可是为什么只有陆慕地区的土才能被用于制作金砖呢？

10

金砖厂的负责人告诉同学们，这可能与土壤中的铝元素含量有关。为了搞清楚土壤中的铝元素含量，4位同学在苏州市的姑苏区、新区、吴中区和陆慕所在的相城区，分别选取了土壤样本，来检测其中的铝元素含量。结果显示，姑苏区土壤的铝含量为56 500毫克/千克，新区土壤的铝含量为43 900毫克/千克，吴中区为45 100毫克/千克，相城区为58 900毫克/千克。这些数据说明，相城区的土壤中铝含量最高，这源于相城区土壤中铝硅酸盐矿物的含量高。高温下，部分铝硅酸盐矿物会熔融，使其余矿物颗粒结为一体。这样就保证了金砖的形态，使其有了稳固的坚硬质地。

这大概就是金砖取材非陆慕土不可的原因。虽然在过去，工匠们无法探寻到其中的科学原理，但他们凭借经验多次尝试，打造出举世无双的金砖。这种古朴醇厚的细料方砖，自明代永乐年间兴起，历经无数波折与起伏才到了今天。

这让4位同学开始了新的思考：在时代和技术飞速发展的今天，如何继承和坚守传统金砖制作工艺？如何保护和使用现有的古老金砖？是否还存在尚未被发现的金砖的秘密？这些都需要“金砖”少年们进一步的探究。

专家点评

本片中小科学家们忠实地记录了作为国家非物质遗产的苏州陆慕御窑金砖的复杂生产工艺，即传统手工制作、生产周期漫长、效率低下，这使得“合格的砖往往十不得二”。只有“皇家御用”是可以不计成本的。研究团队关于制砖原料土中铝含量的调查研究很精彩，是传统工艺现代化改造的基础。

传统工艺方法不同于现代工艺流程，由于相关科学知识的局限和小农经济生产者保护自己知识、手艺的需要，传统手艺匠人一般会有种种故弄玄虚的操作，随着一代又一代地传承会有许多传说和教条。传承和发扬传统文化、传统工艺，理应依靠现代科学技术，去伪存真、去粗存精，分析、验证、改进和优化工艺流程。相信生产厂家除了为传统技艺体验活动而保留的原始作坊，还会有现代机械化的加工车间。

选题选取了家乡的特色金砖并对砖的原料、制作工艺进行了探究。表现形式采用了专题片的制作方法，画面稳定，构图较好，但解说词介绍的方式略显平淡。从工作照上可以看到拍摄的过程很生动，如果能在作品中加入“我们的故事”，作品的生动性将大大提升。制作中音乐一贯到底，没有变化，若充分调动背景音乐的节奏烘托氛围，采用同期声、现场声，会打破沉闷，使作品更加丰富多彩。

本片全部镜头都架设在三脚架上拍摄，构图工整，景别和拍摄角度变化丰富，剪辑节奏也较为得当。电动变焦镜头推拉方式拍摄的素材数量过多，推拉素材连续“动接动”剪辑，视觉上并不舒服。建议推拉素材的起幅、落幅都停留一段时间，后期剪辑时可根据前后素材在推拉镜头素材中选择合适的入点和出点。本片全部采用“画外音解说+配乐”方式，其中一个被访者对着镜头说话的画面也没有使用同期声，导致声音部分过于单调，建议在解说、配乐之外，在剪辑中使用同期声、环境音效等，让声音部分更加丰富。

八、探究古城墙之谜
——郑州商城遗址调查研究

3rd International Youth Science Fair for Discovery Videos

第三屆國際青少年科學發現影像大賽

獲獎證書

茲頒發給優秀科學微電影「一等獎」獲得者。特頒此證，以資鼓勵。

項目名稱 ： 探究古城牆之謎 —— 鄭州商城遺址調查研究

作　　者 ： 馬關、馬伊博、張靖宇

所在學校 ： 河南省鄭州市二七區培育小學

指導教師 ： 劉迎帥、張磊

國際青少年科學發現影像大賽評審委員會主席

張波 博士

2018年9月30日至10月6日 於美國波士頓

在内地观赏影片：

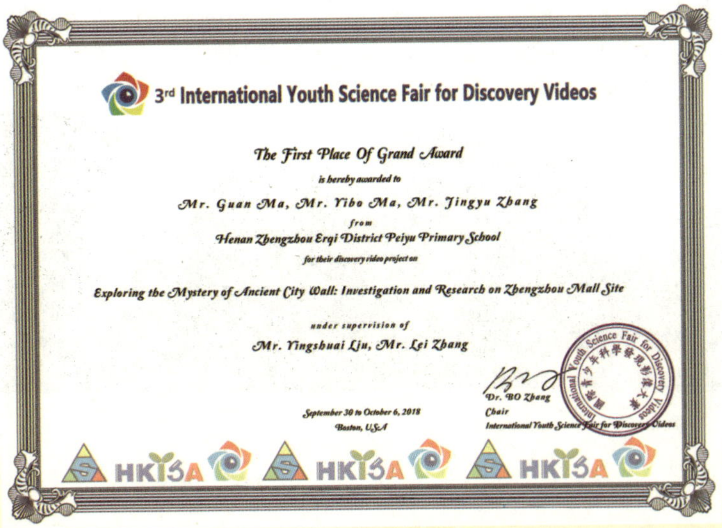

3rd International Youth Science Fair for Discovery Videos

The First Place Of Grand Award

is hereby awarded to

Mr. Guan Ma, Mr. Yibo Ma, Mr. Jingyu Zhang

from

Henan Zhengzhou Erqi District Peiyu Primary School

for their discovery video project on

Exploring the Mystery of Ancient City Wall: Investigation and Research on Zhengzhou Mall Site

under supervision of

Mr. Yingshuai Liu, Mr. Lei Zhang

Dr. BO Zhang

Chair

International Youth Science Fair for Discovery Videos

September 30 to October 6, 2018

Boston, USA

在境外观赏影片：

探究故事

蓝鲸的话

中原地区是华夏文明的发源地之一，在这片土地上有很多宝贵的物质文化遗产。它们现在怎样了？保存得还好吗？我们这一代人能看到它们，我们的孩子、我们孩子的孩子还能看到它们吗？作为中华儿女，我们不仅要继承这些物质文化遗产，更要了解它们、保护它们，并传承下去，让我们的子孙后代像我们一样享有这些宝贵的物质文化遗产！今天，我们就跟随河南郑州二七区培育小学的3位小科学家一起探究一座约有3 600岁的古城。

一个明媚的早晨，马关、马伊博、张靖宇3位科学少年来到郑州商城遗址公园游玩，这是商代古城墙遗址。城墙非常高大，站在上面，四周的景色尽收眼底。

01

在公园内，3位同学发现，郑州商城始建于距今大约3 600年前的商代早期，总面积达25平方千米，是迄今发现的商代早期规模最大、年代最早的都城遗址。内城垣遗址平面近似长方形，周长为6 960米。其中，东城墙和南城墙保存状况较好，现今大多屹立于地面之上。他们顿时对古城墙产生了浓厚的兴趣，决定对商代古城墙进行深入探究。

南城墙　　东城墙

第二天，科学少年们再次来到了商代古城墙，用卷尺丈量城墙的宽度和高度。一般的城墙宽度达19.55米，上网查阅资料得知商代战车宽度大约为1.35米，所以至少可同时容纳13辆战车并驾齐驱。由于城墙的两侧有护坡，他们无法直接用尺子测量出城墙高度，科学少年们通过测量得知每一级台阶的平均高度为0.13米，再乘以从地面到城墙顶的台阶数量44，最后得出城墙的高度约为5.72米。古城墙的两侧极为陡峭，人们想要从下面上去十分困难。可想而知，在几千年前的商代，城墙为抵御外敌入侵一定立下了汗马功劳！

为什么古城墙历经3 600年的风风雨雨、沧海桑田，依然能屹立不倒呢？抱着这样的疑问，科学少年们询问了郑州商代遗址管理处的工作人员。工作人员带着3人参观了城墙断面展厅。通过观察，他们发现城墙断面有明显的分层。这些分层是如何产生的？古城墙屹立不倒的奥秘，会不会就藏在这样的分层结构中呢？

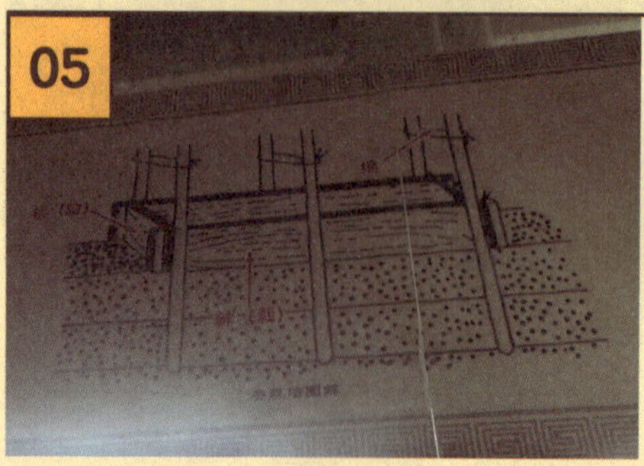

另外，他们还得知，商代古城墙是使用夯土技术修建的，以黏土为原料，采用分层分段版筑法，之前看到的分层结构是夯土特有的结构，这种方法可以使城墙变得更加结实。相对于现代的钢筋混凝土，商代遗址的建筑材料只不过是普通的黏土，却能经得住几千年风风雨雨的考验，真是了不起！

根据在展厅中看到的夯土墙的建造方法，3位科学少年决定自己模拟制作一段夯土墙，并在模型上进行一系列逆境实验。他们首先找来了黏土，在老师的帮助下做好模具，用擀面杖做夯杵，经过努力，终于做出了一段夯土墙。

科学少年们将做好的夯土墙放在教室中，自然风干一夜，第二天一早，3人来到学校，发现夯土墙竟然开裂了！辛辛苦苦做出的模型为什么一夜之间就开裂了呢？这让他们非常苦恼。再次上网查阅资料并讨论后，他们认为主要原因有两个：一是黏土质量的好坏直接影响墙体的质量，没有事先筛土导致黏土中杂质过多，不利于黏合；二是黏土加水过多使土材板结，导致水分蒸发后土层之间出现裂缝。

07

城墙模型为何一夜之间开裂?

- 1.黏土质量的好坏直接影响墙体的质量，没有事先筛土导致土中杂质过多，不利于黏合。
- 2.黏土加水过多使土材板结，导致水蒸发后土层之间出现裂缝。

找到问题后，科学少年们对制作方法做了一些调整。这一次，他们把取好的土块粉碎后用筛子筛细，在做出较为松散的原料土之后，注意控制加水量，再次进行夯筑。方法经过改进后，夯土墙的开裂程度果然较之前有所减少。

08

09

3人用吹风机模拟高温大风环境，对夯土墙持续吹热风半小时，墙体并没有出现明显的变化。

10

为了检验夯土墙的坚固性，他们还用擀面杖进行敲击。不幸的是，他们并没有使出特别大的力气，墙体就断成了两截。

11

由于改进后的墙体断裂严重，3位科学少年用第一次模拟的墙体做了雨水冲刷实验。他们将墙体模型放在雨中淋了一小时后，虽然上面部分还是硬得如石头一般，但是浸在雨水中的部分黏土还是脱落了一些。实验结果表明，模拟的夯土墙耐高温和大风性能相对较好，但是坚固性差，抗雨水侵蚀能力也还需提高！

科学少年们纷纷感叹，仅仅模拟一小段夯土墙，已经让他们感到困难重重，更何况在科学技术不发达的商代，人们运用夯土技术建造的都城城墙却能屹立3 600年不倒，这足以体现中国古代劳动人民的智慧。1961年3月4日，国务院将郑州商代遗址列为全国重点文物保护单位。

12

对郑州商代古城墙的探究才刚刚开始，其中仍存在一些问题需要解决。闽南沿海土楼夯土墙的用料十分讲究，往往会添加糯米和秫（shú）米浆，以增加土的黏性，使夯土墙更加坚固、更加耐风蚀和雨蚀。马关、马伊博、张靖宇3人大胆猜想：商代古城墙在建造时也加入了类似“古代水泥”的物质来提高墙体的质量。科学少年们将继续探究下去！

专家点评

古代文化遗址的保护与传承，这类选题很有意义。为了探究古城墙之谜，3位小科学家除了查阅史料、了解图纸，还亲自实地勘察，丈量古城墙的长、宽、高，解析其背后的设计理念，最后他们还动手实践，希望利用夯土原理模拟制作一块古城墙用的砖，揭开古城墙屹立几千年不倒的奥秘。本片结构合理，逻辑清晰，有可读性。

3位小科学家用擀面杖做夯锤认真夯土的样子给观众留下深刻印象；面对失败，他们并没有放弃，能够反思造成失败的原因，修正后重复实验，表现出了小科学家们坚持不懈、不言弃的科学精神。

配音流畅，吐字清晰，但解说词还不够简洁；提醒一下，字幕和朗诵都有错别字。

出镜过程中，同学们和泥、筛土不亦乐乎，遗憾的是剪辑时没有保留同期声，如果有，一定会更加生动。

郑州商代遗址城墙属于建筑工程技术范畴，单独选取制作一块砖很难说明屹立不倒的真正原因，建议继续探究下去。

九、再"建"美利楼

2nd International Youth Science Fair for Discovery Videos

第二屆國際青少年科學發現影像大賽

獲獎證書

茲頒發給優秀科學微電影「一等獎」獲得者。特頒此證，以資鼓勵。

項目名稱　：再「建」美利樓

作　　者　：王思雲、楊梓茗、張家毅

所在學校　：鄭州實驗外國語中學、南陽市第五中學、佛山市順德區胡寶星職業技術學校

指導教師　：劉海鵬、張亮

國際青少[illegible]評審委員會主席

張波 博士

2017年[illegible]30[illegible]至10[illegible]6日 於美國波士頓

HKYSA HKYSA HKYSA

在内地观赏影片：

2nd International Youth Science Fair for Discovery Videos

The First Place Of Grand Award

is hereby awarded to

Ms. Siyun Wang Mr. Ziming Yang Mr. Jiayi Zhang

from

Zhengzhou Experimental Foreign Language Middle School,
Nanyang No.5 Middle School, Hubaoxing Vocational Technical School Of Shunde

for their discovery video project on

Goodbay Murray House

under supervision of

Mr. Haipeng Liu Mr.Liang Zhang

Dr. BO Zhang
Chair
International Youth Science Fair for Discovery Videos

September 30 to October 6, 2017
Boston, USA

HKYSA HKYSA HKYSA

在境外观赏影片：

探究故事

蓝鲸的话

中国有很多需要保护的古建筑，除了“修旧如旧”，还有没有什么新思路呢？香港再“建”美利楼的故事，让我们看到了建筑师们在古建筑保护上的无限创意。3位小科学家王思云、杨梓茗、张家毅从史料上发现了关于美利楼的凄惨故事，他们抓住这个“线头”一路探索下去，竟然给观众们还原出一个科学（S）、技术（T）、工程（E）、人文（A）、数学（M）完美融合的真实故事。在历史的长河中，美利楼只是一条不起眼的小溪（STEAM），但是，前事不忘，后事之师，让我们和3位小科学家一起再“建”美利楼！

01

香港是一个现代化的城市。这里有着车水马龙的街道，高耸入云的大厦，川流不息的人群。这里很多饱含历史记忆的建筑经常出现在人们的视野中。

赤柱是香港的著名旅游景点。照着香港的旅游指南，王思云、杨梓铭和张家毅3位科学少年来到这个远近闻名的赤柱。站在观景台上向下观望，一栋古典设计风格的建筑出现在同学们的视野。这栋建筑跟周围的现代建筑风格迥然不同，俨然是一座古建筑的模样，它的名字叫美利楼。

科学少年们无意中在美利楼的柱子上发现了很多痕迹明显的缺口，有的墙面上面还依稀可以看到模糊不清的数字。这些缺口和神秘数字难道是打开宝藏的密码吗？他们通过查阅资料，了解到美利楼建成于1846年，原本用作英军军官宿舍。抗日战争时期，香港被日本占领，美利楼变成了日军的宪兵总部，这一时期，大量的革命英豪在此牺牲，给香港市民留下了惨痛的记忆。

20世纪七八十年代，香港经济腾飞，土地供应紧张。美利楼地处香港中心地带，商业价值巨大，但由于它曾经背负过的历史记忆使得美利楼无法在原地重新利用。美利楼陷入了一个不得不拆的“尴尬”境地。虽然决定拆掉美利楼，但由于美利楼的特殊价值，并没有对其进行毁灭性拆除，而是将石块进行编号，一一拆卸下来、封存，等待时机重建。

所以如今看到的那些缺口和编号，应该就是拆装的时候遗留下来的痕迹。科学少年们对这种将古建筑“拆卸—封存—重建”的理念十分感兴趣。他们设想也许能够通过模拟实验的方式，再现重建美利楼的这一过程。说到模拟搭建筑，他们自然就想到了儿时常玩的积木。

为了更好地搭建出美利楼的积木模型，3位科学少年从各个角度绘制了美利楼的建筑草图。借助这些草图，以及对美利楼内部的观察，他们作出了赤柱美利楼的透视结构图。通过透视图和图书上的平面图，3人基本了解了美利楼的大致结构。几经努力，他们终于成功搭建出了美利楼的积木模型。

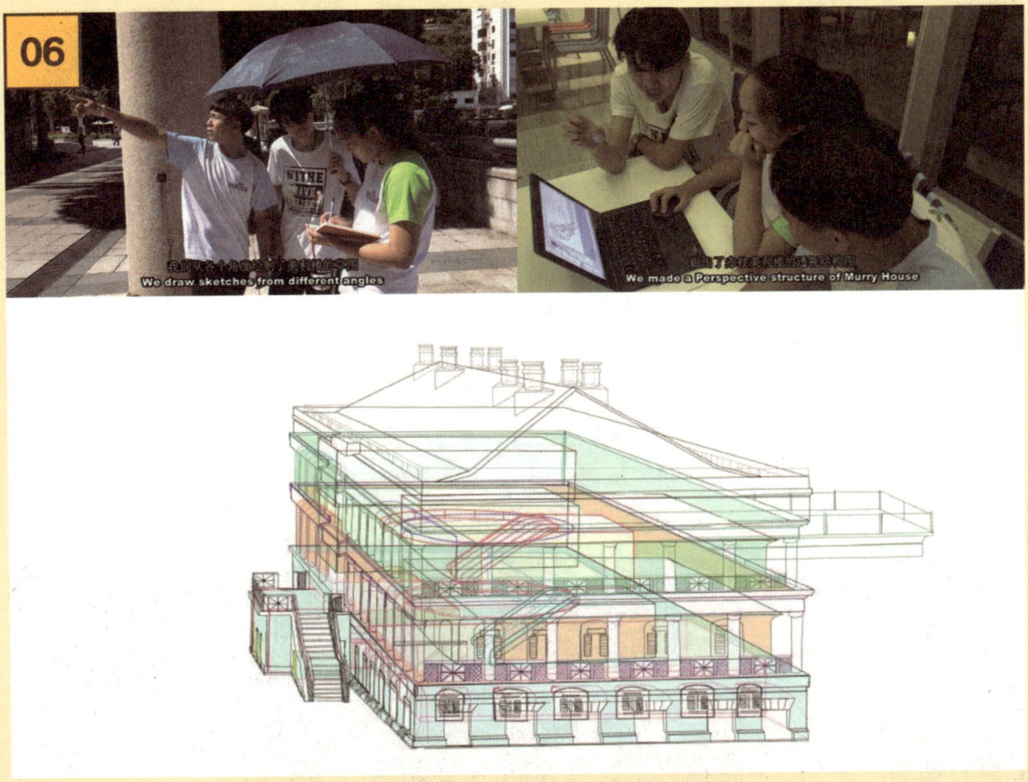

科学少年们按照当时旧美利楼拆分时的标记方式给每块积木加上编号，再以每块积木为单位对整个旧美利楼进行拆分，最后将这些积木分类整理好保存起来。整个过程就像当年把美利楼封存在仓库一样。

1990年，重建赤柱时，想到了这个封存已久的古典建筑。1998年，美利楼在赤柱获得了重生。3位科学少年模拟当时的过程，把这些“石料”重新拿出来，尝试重现美利楼当年的风光。虽然有编号的帮助，但重建这事并不简单。经过几次反复，3人最终完成了美利楼的重建！

3位科学少年通过搭积木了解到美利楼的“拆”与“拼”，同时，美利楼由军营到商业中心的巨大变化同样吸引了他们的注意力。近年来，随着市民文物保护意识的提高，文物保育成了香港市民的热门话题。从20世纪80年代开始，很多香港的历史建筑在经济角度的考量下被改变了用途。人们在保养历史建筑的同时实现了一些具有现实意义的价值。

3位科学少年了解到，现在赤柱美利楼的内部结构与布局有了重大改动，被改造成了一个商业建筑。其中，前面3层被改造成服装店，后面3层则被改造成超市、西餐厅。美利楼则作为一个赤柱的商业地标，以崭新的面貌矗立在这里。

香港从一个小渔村发展到今天的国际金融中心，在经济和社会地位提高的同时，也带来一系列问题。快速发展和人口剧增，导致土地供应紧张。这就使不少具有历史价值和特色的建筑被相继拆除，例如中环旧邮政总局和尖沙咀九龙铁路总站。这些历史建筑虽然保留在人们的脑海中，却消失在人们的视野中。随着岁月的流逝，人们发觉到这些历史建筑所含有的独特意义，历史建筑的保育就出现在了钢筋水泥之间。

美利楼就是历史建筑保育中最具特色的一个。将建筑拆、封、异地重建的方式，对于古建筑和现代建筑而言都有重要的借鉴意义。香港的汇丰银行大厦就是带有这种全新意识的产物。它的设计特色就在于内部并无任何支撑结构，可自由拆卸。3位科学少年希望这种别具一格的建筑和保育方式不断流传并发扬光大，让未来的人们看到属于我们这个时代的建筑辉煌。

专家点评

本片选题新颖，且很有难度。3位小科学家探究古建筑美利楼的历史、再建与保育问题，在科学、技术、工程、人文、数学、社会、经济等多方面都很有意义，是一个优秀的STEAM+课题。

3位小科学家查阅资料重现美利楼的历史，探索将美利楼拆卸、封存、再建的方法，并亲自绘制建筑结构图纸，利用计算机技术制作出美利楼的透视结构图，进一步制作模型模拟再建工程，充分解析美利楼拆卸、封存、再建的方法，给观众再现出美利楼蕴含的丰富的STEAM元素。

3位小科学家没有浅尝辄止，而是进一步探讨了美利楼在当今社会中的“活化”和利用，美利楼将传承与发展相融合的思路在古建筑保育上值得借鉴。8分钟的科学纪录片，3位小科学家跨学科的综合探究能力、完成的工作量、编辑的信息量都令人赞叹。

短片结构完整，画面令人耳目一新，用积木模拟美利楼异地重建过程，并采用定格动画、后期快放方式，观看过程流畅。除给建筑部件编号之外，异地重建中可能遇到许多的难题，相信小科学家在设计复建过程中也遇到了，但短片未能进一步深入呈现这些难题和它们的解决过程，这是一个遗憾。

配音吐字清晰，解说语调语气与主题和谐，与音乐的配合完美。在出镜的画面中同学们自然得体、认真仔细，画面配合较好；通过积木的探究复原美利楼的建筑特点是探究过程的重点创意，但是在过程中没有保留探究的同期声，只见其人未闻其声，这也是一个遗憾。

第三篇

传统渔农与园林

十、桑基鱼塘

——昨天　今天　明天

2nd International Youth Science Fair for Discovery Videos

第二屆國際青少年科學發現影像大賽

獲獎證書

茲頒發給優秀科學微電影「一等獎」獲得者，特頒此證，以資鼓勵。

項目名稱 ：桑基魚塘——昨天 今天 明天

作　　者 ：周強、陳林、王超、蘇嘉怡

所在學校 ：佛山市順德區胡寶星職業技術學校

指導教師 ：梁自成、梁鍶華

國際青少年科學發現影像大賽評審委員會主席

張波 博士

2017年9月30日至10月6日 於美國波士頓

在内地观赏影片：

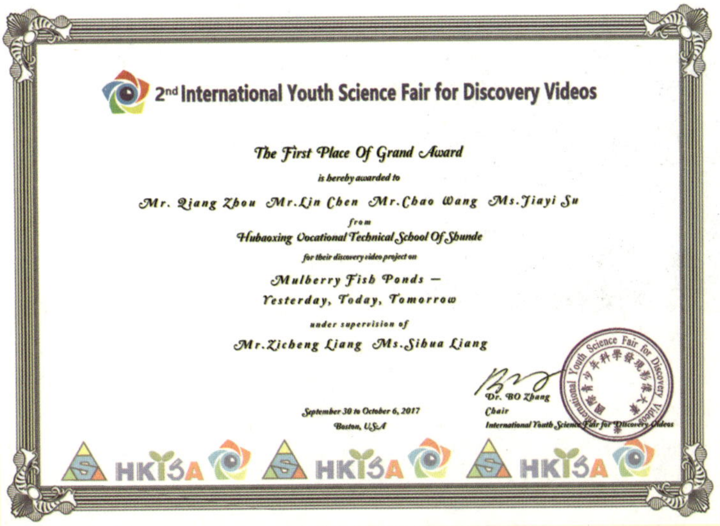

2nd International Youth Science Fair for Discovery Videos

The First Place Of Grand Award

is hereby awarded to

Mr. Qiang Zhou　Mr.Lin Chen　Mr.Chao Wang　Ms.Jiayi Su

from

Hubaoxing Vocational Technical School Of Shunde

for their discovery video project on

Mulberry Fish Ponds —

Yesterday, Today, Tomorrow

under supervision of

Mr.Zicheng Liang　Ms.Sihua Liang

September 30 to October 6, 2017

Boston, USA

Dr. BO Zhang

Chair

International Youth Science Fair for Discovery Videos

在境外观赏影片：

探究故事

蓝鲸的话

顺德曾经有一种教科书式的生态农业生产方式“桑基鱼塘”，家家户户种桑养蚕、蚕沙养鱼、塘泥肥田。可是，让周强和陈林疑惑的是，他们在顺德长大，联合国教科文组织都曾经盛赞的“桑基鱼塘”怎么不见了呢？于是他们在自己的家乡顺德开始了一段苦苦的寻觅之旅。

在顺德，有一种独特的鱼塘生产方式。这种生产方式曾经被联合国教科文组织誉为“世间少有的美景、良性循环的典范”，这就是“桑基鱼塘”。

“桑基鱼塘”，虽然其中的每一部分看起来与其他部分没什么关联，但通过栽桑养蚕、蚕排蚕沙、蚕沙喂鱼、塘泥肥桑，最终形成了桑、鱼、泥相互依存、相互促进的良性循环生产方式。其中，桑树是生产者，蚕是一级消费者，鱼是次级消费者。“桑基鱼塘”在满足农业生产的同时，营造了理想的生态环境，减少了环境污染。

周强和陈林从小在顺德长大，他们在小学的课本里就学过关于“桑基鱼塘”的课文，但两位同学至今没见过真正的“桑基鱼塘”。他们希望能够一睹“桑基鱼塘”的真容。据说，顺德的百丈园有仅存的“桑基鱼塘”，听到这个消息，两人迫不及待地去了百丈园。

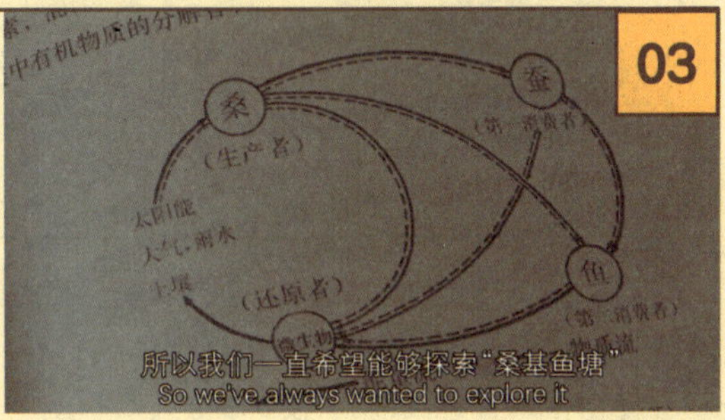

两人刚到百丈园，就看到农民正在采摘桑叶，他们赶紧上前询问。让人意外的是，这里很早就不喂蚕了，桑叶是拿到饭店做菜的。在这里，他们没有看到蚕宝宝的踪迹，更别提蚕沙了，而鱼也是通过饲料喂养的，鱼塘里的底泥会被直接排到河道里。农场里还养了鸡和羊，鸡由饲料喂养，羊吃基田的草，羊的排泄物倒是会被基田吸收以肥沃土地，再长草供羊食用。

通过查找资料，周强和陈林得知，鱼塘的底泥含有大量氨氮，排到河里将导致水质富营养化。这就给水葫芦提供了生长环境，使其大量繁衍，甚至会铺满河道。在这样的情况下，水塘里的鱼儿们也将缺氧而亡。所以百丈园内的“桑基鱼塘”并不是真正的“桑基鱼塘”，这样改变过的“桑基鱼塘”反而造成了二次污染，既不生态，也没有形成良性循环。

虽然现在在顺德依然能看到桑树、鱼塘，但当这些组合在一起时却不是享有联合国盛誉的“桑基鱼塘”了。这些鱼塘只是在表面上展现出“桑基鱼塘”的盛况，摆出了一个模型的样子，实际上这种循环的链条已经断裂了。

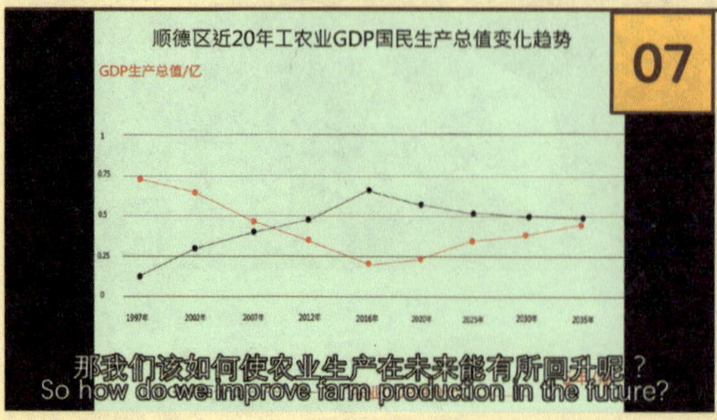

为什么“桑基鱼塘”名存实亡了呢？这么好的良性循环生产方式，人们为什么不用了呢？学校的老师告诉两位同学，改革开放以后，整个顺德的工业发展加速了，很多行业的经济效益都比“桑基鱼塘”更好，所以，“桑基鱼塘”就逐渐淡出了顺德的历史。周强查到的资料也印证了老师的说法，随着时间的推移，顺德农业生产所占比重逐步下降，工业生产明显增长。

“桑基鱼塘”就这么淡出了历史，生为顺德人，周强和陈林为此感到遗憾。有没有什么办法，可以让“桑基鱼塘”提高经济效益，以便让人们保留住这种传统文化呢？两人开始思考“桑基鱼塘”的改进方法。

周强和陈林通过反复讨论，提出了一种新型“桑基鱼塘”生产方式：饭店购买饲料，饲料喂鱼，塘泥肥基，肥基种植桑树，基围长草，草养牛羊，牛羊的排泄物肥田，肥田养鸡鸭，而牛、羊、鸡、鸭、鱼、鸡蛋、鸭蛋以及桑叶都可以供给饭店做菜，这样就形成了一个环保且经济效益高的新型循环生产方式。

两位同学希望曾风靡珠三角的“桑基鱼塘”能得到更好的发展，他们更希望这种可持续的农业生产方式能更多地被世界所了解！

专家点评

本片是一个关于“桑基鱼塘”的过去、现在、未来的探讨，是一个典型的可持续发展课题。对于中学生来讲，课题比较难，难以驾驭。本片的探索从科学、社会、经济、环境等多个方面尝试进行分析，虽然探索的深度不够，但是已经表现出中国科学少年所具备的可持续发展思想雏形。

本片中的两位小科学家对家乡闻名于世的生态农业生产方式“桑基鱼塘”产生了浓厚的探究兴趣。他们首先探索了“昨天”曾普遍存在的“桑基鱼塘”的运作机理，进行了清晰概念图和有条理的解释。随后，他们实地考察了“今天”出现在顺德的“桑基鱼塘”，辨别出“今天”所谓的“桑基鱼塘”已经名不副实了。最后，他们能够进一步探索“桑基鱼塘”消失的原因，并为“明天”设计了新型的“桑基鱼塘”生态系统。

本片将复杂的概念寓情于理，配音与画面、音乐的融合形成了一个完美的表述，引人入胜。实验环节、采访都非常精练，对科学问题的探究更加准确，短片整体制作精良。对未来的生态设计与环境改善，本片提出了切实可行的解决方案。

前期拍摄中使用粉笔画、后期制作中采用二维动画方式都让人耳目一新，但在获知“桑基鱼塘”方式被效率更高的非环保方式替代后并没有进一步探究，这部分应该是本片最有价值的部分，以致精彩的二维动画价值在全片中也打了折扣。建议抓住这个重要的部分不放，深入研究，深度揭示“桑基鱼塘”的消失之谜。

十一、石墙上的长者

3rd International Youth Science Fair for Discovery Videos

第三屆國際青少年科學發現影像大賽

獲獎證書

茲頒發給「亨達」最佳剪輯獎獲得者。特頒此證，以資鼓勵。

項目名稱：石墻上的長者

作　　者：張傑明、葉若語、孟無眠、王晶格

所在學校：波士頓林恩菲爾德高中、波士頓聖保羅學校、北京順義國際學校、上海市洋涇中學

指導教師：于洲洋、吕樂

國際青少年科學發現影像大賽評審委員會主席

張波 博士

2018年9月30日至10月6日 於美國波士頓

HKYSA HKYSA HKYSA

在内地观赏影片：

3rd International Youth Science Fair for Discovery Videos

Hantec Best Film Editing Award

is hereby awarded to

Mr. Anthony Zhang, Ms. Ruoyu Jessica Ye, Mr. Wumian Meng & Ms. Jingge Wang

from

Boston Lynnfield High; Boston St. Paul's School; International School of Beijing; Yangjin Senior High School

for their discovery video project on

Elders on Stone Walls

under supervision of

Mr. Zhouyang Yu & Mr. Le Lv

September 30 to October 6, 2018

Boston, USA

Dr. BO Zhang

Chair

International Youth Science Fair for Discovery Videos

HKYSA HKYSA HKYSA

在境外观赏影片：

探究故事

蓝鲸的话

你生活的地方是否有老树？老树就像一个地方的长者，它们见证着人来人往，见证着城市变迁，总能给我们讲出这样或那样的故事。很多外国人来到香港，看到石墙上爬满老树的根须，他们羡慕得眼珠子都要掉下来了，一定会赶紧拿出相机拍啊拍啊，好像拍下了记载着百年沧桑的自然历史教科书。

你看！一群少年也在拍摄石墙上的老树，他们是来自美国波士顿、中国香港、北京、上海的4位小科学家。他们组成了一个“国际调查小组”，正在调查这个值得全世界学习的经验——保护石墙树。让我们跟随小科学家们走到石墙树下，一起抚摸历史。

孟无眠来自北京，王晶格来自上海，叶若语来自香港，张杰明来自美国波士顿，他们走在香港坚尼地城的科士街边，都被这里挂在石墙上的参天大树吸引住了，这些大树怎么是长在石墙上的？

通过查阅资料，4位科学少年发现，这些令他们惊奇的古树叫石墙树，是指从石墙缝中长出来的树木，多为榕树，也就是人们常说的无花果树。百年来，无花果种子通过风媒或虫媒在石墙上落地生根，顽强地长成了这些参天古木。石墙树在这里一声不响，看路边人来人往，望天上云卷云舒。不知不觉，它们已经成为香港人心目中家乡的象征。

科学少年们设计了问卷，随机调查了30位香港市民对这些石墙树的看法，有76%的市民表示愿意花钱来保护石墙树，看来香港市民对石墙树有很强的保护意识。走在香港街头，议员们保护古树的口号随处可见，一些环保团体也经常组织活动，让政府听到民间的声音。2014年，香港铁路公司在建设坚尼地城站时，多花了7.5亿港元，用于保护科士街20多棵古老的石墙树。

市民、社会团体、政府的这些努力，都是希望能够将石墙树留在人们身边。那么石墙树是谁在负责保育？又是如何保育的？王晶格在石墙树气根附近发现了挂有标志着路政署、地政署电话的标牌，通过电话查询，4人得知石墙树的管理是由香港发展局的树木管理组（树管组）负责，路政署、地政署和建筑署协助。

04

树管组会将石墙树的日常护理承包给有资质的公司；同时，任何人发现问题都可以拨打电话通知树管组。除了定期的检查，树管组还会在恶劣天气过后对树木进行额外检查，看是否需要采取补救措施。

05

树管组在保育石墙树的过程中，都有哪些具体措施呢？从树管组公布的资料中，叶若语和张杰明了解到，石墙树有3种引发倒塌的方式：①因树干不足以支撑整棵树而倒塌；②因树根不能紧抓石墙而倒塌；③因石墙松动而倒塌。所以，要想预防这些情况，应该从保育石墙树健康和维护石墙稳固抓起。

06

对于树木保育，树管组会对每棵石墙树进行风险评估，并用黄色、红色和黑色代表问题树木的风险等级，如果出现黑色等级的树木，树管组需要在第一时间将树砍掉，其他等级根据不同情况进行处理。

07

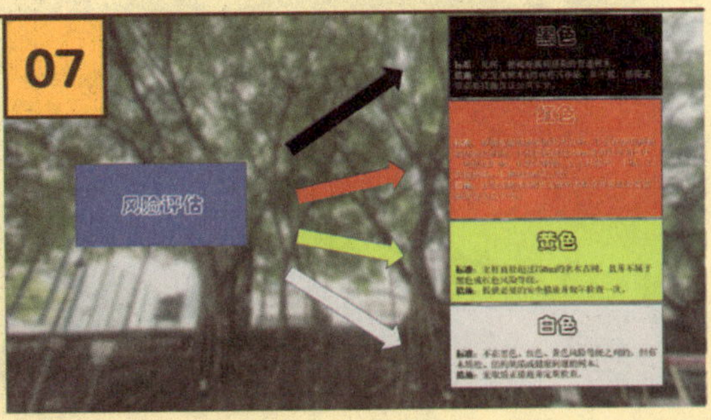

对于稳固石墙，孟无眠查到，香港大学詹志勇教授曾对如何稳固石墙做过深入探究。詹教授的研究指出，可以通过检测裂痕、升级石墙、重建石墙达到稳固效果。

08

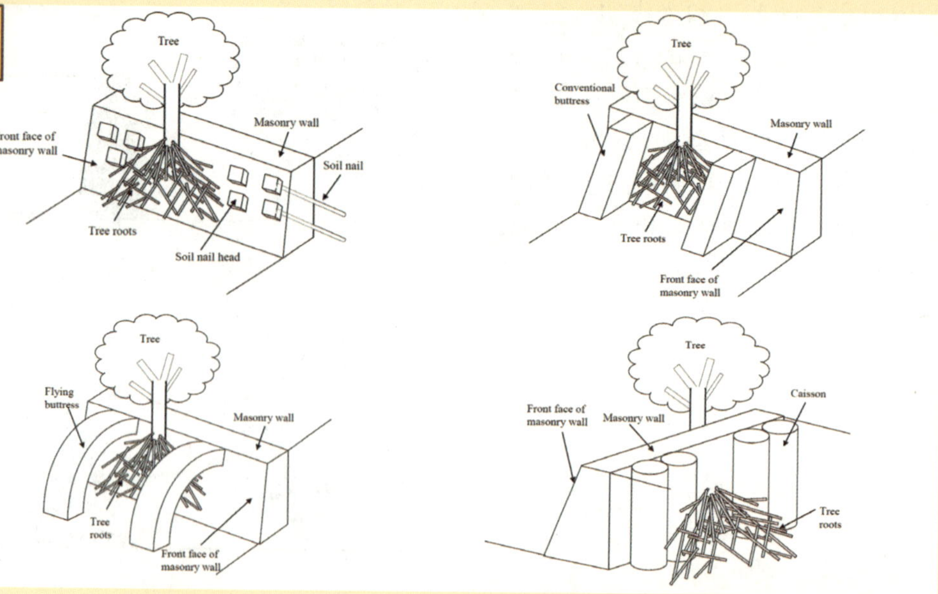

09

石墙树是否真的得到了很好的保护？4位科学少年综合了树管组的评估表格，整理了相关保育资料，制作了石墙树评估表，随机挑选了香港15处有石墙树的地点，评估石墙树的健康和安全。结果显示，这些地方的石墙树均处于黄色以下风险等级。对于有健康问题的树木，树管组均已采取了一定的应对措施。

2015年，联合国正式通过了17个可持续发展目标。香港市民和政府对石墙树的保育方法和态度都很好地完成了“建设可持续城市和市区”“保护陆地生物”这两个战略目标。从另一方面来讲，这些石墙树不仅是老一辈人的回忆，还将成为新一代人的记忆。因此香港人对石墙树的热爱和先进的保育、管理措施需要保持下去，也值得世界各地学习与借鉴。

专家点评

选题好！有推广价值。短片聚焦城市生态保护中的一个热点话题——“老树”，而香港的这种“长在石墙上的老树”有自己的特色。如何保护老树，这是一个世界性难题。每一个城市、每一个乡村，都有类似的选题，都可以探究出一个集科学、技术、工程、人文、艺术、社会于一体的STEAM项目。该作品可以作为中小学经典的STEAM项目学习。

短片从香港的石墙树现象中找到了标牌、砍伐过的痕迹、曾经的保护措施等细节层层推进，抽丝剥茧，对香港石墙树的保护进行了监督式的调查。短片思路清晰，逻辑有序，结构合理，解说充分，比较准确。资料搜集和后期制作较为翔实，开场部分及多个段落剪辑节奏控制得较好，使得全片在严谨中又富有变化。

配音语气语态客观冷静，把握准确。吐字清晰，语言流畅。小科学家们出镜时自然大方，无论是实地勘测还是查找资料表情都很自然，有调查记者的状态，今后可以尝试在现场出镜，现场表达发现的线索、质疑和观点。短片中所表达的市民对石墙树的热爱和情感寄托，令人动容。

一个城市的文明程度，不仅是它的经济与城市建设，还有很多方面可以评估。短片从生态可持续化发展的角度，让我们对香港城市文明的认识增添了新的内容。一个城市，能如此善待并非名木的古树，实在令人敬佩。

4位来自不同国家和地区的同学，分工合作，完成了一个工作量很大的研究课题，他们所展现的香港市民和政府对石墙树先进的保育和管理措施，值得世界各地学习与借鉴。

十二、古树空心之谜

2020 Hong Kong-New York • International Youth Science Video Fair

國際青少年科學影像大賽

獲獎證書

茲頒發給優秀科學微電影「一等獎」 獲得者。特頒此證，以資鼓勵。

項目名稱 ：古樹空心之謎

作　　者 ：趙雅安臨、王毅軒

所在學校 ：中國陝西省西安高新第一中學初中校區

指導教師 ：黃艷華、趙鷹

國際青少年科學影像大賽評審委員會主席

姜冬梅 博士　　袁小軍 博士

2020年10月5日於香港　　2020年10月5日於紐約

主辦方：HKYSA 香港青少年科學院 Hong Kong Youth Science Academy　COLUMBIA UNIVERSITY IN THE CITY OF NEW YORK LAMONT-DOHERTY EARTH OBSERVATORY

在内地观赏影片：

2020 Hong Kong-New York • International Youth Science Video Fair

The First Place Of Grand Award

is hereby awarded to

Yaanlin Zhao & Yixuan Wang

from

Xi' an Gaoxin No.1 Middle School (Shanxi, China)

for their discovery video project on

The Mystery of The Hollow of The Ancient Tree

under supervision of

Yanhua Huang & Ying Zhao

Dr. Dongmei Jiang
CO-Chair
International Youth Science Videos Fair

October 1 to October 5, 2020
Hong Kong - New York

Dr. Xiaojun Yuan
CO-Chair
International Youth Science Videos Fair

Organizers: HKYSA 香港青少年科學院 Hong Kong Youth Science Academy　COLUMBIA UNIVERSITY IN THE CITY OF NEW YORK LAMONT-DOHERTY EARTH OBSERVATORY

在境外观赏影片：

探究故事

蓝鲸的话

中华民族的历史源远流长，各地都保留着无数古迹，西安的土地上古迹遗址更是全国第一。小雁塔的空心古树引起了义务讲解员赵雅安临和王毅轩同学的好奇，一连串的问题在他们的脑海中盘旋。为什么古树空心？为什么空心树依旧繁茂？怎样防治空心“病”？透过镜头，放飞好奇，让我们跟随小科学家们揭开谜底吧！

古都西安有3 000多年的历史，名胜古迹数不胜数。除了古迹，记录着悠悠历史的还有各个景区内的古树名木。在给游客讲解西安历史之余，赵雅安临发现小雁塔景区的古树似乎都病了。很多古树树心出现空洞，有的已经完全穿孔。但神奇的是，古树却依旧郁郁葱葱，丝毫看不出病态。这是为什么呢？

通过查阅资料，赵雅安临知道西安古树约有18 000棵，千年古树拥有量全国第一。这么多古树！赵雅安临决定先做个调查，看看古树空心是不是普遍现象。她记录下树的信息及空心状况，发现有80%的古树竟然空心了！

到底是树干的哪个部分空了呢？赵雅安临查阅植物学课本，了解到树干的结构从外至内依次是树皮、形成层、木质部和髓。对比大树空心的部位，赵雅安临发现古树的空心处一般是髓和靠近髓的木质部。

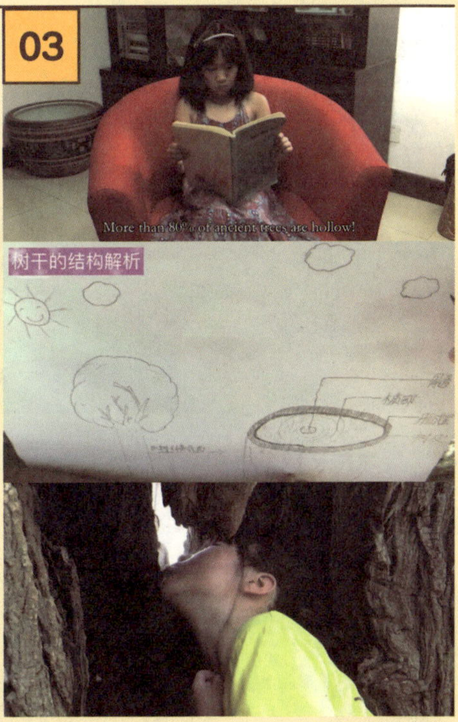

好奇怪呀！好好的大树怎么会空心呢？赵雅安临自己觉得古树空心可能跟虫蛀有关。她又在有古树的各个景点采访了游人，有的人说是大树自己衰老了，有的人说大树受到了外伤，有的人说是因为树干太粗营养供给不足导致的自我牺牲，还有人和赵雅安临一样也认为是虫蛀，一时众说纷纭。

这么多猜想！赵雅安临决定一一验证。她用放大镜仔细观察，发现空心的部分有密密麻麻的虫眼。看来，即使虫子不是罪魁祸首，起码也是“助纣为虐”。

接下来，赵雅安临请好朋友王毅轩帮忙测量树干的周长，数据显示，周长大于2.81米的古树都出现了空心。可能树干内部分组织死亡，营养集中给了更有价值的部分。看来自我牺牲说是靠谱的。

赵雅安临继续分析调查数据，还发现除一棵千年侧柏外，树越老，空心现象越严重。所以，大树空心与树龄和树的种类有关。

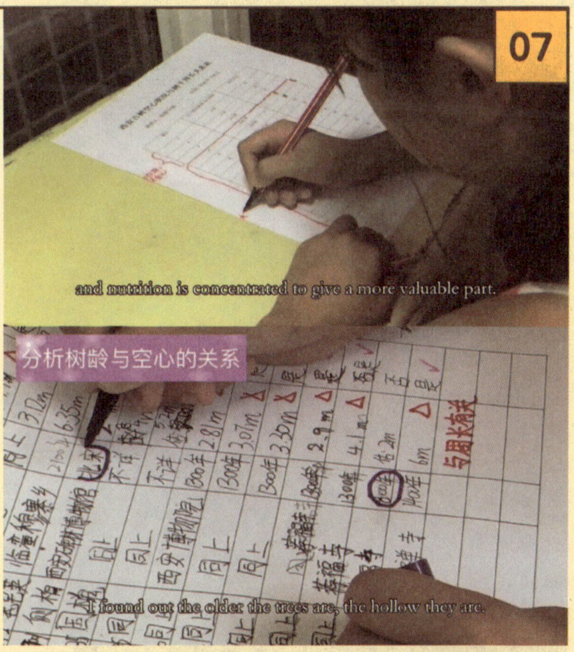

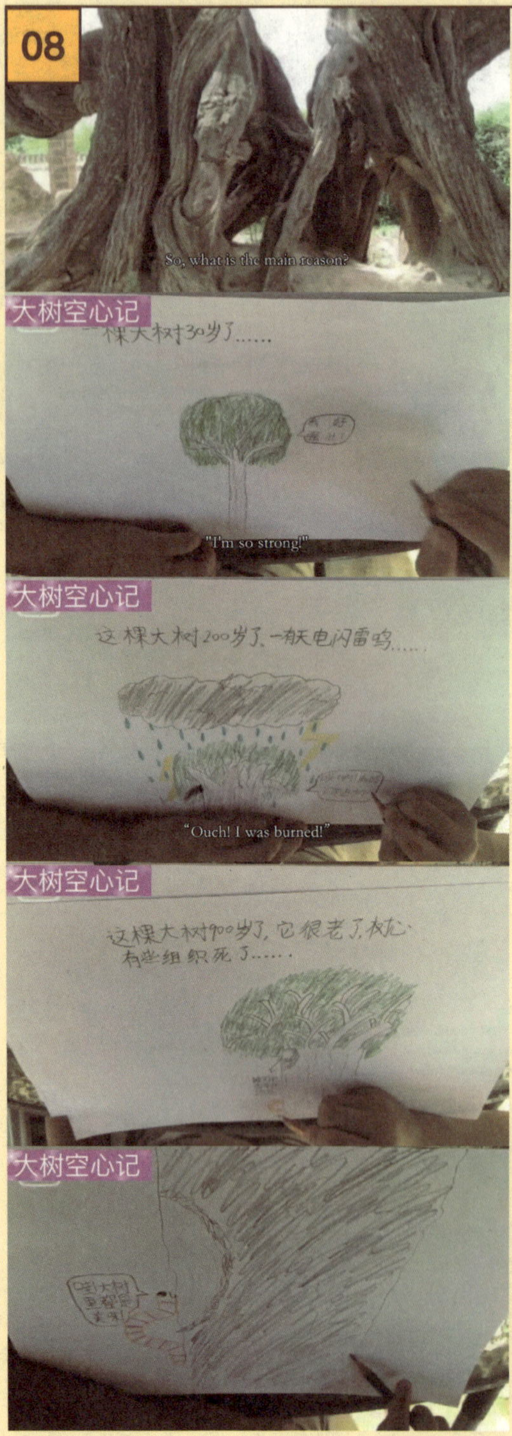

猜想都对呀！大树空心的原因到底是什么呢？赵雅安临觉得应该是多种原因共同作用的结果吧。她猜想一棵古树空心的故事大概是这样子的：大树 30 岁了，好强壮啊！大树 200 岁了，有一天电闪雷鸣。哎呀！大树被闪电击中了！大树 900 岁了，它很老了，树心有些组织死了…… 哎哟，来了条虫子！慢慢地，在外伤、虫蛀、衰老等各种因素的综合作用下，大树就这样空心了。

虽然大树空心了，但大部分古树依旧郁郁葱葱，这是为什么呢？查阅资料后，赵雅安临知道这和大树的物质运输有关。植物的生命力也靠水和营养物质来维持。水和营养由树干内的导管和筛管运输，导管在木质部内、筛管在树皮里。大树虽然空心了，但是空心部位并不影响大树输送水和营养物质。

但空心确实会对大树造成一定的影响。首先，外表不漂亮了。其次，树干支撑功能弱了。最后，空心处引来更多生物，使大树的孔洞越来越大。古树像老爷爷、老奶奶一样脆弱，所以人们应该多多保护它们。

在采访中，赵雅安临发现，几乎每棵古树都承载着历史故事和传说。古树历经沧桑，见证时代变迁。但也因为岁月的侵蚀，古树更需要人们的关爱和科学、合理地保护。

专家点评

2位科学少年把研究锁定在古都西安多个景区的古树名木，他们提出问题：成百上千年的古树为什么空心了？空心的古树为什么还能活着？他们展开探究，提出各种猜想，尝试分析、验证各种猜想的合理性，最后得出古树空心是多种原因共同作用的结论。整个探究过程完整，逻辑清晰。通过绘画解释古树空心的原因，形式上生动有趣。

影片拍摄在基本技术层面略显不足，比如画面曝光过度、镜头抖动、过多使用照片等。手工绘画环节，拍摄角度和构图失当，大大影响了观看效果。

科学少年出镜自然大方，一个瘦小的身影，行走在千年古树之间，画面对比强烈。科学少年的坚持和认真精神，让人佩服！在讲述古树背后的故事时，让观众感受到了科学少年们满满的爱心。

十三、茶亭塔树共存之谜

2019 New York • International Youth Science Video Fair

國際青少年科學影像大賽

獲獎證書

茲頒發給優秀科學微電影「一等獎」獲得者。特頒此證，以資鼓勵。

項目名稱 ： 茶亭塔樹共存之謎

作　　者 ： 劉鎮睿、何耀中、霍鈺嘉

所在學校 ： 長沙市望城區第一中學

指導教師 ： 齊雙輝

國際青少年科學影像大賽評審委員會

姜冬梅 博士　　袁小軍 博士

2019年9月30日至10月…日於美國紐約

主辦方： HKYSA 香港青少年科學院 Hong Kong Youth Science Academy　COLUMBIA UNIVERSITY IN THE CITY OF NEW YORK LAMONT-DOHERTY EARTH OBSERVATORY

在内地观赏影片：

2019 New York • International Youth Science Video Fair

The First Place Of Grand Award

is hereby awarded to

Zhenrui Liu, Yaozhong He & Yujia Huo

from

No.1 High School of Wangcheng

for their discovery video project on

Mystery of Pagoda-and-tree Coexistence in Chating Town

under supervision of

Shuanghui Qi

Dr. Dongmei Jiang
CO-Chair
International Youth Science Videos Fair

September 30 to October …, 2019
New York, USA

Dr. Xiaojun Yuan
CO-Chair
International Youth Science Videos Fair

Organizers: HKYSA 香港青少年科學院 Hong Kong Youth Science Academy　COLUMBIA UNIVERSITY IN THE CITY OF NEW YORK LAMONT-DOHERTY EARTH OBSERVATORY

在境外观赏影片：

探究故事

蓝鲸的话

一棵古树，一座古塔，作为古老的地标，总是承载着一代又一代人的记忆，一座塔顶长着古树的石塔更是让这个城市的科学少年们牵肠挂肚。来自湖南省长沙市望城区第一中学的3位科学少年刘镇睿、何耀中、霍钰嘉，选择了湖南省文物保护单位“惜字塔”作为研究对象，尝试着揭开古树与古塔共存之谜。可是，困难来了！爬不上古塔，怎么研究呢？他们借助航拍器作为“眼睛”进行高空观察。没有建筑图纸，也不能拆开石塔，怎么研究石塔的内部结构呢？他们利用几何知识推理模拟。困难数不胜数，但是，办法总比困难多！3位科学少年克服了重重困难，终于拍摄完成了这部短片。我们快来一起欣赏吧！

长沙市望城区，有一座古塔，因“塔上长树”“塔树共存”而远近闻名。带着好奇与疑惑，科学少年刘镇睿、何耀中和霍钰嘉决定成立研究小组，去一探究竟。宝塔位于望城区茶亭镇谭家园村。走在蜿蜒的田间小道上，他们一眼就能看到塔树共存的奇观。

这座塔名叫惜字塔，为六面五级花岗岩石塔。据石刻记载，惜字塔建于清道光十八年（1838年）秋，至今已有180多年历史。2011年1月被列入湖南省文物保护单位。惜字塔塔身内空，设有石阶可旋至第三层。出于对文物的保护，通往二层的楼梯现已被封闭，禁止游客攀爬。3位科学少年要想了解塔的更多情况，于是启用无人机进行拍摄。

02

宝塔除第一层有一个拱形塔门，其余各层各有两个拱形塔门，各层塔门错落在不同方向，使整个宝塔通透而富有美感。3人利用无人机飞行高度测出塔高12米。而古树就长在塔顶正上方，树高约为7.8米。这究竟是一棵什么树？它为何会长到塔顶上呢？

03

根据文物管理部门的石碑记载，清光绪二十六年（1900年），塔顶被雷电击毁，无人修复。久而久之，塔顶长出一棵朴树，3人观察周边，并无同类树种。由此推测，是鸟类在此栖息，带来了一粒朴树的种子，种子在塔顶生根发芽，直至今日，长成一棵胸径约为1米的大树。

科学少年们通过翻阅资料，了解到朴树（*Celtis sinensis Pers.*）为荨麻目榆科朴属的一种，广泛分布在海拔100~1 500米的华南、华东各省。朴树对土壤要求不高，有一定的耐旱能力，也耐水湿和瘠薄的土壤，适应力较强。在茶亭镇发现朴树不足为奇。但如此一棵大树，长在高高的塔顶，它为何屹立百年不倒呢？承受着树的质量和根系的膨胀，塔为何没有分崩离析呢？塔和树是如何做到共存的呢？

七八米高的大树，它的树根足以穿透古塔，直达塔底。但3位科学少年环顾塔身四周，发现不但砖缝完好无损，根本找不到树根的痕迹，塔内砖缝更是光洁平整，密不透风。他们只在一层的石阶与地面接触处找到了两段叠生的树根。那树根又长到哪里去了呢？莫非都长在了花岗岩的墙体中间？

3人仔细观察、分析，通过测量花岗岩砖块的尺寸，研究砖块的摆放规律，终于在塔门处找到了突破口。他们发现墙体厚约24寸（80厘米），主要由长18寸（60厘米），宽8寸（约26.7厘米），厚6寸（20厘米）的花岗岩石块砌成。除开塔门位置，其塔身横截面为一个正六边形环。无塔门的墙体截面为一个等腰梯形，有塔门的墙体截面为两个直角梯形。他们按比例切割橡皮，还原了墙砖的摆放情况。

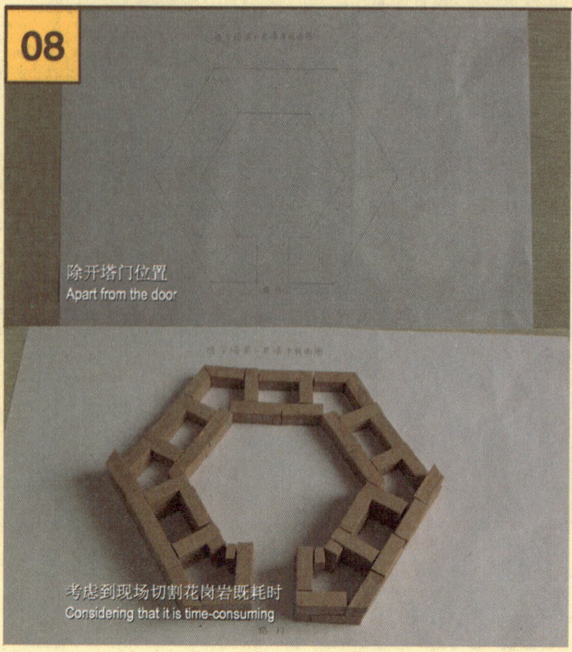

科学少年们发现无论是墙面主体位置还是夹角附近，墙体之间都产生了许多空洞。考虑到现场切割花岗岩既耗时，难度也大，他们大胆推测，当时工匠们并没有切割出如此多的小石块精准填充这些空洞。因此，整个石塔墙体中间存在无数相通的空心夹层，而这正好给朴树根系的生长提供了足够的空间，也正是朴树能茁壮成长而墙体完好无损的真正原因。

随着一个问题的解决，另一个谜团又显现出来。朴树的根系要向下延伸到 12 米高的宝塔塔底，绝非一朝一夕，那早年的朴树养分从何而来？它又是如何存活下来的呢？

经过几番推敲，3位科学少年把目光投向了惜字塔所处的地理位置以及当年建塔的缘由上。惜字塔所处的谭家园村地势比较低，又正好位于3条河流的交汇口。遇到丰水季节，常有洪水淹没整片农田。据当地老人们说，传说道光年间有风水先生细观谭家园村的地形，有两条龙脉，形成双龙戏水的态势，必须在一条龙脉的龙头处修建宝塔，以镇住作乱的龙脉。一座石塔就此建造起来，取名惜字塔，焚烧文字纸稿之用，实则还有“宝塔镇河妖”之意。当然，这一做法并无科学依据，宝塔建成后，谭家园村依旧水患不断，直至1977年，水利部门在村内修建茶亭水库，水患才得以解决。也就是说，惜字塔在遭遇雷击到水库建成的77年里，曾无数次遭遇洪水的侵袭。

10

科学少年们很快找到了证据。在惜字塔底层的门口，他们发现塔砖干净，呈青灰色，但越往塔内走，砖块则越黄，砖块上有厚厚的一层黄色物质。他们用镊子小心刮下一些，放入透明塑料袋，研究发现这其实就是黄土。而他们再仔细观察，发现各层的情况一致，从塔门口往内走，黄色渐深，塔内横梁各处都有厚厚的黄土附着。由此他们判断，水患年份，宝塔被洪水淹没，大量淤泥聚于塔内。同时，他们也判断，淤泥会从塔顶裂缝灌入中空的塔身墙体。正是这大量淤泥的沉积，给朴树提供了充足的养分，加之朴树耐旱、耐水湿的特性，它的根系才得以顺利生长直达塔底。

11

12

这座百年古塔，其实就是一个高耸地面的巨型花岗岩夹层花盆，为朴树提供了绝好的生存环境和支撑。这让3位科学少年不禁感叹自然与人文神奇结合的同时，也深信，只要他们好好保护，茶亭塔树定能一直完美共存。

专家点评

3位科学少年对树塔奇观进行了实地探究，分析了塔树共存的可能性。首先，运用动画解释古树的自然来历，直观明了，帮助观众解开第一个谜团。其次，选用航拍的方法对古塔外形和结构进行观察，并利用数学知识测量推算出古塔的建筑结构，利用自制橡皮“积木”模拟古塔的建造过程，生动直观地帮助观众解开了第二个谜团，古塔特殊的空心夹层构造为古树的生存创造了条件。最后，通过分析当地地理环境，揭开了第三个谜团，指出在百年时间跨度下古树与古塔共存的环境因素。科学探究层层深入，逻辑清晰，推论合理，结构完整，是一部优秀的科学与人文相结合的短片。

3位科学少年在拍摄过程中使用了小型航拍器，较好地掌握了航拍的技巧，对景观描述清晰、画面稳定。配音朴实，娓娓道来，调性把握到位。画面、解说与探究主题和谐一致，富有美感。

把多样的生物、多样的生态环境，以及人文与自然融合形成的多样的文化留给子孙后代，是可持续发展目标的重要内容。短片在潜移默化中传达了人类共同追求的主题，让观众穿越时空，产生无限遐思。

第四篇

传统手工艺及传承人

十四、一种古朴的玩具
——泥咕咕

1st International Youth Science Fair for Discovery Videos

第一届國際青少年科學發現影像大賽

獲獎證書

茲頒發給科學微電影優秀作品「入圍獎」獲得者。特頒此證，以資鼓勵。

項目名稱：一種古樸的玩具——泥咕咕

作　　者：姜思涵、黃艾伯、張溪典

所在學校：河南省濮陽市實驗中學、北京市北達資源中學、河南省濮陽市子路小學

指導教師：張倩、劉旭東

國際青少年科學發現影像大賽評審委員會主席

張波 博士

2016年9月30日至10月6日 於美國波士頓

HKISA HKISA HKISA

在内地观赏影片：

1st International Youth Science Fair for Discovery Videos

The Participation Award

is hereby awarded to

Siban Jiang, Aibo Huang, Xidian Zhang

from

Puyang Experimental High School, The Resources Middle School of Beijing Beida, Puyang Zilu Primary School

for work on

A Toy and Its Historical Value

under supervision of

Qian Zhang, Xudong Liu

September 30 to October 6, 2016

Boston, USA

Dr. BO Zhang

Chair

International Youth Science Fair for Discovery Video

HKISA HKISA HKISA

在境外观赏影片：

探究故事

蓝鲸的话

《一种古朴的玩具——泥咕咕》是于2007年暑假拍摄完成的作品。2008年1月，这部作品参加了日本“第六届全国儿童科学映像祭”，并获得海外特别奖。

这部作品在科学影像教育史上具有里程碑式的意义，它是真正意义上中国青少年创作的第一部科学影像作品，也是“中国青少年科学影像资源包开发”课题组收录的第一部经典教学案例，在《打开DV学科学》丛书中被反复用到。

让3位科学少年不曾想到的是，他们的作品虽然粗糙，但却拉开了中国青少年科学影像创作的恢宏序幕。

黄艾伯第一次遇见姜思涵、张溪典时，就被他们手上一个有趣的玩具吸引住了。他们玩的这种玩具叫作“泥咕咕”，是一个用泥做的小鸽子，黑色的底色，身上还画着彩色的图案。一眼看上去，就非常古老。它是怎么做的？为什么还能响？

为了能回答这个问题，姜思涵和张溪典查阅了资料，了解到泥咕咕是发源于河南浚县的民间工艺，已有上千年的历史。在浚县的杨玑屯村，有很多人会做泥咕咕，最著名的要数王蓝田和宋学海。网上没有详细介绍泥咕咕的做法，于是，3位科学少年约好一起到浚县实地采访泥咕咕民间艺人。

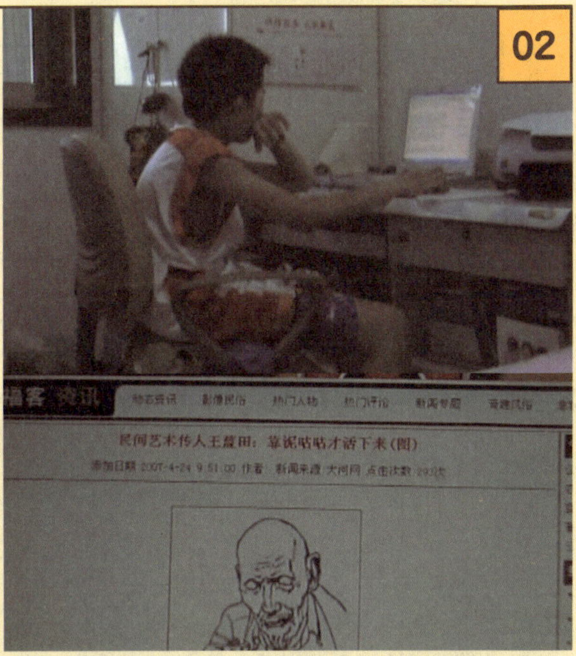

一进入杨玑屯村，3人就感受到了一股浓烈的乡土气息。走在村子里，到处是又窄又脏的泥路，老艺人们竟然是在这样的环境中制作泥咕咕的，这让他们很意外。

科学少年们来到了著名艺人宋学海的家。通过宋伯伯的介绍，3人了解到制作泥咕咕的流程：①挖泥，制作泥咕咕的泥需要从犁地层第二层的土地中选取泥土块；②打碎，把取来的泥土块打碎；③和水打泥，添加水拌和打碎的土块，用木棍击打后使其均匀，逐渐变成细腻柔软的泥团；④塑形，将泥团大致捏制成想要的形状；⑤精细制作，将得到的大致形状进行精细调整；⑥插孔，外形做好后，要在泥咕咕上扎洞，使其能够发声；⑦阴干，将做好外形的泥咕咕放在阴凉地几日，使其逐渐变干变硬；⑧烧制，将阴干的泥咕咕拿到土窑里烧制；⑨上色喷漆，给烧制成的泥咕咕画上漂亮的颜色。

04

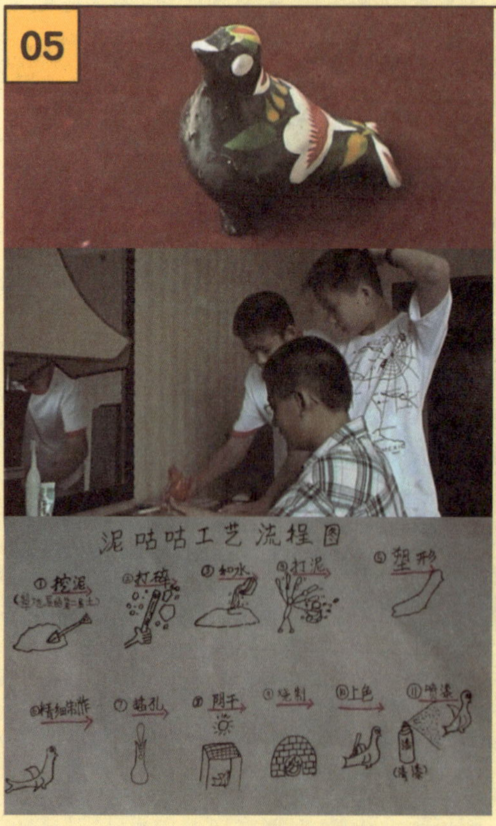

05

在宋伯伯的手中，一只活灵活现的小鸽子没几分钟就做出来了！这件事虽然看起来简单，但是做起来还是很困难的。根据宋伯伯的讲解，姜思涵、张溪典和黄艾伯一起讨论了泥咕咕的制作流程。

在泥咕咕制作过程中，最困难也是最体现技术的是插孔环节，要在泥咕咕底部扎两个洞，使之能够配合发出声响，看上去那么简单的两个动作，做起来实在不容易。张溪典尝试了几次扎洞，做出来的泥咕咕都吹不响。宋伯伯告诉大家，泥咕咕上的两个洞在扎的时候要一大一小，要让两个洞保持一定的角度，还不能出现裂缝，这样才能让泥咕咕发出悦耳的声音。张溪典又反复试验了几次，按照宋伯伯的方法，果然可以让泥咕咕发声了！经过反复观察、实验、论证，3位科学少年画出了泥咕咕发声的原理图。

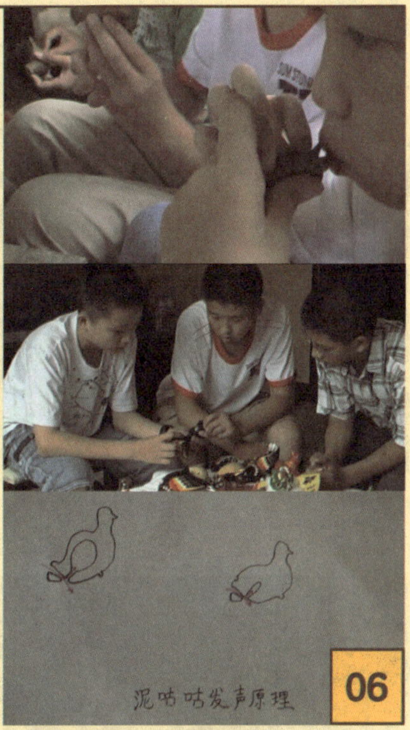

06

为了进一步了解泥咕咕的神奇，3人又来到了民间艺术大师——王蓝田爷爷的家。在等候王爷爷时，他们体验了有趣的打泥过程，还参观了王爷爷的作品展示，不禁被王爷爷制作的一个个精美绝伦的泥咕咕作品所震撼。

07

王爷爷向姜思涵、张溪典、黄艾伯讲述了泥咕咕的由来和历史，并在大家的一再请求下，现场演示了泥咕咕的制作过程。王爷爷已经85岁高龄了，但在他微微颤抖的双手中，两个漂亮的泥咕咕没一会儿就做好了！

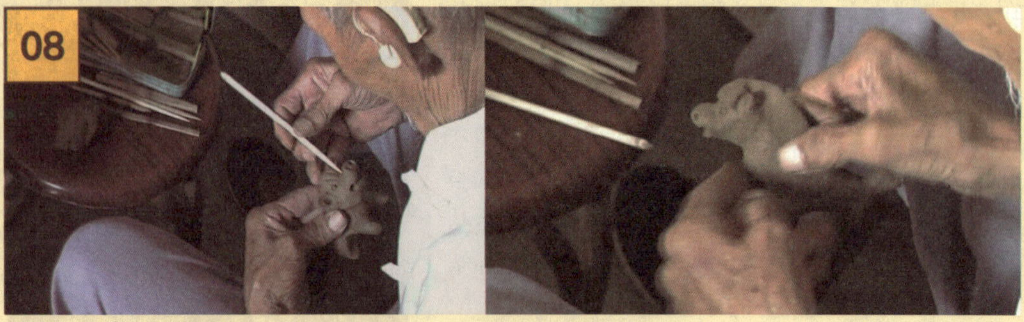
08

09

在与王家祖孙三代的交谈中，科学少年们了解到，泥咕咕作为非物质文化遗产，人们已经渐渐认识到它的珍贵。但想要这门技艺得到更长久的传承，还需要更多人的重视与保护。

在中国，有很多像泥咕咕这样的民间工艺，还有像王蓝田爷爷这样的民间艺人。千百年来，民间艺人们为社会和民族的发展做出了不可估量的贡献，他们是整个世界的财富和骄傲！

10

专家点评

时隔10多年再看这部作品，首先应该肯定当时迈出的第一步是多么难能可贵的探索。本片中的科学少年张溪典于10多年后毕业于香港浸会大学传媒学院，成为一名专业的影视创作者，并多次获奖。其中有这部作品埋下的种子，更有执着的坚守和不断的努力。而本片中的另外两位科学少年也分别获得美国和加拿大著名大学的法学硕士学位和经济学硕士学位。一部青少年科学微电影作品在潜移默化中对3位少年的人生产生了积极影响。

短片选择了非物质文化遗产泥咕咕作为研究对象，主要通过现场考察和动手体验的方式探究了泥咕咕的制作工艺流程和发声原理，同时，通过人物采访的方式，介绍了王蓝田和宋学海两位非物质文化遗产传承人。作品生动地展示了非物质文化遗产项目所包含的丰富的STEM+内涵，即科技、技术、工程、数学，以及人文、艺术等多个方面。

用科学探究纪录片的形式，不仅可以真实地记录下很多濒临失传的民间艺术，也能保留下来这些民间艺人创作时的珍贵镜头。在这部作品完成两年后，片中的老艺人王蓝田就与世长辞了。很庆幸3位科学少年当年采访过王爷爷并拍下了他创作“生肖猪”和“生肖马”的精彩场面。

中国有很多非物质文化遗产及其传承人亟须用科学影像的创作方式永远保留下来。从创作上进行反思，每一部探究非物质文化遗产的作品需要聚焦选题，提炼选题中蕴含的主线和主题，在题材的选择上更要打开思维和创作的灵感。在科学影像作品的创作过程中，既有科学探究的目标，也有科学探究的过程，更要融入科学探究与小“科学家”们、艺术创作与民间艺人的关系，建立全面的作品构架。同时，在影视手段的运用中，注意解说词、同期声、配音的情绪、调性、动画、图示等的综合运用，才能呈现出一部完美的科学微电影。

短片解说词不够准确，前面用第三人称“他们”，后面用了第一人称“我们”，应该统一。解说词中有一些没有意义的话，可以删除，如“热情地接待了我们”。解说词用一种“腔调式”的表达，掩盖了藏于民间的乡土文化的生动和真实，也没有了鲜活感。配音员普通话标准流畅，但是科学纪录片中的表达应娓娓道来，调门要平稳，避免“咬牙切齿”发音时的过度发力。

王蓝田爷爷捏泥咕咕的过程一直是俯拍，建议多个机位、多角度拍摄，学会运用中特全景别，比如特写王蓝田爷爷的面部表情神态、手艺特写等。解说词的感叹、情绪的高昂，不能代替生动、鲜活的画面。

十五、淮滨泥叫吹

2019 New York • International Youth Science Video Fair

國際青少年科學影像大賽

獲獎證書

茲頒發給聯席賽事「提名獎」獲得者。特頒此證，以資鼓勵。

項目名稱 ： 淮濱泥叫吹

作　　者 ： 何俊霞、李新宇、陳潔、李政、陳麗雯

所在學校 ： 河南省淮濱高級中學

指導教師 ： 王湘軍、張成林

國際青少年科學影像大賽評審委員會

姜冬梅 博士　袁小軍 博士

2019年9月30日至10月6日於美國紐約

主辦方: HKYSA 香港青少年科學院 Hong Kong Youth Science Academy　COLUMBIA UNIVERSITY IN THE CITY OF NEW YORK LAMONT-DOHERTY EARTH OBSERVATORY

在内地观赏影片：

2019 New York • International Youth Science Video Fair

The Finalist

is hereby awarded to

Junxia He, Xinyu Li, Jie Chen, Zheng Li, Liwen Chen

from

Henan Huaibin High School

for their discovery video project on

Nijiaochui in Huaibin

under supervision of

Xiangjun Wang & Chenglin Zhang

Dr. Dongmei Jiang
Co-Chair
International Youth Science Videos Fair

Dr. Xiaojun Yuan
Co-Chair
International Youth Science Videos Fair

Organizers: HKYSA 香港青少年科學院 Hong Kong Youth Science Academy　COLUMBIA UNIVERSITY IN THE CITY OF NEW YORK LAMONT-DOHERTY EARTH OBSERVATORY

在境外观赏影片：

探究故事

蓝鲸的话

“扯罗罗，捞堂堂，南山来个花姑娘。捎的啥？小叫吹子。俺孩儿吹了，命也长，身也强。”这首童谣中提到的“小叫吹子”是什么呢？小叫吹子，又叫“泥叫吹”，是河南淮滨县特有的一种彩塑泥玩具。淮滨，顾名思义位于淮河之滨，淮河特有的黄胶泥土质细腻、黏合性高，孕育了这种造型古拙抽象、色彩斑斓的泥玩具。你一定不敢相信，泥叫吹已经有5 000多年的历史了！让我们拿起泥叫吹，吹响民间文化的吉祥符号，继续传承千年。

在河南省淮滨县，有一种可以吹响的彩绘泥玩具，距今已有5 000多年的历史。淮滨泥叫吹是河南三大民间泥玩具之一，2011年被列入省级非物质文化遗产名录。

正在淮滨高中读书的何俊霞、李新宇、陈洁、李政、陈丽雯，对当地的淮滨泥叫吹非常感兴趣，他们想要进一步了解淮滨泥叫吹背后的文化及工艺流程。一天，他们去三空桥乡肖营村，拜访了“泥叫吹”老一辈民间艺人郑保民爷爷。

泥叫吹身上一共有3个气孔，这些气孔是用来做什么的呢？郑爷爷告诉同学们，这些气孔可以用来发声。郑爷爷说着就吹了起来，演奏出美妙的音乐。

郑爷爷还告诉同学们，这些惟妙惟肖并且能够吹响的泥叫吹有不少的制作环节，如取土、捶泥、捏制、晾晒、烧制、上色、绘画等工艺。同学们非常想感受一下，于是郑爷爷便亲自向大家演示了一番。

郑爷爷告诉同学们，泥叫吹的泥非常讲究，需要选取泥土中的黄胶泥。这种泥特别细腻，不含沙子，没有砂浆，结合力强，黏性大，是淮河流域特有的一种泥巴。

取泥回来，同学们和郑爷爷一起捶打黄泥。郑爷爷说，黄泥要捶打20多分钟，要捶到像面团一样又软又黏才可以。在郑爷爷的指导下，同学们也亲自捶打了一番。

06

黄泥捶好后，就可以开始捏制泥叫吹了。郑爷爷一边捏一边指导同学们。郑爷爷捏了一只狗，然后同学们每人学着都捏了一只。捏好之后，这些泥物要放在阴凉的地方晾晒。

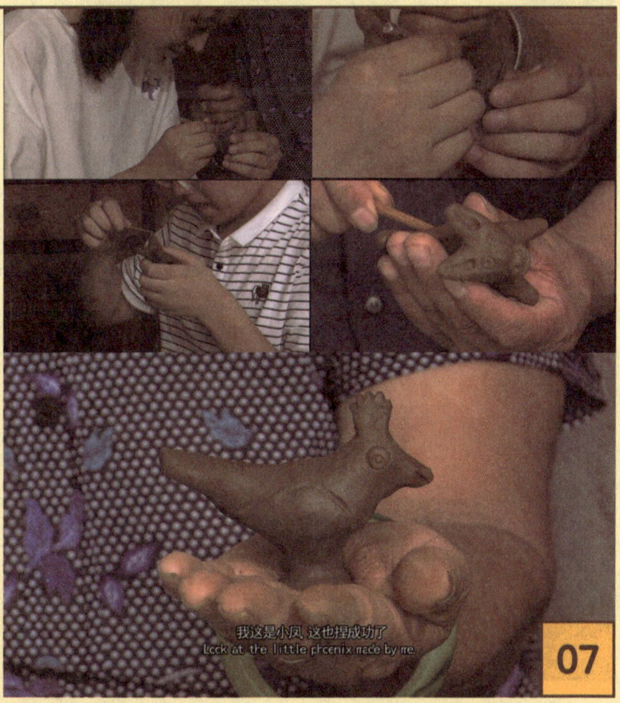

07

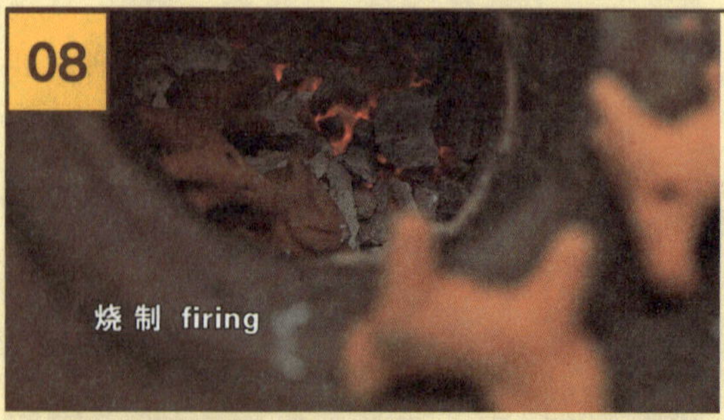

晾晒完成后，就可以开始烧制泥叫吹了！郑爷爷一边烧制，一边告诉几位同学，泥叫吹要在450~500摄氏度下烧制40分钟，温度过高容易破裂、走形。大约过了40分钟后，一个个泥叫吹就烧制好了。

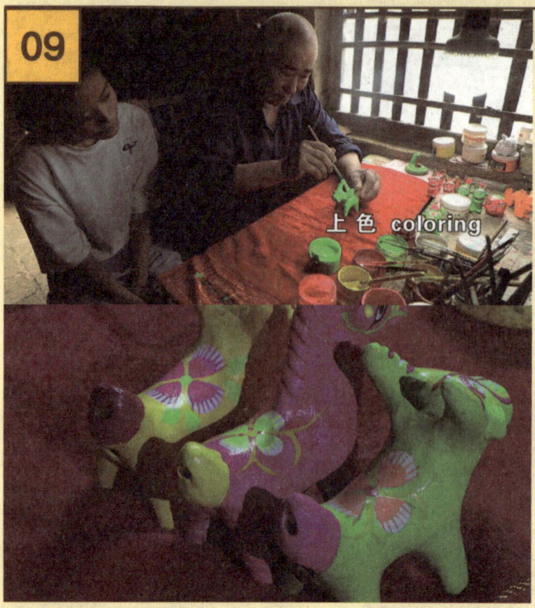

泥叫吹的颜色都是大红大绿的鲜艳颜色。泥叫吹上色有什么讲究吗？郑爷爷告诉大家，泥叫吹的底色一般会选鲜艳的颜色，是为了引人注目；另外，还会选择蓝色、黄色、白色等不是很鲜艳的颜色作为配色。画在泥叫吹上的配花也有讲究，叫四季花，象征着淮河流域的各行各业都会四季发财、四季平安、四季丰收，寓意了淮河流域的吉祥。

郑爷爷在父亲的耳濡目染下，自8岁起捏制泥叫吹，60多年间一直在潜心钻研泥叫吹的制作方法，他从未学过美术，但一直在用心刻画每一个泥叫吹形象。

除了传统的“十二生肖”“百鸟朝凤”造型，郑爷爷的小儿子郑金宇正在革新泥叫吹的形象，其中就包括了大家熟悉的动画人物大白、小猪佩奇等。

11

泥叫吹作为传统技艺，正在传承下去。郑爷爷的两个儿子、一个侄子都在从事泥叫吹的制作，他们希望将这门手艺发扬光大。千年来，民间工艺遍布神州大地，为中华民族精神文明的传承与发展做出了重大贡献。淮滨泥叫吹，这一豫南地区的泥塑之花，希望在社会各界的广泛关注与认可下，不断发展壮大，走向全国，走向世界！

12

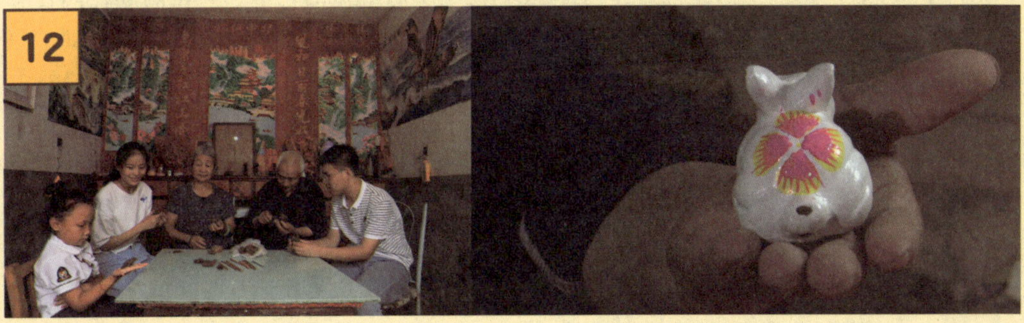

专家点评

淮滨泥叫吹、淮阳泥泥狗、浚县泥咕咕，被称作河南三大泥玩具（或泥彩塑）。短片中，淮滨高中的5位科学少年详细地探究了泥叫吹的制作工艺流程。非常难得的是，他们采访到了非物质文化遗产泥叫吹的传承人郑保民夫妇，对探究泥叫吹的工艺流程和文化传承都起到了关键作用。传承人带领科学少年们体验制作工艺流程，清晰、生动地复原了非物质文化遗产“泥叫吹”。

科学少年们不仅关注工艺流程，也注意到泥叫吹所蕴藏的艺术和文化内涵，而且意识到泥叫吹的传承发展问题。科学少年们与老艺人促膝交流，让观众真切地体验到了一个优秀的STEAM项目所承载的丰富内涵。

在配音方面，解说流畅、自然。但是，解说词可能有误，泥叫吹是500年历史，还是5 000年历史？需要认真考证。在拍摄和剪辑中，可以增加特写和同期声的应用。

在短片中，同学们能积极参与制作，建议提问的过程中尽量保持提问的连续和问答的互动，避免生硬的一问一答。

短片可以继续挖掘制作成系列主题短片。在短片的构建中，为今后创作提几点建议。首先，应重点挖掘泥叫吹的制作技艺特点，让观众能看到的不止外形，还有“绝技”体现。其次，可以讲人物的故事（如两位老人的默契）；同学们和小朋友制作的泥叫吹有哪些特点，如好在哪里、欠缺在哪里；将小朋友制作的泥叫吹与传承人制作的相比较。最后，针对泥叫吹的声音高低、曲调、长短，探讨除了泥叫吹制作的技法，是否还有吹奏人技巧方面的原因。

十六、烙画：火针上的绝美“刺绣”

3rd International Youth Science Fair for Discovery Videos

第三屆國際青少年科學發現影像大賽

獲獎證書

茲頒發給優秀科學微電影「二等獎」獲得者，特頒此證，以資鼓勵。

項目名稱 ：烙畫：火針上的絕美「刺繡」

作 者 ：周子琰、錢溢善、嶽圓

所在學校 ：南陽市第三十一小學

指導教師 ：白雲、鐘琳

國際青少年科學發現影像大賽評審委員會主席

張波 博士

2018年9月30日至10月6日 於美國波士頓

在内地观赏影片：

3rd International Youth Science Fair for Discovery Videos

The Second Place Of Grand Award

is hereby awarded to

Ms. Ziyan Zhou, Mr. Yishan Qian, Mr. Yuan Yue

from

Nanyang No.31 Primary School

for their discovery video project on

Pyrography: The Beautiful Embroidery on the Fire Needle

under supervision of

Ms. Yun Bai, Ms. Lin Zhong

Dr. BO Zhang

Chair

International Youth Science Fair for Discovery Videos

September 30 to October 6, 2018

Boston, USA

在境外观赏影片：

探究故事

蓝鲸的话

传说东汉皇帝刘秀在他12岁逃难时，曾经被南阳一个在葫芦上画画的民间艺人救过命，于是南阳烙画就成了贡品，供当时的宫廷御用，烙画也因此早在2 000年前就在南阳蓬勃发展起来。你想了解这种久远的民间工艺吗？3位还不到12岁的小学生带您一起来探秘烙画。

烙画起源于中国历史文化名城河南省南阳市，距今已有2 000多年的历史，被誉为“南阳三大宝”之一。烙画是如何“烙”的呢？周子琰、钱溢善、岳圆3位同学对这个问题很感兴趣，他们决定深入了解。

01

同学们找到了夏湘娟老师，一位有着30多年经验的烙画大师。夏老师告诉同学们，烙画的主要工具是变压器和电烙笔，在电烙笔加热至300~800摄氏度时，利用碳化原理，在特殊的木板材料上作画。随着技术的进步，人们也开始在丝绢、宣纸等材料上烙画，烙画的种类更加丰富。

烙画之前，需要先用铅笔在木板上打好线稿，然后打开电勾线笔，预热几秒钟，等笔头变热，就可以在木板上勾画了。夏老师向大家演示了直线、弧线和圆的画法，从直到曲，一气呵成。这时候，同学们闻到了一股烧焦发煳的味道，原来是电烙笔温度太高，将木板烧糊了，伴随着这种特殊的气味，一缕缕轻烟自笔尖袅袅飘向空中。哦，3人都恍然大悟，原来这就是“烙”画啊！

夏老师将笔递给3位同学，让他们来画一些直线试试，并反复提醒他们要小心，不要碰到笔头，避免烫伤。同学们轮流上手尝试，结果画得歪歪扭扭不说，还总是两头粗，中间细，跟一根根火柴棍似的，笔拿在手上不听话，像在木板上滑冰。夏老师说，这是新手学习的第一步，通过勾画线条，掌握烙笔温度、力度、速度的完美结合点，才能继续学习勒、点、染、擦、白描等其他手法。学习之路真是漫漫无涯啊！

04

05

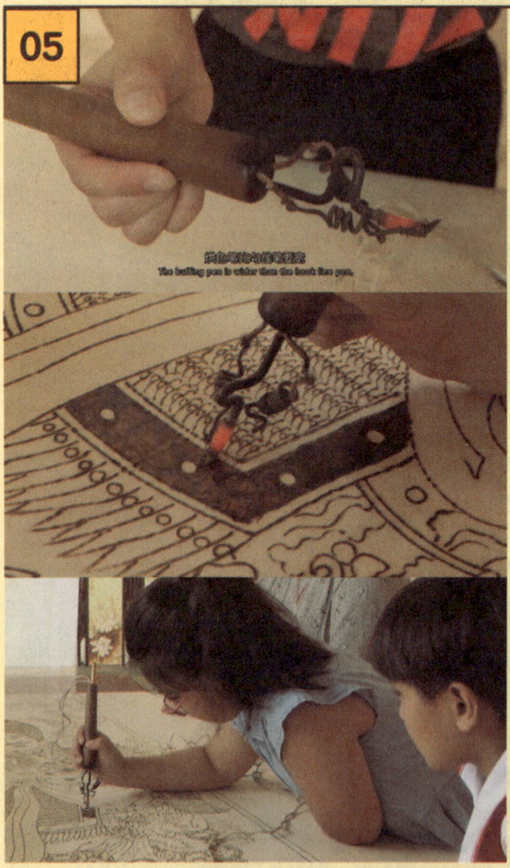

线条勾勒完毕，夏老师将勾线笔换成烘色笔，烘色笔比勾线笔要宽，笔头自然弯曲形成一个平面，用来大面积上色。简单示范后，同学们又开始“自主探究”了，画中的一片空白在科学少年们的努力下艰难地涂完了，斑斑点点着色不匀，自己看着就好笑。

这时，夏老师拿来了一张报纸，原来她要演示纸上烙画。夏老师三两下就勾勒出一朵荷花，栩栩如生。同学们也想画。哎呀！一不小心冒火星了，夏老师笑起来，这早在她的意料之中。她解释说，初学者往往掌握不好力度，很容易把纸烙破，更别说在丝绸等名贵材料上烙画了。

同学们问夏老师一幅烙画的价格。她说，烙画大小不同、工艺不同，价格也大相径庭。她指给同学们看刚刚装裱好的一套山水画，耗时半个月，加上后期装裱，能卖2 000元左右。好看是好看，可是做起来真耗时，价格自然也不菲。难道就没有既能缩短工时又能节约成本的方法吗？

通过上网查找，同学们发现南阳理工学院美术系著名书画艺术家、文化学者孙保瑞教授带领团队发明了快速烙画器和冰火烙画两个专利，用现代科技创新烙画技法，一天能烙1 000幅烙画呢！就连央视的《我爱发明》栏目也来专门采访过。这一消息让科学少年们激动不已，对这两个宝贝好奇极了。

08

同学们有幸联系上了孙教授。孙教授带3位同学来到了他的工作室，演示了冰火烙画工艺。孙教授告诉大家，快速烙画器主要用来勾勒线条，而冰火烙画主要用于着色。冰火烙画是用喷火枪代替传统火笔，冰块在喷火枪的轰鸣下产生强烈分解，冰火温度瞬息变化，与其他材料一起撕裂着画板，产生了自然渐变的肌理效果。因为操作时带有一定的危险性，3位同学只能远远地观看，不能亲自实践。传统与现代的结合，让人回味无穷。

09

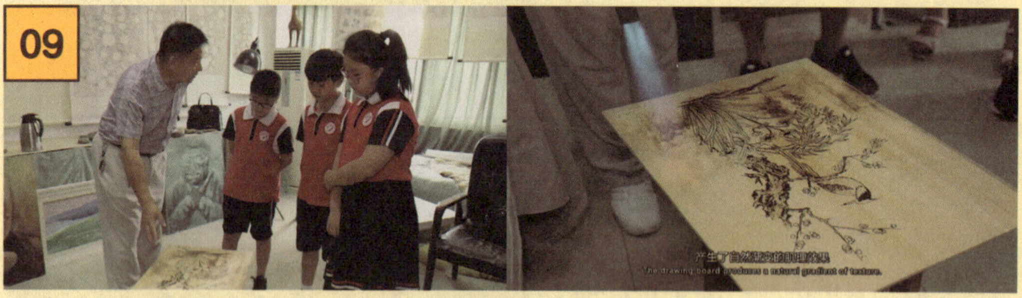

10

孙教授说，快速烙画器和冰火烙画是对传统烙画的继承、丰富和发展，价格低，适合广大普通的消费者；但它也有局限性，目前只能做一些小幅的摆件，大型的个性化的作品还是要用传统的工艺烙制完成。

临别之际，孙教授将这幅画送给3位同学留作纪念，激励大家好好学习，做一个执着的人。

烙画文化源远流长，需要科技注入新的力量，也需要更多的传统手工艺人继续坚守，用匠人的精神传承并发扬光大。

专家点评

追踪民间艺人，讲述非物质文化遗产烙画的工艺制作方法，本片的选题独到。传统工艺烙画具有浓重的地方特色，民间艺人在南阳当地比较集中。3位科学少年利用向民间艺人学习的方法，采访到烙画制作的关键环节，并亲自体验得出烙画工艺的难点；同时，他们也非常关注烙画的传承与发展，采访到将烙画工艺工业化的发明家。

小学生能够恰当地应用采访的方法展开科学调查，并且得到充分的信息，这是不容易的，值得表扬。但是本片的探究方法过于单一，对问题的探索也不够深入，选题还可以进一步挖掘，例如，用对比实验的方法测量烙画笔尖温度与不同材质（木板、纸张、绢丝、葫芦）之间的关系等。

配音流畅，吐字清晰，情绪饱满。3位科学少年出镜时表现自然，敢于尝试烙画的“笔”，都给观众留下了深刻的印象。

由于烙画的绘画工具是300摄氏度以上的高温设备，具有一定的危险性，青少年在探究的各个环节都应做好防护。本片在毫无防护的情况下开展研究，安全性受到质疑。希望同学们能够提高安全防护意识。

十七、舌尖上的科学

2nd International Youth Science Fair for Discovery Videos

第二屆國際青少年科學發現影像大賽

獲獎證書

茲頒發給優秀科學微電影「一等獎」獲得者。特頒此證，以資鼓勵。

項目名稱 ：舌尖上的科學

作　　者 ：黎順輝、譚淑雯、陳愷瀛、司徒至棚、王超、蘇嘉怡

所在學校 ：佛山市順德區胡寶星職業技術學校

指導教師 ：楊華莉、熊婷蕾

國際青少年科學發現影像大賽評審委員會主席

張波 博士

2017年9月30日至10月6日 於美國波士頓

HKISA

在内地观赏影片：

2nd International Youth Science Fair for Discovery Videos

The First Place Of Grand Award

is hereby awarded to

Mr. Shunhui Li Ms.Shuwen Tan Ms.Kaiying Chen Mr.Zhipeng Situ Mr.Chao Wang Ms.Jiayi Su

from

Hubaoxing Vocational Technical School Of Shunde

for their discovery video project on

The Science on the Tongue

under supervision of

Ms.Huali Yang Ms.Tinglei Xiong

September 30 to October 6, 2017

Boston, USA

Dr. BO Zhang

Chair

International Youth Science Fair for Discovery Videos

HKISA

在境外观赏影片：

探究故事

蓝鲸的话

顺德有一道美食——姜撞奶，名字听起来是不是很奇怪？其实就是“姜汁遇上了牛奶”的意思。这两种食材相遇有什么奇特的现象吗？有，液体会凝固成像豆腐一样的固体。

来自胡宝星职业技术学校的科学少年们，不仅想知道什么是姜撞奶，还想知道姜撞奶是怎样做成的，并且还要探究出为什么会发生这样的奇特现象。真是一群“打破砂锅问到底”的科学少年！

相传，在广东番禺沙湾镇，一位年迈的老婆婆犯了咳嗽。老婆婆得知姜汁可治咳嗽，于是把姜榨成姜汁，但姜汁太辣，她无法喝下去。于是，老婆婆的儿媳妇将水牛奶加糖煮热，倒入装姜汁的碗里。奇怪的是，过了一阵子，牛奶凝结了。老婆婆喝了后顿觉满口清香，第二天病就好了。姜撞奶就这样在沙湾镇流传开来，沙湾人也把“凝结”叫“埋”，所以姜撞奶在沙湾也叫“姜埋奶”。姜撞奶一直流传到现在，成为沙湾镇最受欢迎的特色小吃之一。

追寻着传闻，科学少年黎顺辉、谭淑雯、陈恺瀛、司徒至栩、王超和苏嘉怡一行来到了沙湾古镇。他们穿过错落纵横的街巷，路过古老的宗祠古屋，来到了一家当地最为出名的甜品店。步入店内，瞬间被一股浓郁的香味包围，他们迫不及待叫上了3碗“姜撞奶”。

为什么姜撞奶会从液体变成固体？这当中藏了什么玄机？科学少年们决定自己制作姜撞奶进行探究。他们找来了姜撞奶的原材料，有姜、水、牛奶等。几位科学少年成功制作了姜撞奶，但对其中的原理还不清楚。

于是，黎顺辉通过到图书馆查阅资料，得知了其中的奥秘。原来，是姜中的生姜蛋白酶和牛奶中的酪蛋白在起作用，令牛奶中的蛋白质变性造成的。

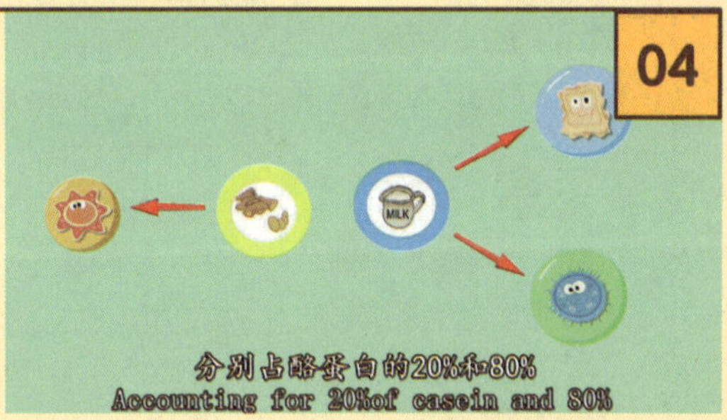

酪蛋白有3种形式，分别为疏水性氨基酸残基含量较多并对钙离子敏感的α-酪蛋白和β-酪蛋白，以及对钙离子不太敏感的κ-酪蛋白。而κ-酪蛋白具有两性构造：一是N末端富含约2/3的疏水氨基酸；二是C端含有1/3的糖链亲水区域。

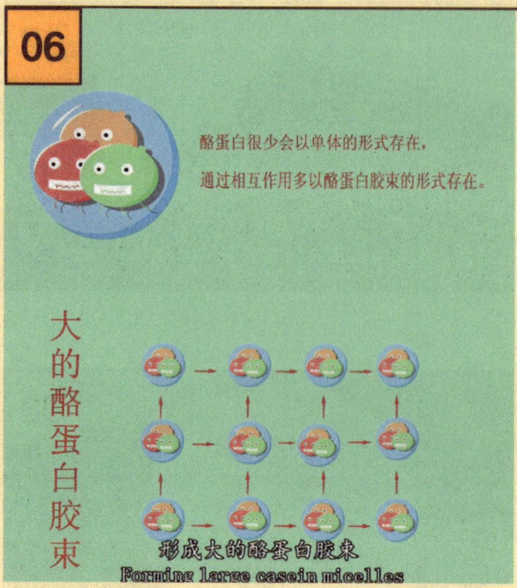

牛奶本就富含钙离子，酪蛋白的 α-酪蛋白和 β-酪蛋白在遇到钙离子时就会结合成沉淀，形成固体。但是酪蛋白很少会以单体的形式存在，而是通过相互作用以酪蛋白胶束的形式存在。胶状体的磷酸盐在亚胶束中起到架桥作用，形成了大的酪蛋白胶束。酪蛋白胶束的内部是疏水性较强的 α-酪蛋白和 β-酪蛋白，其表面为亲水性较强的 κ-酪蛋白。这样 α-酪蛋白和 β-酪蛋白就无法接触到钙离子，也就是为什么一般的牛奶都是液体。

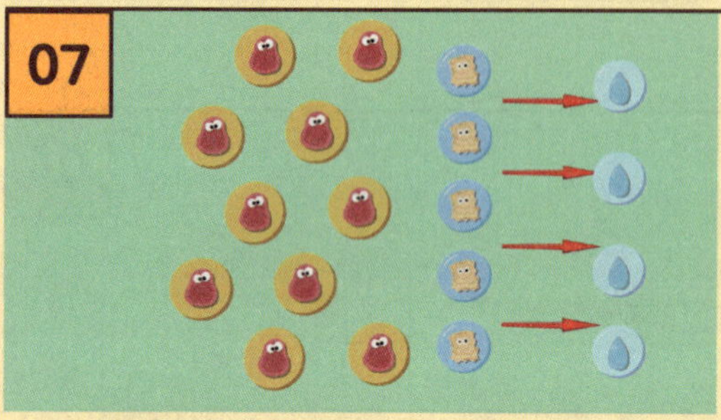

将姜汁加入牛奶，姜汁中的生姜蛋白酶会与 κ-酪蛋白产生反应，让 α-酪蛋白和 β-酪蛋白从酪蛋白胶束中释放出来，这样 α-酪蛋白和 β-酪蛋白就会和钙离子结合形成沉淀，从而形成了美味的姜撞奶。

那么在日常生活中，又有哪些食品是通过蛋白质变性而制作出来的呢？为此科学少年们找来了3种食品：双皮奶，一种利用蛋白质在高温下变性而凝固的奶制品；豆腐花，一种利用黄豆中的蛋白质，通过水浸、磨浆、除渣、加热，使蛋白质变成胶体的豆制品；炖甜蛋，一种利用蛋白质在高温下变性所凝固的鸡蛋制品。

通过这次探究，几位科学少年不仅品尝到美味，也探究到美食中有关的科学知识。他们更希望让这种传统的美食一代一代地传承下去。

专家点评

传统美食是中华传统文化的有机组成部分，探究美食中的科学问题是经典的选题。短片选取地方小吃姜撞奶作为研究对象，研究了关于姜撞奶的3个问题：What、How、Why，即姜撞奶是什么，姜撞奶怎么做，姜撞奶为什么会凝固。3个问题环环相扣、层层深入、意犹未尽。从古代传说到亲自品尝，回答了“是什么”；从购买食材到尝试自己制作，回答了“怎么做”；从查阅资料到制作化学反应动画，回答了“为什么”。科学少年们不仅做到了“知其然”，还做到了“知其所以然”，进一步提出了对“姜撞奶”这一传统美食文化的发展和传承，具有很强的可持续发展意识。

解说词配音中虽然普通话不是非常标准，但是观众可以听出配音员对“姜撞奶”这一美味小吃的热爱情绪把握到位。标题不够准确，建议增加副标题“探究南粤美食——姜撞奶的凝固现象”。

短片中科学少年的出镜自然，一边吃一边提问：“为什么会凝固呢？”从而引出关键的问题。同样的场景，例如制作姜撞奶的过程中同样有这样的机会，可以再次重复和强化这个疑问，但是很遗憾，在后期制作中没有呈现。

短片中两段二维动画：一段是传说的还原，栩栩如生；一段是原理的讲解，避免了枯燥感。不过，美食拍摄段落曝光不足，如果加上补光，则会更加令人垂涎欲滴。

科学少年们在制作姜撞奶的尝试中，是否一下就成功了？遇到过什么困难？是否因为制作不成功，喝了很多碗自制姜撞奶？这些反映学生科学精神的素材，建议同学们在后期制作中予以保留。

第五篇 传统风俗及文化

十八、龟甲上的符号
——甲骨文

3rd International Youth Science Fair for Discovery Videos

第三屆國際青少年科學發現影像大賽

獲獎證書

茲頒發給優秀科學微電影「二等獎」獲得者。特頒此證，以資鼓勵。

項目名稱　：龜甲上的符號--甲骨文

作　　者　：王卓威、趙宸霏、樊子翀、王子辰

所在學校　：鄭州市中原區桐淮小區小學

指導教師　：邱俊柯、時軍風、趙中安

國際青少年科學發現影像大賽評審委員會主席

張波 博士

2018年9月30日至10月6日 於美國波士頓

在内地观赏影片：

3rd International Youth Science Fair for Discovery Videos

The Second Place Of Grand Award

is hereby awarded to

Ms. Zhuowei Wang, Ms. Chenfei Zhao, Mr. Zichong Fan, Mr. Zichen Wang

from

Henan Zhengzhou Tonghuai Primary School

for their discovery video project on

The Symbols on the Tortoiseshell——Oracle Bone Inscription

under superrision of

Ms. Junke Qiu, Ms. Junfeng Shi, Mr. Zhongan Zhao

September 30 to October 6, 2018

Boston, USA

Dr. BO Zhang

Chair

International Youth Science Fair for Discovery Videos

在境外观赏影片：

探究故事

蓝鲸的话

你见过有人翻译英文、法文、德文、俄文、日文……可是你见过有人翻译甲骨文吗？甲骨文是中国 3 000 多年前的古老文字，现在很少有人认识它。有 4 位小学生正在尝试翻译一片龟甲上的文字，他们打算揭秘甲骨文，带你穿越回 3 600 年前的殷商时期，领略中国古代文字的魅力。

炎热的夏日，王卓威、赵宸霏、樊子翀相约来到河南博物院参观。在河南古代文明瑰宝展馆，赵宸霏被两块小小的动物骨头深深吸引，这些龟甲和兽骨上刻着一些小小的符号，展牌介绍说这是甲骨文。他很好奇，甲骨文是用来做什么的？刻辞又是什么意思？

为了寻找答案，赵宸霏询问了博物馆的讲解员。讲解员解释，甲骨文是一种文字，古人用甲骨文来记录占卜内容，占卜就是算吉凶的一种仪式，占卜的结果会刻在这些龟甲和兽骨上。

为了深入了解甲骨文，王卓威、赵宸霏通过上网查阅资料，了解到甲骨文最早出土于河南省安阳市殷墟，是中国现存最古老、体系较为完整的一种成熟文字。

那什么是刻辞呢？刻辞是指刻在甲骨上的内容。这种结构通常分为4个部分，分别是叙辞（前辞）、命辞（问辞）、占辞和验辞。近120年以来，中国先后出土甲骨文约15万片。考古学家破译了甲骨文上的一些内容，证明了史书上的一些记载，真实地再现了商朝时期的生活。

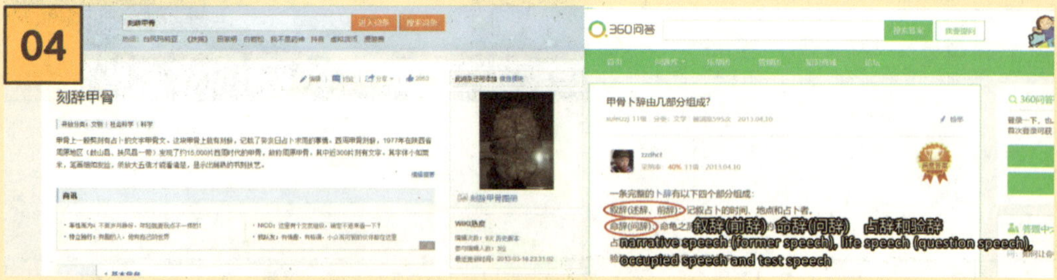

知道了甲骨文的作用，但是这些甲骨上一行行的文字具体写了什么内容呢？王卓威、赵宸霏、樊子翀想自己翻译一下手边的甲骨文，他们先根据甲骨文的外形猜测文字的意思，然后运用甲骨文字典和电脑中的甲骨文汉字对照表一一翻译。

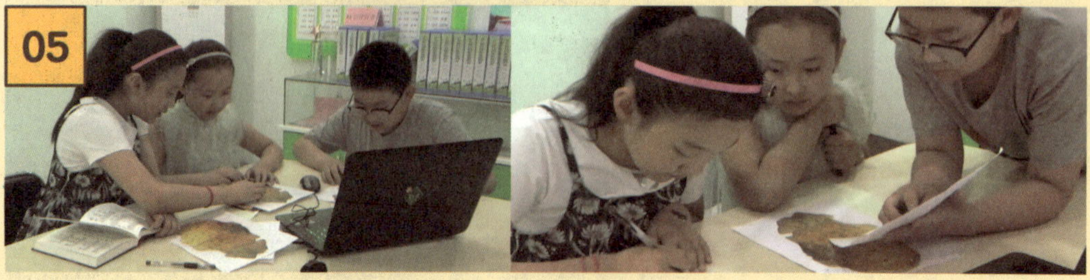

一个下午，他们只翻译出来9个字。如此看来，考古学家在15万片甲骨文中翻译出2 000多个汉字是多么辛苦的一件事啊！在老师的帮助下，经过不懈努力，除了个别字，3人终于把这段甲骨文内容翻译了出来。

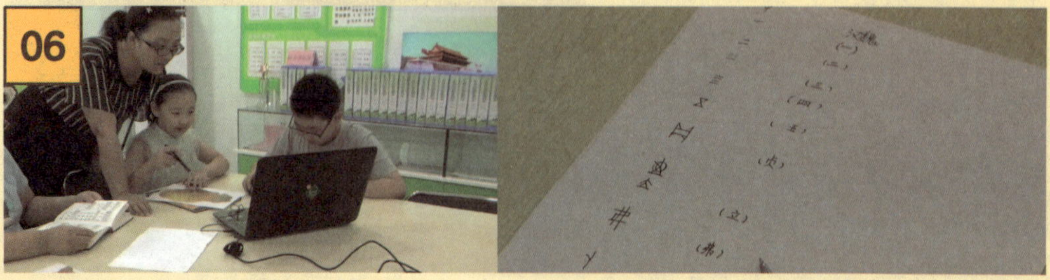

在翻译甲骨文时，王卓威惊奇地发现这块甲骨的两边都有“一”“二”“三”“四”“五”，把这段甲骨文分成了5个部分。他还发现，甲骨文和汉字之间有很多相似之处，例如甲骨文的“木”“水”“火”“土”和现代汉字很相近，那么为什么后人不用甲骨文了呢？

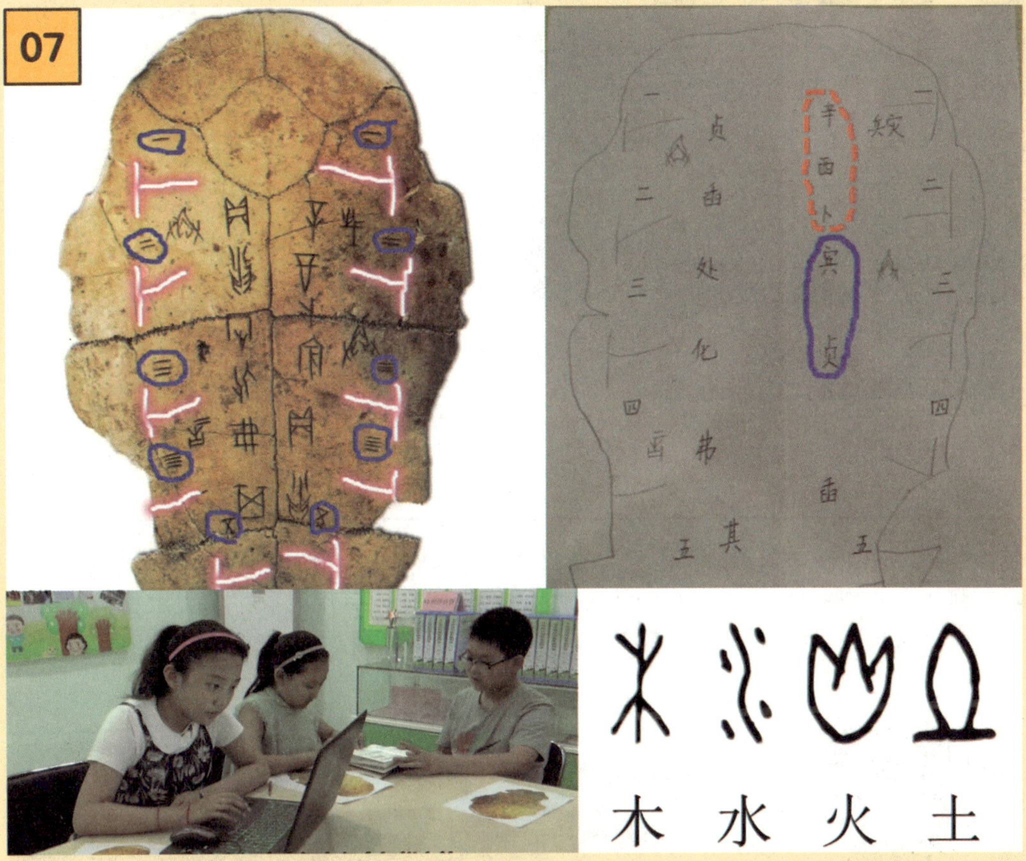

于是，王卓威、赵宸霏、樊子翀3位科学少年到街头进行采访，有的人说甲骨文已经基本失传了，有的人说甲骨文应该是演变了。那么，到底怎么回事儿呢？

09

接着，3人又来到郑州大学汉字文明研究中心请教专家，知道了甲骨文并没有失传，而是随着时间进行了演变，先后经历了甲骨文、金文、篆书、隶书、楷书，经过了几千年，最终变成了我们今天使用的汉字。

甲骨文犹如一幅幅美丽的图片，它们对认识现代汉字有帮助吗？王卓威、赵宸霏、樊子翀用甲骨文制作了大家熟悉的十二生肖字卡，在没有现代汉字的提示下，随机请几位路人辨识。结果显示，大部分人从清晰简单的动物轮廓中能够正确地猜出牛、羊、蛇这些生肖。

10

3人又将一些笔画简单的甲骨文画出来，把汉字写在旁边制成识字卡派发给幼儿园里的小朋友。他们发现，幼儿园的小朋友们很喜欢这样的图文，并能快速地记住这些汉字。

11

甲骨文形象、生动，它们就像是架在图画和现代汉字之间的天然桥梁，现在人们对甲骨文了解多少呢？同学们再次走上街头采访路人，通过调查问卷来了解人们对甲骨文的认识。

12

13

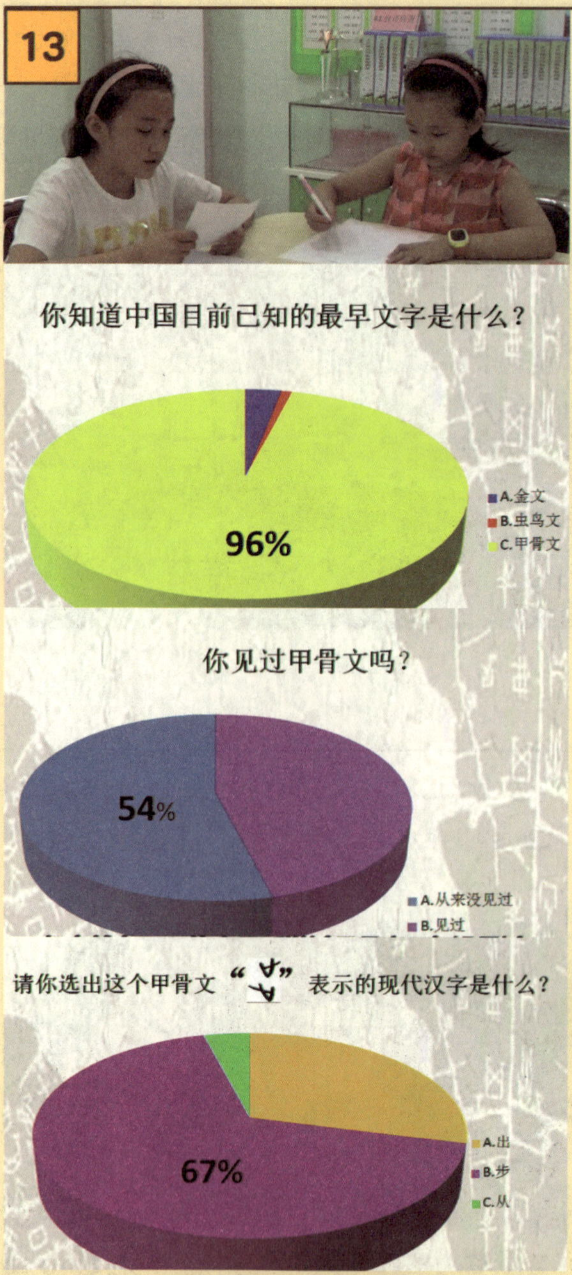

他们一共发放了30份调查问卷，结果显示，有96%的人知道中国目前已知的最早文字是甲骨文，但有54%的人只听说过甲骨文，没见过甲骨文的人占67%。甲骨文作为汉字的鼻祖，是伟大的中华文明的瑰宝。同学们希望大家携起手来，关注甲骨文，宣传甲骨文化，传承中华经典。

专家点评

本片中的4位科学少年选了中国古代文字的“名片”——甲骨文作为研究对象，从古文字的用处、内涵，到文字的构成、传承，展开了全方位的探索研究。把科学探究与中华文化相结合，选题非常有意义，结构完整合理。4位科学少年采用了多种研究方法，探究工作量大，信息丰富。

解说准确，配音语言流畅，吐字发音准确，讲述了团队对甲骨文的探究过程。出镜时同学们表达积极、语言准确。但拍摄的机位、构图要注意，例如同学们站着，被采访人坐着，好像被“审问”。在影片中，同学们体验了翻译甲骨文的过程，采访调查了路人、专家、幼儿园小朋友等多个场景反映出对文化探究的多样性思考。

本片中的4位科学少年给观众留下了深刻印象，无论是他们锲而不舍地翻译甲骨文，还是他们站在路边举着甲骨文采访，抑或是他们发明出甲骨文识字卡在幼儿园和小朋友交流，都让观众看到了具备科学精神与人文素养的一代中国少年。他们的执着、热爱、专注、担当浸润在全片的每个镜头之中，给人以宁静致远的观影感受。

十九、狮舞岭南之人机共舞

3rd International Youth Science Fair for Discovery Videos

第三屆國際青少年科學發現影像大賽

獲獎證書

茲頒發給「亨達」最佳發明創新奬 獲得者。特頒此證，以資鼓勵。

項目名稱：獅舞嶺南之人機共舞

作　　者：李欣、陳啟濤、麥倩文、麥旺均、劉建培、麥梓澄、羅鑒昌

所在學校：佛山市順德區胡寶星職業技術學校

指導教師：徐登峰、李妍

國際青少年科學發現影像大賽評審委員會主席

張波 博士

2018年9月30日至10月6日 於美國波士頓

在内地观赏影片：

3rd International Youth Science Fair for Discovery Videos

Hantec Best Innovation Award

is hereby awarded to

Ms. Xin Li, Mr.Qitao Chen, Ms.Qianwen Mai, Mr. Wangjun Mai, Mr.Jianpei Liu
Mr.Zicheng Mai & Mr. Jianchang Luo

from

Hubaoxing Vocational Technical School Of Shunde

for their discovery video project on

Lion Dance by Man n Robot

under supervision of

Mr. Dengfeng Xu & Ms. Yan Li

September 30 to October 6, 2018
Boston, USA

Dr. BO Zhang
Chair
International Youth Science Fair for Discovery Videos

在境外观赏影片：

探究故事

蓝鲸的话

舞狮是中国传统文化，千百年来，只有经过特别训练的人才能表演。能不能利用人工智能知识研发一款“舞狮机器人”呢？胡宝星职业技术学校的中学生陈启涛打算组织一个研究团队实现这个小小的梦想。“理想很丰满，现实很骨感”，他们都会遭遇哪些困难？他们能否研发成功？让我们一起来看陈启涛小组的科学探究故事。

胡宝星职业技术学校的舞狮社团，最近面临着社员流失的问题。参加社团的很多同学，因为想将精力放在机器人专业课的学习上而退出社团。陈启涛、李欣、麦倩文也是社团成员，看到这样的问题，3人在一起商量要如何应对这个问题。他们想到如果在舞狮的同时，带领同学们开发一种让机器人舞狮的技术，就可以让一部分想要学习专业课的同学留在舞狮社团，以满足他们学习、研究专业课的需求。

说干就干，陈启涛一行人很快组织起机器人舞狮研究小组，但开发这样的技术极具挑战。工业机器人的种类繁多，他们应该选取哪种机器人实现人机舞狮呢？陈启涛和麦旺均在一起讨论，考虑到学校现有的是四轴和六轴机器人，而六轴机器人比四轴机器人多两个关节，六个轴分为六节，可以完成像人的胳膊和手一样的精细动作，操作起来应该更加灵活，所以他们选择了六轴机器人。

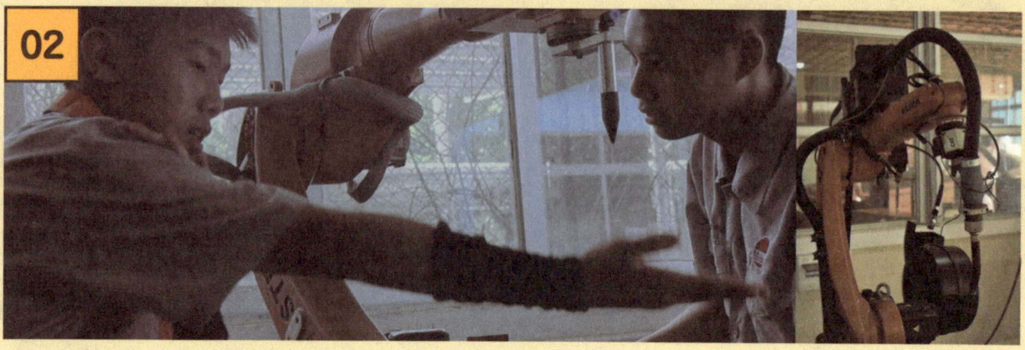

那么，六轴机器人可以实现哪些舞狮动作呢？麦倩文、陈启涛、李欣坐在一起，准备根据舞狮表演的动作，利用离线编程软件编辑机器人的动作。但是问题来了，仅通过观察舞狮的动作，编辑出的机器人动作不能很好地还原人的动作。为此，陈启涛和麦倩文在编程时还发生了争执。

虽然有了争执，但他们并没有气馁，他们决定请教龙狮协会的教练梁老师。梁老师告诉他们，舞狮有3个基本动作，分别是高狮、三抛狮、三拜狮。

高狮寓意精神抖擞，它的动作是人双手举起狮头，分别以45°向左、向右均衡摆动。三抛狮寓意步步高升，它的动作是双脚交替向后交叉迈3步，然后舞狮者以弓字马身体向前倾，狮头向左、向右分别拜一次，最后身体向前伸。三拜狮寓意尊敬，它的动作是狮头昂起向前走3步，低头再退3步，重复昂起向前、低头向后的动作3次，每次朝不同的方向，方向的选择需要根据不同的场合做不同的选择。

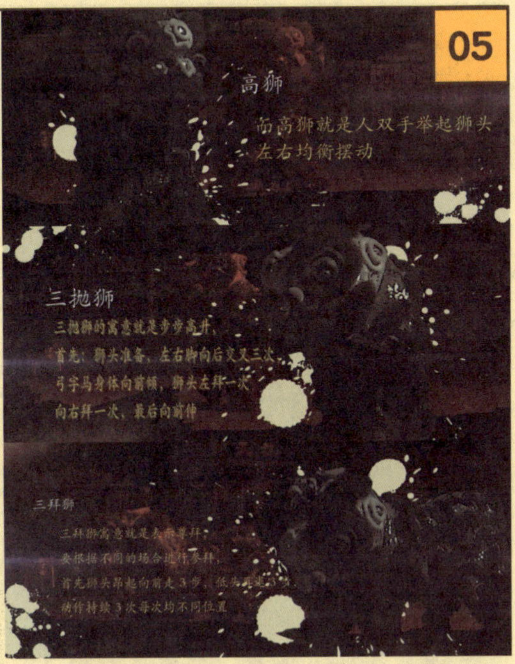

掌握了舞狮的3个基本动作，麦倩文、陈启涛、李欣再次用离线编程软件编辑机器人的动作，一个六轴机器人像舞狮者一样舞动起来了！

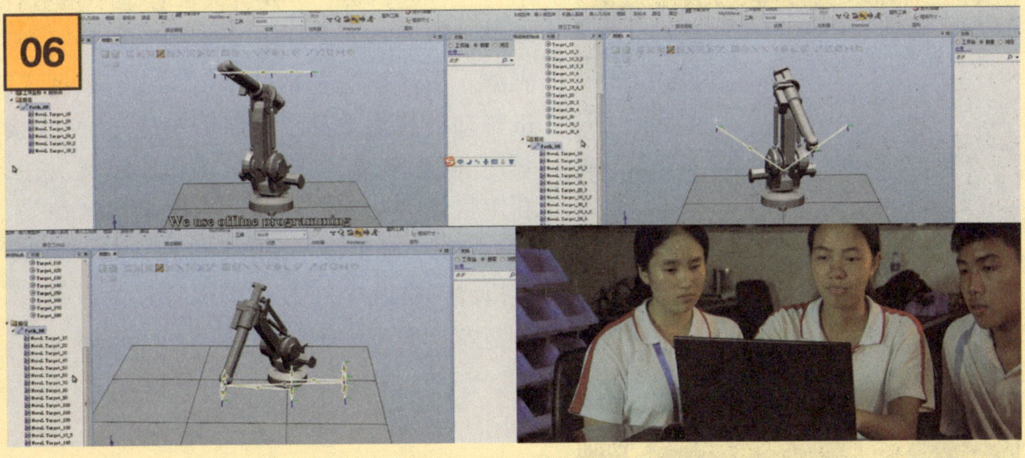

现在差的就是如何给机器人安装狮头了。狮头有大有小、有轻有重，学校的六轴机器人承载能力只有5千克，安装多大的狮头合适呢？经过反复讨论，陈启涛定制了3千克、48厘米宽的狮头，这样的狮头从大小、美观、质量上都可以和学校的机器人匹配。在人舞狮时，人可以用双手抓住狮头，以保证在舞动狮头的时候不会将狮头甩出去。那么，要如何让机器人“抓住狮头不松手”呢？陈启涛和麦旺反复讨论，决定在机器人第六轴的末端（法兰盘）引出一个支架，把支架和狮头的把手焊接在一起，这样支架就像人手一样抓住狮头，也达到同样的效果。这样，机器人就可以紧握住狮头！

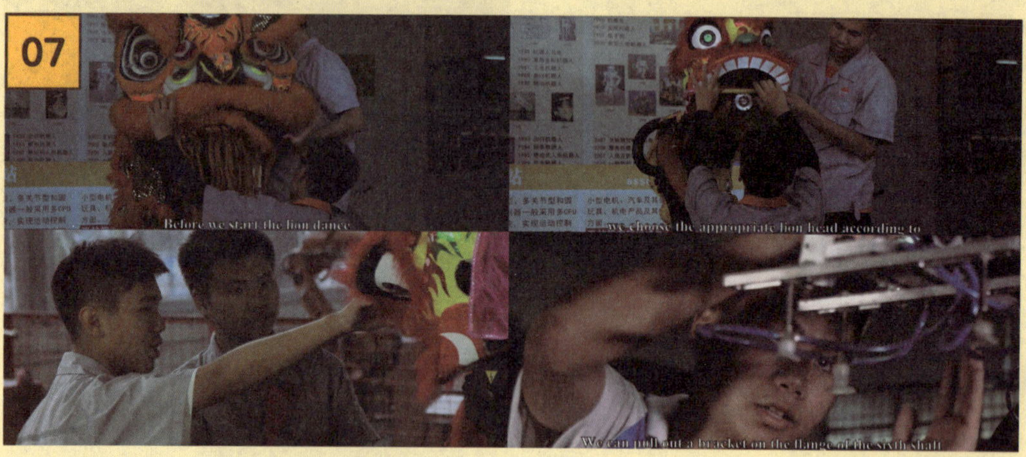

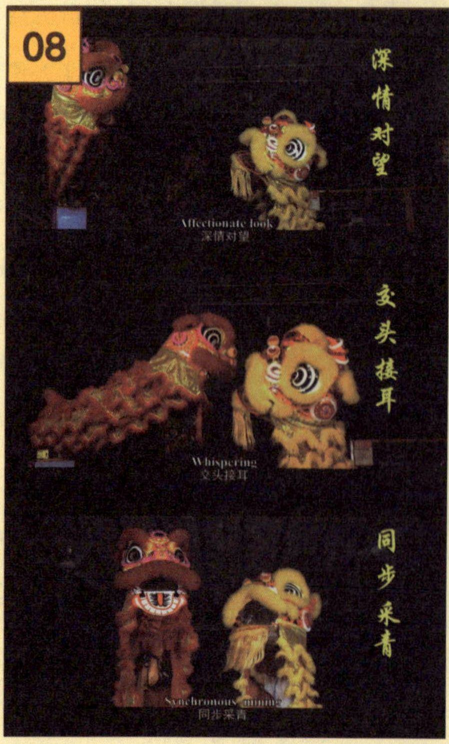

人舞狮和机器人舞狮各有特色，将两者结合在一起，实现“人机共舞”是不是更有趣呢？同学们决定设计一套人机共舞的舞狮表演。在舞狮的基本动作上，他们根据人、机舞动的特点设计了“深情对望”“交头接耳”“同步采青”3个新的动作。深情对望，利用机器人与人狮错位，形成对望的情景。交头接耳，模拟狮子亲昵的动作。同步采青，模拟舞狮猎取“利是”（岭南称红包为利是）的姿势。

人机舞狮动作的设计很容易，但要想实现这些动作，必须让人舞动的狮头与机舞动的狮头保持合理的距离。距离太近，人机狮头容易相撞，距离太远，人机互动又不能很好地体现出来。

在徐老师的指导下，李欣、麦旺均、麦倩文再次通过离线编程软件编辑出人机共舞中机器人的基本运动路径，现场再用示教器对机器人每个路径点的位置进行校对；最后，根据舞狮的鼓声伴奏调整机器人舞动的节奏。这样，人机共舞的互动在时间和动作上都达到最好效果。

校长听说舞狮社有一组同学开发出了人机共舞的舞狮项目，决定邀请同学们为来学校参观的嘉宾们表演。同学们既兴奋又期待，反复练习，希望把自己的研究成果展示出来。

表演日到了，同学们有的舞狮，有的操作机器人，有的敲鼓，精彩的表演赢得了嘉宾们的热烈掌声！

12

陈启涛不仅是工业机器人专业的学生，更是舞狮队的主力，不攻克“机器人舞狮”这个难关他誓不罢休。不知经过多少个不眠之夜，陈启涛，一个16岁的少年头发都掉光了！天道酬勤，他和队友们终于研发成功了。有一个好消息必须告诉大家，2019年10月1日，陈启涛亲自到北京参加了新中国成立70周年国庆大典，他被选拔到天安门广场表演岭南舞狮。他的下一个梦想就是把他们的机器人舞狮带到天安门，让全国人民都看到“人机共舞”。

专家点评

3名同学有大胆的想法，采用富有新意的设计，通过千辛万苦的实施过程，把中国传统文化与现代AI技术完美结合，把人工智能引入非物质文化遗产领域，对如何更好地保护传统文化进行了非常有益的尝试。同学们独具匠心的思考能力和实践能力，令评委们感动。短片在讲述小科学家们的真实故事的同时，也把他们敢于创新的精神表现得淋漓尽致，不失为一部科学励志大片！

配音吐字清晰，情绪表达准确，语气语态积极向上，带给人们不断进取的正能量。同学们的出镜自然大方，与影片的内容融为一体，将探究的故事完美表达，但人物表演痕迹明显。

选题新颖，将传统的舞狮技艺与机器人相结合，展示了人机互动的精彩，不足之处是机器人舞狮与人机互动的展示较少，这个环节是全篇的最高潮，应给予相应的篇幅使其得以充分展现，让观众大饱眼福。

选题很美，片名当再斟酌，可从继承创新的角度考虑。片头引子不太恰当，且费时过长。

配乐音量太大，且使用多段音乐衔接不够自然，片头音效只有右声道有声音。

二十、人龙舞揭秘

2nd International Youth Science Fair for Discovery Videos

第二屆國際青少年科學發現影像大賽

獲獎證書

茲頒發給「亨達」最佳出鏡獎 獲得者。特頒此證，以資鼓勵。

項目名稱 ： 人龍舞揭秘

作　　者 ： 陳啟濤、李欣、麥旺均、譚紅裡、彭家偉

所在學校 ： 佛山市順德區胡寶星職業技術學校

指導教師 ： 李妍

國際青少年科學發現影像大賽評審委員會主席

張波 博士

2017年9月30日至10月6日 於美國波士頓

在内地观赏影片：

2nd International Youth Science Fair for Discovery Videos

Hantec Best Interview Skills Award

is hereby awarded to

Mr. Qitao Chen Ms.Xin Li Mr.Wangjun Mai Mr.Hongli Tan Mr.Jiawei Peng

from

Hubaoxing Vocational Technical School Of Shunde

for their discovery video project on

The Secrets of the Men-Dragon Dance

under supervision of

Ms.Yan Li

September 30 to October 6, 2017

Boston, USA

Dr. BO Zhang

Chair

International Youth Science Fair for Discovery Videos

在境外观赏影片：

探究故事

蓝鲸的话

胡宝星职业技术学校的陈启涛、李欣、麦旺均、谭红里、彭家伟同学第一次看佛山人龙舞表演时，就被其精湛的技艺、壮观的场面所折服。你是否也对佛山人龙舞充满好奇呢？那么，让我们跟随他们的脚步，走进顺德人龙武馆，走进“人龙”的世界。

你知道什么是人龙舞吗？相传清朝同治年间，佛山杏坛镇光华村就已兴起人龙舞，距今已有100多年。同治十年（1871年），光华村人梁耀枢金榜题名，高中状元，是广东历史上三大状元之一。为迎接状元荣归故里，林升辉师傅与村里的武功高手组织了180人表演人龙舞。所以，佛山人龙舞是在民间南派武术的基础上，吸收民间舞蹈元素后产生的。后来，每逢节假日，佛山人龙舞就成了必不可少的节目。这一习俗世代流传。佛山人龙舞表演起来，动辄几十人甚至上百人，服饰整齐统一，锣鼓伴奏，气势恢宏。

01

人龙是由龙趸、龙身、龙头和龙尾4个部分搭成的。饰龙趸者，以肩部和腰部承托龙身；饰龙身者，骑坐后仰躺在龙趸上，双手挥动红色绸带当“龙爪”。龙头由3人组成，一人双手各持一只“龙角”道具骑坐在饰龙趸者肩上，另一人双脚紧挟饰龙趸者腰部，上身悬空向前当“龙舌”；龙尾也由3人组成，一人双手持“龙尾”道具骑坐后仰躺在两个饰龙趸者之间，最后的“龙趸”用头顶其背部。

陈启涛、李欣、麦旺均、谭红里、彭家伟几位同学经常看人龙舞表演，但是从来没有自己搭过人龙。他们决定自己试一下。经过尝试，他们才知道想要舞好人龙不是那么简单的。

陈启涛、麦旺均一起练习上龙趸，发现这个动作看似简单，却内藏玄机。一开始，陈启涛作为上龙趸者，以为应该踩在饰龙趸者的麦旺均的小腿上，完成上龙。但经过反复练习，他们俩发现这样很难完成上龙趸动作。上龙趸时，陈启涛的脚非常容易打滑，扭伤了脚部；麦旺均的小腿也被陈启涛踩伤了。

陈启涛、麦旺均向佛山人龙舞的技术指导李锡谦老师求助，在李老师的指导下，陈启涛和麦旺均经过多次尝试，终于完成了上龙趸动作。原来，上龙趸的动作与洪拳中的马步有关；上龙时，龙趸需要站出洪拳马步，上龙趸者应该踩在饰龙趸者的膝关节部位再上龙，这样就更容易上龙趸了。两人分析原因，饰龙趸者的膝关节被踩到时，会不自觉弯曲，从而让上龙趸者踩在倾斜度更小的小腿斜面上，为上龙趸者提供更大的支撑力与摩擦力，从而完成上龙趸动作。

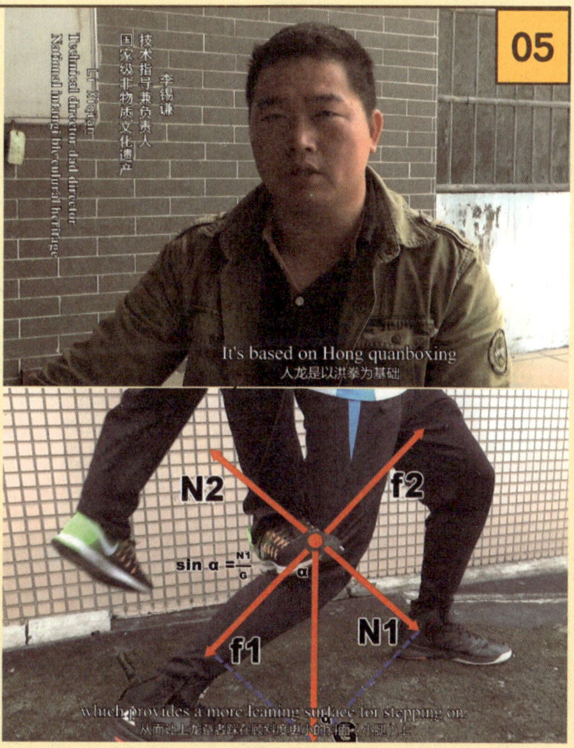

06

陈启涛、麦旺均上龙趸动作练得驾轻就熟，李欣、谭红里、彭家伟很是羡慕，纷纷加入进来练习上龙趸动作。几个龙趸组合在一起就是龙身了！但是，组合时也需要特别注意技巧。首先，饰龙趸者们排成一列，相距一臂的距离。饰龙身者站在龙趸者左后方距离半臂，完成上龙趸的动作后，饰龙趸者再根据龙身的长短调整龙趸间的距离。同时，饰龙趸者的肩膀要提供足够的支持力去扛起饰龙身者。以两段龙身的队伍为例，为了保持龙身不倒，3个饰龙趸者需要提供的支持力N1、N2和N3需要与两个龙身的重力G1和G2平衡，因G1和G2可能不同，N1、N2和N3也不同。同样的道理，有若干段龙身时，所有龙身产生的重力与所有饰龙趸者提供的支持力平衡。这样将一节一节的龙身组合在一起就形成了一条完整的龙身。

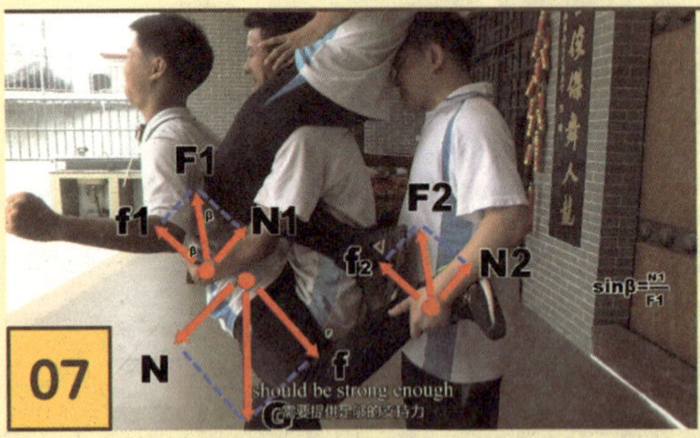

07

搭龙头更复杂。首先，麦旺均、彭家伟完成上龙趸的动作后站在中间，麦旺均扮演龙角，彭家伟就是第一节龙趸。然后，陈启涛在第一节龙趸前扮演龙舌，谭红里在第一节龙趸后，扮演第二节龙趸。彭家伟（第一节龙趸）用双手抱住陈启涛的身体（龙舌），谭红里（第二节龙趸）拖住陈启涛（龙舌）的双脚，使陈启涛身体前倾，形成龙舌的形状。这样，龙头就完成了。其中，第一节、第二节龙趸者的双手需要提供足够的支持力，以撑起饰龙舌者的重力。

经过多次尝试，几位同学发现，不管谁来饰龙舌，第一节龙趸抓起龙舌是非常吃力的，因为他要承担整个饰龙舌者的体重。他们再次观看人龙舞表演时发现，饰龙舌和龙角的都是年龄很小的孩子，这样在表演时第一节龙趸抓起龙舌就不会那么吃力。

陈启涛、麦旺均、彭家伟接着练习龙尾的动作。龙尾由3个人组成，一人双手持龙尾道具后仰躺在两龙饰趸者之间，就构成了龙尾。龙尾是龙身的一部分，两节龙趸同样要提供足够的支持力以抬起龙尾。

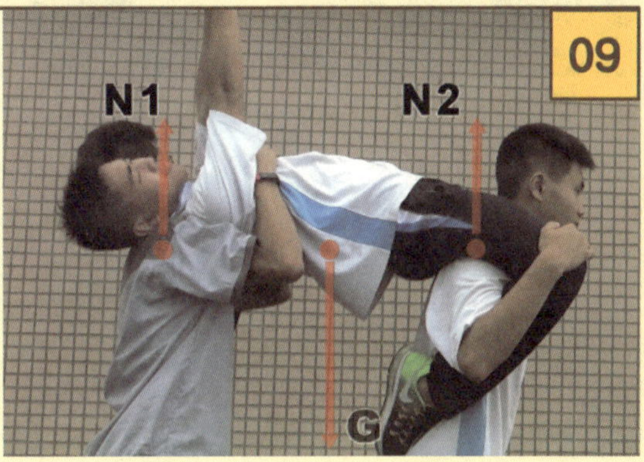

将龙头、龙身、龙趸、龙尾结合在一起，一条人龙就搭成了！饰演龙头者手拿道具，饰演龙尾者手持龙尾道具，人龙表演就开始啦！人龙舞起舞之时，锣鼓喧天、鞭炮齐鸣，呈现的是舞蹈，蕴含的却是中国龙气吞山河的豪迈气魄。

11

功夫不负有心人，经过多次的访问、查询、练习和探究，同学们终于自己搭起了人龙，真正走进“人龙的世界”。2008年，人龙舞成功申请了国家级非物质文化遗产，几位同学也希望能够把人龙舞的文化传承下去。

专家点评

舞龙是中华民族的传统文化之一，人们以舞龙来祝福，或祈求，或庆祝丰收。“人龙舞”是岭南特有的一种舞龙方式。本片中的科学少年们为了探究这一传统文化，亲自尝试用科学的方法解析人龙舞。从龙头到龙尾，他们分解“人龙”的组成；从每个动作到每个步骤，他们剖析受力原理。与做其他自然观察类科学探究不同，他们不仅要查阅史料探究传统文化，更要反复试验、探索传统文化背后的科学原理，使这一国家级非物质文化遗产清晰地呈现在了我们面前。

小科学家们的探究过程很不容易，尤其是需要亲身表演，虽然尝试会有危险，但他们并没有放弃，坚持完成。短片的意义还在于，对人龙舞文化传承的研究十分有价值，为人文题材研究的项目提供了有益的研究方法，具有参考价值。

本片影像记录生动，基于记录的视频影像进行分析体现了影像在科学探究活动中的价值，叠加于视频画面上的辅助性图文应用得当。拍摄时请注意减曝光，拍摄穿白色衣服的同学容易曝光过度。

选题新颖，解析深入合理，解说准确。在解说词配音中，我们可以感受到创作者对家乡这一传统文化习俗深深的情感，表达顺畅，情绪与画面的配合完美。出镜中不仅仅有主持带着大家感受，尤为突出的是表演人龙舞动作演示的同学和老师的动作更为准确，这些动作一定是千锤百炼之后才能做到拍摄效果的准确和完美。

二十一、探秘非遗

——顺德永春拳

3rd International Youth Science Fair for Discovery Videos

第三屆國際青少年科學發現影像大賽

獲獎證書

茲頒發給優秀科學微電影「二等獎」獲得者。特頒此證，以資鼓勵。

項目名稱：探秘非遺——順德永春拳

作　　者：麥梓澄、劉健培、趙靜宇、譚紅裏、陳啟濤、麥倩文

所在學校：佛山市順德區胡寶星職業技術學校

指導教師：李妍、黃智聰

國際青少年科學發現影像大賽評審委員會主席

張波 博士

2018年9月30日至10月6日 於美國波士頓

HKISA HKISA HKISA

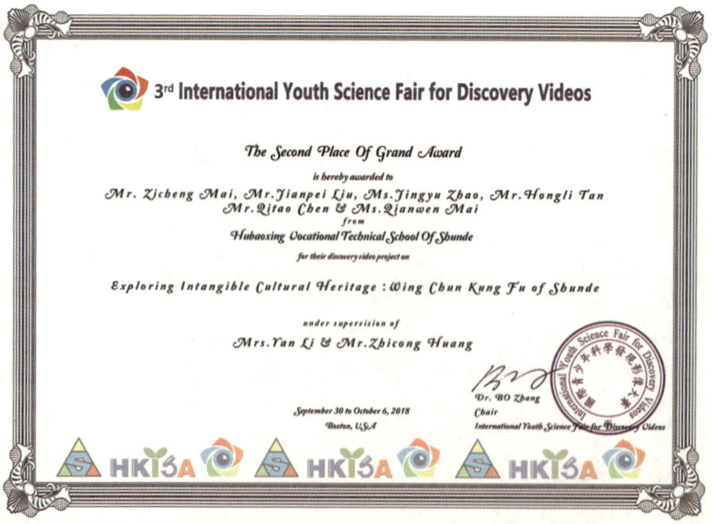

3rd International Youth Science Fair for Discovery Videos

The Second Place Of Grand Award

is hereby awarded to

Mr. Zicheng Mai, Mr.Jianpei Liu, Ms.Jingyu Zhao, Mr.Hongli Tan
Mr.Qitao Chen & Ms.Qianwen Mai

from

Hubaoxing Vocational Technical School Of Shunde

for their discovery video project on

Exploring Intangible Cultural Heritage : Wing Chun Kung Fu of Shunde

under supervision of

Mrs.Yan Li & Mr.Zhicong Huang

September 30 to October 6, 2018
Boston, USA

Dr. BO Zhang
Chair
International Youth Science Fair for Discovery Videos

HKISA HKISA HKISA

在内地观赏影片：

在境外观赏影片：

探究故事

蓝鲸的话

小科学家们，一起来练永春拳吧！广东省佛山市是一代宗师叶问的故乡，麦倩文从小在这里长大，是一个又会打拳，又喜欢科学探究的小姐姐。她练拳和别人可不一样，她一边练习拳法，一边不停地问问题："为什么要这样扎马步？难道会更稳定？""为什么要这样出拳？难道会更有力？""为什么要设计这个木人桩？难道比打沙袋更有效？"这么多问题，会不会把教练气晕？快去看看。

一提到永春拳，大家一定会想到叶问和李小龙，他们在电影中打永春拳的精彩场面深深吸引了每一个功夫迷！胡宝星职业技术学校刚刚成立了永春拳文化社团，麦倩文、麦梓澄、刘健培、赵静宇、谭红里、陈启涛、李欣几位同学对永春拳兴趣很高，除了练习永春拳，他们还想进一步了解永春拳背后的文化及其蕴含的科学道理。

永春拳的创始人是至善禅师。清代乾隆末年，福建九莲山少林寺被纵火，唯独永春殿未被完全烧毁。为纪念永春殿，至善禅师将自己独特的拳术命名为“永春拳”。永春拳就这样一代一代流传至今，现在已被列为国家非物质文化遗产。顺德杏坛镇的东马宁村被誉为“永春之乡”，保留在这里的永春拳拳法有二三十套，而“咏春拳”仅有3套，原来“永春”非“咏春”。永春拳以顺德陈华顺较为有名，陈华顺一支现任掌门人是陈国基。

02

03

为了真正走入永春拳，麦倩文一行到陈华顺永春拳陈培拳馆实地调查和采访。馆主陈文庄说永春拳最有特色的是马步，于是他们决定一探究竟。

扎马步是永春拳的基本功，其稳定性非常强。那么永春马步和其他武术的马步有什么不同呢？同学们和当地有名的洪拳进行了对比，麦梓澄、刘健培一个扎出永春马步，一个扎出洪拳马步，麦倩文用摄像机拍摄记录下来两种马步的动作。他们发现，两种马步的区别非常明显，永春拳扎马时两腿膝盖向内，而洪拳扎马时两腿膝盖向外。

通过进一步观察，麦倩文还发现永春拳的马步由许多三角形组成。刘健培猜想，永春拳的扎马步是为了利用这些三角形的稳定结构，从而在出拳时身体更加稳定。为此，刘健培反复步出永春马步，麦梓澄来数马步中包含的三角形。总结后，他们认为扎马时两膝弯曲，脚尖向内，总共可以形成5个三角形，身体确实很稳。

06

麦梓澄测量了地面上的三角形，发现它是一个等腰三角形。这个三角形有什么用？麦倩文注意到，永春拳扎马步时，武者会在腰部系上一条绉纱带，辅助收腹，以达到气沉丹田，此时扎马步人的重心会微微向前倾。气沉丹田时，武者的身体重心正好与脚下的三角形重心形成一条垂线。这样就会使武者更稳定。另外，两条弯曲的腿也构成了两个三角形。

永春拳标准的马步，自上而下，如同一根直立的杆子。扎马步利用了三角形的稳定结构，既稳定身体，又起到防护作用，可谓一举两得。为了再次检验扎马步的稳定性，几位同学进行了一个防踢倒的测试。刘健培普通站立时，麦梓澄很容易用脚把刘健培踢倒；但刘健培做永春拳扎马步时，麦梓澄不管怎么踢，刘健培始终能保持重心不变。

07

麦倩文在练习永春拳时发现，准备出拳时，两手需要盘在胸口两侧，打出去的拳不是直的，而是将拳头引至胸口再以直线出拳。麦倩文思考，这样做是因为扎马步时，头、身体、脚步形成的三角形形成了一条垂线，从胸口出拳可以使身体继续保持平衡。普通的拳法出拳时，身体重心很容易产生偏移，从而影响身体平衡。永春拳的出拳方式，不仅可以有效抵挡敌人的攻击，还能狠狠反击，这正是其精妙之处。

08

出拳后，就是收拳。永春拳收拳时，胳膊要尽量往后拉，这样会有什么效果呢？陈文庄馆主告诉大家，收拳时拉得越靠后，会更便于出拳用力。这就好像拉弓射箭，拉弓时越用力，出箭便会越快、越有力，攻击性也会越强。经过反复实践，麦倩文一行人的确感受到了收拳的效果。收拳搭配马步和出拳，形成了一个完美的组合。

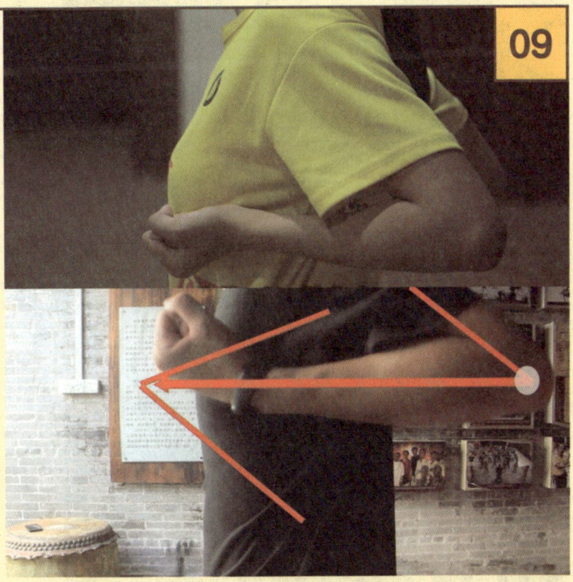
09

学会永春马步、出拳、收拳，接下来就可以打木桩了！永春的木头由一根直立的、粗壮的木头圆柱作为主杆，圆柱上端有3根细木柱，下面有1根打折的木柱，它有什么用呢？熟打木桩的师姐告诉麦倩文，这是木人桩。木人桩就像一个做永春拳扎马步姿势的人，身体始终保持一条直线。有了这个木人桩做参照物练习，永春练习者的重心就更容易保持不变，更好地练习出拳。

永春拳越来越流行，广泛出现在了舞台上，甚至还能够在晃动的船上练习！说到底，这都有赖于永春稳定的马步。通过这次探秘，同学们深入了解了永春拳，体会到了永春拳文化的魅力！他们所在的社团，已有超过1 000人学习永春拳。永春拳社团不仅成为学校的一道亮丽风景线，永春社员还在各项赛事中都取得了骄人的成绩。既能攻又能防，还能强身健体的永春拳，欢迎你也来练习！

专家点评

中华大地，5 000年历史文化源远流长，其中有很多非物质文化遗产传承至今。利用科学探究的方法去发现非物质文化遗产中的科学元素，这是一个极大的挑战。涉及非物质文化遗产的项目，探究者往往容易从人文、历史、地理等角度去讲述，但是想从物理学、化学、生物学、运动学的角度讲清楚，探究者需要动一番脑子。

本片中的小科学家们自身就是永春拳的爱好者，熟悉永春拳的一招一式。他们尝试着从蹲马步（扎马步）、木人桩、出拳等永春拳的基本训练环节中找到科学依据，比如三角形的稳定性、重心的高低等。但是由于缺乏对比实验、测量，更缺乏有力的数据分析，因此本次探究仍然停留在大胆地做出猜想的阶段。

本片是对永春拳这一宝贵的非物质文化遗产研究的良好开端，希望小拳手们和小科学家们抓住问题不放，继续大胆地深入研究下去。

配音的语态有力度、有弹性，流畅准确、掷地有声，符合影片的调性。配乐与配音的配合较好。遗憾的是，全片没有人出镜引导观众了解重点细节。

影片虽然分析了永春拳的底盘稳、出拳手势等，作品画面感很好，但画面跳跃，后期制作不够流畅。摄影虽使用了无人机的航拍、低角度，但是没有集中展现出永春拳的风采，今后有待加强。

二十二、龙腾水乡

2019 New York • International Youth Science Video Fair

國際青少年科學影像大賽

獲獎證書

茲頒發給優秀科學微電影「一等獎」獲得者。特頒此證，以資鼓勵。

項目名稱 ：龍騰水鄉

作　　者 ：梁世謙、麥倩文、梁卉琦、陳啟濤、劉健培、杜青林

所在學校 ：佛山市順德區胡寶星職業技術學校

指導教師 ：李妍、徐登峰

國際青少年科學影像大賽評審委員會主席

姜冬梅 博士　袁小軍 博士

2019年9月30日至10月6日於美國紐約

主辦方：HKYSA 香港青少年科學院 Hong Kong Youth Science Academy　Columbia University In the City of New York Lamont-Doherty Earth Observatory

在内地观赏影片：

2019 New York • International Youth Science Video Fair

The First Place Of Grand Award

is hereby awarded to

Shiqian Liang, Qianwen Mai, Huiqi Liang, Qitao Chen, Jianpei Liu & Qinglin Du

from

Hubaoxing Vocational Technical School Of Shunde

for their discovery video project on

Soaring Dragon through Water Town

under supervision of

Yan Li & Dengfeng Xu

Dr. Dongmei Jiang
CO-Chair
International Youth Science Videos Fair

September 30 to October 6, 2019 New York, USA

Dr. Xiaojun Yuan
CO-Chair
International Youth Science Videos Fair

Organizers: HKYSA 香港青少年科學院 Hong Kong Youth Science Academy　Columbia University In the City of New York Lamont-Doherty Earth Observatory

在境外观赏影片：

探究故事

蓝鲸的话

端午节赛龙舟，是岭南水乡千百年来的习俗。看龙舟赛时，你是在看热闹，还是看出了其中的门道？水乡的河道狭窄，有的龙舟长20多米，最短的三人龙舟也有6.8米长，龙舟在河道里该怎么转弯，还能又快又不翻船呢？我们要利用什么样的物理学原理解决这个问题呢？胡宝星职业技术学校有个龙舟队，龙舟队的同学不仅爱划龙舟，还爱通过科学的方法解决问题，他们试图总结出一套“科学划龙舟”的方法。你看，他们一边学划龙舟，一边探索其中的物理学原理，竟然练就了一身“说起来不容易，做起来难”的划龙舟本领。端午节快到了，你来参加龙舟队吗？

端午节是我国的传统节日，是为了纪念伟大的诗人屈原而设的节日。每年农历五月初五，全国各地都有庆祝节日的习俗，其中，划龙舟是最广为人知的民间庆祝活动。每当春夏交替之际，龙舟一出现在某个乡村或城市，人们就知道端午节要到了。

在珠江三角洲一带，水域纵横交错，水路众多，各村、各地形成了各具地方特色的龙舟比赛。比较出名的有南海里水、顺德龙潭以及南朗的龙舟赛。划龙舟也慢慢发展成为一项体育竞技运动。

作为土生土长的顺德人，梁世谦、陈启涛、麦倩文、梁卉琦、刘健培、陈雪琪6位同学积极报名参加了学校的龙舟队。为了更好地学习划龙舟技术和了解龙舟文化，龙舟少年们特地去请教了杏坛总商会龙舟队的梁志勇教练。

他们通过采访教练得知，在顺德，划龙舟是一项传统项目，这里每年都有不同规模的龙舟赛。其中，3人龙舟赛是顺德龙舟具有代表性的一项，对个人能力和团队配合要求很高。3人龙舟赛的龙舟队员要有很好的上肢和腰腹力量，在划的过程中还要保持正确的划龙舟姿势，以及要有要保持平衡和换桨、拐弯的技巧等，能够通过队员的默契配合完成比赛。

3人龙舟赛的龙舟长6.8米，宽60厘米，质量约50千克，适合在较窄的水道上快速航行和拐弯。这种龙舟的优点是速度快、灵活，缺点是容易翻船。所以，龙舟队员练习划龙舟都以3人龙舟作为主要训练内容，既需要个人技巧，还需要团队配合。

06

教练告诉大家，龙舟队员的体能是比赛获胜的前提。龙舟队员通过俯卧撑、举哑铃等锻炼提高臂力，通过仰卧起坐锻炼腰腹力量。

龙舟训练基地还有专门训练龙舟队员力量和姿势的设备。如何在龙舟划桨时有效地发力？教练告诉了同学们划桨的技巧：首先，队员在船上的坐姿是有讲究的，靠左坐时左脚伸直，右脚向左脚靠拢弯曲；靠右边坐时则动作相反。接着，是握桨的位置和划桨的姿势，左边队员右手横握桨的把头，左手握在桨杆离桨10厘米左右，约一个拳头的位置，右边队员则左右手相反。最后，还有赛前的预备动作，双手伸直，桨面横着下水，人往前倾，待哨令响起队员同时发力开始比赛。练习设备上可以根据队员的力量增减负载的重量，队员按正确的姿势在设备上训练。一般情况下，教练要求按每次5分钟完成80次划桨动作，然后换手重复动作，一次训练4个节拍。

07

对于初学者来说，划龙舟时保持平衡也是一个难题。龙舟比较小，刚开始梁世谦、陈启涛、麦倩文一上船就翻船了。教练告诉大家，上船时，要先用脚先踩在队员位置（板凳）的中间，而不是船底板上，然后另一脚再上去，这样会更稳定。

08

上船后，几位同学觉得划龙舟很简单，想试着划一下，没想到龙舟很快在他们的带动下就失去了平衡，最后还是翻船了。上岸后，教练拿着龙舟模型告诉他们保持龙舟平衡的原理和技巧，特别是换手时3人需要特别配合才能保持平衡。

09

教练还告诉大家，3人龙舟赛为了适应顺德地区的赛道，转弯的技巧显得非常重要。比赛中，转弯时处理不好可能会导致翻船，甚至前后船相撞或者撞到岸上。梁卉琦、刘健培、陈雪琪3位同学在之前看龙舟比赛时，就见到很多次龙舟在转弯的时翻船或相撞的情况。所以，掌握转弯的技巧是取得好成绩的关键。

比赛过程中，若是直线航道，龙舟在快速运行的状态下需要转弯时，队员要能根据弯度的大小去判断减速的程度跟转弯的程度。教练亲自为同学们示范了转弯时各个位置的队员的处理技巧。在教练的耐心指导下，6位同学不断练习，终于掌握了转弯的技巧。

经过了几个月的训练，龙舟少年们提高了划龙舟的技巧。他们随教练参加了三人龙舟赛，在师生的默契配合下，同学们最终赢得了比赛。

12

专家点评

短片中，龙舟队的6位少年在学习划龙舟的同时，对龙舟比赛的训练和比赛中的转弯技巧等进行了科学探究。他们试图探索其中的物理学原理，例如划桨要利用“杠杆”形成最佳力臂、训练要利用“定滑轮”设计器材、平衡要利用“重心”保持龙舟稳定、转弯要利用“向心力”实现快速转弯不翻船……这些物理知识和原理的总结，呼之欲出。希望6位少年能够继续深挖、反复提炼总结，不仅能成为龙舟赛选手，也一定能成为精通物理的科学少年。

短片展示了传统文化中勤学苦练的精神和民间文化传承人在实践中总结和运用智慧的精神。

短片有专题片的特点，科学探究有待进一步深入。短片线索清晰、语言流畅，但是解说音量不均衡。有效利用航拍展示赛龙舟现场的整体气氛，是本片的亮点。

二十三、追寻断尾孽龙
——桩巴龙传说起源科学探究

2020 Hong Kong-New York • International Youth Science Video Fair

國際青少年科學影像大賽

獲獎證書

茲頒發給優秀科學微電影「二等獎」獲得者。特頒此證，以資鼓勵。

項目名稱　：追尋斷尾孽龍——樁巴龍傳說起源科學探究

作　　者　：向湉靈、楊婉儀、魯小童

所在學校　：中國湖南省慈利縣零陽鎮一鳴中學

指導教師　：向金滿、吳金華

國際青少年科學影像大賽評審委員會主席

姜冬梅 博士　2020年10月5日於香港

袁小軍 博士　2020年10月5日於紐約

主辦方：HKYSA 香港青少年科學院 Hong Kong Youth Science Academy　COLUMBIA UNIVERSITY IN THE CITY OF NEW YORK LAMONT-DOHERTY EARTH OBSERVATORY

在内地观赏影片：

2020 Hong Kong-New York • International Youth Science Video Fair

The Second Place Of Grand Award

is hereby awarded to

Ice Xiang, Yana Yang & Leo Lu

from

Middle School, Lingyang Town, Cili County (Hunan, China)

for their discovery video project on

Dragon Without A Tail: The Origin of The Legend of The Dragon Without A Tail

under supervision of

Jinman Xiang & Jinhua Wu

Dr. Dongmei Jiang
CO-Chair
International Youth Science Videos Fair

October 1 to October 5, 2020
Hong Kong - New York

Dr. Xiaojun Yuan
CO-Chair
International Youth Science Videos Fair

Organizers: HKYSA 香港青少年科學院 Hong Kong Youth Science Academy　COLUMBIA UNIVERSITY IN THE CITY OF NEW YORK LAMONT-DOHERTY EARTH OBSERVATORY

在境外观赏影片：

探究故事

蓝鲸的话

一尊断尾孽龙的雕塑，引发了一场人文地理学科的科学考察活动。3位中学生向湉灵、杨婉仪、鲁小童像《地理中国》栏目的大科学家、大记者、大编导一样，让镜头带着我们纵向查阅史料、寻找历史渊源，横向走村串巷、采访村民、咨询专家，垂直方向探究地质构造、制作模型、模拟地质气候水文特征。他们穿越于人文历史、地质地理、城乡规划的探究中，在多学科中体验着一个STEM项目纵横捭阖的探究乐趣。

向湉灵、杨婉仪、鲁小童在湖南省慈利县博物馆参观时，发现了一尊神奇的龙石像。这是国家二级文物——孽龙，俗称桩巴龙。在土家族语言中，“桩巴”即“半截”的意思。这里为什么会出现一尊“半截”的龙石像？桩巴龙真的存在吗？它在当地文化中有什么含义？3位寻龙少年想要了解更多，于是展开了寻龙之旅。

3位同学在网上查阅资料后了解到，在湖南省石门县太平镇和子良坪镇一带流传着一个传说：每年清明节前后，当地常会有电闪雷鸣、暴雨倾盆的天气，并且时常伴随着洪灾，这是因为桩巴龙会在这个时候回家祭拜母亲，所到之处大雨倾盆。鲁小童想，难道真的是桩巴龙导致了当地清明节的特殊天气？向湉灵、杨婉仪则认为很可能是清明节前后的气候原因导致了当地的暴雨现象。到底谁说得对呢？3位同学决定实地寻访。

他们首先来到了子良坪镇，在这里找到了回龙寺遗址。在遗址的条石上，杨婉仪发现很多跟《西游记》有关的图案雕刻。这里为什么叫回龙寺，寺庙和桩巴龙有什么关系？3位同学在遗址附近询问跟孽龙有关的传说，先后有两位老伯讲出了当地流传着的故事。在子良坪，有一条沱水河，被当地百姓视为母亲河。沱水全长200千米，水流弯弯曲曲，转入湖北，流入长江。沱水发源于穿山，也就是桩巴龙出生的地方，桩巴龙从穿山出来后，沿沱水而下，在一个拐弯处回了一下头后，就又远去了。因此，当地百姓就将桩巴龙回头的湾叫“回龙湾”，在回龙湾附近兴建了“回龙寺”。

04

原来桩巴龙起源于穿山。3位同学赶紧向穿山进发。沿路，他们看到了很多和桩巴龙有关的文化遗址，穿山河、自生桥、身子坪、珠泪坪、龙头湾、桩巴龙母亲墓等。终于，3位同学赶到了传说发生地——自生桥。自生桥有一个洞，传说桩巴龙正是撞破此洞而出，在身子坪被一名叫作许旌阳的道士打断了尾巴，然后沿沱水而下，游向大海。

桩巴龙的故事栩栩如生，当地又有那么多遗迹佐证，是否说明这里真的诞生过一条龙呢？向湉灵提议用模型模拟一下当地的地理环境，再做进一步分析。3位同学通过卫星地图，发现从自生桥到回龙湾，全程46千米，各处遗迹的海拔也从西往东由555米骤降到123米。

根据这些情况，3人开始分工合作，用泥土模拟出了沱水一带的地理模型。在桩巴龙诞生的位置倒入干冰，模拟清明节前后雨季的河水。分析模型，同学们认为，清明节前后雨季来临，穿山河水从洞中不断涌出，两岸高山聚集的雨水快速汇入沱水河，借助地势落差，河水暴涨，因太平镇山势转向且河谷变窄，急流在此处形成旋涡，短时间内容易产生强对流天气，并出现旋风、雷暴，而沱水进入回龙湾，因水面变阔，急流就很快变缓。

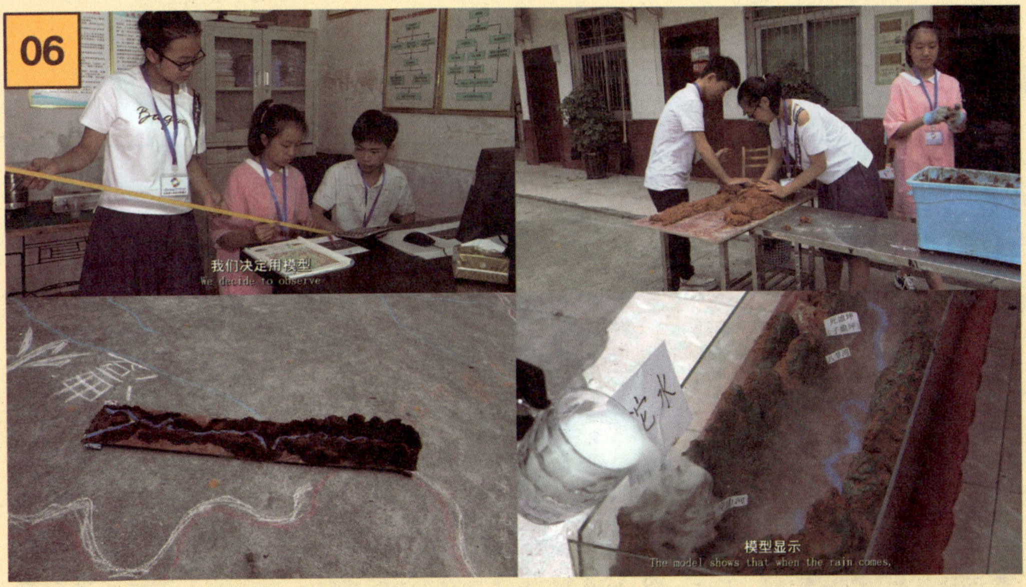

再次查阅资料，杨婉仪发现在清同治七年（1868年）的《石门县志》中，详细记载了道士许旌阳在石门县方顶山上炼丹的故事，传说许旌阳曾在四川、江西、湖南、湖北等地大力治水，并治病救人，深受百姓爱戴。鲁小童联想到古人素有斩蛟治水的故事，即古人认为洪灾多是龙在捣乱。因此，石门县一带的古人，面对每年清明节前后的洪灾现象，不能用科学来解释自然灾害，便编出了许旌阳打断龙尾的故事及桩巴龙的传说。

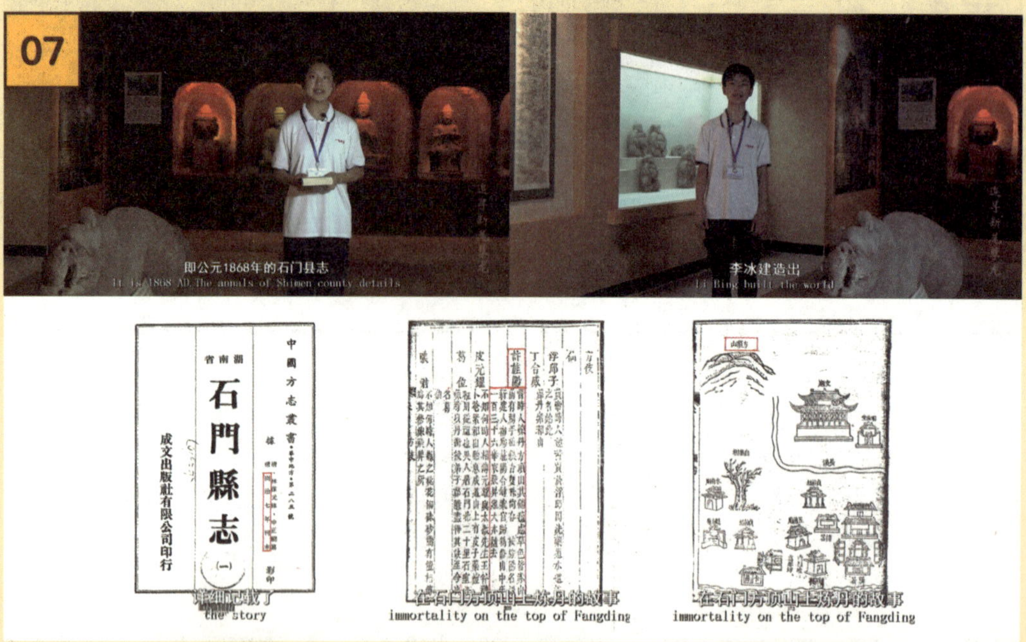

3位同学认为，虽然桩巴龙传说是神话，但是其中倡导的“净明忠孝”是中华文化的瑰宝，应该大力弘扬。于是，寻龙少年们给当地政府写信，提出了更好地保护桩巴龙文化的建议。

给石门县政府的一封信

尊敬的郭县长：

您好！

我们是慈利县零阳镇一鸣中学的学生，今年五一假期，我们在石门县子良镇、太平镇一带开展了“桩巴龙传说起源”科学探究活动，我们发现水田岗村松树坡有古寺庙遗迹，刻有《西游记》故事图像的石条和清朝道光年间的功德碑丢弃在杂草间。失娘坪虽修建了现代版的“桩巴龙广场”，但失娘坪原址看不到痕迹。太平镇中心学校内的石碑、石墩遗落在风雨中。穿山村的桩巴龙母亲墓碑及石柱露天搁置，据说还是由个人管理的。自生桥、穿山洞看不到保护的迹象。

慈利县博物馆有一件桩巴龙出土文物，但非常可惜我们没有相关的史料记载和遗迹，一直以来人们都只听到桩巴龙的传说，没看到物证，实地看到石门桩巴龙遗迹和地名文化，我们感到很惊奇、很震撼。

为了保护好“桩巴龙传说”这项湖南省非物质文化遗产，更好传承“净明忠孝”的传统美德，我们向贵县提出如下建议：一是加强桩巴龙遗迹保护，重点保护好上述文物与古迹，这些文物古迹比壶瓶山更具地方特色，更有价值。二是进行桩巴龙传说文化宣传和旅游投资开发，更好保护湘北文化，发扬湖湘文明。

此致

敬礼！

慈利县零阳镇一鸣中学

489班　杨婉仪

503班　鲁小童

533班　向湉灵

2020年5月10日

专家点评

虽然同样是以传统文化为核心的人文学科短片，但本片充满了科学探究的精神。本片最大亮点是用影像记录了小组成员制作地形实体模型、使用水蒸气再现特殊天气的过程。

这是一个类似《地理中国》的选题，将孽龙的传说与当地的地理相结合，同学们制作模型模拟了地理环境。出镜表达流畅，拍摄时需要注意构图的稳定、剪辑的关系。

短片从一个传说入手，对当地的文化进行了一次科学探究，尽管只是一次比较粗浅的研究，但能看得出同学们采用实地考察、模型解释等科学方式，对传统文化进行了解读，非常值得肯定。

科技创新经典 STEM + 课程　　视频书

生物多样 影像探索

科技创新经典 STEM+课程：青少年科学影像

主　编：姜冬梅　　副主编：牛　瑶　刘海鹏

中国环境出版集团·北京

图书在版编目（CIP）数据

科技创新经典STEM+课程：青少年科学影像．生物多样　影像探索／姜冬梅主编．--北京：中国环境出版集团，2025.1
ISBN 978-7-5111-5543-6

Ⅰ．①科…　Ⅱ．①姜…　Ⅲ．①环境保护－青少年读物　Ⅳ．①X-49

中国国家版本馆CIP数据核字（2023）第113113号

责任编辑　杨旭岩
装帧设计　宋　瑞

出版发行　中国环境出版集团
（100062　北京市东城区广渠门内大街16号）
网　　址：http://www.cesp.com.cn
电子邮箱：bjgl@cesp.com.cn
联系电话：010-67112765（编辑管理部）
发行热线：010-67125803，010-67113405（传真）
印装质量热线：010-67113404
印　　刷　玖龙（天津）印刷有限公司
经　　销　各地新华书店
版　　次　2025年1月第1版
印　　次　2025年1月第1次印刷
开　　本　787×1092　1/16
印　　张　15
字　　数　130千字
定　　价　238.00元（全四册）

国际青少年科学影像大赛组委会主席介绍

姜冬梅　博士、教授

2016—2024年大赛组委会主席

南京大学环境学院博士，清华大学环境学院博士后、清华大学核能与新能源研究院博士后，现任郑州工程技术学院学术副校长、郑州师范学院教授、香港岭南大学荣誉研究员、香港青少年科学院终身荣誉院长，曾担任香港浸会大学访问研究员、香港金融管理学院副院长、香港宋庆龄教育学院院长、中国碳中和发展集团首席科学家、战略发展委员会主席等。由于在环境保护和科学教育上的突出贡献，早在2002年就获得了我国第六届“地球奖”。

在环境保护方面，主要从事应对气候变化与碳达峰碳中和领域的研究，出版专著《应对气候变化》（2007年由中国环境科学出版社出版），发表核心期刊论文47篇。中国林业生态发展促进会碳中和工作委员会理事长、森林研学委员会理事长，中国环境学学会碳捕获封存与利用委员会常务理事、碳排放交易委员会委员。

在科学教育方面，自1994年从事青少年科学教育30余年，辅导青少年科技创新项目数百项，在《小学生学习报》《中学生数理化》主持专栏“应对气候变化”“蓝鲸科学电影院”“毛毛虫学科学”等，发表科普文章超过500篇；曾担任义务教育小学《科学》（大象出版社）编委，并担任《科学》教材课程向教育部申请批准时的执笔编委，提出了课程的主要思想、结构和主要案例，是《科学》教材第一次全国培训的主讲专家；主编《环境教育与科学教育的融合》《环境教育教学方法与实践》（中国环境科学出版社）《我的低碳生活——全国青少年科技实践活动手册》（人民出版社）等著作10余部。

在青少年科学影像教育方面，2006年带领科学教育团队开发了我国第一套青少年科学影像资源包《打开DV学科学》丛书（化学工业出版社），在2010年发起举办了“全国青少年科学影像节”（2025年举行到第15届）、2016年发起举办了“国际青少年科学发现影像大赛”，2019年更名为“国际青少年科学影像大赛”（2025年举行到第10届），目前青少年科学影像活动已经成为国际和国内青少年科技创新经典STEAM活动。2016年和2017年连续出版《透过镜头　放飞好奇》《科学影像　点燃梦想》（人民出版社），2025年出版《科技创新经典STEM+课程：青少年科学影像》，包括《奇妙生命　影像发现》《生物多样　影像探索》《生态环境　影像调查》《传统文化　影像传播》（中国环境出版集团）。

国际青少年科学影像大赛
评审委员会介绍

袁小军　博士、研究教授

2019至2024大赛评审委员会主席

美国哥伦比亚大学Lamont-Doherty地球研究所，海洋学教授、海洋及冰川学家，知名华人科学家、为数不多的华人女性终身研究教授。她主导了大量美国顶尖地球科学研究课题，研究集中于海洋-大气-海冰在极地区域的相互作用、热带和极地的联系、极地物理海洋学以及海冰的可预测性等方面，为地球科学做出了卓越的贡献。长期以来，她在科研之余，为地球科学领域的青年人才培养做出不懈的努力。连续担任2019、2020、2021、2022、2023、2024国际青少年科学影像大赛评审委员会主席。

罗伯特·牛顿　博士、资深科学家（Dr. Robert Newton）

科学技术工程数学（STEM）评委

美国哥伦比亚大学Lamont-Doherty地球研究所资深科学家，海洋物理学家、极地气候学家，热爱青少年科学普及，每年暑期指导多个高中生团队开展科学研究。连续担任2019、2020、2021、2022、2023国际青少年科学影像大赛评委。

玛吉·图林　科普主任（Ms. Margie Turrin）

科学技术工程数学（STEM）评委

美国哥伦比亚大学Lamont-Doherty地球研究所，负责公众与青少年科学普及工作，每年组织研究所公众开放日活动，指导多所高中学生开展科学调查活动。多次获得科普、教育、公众服务等领域杰出大奖。连续担任2019、2020、2021、2022、2024国际青少年科学影像大赛评委。

颜备战　博士、教授

科学技术工程数学（STEM）评委

美国哥伦比亚大学Lamont-Doherty地球研究所，国际和公共事务副教授、研究教授。他建立的环境有机地球化学实验室，能够从环境和生物样品中提取、分离和鉴定有机污染物和生物标志物。担任2019国际青少年科学影像大赛评委。

若阿金·戈什　博士、教授（Dr. Joaquim Goes）

科学技术工程数学（STEM）评委

美国哥伦比亚大学Lamont-Doherty地球研究所，生物学和古环境研究教授，日本名古屋大学海洋生物地球化学理学博士，印度孟买大学微生物学硕士。他曾发表120多篇同行评审论文，参与的研究项目包括：海洋浮游植物的生理学和生产力、海洋中的碳循环、气候对海洋生态系统和社会经济的影响、水生生态系统中的微塑料等。担任2019 国际青少年科学影像大赛评委。

张波　博士

2016至2018大赛评审委员会主席

美国新罕布什尔大学博士、哈佛大学博士后、哈佛大学医学院讲师、美国诺娃（OvaScience, 2015 top 50 Smartest companies）公司研发部主任，美国青少年科学工程技术协会（ASET4U）创始人。从事疾病检测和新药开发研究，并领导数个新型药物的研发，新药的临床转化及肿瘤生物分子标记物在临床检测中的应用。目前主要致力于干细胞的临床应用和相关产品开发。在青少年科学教育上，倡导Hands On理念，提倡“动手动脑，知行合一”。连续担任2016、2017、2018国际青少年科学影像大赛评审委员会主席。

迈克尔·邦科夫斯基　博士（Dr. Michael Bonkowski）

科学技术工程数学（STEM）评委

美国西北大学费恩伯格医学院研究助理教授兼实验室主任。曾在哈佛大学医学院David Sinclair实验室做研究工作，NAD+生物学和人类衰老研究专家，旨在研究人类新陈代谢、衰老和年龄相关疾病之间的联系。他发表了35 篇同行评议的期刊文章，并进行了多项成功的人类长寿研究。担任2017国际青少年科学影像大赛评委。

刘鼎　博士

科学技术工程数学（STEM）评委

哈佛大学分子与细胞生物学系博士后，专注于动物社交本能和孤独感的研究。2016年在中科院上海神经科学研究所获得博士学位，其博士研究论文发表在《Science》杂志。曾获得研究生国家奖学金、吴瑞奖学金、中科院院长奖、Jane Coffin Childs 博士后奖学金等荣誉，2015年应邀参加德国林岛诺贝尔奖获得者大会。2018、2019 英特尔国际科学与工程学大赛（ISEF）评委，连续担任2017、2018、2019、2020、2021、2022国际青少年科学影像大赛评委。

徐浩然　博士

科学技术工程数学（STEM）评委

美国麻省理工学院麦戈文脑研究所罗伯特 · 戴西蒙实验室从事博士后研究。目前研究以猕猴为模式动物研究大脑皮层如何处理复杂社会信息，进而阐释自闭症症候群社会认知缺陷原因。2016年获得中国科学院上海生命科学学院神经科学研究所神经生理学博士。2018英特尔国际科学与工程学大赛（ISEF）评委，2017和2018国际青少年科学影像大赛评委。

卡尔提克 · 斯里尼瓦桑　博士（Dr. Karthik Srinivasan）

科学技术工程数学（STEM）评委

美国麻省理工学院罗伯特 · 戴西蒙实验室博士后，波士顿大学认知与神经系统博士。他的研究工作侧重于使用电生理学、药理学和光遗传学技术研究非人类灵长类动物的注意力神经机制，以及神经表征、皮质图的发展、形成和功能的相关问题。担任2018国际青少年科学影像大赛评委。

劳雷尔 · 赛玛　女士（Ms. Laurel Zaima）

科学技术工程数学（STEM）评委

美国哥伦比亚大学Lamont-Doherty地球研究所，从事海洋地质学和地球物理学领域的科学研究，极地地球物理研究小组成员，担任Lamont-Doherty地球研究所教育与外联协调员。每年举办地球所的开放日，组织上百位科学家搭建数十个“科普帐篷”，同时为来自纽约的公众开展“接地气”的科普宣传；长年为纽约自然博物馆等机构提供丰富多彩的科普展示和讲座。担任2020国际青少年科学影像大赛评委。

牛瑶　博士、教授

科学技术工程数学（STEM）评委

河南师范大学动物学教授、河南省昆虫学会常务理事、中国昆虫学会蝴蝶分会终身会员。长期从事昆虫学和无脊椎动物学的教学与科研工作，发现并命名数百种昆虫的新种。热爱科学普及工作，我国第一套青少年科学影像资源包《打开DV学科学》课题组资深专家，长期义务从事“全国青少年科学影像节”“国际青少年科学影像节”的评审工作。

吕尚伟　院长

影视技术与艺术评委

UCG学院院长。2003年创办国内第一本DV杂志《DV@时代》（现名《数码影像时代》）并任执行主编。国内首家动态数码影像技术测评中心[DVCLUB]产品测评室创立者、负责人，北京电影学院电影制作人高级研修班讲师团讲师 。2006年参与开发编写我国第一套青少年科学影像资源包《打开DV学科学》，主编《DV技术100问》。多次担任“全国青少年科学影像节”“国际青少年科学影像大赛”评委和骨干教师培训主讲专家，培训骨干教师上千名。

薛建峰　编审、制片人

影视编导与艺术评委

资深媒体制作人，多年从事媒体传播的创作与管理，长期关注“科学影像的美学表达”这一国内前沿课题。先后参与创办《走近科学》《原来如此》等科普栏目在科学影像制作方面积累了实践经验，曾获得星光奖“电视科普节目大奖”。多次担任“全国青少年科学影像节”“国际青少年科学影像大赛”“广东省大学生科学影像节”评委。

尚钊　教授

脚本创作与艺术评委

郑州师范学院文学院教授，在文艺理论、写作理论的研究和教学方面卓有建树。我国第一套青少年科学影像资源包《打开DV学科学》课题组资深专家，为了解决科学教师在辅导科学影像作品上的关键难题，开创了青少年科学影像的脚本创作理论，并在实践中摸索了一套将科学探究活动与脚本创作相磨合的方法。多次担任“全国青少年科学影像节”“国际青少年科学发现影像大赛”的评委。作为主讲专家，培训全国科学影像骨干教师上千名。

张红梅　副编审

科学技术与社会（STS精神）评委

《教育时报》原副总编辑，《科学家专访》专栏资深记者，全国青少年科技创新大赛资深记者，《创新之路——青少年科技创新教育活动辅导与研究》主编，国家标版级小学《科学》大象版教材编写组成员；中国科协“青少年科学DV活动资源包”项目组负责人之一，参与开发了我国第一套青少年科学影像资源包《打开DV学科学》，参与发起举办“全国青少年科学影像节”“国际科学影像大赛”，并多次担任两赛评委和骨干教师培训主讲专家，培训骨干教师上千名。

吕萌　总编辑

科学技术与社会（STS精神）评委

小学生学习报社总编辑，从事青少年教育和编辑工作20多年，积累了大量青少年成长成才的经典案例，在科学影像作品的选题和呈现方式上有丰富的经验，坚持科学、技术与人文社会相融合的教育理念。参与开发了我国第一套青少年科学影像资源包《打开DV学科学》，参与发起举办“全国青少年科学影像节”“国际科学影像大赛”，并多次担任两赛评委。在《小学生学习报》上创办了《蓝鲸科学电影院》栏目，已经展播国际和国内优秀科学影像作品百余部。

主编自序

见证青少年科学家群体的成长

姜冬梅

我每次到中小学去，兴致勃勃地和一个个科学影像小组轮番讨论他们的选题、研究计划、拍摄计划，他们的头脑风暴敲打着教室的门窗，整个教室都被智慧的火花照亮着。时间一晃就会过去三五个小时，而我们都浑然不知，心流交汇激起千重浪，我们全都沉浸在无比的幸福之中。当每个小组都确定下来自己的选题准备大干一场时，我能感受到他们的心流在奔腾。作为一名普通的科学教师，在青少年科学影像活动中我一次次地体会到了“得天下英才而育之”的人生快乐。

青少年科学影像活动，是指中小学生组成研究团队，不仅从问题入手完成一个科学探究项目，按照观察提问、猜想假设、计划组织、事实证据、模型解释、表达交流的步骤推进自己的创新研究，而且整个研究过程还能利用数码影像设备拍摄记录下来，创造性地剪辑完成一部科学探究纪录片。在科学影像活动中，中小学生不仅是少年科学家、工程师、发明家，还是摄影师、编剧、导演、出镜演员、配音、配乐，甚至还有更多角色，制片人、舞台设计师、道具设计师等等。

要完成一部作品，这样的青少年科学影像团队听上去需要很多很多人参与，其实，3至5人就可以组成一个研究小组，他们完全可以在研究的同时完成自己小组的科学影像作品。本套丛书共分为4本，分别是《奇妙生命 影像发现》《生态环境 影像调查》《生物多样 影像探索》《传统文化 影像传播》，收录了108部优秀的青少年科学影像作品，这些作品是第二届至第五届“国际青少年科学影像大赛“上的获奖作品。

每一部获奖作品都记录了一群小科学家在好奇心的驱动下像大科学家一样开展科学研究的故事，无论是他们探究的问题，还是他们的数据质量，还是他们最终分享的探究成果，都在一定程度上具备了和大科学家的研究项目一样的品质。我们不能不感叹，一个具备创新精神和掌握了一定创新能力的青少年科学家群体正在成长！

每一部获奖作品也同时记录了这群掌握了数码影像技术的小科学家组成的摄制组的故事，如何利用现代数码技术拍摄和编辑影像，有图有真相地把数码影像设备“玩”成了跨越时空的观察工具、记录工具、数据处理工具、分享交流工具……在数码影像技术的帮助下，影像使创新更真实，影像也使科学更美丽！

透过这些获奖作品，总结青少年科学影像活动中少年科学家的共同特征，或者说是他们在科学影像活动中成长的三大法宝，分别是放飞好奇、沉浸探索、享受交流。

放飞好奇

“好奇心是人的天性，对科学兴趣的引导和培养要从娃娃抓起。”好奇心就是个体在认识世界过程中对未知和新异事物进行积极探索的心理倾向或内部动机。每个中小学生都天生具有好奇心，如果带领他们走出家门、走出教室、走进大自然之中，无论是公园，是田野，还是森林，他们的好奇心就会自发地放飞，太多新奇的事物在等待着他们去探索。

《星系巢穴》中杨沐华、叶若言、黄柯霖在学校门口的大树上发现了一种会编织叶子的黄猄蚁，它们不仅会吐丝，还会把叶子编制成巢穴，这些巢穴布局奇妙，引起了三位中学生探索的兴趣……《星系巢穴》代表香港队赴美国匹兹堡参加了2018年国际科学与工程学大赛（ISEF），他们的发现引起了许多动物学家的兴趣。到今天，三位中学生已经走进了科学的殿堂，杨沐华正在香港大学医学院攻读生物医学博士，叶若言正在美国杜克大学攻读分子生物学，黄柯霖正在北京师范大学攻读艺术设计专业。

《一管一世界》中李瑞妍、陈程睿、赵卓玥在太平山的护坡上发现了许多排水管，不看不知道，一看吓一跳，这些排水管里竟然住着很多小动物，有的住着黑框蟾蜍，有的住着中华壁虎，有的住着雷氏大疣蛛，还有的住着红火蚁……三位中学生将科学与艺术结合，在《一管一世界》中记录了他们的发现之旅。到今天，三位中学生也已经开始了大学生活，李瑞妍考取浙江大学本硕博8年连读的临床医学专业，陈程睿考取了深圳大学高等研究院理工创新实验班数学专业，赵卓玥则远赴日本攻读动漫创作。

《青蛙王子变身记》中陈梓桐、王奕涵、左佑三位小学生在宠物市场发现了一种五颜六色的“小青蛙”，买回来研究它们的习性，竟然发现它们不是青蛙，而是非洲爪蟾，一种繁殖力强大的入侵生物！到今天，他们虽然还在读高中，但是科学探究的经历却像种子一样深植在了他们的心中。

随手打开4本书中的任何一本，仅仅扫一眼目录，中小学生探究自然的好奇心就足以让我们应接不暇，《会吃肉的植物》《长鼻小丑》《蚂蚁的地狱》《以虫治虫》《古树空心之谜》《不朽的龙舟》《金砖探秘》……在好奇心的驱动下，他们拉开了科学探索的序幕。

沉浸探索

每一部科学影像作品都是中小学生完成科学探究项目的真实记录，他们在科学探索中不仅可以更多地了解科学知识，而且最重要的是能够掌握科学探究的方法，成长

为具备科学家潜质的青少年。

《寻蜻记》中何佳茗、王泓乾、肖赫三位中学生在游览香港公园的蜻蜓保育基地时产生了疑问，蜻蜓保育基地为什么蜻蜓反而稀少呢？他们不仅查阅资料，而且采用了采访法、野外调查法、对比分析法等多个研究方法开展探索。他们不辞辛劳地调查了香港新界、九龙、港岛的多个水塘的环境，以便能够进行对比研究，最后终于揭示了一个令人警醒的现象，蜻蜓保育池里放生的大量巴西红耳龟、大型鱼类是蜻蜓幼虫乃至成虫的天敌！有了这个发现，如何管理好蜻蜓保育池这个问题就迎刃而解了。到今天，三位中学生已经扣开了国际名校的大门，踏上了自己追求科学的道路，何佳茗从美国约翰霍普金斯大学神经生物学专业毕业，继续到位于德国柏林的伯恩斯坦计算神经科学中心（BCCN）攻读硕士；王泓乾考取了北京化工大学攻读高分子材料专业；肖赫正在伦敦大学城市学院贝叶斯商学院攻读金融专业。

《毒毛虫来袭》中韦诗瑶、张璐瑶两位中学生在数码港海滨公园观察毛毛虫时，在没有接触毛毛虫的情况下她们的皮肤却出现了严重的皮肤过敏症状，她们反复调查发现原来是毛毛虫掉落的刚毛能够引起皮肤过敏，让人们尤其是孩子的皮肤起成千上万的疙瘩。为了提醒公园游客注意，他们调查了整个海滨公园，统计了毒毛虫的分布情况，并向数码港管理委员会提出了毒毛虫对公共健康的危害及治理建议。管委会不仅及时采取了治理毒毛虫的行动，而且还把两位中学生的科学影像作品在十多个大屏幕上循环播放，提醒游客注意。虽然只是一个小小的社区事件，但是两位中学生科学探究的严谨性和社会责任感却令人赞叹。到今天，韦诗瑶已经入读美国哥伦比亚大学巴纳德学院，张璐瑶也已经入读伦敦大学学院，她们的科学家潜质一定可以让她们在未来的专业探索上出类拔萃。

《“以眼还眼”的螳螂》中马一诺、孙星悦、卢旸岚、孟令宇四位同学在野外抓到了几只螳螂，他们带回来一起观察时，偶然发现了一种奇怪的现象。四个人围着一只螳螂观察，每个人都认为这只螳螂在盯着自己看。他们的实验设计非常有趣，用饮料吸管模仿出了螳螂的眼睛，解构了为什么螳螂总是盯着观察者的看的问题。到今天，马一诺从美国加州大学伯克利分校环境科学专业毕业，已经在攻读宾夕法尼亚大学环境科学专业的硕士，孙星悦本着对摄影技术的兴趣考取了上海大学攻读传媒学，卢旸岚进入伦敦大学学院攻读数学统计专业。

《狮舞岭南之人机共舞》中李欣、陈启涛等7位中等职业技术学校的学生遇到了一个扎心的问题，他们很热爱舞狮活动，但是他们的父母却要求他们要退出舞狮队去好好学习机器人专业。为了能说服父母，也为了能传承舞狮这个传统技艺，他们决定研究用机器人舞狮，实现人和机器人同台共舞。他们经历了重重艰辛，克服了种种困难，想出了各种办法，终于利用工业机器人的专业知识编程设计出了人机共舞。到今天，7位同学已经活跃在佛山市顺德区的各个岗位，他们在科学影像创作中的历练，让李欣成为了当地婚庆公司的著名司仪，陈启涛也成了当地影视制作公司的摄影师。尤其是陈启涛，在国庆70周年时，他和舞狮队受邀在天安门广场展示岭南狮舞，他的骄傲就不必说了，全顺德都在流传科学少年天安门舞狮的故事。科学探究的素质不仅滋润了科学家

的成长，也培养出了许多像李欣、陈启涛一样对社会有用的人。

享受交流

科学成果不是武林秘籍，也不是传男不传女的祖传秘方，科学家取得的研究成果一定会选择一种公之于众的方式展示、分享、交流，要么发表论文，要么出版著作，要么在学术会议上发言或展示，科学影像是21世纪展示交流科学探究成果的新方式，这种方式会随着数码影像的普及成为传播科学成果的重要形式。让中小学生掌握科学影像的创作方式，把科学论文写在屏幕上展示、分享、交流成果，是培养中小学生科学家潜质的重要环节。

《不仅是棵树》中的严知同学从初一就爱上了科学影像创作，《皮包壳的树栖蜗牛》《帝国的交通》《生化结合治白蚁》这三部优秀作品都出自严知之手，他在上中学的4个暑假里陆续完成了角度各不相同的4部作品，他把用科学的方法表达交流、展示分享成果当成了一种日常习惯。到今天，他已经从美国伊利诺伊大学香槟分校毕业，在项目管理上的领导力使他脱颖而出，毕业典礼上受到了校长嘉奖。他现在已经在美国哥伦比亚大学商学院继续攻读硕士学位。严知告诉妈妈，一定要让弟弟参加科学影像活动，让弟弟也沿着哥哥的脚步成长为有科学家潜质的投资人。

《木瓜树上的联合虫害》中的钟家瑞、张小令、王浩丞三位中学生也都是在中学阶段就创作了多部科学影像作品，他们热爱科学探索，也热爱数码影像。到今天，钟家瑞考取了中国民用航空飞行学院飞行技术专业，将来会成为一名飞行员；张小令考取了英国帝国理工大学正在攻读生物学专业，将来会成为一名生物学者；王浩丞考取了厦门大学攻读数学专业，将来也会继续在科学领域深造。

《我还活着》中的苏昱雯就更不用说了，她从小学到中学多次出现在国际和全国科学影像赛事的领奖台上，她花了很多时间做科学探索，培养科学思维，但是让人想不到的是她竟被中国音乐学院录取，并且获得了杰出学生奖。科学与音乐在科学影像中的融合在苏昱雯的身上得到了完美体现。

《客居他乡的鸟》中费利浦也是一个具有音乐创作天赋的少年，他很热爱多样的生物，关心一种濒危动物长冠八哥的异地保护，但是他更热爱音乐创作，在长冠八哥的这部探究纪录片中每一帧的剪辑变换都和音乐节奏相配合。他让科学老师告诉她的妈妈，他要学习音乐创作。科学影像活动发现了这个音乐天才，他也如愿以偿地进入到了美国伯克利音乐学院攻读音乐创作。

《花丛中的“钢铁侠”》中的张艺、温秋芬、吴彩瑶、邹敏、陈林等5位职业技术学校的中学生也都多次参加科学影像创作，他们研究的夹竹桃天蛾幼虫酷似电影中钢铁侠的模样，他们分享交流的研究成果让哈佛大学的科学家在评审时都赞叹“数据质量可以和大科学家的工作相媲美”。他们的科学影像分享交流不仅走进了哈佛大学，还走上了中央电视台，“芝麻开门”栏目专门到学校为他们制作了专题片。

放飞好奇、沉浸探索、享受交流这三大法宝使青少年科学影像活动成为了一个经典STEAM教育，但是放飞好奇需要时间，沉浸探索也需要时间，享受交流更需要时间，在目前仍然以知识讲授、刷题考试、分数评价为主的教育模式下，让学校腾出时间、分配出教师资源、提供设备支持去开展青少年科学影像活动，能做到的学校还只是凤毛麟角。我们在这里编辑出版这108部优秀科学影像作品，是希望星星之火可以燎原。士不可不弘毅，任重而道远！怀着和我们一样科教兴国梦想的学生、老师和校长们，希望这4本书108部作品能够助您一臂之力！

最后，我代表大赛组委会和评审委员会感谢邓予立先生及其亨达集团对大赛奖项的热忱赞助！我代表青少年科学影像课程研发团队感谢胡宝星胡韵琴伉俪对师生培养的鼎力支持！相信爱心汇聚能创造教育奇迹！

mù lù

目录

第一篇

第二篇

第三篇

第四篇

第五篇

第一篇

生命的工程智慧

一、“以眼还眼”的螳螂

2019 New York • International Youth Science Video Fair

國際青少年科學影像大賽

獲獎證書

茲頒發給「亨達」最佳科學微電影獎 獲得者。特頒此證，以資鼓勵。

項目名稱 ：「以眼還眼」的螳螂

作　　者 ：孫星悅、盧暘嵐、馬一諾、孟令宇

所在學校 ：杭州第四中學、杭州學軍中學、鄭州外國語學校、鶴壁北大培文中學

指導教師 ：于洲洋

國際青少年科學影像大賽評審委員會

姜冬梅 博士　袁小軍 博士

2019年9月30日至10月6日於紐約舉辦

主辦方：HKYSA 香港青少年科學院 Hong Kong Youth Science Academy　COLUMBIA UNIVERSITY IN THE CITY OF NEW YORK LAMONT-DOHERTY EARTH OBSERVATORY

在内地观赏影片：

2019 New York • International Youth Science Video Fair

Hantec Best Science Video Award

is hereby awarded to

Xingyue Sun, Yanglan Lu, Yinuo Ma & Lingyu Meng

from

Hangzhou No. 4 High School, Xuejun High school of Zhejiang Province, Zhengzhou Foreign Language School & Hebi PKU Peiwen School

for their discovery video project on

Eye to Eye

under supervision of

Zhouyang Yu

Dr. Dongmei Jiang　Co-Chair　International Youth Science Videos Fair

Dr. Xiaojun Yuan　Co-Chair　International Youth Science Videos Fair

Organizers: HKYSA 香港青少年科學院 Hong Kong Youth Science Academy　COLUMBIA UNIVERSITY IN THE CITY OF NEW YORK LAMONT-DOHERTY EARTH OBSERVATORY

在境外观赏影片：

探究故事

蓝鲸的话

你见过螳螂吗？你有没有盯着螳螂的眼睛观察过它？如果你看过螳螂的眼睛，那么你一定会被它“专注”的眼神所吸引。无论从任何一个方向去看它的眼睛，它都在盯着你！孙星悦、卢旸岚、马一诺、孟令宇4位同学偶然发现了这个现象，他们百思不得其解，下决心揭开螳螂眼睛之谜。

2019年盛夏的一天，孙星悦、卢旸岚、马一诺、孟令宇4位同学来到香港仔郊野公园考察。他们在这里的树梢间发现了很多广斧螳。螳螂举着“镰刀”，样子十分可爱。在观察这种螳螂眼睛的时候，他们发现了一个有趣的现象：不管螳螂的头部怎么移动，或者不管他们在哪个角度观察螳螂，抑或他们试图用食物去挑逗螳螂时，螳螂总是会用眼睛中黑色的瞳孔盯着他们。

孙星悦、马一诺、孟令宇凑在一起，一边观察一只广斧螳，一边讨论这个有趣的发现——他们竟然都认为螳螂在盯着自己！为此，孙星悦和孟令宇还争论了起来。这到底是怎么回事？难道螳螂可以变化出多个瞳孔盯着不同的人吗？为了搞清楚这个问题，他们决定多捕捉一些螳螂，到室内做进一步探究。

4人设计实验，孙星悦、卢旸岚、孟令宇3人分别从三个不同角度同时拍摄螳螂的眼睛，看看螳螂眼睛中黑色瞳孔的位置，依次判断螳螂到底在盯着哪儿。通过实验，他们得到一个惊人的发现：螳螂的瞳孔（眼睛中的黑色斑点）在三个拍摄画面中处于完全不同的位置，螳螂竟然可以同时盯着三台不同方位的摄像机，这真是不可思议！

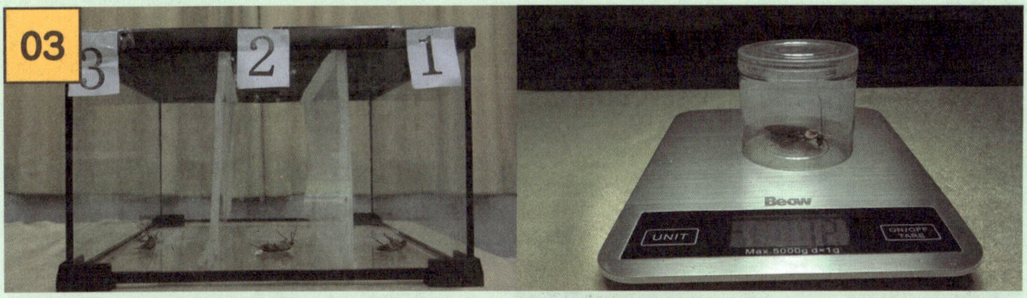

孟令宇还发现，将螳螂放在平面镜前，一人站在侧面用摄像机拍摄，镜子内外螳螂的瞳孔会同时看着摄像机的镜头！平面镜内外螳螂瞳孔的位置根本就不符合平面镜成像规律！

05

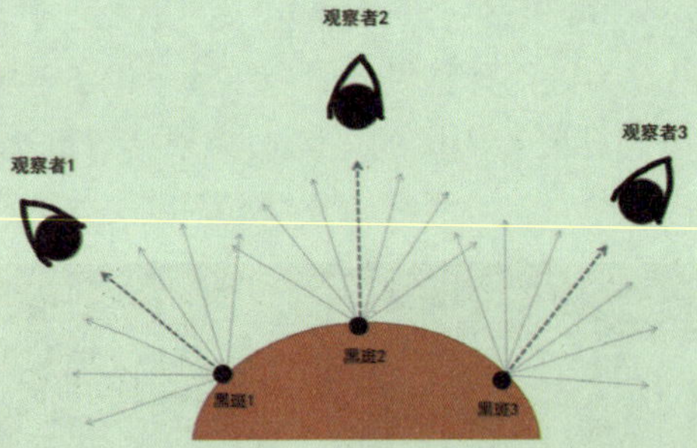

螳螂的眼睛里到底有什么奥秘？为什么它的瞳孔如此奇特？4人对此产生了极其强烈的研究兴趣。他们前往图书馆查阅文献资料，这才了解到，螳螂的眼睛由单眼和复眼组成，同学们之前一直说的眼睛是螳螂的复眼。螳螂复眼中的视杆细胞可以吸收反射到观察者视轴的光，在观察者视角就会看到一个黑斑，这个黑斑被称作伪瞳孔。当观察者移动时，从观察者视角看到的黑斑也会移动。如果有多个观察者，那么每个观察者会看到螳螂复眼中不同位置的黑斑，且各自视角中看到的黑斑不能被别人看见。看来，螳螂眼中的这个黑斑并不是真正的瞳孔，而是一种特有的光学现象。

他们继续讨论，孙星悦认为在平面镜前观察螳螂时，平面镜内外的螳螂复眼处于观察者不同的视轴，所以看到的是不同位置的黑斑，这就造成了镜子内外的两个黑斑不符合平面镜成像规律。但是，马一诺又提出了一个新问题：为什么螳螂的视杆细胞可以吸收观察者视轴的光，而不吸收其他方向的光？螳螂的复眼中到底有什么结构，让它可以具备这样的特性？他们决定继续探究。

06

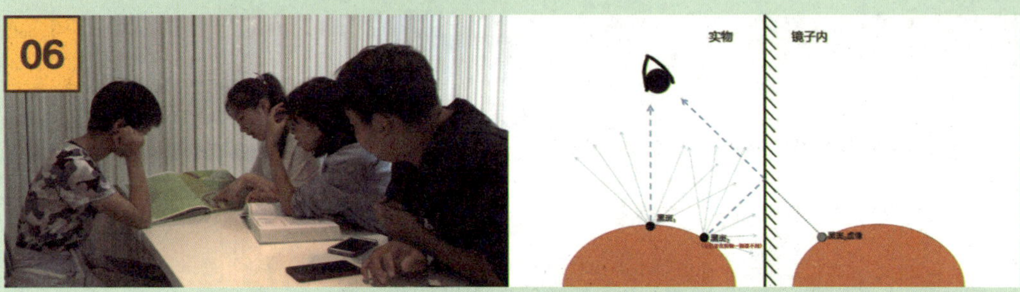

孙星悦想到可以利用微距镜头观察拍摄螳螂的复眼，进而来研究它的结构。通过微距观察，他们发现螳螂复眼的表面有许多细小并且排列紧密的六边形。

07

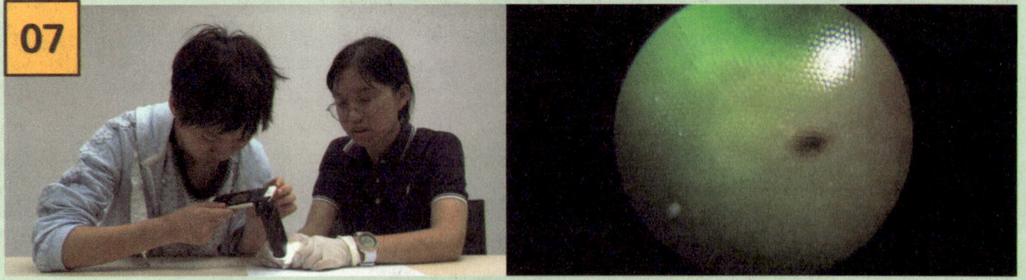

继续查阅资料后，孟令宇了解到复眼表面的六边形是一个个小眼，如果将小眼从纵面切开，可以看到它是管状结构。根据这条线索，卢旸岚提议，如果用管状结构的物品去模拟小眼，绑在一起模拟复眼，是否能得到像螳螂复眼中伪瞳孔的效果呢？

08

09

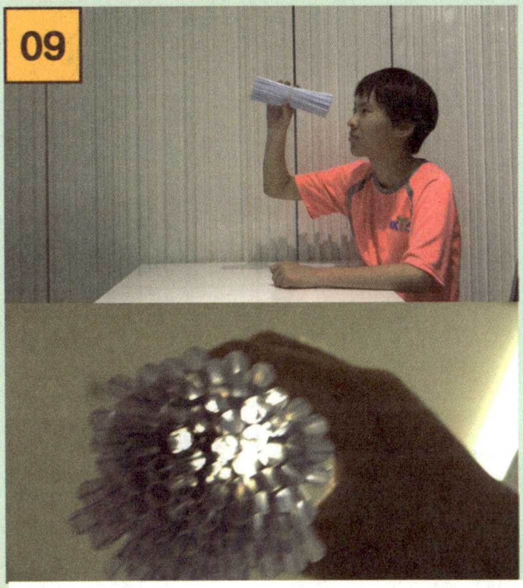

卢旸岚想到利用吸管模拟复眼中小眼的管状结构，将吸管扎成一束，模拟复眼。他们发现，在吸管一侧观察，透过吸管可以看到一个亮斑，并且它会随着视角的移动而移动。这与螳螂复眼中的伪瞳孔非常相似。但是，伪瞳孔是黑色的斑点，卢旸岚现在得到的却是一个亮斑。他们4人继续讨论，认为之所以可以得到一个移动的亮斑，是因为观察者透过一部分吸管看到了后面的光。虽然吸管前方也有漫反射射出的光，但这一部分光比吸管后的光亮度要弱，因此可以清晰地看到一个亮斑。

顺着卢旸岚完成的实验，孙星悦提议，如果把吸管底部用黑色橡皮泥堵上，保持吸管前方光的亮度不变，是否可以得到一个移动的黑斑呢？他们准备了橡皮泥、吸管、剪刀，将橡皮泥做成一个半球形，在半球的表面密密麻麻地插上一定长度的吸管，得到了一个螳螂复眼的模型。孙星悦旋转这个模型，明显可以看到一个移动的黑斑；将模型放在平面镜前，同样可以看到平面镜内外模型中的黑斑不符合平面镜成像规律。

10

模型模拟出了螳螂复眼形成伪瞳孔的现象！黑色橡皮泥就像视杆细胞一样，吸收了外界射入复眼的光，而因为复眼中的小眼特有的管状结构，每个小眼下的视杆细胞吸光后形成的黑斑只有在特定视角下才能看到。

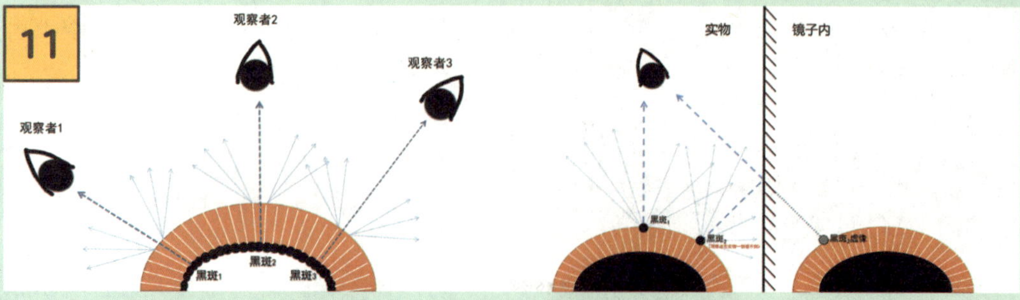

11

通过这次探究，研究小组的4位同学了解了螳螂复眼形成伪瞳孔这一现象，并探究了它的原理。小小的螳螂眼也会有这么多奥秘。这个原理也许可以应用在防盗系统上，想想，总有一双眼睛在盯着你！

12

专家点评

短片中的4位科学少年在香港纷繁多样的物种中，选定了螳螂作为研究对象，这不是出于偶然，而是来自大量的野外考察和室内观察。当他们终于找到最能引发自己好奇心和探究欲望的选题时，这个选题也就激起了所有观众的好奇心。

如此细致的观察令人惊叹！科学少年们在“观察与提问”环节的表现非常优秀。“我们观察到了什么？”“资料上怎么说的？”“我们还想知道什么？”科学探究，环环相扣，引人入胜。

复眼伪瞳研究，这是一个特别适合用视频短片表现的研究项目。如果仅仅是把资料上的道理阐述清楚，本片还不能令人赞叹。4位科学少年紧抓不放，创造性地先后设计出了两个实物模型，一把饮料管做成的“螳螂小眼透光模型”、一块黑色橡皮泥和一把饮料管做成的“螳螂的复眼伪瞳孔模型”。科学探索，步步为营，让观众豁然开朗。

实验设计中用三台摄像机记录从三个方向观察到的螳螂复眼令人叫绝，令观众印象深刻；细节拍摄详尽，剪辑逻辑合理，能够满足观众的观影心理；图表动画生动，增加了科学解释的效果；环境音效活泼动感，增强了科学探究的快乐情绪；片名具体生动，解说词准确，配音流畅，调性恰当。

在出镜表达的环节中，每位科学少年都很自然，尝试使用V-LOG的方式记录探究发现的过程，虽然仅几个镜头，但却让人眼前一亮。

短片最后给观众留下了思索的空间，如果将螳螂的伪瞳孔原理应用于发明防盗装置，让盗贼始终感到有一双眼睛在盯着自己……下一个研究选题呼之欲出，非常有实用价值！期待科学少年们的新成果。

二、大自然的纺织高手

2019 New York • International Youth Science Video Fair

國際青少年科學影像大賽

獲獎證書

茲頒發給「亨達」關注技術進步專項獎 獲得者。特頒此證，以資鼓勵。

項目名稱 ：大自然的紡織高手

作　　者 ：寧厚然、梅子牧、張亦菲

所在學校 ：北京交通大學附屬中學、宜城市第二中學、鄭州市第十九中學

指導教師 ：藍高龍

國際青少年科學影像大賽評審委員會主席

姜冬梅 博士　袁小軍 博士

2019年9月30日至10月6日於美國紐約

主辦方：HKYSA 香港青少年科學院 Hong Kong Youth Science Academy　COLUMBIA UNIVERSITY IN THE CITY OF NEW YORK LAMONT-DOHERTY EARTH OBSERVATORY

在内地观赏影片：

2019 New York • International Youth Science Video Fair

Hantec Special Award — Care for Technology Improvement

is hereby awarded to

Houran Ning, Zimu Mei & Yifei Zhang

from

The High School Attached to Beijing Jiaotong University, Xuancheng NO.2 High School & No. 19 Middle School of Zhengzhou

for their discovery video project on

The Natural Textile Master

under supervision of

Gaolong Lan

Dr. Dongmei Jiang
CO-Chair
International Youth Science Videos Fair

Dr. Xiaojun Yuan
CO-Chair
International Youth Science Videos Fair

Organizers: HKYSA 香港青少年科學院 Hong Kong Youth Science Academy　COLUMBIA UNIVERSITY IN THE CITY OF NEW YORK LAMONT-DOHERTY EARTH OBSERVATORY

在境外观赏影片：

探究故事

蓝鲸的话

你小时候有没有玩过“布袋虫”？就是背着一个“布袋”跑来跑去的虫子，它就是蓑蛾的幼虫。3位科学少年对蓑蛾幼虫的“布袋”产生了浓厚的兴趣：这个“布袋”有什么用？有哪些特点？是怎样编织成的？在3位科学少年眼里，不起眼的蓑蛾幼虫成了他们镜头下的“大明星”。他们又是观察，又是实验，又是采访，忙得不亦乐乎，他们观察着观察着，竟然睡着了。让我们来帮帮忙，帮他们捉回正在逃跑的“明星”吧！

在太平山的一处凉亭里，宁厚然、梅子牧和张亦菲3位同学发现了一种奇怪的小生物，它的外形就像一根小木棍在缓缓地移动。仔细观察，原来里面藏着一条虫子，它背着树枝一样的护囊，在栏杆上慢慢地爬行。他们对这种外表奇怪的虫子感到十分好奇，决定进行深入的研究。

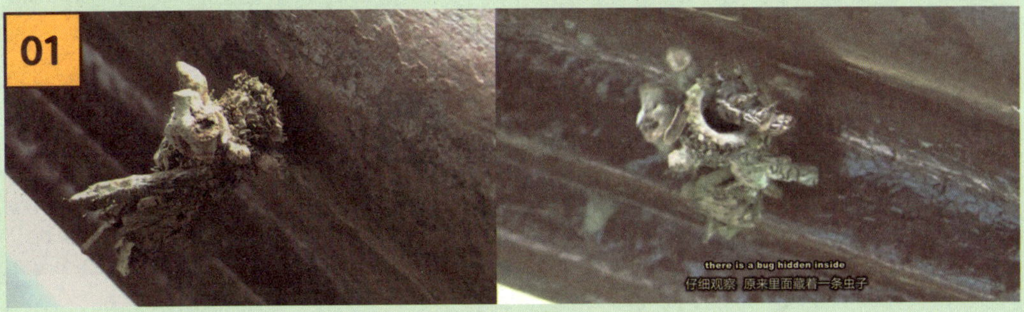

通过在图书馆查阅资料，3人得知这是一种名叫蓑蛾的害虫，蓑蛾还有个名字叫避债蛾。蓑蛾在幼虫阶段就会收集树木叶子或其他物体，制作出像睡袋一样的护囊挂在树上。有的幼虫用枯树枝制成桶状护囊，有的制成喇叭状的护囊并外加草片装饰，还有的在枯黄的护囊外加上了褐色的披肩。

02

03

蓑蛾幼虫的长度为1～5厘米，外表灰褐色的它，躲在树干上不容易被发现，移动和休息时背上的护囊可以保护自己。在维多利亚公园，一只蓑蛾躲在护囊里，一只黑领椋鸟虽然发现了这只蓑蛾，但面对护囊无从下嘴，只好无奈地飞走了。

蓑蛾的行为都是小心翼翼的，每走一步都会从嘴里喷出白色的丝，增加附着力。如果一不小心掉落，白丝就是她的救命法宝。大部分时间，蓑蛾都会躲在护囊里一动不动，但受到外界触动时，它会冲出囊口，喷出白丝用来固定身体，待护囊稳定后，再安心休息。

蓑蛾的护囊对它到底有多重要，它会不会爬出来？为此，宁厚然设计了一个实验，准备了6只24小时未进食的蓑蛾，把它们分作A、B、C3组，每两只为一组。每组离树叶的距离跟蓑蛾体长的比例分别为1 ∶ 1、2 ∶ 3、1 ∶ 2。将蓑蛾的头部对齐直线、朝着树叶放置，并用透明胶固定护囊。

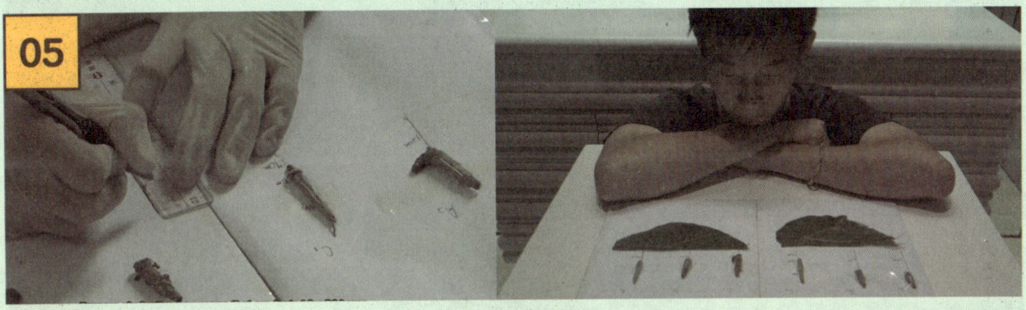

宁厚然等待着实验结果，1小时后，两个蓑蛾竟然挣脱胶带，啃食树叶。约12小时的连续拍摄，距离树叶比较近的3只蓑蛾挣脱了束缚，另外3只不断地回头撕咬胶带，试图逃脱。实验证明蓑蛾宁愿忍受饥饿，也不愿放弃自己的护囊。

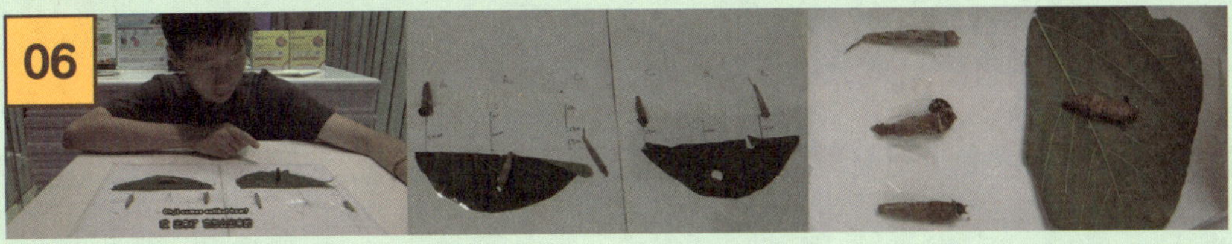

令3人感到惊讶的是，蓑蛾的外皮韧性极好。梅子牧请两位老师测试蓑蛾护囊的韧性，他们发现徒手撕开护囊根本做不到。梅子牧用高倍放大镜观察了护囊的结构，发现护囊外层结构主要由树皮、树叶碎片组成，内层结构由丝状物质组成，组织非常细密；观察护囊横截面，发现护囊由6种物质组成。

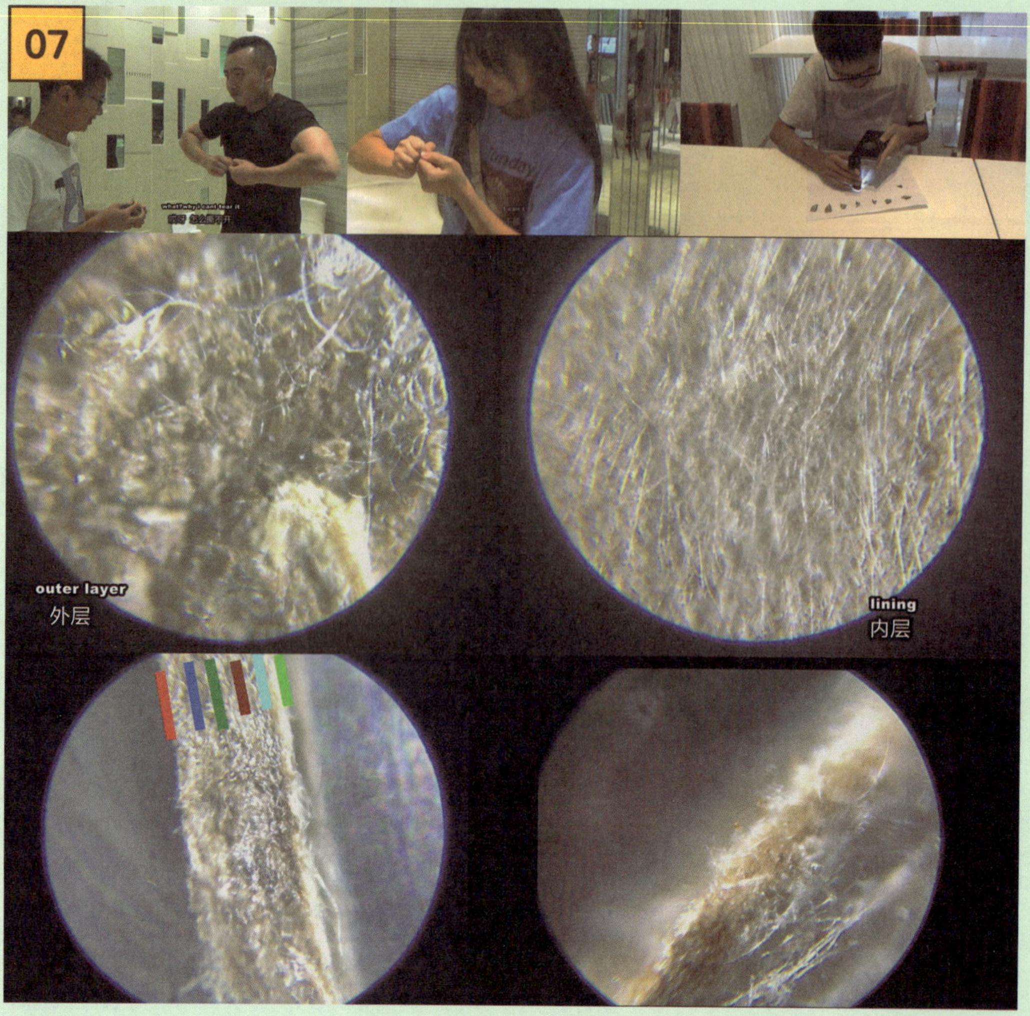

为了做更深入的研究，3人来到了风景优美的南丫岛。考察过程中遇上了大雨，蓑蛾的护囊能防水吗？冒着大雨，宁厚然打伞，梅子牧操控相机，他们就这样继续拍摄蓑蛾在雨中的样子。他们把淋雨后的蓑蛾摘下，小心剪开护囊，发现护囊内依旧十分干爽。可见，护囊细密的组织结构有效地挡住了雨水的浸透，是一件天然的雨衣。

那么，蓑蛾的护囊是怎样一步一步编织起来的呢？他们决定再做一个实验，选取6只大小不一的蓑蛾，剪开它们的护囊，把它们分别放入碎木堆、枯叶堆、纸屑里，看它们如何建筑自己的新家。36小时后，虽然蓑蛾在努力寻找遮挡的物体，但显然不足以在短时间内编织好新的护囊。

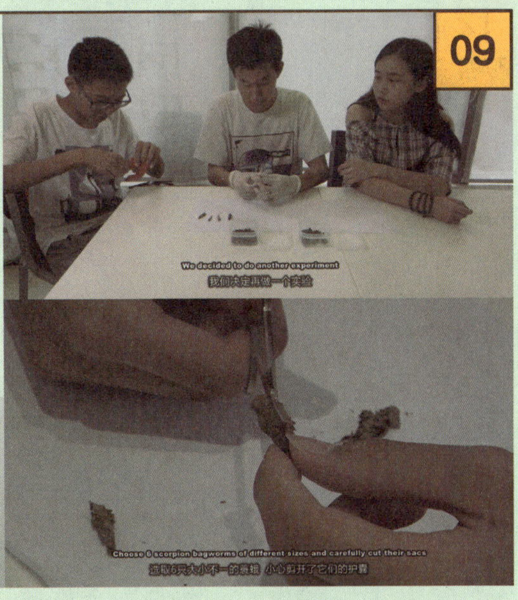

他们又设计了两个实验。第一个实验，3人沿纵向剪下宽度约3毫米的护囊皮，由宁厚然用钳子夹住两端，一端固定，一端挂上重物，测试护囊皮的抗拉强度。随着负重物的增加，护囊皮应声而断。为了更好地进行比较，宁厚然用与护囊皮厚度接近的布料进行测试。对比实验结果后，宁厚然发现，蓑蛾护囊皮的抗拉性能比普通布料要好。

蓑蛾的护囊皮有什么应用吗？梅子牧采访了孙老师，了解到可以利用蓑蛾结实的护囊来补鞋，效果特别好。20世纪60年代，人们的生活并不富裕，蓑蛾护囊就是最常用的一种补鞋材料，强韧牢固，温暖舒服。

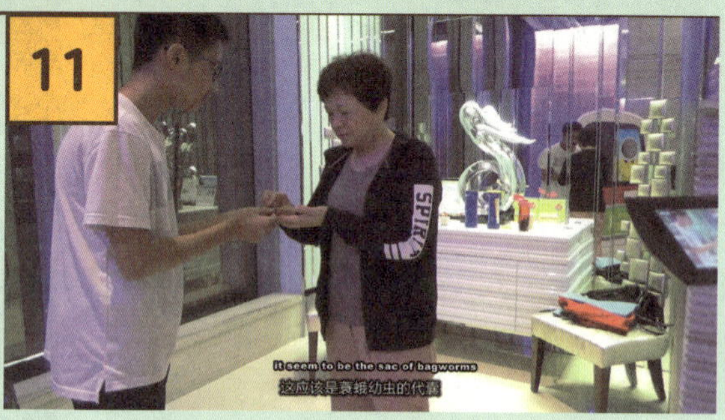

经过一系列探究，宁厚然、梅子牧、张亦菲发现蓑蛾的护囊具有很强的韧性，且具有横纵异性、防水、保温、质量轻的特点，这说明蓑蛾护囊在户外材料上有广泛的应用前景。3人还希望人们对蓑蛾护囊有更深入的认识，可以将其应用到更多的领域中。

专家点评

蓑蛾幼虫的虫体藏于护囊中，护囊轻巧坚固，外面附有枯枝碎叶，幼虫活动或取食时头、胸部伸出囊外，负囊行进，很不引人注目。短片记录了这种纺织高手不为人知的隐秘生活。科学少年们设计、实施了多项生动有趣的科学实验，并用摄像机详细记录了实验过程，展现给了观众。蓑蛾幼虫不会轻易抛弃自己的巢穴，它宁可饿着肚子，费尽气力也要带着护囊一起行动；护囊是随着幼虫长大而逐步扩大的，如果护囊被破坏不会马上就筑成新的护囊；正如罗马不是一天建成的，蓑蛾护囊的建成和重建也需要时间。

蓑蛾的护囊轻盈坚韧，防水透气，是有研究开发前途的材料。科学少年们用简单的设备和工具研究、解构了蓑蛾护囊的结构。在以前生活艰难的时期，我国的劳动人民曾经使用大蓑蛾的护囊修补鞋子。民间传说黄帝之妻嫘祖首创种桑养蚕之法、抽丝编绢之术，被尊为先蚕娘娘。抽丝编绢之术就是缫丝纺织的工艺。或许经过深入研究和奇思妙想，同学们也能发明蓑蛾护囊规模化生产利用的工艺方法呢！另外，蓑蛾也是一类林业害虫，蓑蛾护囊的特殊结构，为其提供了强大的保护。了解蓑蛾幼虫的习性、护囊的结构也能够为蓑蛾的科学防治提供参考依据。

短片给人的第一观感是“丰富多彩”。蓑蛾爬行、防水、编织护囊等行为和护囊承重实验等探究环节设计丰富；对探究过程的拍摄记录更是丰富多彩，不管是自然环境下对蓑蛾（护囊）的抓拍，还是人工可控环境下的细节镜头拍摄，特别是对其爬行、编织等行为超过12小时的长时间延时摄影、对护囊内外两侧、横截面的显微摄影等。

拍摄中，科学少年们借助直尺、手指、杠铃等工具实现了影像的可视化，让观众直观感知到蓑蛾及其护囊的尺寸、质感、承重等。

同样由于记录的素材过于丰富，导致剪辑环节的“选择困难症”，部分段落衔接过于匆忙。另外，部分同期声录音品质有待提高。

开篇的镜头引发悬念，“虫子”的出现吸引眼球。作品的开场非常直接地展现出最精彩的画面，勾起了大家的好奇心。奇特的蓑蛾，对于很多观众来说从未见过，“令人好奇的选题”奠定了作品的高分基础。科学少年们的探究过程充满了好奇心的展示，一步一步揭示了蓑蛾的特点，大家还设计了多种实验进行探究，对蓑蛾的丝进行了集中的探究，无论是观察得犯困还是遇到大雨，都是探究的故事。

好的选题需要通过完美的视频剪辑手段、配音配乐等多种视频工具和手段呈现给大家，所以在剪辑点、画面构图、配乐等方面有待加强，对蓑蛾的探究值得继续。

三、蚂蚁的地狱——蚁狮捕食之谜

2020 Hong Kong-New York • International Youth Science Video Fair

國際青少年科學影像大賽

獲獎證書

茲頒發給「HMA」最佳出鏡獎 獲得者。特頒此證，以資鼓勵。

項目名稱 ：螞蟻的地獄——蟻獅捕食之謎

作　　者 ：梁世謙、李浩、陳雪琪、黃鉅揮、龍康仁

所在學校 ：中國廣東省佛山市順德區胡寶星職業技術學校

指導教師 ：李妍、徐登峰

國際青少年科學影像大賽評審委員會主席

姜冬梅 博士　2020年10月5日於香港

袁小軍 博士　2020年10月5日於紐約

主辦方：HKYSA 香港青少年科學院 Hong Kong Youth Science Academy　COLUMBIA UNIVERSITY IN THE CITY OF NEW YORK LAMONT-DOHERTY EARTH OBSERVATORY

在内地观赏影片：

2020 Hong Kong-New York • International Youth Science Video Fair

HMA Best Performance Award

is hereby awarded to

Shiqian Liang, Hao Li, Xueqi Chen, Juhui Huang & Kangren Long

from

Hu Baoxing Vocational and Technical School(Guangdong,China)

for their discovery video project on

Ant's Hell: The Hunt for Food

under supervision of

Yan Li & Dengfeng Xu

Dr. Dongmei Jiang
CO-Chair
International Youth Science Videos Fair

Dr. Xiaojun Yuan
CO-Chair
International Youth Science Videos Fair

Organizers: HKYSA 香港青少年科學院 Hong Kong Youth Science Academy　COLUMBIA UNIVERSITY IN THE CITY OF NEW YORK LAMONT-DOHERTY EARTH OBSERVATORY

在境外观赏影片：

探究故事

蓝鲸的话

地狱常常用来比喻可怕的地方。一个小小的沙坑，为什么会成为蚂蚁的地狱呢？沙坑里只要落进一只蚂蚁，它很快就会被“拉”进沙子里，慢慢被滑落的沙子掩埋。原来，沙坑底部躲藏着一个神秘的“杀手”——蚁狮。蚁狮不仅是身怀绝技的捕杀高手，还是建造“地狱”工程的高手。梁世谦和李浩等5位同学正在跟踪这种神奇的小昆虫，让我们屏住呼吸一起观察“地狱”中正在上演的大戏——“蚁狮的杀戮”。

梁世谦和李浩在学校操场上打球的时候，在沙地上意外地发现一种昆虫。这种昆虫长着像钳子一样的口器，还有一个巨大的“屁股”，最奇妙的是它会在沙地上挖出一个漏斗形的陷阱。二人觉得这种虫子非常厉害，决定研究一下它的“身世”。

原来，这种头上长角的虫子是蚁蛉科昆虫的若虫，俗称蚁狮。蚁狮身体粗壮多毛，背部高高隆起，有双刺吸式口器，整体呈纺锤形，胸腹连在一起，不易区分。多数蚁狮都生活在干旱的沙地。

蚁狮会利用沙地柔软的地形挖出漏斗形的陷阱来捕捉猎物，最常被捕捉到的就是蚂蚁。一旦蚂蚁落入陷阱中就会迅速跌入漏斗中心，被蚁狮长长的口器夹住，并迅速被麻痹。随后蚁狮会吸食猎物，并在吃完后将猎物的尸体抛出陷阱。为了更好地研究蚁狮尸是如何建造它的陷阱以及捕猎的，他们找来了陈雪琪等人，成立了一个5人研究小组一起探索。

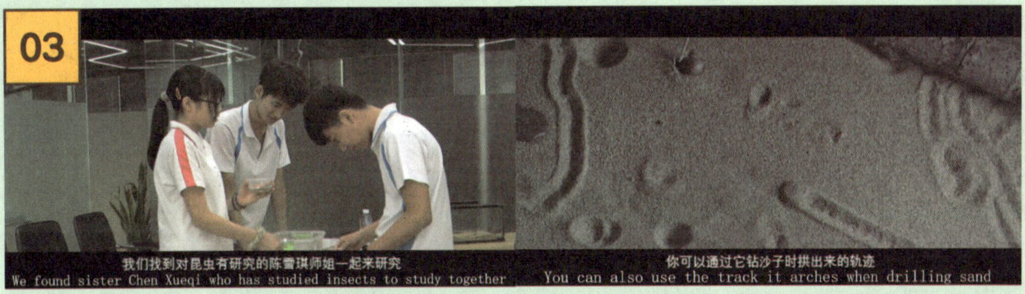

他们从沙地里捕捉了足够的蚁狮，并营造了适合的沙地环境饲养蚁狮。经过几个月的饲养，他们观察到了蚁狮建造陷阱的“两步法”过程。第一步，蚁狮会沿着一个方向利用腹部在沙地里画弧，同时头部不停地用力将沙子抛向后方，这样先画出一个大圆；第二步，蚁狮慢慢向内部画弧，并且越挖越深，最终形成漏斗状的陷阱。他们还观察到蚁狮建造陷阱有两个特殊动作，一是腹部向后，向下挖沙子；二是头部不停地向外抛沙子。蚁狮腹部挖沙的分解动作是，先将后足向后伸展，再向后移动腹部，最后缩回前足。

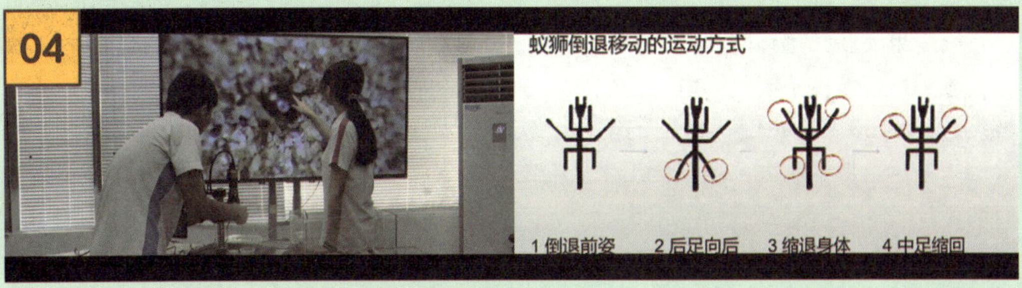

陷阱挖好之后，接下来就是等待猎物落网了。蚁狮捕捉蚂蚁并不是百发百中，如果蚂蚁挣脱逃跑了，漏斗形陷阱的斜坡就会发挥神奇的作用。由于沙子松软，流沙不断地滚动下来，蚂蚁很难爬出陷阱。即使蚂蚁能爬出去两步，蚁狮还会从底部不断地抛沙子砸上来，阻挡蚂蚁逃生的去路。可见，蚂蚁一旦落入蚁狮的陷阱，那就真是九死一生了。

05

在观察过程中，他们发现还是有“幸运”的蚂蚁成功逃生的。于是他们想研究一下，到底是哪些因素影响着蚁狮捕食的成功率。李浩认为陷阱的直径大小应该会影响捕食的成功率；梁世谦认为沙子的粗细大小也会有影响；另外，漏斗的坡度大小，应该也会影响其成功率。在陈雪琪的建议下，他们设计了以下3组实验：

第一组实验，他们用同样沙质的沙子，制作了深度相同，直径分别为4厘米、5厘米、6厘米的陷阱，观察蚂蚁爬出来所需要的时间。经过30组的实验，统计结果显示，在沙质和深度一样的情况下，直径越大，蚂蚁爬出来所需的时间越长。

第二组实验，用不同沙质的沙子制作相同大小的陷阱。实验结果显示，沙粒越细，蚂蚁爬出来所需的时间越长。

第三组实验，用相同沙质的沙子，制作直径相同，但坡度不同的陷阱。他们实验了坡度分别为30度、40度、45度的陷阱。实验结果显示，坡度越大，蚂蚁爬出来所需的时间越长。

06

通过上面的实验，该研究小组成员一致认为，如果蚁狮想要最大限度地提高捕食的效率，那么它们应该尽量选择较细的沙地作为建造陷阱的基地，把陷阱做得又深又大，而且陷阱的直径越大，越容易捕捉到猎物。研究小组通过对蚁狮的观察和实验，不仅加深了对蚁狮这种神秘昆虫的了解，同时还对蚁狮这个“陷阱制作大师”产生了由衷的敬佩！

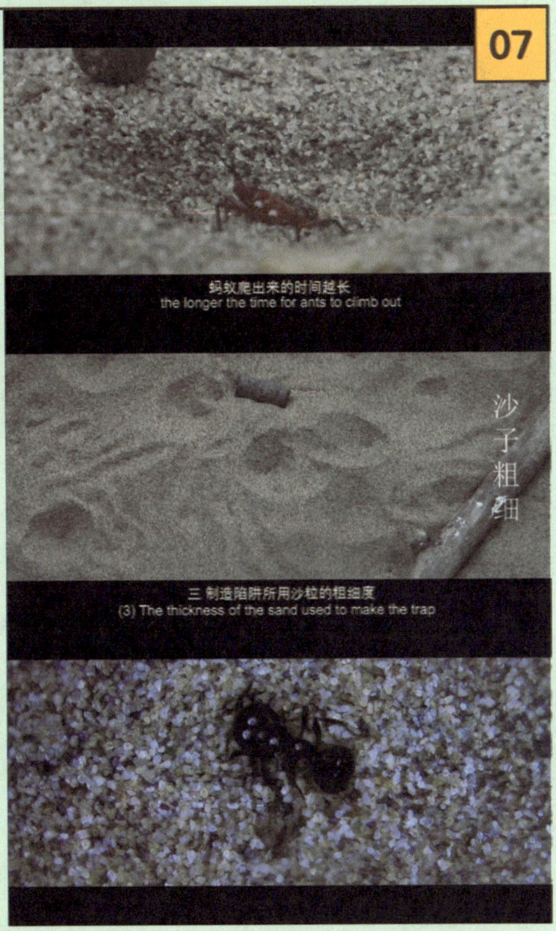

专家点评

蚁蛉科昆虫的幼虫俗称蚁狮，是一种具有开发利用前景的药用昆虫。蚁狮生活隐蔽、长相奇特，是一类十分神秘的昆虫，有许多谜团有待揭开。研究团队对蚁狮进行了饲养和观察，并对其陷阱构造和觅食行为进行了较为深入的研究，期待有更多新的发现。

短片的关注点是蚁狮制造的“沙陷阱”，通过多角度拍摄令观众对“沙陷阱”产生深刻印象，但缺乏基于“沙陷阱”的拓展性探究，全片相对单一。研究团队观察得很仔细，也做了一些分析，但没有提出新的观点，如果能对该昆虫多做一些功课，会有更大的惊喜，再下一些功夫也能收获更多成果。摄影较好，科学少年的出镜自然。

四、毒毛铠甲：栎黄枯叶蛾的研究

2019 New York • International Youth Science Video Fair

國際青少年科學影像大賽

獲獎證書

茲頒發給 **「亨達」關愛生命專項獎** 獲得者。特頒此證，以資鼓勵。

項目名稱 ： 毒毛鎧甲

作　　者 ： 周佩瑤、伍晴晴、梁玉國、黃惠琳

所在學校 ： 佛山市順德區胡寶星職業技術學校

指導教師 ： 范承國、梁惠喜

國際青少年科學影像大賽評審委員會

姜冬梅 博士　　袁小軍 博士

2019年9月30日至10月6日於美國紐約

主辦方： HKYSA 香港青少年科學院 Hong Kong Youth Science Academy　COLUMBIA UNIVERSITY IN THE CITY OF NEW YORK LAMONT-DOHERTY EARTH OBSERVATORY

在内地观赏影片：

2019 New York • International Youth Science Video Fair

Hantec Special Award — Care for Life

is hereby awarded to

Peiyao Zhou, Qingqing Wu, Yuguo Liang & Huilin Huang

from

Hubaoxing Vocational Technical School Of Shunde

for their discovery video project on

Poisonous Armour

under supervision of

Chengguo Fan & Huixi Liang

Dr. Dongmei Jiang
CO-Chair
International Youth Science Videos Fair

September 30 to October 6, 2019
New York, USA

Dr. Xiaojun Yuan
CO-Chair
International Youth Science Videos Fair

Organizers: HKYSA 香港青少年科學院 Hong Kong Youth Science Academy　COLUMBIA UNIVERSITY IN THE CITY OF NEW YORK LAMONT-DOHERTY EARTH OBSERVATORY

在境外观赏影片：

探究故事

蓝鲸的话

你认识这4位“女科学家”吗？广东省佛山市顺德区胡宝星职业技术学校的周佩瑶、伍晴晴、梁玉国、黄惠琳，她们就是2019年探究《捕蚊高手——隆背长脚蛛》的科学明星，中央电视台把她们邀请到了北京，专访了她们在草地上搭帐篷研究蜘蛛的故事。一年过去了，她们又在研究什么？又有什么惊人发现呢？

唐朝大诗人杜甫有“语不惊人死不休”的名句，“女科学家”们有“虫不吓人不研究”的决心。看！她们抓在手里的就是浑身披着毒毛的栎黄枯叶蛾幼虫。你要是害怕虫子，就不要看下面的作品了。胆小者莫入！

在岭南，每逢喜庆节日或重大的活动，必然有醒狮助兴。但周佩瑶、武晴晴、梁玉国、黄惠琳要给大家介绍的是一种披着“狮皮”的虫子。

一天，4位女生在树旁拍照时，发现一只虫子，这虫子身上毛茸茸的，就像一只微型的小狮子。这是什么虫子？她们上网查阅资料，了解到这是栎黄枯叶蛾，是鳞翅目、枯叶蛾科、黄枯叶蛾属的一种昆虫。她们决定对栎黄枯叶蛾进行更深入的探究。

02

她们每天对栎黄枯叶蛾进行观察，发现栎黄枯叶蛾白天取食活跃，身上布满长毛。相关资料介绍，栎黄枯叶蛾的这些长毛有毒，是它们的防御工具，能像一件铠甲一样，可以起到保护作用。

03

一天早上下起了瓢泼大雨，4人冒雨去观察，发现有一条栎黄枯叶蛾正在吐丝结茧，将自己包在里面化蛹。通过仔细观察，4人发现，栎黄枯叶蛾会将自己身上的毒毛附着在丝上，以保护自己。吐丝结茧的过程一直持续到了傍晚6点，历时11小时。结成的茧，从侧面观察就像一个马鞍。

这些茧会变出蛾子吗？4人将蛹带回室内观察，18天后，栎黄枯叶蛾破茧而出！雌蛾头部为黄褐色，胸部、背面为黄色，前翅内、外横线之间为鲜黄色；雄蛾则通体黄绿色。雌蛾尾部比雄蛾多出一大撮深褐色的毒毛。

破茧而出的第4天傍晚，雌蛾产卵了！蛾卵初产时为黑褐色，卵粒双行相间排列呈长条状，其上覆盖雌蛾尾部的深褐色长毛。

06

伍晴晴统计了卵的数量，一只雌蛾大约产卵300颗。产卵后的第22天，卵开始孵化出幼虫了。伍晴晴和梁玉国经过多次尝试，终于拍摄到卵孵化的过程。刚孵化出来的幼虫，头部为红褐色，体表黑褐色，身上已经布满了白色毒毛。

07

幼虫经过两次蜕皮后，长为三龄幼虫，头上两边会各分布一束黑色长毛，体表变为土黄色，毒毛浓密许多。成长到六龄幼虫时，身体两侧明显对称，分布有淡黄色的毒毛。七龄幼虫时，毒毛变为狮皮状。

08

周佩瑶根据观察到的现象，绘制了栎黄枯叶蛾的生命周期图：卵经过22天孵化出幼虫，幼虫经过6次蜕皮长为七龄幼虫后，七龄幼虫吐丝结茧化蛹，蛹经过18天化蛾，蛾经过4天产卵。

09

在这几个月的观察中，4位女生发现栎黄枯叶蛾的毒毛在不同生长时期的颜色不太一样。伍晴晴猜想，难道它的毒毛会根据周边环境的变化而改变颜色？

10

4人设计了实验来验证伍晴晴的猜想。她们准备了一个箱子，一台摄像机，一个打光灯。伍晴晴和梁玉国负责实验操作，周佩瑶和黄惠琳负责拍摄和记录实验过程。伍晴晴和梁玉国相互配合，抓了一条栎黄枯叶蛾，将其放置在5600K色温的灯光照射下，用摄像机记录下栎黄枯叶蛾当时的毛色。随后，2人再将栎黄枯叶蛾放入纸箱，盖上盖子，保证盒子里面是黑暗的。两天后将栎黄枯叶蛾拿出，用同样亮度的打光灯照射，并用同样参数的摄像机拍摄记录。对比前后的毛色，四人发现，栎黄枯叶蛾真的会因为周边光照的变化改变毒毛的颜色。

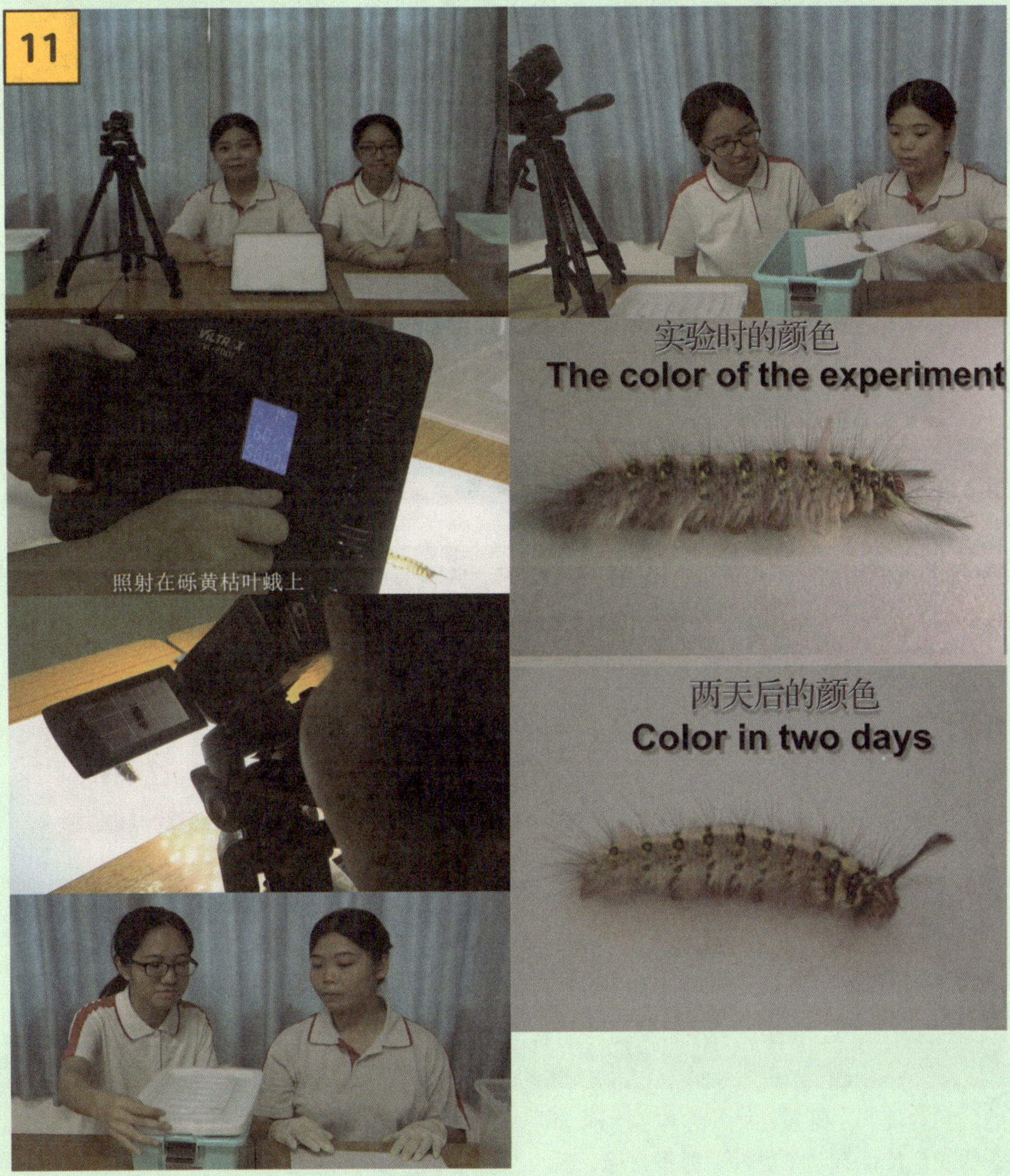

她们感觉一组实验不足够说明问题，于是又进行了一组实验。她们找了3棵矮小的串钱柳树，其中一棵挂满红色塑料片，另一棵挂满黑色塑料片，还有一棵什么都不挂（记为绿色）。然后，在3棵树上分别放置了5条大小相当的栎黄枯叶蛾。

12

13

一周后，4人观察不同树上栎黄枯叶蛾毛色的状态，发现红色树和绿色树上都只剩下两条栎黄枯叶蛾，黑色树上剩下3条。将栎黄枯叶蛾抓回，对比发现，绿色树上的栎黄枯叶蛾是黄色的，黑色树上的是淡黄色的，红色树上的是红色的。实验证明，栎黄枯叶蛾会根据周边环境的变化而改变毒毛颜色。4人分析，栎黄枯叶蛾的变色特性有利于更好地保护自己。

一直以来，人们都只认为栎黄枯叶蛾的毒毛有毒，但却不知道它还会变色。在幼虫、蛹、卵这几个阶段，栎黄枯叶蛾都以毒毛作为铠甲保护自己，抵御天敌。栎黄枯叶蛾神奇的铠甲，让人叹为观止。探究到这里，4位女生又有了一个新的疑问，一只栎黄枯叶蛾雌蛾能产300颗卵，卵的孵化率又高，生命周期还有一身有毒且兼备变色功能的毒毛铠甲来保护自己。而校园里的栎黄枯叶蛾的数量却没有爆发式地增长，难道有什么因素制约了栎黄枯叶蛾的生存？她们决定继续探究下去。

专家点评

短片《毒毛铠甲：栎黄枯叶蛾的研究》记录了栎黄枯叶蛾在岭南（广东佛山顺德）的生活史，介绍了它那一身具有防御性的毒毛在卵、幼虫、蛹和成虫四个虫态生长或覆盖的位置，探究了其幼虫体色的变化。

昆虫体色随环境条件发生变化，是一种普遍的自然现象，这种变化不像变色龙那样迅速，但效果与变色龙相同，同样能够增强躲避天敌、诱捕食物、抵抗不良环境的能力，同样能够提升生物体自身的生存竞争力。著名的桦尺蠖的工业黑化现象说的是英国曼彻斯特的桦尺蠖成虫（蛾子）的体色100年间的变化。

对幼虫体色变化的研究相对较少，尽管有诸多文献报道环境是影响昆虫体色变化的重要原因之一，但是有关环境因子对体色影响的程度以及是如何影响的却仍然存在许多谜团。

该研究团队研究证实，在栎黄枯叶蛾幼虫（毛虫）阶段体色的变化可能很快，两天或一周内就可观察到。建议应用国际标准色卡研究幼虫体色的变化，使颜色比对和交流沟通更有依据。

短片紧紧围绕毒毛进行探究，将科学少年的故事和执着的精神融入其中，在拍摄栎黄枯叶蛾生命周期的每一个环节，科学少年们都下了很大的功夫，她们的专注和付出给观众留下了深刻印象。短片配乐能够根据场景随意变化，增加了影像的表现力。

第二篇

身怀绝技的生命

五、披着蚁皮的螂

2019 New York • International Youth Science Video Fair

國際青少年科學影像大賽

獲獎證書

茲頒發給「亨達」關愛生命專項獎 獲得者。特頒此證，以資鼓勵。

項目名稱 ： 披著蟻皮的螂

作　　者 ： 韓汭宸、朱正宸、曹梓暉

所在學校 ： 鄭州市為民高中、河南省實驗文博學校、上海外國語大學立泰學院Alevel國際課程中心

指導教師 ： 范承國

國際青少年科學影像大賽評審委員會

姜冬梅 博士　袁小軍 博士

2019年9月30日至10月6日於美國紐約

主辦方： HKYSA 香港青少年科學院 Hong Kong Youth Science Academy　COLUMBIA UNIVERSITY IN THE CITY OF NEW YORK LAMONT-DOHERTY EARTH OBSERVATORY

2019 New York • International Youth Science Video Fair

Hantec Special Award — Care for Life

is hereby awarded to

Ruichen Han, Zhengchen Zhu & Ziye Cao

from

Zhengzhou Weimin High School, Henan Experimental Wenbo School & Litai College

for their discovery video project on

The Mantis Looks Like an Ant

under supervision of

Chengguo Fan

Dr. Dongmei Jiang
CO-Chair
International Youth Science Videos Fair

Dr. Xiaojun Yuan
CO-Chair
International Youth Science Videos Fair

Organizers: HKYSA 香港青少年科學院 Hong Kong Youth Science Academy　COLUMBIA UNIVERSITY IN THE CITY OF NEW YORK LAMONT-DOHERTY EARTH OBSERVATORY

在内地观赏影片：

在境外观赏影片：

探究故事

蓝鲸的话

你一定听过《披着羊皮的狼》这个故事，恶狼披着羊皮装扮成羊的模样，潜入羊群吃掉了很多小羊。在大自然中，并没有披着羊皮的狼，那只是一则寓言故事。但是，在大自然中真的有装扮成蚂蚁模样的螳螂。3位小科学家今天就给你们讲一讲《披着蚁皮的螂》的故事。

曹梓晔、韩汭宸和朱正宸3位同学在草丛中拍摄时发现了一种奇怪的昆虫，它看着像蚂蚁，却有螳螂一样的镰刀。它到底是什么昆虫？三人争论不休，于是决定捕捉一只这种昆虫，做深入研究。

他们把这只昆虫带回夏令营营地，并给它模拟了一个野外环境。曹梓晔和朱正宸一起观察这只昆虫，发现这只昆虫长约12毫米，通体黑色，有触角，头呈三角形，有6只脚，前腿呈镰刀状，整体看起来像蚂蚁，但细看却像螳螂。这只长得又像螳螂又像蚂蚁的昆虫，用它的两个像“钳子”一样的前足迅速地捕捉了一只蚂蚁，10分钟时间就把猎物吃完了。

他们在网上没有找到相关资料，于是决定去图书馆查找资料。在香港中央图书馆，他们看遍螳螂和蚂蚁的相关书籍。通过资料，他们初步判断出这种昆虫是一只螳螂，但还确定不了具体是什么螳螂。

朱正宸想到可以请教河南师范大学动物学的牛瑶教授，通过电话沟通，牛教授告诉他，这种螳螂属于大齿螳螂属，但还未定类。他们又上网查了大齿螳螂的资料，大齿螳螂成虫变成通体绿色，一点都不像蚂蚁。原来大齿螳螂只是若虫阶段拟态成蚂蚁的样子！这让他们不禁感叹大自然的神奇。

韩汭宸又产生了一个新的疑问，大齿螳螂若虫拟态成蚂蚁，是为了更好地捕食，还是为了躲避天敌？他们3人成立了研究小组，决定登上太平山，再次考察发现大齿螳螂的地方。

06

进行更细致的观察后，曹梓晔发现这种螳螂喜欢出没在地面的枯树叶上和离地面较近的树叶上。它动作敏捷，在它周边有双齿多刺蚁、臭蚁、土白蚁、小黑蚁和举腹蚁，曹梓晔当即决定实验观察大齿螳螂和它们的关系。

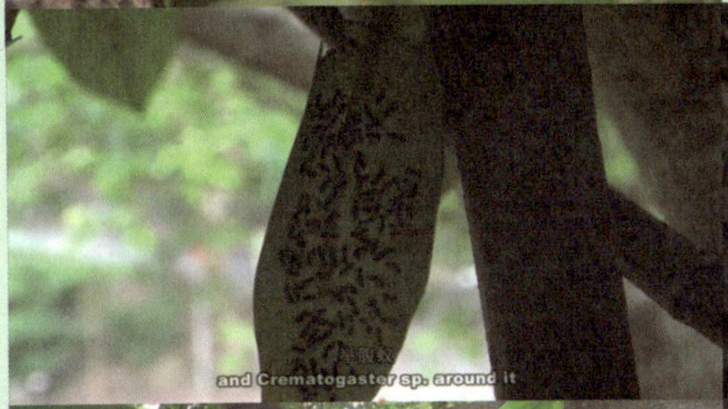

07

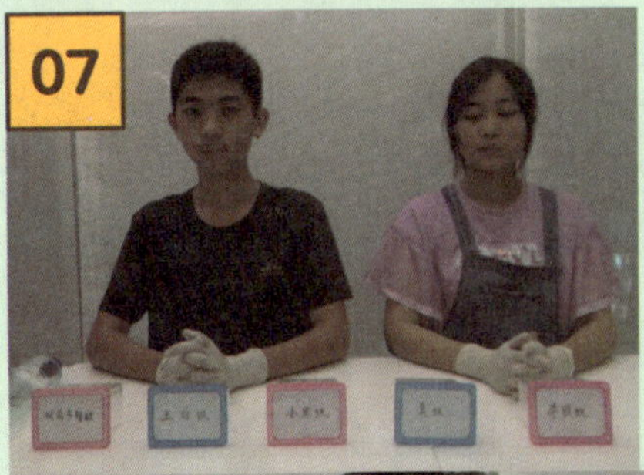

把骁勇善战的双齿多刺蚁和披着蚁皮的大齿螳螂放在一起，会上演一场怎样的“动作大片”呢？韩汭宸和曹梓晔负责实验操作，朱正宸负责拍摄实验过程。实验开始了，首先他们找来5个空盒子，分别贴上带蚂蚁名字的标签。每个盒子里放入10只样本蚂蚁，从而保持单一变量。再将5只大小相近的大齿螳螂分别放入盒子里观察并记录实验现象。

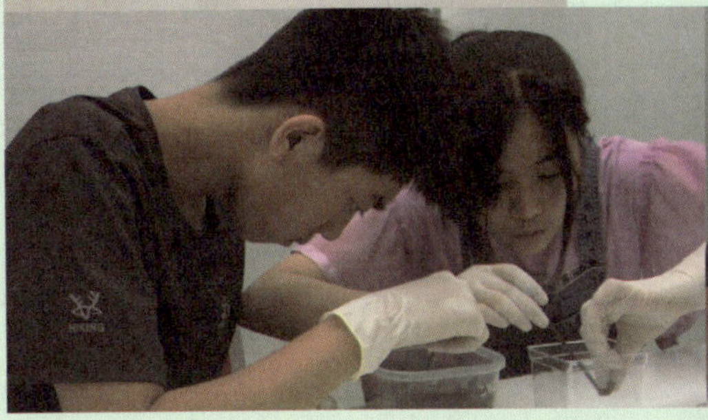

10分钟后，他们观察到土白蚁盒子中的大齿螳螂已经开始捕食，它仅用5分钟就消灭了一只土白蚁。相反，其他盒子里的大齿螳螂离蚂蚁很远，好像在等待着什么？第二天早上观察时，他们发现小黑蚁、举腹蚁都被吃光了，土白蚁还剩下5只，臭蚁还剩下8只，双齿多刺蚁非但没有少，反而盒子里的大齿螳螂死了。

08

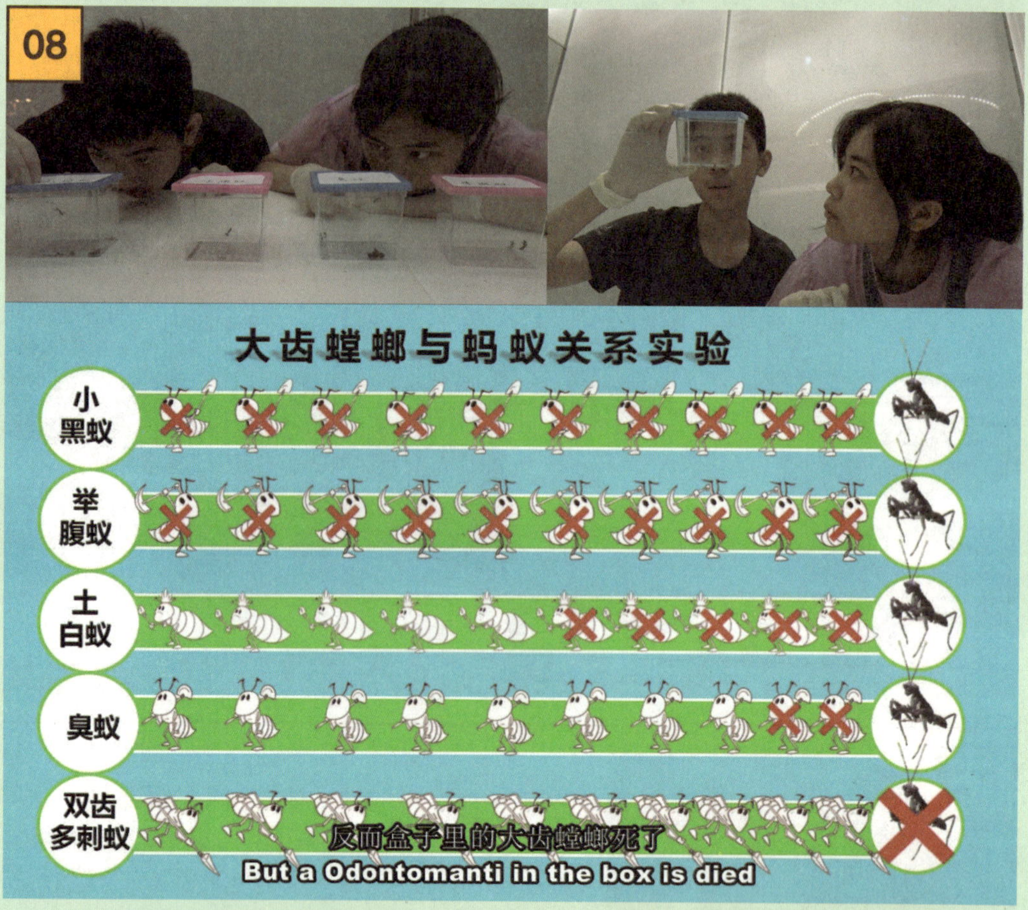

通过观看回放录像，他们看到双齿多刺蚁活跃好动，它们只要一接触螳螂就逃跑，一晚上下来大齿螳螂就这样被活活累死了。

09

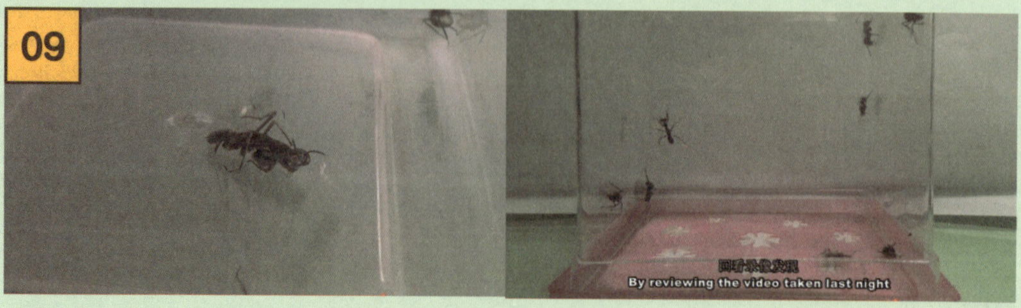

总结实验，大齿螳螂若虫凭借敏捷的身手，可以轻易捕食小黑蚁、举腹蚁、土白蚁。面对骁勇善战的双齿多刺蚁，虽然打不过，由于其身手敏捷，所以在野外也能轻易逃生。由此可以得出结论：大齿螳螂若虫拟态成蚂蚁，不是为了更好地捕食，而是为了躲避它的天敌。

大齿螳螂一晚能吃5只白蚁，算得上是消灭白蚁的高手。用大齿螳螂来消灭白蚁，将这一方法运用到实际生活中，还有待进一步研究。

专家点评

本片使用微距功能并不强大的普通手持摄录机拍摄了大量的螳螂若虫、蚂蚁行为的生动镜头，虽然个别镜头有脱焦现象，但并不影响观影效果。微距记录的螳螂若虫在画面中就像勇敢的黑衣武士，举手投足似乎一直在与探究者互动，而多个以螳螂主观视角记录的探究小组成员画面，更增强了这种互动感。开场部分，这种探究者和探究对象“互相观察”的双视角镜头，配合小组成员的汗水和自然的同期声，信息量大、节奏快，干脆利落地实现了提出问题的目的。贯穿全片的互动视角，更容易让观众产生代入感。图表部分使用的蚂蚁、螳螂图标替代文字和数字的方式也非常直观。

画面拍摄精美，科学少年们观察专注，选题对“大齿螳”这种螳螂从外形切入引发好奇，逐步揭示了这个奇特的物种。进一步探究大齿螳螂的生存环境，发现了其躲避天敌的特殊性。作品的最佳创意在于发现了大自然中物种进化的奇妙故事。配音娓娓道来，讲述团队发现、探究的故事。配乐应注意与画面、配音的融合度，在剪辑点做好技术处理。这部作品后续的探究非常值得期待，片尾的花絮也非常生动。

短片用纯真的童心，叙述着一个妙趣横生的虫虫世界。这个电影版的《昆虫记》讲述了自然界的生存博弈，一个虫虫世界的动作大片，一个拟态的故事。

一种动物如果因为在形态和体色上模仿另一种有毒或者不好吃的动物而得到好处，这种防御方式就叫拟态。大多数食虫动物是不吃蚂蚁的，原因大概有以下几点：蚂蚁成群结队，会互相帮助，惹了一只会招来一群；蚂蚁分泌的蚁酸有很大的刺激性，其味道可能“不好吃”。因此自然界中常有一些动物在体色、形态和行为上模拟蚂蚁。

科学少年们设计了一组实验，将螳螂若虫和多种蚂蚁、白蚁放入不同的盒子中进行观察和拍摄记录，通过研究得出结论：大齿螳螂若虫拟态成蚂蚁不是为了更好地捕食，而是为了躲避天敌——鸟。但是从短片中可以看到，那一组双齿多刺蚁的盒子中混有一只另外的拟态蚂蚁的动物——蚁蛛。这个问题使得观察得出的结论有了疑问。一般认为借助模拟蚂蚁既可在天敌面前保护自己，又可在猎物面前隐蔽自己，这种螳螂蚂蚁一样的拟态很可能与蚁蛛一样具有防御和捕食的双重功能。建议修改一下实验设计，按照与捕食者体重基本一致的重量投放被捕食的蚂蚁或白蚁，双齿多刺蚁体重较大就要少放几只。蚁蛛一定要挑出来另设一组。

六、吃白蚁的蛇——钩盲蛇

2019 New York • International Youth Science Video Fair

國際青少年科學影像大賽

獲獎證書

茲頒發給「亨達」最佳觀察發現獎 獲得者。特頒此證，以資鼓勵。

項目名稱 ：吃白蟻的蛇 ——钩盲蛇

作　　者 ：李潔欣、梁雪怡、梁晉然、陳淞勝

所在學校 ：佛山市順德區胡寶星職業技術學校

指導教師 ：盧小衛

國際青少年科學影像大賽評審委員會主席

姜冬梅 博士　　袁小軍 博士

2019年9月30日至10月6日於美國紐約

主辦方： HKYSA 香港青少年科學院 Hong Kong Youth Science Academy　COLUMBIA UNIVERSITY IN THE CITY OF NEW YORK LAMONT-DOHERTY EARTH OBSERVATORY

在内地观赏影片：

2019 New York • International Youth Science Video Fair

Hantec Best Observation and Discovery Award

is hereby awarded to

Jiexin Li, Xueyi Liang, Jinran Liang & Songsheng Chen

from

Hubaoxing Vocational Technical School Of Shunde

for their discovery video project on

The Snake That Eats Termites: Ramphotyphlops braminus

under supervision of

Xiaowei Lu

Dr. Dongmei Jiang
CO-Chair
International Youth Science Videos Fair

September 30 to October 6, 2019
New York, USA

Dr. Xiaojun Yuan
CO-Chair
International Youth Science Videos Fair

Organizers: HKYSA 香港青少年科學院 Hong Kong Youth Science Academy　COLUMBIA UNIVERSITY IN THE CITY OF NEW YORK LAMONT-DOHERTY EARTH OBSERVATORY

在境外观赏影片：

探究故事

蓝鲸的话

钩盲蛇是典型的土壤动物，掘地而居、生性隐秘，是世界上最小的蛇类。因为是一种很神秘的动物，所以各家媒体十分关注，一有发现便争相报道，中央电视台、重庆电视台、《云南日报》《广州日报》《石家庄日报》《郑州晚报》等多次报道该物种在各地的发现。

来自广东省佛山市顺德区的4位科学少年非常幸运，他们在家乡的山路上发现了这种神秘的钩盲蛇——一种像黑铁丝一样的蛇。他们把钩盲蛇带回学校进行研究，于是一个“少年与蛇”的故事就诞生了……

李洁欣、梁雪怡、梁晋然和陈淞胜4位同学在草丛里发现了一种类似蚯蚓的蛇，它身上还有鳞片。他们拍了个照片，让老师帮忙看一看，老师告诉他们是钩盲蛇。

细小的钩盲蛇头部长着一双小眼睛，身上有蛇鳞片，还会吐舌。这到底是一种什么样的蛇呢？他们决定把蛇带回学校，好好观察研究。

02

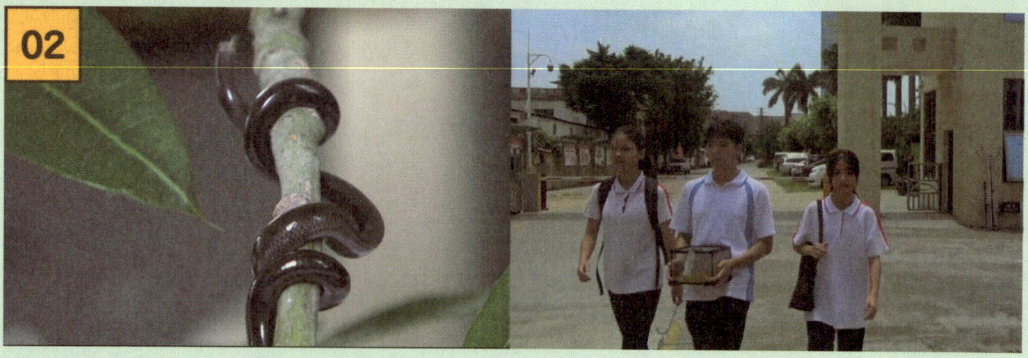

经测量，他们带回的3条蛇中，最长的达到16.8厘米，最短的9.8厘米。最长的体宽0.9厘米，最短的体宽0.6厘米。

03

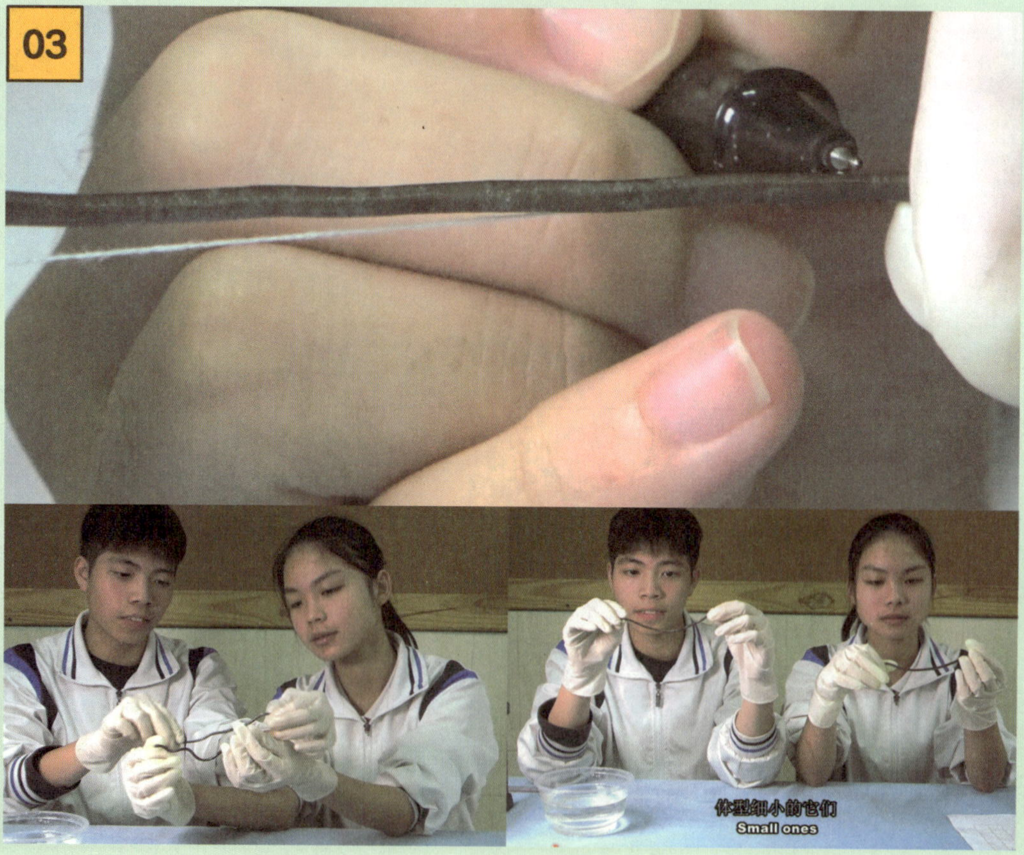

钩盲蛇的体态和蚯蚓接近，为了进一步发现两者之间的不同，他们对校园地里的蚯蚓进行了认真观察和研究。蚯蚓长度为9～20厘米，身上有明显的体节，而钩盲蛇身上没有体节。

04

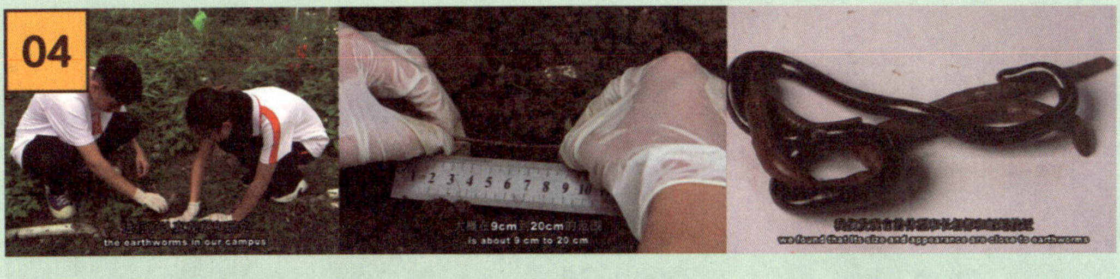

蚯蚓是呈弹簧伸缩状爬行的，而钩盲蛇是呈“S”形爬行的。他们还发现钩盲蛇竟然会爬树。通过这些特征帮助他们将钩盲蛇和蚯蚓区分开来。

05

为了进一步增进了解，他们上网查询了资料。通过查询得知，钩盲蛇是蛇亚目盲蛇科下的一种无毒蛇种，是世界上最小的蛇类，擅长挖洞。

06

得知钩盲蛇无毒后，他们对其进行了近距离的深入观察。通过观察发现钩盲蛇头部有个“囧”字的图纹，而且有一双带有眼白的小眼睛，蛇的嘴巴长在眼睛下面，嘴巴的形状呈现出一个半弧形。钩盲蛇在手上爬行时，不时会用尾巴轻刺人的手，它的尾部有乳白色的小钩。

07

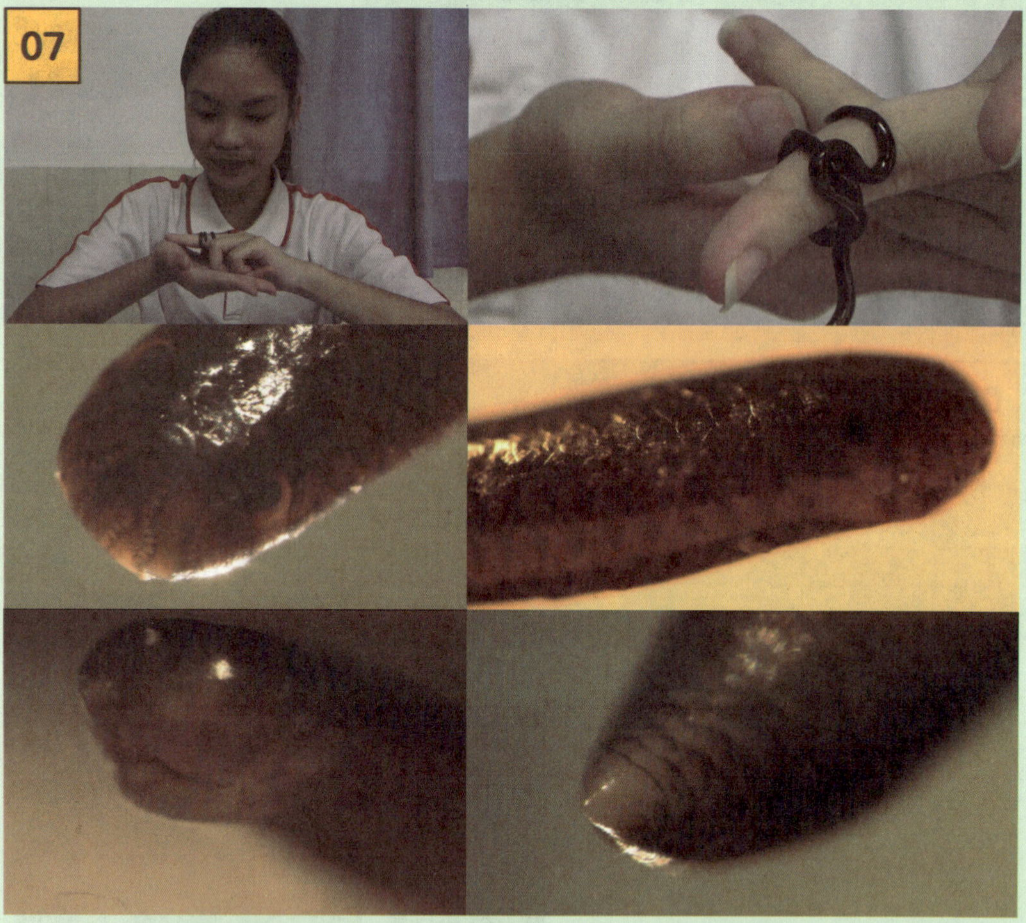

钩盲蛇有眼睛，那为什么说它“盲”呢？难道钩盲蛇是瞎子？他们准备了强白光灯、蓝光灯、红光灯、激光灯进行光照实验。实验结果表明，钩盲蛇对以上光照均不敏感。他们推测钩盲蛇因为长期生活在地下，眼睛退化了，感光能力较差，看来钩盲蛇是真“盲”。

08

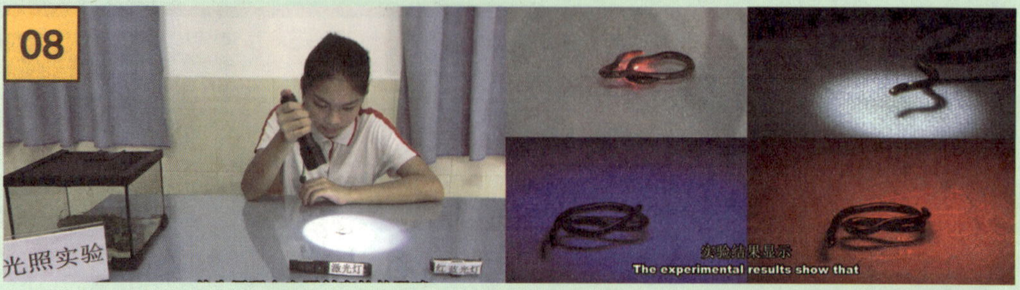

通过查找资料，他们知道钩盲蛇吃白蚁，于是找来白蚁喂食钩盲蛇。他们把白蚁巢放在钩盲蛇身旁，钩盲蛇马上爬往白蚁巢觅食。为了拍摄到钩盲蛇捕食的过程，他们尝试把20只白蚁放到钩盲蛇前，架着摄像机24小时轮班观察钩盲蛇。

直到第4天他们才发现白蚁数量减少了，通过翻看摄像终于捕捉到钩盲蛇吞食白蚁的镜头。钩盲蛇进食时会用蚁卵或白蚁填满嘴巴，几秒钟就把蚁卵或白蚁吞到嘴里了。

吃白蚁的钩盲蛇是对人类有益的，甚至已经被列入濒危物种红色名录。那么，人们应该怎样去保护钩盲蛇呢？什么样的环境适合钩盲蛇生存繁衍？他们再次来到当初发现钩盲蛇的山路上，发现该处的土壤松软湿润，附近还有多个蚂蚁窝。因此他们猜想在钩盲蛇生存的环境中，湿度、温度和食物来源，这三点至关重要。

他们又设计了两个实验进行研究，实验一：干湿实验。他们设置了干燥区和湿润区，把钩盲蛇放在两区之间，在6次实验中，钩盲蛇有5次是爬往湿润区的。通过实验得知，钩盲蛇喜欢湿润的环境。

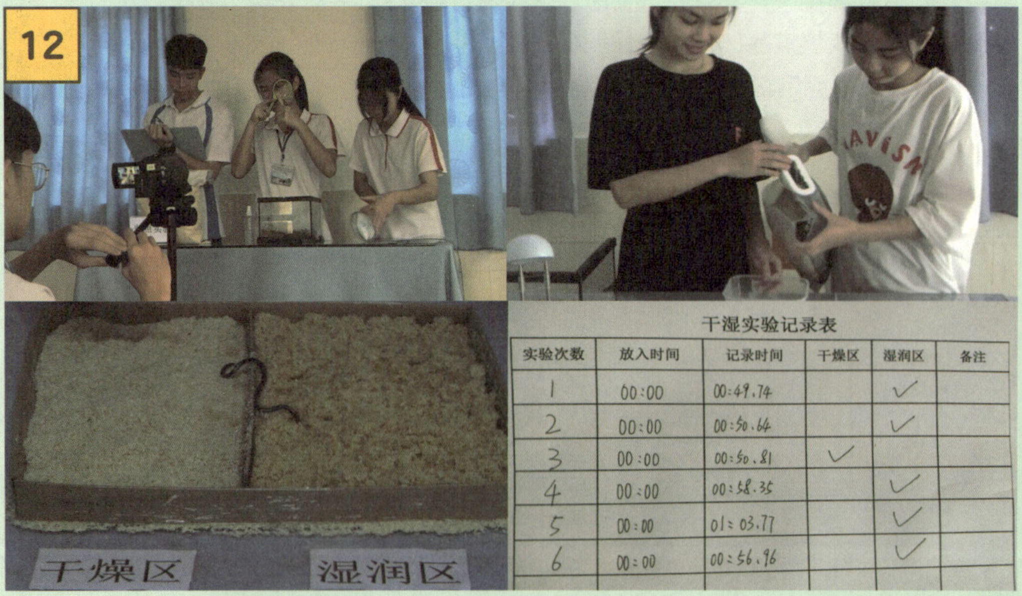

干湿实验记录表

实验次数	放入时间	记录时间	干燥区	湿润区	备注
1	00:00	00:49.74		✓	
2	00:00	00:50.64		✓	
3	00:00	00:50.81	✓		
4	00:00	00:58.35		✓	
5	00:00	01:03.77		✓	
6	00:00	00:56.96		✓	

实验二：温度实验。他们准备了卷膜、温度计、冰袋和吹风筒，他们用卷膜制作成分温度区间的环境，通过一端持续冰袋降温，另一端用吹风筒缓慢加温，把区间环境设置成了不同温度的对比组。通过观察，钩盲蛇在 10 ～ 20℃活动。由此他们推测钩盲蛇生存的温度区间为 10 ～ 20℃。

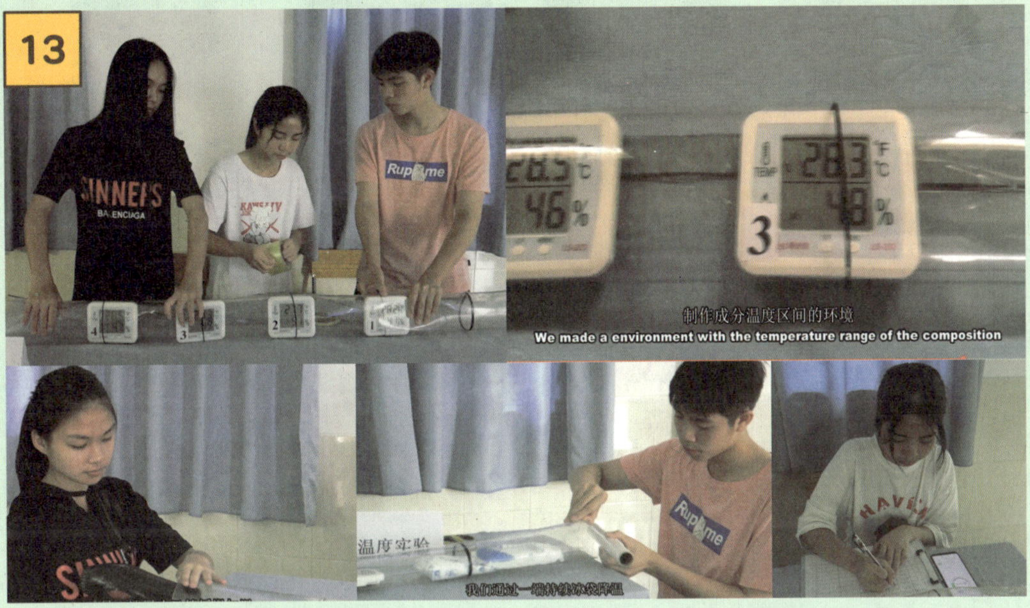

13

通过以上实验和观察他们得出，钩盲蛇对生存环境有着较高的要求。他们通过这次的研究和探索，希望大家能够辨别钩盲蛇和蚯蚓。为了自然界物种多样性的繁衍，为了保护生态环境平衡，呼吁大家爱护环境，为这些弱小生物提供一个舒适的家园。

14

专家点评

短片中，4位科学少年对钩盲蛇进行了生动细致的探究。从形态和运动两个方面展现了钩盲蛇与蚯蚓的不同；测试了钩盲蛇对光的反应；通过24小时连续的观察记录，拍到了钩盲蛇取食白蚁的珍贵影像；用锯末设计对比实验，设置干燥环境、湿润环境，探究了钩盲蛇对湿度的需求；对钩盲蛇适宜温度的探究非常精彩，利用卷膜、温度计、冰袋、吹风机等简单设备工具制作成多温度区间的环境，对比实验很有创意，非常直观地表现了研究结果。

短片探究步骤清晰，实验设计合理，创新点突出，探究结论可信，是一部优秀的科学探究纪录片，也是生物多样性科普宣传、生物教学参考的宝贵资料。短片选题的独特性吸引了人们的关注，拍摄中对钩盲蛇特写画面的表现较为充分，很遗憾的是，钩盲蛇吃白蚁的珍贵画面还不够清晰。

短片按照观察提问、猜想假设、计划组织、事实证据、模型解释的探究步骤有条不紊地展开，较好地展示了青少年科学探究的经典过程。观众对钩盲蛇这种罕见的动物非常陌生，对它充满好奇心。如果能继续将探究的范围做横向拓展、纵向深挖，短片一定会更加精彩。

短片开场时，设计的“突然发现”场景，有些人为设计的痕迹，不如还原真实的发现过程。在科学探究中，科学少年遇到了哪些困难？一共用了几条钩盲蛇做实验？都是怎样抓到的？实验是一次做成功的吗？实验设计改进过多少次？为什么改进？科学少年百折不挠坚持科学探究的故事，是反映科学思维、科学精神的关键环节，也是观众希望看到的。

七、条华蜗牛的休眠与复苏

2020 Hong Kong-New York • International Youth Science Video Fair

國際青少年科學影像大賽

獲獎證書

茲頒發給「HMA」**最佳剪輯獎** 獲得者。特頒此證，以資鼓勵。

項目名稱 ：條華蝸牛的休眠與復蘇

作　　者 ：王泓乾、張驥翔、聶嘉珩

所在學校 ：中國北京市清華大學附屬中學、中國北京市中關村中學知春分校、中國山西省太原市第十六中學

指導教師 ：劉海鵬、于洲洋

國際青少年科學影像大賽評審委員會主席

姜冬梅 博士　2020年10月5日於香港

袁小軍 博士　2020年10月5日於紐約

主辦方：HKYSA 香港青少年科學院 Hong Kong Youth Science Academy；COLUMBIA UNIVERSITY IN THE CITY OF NEW YORK LAMONT-DOHERTY EARTH OBSERVATORY

在内地观赏影片：

2020 Hong Kong-New York • International Youth Science Video Fair

HMA Best Film Editing Award

is hereby awarded to

Hongqian Wang, Jixiang Zhang & Jiahang Nie

from

Tsinghua University High School(Beijing, China); Zhichun Branch of Beijing Zhongguancun High School(Beijing, China) & Taiyuan City 16th Middle School; (Shanxi, China)

for their discovery video project on

The Dormancy and Recovery of the Chinese Snail

under supervision of

Haipeng Liu & Zhouyang Yu

Dr. Dongmei Jiang
CO-Chair
International Youth Science Videos Fair

October 1 to October 5, 2020 Hong Kong - New York

Dr. Xiaojun Yuan
CO-Chair
International Youth Science Videos Fair

Organizers: HKYSA 香港青少年科學院 Hong Kong Youth Science Academy；COLUMBIA UNIVERSITY IN THE CITY OF NEW YORK LAMONT-DOHERTY EARTH OBSERVATORY

在境外观赏影片：

探究故事

蓝鲸的话

蜗牛醒了又睡了，睡了又醒了。睡下去，也许就睡了一个夏天，挨过干燥炎热的夏天，等到秋雨连绵才苏醒过来，这就是蜗牛的“夏眠”。这样司空见惯的现象有什么神奇之处吗？对于3位拥有航天梦想的中学生来说，蜗牛的休眠与苏醒让他们脑洞大开！能否人为控制蜗牛的休眠与苏醒？对人类太空旅行是否有所借鉴？源于好奇心的观察与实验带领我们开启神奇的探究之旅。

3位小科学家在剪辑节奏和配乐上借鉴了电影大片的手法，让观众更易产生代入感，更加认同探究蜗牛休眠和复苏活动的意义。休眠和复苏实验的方案设计严谨，执行过程也一丝不苟。真正的科学探究即使有完整的计划方案，但在细节上一定是生动的，也是无法对每一个细节做到提前控制的，小组成员在处理这些细节时，是没有“脚本”的。这就是“科学探究纪录片”和“科学探究表演剧”的本质区别。求真，是这部作品最打动观众的地方。

01

北京，属于温带季风性气候，与北方半干旱农牧交错带毗邻，雨热同期，下雨时潮湿，不下雨时又会非常干燥。小动物想要生存在这里，就要适应夏季大部分时间炎热和干燥的环境。王泓乾和张骥翔在自家小区的松树上经常能看到一种蜗牛，它们长时间待在树干的同一个位置，甚至几天都不动一下。这种蜗牛的外壳呈灰色，上面还有十分明显的深红色花纹。将它从树上拿下来时，会看到它的壳口有一层半透明的白色薄膜。

起初，王泓乾以为这些蜗牛已经死了，但当他用小木棍把这层白膜捅破，碰到它的身体时，它又忽然受到惊吓缩到了壳中更深处的地方。两个小伙伴通过查阅资料得知，这种蜗牛叫条华蜗牛，是华北地区的特有种，在干燥的环境下会在壳口处形成膜进入休眠状态。这种会休眠的蜗牛引起了他们的兴趣，于是他们找来他们的好朋友聂佳航，希望一起探究一下条华蜗牛的休眠特征。

王泓乾在查阅有关休眠的资料时，无意中查到了一些科幻小说和电影，都涉及了休眠的情节。在这些情节中，休眠不仅可以有效延长人类的寿命，让宇航员在星际旅行中飞到更远的地方，还可以将人类保护起来，免受瘟疫等大型灾害的伤害。科学家从理论上可以做到让人类进入休眠，但如何将人类从休眠中唤醒仍然是一个困扰科学家的难题。

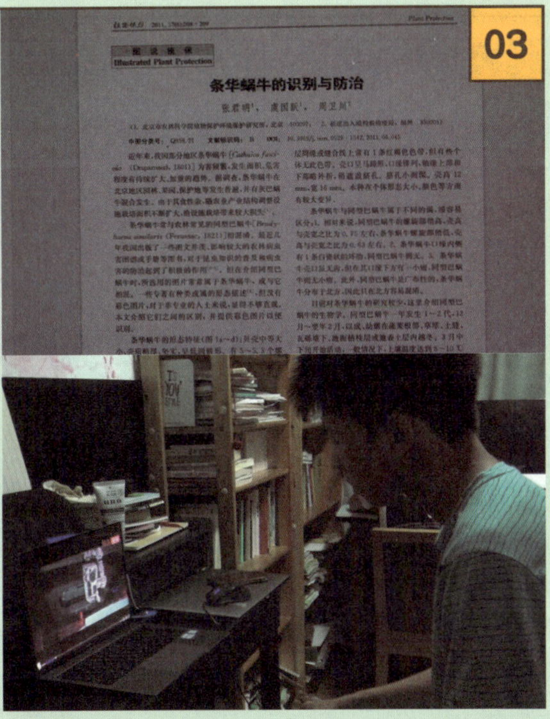

北京的条华蜗牛数量多、分布广，而且在夏天会进入休眠状态。张骥翔认为可以通过研究条华蜗牛如何从休眠状态中苏醒，从而为人类的相关研究提供参考。

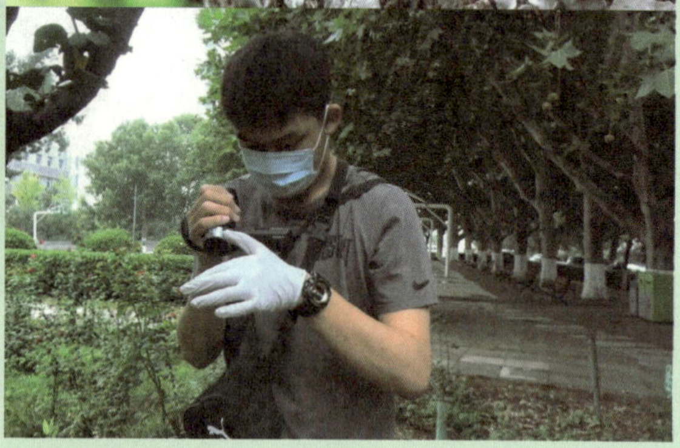

雨后，许多条华蜗牛都苏醒了过来，在树上漫无目的地散步。为什么下雨天条华蜗牛会苏醒过来呢？是否雨天的特殊环境会导致条华蜗牛苏醒呢？他们猜想，振动、水的浸泡、湿度、温度、酸碱度这五点因素有可能促使蜗牛从休眠中复苏。于是，他们设计了实验来验证这些猜想。

王泓乾和张骥翔首先实施了振动试验，聂佳航负责拍摄记录。他们将一个塑料盆倒扣在桌面上，将软玻璃覆盖在塑料盆上以控制振动幅度，避免条华蜗牛被震飞，随后将5只条华蜗牛放在盆子上方。为了避免条华蜗牛偏离盆子上方的测试范围，又将一个塑料透明饭盒扣在了盆子上方，最后利用筋膜枪来振动盆子上方周围的软玻璃，使振动尽量均匀地传递给条华蜗牛，他们进行了3分钟的连续振动。在振动停止约10分钟后，有两只条华蜗牛成功复苏！由此推断振动可以使条华蜗牛复苏。

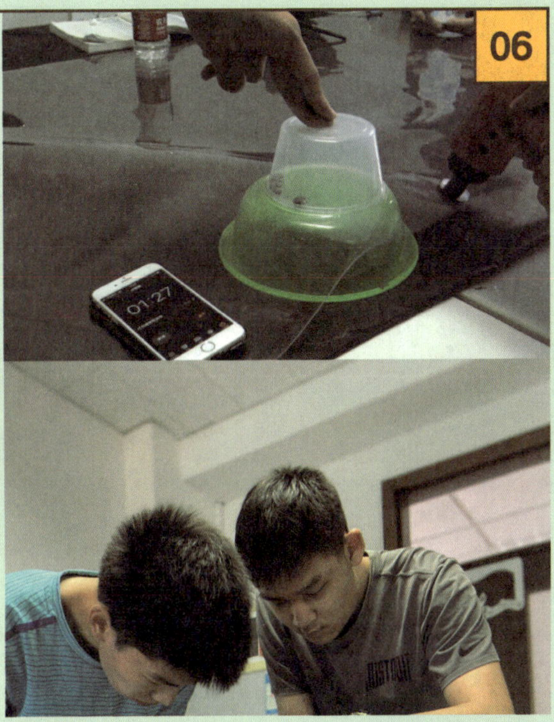

随后是浸泡实验。浸水实验分为4组，第一组只将少量水滴在条华蜗牛身体上，后三组分别制造1毫米水深、1厘米水深 和2厘米水深的环境。每组容器内放入5只条华蜗牛，并计时开始实验。

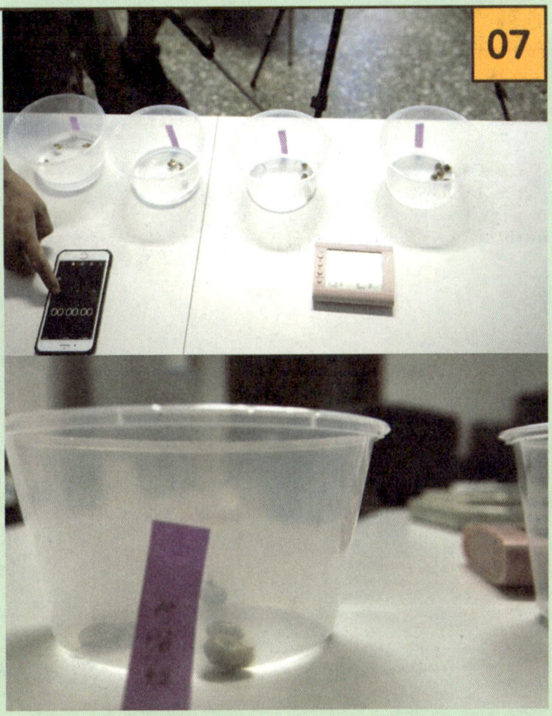

实验进行了30分钟，液滴组复苏2只条华蜗牛，1毫米水深组复苏3只条华蜗牛，1厘米水深组复苏2只条华蜗牛，2厘米水深没有条华蜗牛复苏。由上述实验结果他们推断，在保证氧气供给的情况下，水可以促进条华蜗牛的复苏，并且氧气也是条华蜗牛复苏的必要条件之一；在只有水而没有氧气的情况下，条华蜗牛会继续保持休眠状态。

08

资料上说，条华蜗牛休眠是对恶劣环境（逆性环境）的一种适应性行为。由此他们推测，中性溶液（pH为7左右）、适中的温度（25～26℃）、较高的湿度，应该是对条华蜗牛适宜的环境。接下来他们探究连续改变酸碱度、温度和湿度，当这些因素偏离适宜环境时，能否影响条华蜗牛的复苏。

09

3位同学设计了巧妙的实验，经过上述一系列的实验——振动试验、浸没实验、酸碱盐实验、温度实验、湿度实验，他们得到以下结论：改变上述5种条件均可以在不同程度上使条华蜗牛复苏。其中，改变温度和对其振动可以使少量条华蜗牛苏醒，但对条华蜗牛自身有可能造成伤害，不适用于条华蜗牛复苏；中性溶液，较高湿度，1毫米的浸水量分别可以使休眠中的条华蜗牛大量苏醒，是用于蜗牛复苏的合适方法；酸性或者碱性溶液属于不适宜生存的环境（也叫逆性环境），不仅不能使蜗牛复苏，还会迫使它们进入休眠状态或保持休眠状态。如果要让条华蜗牛在人工环境下进入休眠状态，则可利用营造逆性环境的方法。

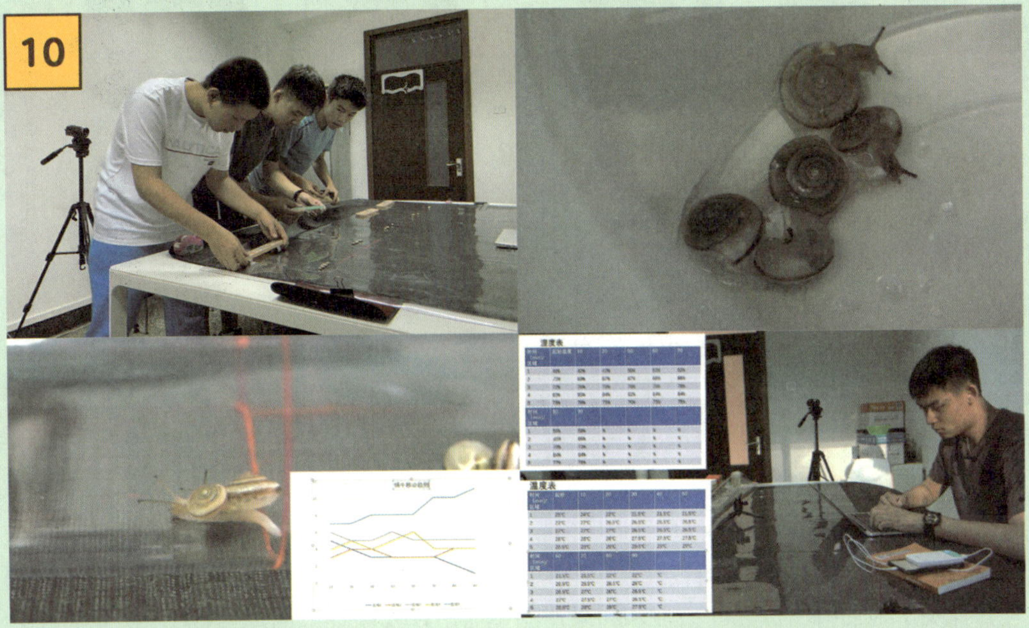
10

条华蜗牛虽然小，但使其复苏和休眠的方法是可以供我们人类借鉴的。我们人类如果想要进步，就应该向其他生物学习。王泓乾和聂佳航看到了中国航天局嫦娥七号征集搭载实验的要求，于是，他们重新设计了“蜗牛的复苏实验”，希望他们的实验能够被选中，条华蜗牛能够搭载嫦娥七号到太空去，再续休眠和苏醒的科学故事。

11

专家点评

影片拍摄者探究了条华蜗牛休眠的条件和复苏的可能原因：振动、水的浸泡、接触液体的酸碱性、湿度、温度和氧气浓度，并对此展开了实验验证。实验证实休眠的条华蜗牛能够抵抗极端恶劣的环境。

科学少年们在真实的探究活动中不断发现关于条华蜗牛的故事，镜头需要拍摄条华蜗牛的特写。针对少年们自己的五个猜想进行了不同的实验和对照找到了最大的可能性，体现了他们科学探究的精神，如果作品中能出现实验环节的“失败”，探究的故事就会更生动。

短片在剪辑节奏和配乐上借鉴了电影大片的手法，让观众更易产生代入感，更加认同探究条华蜗牛的复苏和休眠活动的意义。休眠和复苏实验的方案设计严谨，执行过程也一丝不苟。科学探究即使有完整的方案，但是细节上一定是生动的、是无法对每一个细节做到提前控制的，小组成员在处理这些细节时，是没有“脚本”的。这就是“科学探究纪录片”和“科学探究表演剧”的本质区别。

短片在不同条件下，研究小组做了大量的对比实验，对条华蜗牛休眠与复苏进行了探究，抓住问题，层层深入，这正是科学家做研究的方法。同时，他们也让观众体会到了在人类向大自然学习这个大的课题上，我们还任重而道远。

八、胧月的再生与水培研究

2020 Hong Kong-New York • International Youth Science Video Fair

國際青少年科學影像大賽

獲獎證書

茲頒發給「HMA」最佳科學表達獎 獲得者。特頒此證，以資鼓勵。

項目名稱 ： 朧月的再生與水培研究

作　　者 ： 侯嘉原、陳慕凡

所在學校 ： 中國河南省安陽市第五中學、中國河南省安陽市第四中學

指導教師 ： 于洲洋、劉海鵬

國際青少年科學影像大賽評審委員會

姜冬梅 博士　　袁小軍 博士

2020年10月5日於香港　　2020年10月5日於紐約

主辦方： HKYSA 香港青少年科學院 Hong Kong Youth Science Academy　COLUMBIA UNIVERSITY IN THE CITY OF NEW YORK LAMONT-DOHERTY EARTH OBSERVATORY

在内地观赏影片：

2020 Hong Kong-New York • International Youth Science Video Fair

HMA Best Scientific Expression Award

is hereby awarded to

Hou Jiayuan & Chen Mufan

from

Anyang NO.5 Middle School(Henan,China) & Anyang NO.4 Middle School(Henan,China)

for their discovery video project on

Study on Regeneration and Hydroponics of Graptopetalum paraguayense

under supervision of

Zhouyang Yu & Haipeng Liu

Dr. Dongmei Jiang
CO-Chair
International Youth Science Videos Fair

Dr. Xiaojun Yuan
CO-Chair
International Youth Science Videos Fair

Organizers: HKYSA 香港青少年科學院 Hong Kong Youth Science Academy　COLUMBIA UNIVERSITY IN THE CITY OF NEW YORK LAMONT-DOHERTY EARTH OBSERVATORY

在境外观赏影片：

探究故事

蓝鲸的话

居家上网课期间，两位初中生惊奇地发现家中栽培的植物——胧月的叶子可以再生。源于阳台上的一次细心观察，他们迈出了科学探究的第一步。两位中学生自己设计对比实验，进行胧月再生和水培实验，像大科学家一样探索植物细胞的“全能性”，揭开胧月叶片再生之谜。他们还希望胧月能登上太空去做贡献，去净化宇航员的尿液，并能为宇航员提供食物。这个想法可行吗？让我们看看他们的验证实验吧！

一天，侯嘉原在家里给花草浇水时，在一种多肉植物的花盆里发现有新芽长出。仔细一看，这株新芽的根竟然是扎在一片叶子上的。侯嘉原从来没有见过这种现象，真是神奇！这是哪种多肉植物的幼苗？这株新芽为什么会长在叶子上？难道是种子正好落在叶子上发芽了吗？

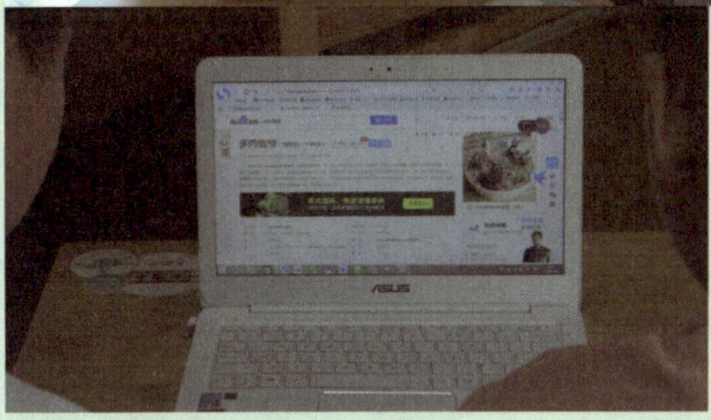

侯嘉原把自己的发现告诉了好朋友陈慕凡，两人一起查阅了多肉植物的相关资料，了解到多肉植物也叫肉质植物，是对具有肥厚多浆汁的肉质器官（根、茎、叶）植物的总称。多肉植物分布于景天科、百合科、大戟科、番杏科等。我们熟知的芦荟，就是一种百合科的多肉。在中国，花卉市场主要售卖的多肉植物以景天科植物为主。侯嘉原在阳台上发现的新芽，就是景天科一种叫胧月的多肉植物。资料中说，胧月原产于墨西哥和美国亚利桑那州的干旱地区，适宜在干燥环境中生长，在中国则成为人们种植的盆栽植物。胧月可以吃，在台湾还是一种流行的沙拉蔬菜！两位科学少年还了解到，盆栽多肉植物常用一种叫“叶插”的方法繁殖。这种方法是营养繁殖方法的一种，其利用多肉植物的叶片自身发芽，繁育新的多肉植物。侯嘉原想，胧月也是多肉植物，在阳台上发现的新芽是胧月叶片自己长出来的吗？

两位科学少年准备用实验验证，看看胧月叶片是否真的能长出新芽。为了对比，他们还另外准备了莲花掌、玉露、绒针3种多肉植物一起做实验。他们将4种多肉的叶片摘下，分别放在干燥泥土、浇水泥土、干燥沙土、浇水沙土、干燥石子、浇水石子这6个实验组中。每组实验、每种多肉植物放入5片叶片。然后将分好组的多肉植物放在阳光充足的地方，看看这些叶片是否能长出新芽。

开始的几天，两位科学少年没有发现放入的多肉植物有什么变化。这些叶片真的能发芽吗？一直到第4天，他们发现浇水泥土组中的胧月开始发芽了！芽虽然很小，但是透过摄像机可以看得很清楚。原来侯嘉原在阳台上发现的新芽，果真是叶片自己发芽长成的！原来除了植物的种子可以发芽，小小的叶片也能发芽，长出新生命！这刷新了侯嘉原和陈幕凡对植物的认知。

04

05

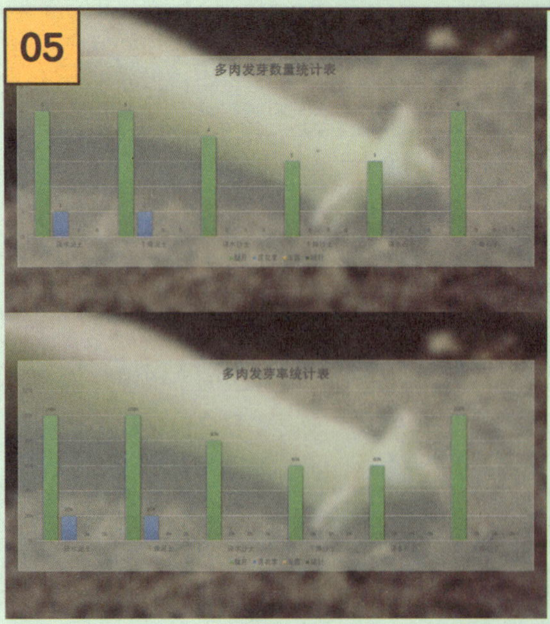

随后几天，其他几个实验组的胧月也开始发芽了。在浇水泥土与干燥泥土组中，莲花掌也发芽了。这些新芽越长越大，还生出细长的根，尝试往土中扎。两周后，两位科学少年统计了各实验组发芽的情况。各实验组中的多肉植物，都是胧月最早发芽，芽长得最快；其他几种多肉植物，除了莲花掌有两片叶子发芽，玉露、绒针都尚未发芽。一些未发芽的多肉植物，也出现了腐烂现象。

多肉植物叶片为什么能发芽？这个过程，并没有“交配”发生。它不像一般的繁殖过程，更像是一种再生的过程。通过查阅资料，科学少年了解到，科学家也在研究植物的再生。再生（regeneration）是指生物体的组织或器官在受损或胁迫后自我修复或替换的过程。 这个过程，建立在细胞的全能性上（totipotency），生物体在发育到一定程度时，细胞就会产生分化。分化后的细胞，细胞核中虽然携带了全部的遗传信息，但通常只能表达特定的一部分遗传信息，这就使生物体发育出了不同的组织。在侯嘉原和陈幕凡的实验中，多肉植物叶片可以重新长出新芽，并发育成一棵完整的植株，这说明多肉植物叶细胞在正常情况下没有表达的遗传信息，现在也开始表达了，从而让叶细胞重新分化成根、茎、叶等，长成了新的植株。这种重新分化的特性，就是细胞的全能性。

从实验结果可以看出，相较于其他3种多肉植物，胧月具有很强的再生能力。在6组实验中，浇水泥土组的胧月再生速度最快。这说明湿润的泥土环境能更好地激发胧月叶细胞的全能性。这和资料中介绍的胧月适宜在干燥环境中生长有所不同。

那么胧月是否能在水中生长呢？侯嘉原提议再做一个对比实验。2人准备了6株胧月、2个实验容器、称重计、泥土和水。首先，对每株胧月称重；其次，将它们分成2组，一组3株在水中培养，另一组用泥土培养；最后，将它们放在阳光充足的地方，看看哪一组胧月长得更快、更好。

08

两周后，两位科学少年再次对每株胧月进行称重。统计称重结果，虽然土培组和水培组都有增重，但水培组的增重更多，土培组增重相对较少。看来胧月也可以在水中培养，从增重数据上看，比在土壤中培养长得更好。这说明胧月的根也能从水中吸收营养物质。但是在清水中能够被胧月吸收的营养物质毕竟有限，两位少年想，如果向水中加入少量的尿液，尿液中含有氮元素、无机盐等，是否能让胧月长得更好呢？

09

侯嘉原和陈幕凡进行了第三组实验，准备了12株胧月、12个实验容器、量筒、滴管、称重计、水和尿液。首先，清洗每株胧月的根部并称重；其次，将胧月分成6组，每组2株，分别用清水，0.5%、1%、1.5%、2%、2.5%的尿液水溶液（各200毫升）培养。最后，放在阳光充足的地方，看看胧月能否在加了尿液的水溶液中生长。

两周后，再次对胧月进行称重，并统计每株胧月的增重比例，绘制成图表。两位科学少年发现，从整体上看，相对于清水组，滴加尿液的几个实验组中的胧月都有更多的增重。这说明一定浓度的尿液会让胧月长得更快。分析原因，很可能是尿液中的氮元素、无机盐等被胧月吸收了。两位少年思考，既然胧月可以在尿液水溶液中培养，也许在富营养化的水体中也可以培养胧月。如果培养成功，既可以收获胧月，又可以降低水体中氮、磷元素的含量，起到净化水体的作用，一举两得。

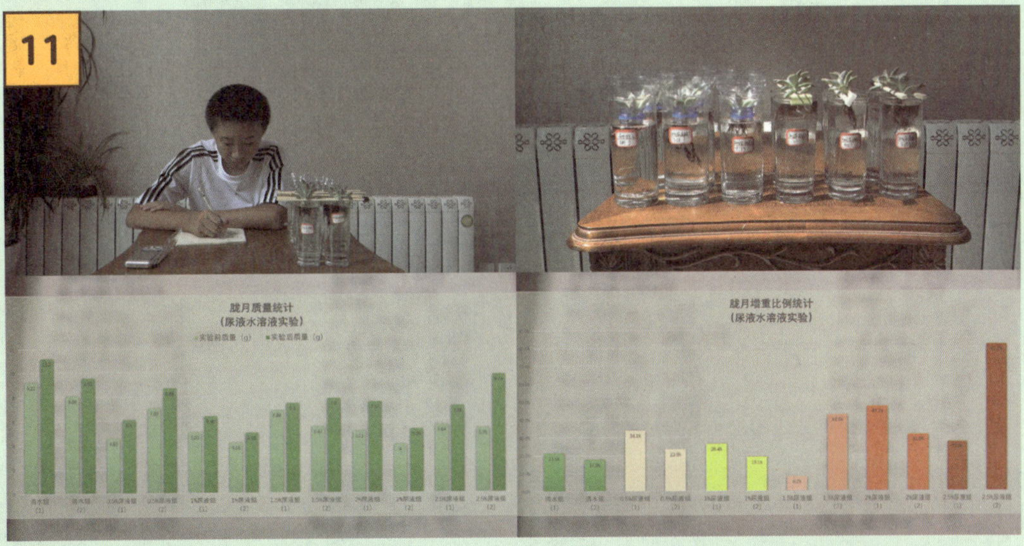

另外，侯嘉原和陈幕凡还了解到，由于向宇宙空间站运送饮用水的成本极高，现

在的宇宙空间站倾向于回收、净化宇航员的尿液，生成新的饮用水，供宇航员饮用。但宇航员对饮用净化后的尿液观点不一，有的还十分抵触。他们思考，胧月再生能力强、生长速度快，含水量又高，又可以食用，如果能在宇宙空间站中用尿液培养胧月，培养好的胧月给宇航员食用，可能会是一个既节省成本，又生态环保的解决宇宙空间站饮用水问题的方案。但是，在宇宙中，胧月是否还有像在地球上一样的再生能力，有待进一步研究。两位科学少年期待有机会能在宇宙中也做一次胧月的再生和水培实验。

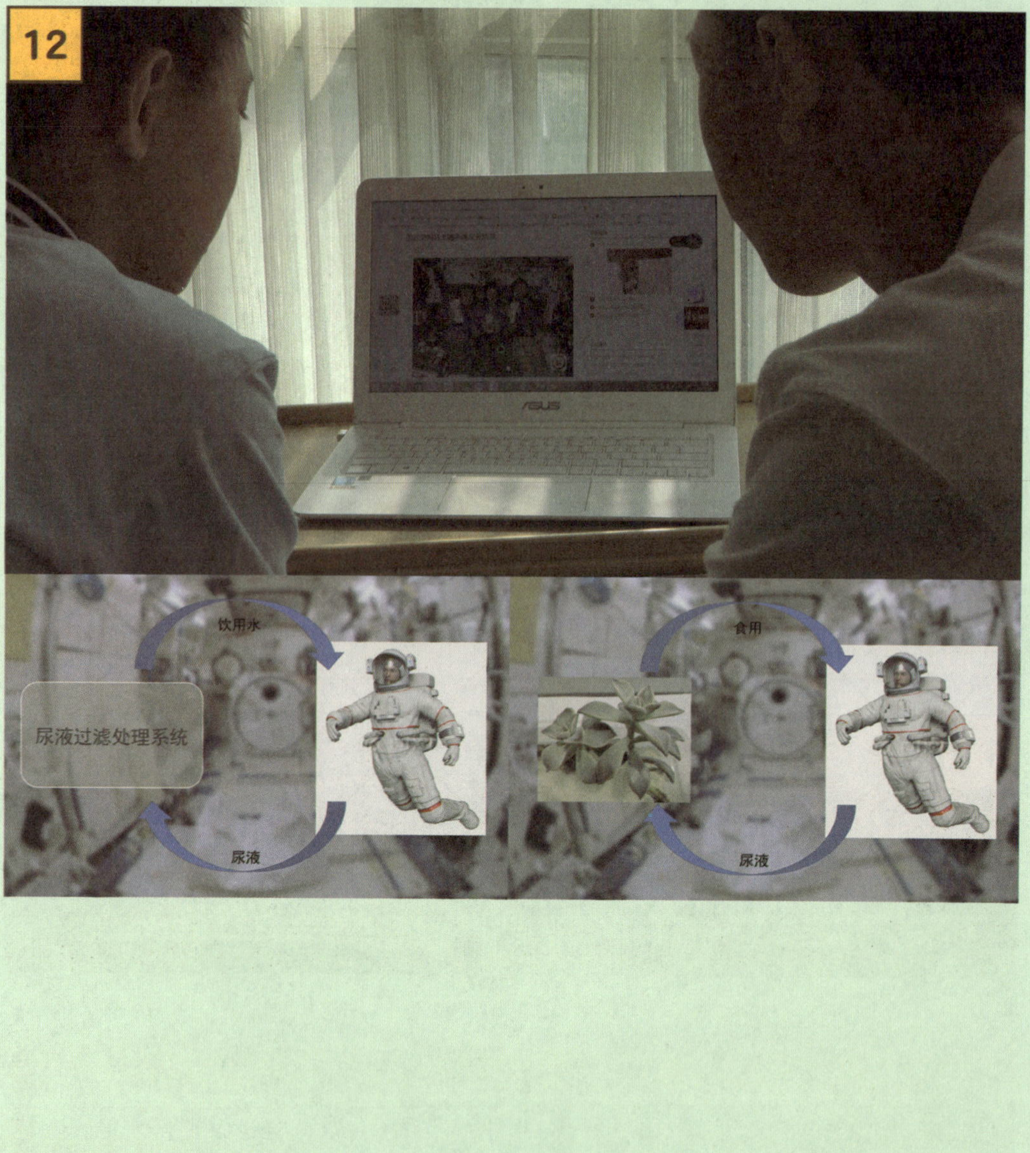

专家点评

新冠肺炎疫情期间，科学少年居家上网课时发现家中栽培的植物胧月的叶子可以再生，便进行了的胧月再生和水培实验，重复了早期植物学家探索植物组织培养的过程。建议进一步探究，把胧月完整的叶片切割、切口后杀菌消毒，然后进行再生实验。

短片以多肉植物胧月为研究对象，进行了不同条件的培养，探究了水培、土培的不同。实验设计规整，配音表达流畅，影像制作规范。如果两位科学少年能在探究过程中用同期声进行表达，就会更加生动有趣。

该研究项目探究环节丰富，包括微距摄影在内的影像记录内容翔实，多幅图表也是属于影像化表达的手段。

细心观察，才能发现问题，这是一种好的习惯，是科学研究的第一步。短片中的科学少年就是因在阳台上的一次偶然发现，促成了这次科学探究。通过多次不同的比对实验，看得出科学少年们已经基本掌握了用实验验证猜想的方法，这是书本上学不到的，也为其他同学提供了很好的方法和借鉴。

九、昆虫猎手——锥盾菱猎蝽的探究

2019 New York • International Youth Science Video Fair

國際青少年科學影像大賽

獲獎證書

茲頒發給「亨達」最佳腳本獎 獲得者。特頒此證，以資鼓勵。

項目名稱 ：昆蟲獵手 ——錐盾菱獵蝽的探究

作　　者 ：梁培泳、謝婷婷、謝丹

所在學校 ：佛山市順德區胡寶星職業技術學校

指導教師 ：范承國

國際青少年科學影像大賽評審委員會主席

姜冬梅 博士　　袁小軍 博士

2019年9月30日至10月6日於美國紐約

主辦方：HKYSA 香港青少年科學院 Hong Kong Youth Science Academy　COLUMBIA UNIVERSITY IN THE CITY OF NEW YORK LAMONT-DOHERTY EARTH OBSERVATORY

在内地观赏影片：

2019 New York • International Youth Science Video Fair

Hantec Best Screenplay Award

is hereby awarded to

Peiyong Liang, Tingting Xie & Dan Xie

from

Hubaoxing Vocational Technical School Of Shunde

for their discovery video project on

Insect Hunters:An Exploration into Lsyndus Reticulatus

under supervision of

Chengguo Fan

Dr. Dongmei Jiang
C0-Chair
International Youth Science Videos Fair

September 30 to October 6, 2019
New York, USA

Dr. Xiaojun Yuan
C0-Chair
International Youth Science Videos Fair

Organizers: HKYSA 香港青少年科學院 Hong Kong Youth Science Academy　COLUMBIA UNIVERSITY IN THE CITY OF NEW YORK LAMONT-DOHERTY EARTH OBSERVATORY

在境外观赏影片：

探究故事

蓝鲸的话

3位女生喜欢上了一种虫子，不是因为虫子长得好看，而是因为她们实在是好奇心爆棚。她们不仅在白天观察，还在晚上围着虫子出没的地方寻找；她们不仅在晴天观察，还在雨夜打着手电、扛着摄像机拍个没完；她们不仅观察自然状态下的虫子，还设计了一系列的实验深入分析。功夫不负有心人，她们拍摄制作的这部科学微电影有很高的学术价值，是第一次以视频形式详细展现锥盾菱猎蝽的生物学特性和生活史。她们可以称得上是名副其实的“小科学家”了！

一天，梁培泳、谢婷婷和谢丹在校园操场上打扫卫生，发现树上有一种虫子，看着感觉很吓人。这到底是什么虫子呢？

01

通过上网查找资料，她们知道了这种虫子是锥盾菱猎蝽，主要捕食鳞翅目和同翅目的害虫，是一种益虫。她们决定研究这种虫子。

经过一周的观察，她们发现锥盾菱猎蝽为棕褐色，有橘橙色斑环，眼黑色，行动时会振动触角，白天几乎蛰伏不动，夜间捕食活跃。

为了进一步了解锥盾菱猎蝽，她们又进行了夜间观察。锥盾菱猎蝽夜晚在树枝上寻找猎物，一旦发现目标，就会悄无声息地接近猎物并以迅雷不及掩耳之势扑向猎物，将它的刺吸式口器插入猎物体内注射毒素吸食猎物，一场战斗就这样悄无声息地开始和结束了。

她们还观察到一只锥盾菱猎蝽不慎落入隆背长脚蛛的网上，隆背长脚蛛只是试探性地和锥盾菱猎蝽进行了一个回合的战斗后就弃网而逃了。

为了更好地观察锥盾菱猎蝽，她们决定带回10只圈养起来进行观察。通过24小时不间断地观察，终于在第9天的凌晨5点，她们拍摄到锥盾菱猎蝽的蜕皮过程。

刚完成蜕皮的锥盾菱猎蝽为橙色，1小时后变为棕褐色。6天后锥盾菱猎蝽开始交配，交配后第4天产卵。产卵后的第23天中午，她们有幸观察到若虫孵化的过程。她们惊叹于大自然的神奇！

07

经过观察，她们绘制了锥盾菱猎蝽的生命周期图。锥盾菱猎蝽的卵经过23天后孵化出1龄若虫，1龄若虫经过4次蜕皮成长为5龄若虫，5龄若虫蜕皮后成为成虫，成长为成虫后第6天交配，交配后第4天产卵。

08

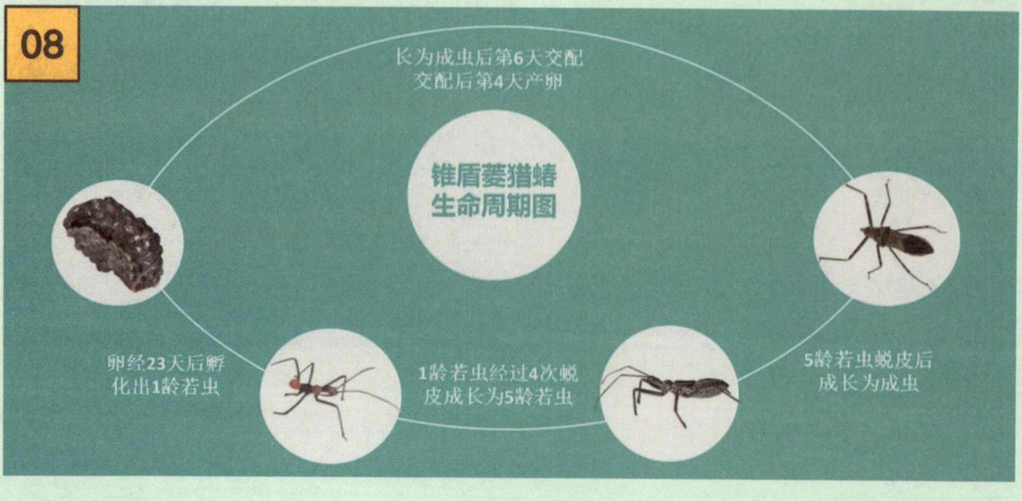

一天，她们听说村里的龙舟被白蚁咬了。她们猜测锥盾菱猎蝽有可能吃白蚁，于是动手进行实验。她们抓来了30只白蚁，再将两只锥盾菱猎蝽放入装有白蚁的盒子内。3分钟后，她们发现锥盾菱猎蝽真的在吃白蚁，简直就是白蚁的克星。

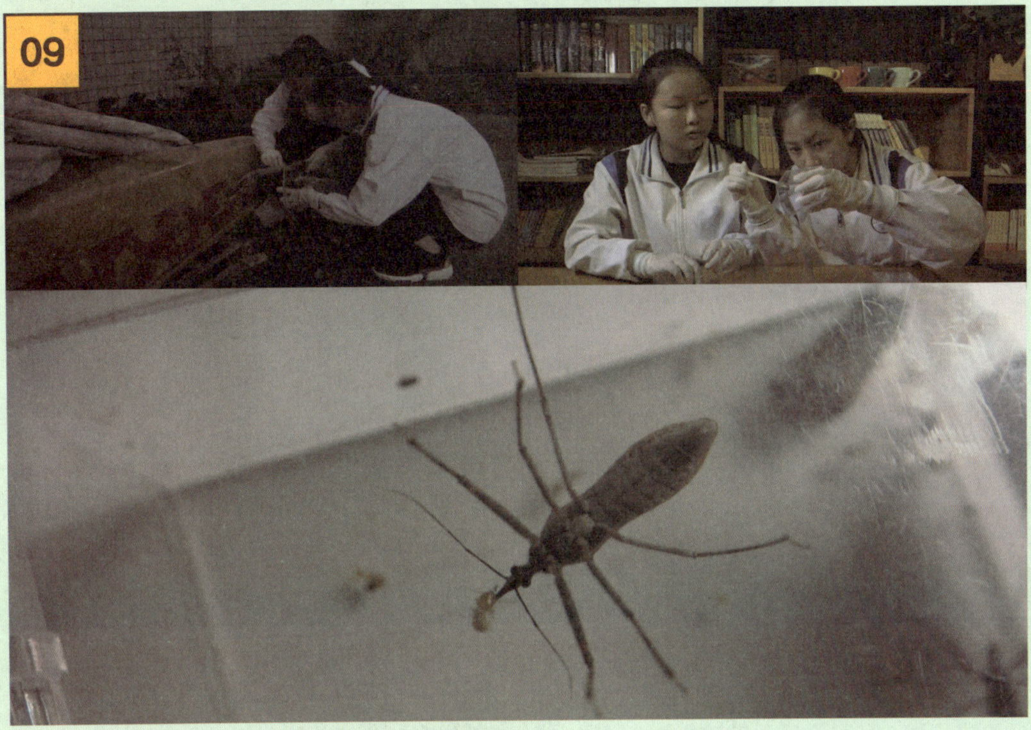

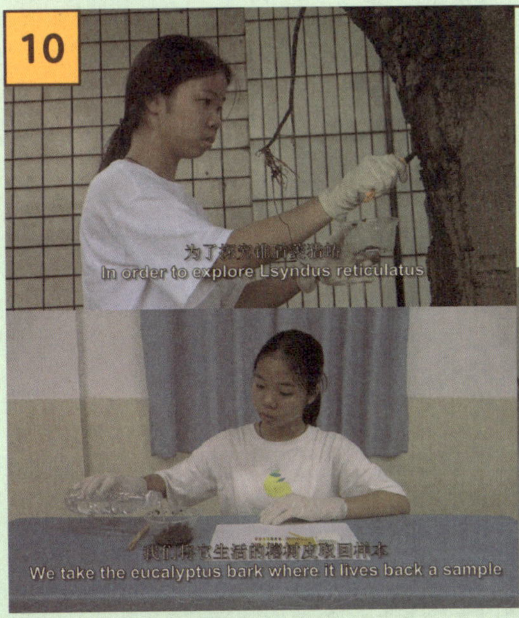

为了探究锥盾菱猎蝽喜欢生活在什么环境中，她们将榕树皮取回样本，测试酸碱度，测试结果为中性。

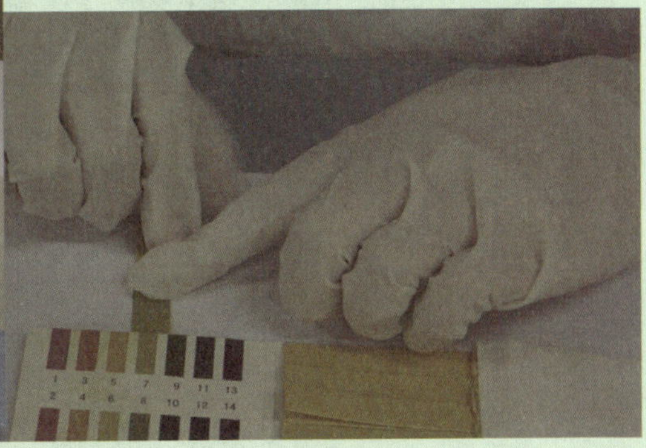

为了进一步验证实验结果，她们找来6根榕树枝，分为3组，其中2组分别涂上碱性溶液和酸性溶液，另一组什么都不涂。将它们交叉依次排列开，放入10只锥盾菱猎蝽。1小时后观察，并反复进行了3组实验。

11

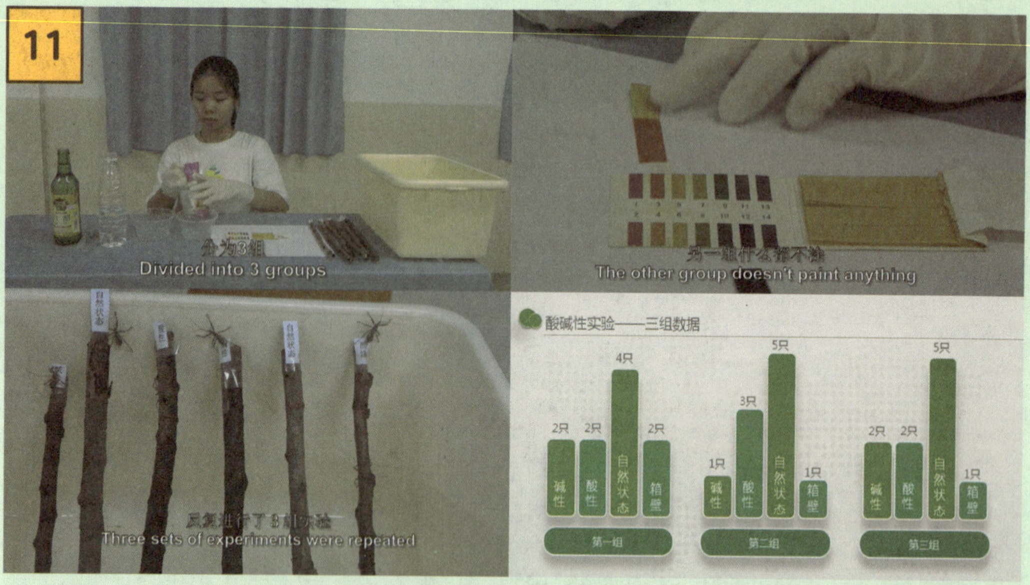

她们又设计了第3个实验，来验证锥盾菱猎蝽对干燥和潮湿环境的选择。她们分别用加湿器和干燥剂模拟潮湿环境和干燥环境。然后放入10只锥盾菱猎蝽，1小时后观察。反复进行了3组实验后，实验数据表明：锥盾菱猎蝽喜欢生活在中性的干燥环境中，对生存环境要求较高。她们呼吁大家一起保护环境，让大自然中的益虫有一个更好的生存环境。

12

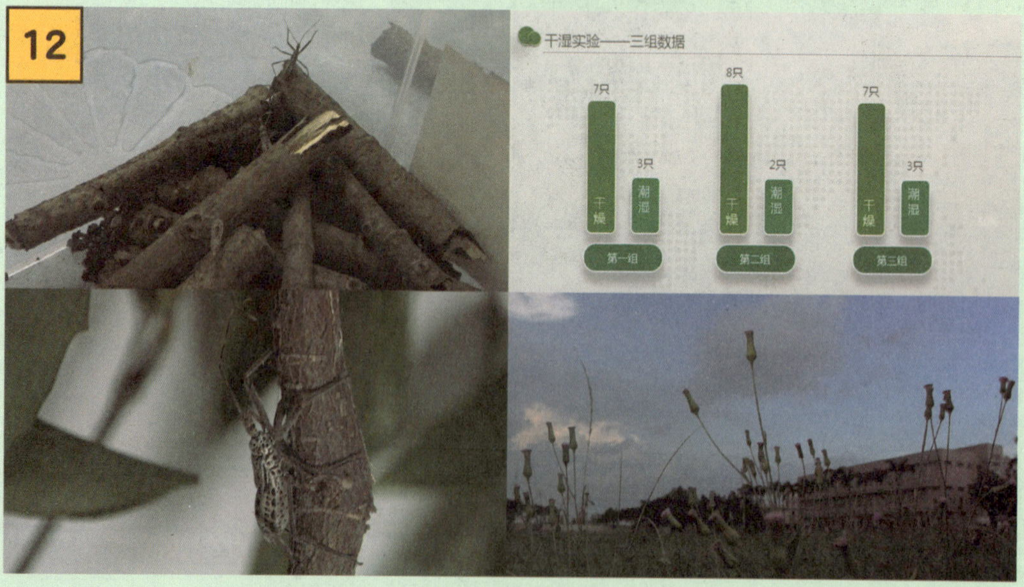

专家点评

短片选题明确，解说流畅，同期声自然，出镜同学自然大方，探究锥盾菱猎蝽的生命周期及生存环境的过程完整真实，多个实验设计实施，有学术价值，信息量丰富，并且有数据的支持，制作精良，给观众较强的满足感。短片对延时摄影的使用较为熟练，音效、配乐有特点。晚上雨中拍摄给观众留下了深刻印象，对科学少年的探究精神有加分效果。

短片详细记录了锥盾菱猎蝽的生活史。对文献的研究很深入，她们在室内和室外对锥盾菱猎蝽进行了观察研究和记录，记述了该天敌昆虫的形态特征和生物学特性，是一篇写在屏幕上的专业昆虫学论文。

专家组特别对锥盾菱猎蝽（*Isyndus reticulatus* Stål）进行了查新，综述如下：锥盾菱猎蝽（*Isyndus reticulatus* Stål），属于猎蝽科（Reduviidae）菱猎蝽属（*Isyndus* Stål）。菱猎蝽属是猎蝽科的一个小属，这一属的猎蝽个体大、数量多、食量大，是农林害虫的重要天敌。

有关锥盾菱猎蝽的研究报告不多，1935年霍夫曼（Hoffmann）在广东他工作的岭南大学实验室首次对这个物种的生物学特性进行了深入研究，记录了它的生活史，描述并说明了它的形态特征，但没有提及其他细节；2004年，广东湛江市林业科学研究所的易观路先生对锥盾菱猎蝽的生物学特性进行了研究；2018年，中国农业大学昆虫系彩万志教授团队重新详细描述了这个物种的形态和生物学特性，特别是其生活史细节，提供了从卵、若虫的各个龄期和成虫交配、产卵、若虫孵化的彩色照片。

根据以上文献可以确定，科学纪录片《昆虫猎手——锥盾菱猎蝽的探究》是锥盾菱猎蝽生物学特性和生活史的第一次详细视频展现。

主要参考文献

[1] Hoffmann, W.E. The bionomics and morphology of *Isyndus reticulatus* Stål(Hemiptera,Reduviidae)[J]. Lingnan Science Journal, 1935, 14: 145–153.

[2] 易观路. 锥盾菱猎蝽生物学特性的研究 [J]. 广东林业科技, 2004, 20(2): 44–46.

[3] ZhaoYisheng, Song Fan, Li Hu, et al. Bionomic notes of *Isyndus reticulatus* Stål(Hemiptera: Reduviidae)[J]. ZoologicalSystematics, 2018, 43(4): 410–419.

第三篇

防不胜防的虫虫

十、伪学者——衣鱼

2019 New York · International Youth Science Video Fair

國際青少年科學影像大賽

獲獎證書

茲頒發給優秀科學微電影「一等獎」獲得者。特頒此證，以資鼓勵。

項目名稱 ： 偽學者 ——衣魚

作　　者 ： 肖赫、劉嘉怡、趙倬玥

所在學校 ： 領科教育北京校區、鄭州市第十一中學、北京市第五十六中學

指導教師 ： 楊柳

國際青少年科學影像大賽評審委員會主席

姜冬梅 博士　　袁小軍 博士

2019年9月30日至10月6日於美國紐約

主辦方：HKYSA 香港青少年科學院 Hong Kong Youth Science Academy　COLUMBIA UNIVERSITY IN THE CITY OF NEW YORK LAMONT-DOHERTY EARTH OBSERVATORY

在内地观赏影片：

2019 New York · International Youth Science Video Fair

The First Place Of Grand Award

is hereby awarded to

He Xiao, Jiayi Liu & Zhuoyue Zhao

from

Ulink College of Beijing, Zhengzhou No.11 High School & Zhengzhou No.56 Middle School

for their discovery video project on

The Fake Scholar: Lepisma saccharina

under superrision of

Liu Yang

Dr. Dongmei Jiang
CO-Chair
International Youth Science Videos Fair

Dr. Xiaojun Yuan
CO-Chair
International Youth Science Videos Fair

Organizers: HKYSA 香港青少年科學院 Hong Kong Youth Science Academy　COLUMBIA UNIVERSITY IN THE CITY OF NEW YORK LAMONT-DOHERTY EARTH OBSERVATORY

在境外观赏影片：

探究故事

蓝鲸的话

香港画家杨静最担心书虫啃坏了字画。3位来自北方的“小科学家”听说后，主动要帮画家阿姨找到防治这种书虫的方法。这种啃书的虫子叫衣鱼。注意，衣鱼不是鱼！他们从研究衣鱼的食性着手，进行了大量对比实验后，终于发明了一种捕捉书虫的“衣鱼杯”。“衣鱼杯”到底能不能抓到衣鱼呢？让我们拭目以待。

赵倬玥同学偶然发现自己收藏的旧书上有许多缺口，猜想是虫子咬的，接着在旧书附近发现一种小虫子，“凶手”会是它吗？

01

为了弄清这只虫子的身份及这种小虫子与书上破洞的关系，赵倬玥邀请有着同样困惑的小伙伴肖赫、刘嘉怡一起来帮忙解开这个谜题。于是他们请教了著名的动物学家牛瑶教授，得知这种虫子叫作衣鱼，喜欢吃书，生活在阴暗潮湿的地方，对古字画的危害特别严重。看来书上的破洞极有可能是“衣鱼”这个小家伙干的。

知己知彼，才能百战不殆。为了进一步了解衣鱼，3位同学来到了香港中央图书馆。他们通过查阅资料得知，衣鱼具负趋光性，因此常躲藏在黑暗处，昼伏夜出。衣鱼虫体略呈纺锤形，背腹扁平不隆起。无翅，常多鳞片和毛。触角长丝状，复眼分离，口器咀嚼式，上颚有前、后两个关节突与头部相连。含淀粉丰富的食物对衣鱼更具诱惑力。

04

那么如何有效地防治衣鱼呢？他们首先来到商店，了解了市面上的杀虫剂。市面上的杀虫剂基本上归属于两类：驱虫型和杀虫型。这些对抗虫的方法对人体有害而且多含有“油性成分”，对字画、古书籍都有不可弥补的损害。总体来说，都是治标不治本。

05

那画家都是怎么保存古字画呢？他们采访了香港著名女画家——杨静老师。杨静老师表示面对着对画作破坏力巨大的衣鱼，她也是束手无策。几位同学更加强烈地希望自己可以研究出一种更加成熟的衣鱼防治方法。

06

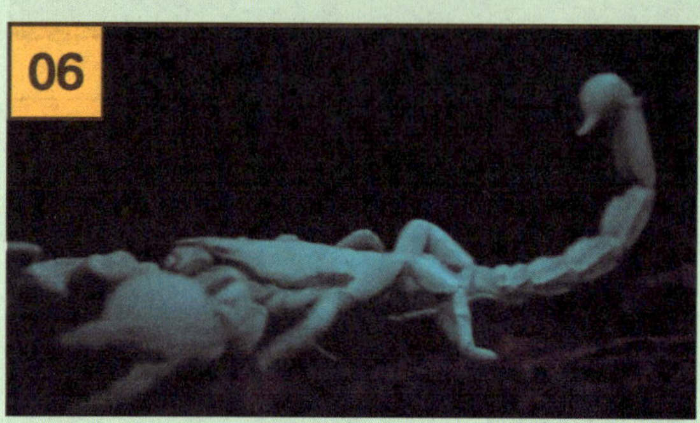

赵倬玥同学提出，农村有一种特别有效的抓蝎子方式，利用的原理是，蝎子的外壳是由一层类似于指甲的角质素组织构成，在月光或紫外灯的照射下，表皮会发生强烈的反射作用。衣鱼的背部有鳞片，受到紫外线的照射，是否会产生相同的现象？如果成功，就能方便找到生活在阴暗处的衣鱼了。

07

肖赫同学立刻找来紫外线手电筒，在夜间室外动手实验。通过实验发现衣鱼的背部受到紫外线的照射不会反射光，因此很难发现藏身在阴暗处的衣鱼，看来只能驱赶或诱捕它了。

蝎子在深夜可以看见同类身上的光，它们用这种方式来吸引同类，蟋蟀靠善叫来吸引同类，蝴蝶是靠气味来寻找食物。衣鱼的背部不反光，也没有发声器官，不可能靠反光和声音，只能靠气味。于是，几位同学提出要设计气味驱赶实验。

设计气味驱赶实验，就要选用衣鱼最喜欢的气味和最不喜欢的气味。衣鱼体内含有溶解酶，它将植物纤维通过酶转化为淀粉。那么衣鱼一定喜欢吃淀粉含量高的土豆！因此几位同学决定选取土豆及气味较大的樟脑丸进行实验，并设置了3组实验对比。

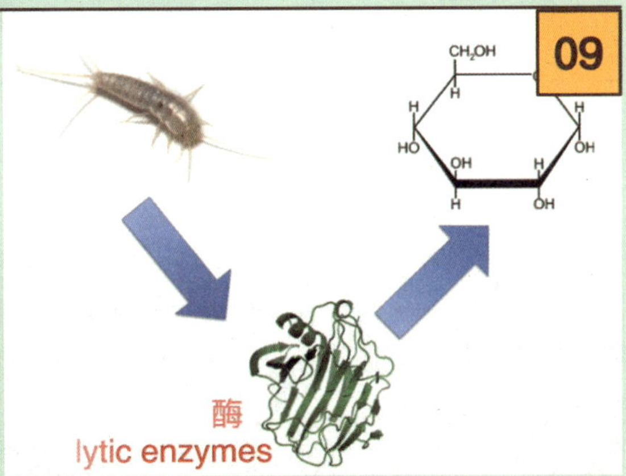

他们将6只衣鱼分装在3个盒子里。第一个盒子放入衣鱼的食物土豆块，第二个通过计算放入适量的樟脑丸磨成的碎块，第三个里放入被适量的樟脑丸碎块围住的土豆块。分别在早晨与夜间按时段进行观察记录。通过观察，得出结论：适量的樟脑粉确实对衣鱼有明显的驱赶作用，可在对保护对象周围铺洒少量樟脑粉来驱赶衣鱼。

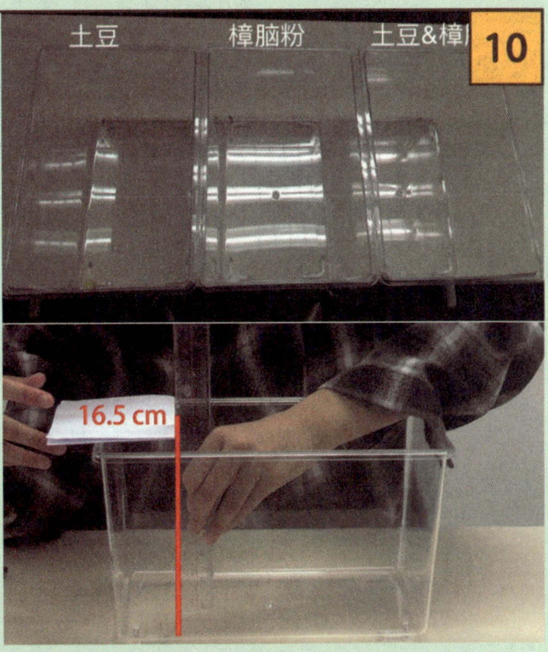

观察衣鱼的时候，刘嘉怡同学发现衣鱼无法爬上角度较大的光滑斜坡。利用这个特点他们研究设计出了一种困住衣鱼的陷阱。他们将纸和纸杯连接起来，用纸做成一个坡度较缓的坡面将纸杯口部围住，设计成一个如图中所示有去无回的装置。

他们将衣鱼杯放在家中角落，24 小时后再次观察。一碰衣鱼杯，就有两只衣鱼从旁边溜走，“衣鱼杯里真的有衣鱼！”这种方式不仅可以有效地抓住衣鱼，还可以收集衣鱼用作药引。

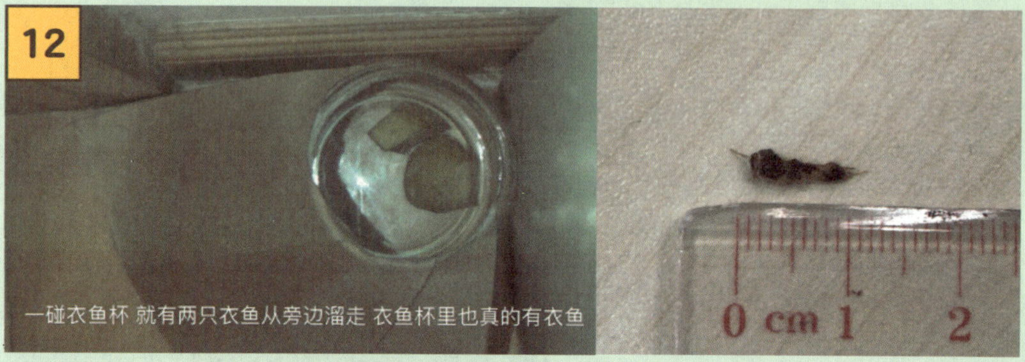

之后，肖赫同学将剩下几只的衣鱼放在一个空盒子里。第二天意外发现，有只衣鱼死相极其悲惨，时不时还有只衣鱼在它身上爬来爬去，身上明显有被咬过的残缺痕迹。几位同学大胆猜想：看来衣鱼不仅吃植物纤维，它还需要补充蛋白质。这还需要几位科学少年进一步验证。

专家点评

短片选择了衣鱼作为探究对象，通过查阅资料、采访专家的方式了解到衣鱼对古书籍、字画等物品的危害，并设计多个实验，尝试找出对古书籍、字画无害的防治衣鱼的方法。本项目探究过程相对完整，采用显微摄影拍摄了衣鱼身体各部位细节，采用多台摄像机长时间记录了衣鱼对土豆和樟脑球气味的不同反应，并通过四分画面方式进行了对比展现。“气味”在科学微电影中最难影像化表达，观众面对樟脑球画面是难以感受到其刺鼻味道的，建议拍摄探究小组成员出镜近距离接触樟脑球的画面，通过表情、同期声等将气味视觉化。另外，拍摄同一场景最好尝试使用远、全、中、近、特不同景别拍摄更丰富的素材，否则就会出现一个段落中景别单一的结果。

短片选题奇特，在最不为人们关注的书中，找到了不起眼的特殊“学者”，片名带有故事色彩，容易引起人们的关注。科学少年们对衣鱼的探究十分详尽，设计了多种实验对衣鱼进行防治，但结论有些不明确。衣鱼这种既常见又不可见的小物种，如果解说词中能增加一些背景的介绍，更有利于引发大家的兴趣、增加知识了解。作品的画面讲究，使用了很多微距拍摄，大家在摄影上下足了功夫，拍摄中也一定克服了不少困难。但人物的拍摄应注意画面的完整和剪辑的成组，例如，女同学在书中找虫一直是用手、采访牛教授机位偏高等有待提高摄影技术，拍摄与剪辑时需要多注意全景、中景、特写的“蒙太奇”组合，用画面讲述故事能为作品增色添彩。另外，画面剪辑中出现的公式有些突兀，配音如果再“积极”一些，作品会更加完美。

短片介绍了一种吃书的虫子——衣鱼。衣鱼不是鱼，而是一类原始、无翅的昆虫，属昆虫纲，缨尾目。衣鱼食性很杂，纸张、棉麻、淀粉、谷物等均为其食物来源，是一般居家环境中常见的害虫，遍布世界各地。由于它们是室内干燥储藏物的蠹虫，常出没于衣柜中，蛀食衣物，虫体略呈扁平梭形，体表密被银色细鳞，所以被称为蠹鱼或衣鱼。有诗为证："形状类于鱼，其心好蠹书。"（出自宋代诗人邵雍的《蠹书鱼》）

衣鱼行动敏捷，善于钻缝，畏光趋暗，昼伏夜出。加上虫体脆弱，触角、尾须和中尾丝细长易折断，鳞片易脱落，捕捉、拍摄、研究它们的难度很大。这可能是本片采访较多的原因之一。科学少年们用实验证实了樟脑对趋避衣鱼是有效的，用玻璃容器例如培养皿等作为"陷阱"诱捕衣鱼的方法已经有人进行了研究和实验，但是没有找到合适的衣鱼"引诱剂"，同学们使用的"引诱剂"——土豆片简单、有效，建议继续深入研究，筛选出更加有效的诱饵配方，完善衣鱼陷阱的结构。

十一、拯救玉米——玉米螟的防治探究

2019 New York • International Youth Science Video Fair

國際青少年科學影像大賽

獲獎證書

茲頒發給優秀科學微電影「一等獎」獲得者。特頒此證，以資鼓勵。

項目名稱 ：拯救玉米 ——玉米螟的防治探究

作　　者 ：康國洪、單景瑞、譚嘉靖

所在學校 ：佛山市順德區胡寶星職業技術學校

指導教師 ：盧偉玲

國際青少年科學影像大賽評審委員會主席

姜冬梅 博士　　袁小軍 博士

2019年9月30日至10月6日於美國紐約

主辦方：HKYSA 香港青少年科學院 Hong Kong Youth Science Academy　COLUMBIA UNIVERSITY IN THE CITY OF NEW YORK LAMONT-DOHERTY EARTH OBSERVATORY

在内地观赏影片：

2019 New York • International Youth Science Video Fair

The First Place Of Grand Award

is hereby awarded to

Guohong Kang, Jingrui Shan & Jiajing Tan

from

Hubaoxing Vocational Technical School Of Shunde

for their discovery video project on

Rescue of Corn and Exploration of Control of Corn Borer

under supervision of

Weiling Lu

Dr. Dongmei Jiang
CO-Chair
International Youth Science Videos Fair

September 30 to October 6, 2019
New York, USA

Dr. Xiaojun Yuan
CO-Chair
International Youth Science Videos Fair

Organizers: HKYSA 香港青少年科學院 Hong Kong Youth Science Academy　COLUMBIA UNIVERSITY IN THE CITY OF NEW YORK LAMONT-DOHERTY EARTH OBSERVATORY

在境外观赏影片：

探究故事

蓝鲸的话

杏坛镇是广东省佛山市顺德区唯一的农业乡镇，许多当地居民仍坚守着土地，当地主要种植玉米。但是，玉米害虫——玉米螟对当地的玉米收成造成了影响。

来自胡宝星职业技术学校的3位科学少年——康国洪、单景瑞、谭嘉靖发现玉米螟的危害后，每天放学后走进玉米地，在“绿色的海洋”中捉虫、捉虫、再捉虫，晚上拿回家反复观察、尝试各种实验，希望能找到有效的防治措施。无论他们提出的防治玉米螟的方法是否有效，可以确信的是，他们每个人都变成了捉虫能手。

这不，他们捉的玉米螟要“化蛹成螟”了，快去看看！

康国洪、单景瑞和谭嘉靖在农场的玉米地发现一种很特别的虫子，它们会打洞。当地农民告诉他们，这种虫子叫玉米螟，又叫钻心虫，会钻入玉米主茎或果穗内，使玉米主茎折断，造成玉米营养供应不足。

在枯黄的玉米穗下、打过洞的玉米茎里必有玉米螟的存在。玉米螟对玉米的损害这么大，有没有什么方法可以防治它呢？他们都喜欢做研究，当即下决心研究玉米螟的防治。他们捕捉了一些玉米螟幼虫，还找到了一些虫卵，准备带回实验室观察。

单景瑞和谭嘉靖设计了一个玉米螟幼虫的模拟生存环境，然后把虫子按照虫龄大小分到6个观察箱子里，并且准备了幼虫的食物。

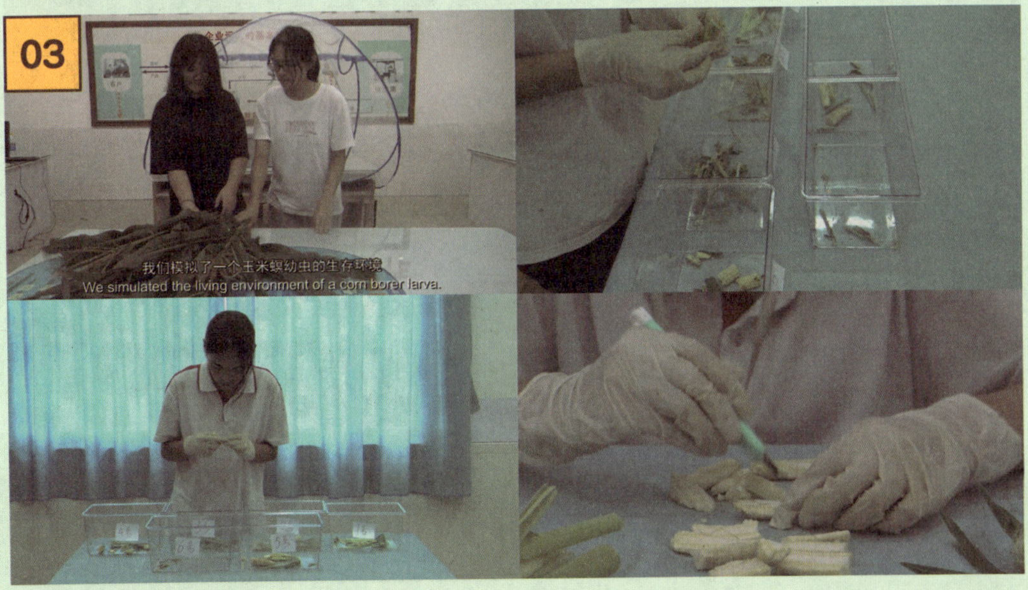

4月1日凌晨，谭嘉靖从卵外看到里面的玉米螟幼虫在蠕动，10分钟后，幼虫慢慢钻出来了。 刚孵化的幼虫头壳为黑色，全身布满了小刺。过了一会儿，其他虫宝宝也陆续孵化出来了。1小时后，幼虫开始四处爬行，活泼好动。

04

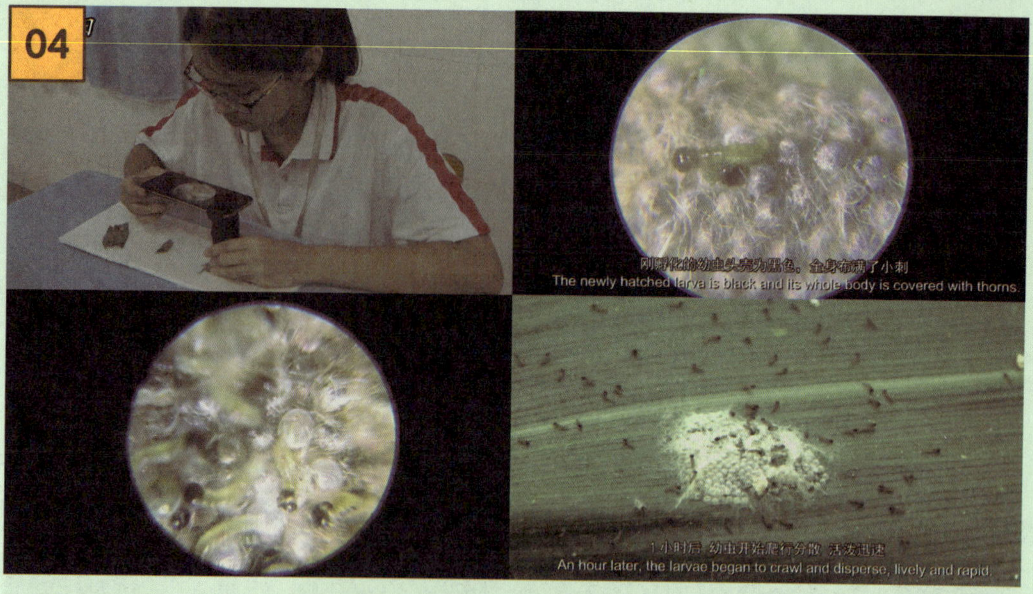

经过1周，幼虫头部由黑色变为棕色，身体由乳白色变为深黄色，身长由0.2厘米长到了2厘米，显然它已经是一条老熟幼虫。

05

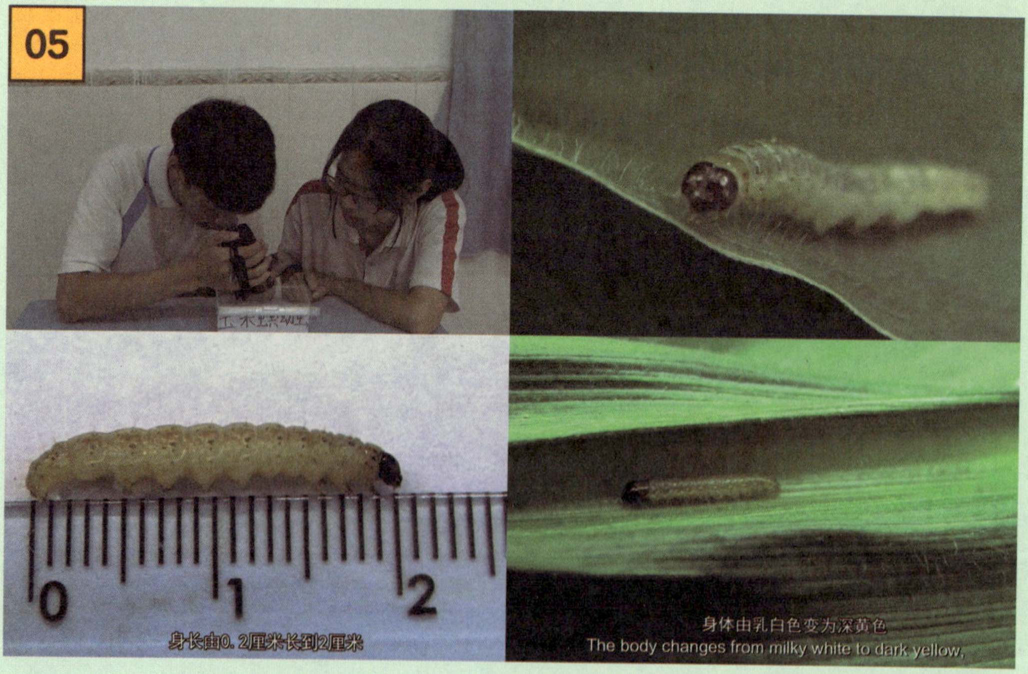

幼虫很喜欢啃玉米，有时候给它一根玉米芯，就能让它忙活半小时，而且还一边啃一边拉便便。“饭”后它喜欢到处寻找躲避的地方，确认安全后就开始吐丝，准备把自己藏起来。

06

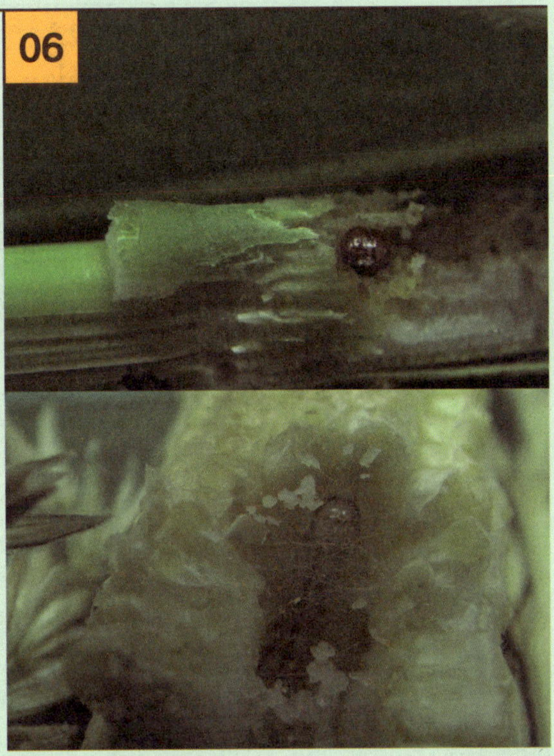

4月15日，老熟幼虫开始不进食了，它的身体渐渐变肥变短。第二天它不停地抽搐和蠕动，最后皮脱落了。原来，老熟幼虫蜕皮后化成了蛹。

07

4月20日晚上，康国洪负责值夜班观察，深夜他发现蛹忽然开始剧烈地抖动，一只成虫破蛹而出。刚出来的成虫身体呈黄褐色，安静地趴在玉米穗上，触角时不时地在找寻什么。腹部圆圆鼓鼓的，原来这是一只雌性的玉米螟成虫。玉米螟幼虫从卵中孵化出来，经过幼虫、蛹、成虫，再交配、产卵，完成它的生命周期。

研究小组发现玉米螟幼虫总喜欢藏在玉米洞里，难道它们害怕光照？于是单瑞景设计了光照实验跟大家讨论，准备了白炽灯、玉米螟幼虫、纸皮箱、KT板，在箱子的顶上和侧面各开一个口，从顶上打入一束光，把虫子放到光圈内，检验玉米螟幼虫是否害怕光照。观察结果显示，玉米螟幼虫确实有避光的特性，害怕光照。

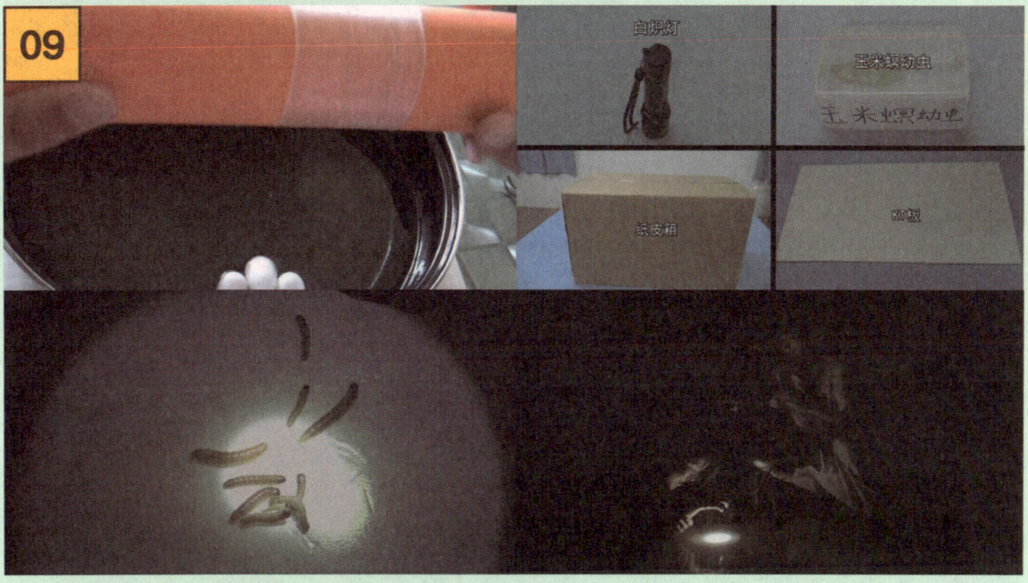

玉米螟总钻进洞里，怎么消灭它们呢？单瑞景建议再设计一个酸碱盐实验。通过查阅资料得知，玉米螟幼虫最佳防治时期在3龄之前，主要通过药剂防治。但是考虑到食品安全问题，单瑞景建议尝试用白醋、食用盐、洗衣粉、纯净水这些材料，并选用玉米螟2龄幼虫做实验。

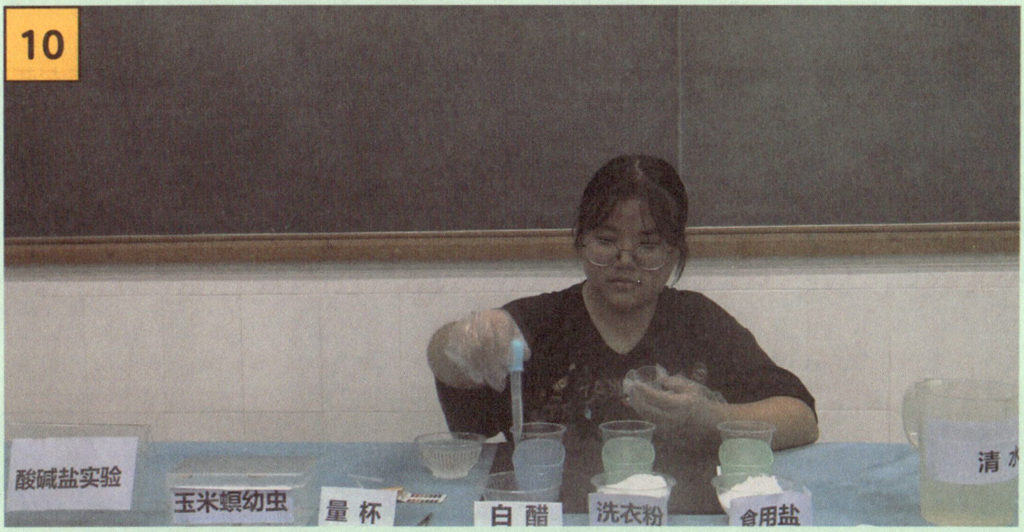

先各量出5毫升的食用盐、洗衣粉、白醋分别装进3个器皿中，然后按照1 ：1的浓度稀释，用pH试纸测好酸碱度。把玉米螟幼虫放在海绵上，再把溶液滴到虫子身上，虫子渐渐都不动了。观察发现，3种试剂都可以杀死玉米螟幼虫。

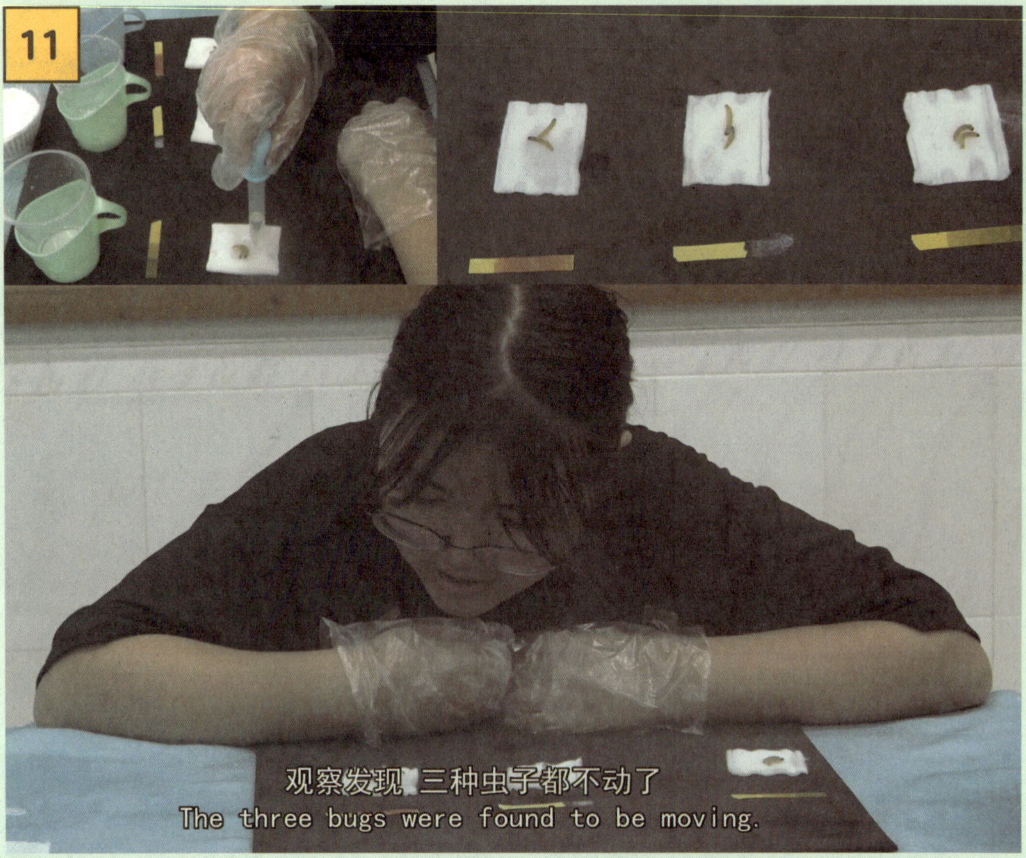

如果降低溶液的浓度，那效果又会是怎样呢？把白醋、盐、洗衣粉与纯净水的浓度改为1 ：5稀释，观察发现虫子在蘸有食用盐的海绵上快速跑开，其他两组的虫子都不动了。由此推测，在玉米地喷洒低浓度的盐水应该也可以杀死玉米螟幼虫。

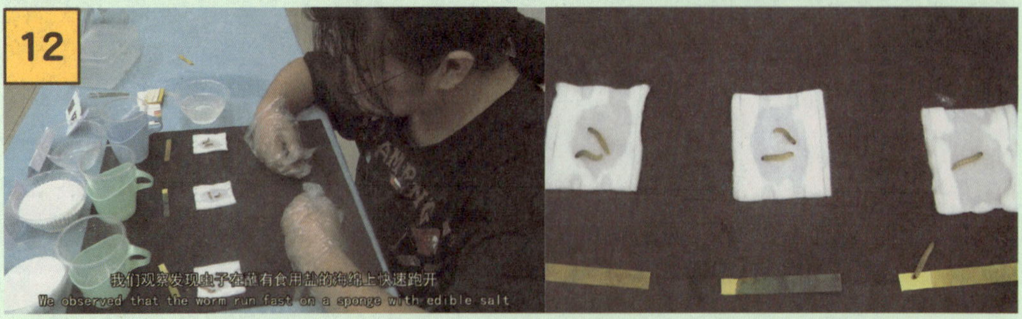

蛾子有趋光性，单瑞景猜想，玉米螟的成虫也应该有趋光性。于是他们买来黑光灯、风扇、螺丝刀，设置了一个捕捉成虫的装置。晚上他们带上装置来到校园操场，模拟了一个户外捕捉成虫的实验。果然有玉米螟成虫飞了进去，回到实验室发现，捕捉到4只成虫。看来这个装置确实可以起到诱捕的作用。

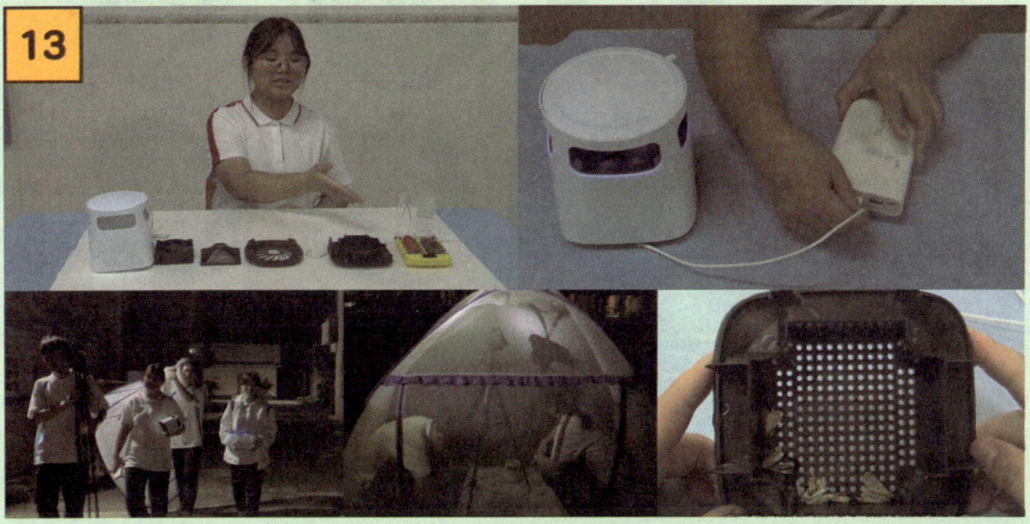
13

通过以上实验发现，玉米螟在幼虫阶段可以通过喷洒低浓度的盐水进行捕杀，成虫阶段可以用灭蚊装置进行捕捉。以上是研究小组初步的实验结果，还有待进一步实地验证。玉米螟的防治是一个难题，值得继续研究下去。

14

专家点评

短片中3位科学少年探究了玉米害虫——玉米螟的生命周期，从卵的孵化、幼虫的取食、化蛹到成虫羽化记录完整。玉米螟是一种较小的蛾子，卵更小，生性隐蔽，拍摄和探究的难度均较大。3位科学少年能把玉米螟的生活史搬上屏幕，拍摄画面精美、精准，简直是农学专业的教学片，堪称完美。

拍摄团队也探索了玉米螟的防治方法，但是这些防治方法过于简单，是很小范围的尝试，距离真正意义的害虫防治还十分遥远。钻蛀取食、隐蔽为害的玉米螟不仅使得观察、研究较困难，防治起来也十分困难，是一种很严重的害虫，目前还没有十分有效的防治方法。现行的化学农药防治仍然无法被替代。

建议在实验设计前查阅文献资料，了解前人用了哪些防治方法，有什么不足，在有清晰了解的情况下才有可能突破和创新。在探究防治措施上，目前实验不能充分支持结论。比如，虫子从淡盐水上跑开并不能说明盐水有杀虫作用；虫子喜欢钻进洞里，更可能是为了安全而不是畏光，如果虫子本身是昼伏夜出，畏光的可能性更大些。实验无大小，也不一定都能得出有用的结果，但是要注意培养逻辑推理的能力，透过客观现象找到隐藏在背后的规律。

3位科学少年穿着雨衣在暴雨中坚持探究，深夜坚持拍摄记录“化蛹成蛾”的过程，在烈日和暴雨的玉米地中挑“机”拍摄，都给观众留下了深刻的印象，展示了科学少年执着的探索精神。

十二、打不死的“小强”？

2019 New York • International Youth Science Video Fair

國際青少年科學影像大賽

獲獎證書

茲頒發給**「亨達」關注技術進步專項獎**獲得者。特頒此證，以資鼓勵。

項目名稱 ：打不死的“小強”？

作　　者 ：盧慧怡、陳麗詩、黃典康、何梓汶

所在學校 ：佛山市順德區胡寶星職業技術學校

指導教師 ：馬啟珍、陳春瑛

國際青少年科學影像大賽評審委員會主席

姜冬梅 博士　　袁小軍 博士

2019年9月30日至10月6日於美國紐約

主辦方：HKYSA 香港青少年科學院 Hong Kong Youth Science Academy　COLUMBIA UNIVERSITY IN THE CITY OF NEW YORK LAMONT-DOHERTY EARTH OBSERVATORY

在内地观赏影片：

2019 New York • International Youth Science Video Fair

Hantec Special Award — Care for Technology Improvement

is hereby awarded to

Huiyi Lu, Lishi Chen, Diankang Huang & Ziwen He

from

Hu Baoxing Vocational Technical School of Shunde

for their discovery video project on

Fight the Deathless "Cockroaches"?

under supervision of

Qizhen Ma & Chunying Chen

Dr. Dongmei Jiang
CO-Chair
International Youth Science Videos Fair

Dr. Xiaojun Yuan
CO-Chair
International Youth Science Videos Fair

Organizers: HKYSA 香港青少年科學院 Hong Kong Youth Science Academy　COLUMBIA UNIVERSITY IN THE CITY OF NEW YORK LAMONT-DOHERTY EARTH OBSERVATORY

在境外观赏影片：

探究故事

蓝鲸的话

如何消灭蟑螂，是个让人很头疼的问题。来自胡宝星职业学校的4位科学少年卢慧怡、陈丽诗、黄典康、何梓汶，他们的举动一定让你浑身起鸡皮疙瘩！他们每天把蟑螂抓在手里研究来研究去，想搞清楚其打不死的秘密。

最终，他们找到了绿色环保的“灭蟑神器”——白额高脚蛛。

科学微电影《打不死的“小强”？》走红网络，在电商平台上白额高脚蛛的需求不断增加，售价也随之看涨。4位科学少年一定没有想到他们的科学微电影没有带来“追星效应”，却带来了这个“追蛛效应”。看完这部科学微电影，你是不是也要下单“灭蟑神器”？

蟑螂是这个星球上最古老的昆虫之一，它曾与恐龙生活在同一时代。恐龙很早就灭绝了，但是蟑螂一直存活到现在。为什么蟑螂有这么强的生存能力？卢慧怡、陈丽诗、黄典康、何梓汶对这个问题很感兴趣，他们决定成立研究小组展开探究，看看蟑螂的生存能力到底有多强。

01

研究小组选取美洲大蠊蟑螂（简称蟑螂）作为探究对象，设计实验探究蟑螂在食物不充足情况下的生存能力。他们准备了3个饲养箱，用亚克力板把每个箱子再分割成3个小格，对小格进行编号，每个小格放入1只大小、重量近似的蟑螂，共放入9只。一个箱子的小格分别放入8克饼干，一个箱子的小格分别放入8克水，一个箱子什么都不放，定期观察每个箱子里蟑螂的生存情况。实验结果让同学们大吃一惊！什么都没放的一组蟑螂，在21天后才相继死去，存活时间最长的一只竟然坚持了一个月；放入水的一组蟑螂，坚持活了2个月后相继死去；放入饼干的一组蟑螂，在其他两组蟑螂都死后仍然存活着。卢慧怡、陈丽诗负责定期对这组蟑螂称重，发现它们在实验开始两周后重了1克，长了0.5厘米。

何梓汶还发现，蟑螂在寻找食物或水源时会先用它的触须试探，一边吃喝一边舔一舔触须和足，非常享受的样子。一只蟑螂一次吃了15分钟，吃出了一个长、宽、高约为1厘米×1厘米×0.5厘米的大坑。真能吃！

03

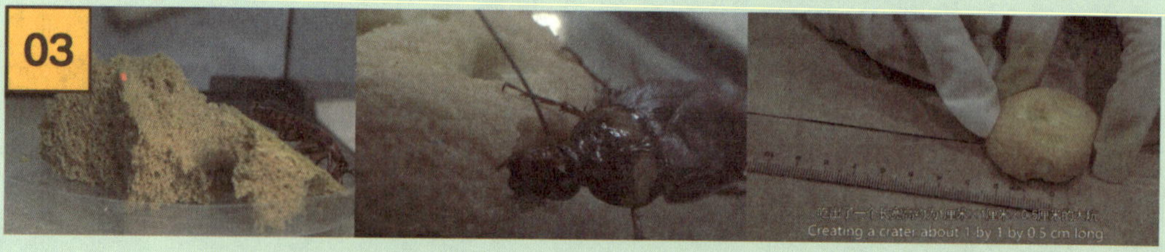

黄典康听说，蟑螂没有头部也能存活，这是真的吗？如果是，蟑螂在没有头的情况下能存活多久？研究小组设计了第二组实验，将3只同等大小的蟑螂成虫的头部剪掉，看这些蟑螂是否还能存活。何梓汶负责剪掉蟑螂的头部，黄典康上前仔细观察发现蟑螂竟然不“流血”，只有少量黑褐色的浆液，这让人非常好奇。第2天，没有头的蟑螂还在活蹦乱跳，没有头也能自如地翻身、打滚。第5天，何梓汶发现这些蟑螂六脚朝天了，以为它们已经死掉了，但一碰它们的足，没头蟑螂就又开始动了。直到第9天，蟑螂才相继死去。这个结果让同学们更加吃惊！

04

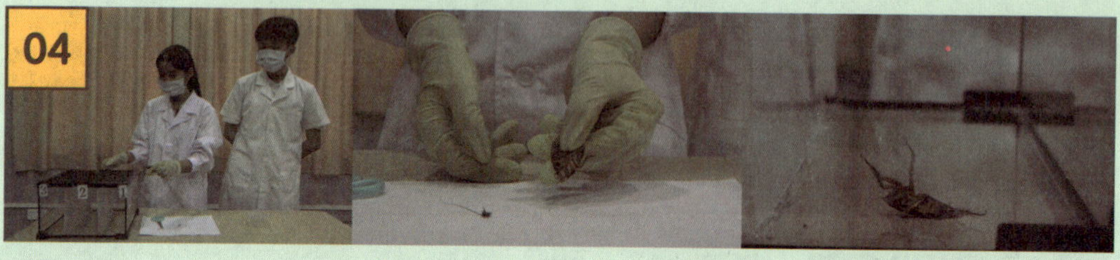

05

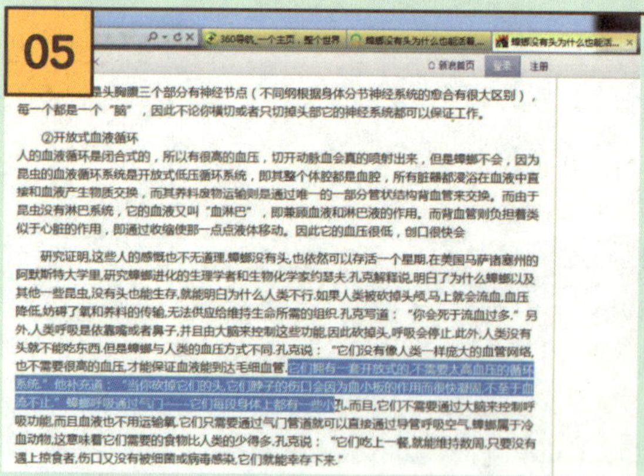
360导航_一个主页，整个世界　蟑螂没有头为什么也能活着...　蟑螂没有头为什么也能活...

新浪首页　登录　注册

是头胸腹三个部分有神经节点（不同纲根据身体分节神经系统的愈合有很大区别），每一个都是一个“脑”，因此不论你横切或者只切掉头部它的神经系统都可以保证工作。

②开放式血液循环

人的血液循环是闭合式的，所以有很高的血压，切开动脉血会真的喷射出来，但是蟑螂不会，因为昆虫的血液循环系统是开放式低压循环系统，即其整个体腔都是血腔，所有脏器都浸浴在血液中直接和血液产生物质交换，而其养料废物运输则是通过唯一的一部分管状结构背血管来交换。而由于昆虫没有淋巴系统，它的血液又叫“血淋巴”，即兼顾血液和淋巴液的作用。而背血管则负担着类似于心脏的作用，即通过收缩使那一点点液体移动。因此它的血压很低，创口很快会

研究证明,这些人的感慨也不无道理.蟑螂没有头,也依然可以存活一个星期.在美国马萨诸塞州的阿默斯特大学里,研究蟑螂进化的生理学者和生物化学家约瑟夫.孔克解释说,明白了为什么蟑螂以及其他一些昆虫,没有头也能生存,就能明白为什么人类不行.如果人类被砍掉头颅,马上就会流血,血压降低,妨碍了氧和养料的传输,无法供应给维持生命所需的组织.孔克写道：“你会死于流血过多.”另外,人类呼吸是依靠嘴或者鼻子,并且由大脑来控制这些功能,因此砍掉头,呼吸会停止.此外,人类没有头就不能吃东西.但是蟑螂与人类的血压方式不同.孔克说：“它们没有像人类一样庞大的血管网络,也不需要很高的血压,才能保证血液能到达毛细血管.它们拥有一套开放式的,不需要太高血压的循环系统.”他补充道：“当你砍掉它们的头,它们脖子的伤口会因为血小板的作用而很快凝固,不至于血流不止.”蟑螂呼吸通过气门——它们每段身体上都有一些小孔.而且,它们不需要通过大脑来控制呼吸功能,而且血液也不用运输氧.它们只需要通过气门管道就可以直接通过导管呼吸空气.蟑螂属于冷血动物,这意味着它们需要的食物比人类的少得多.孔克说：“它们吃上一餐,就能维持数周.只要没有遇上掠食者,伤口又没有被细菌或病毒感染,它们就能幸存下来.”

卢慧怡、陈丽诗、黄典康、何梓汶查阅了大量资料，得知蟑螂拥有一套开放式的、不需要太高血压的血液循环系统。当它们的头被剪掉时，脖子的伤口会因为血小板的作用而快速凝固，不至于血流不止。这应该是蟑螂失去头部还能存活的秘密。

在探究过程中，卢慧怡发现一只蟑螂的足断了，13天后，这只断足的蟑螂竟然又长出了新的足。难道蟑螂的足会自动生长？于是研究小组设计了第三组实验，剪掉蟑螂一只足和3厘米的触须，观察蟑螂是否会长出新的足和触须。32天后，卢慧怡发现蟑螂开始蜕皮，蜕皮后的蟑螂竟然重新长出了完整的足和触须，但与原来相比显得小了一些。刚蜕完皮的蟑螂白白胖胖，随着时间推移颜色逐渐加深，1天后变成浅褐色，3天后基本恢复深褐色。

蟑螂对人们的生活造成了很多困扰。为了消灭它们，人们想尽了办法。虽然市面上有各种捕杀蟑螂的神器，如蟑螂药、蟑螂屋，可这些物品均有一定的毒性，人们使用时必须放在孩子不易接触到的地方。比如在卢慧怡家，蟑螂屋就会被放在厨房的柜子里。有没有更好、更安全的办法消灭蟑螂呢？

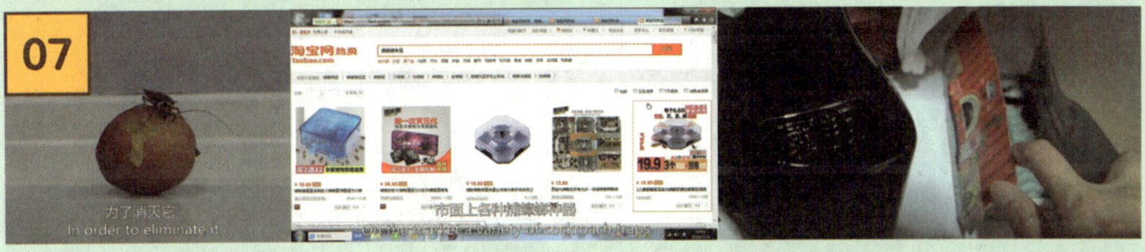

一天，卢慧怡打开家门，发现一只蜘蛛正在与一只蟑螂搏斗。这是什么蜘蛛？她赶快和其他几位同学一起查找资料，得知这种蜘蛛叫白额高脚蛛，是蟑螂的天敌，不结网，对人类无毒无害。那么，是否可以利用白额高脚蛛代替蟑螂药捕杀蟑螂呢？

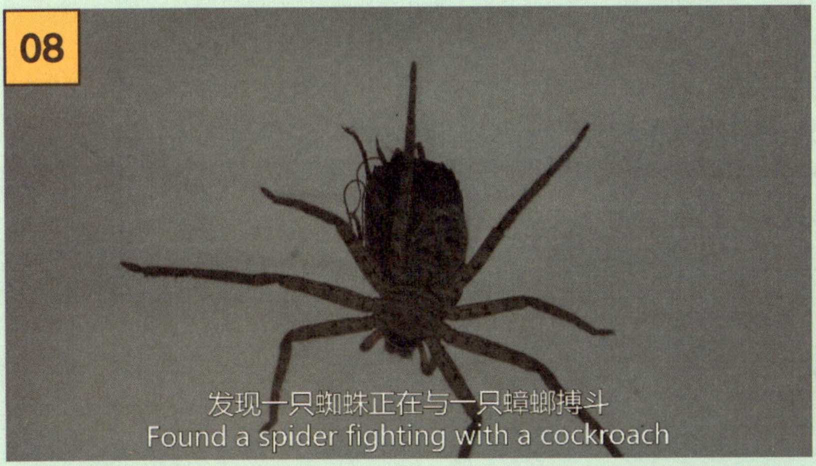

研究小组的同学们四处寻找，终于找来两只白额高脚蛛。把白额高脚蛛放入蟑螂实验箱，观察白额高脚蛛是否会捕食蟑螂。一开始，白额高脚蛛和蟑螂好像相安无事，卢慧怡、何梓汶担心是不是光线、声音因素影响了它们。过了一会儿，她们就拍到了蜘蛛捕食蟑螂的画面。白额高脚蛛发现蟑螂后，会先做一番试探，再猛地一扑，八足并用一把将蟑螂拉入怀中。此时蟑螂已经动弹不得，只留腾空的腿和触须“瑟瑟发抖”。5分钟后，白额高脚蛛把蟑螂咬死了，随后开始慢慢享受“美餐”。17分钟后，白额高脚蛛开始休息，但是仍然抱着蟑螂不撒手。何梓汶用小木棍去戳白额高脚蛛，想让它放开蟑螂，也无济于事。一直到蟑螂只剩下一点残壳，“护食”的蜘蛛才舍得把猎物放开了。实验证明，白额高脚蛛可以有效捕杀蟑螂。如果将白额高脚蛛放在家中，是否会有同样的效果呢？

09

卢慧怡把两只白额高脚蛛放在自己家厨房，和同学们一连观察了3天，终于抓拍到蜘蛛捕食蟑螂的画面。再打开家里放的蟑螂屋，卢慧怡发现一只蟑螂也没有了。这说明，白额高脚蛛可以有效捕杀蟑螂。由此，研究小组建议在住宅区适量投放白额高脚蛛以消灭蟑螂，这不仅能解决生活中的烦恼，又生态环保。

10

专家点评

“小强”，蟑螂的这个别名大概源于香港电影明星周星驰的电影，现在已被公众广泛接受。该科学微电影用《打不死的“小强”？》做标题，生动地反映出蟑螂的特性，交代了研究对象。题目接地气、抓眼球，在短片创作中起到了画龙点睛的作用。

短片中，4位科学少年用镜头形象、生动地展示了蟑螂顽强的生命力，探究了蟑螂断足再生、蟑螂的生物防治等，这些方面都是全球科学家的研究热点。

壁虎断尾可以再生。当节肢动物遭遇危险时，它们普遍存在一种自切行为，会主动放弃一条被擒住的腿而逃生，有些种类它们失去的腿会再生，当然是要等到下一次蜕皮。一般来讲再生的附肢会短小一些，《打不死的“小强”？》这部科学微电影告诉我们“蟑螂再生的腿与原来的形状一样”，真的是这样吗？昆虫学家Denberg和Whitin研究发现蟑螂再生肢外形基本正常，但内部的肌肉及神经分布形式比起原生肢的相应部位发生了很大变化，表现为三维的旋音器官丢失，二维的复合神经感受器只有部分重新形成。同时，再生肢的一些生物化学性状也表现出与原生肢的不同，建议科学少年把蟑螂再生问题继续研究下去！

十三、蛾不及防：衣蛾的防治

2019 New York · International Youth Science Video Fair

國際青少年科學影像大賽

獲獎證書

茲頒發給「亨達」關愛生態環境專項獎 獲得者。特頒此證，以資鼓勵。

項目名稱 ： 蛾不及防

作　　者 ： 梁曉俊、周韻熙、廖凱雲

所在學校 ： 佛山市順德區胡寶星職業技術學校

指導教師 ： 盧偉玲

國際青少年科學影像大賽評審委員會主席

姜冬梅 博士　　袁小軍 博士

2019年9月30日至10月6日 於美國紐約

主辦方： HKYSA 香港青少年科學院 Hong Kong Youth Science Academy　COLUMBIA UNIVERSITY IN THE CITY OF NEW YORK LAMONT-DOHERTY EARTH OBSERVATORY

在内地观赏影片：

2019 New York · International Youth Science Video Fair

Hantec Special Award — Care for Ecology and Environment

is hereby awarded to

Xiaojun Liang, Yunxi Zhou & Kaiyun Liao

from

Hubaoxing Vocational Technical School Of Shunde

for their discovery video project on

Moths are not as Good as Moths

under supervision of

Weiling Lu & Xiaoyu Xie

Dr. Dongmei Jiang
Co-Chair
International Youth Science Videos Fair

Dr. Xiaojun Yuan
Co-Chair
International Youth Science Videos Fair

Organizers: HKYSA 香港青少年科學院 Hong Kong Youth Science Academy　COLUMBIA UNIVERSITY IN THE CITY OF NEW YORK LAMONT-DOHERTY EARTH OBSERVATORY

在境外观赏影片：

探究故事

蓝鲸的话

科学发现就在我们的身边。如果你还没有找到要探究的课题，那么就跟随胡宝星职业技术学校的3位科学少年一起探究吧！他们在学校宿舍里发现了一种很有趣的小虫子。它会自己“盖房子”，用小沙粒、小石子把自己裹起来；它还会背着“房子”到处跑，教室、计算机机房、宿舍里都有它的踪迹。

3位科学少年梁晓俊、周韵熙、廖凯云对这种奇怪的小虫子产生了兴趣，他们成立了探究小组，对容易被忽视的小虫子进行了多路径的探究，终于让大家了解到一种有趣的生命——衣蛾。快来一起探究吧！

一转眼，一周紧张的学习时间又过去了。周韵熙终于有时间收拾自己的衣服了。当她整理衣服时，突然发现毛衣上面有一只全身布满沙子的虫子，这种小虫子到底什么来头？会对她的衣服有危害吗？

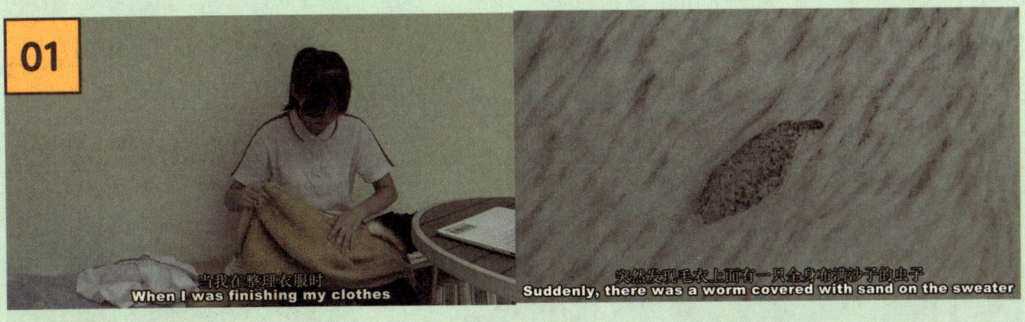

通过查阅资料得知，这种虫子名为衣蛾，它们分布广泛，是全球性的储物害虫。幼虫多存在于衣服存储室、软垫家具缝里。学校里会不会也有呢？周韵熙找来了她的好朋友梁晓俊和廖凯云一起做校园调查，他们先采访了校工和老师，大家都说在学校的宿舍见过、在家里也见过。看来想在校园内找到它并不难。

接着，他们就在教学楼、宿舍楼和计算机机房寻找到了衣蛾的踪迹。他们捕捉了一些衣蛾带回实验室观察。通过观察发现，衣蛾总喜欢把自己悬吊在半空中，有时候把小脑袋从筒巢一头探出来，有时候从筒巢另一头探出来，可爱极了。衣蛾喜欢吃毛衣、头发等纤维类的食物，有时候给它一根头发，它会兴奋地不停撕扯。不一会儿，一根长发就被它吞食完毕。

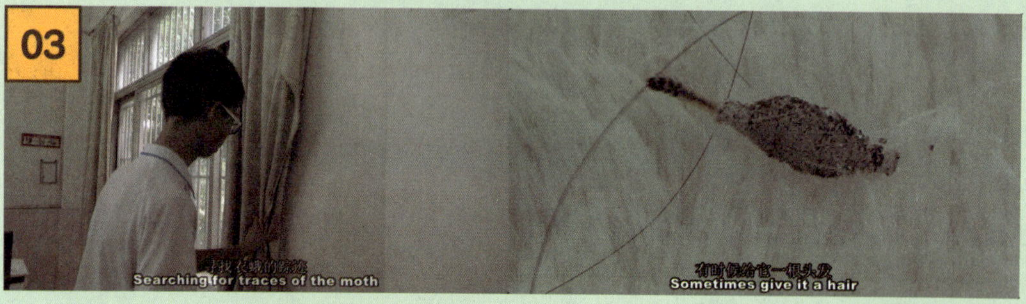

衣蛾的外表裹着大大的沙石筒巢，让人看不到它里面的构造如何。于是周韵熙决定解剖开筒巢看看。她准备了手机夹显微镜、镊子、手套、口罩。解剖开筒巢后，可以看到衣蛾的眼睛呈褐色、体色乳白偏黄，头部及第一节身体光亮，呈褐色。身体的第三、第四节有咖啡色的斑点，头上略生白色微毛，伸缩性很强。

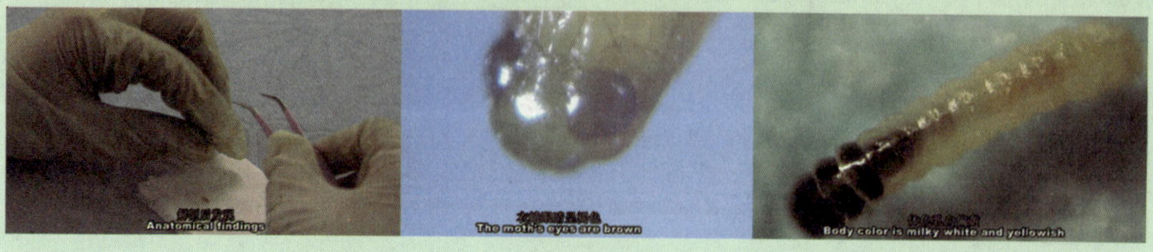

2天后，他们发现一只幼虫的筒巢有一端的口被堵住了，3天后依然没有动静。突然有一只成虫破蛹而出，羽化后的成虫不停地拍打着翅膀，也不再进食了，估计是等待着与下一只成虫交配。

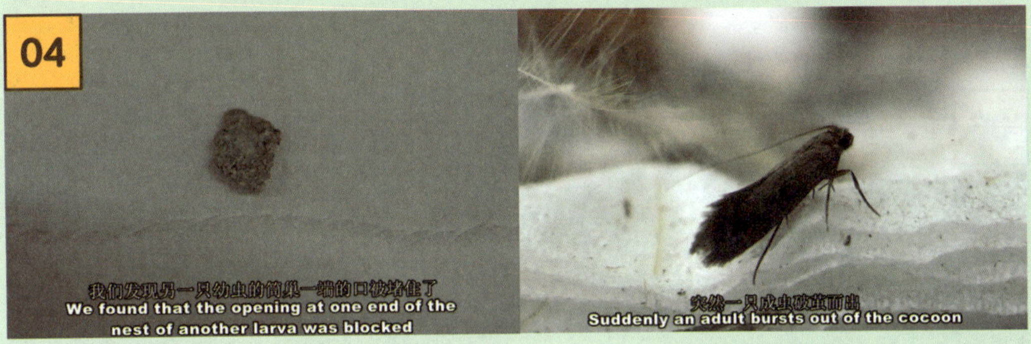

衣蛾给人类生活带来了困扰，我们该如何消灭它呢？为了了解衣蛾适宜的生存环境，梁晓俊、周韵熙、廖凯云讨论设计了一个温度实验。他们准备了温湿计、冰块、吹风筒、网纱、卷膜、衣蛾。实验开始时，他们先把温湿计放进卷膜里，再放入衣蛾。卷膜的一端用吹风筒缓缓加温，另一端用冰块慢慢降温，观察温度和衣蛾的数量变化。他们每隔5分钟记录一次，实验进行了1小时。从实验结果得知，衣蛾喜欢逗留在温度22～33℃。由此，研究小组建议，如果家里的衣物发现有衣蛾的身影，可以采用把衣服搬出来放在阳光下暴晒的方法，能够起到减少或防止衣蛾的作用。

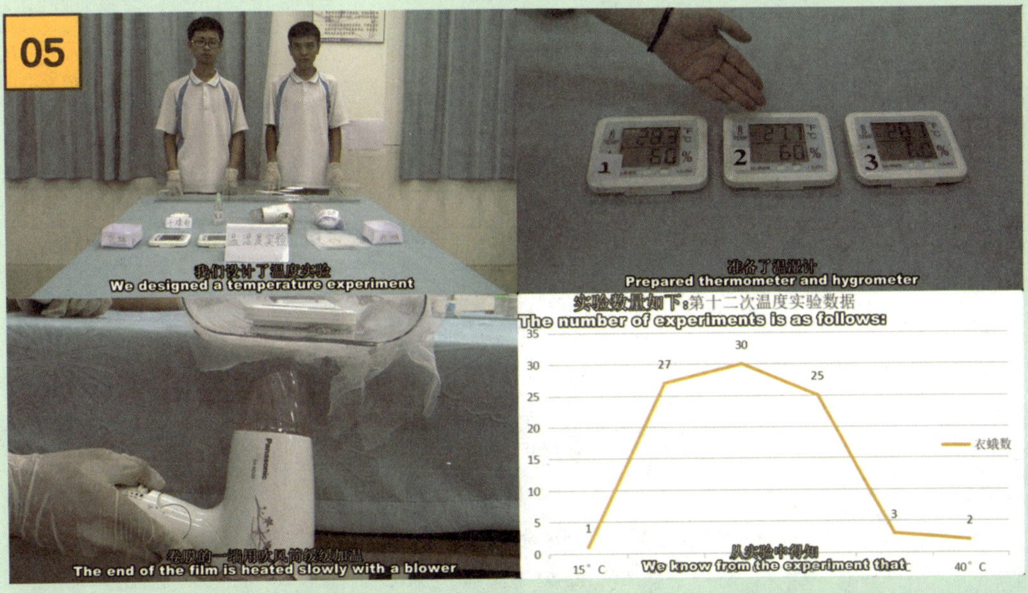

他们还讨论设计了一个湿度实验，他们把衣蛾放进卷膜里，用干燥剂、喷壶代替温度实验中的吹风筒、冰块。卷膜的一端放干燥剂，另一端使用喷壶加湿。观察湿度和衣蛾的数量变化，每隔5分钟观察一次，实验进行了1小时。从实验结果得知，衣蛾喜欢待的湿度为60%～95%。由此，研究小组建议房间内要时常保持通风透气，尽量干燥清爽，预防衣蛾的孳生。

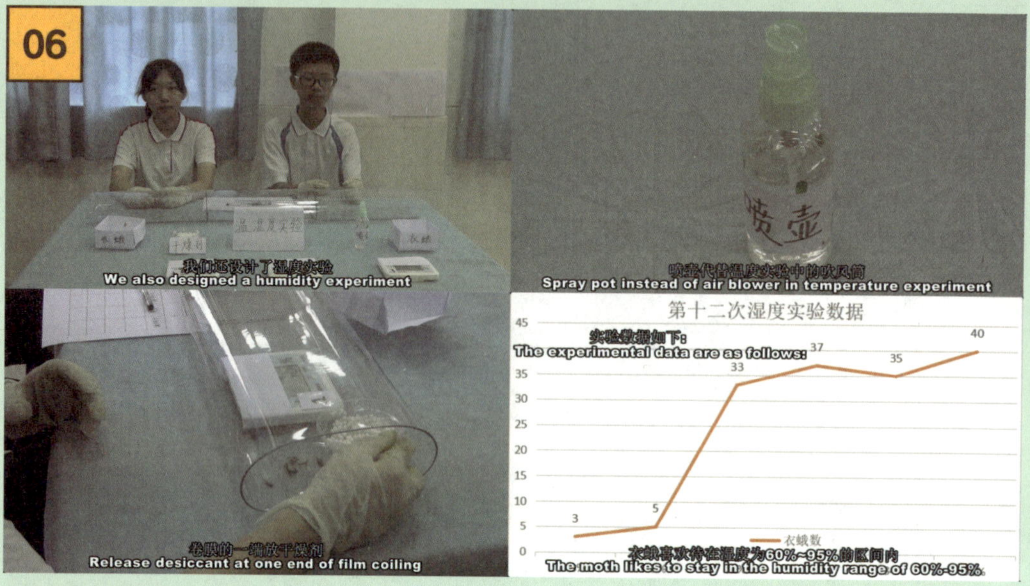

有一次，周韵熙在家里拖地，偶然发现家里的地板清洁剂居然有驱赶衣蛾的作用，那么，还会不会有其他化学溶液也可以起到防治衣蛾的作用呢？梁晓俊、廖凯云帮助周韵熙准备了酒精（消毒液）、洗衣液、白醋，他们设计了3组化学防治实验。

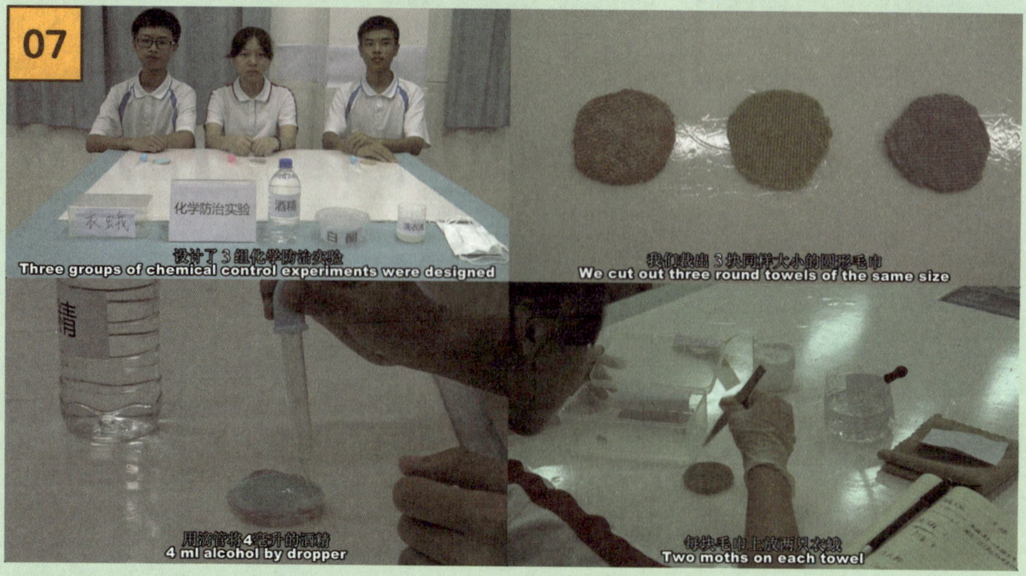

首先，他们裁出3块同样大小的圆形毛巾，用滴管将4毫升的酒精（消毒液）、白醋、洗衣粉分别滴在不同的毛巾上，每块毛巾上放两只衣蛾，观察衣蛾的变化。实验发现：

①在蘸有酒精的毛巾上，一只衣蛾马上从筒巢里挣脱出来了，连续挣扎了2分钟后不动了。他们都以为这只衣蛾死了。可是，5小时后，他们意外发现这只衣蛾再次微微地动了。

②在蘸有洗衣粉的毛巾上，他们观察到两只衣蛾探出头后，挣扎了一会儿就再也不动了。连续观察3天，无任何变化。

③在蘸有白醋的毛巾上，衣蛾开始向毛巾边缘跑，但是还未跑出去就在原地不动了。晚上10点衣蛾再次动了，两只衣蛾都在往毛巾边缘跑。第二天早上8点衣蛾跑到实验桌的边缘。

通过3组实验得知，洗衣粉可以快速杀死衣蛾，防治效果最明显；酒精虽然不能马上杀死衣蛾，但是也有消灭的效果；而白醋始终未能杀死衣蛾，只能起到防治驱赶作用。

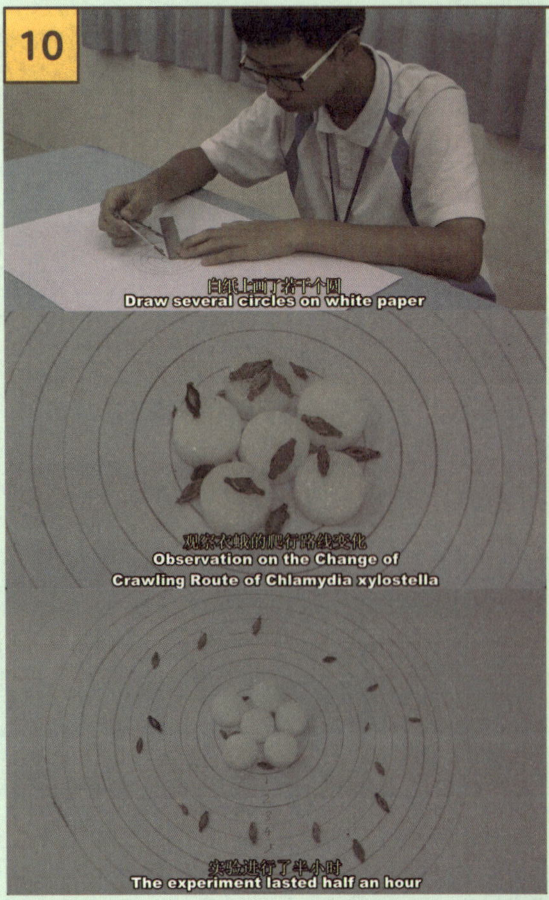

继续查阅资料得知，樟脑丸对衣蛾也有防治作用。于是，梁晓俊和康凯云设计了樟脑丸防治实验。他们在白纸上画了若干个圆，将20只衣蛾和5颗樟脑丸同时放在圆心位置，观察衣蛾爬行路线的变化。实验开始时他们发现5只衣蛾立刻往圆圈外面跑。他们每隔5分钟观察一次。实验进行了半小时，衣蛾全跑到了圈外。

为了数据的准确性，研究小组还设置了一组没有放樟脑丸的白纸作为对比实验，观察发现：有些衣蛾就一直停留在原地不动，有些慢悠悠地挪动出去，有些又爬回来原点。通过两组实验，可以明显知道樟脑丸对衣蛾确实可以起到一定的驱赶作用。家里也可以尝试在衣柜里放置樟脑丸来驱赶衣蛾。

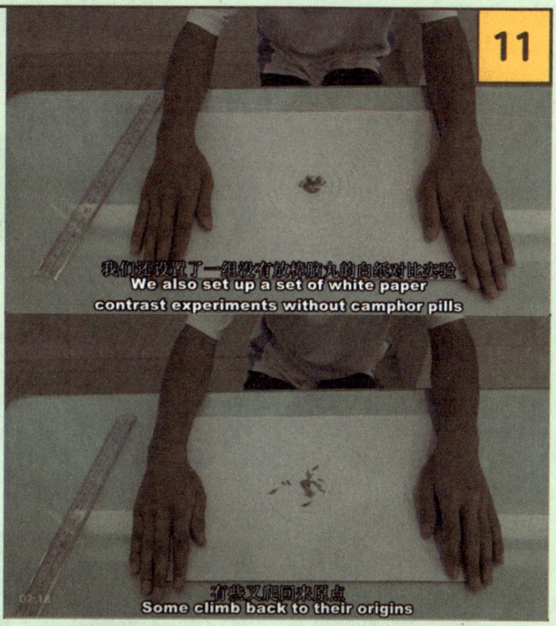

以上实验得出酒精、洗衣粉、白醋、樟脑丸对衣蛾有一定的防治作用。下一步周韵熙、梁晓俊、廖凯云准备尝试用生物防治，如壁虎、蜘蛛等。研究还在继续，期待他们的最新分享成果。

专家点评

衣蛾是鳞翅目谷蛾科（Tineidae）内有类似短片中介绍的那种造巢行为的一小群小蛾类，它们常见于人类居家环境中和野生动物的巢穴内，包括许多个属、种。中国对衣蛾缺乏研究，影片中展示的这种蛾子体、翅颜色较黑，翅上斑点模糊，与中国常见的几种衣蛾明显不同，建议继续深入研究。

短片给我们介绍了一种生活在人类身边的小小蛾类，3位科学少年对校园建筑物内常见的一种室内昆虫进行了细致的观察、记录，成果展示清晰，使观众对衣蛾这一类不引人注目的小蛾类的生存环境有了初步认识，是一份衣蛾生态调查报告。

这份报告告诉我们生物多样性其实不只发生在深山老林、人迹罕至的密境，许多昆虫和小动物就居住在人类的居所中，生活在我们身边。多数情况下我们对其视而不见，但有时我们又将其视为威胁，认为它们是闯入家门的害虫，欲除之而后快。创作团队用镜头“把无限放在掌心，让永恒收藏刹那”，通过这种小小蛾子让我们去领略“一虫一世界”的生命奇迹。

短片选题很有意义，但是探究层次不太清晰。拍摄中，除特写画面之外，其实科学少年的探究活动、遇到的困难也是科学微电影的有机组成部分。

3位科学少年在出镜过程中不够自然，建议在出镜时要专注于自己的实验；后期制作中要注意同期声的运用，这样可以让观众更有代入感。背景音乐的选择不够恰当，有些部分声音过大，导致听不清楚解说。后期制作上要再下功夫！

十四、棉红蝽

2020 Hong Kong-New York • International Youth Science Video Fair

國際青少年科學影像大賽

獲獎證書

茲頒發給優秀科學微電影「一等獎」獲得者。特頒此證，以資鼓勵。

項目名稱 ：棉紅蝽

作　　者 ：阮心妍、羅翠瑤、麥嘉欣

所在學校 ：中國廣東省佛山市順德區胡寶星職業技術學校

指導教師 ：譚淑芬、盧偉玲

國際青少年科學影像大賽評審委員會主席

姜冬梅 博士　袁小軍 博士

2020年10月5日於香港　2020年10月5日於紐約

主辦方：HKYSA 香港青少年科學院 Hong Kong Youth Science Academy　COLUMBIA UNIVERSITY IN THE CITY OF NEW YORK LAMONT-DOHERTY EARTH OBSERVATORY

2020 Hong Kong-New York • International Youth Science Video Fair

The First Place Of Grand Award

is hereby awarded to

Xinyan Ruan, Cuiyao Luo & Jiaxin Mai

from

Hu Baoxing Vocational and Technical School (Guangdong, China)

for their discovery video project on

Red Cotton Bug

under supervision of

Shufen Tan & Weiling Lu

Dr. Dongmei Jiang
CO-Chair
International Youth Science Videos Fair

Dr. Xiaojun Yuan
CO-Chair
International Youth Science Videos Fair

Organizers: HKYSA 香港青少年科學院 Hong Kong Youth Science Academy　COLUMBIA UNIVERSITY IN THE CITY OF NEW YORK LAMONT-DOHERTY EARTH OBSERVATORY

在内地观赏影片：

在境外观赏影片：

探究故事

蓝鲸的话

阮心妍在一篇微博上看到了棉红蝽搬棉籽的有趣现象，文中提到“这是木棉籽与棉红蝽之间的生命博弈”。这种红色的昆虫在校园里有，结棉籽的木棉树在校园里也有，于是她决定把棉红蝽奇特的行为现象搬上屏幕。鲜红色的棉红蝽衬托在翠绿色的叶子上，对比尤为鲜明，让观众看得心醉，3位女“科学家”正在用摄像机观察着、拍摄着，透过镜头，她们的心中正在放飞一个又一个好奇。

阮心妍和麦嘉欣的学校里有一个植物园，这里种植了各种植物。她们在植物园里发现了一群红色的昆虫，正在合力搬运木棉结的籽，看来它们是要将棉花籽搬运到自己的巢穴里。

01

这些小虫子为什么不就地用餐，而是要把棉籽搬运走呢？随后两天的大雨揭晓了答案。当阮心妍和罗翠瑶带着她们的小伙伴麦嘉欣再次来到田地里时，她们看到上次发现虫子的地方已经被雨水冲烂，而剩下的棉籽也已经开始发芽了。看来如果当时那些小虫子不把棉籽搬运到巢穴里，那么现在就没有食物吃了。这些红色的小虫子还真是很机智呢！

阮心妍在网上查阅资料了解到，这些红色的小虫子叫棉红蝽，生活在枯枝树叶和地缝中，主要危害青铃和棉铃，是一种农业害虫。那么，应该怎样降低棉红蝽的危害呢？她们决定先了解棉红蝽的生命周期。

棉红蝽的成虫会将尾部连接在一起进行交配，交配时间可达数小时之久，在这期间，它们还会不断取食来补充营养。罗翠瑶和麦嘉欣为棉红蝽打造了一个生态箱，尽量模拟棉红蝽的野外生存环境。她们捕捉了一对正在交配的棉红蝽，将它们放进生态箱进行观察。

棉红蝽刚出生的卵为半透明的黄色；6天后颜色变深，呈现橘黄色；再过两天卵孵化出一龄幼虫，一龄幼虫通体红色，如芝麻般大小；又过两天，一龄幼虫蜕皮为二龄幼虫，二龄幼虫比一龄颜色更加鲜艳，身体也变为椭圆形；再过两天后，二龄幼虫蜕皮成为三龄幼虫，这时它的四肢和头部已经变黑，头部和胸腹部已经可以明显地区分出来；3天后三龄幼虫蜕皮变为四龄幼虫，此时翅膀开始明显，身上的斑色开始明显；5天后四龄幼虫变为五龄幼虫，体形继续变大；五龄幼虫3天后蜕皮变为成虫，成虫身体为橘黄色，背部和双翅的斑点变为黑色；成虫10天内进行交配，然后产卵，这就是棉红蝽的整个生命周期。

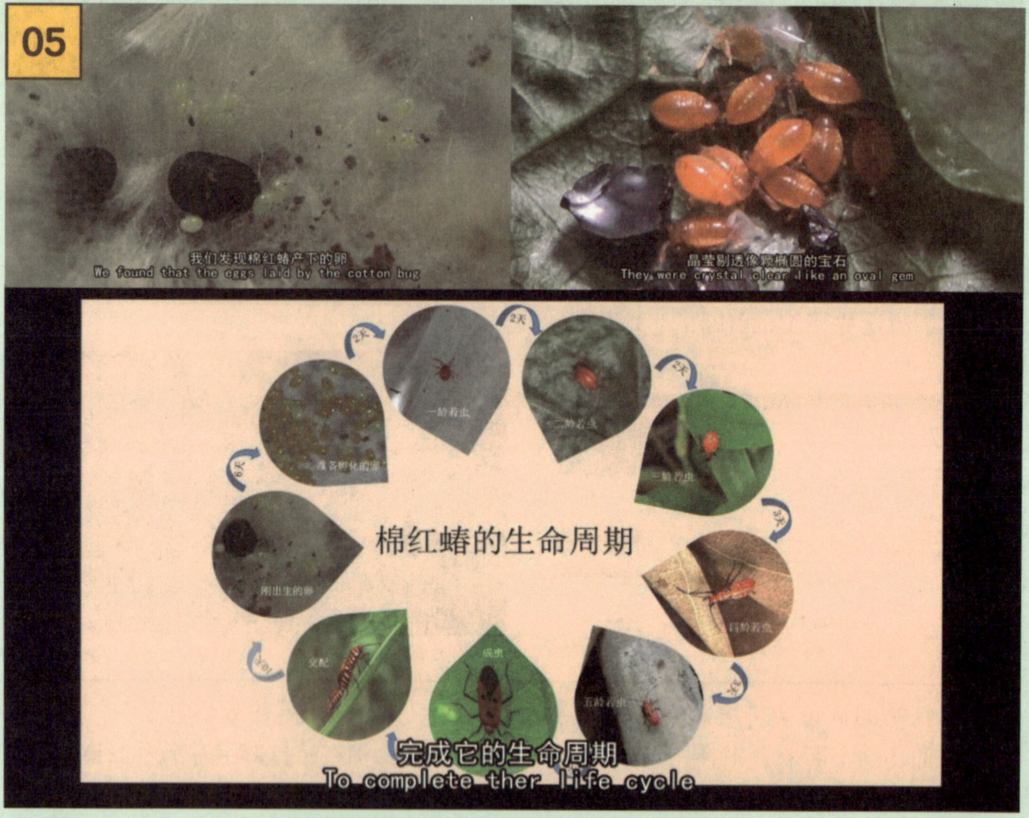

在观察棉红蝽的生命周期时，阮心妍和麦嘉欣发现它们还吃叶子和鬼针草，甚至在没有食物的情况下，还会吸食死去同伴的尸体，可见它们是杂食性的昆虫。搞清楚了棉红蝽的食性，麦嘉欣提出心中又一个疑惑，棉红蝽的身体颜色如此鲜艳，而且还经常在绿色的草地和树叶间穿行，难道它们一点都不怕鸟类来吃它们吗？

阮心妍和麦嘉欣决定再设计一个实验来揭开这个谜底。她们捉来了白头翁、禾谷、四喜和禾雀这4种在顺德常见的鸟，将4种鸟放进一个大帐篷里，再放一些棉红蝽到同一个大帐篷中，观察这些鸟是否会捕食棉红蝽。经过一段时间的观察，他们发现鸟根本不吃棉红蝽，即使看到了，啄几下，也不会吃下去，看来棉红蝽的天敌并不是鸟类。

此时，阮心妍回想到，在她们观察和捕捉棉红蝽的时候，经常会在附近看到一些蜘蛛，那蜘蛛会不会是棉红蝽的天敌呢？随后她们又来到田地进行观察，果然观察到了蜘蛛捕食棉红蝽的场景。

棉红蝽的幼虫和成虫都会危害刚开裂的棉铃，会对棉花的种植和生产带来很大的问题。阮心妍也了解到，目前除掉棉红蝽的主要方式是喷洒农药，但喷洒农药会对整个生态系统带来很大的危害，也许可以利用蜘蛛进行生态防治，既能达到控制棉红蝽的目的，也能维护生态平衡。

专家点评

短片记录了棉红蝽搬运棉籽的行为，并分析其原因，认为是“要在下雨前和棉籽发芽前把棉籽搬回家，否则它们没有粮食吃，而棉籽必须尽快发芽，否则就会沦为虫子们的腹中餐，这是棉籽和棉红蝽的生命赛跑，是植物和动物之间的生死较量，是大自然生命之间的生存博弈”，类似的博弈在橡实和橡实象甲中真实存在，在棉籽与棉红蝽之间还没有人提出这样的观点，需要进一步研究。此外，短片还研究、观察、记录了棉红蝽的生活史和其重要天敌——蜘蛛，但探究并不够深入。

从棉籽到棉红蝽，再到蜘蛛，短片中的科学少年们认真观察、仔细研究、表达流畅，生物类选题大家较为熟悉，如何拓展空间，提升此类选题的创作手法，值得师生继续思考，付诸行动，多实践。科学少年们能从生态防治的角度给出建议，体现了对生物多样性的了解和对大自然的热爱。

十五、吸血水蛭

2020 Hong Kong-New York • International Youth Science Video Fair

國際青少年科學影像大賽

獲獎證書

茲頒發給「HMA」**關愛生態環境專項獎** 獲得者。特頒此證，以資鼓勵。

項目名稱 ：吸血水蛭

作　　者 ：陳淞勝、梁雪怡、馮海、陳皓

所在學校 ：中國廣東省佛山市順德區胡寶星職業技術學校

指導教師 ：盧小衛

國際青少年科學影像大賽評審委員會主席

姜冬梅 博士　　袁小軍 博士

2020年10月5日於香港　　2020年10月5日於紐約

主辦方：HKYSA 香港青少年科學院 Hong Kong Youth Science Academy　COLUMBIA UNIVERSITY IN THE CITY OF NEW YORK LAMONT-DOHERTY EARTH OBSERVATORY

在内地观赏影片：

2020 Hong Kong-New York • International Youth Science Video Fair

HMA Special Award Care for Ecology and Environment

is hereby awarded to

Songsheng Chen, Xueyi Liang, Hai Feng & Hao Chen

from

Hu Baoxing Vocational and Technical School(Guangdong,China)

for their discovery video project on

Blood Sucking Leech

under supervision of

Xiaowei Lu

Dr. Dongmei Jiang
C0-Chair
International Youth Science Videos Fair

Dr. Xiaojun Yuan
C0-Chair
International Youth Science Videos Fair

Organizers: HKYSA 香港青少年科學院 Hong Kong Youth Science Academy　COLUMBIA UNIVERSITY IN THE CITY OF NEW YORK LAMONT-DOHERTY EARTH OBSERVATORY

在境外观赏影片：

探究故事

蓝鲸的话

奥斯卡的大片中总是会出现“吸血鬼”的形象，而青少年科学探究项目中则总是会出现“吸血虫”——水蛭。胡宝星职业技术学校的4位科学少年对这种生物既害怕又好奇，他们决定用科学研究的方法消除恐惧。在完成对水蛭的研究后，科学少年深有体会地告诉大家：“在大自然中没有永远可怕的生物，只要我们愿意去接触、去了解这种生物，就必定会发现其不被人知的一面，这是大自然多姿多彩的多样性，也正是大自然的迷人之处。”那就让我们跟随他们的镜头，一起去看看水蛭到底可怕不可怕吧！

每到周末，陈淞胜就会与几个小伙伴到自家的田地里，帮家人下田务农。就在他们把刚摘好的菜拿到塘边清洗时，他的朋友冯海发现手里的菜叶上有一个蠕虫状的黑色生物。

冯　海：“这个是什么啊，看起来好恶心啊！”

陈淞胜：“这个应该是水蛭吧，我听我爷爷讲过，这种东西会吸血的。”

冯　海：“这么可怕！如果人被这东西黏上的话，岂不是白白看着自己的血被吸走了？！”

陈淞胜：“不会的，爷爷讲过，这种东西一般撒点盐就可以杀死了，不用害怕。”

冯　海：“真的这么简单就可以了？这玩意儿可是吸血的！我害怕！”

为了研究这种吸血的黑色虫子到底可怕不可怕，他们抓了几条水蛭带回学校研究。他们先上网查找了一些资料。原来水蛭又名水蚂蟥，是一种吸血环节生物。

水蛭身体背腹呈扁形，前端较窄，全体成叶片状或蠕虫状。体色为杂色斑，整体环纹显著，体节由5环组成，一般为34节，末7节愈合，每环宽度相似，头尾部各有吸盘，前吸盘较易见，后吸盘更显著，吸附力也强，身体各节均有排泄孔，开口于腹侧。

水蛭在水中常采用游泳的方式运动，即背腹肌收缩、环肌舒张，身体平铺如一片柳叶，波浪式向前运动。水蛭离开水体时，先用前吸盘固定，后吸盘松开，身体向背方弓起，后吸盘移到紧靠前吸盘处吸着，前吸盘松开向前伸展，如此交替前进，行进速度较快。

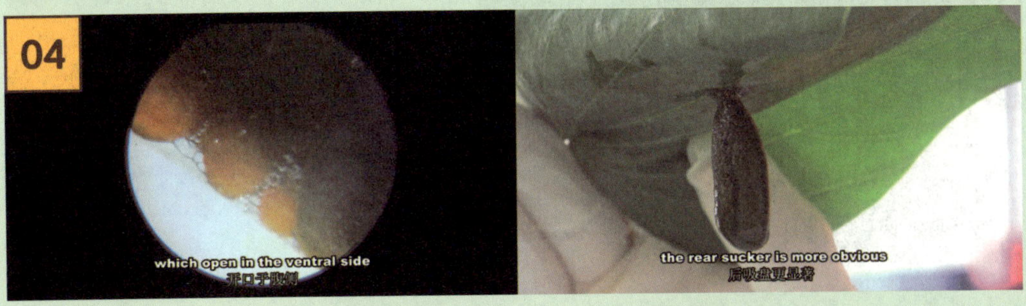

仔细观察就会发现，水蛭前吸盘上有个“Y”形嘴巴，嘴巴里还藏着颚片。资料显示，水蛭吸着动物体时，就是用颚片扎进皮肤，然后吸取血液。

05

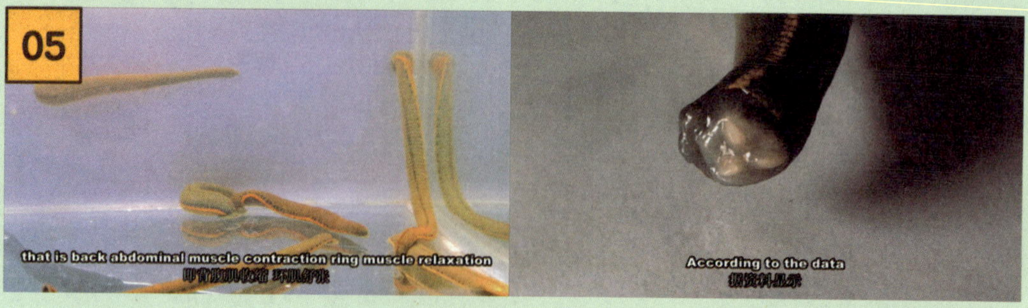

为了研究水蛭是如何吸血的，冯海从超市买来鲤鱼，和水蛭一起放入水缸中，水蛭迅速用后吸盘吸着鲤鱼腹部，前吸盘在努力寻找下口的位置，不一会儿前后吸盘紧紧吸住鲤鱼身体，任由鲤鱼如何挣扎，都摆脱不了。12分钟后，水蛭自动松开鲤鱼，鲤鱼腹部有凹陷的伤口，但是因为有鳞片保护，没有看到伤口上有血。

06

07

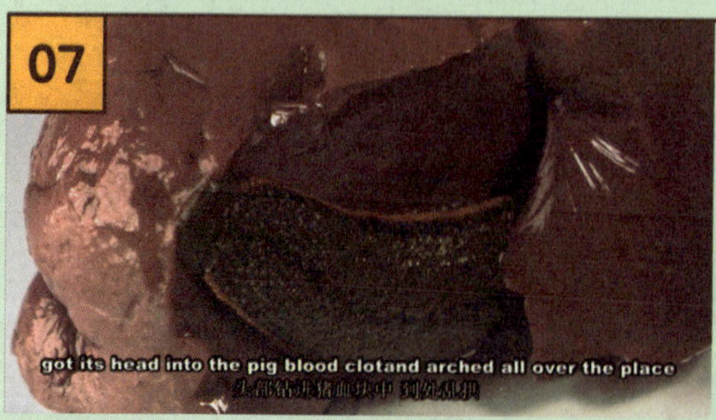

接着几天也没有看到水蛭吸到鲤鱼身上的血。于是，冯海又买来猪血块给水蛭吸，水蛭一见到猪血块，就一头钻进去，到处乱拱，直到把整个身体埋进猪血块里。

如果在生活中不小心被水蛭吸附在皮肤上，那该怎么办呢？他们准备了盐、小苏打、洗衣粉、酒精。看一看哪种物品会对水蛭吸血产生影响。首先戴上手套，让水蛭吸附在手套上，然后在水蛭的身上撒上盐，观察到水蛭马上从手套上脱落到实验台上，身体卷缩，并开始脱水，直到不能动弹。接着，取另一条水蛭吸附在手套上，把小苏打撒在水蛭的身上，水蛭迅速松开吸附，身体竭力地伸缩，30秒后水蛭前吸盘开始不断吐出红色液体。他们立即把水蛭放进水里，最后它活了下来。

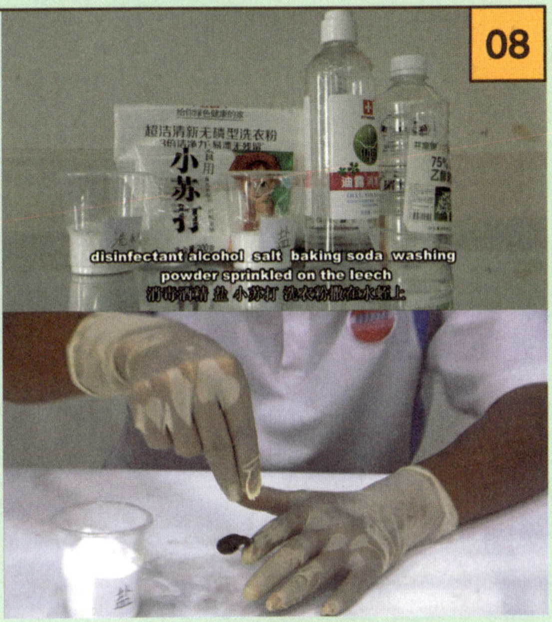

然后把洗衣粉撒在水蛭的身上，水蛭先松开吸附，身体伸缩，但伸缩幅度不大，随后水蛭前吸盘同样流出红色的液体。他们试图把水蛭放进清水里营救，但此时看到水蛭表皮浮现出来。他们推断可能是因为洗衣粉遇水会发热，发热对水蛭皮肤造成灼烧，导致水蛭脱皮。最后是酒精，他们用滴管把酒精滴在水蛭的身上，水蛭从手套上松脱到实验台上，身体瞬间分泌出黏稠的淡黄色液体，并蜷缩成团。他们立刻尝试营救，但触碰发现水蛭身体瘫软，已经死亡了。

10

实验显示，水蛭对盐、小苏打、洗衣粉、酒精都有强烈的反应，其中酒精是最快导致水蛭死亡的。在日常生活中，如果遇到水蛭吸附到我们皮肤上的这些情况的话，大可不用惊慌，可以拿家中的消毒酒精、盐、小苏打、洗衣粉等撒在水蛭上，就可以让我们马上脱离水蛭的伤害了。

在大自然中，没有永远可怕的生物，只要我们愿意去接触，愿意去了解这种生物，就必定会发现其不为人知的一面。这就是大自然多姿多彩的生物多样性，也正是大自然的迷人之处。

专家点评

水蛭种类很多，《中国动物志·无脊椎动物·第五卷·环节动物门·蛭纲》中记载，我国真蛭亚纲2目8科33属76种与亚种。其中吸血的种类不多。影片中的水蛭看似菲牛蛭，是著名的药用动物、优良的养殖种类，建议深入研究。

短片通过水箱摄影等方式，以高清晰度画面记录了大量水蛭运动、进食等视频素材，包括显微摄影等手段，活灵活现。配乐无特点，可改进。对水蛭进行了研究，尤其是鲤鱼与水蛭的搏斗，画面充分展示了这种生物的特点。对水蛭的多种测试，如果有详细分析就更好。

对于水蛭，相信很多人听到后都会害怕，科学少年们却选择研究了这个可怕的小虫子。他们的研究让观众了解了水蛭不为人知的一面。

第四篇

相互依存的生态

十六、“节”外生枝

2019 New York • International Youth Science Video Fair

國際青少年科學影像大賽

獲獎證書

茲頒發給**「亨達」關愛生命專項獎**獲得者。特頒此證，以資鼓勵。

項目名稱 ：「節」外生枝

作　　者 ：王泓乾、張小令、趙梓宵、宋子晗

所在學校 ：清華大學附屬中學、上海上實劍橋外國語中學、

上海建平實驗中學、鄭州師範學院附屬小學

指導教師 ：劉海鵬、楊柳

國際青少年科學影像大賽評審委員會主席

姜冬梅 博士　袁小軍 博士

2019年9月30日至10月6日於美國紐約

主辦方： HKYSA 香港青少年科學院 Hong Kong Youth Science Academy　COLUMBIA UNIVERSITY IN THE CITY OF NEW YORK LAMONT-DOHERTY EARTH OBSERVATORY

在内地观赏影片：

2019 New York • International Youth Science Video Fair

Hantec Special Award — Care for Life

is hereby awarded to

Hongqian Wang, Xiaoling Zhang, Zixiao Zhao & Zihan Song

from

Tsinghua University High School, Shanghai Experimental Foreign Language School, Shanghai Jianping Experimental Middle School, Primary School Affiliated to Zhengzhou Normal University

for their discovery video project on

Find Me If You Can

under supervision of

Haipeng Liu & Liu Yang

Dr. Dongmei Jiang
CO-Chair
International Youth Science Videos Fair

September 30 to October 6, 2019
New York, USA

Dr. Xiaojun Yuan
CO-Chair
International Youth Science Videos Fair

Organizers: HKYSA 香港青少年科學院 Hong Kong Youth Science Academy　COLUMBIA UNIVERSITY IN THE CITY OF NEW YORK LAMONT-DOHERTY EARTH OBSERVATORY

在境外观赏影片：

探究故事

蓝鲸的话

猜想能力对于科学家来说，就像是望远镜对于天文台，能帮助科学家脑洞大开，思考得更加深远。但是所有的猜想，都需要不断搜集事实与证据，小心严谨地加以论证。短片中的4位科学少年在香港仔郊野公园发现了大量竹节虫，他们会提出怎样的猜想，又会怎样展开论证呢？我们一起来看看由香港竹节虫引发的猜想吧！

来自北京的王泓乾、上海的张小令和赵梓宵、郑州的宋子晗在香港的郊野公园里发现了一种长得像树枝的虫子。经过查阅资料，他们发现这种昆虫叫竹节虫。从《香港的竹节虫》这本书中得知，在郊野公园里大量发现的这种竹节虫叫香港长肛蝻，是香港特有种，但书中却说这种竹节虫数量稀少。书中说竹节虫是植食性的，喜食比较软的阔叶，而且作者建议，将这种竹节虫与另外几种列入保护名录。

但赵梓宵和宋子晗发现竹节虫的地方大多是光秃秃的枝条，他们猜测会不会是竹节虫把树叶啃食干净了。带着疑问，赵梓宵在网上搜寻了有关竹节虫的文献信息。发现湖北当阳和巴东分别在2018年和2012年7月10日发生竹节虫大暴发的情况，而陕西安康则在2012年、2018年、2019年多次发生竹节虫灾害。那么香港会暴发竹节虫灾害吗？

竹节虫的暴发期是6—7月，这些暴发地的共同点：多为温暖湿润的亚热带季风气候，暴发当年较为干旱少雨，气温偏高，且暴发前一年冬季气温较高。危害地区大部分是坡度为30度以上的山涧或农、林地交界处，植被种类丰富（阔叶林、乔木灌木分布最为普遍）。

为了探究香港是否具备竹节虫暴发的条件，王泓乾从香港天文台调阅了近11年香港冬季（12月至翌年2月）的平均气温和夏季（6—7月）的降水量。发现冬季气温呈逐年升高趋势，并且2018—2019年冬季气温最高；另外近3年6—7月的降水量呈下降趋势，2020年最少，而这正是竹节虫繁殖的时期。

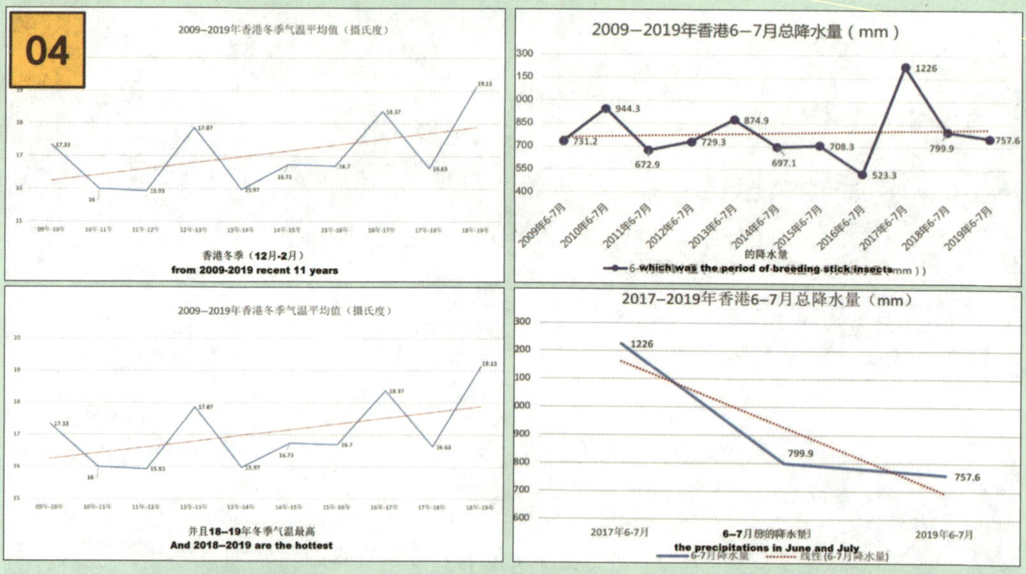

随后王泓乾又随机测量了6个观察点的坡度数据，这6个观察点数据的平均值为41.33度，明显高于30度。虽然香港位于热带与亚热带交会处，和暴发地气候有差异，但与暴发地的整体气候趋势和地形是相似的，所以竹节虫在香港是具备暴发条件的。

那么香港的生态系统有没有抵御竹节虫暴发的能力呢？资料显示，香港的竹节虫的天敌有蜘蛛、鸟、蚂蚁和螳螂。资料是否准确，还有待进一步核实。

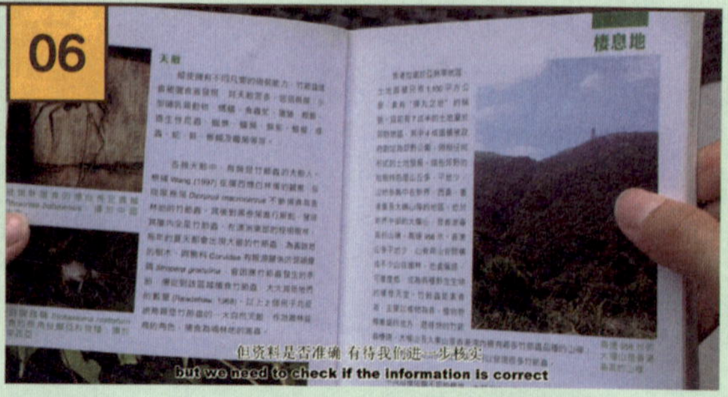

香港维多利亚公园鸟类众多，是一个试验鸟类是否为竹节虫的天敌的好地方。鸽子、麻雀从它身边走过，似乎根本没有看到草地上的竹节虫。为了吸引更多鸟类，张小令在竹节虫的周围撒上面包，并且放置了一只体形较大的雌性竹节虫和两只体形较小的幼虫。正当他们认为鸟类是不吃竹节虫的时候，白头椋鸟出现了，它在竹节虫周围徘徊、张望，接着用喙试探了一下，确认无误后直接一口咬住竹节虫，它的同伴看见后，也立即跑过来与它争抢食物。但雄性的竹节虫逃过此劫。在食物的引诱下白头椋鸟终于发现了竹节虫，如果是在树上，它还能被发现吗？

在蚂蚁面前，竹节虫伪装得更加天衣无缝。大量的蚂蚁从竹节虫身边经过，丝毫没有察觉它的存在。

斑络新妇蜘蛛，是香港仔郊野公园最大最强的蜘蛛，很少有生物能逃离它的巨大蛛网。张小令把一只竹节虫放在蛛网旁边，竹节虫根本不愿上去，前有虎后有狼，它只好被迫爬上网，但经过一番挣扎之后，竹节虫顺利地逃出了蛛网。为了验证蜘蛛是否吃竹节虫，张小令把一只竹节虫直接扔到网的正中央，经过5分钟的激烈战斗，竹节虫拜了下风，成了斑络新妇蜘蛛的囊中餐。但为此，斑络新妇蜘蛛付出了很多蛛丝和精力。而且如果竹节虫不是直接被扔到网的正中央，它是不会乖乖入网的。

为了进一步观察，王泓乾和赵梓霄用土和树枝制作了一个生态箱。又将捕捉回来的大齿螳螂和竹节虫放在一起，大齿螳螂一直没有对竹节虫下手，盯了竹节虫一会儿便走开了。或许是这只竹节虫体形太大了，螳螂不吃比自己体形大的虫子，接着换了一只竹节虫的若虫，通过观察发现，大齿螳螂仍然对竹节虫不感兴趣。

通过天敌实验发现，鸟类、蜘蛛是吃竹节虫的，但它们很难发现竹节虫，并且聪明的竹节虫也不会去自投罗网。而蚂蚁和螳螂是不会去捕食竹节虫的。

通过实地考察和资料收集数据查阅，4位科学少年认为香港在未来数年很有可能会暴发竹节虫的灾害。另外，文献能显示出来的竹节虫暴发时间最早的一次是1985年，并且近年来暴发次数逐渐增加，这与全球逐渐变暖的气候有关系吗？竹节虫这种本来在香港受到保育的物种会不会因为全球气候变暖而变成害虫呢？更深入的研究在等待着科学少年们！

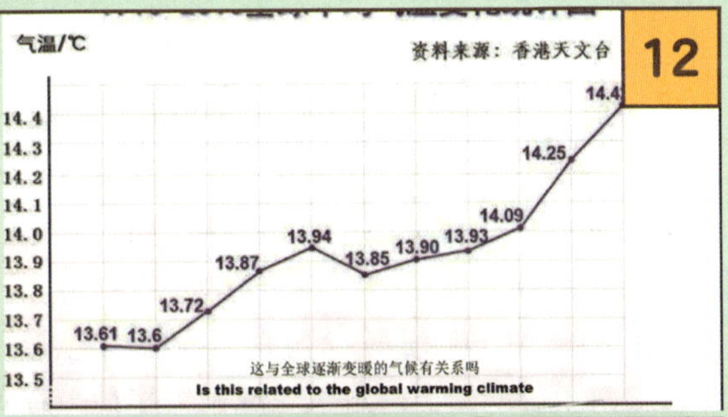

专家点评

全片“影像化”程度较高，比如，令人印象最深刻的斑络新妇蜘蛛大战竹节虫环节。这个65秒的段落中，一组多视角镜头不但完整记录了在人工干涉条件下，竹节虫误入体形庞大的斑络新妇蜘蛛的蛛网、并成为蜘蛛“网中餐”的过程，也让观众直观感受到探究小组的结论——在自然条件下蜘蛛等天敌很难捕获到竹节虫。与文献记载的竹节虫天敌——鸟类很难发现树枝间的竹节虫、蚂蚁不理竹节虫等可视化环节结合分析，探究小组的推论“在特定气候条件下竹节虫暴发可能性极高”就令人信服了。另外，本片绿色树叶色彩油润、左右摇摄无缝转场等影像语言都颇具特点。声音部分比较丰富，解说、同期声、音效、配乐等多种声音元素组合得当，配合画面代入感较强。

短片对竹节虫进行探究，提出了是否会有生物灾害这一关键的话题。团队抓住竹节虫的生存环境和天敌进行观察与调研，内容翔实，过程完整。尤其是揭示鸟类、蜘蛛等与竹节虫的关系，并且能够在表面现象中深挖个体的差异，成为作品的亮点。科学少年们在寻找竹节虫的时候表现非常自然、有趣，与竹节虫的互动中有很多同期声，如果能保留就能展现给大家最真实的感受。出镜表达需要打好腹稿，经过思考，通过语言自然而然地说出自己的发现和惊喜。如果出现口误，可以通过字幕校正。

短片中的科学少年们对在香港仔郊野公园大量出现的竹节虫进行了调查研究，通过查阅文献对竹节虫物种进行了鉴定，根据文献记载推测它们为害阔叶树，用捕食实验验证了它们的天敌种类。并通过内地竹节虫暴发危害的文献记载，结合香港近年来气温和降水的变化，推断香港有竹节虫暴发的风险。“科学少年”们大胆假设，以初生牛犊不怕虎的精神质疑了香港昆虫学家提出的将香港长肛蝻等数种竹节虫列入保护名录的建议。但是短片中出现的竹节虫并非香港长肛䗛（*Entoria victoria*），而是蔡氏短角枝䗛（*Ramulus caii*）。䗛科的不少属形态相似，鉴定困难，鉴别在很大程度上依赖于外生殖器的特征。

香港的竹节虫研究基础雄厚，资料翔实，比内地的相关研究更为深入，应该更深入地学习和理解；郊野公园是香港的一个奇迹，生态保育在全球都处于领先水平，不能用内地农田和经济林竹节虫的暴发情况去类比和推断，不能先入为主地认为植食性的昆虫就一定是害虫。建议多一些记录和实证，少一些评论和推断，要大胆假设，更要小心求证。

十七、人近雀惊飞——以香港和深圳为例探究鸟的惊飞距离

2019 New York · International Youth Science Video Fair

國際青少年科學影像大賽

獲獎證書

茲頒發給**「亨達」最佳剪輯獎**獲得者。特頒此證，以資鼓勵。

項目名稱：人近雀驚飛——以香港和深圳為例探究鳥的驚飛距離

作　　者：梁家祺、陳呈睿、盧子殷

所在學校：香港浸會大學附屬學校王錦輝中小學、深圳市寶安中學、廣東佛山市第一中學

指導教師：于洲洋、張藝

國際青少年科學影像大賽評審委員會

姜冬梅 博士　袁小軍 博士

2019年9月30日至10月6日於美國紐約

主辦方：HKYSA 香港青少年科學院 Hong Kong Youth Science Academy　COLUMBIA UNIVERSITY IN THE CITY OF NEW YORK LAMONT-DOHERTY EARTH OBSERVATORY

在内地观赏影片：

2019 New York · International Youth Science Video Fair

Hantec Best Film Editing Award

is hereby awarded to

Kaki Leung, Chengrui Chen & Ziyin Lu

from

Hong Kong Baptist University Affiliated School Wong Kam Fai Secondary and Primary School, Shenzhen Baoan Middle School & Foshan No.1 High School

for their discovery video project on

Flush Distances: A Case Study on Tree Sparrows (Passer montanus) in Hong Kong and Shenzhen

under supervision of

Zhouyang Yu & Yi Zhang

Dr. Dongmei Jiang
CO-Chair
International Youth Science Videos Fair

Dr. Xiaojun Yuan
CO-Chair
International Youth Science Videos Fair

Organizers: HKYSA 香港青少年科學院 Hong Kong Youth Science Academy　COLUMBIA UNIVERSITY IN THE CITY OF NEW YORK LAMONT-DOHERTY EARTH OBSERVATORY

在境外观赏影片：

探究故事

蓝鲸的话

你一定见过正在找食吃的小鸟，为了躲避天敌，小鸟会放弃食物赶紧飞走。但是，飞得太早，浪费了刚找到的食物，也太消耗体力；飞得太晚，有可能被天敌捕获。小鸟会计算天敌距离自己多远的时候飞走最合适。不信？你看！ 3位小科学家正在研究多远的距离会把小鸟吓得飞走。

陈呈睿来到香港，他在香港各个公园看到了很多种鸟。这些鸟离陈呈睿很近，竟然不怕他，这引起了他的好奇。为什么香港的鸟不怕人？陈呈睿告诉自己的朋友——香港的梁家祺和佛山的卢子殷。他们都是热爱科学研究的少年，对这种现象也很感兴趣，于是3人相约一起研究。

02

一起去图书馆查阅资料吧！科学家常用“鸟的惊飞距离”作为衡量人与鸟类是否能和谐相处的指标。所谓惊飞距离，是指当某一人或物接近鸟类时，接近者靠近到令鸟类觉得不安、惊扰而飞走，在鸟类惊飞之前，能接近到鸟的距离。测量人对鸟的惊飞距离，可以将鸟对人类干扰行为的耐受性量化。在我国，已经有鸟类学家在用惊飞距离这一标准来衡量鸟类对人类城市化进程的适应程度。那么，香港鸟类的惊飞距离如何？3人想展开测量。

03

但是问题来了，香港鸟的种类繁多，所有鸟都测量难度太大。卢子殷认为应选取一种有代表性的鸟进行测量。哪种鸟具有代表性呢？这种鸟需要满足容易找到、有足够数量测距两个条件。在香港各个公园，数量最多的就是鸽子和麻雀。讨论中，梁家祺认为选取鸽子不好，因为人走近鸽子时，鸽子基本不会被惊飞。有些鸽子，当你走近看着它，它都没反应。如果选取鸽子测惊飞距离，可能得不到明显的结果。麻雀的反应要比鸽子敏感，在维多利亚公园的草坪上，有大量的麻雀活动，如果选取在这里测量麻雀的惊飞距离，既可行，又有一定的代表性。

还有一个要考虑的问题，测量惊飞距离的时候，接近者应该穿什么颜色的衣服、以多快的速度接近麻雀，如果接近者手中还拿着大件物品，是否会让麻雀感觉更害怕呢？3位科学少年激烈地讨论着，他们猜想这3个因素都会影响麻雀的惊飞距离。他们决定展开探究，3人分工合作，陈呈睿作为测量惊飞距离的接近者，卢子殷负责目测麻雀的惊飞位置，梁家祺用摄像机把探究过程记录下来。

04

他们决定先探究衣服颜色对麻雀的惊飞距离的影响，选择了蓝、红、白、绿、黑5种颜色作为变量，让陈呈睿空手以1米/秒的速度接近麻雀，每种颜色分别测量5次数据。梁家祺将每种衣服颜色测得的数据计算平均值，比较发现，身穿蓝色衣服时，麻雀的惊飞距离最远；身穿绿色衣服时，麻雀的惊飞距离最近；中间红、白、黑三色衣服，麻雀的惊飞距离依次递减。

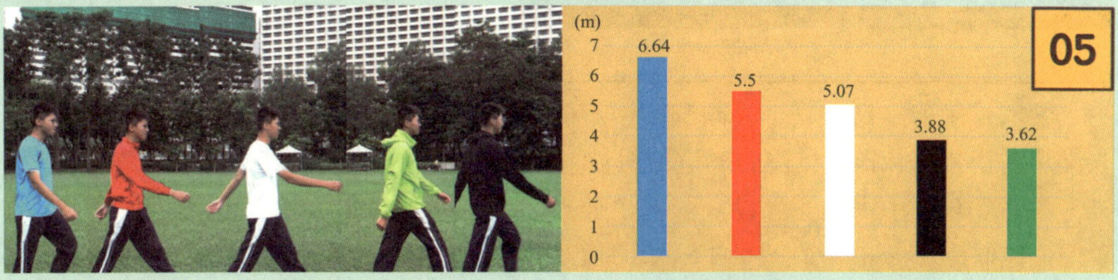

05

之后，他们探究了速度对麻雀的惊飞距离的影响。陈呈睿统一穿黑色衣服，空手，分别以0.5米/秒、1米/秒、1.5米/秒、2米/秒的速度接近麻雀，测量相应的惊飞距离，每组也是测5次。梁家祺统计结果发现，虽然有反复，但是接近者的移动速度和麻雀的惊飞距离整体上呈正相关。

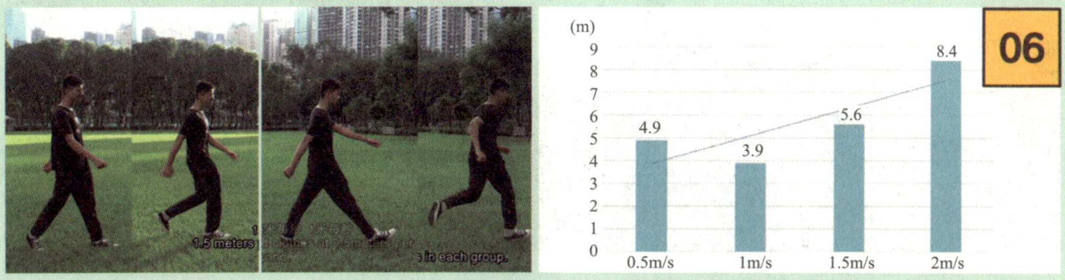

06

接下来是持物对麻雀的惊飞距离的影响。陈呈睿统一穿黑色衣服、以1米/秒的速度，分别手持三脚架、空手接近麻雀，分别测距。取平均值后，梁家祺发现持三脚架的惊飞距离远大于空手的惊飞距离。

07

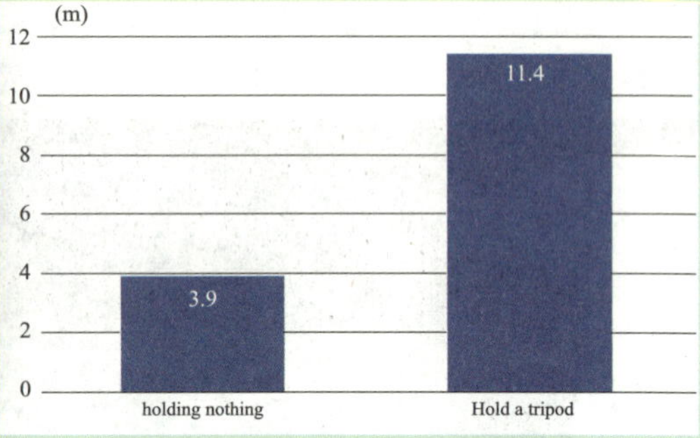

08

由此，3人得出结论，接近者衣服的颜色、移动速度、是否持物，都会影响麻雀的惊飞距离，而且差别明显。

梁家祺认为，只在一个公园测距，不能代表整个香港麻雀惊飞距离的情况，为了与维多利亚公园麻雀的惊飞距离进行对比，需要多选几个公园做麻雀惊飞距离测距。3人考察后发现，中山纪念公园、数码港公园和维多利亚公园的环境相似，都有开阔的草坪，他们计划将这两个公园纳入测距地点。他们讨论后，决定将陈呈睿扮演的“接近者”衣服颜色统一为黑色，移动速度统一为1米/秒接近麻雀作为惊飞距离测量的标准，在维多利亚公园、中山纪念公园、数码港公园分别测量麻雀的惊飞距离，每个公园测量20组数据。结果显示，3个公园的惊飞距离有所不同，数码港的惊飞距离最远，为5.9米；中山纪念公园的惊飞距离其次，为4.3米；维多利亚公园的惊飞距离最近，为3.88米。

09

另外，3人在香港动植物公园附近的马路转角处遇到了一大群麻雀，他们抓住机会，对这里的麻雀也进行了测量，结果这里麻雀的惊飞距离只有0.9米，距离之短让人吃惊。看来，公园和街角的麻雀的惊飞距离也有显著的不同。

卢子殷在查资料时发现，之前华人鸟类学家都是只在一个城市测量麻雀的惊飞距离，他认为这样得出的数据没有对比性，如果能用相同的测距方法测更多的城市就好了。陈呈睿生活在深圳，毗邻香港，他建议对深圳的麻雀也按照相同的测量标准做测量，深港之间做一个比较。

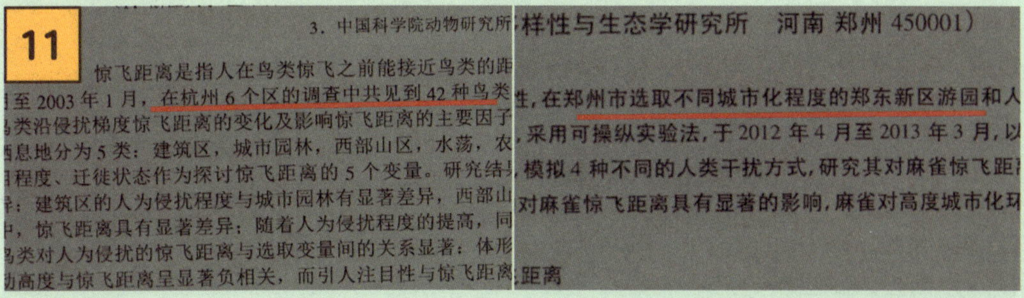

3．中国科学院动物研究所
惊飞距离是指人在鸟类惊飞之前能接近鸟类的距
至2003年1月，在杭州6个区的调查中共见到42种鸟类
鸟类沿侵扰梯度惊飞距离的变化及影响惊飞距离的主要因子
栖息地分为5类：建筑区，城市园林，西部山区，水荡，农
程度、迁徙状态作为探讨惊飞距离的5个变量。研究结
：建筑区的人为侵扰程度与城市园林有显著差异，西部山
中，惊飞距离具有显著差异；随着人为侵扰程度的提高，同
鸟类对人为侵扰的惊飞距离与选取变量间的关系显著：体形
高度与惊飞距离呈显著负相关，而引人注目性与惊飞距离

样性与生态学研究所　河南 郑州 450001）
生，在郑州市选取不同城市化程度的郑东新区游园和人
，采用可操纵实验法，于2012年4月至2013年3月，以
，模拟4种不同的人类干扰方式，研究其对麻雀惊飞距
对麻雀惊飞距离具有显著的影响，麻雀对高度城市化环
距离

说干就干，3人一起出发，在深圳也选择了3个有开阔草坪的公园，分别是东湖公园、莲花山公园和深圳湾公园，计划测量这3个公园麻雀的惊飞距离。

12

结果出乎所有人意料。在深圳的3个公园，他们几乎找不到麻雀，只能在很远的地方发现鸟，但不能辨别是不是麻雀，且这些鸟普遍惊飞距离都在20米以上，无法进行测量。卢子殷分析，遇到这样的情况，一种可能是深圳的麻雀数量确实很少；另一种可能是深圳的麻雀惊飞距离比较远，在他们视线可及范围内，麻雀就已经飞走了。不管是哪种可能，在一定程度上都显示出深圳的麻雀惊飞距离比香港要远。

13

专家点评

一个非常有趣的选题！惊飞距离是研究鸟的逃避行为的一个重要方法。很多国外科学家都开展了对鸟类惊飞距离的研究。美国科学家Livezey及其团队，通过对650种鸟类惊飞距离的研究数据整理发现，不同科目的鸟类对于人类的接近表现出各不相同的惊飞距离。巴西科学家Diogo S.M. Samia于2015年对180种鸟类的惊飞距离进行分析发现，城市中的鸟类相较于乡间的鸟类，表现出了更短的惊飞距离。2013年德国科学家Ana Catarina Miranda对于城市和乡村乌鸫惊飞个性差异进行了研究。

中国科学家对惊飞距离的研究相对较少，很多城市、很多鸟类的研究都还是一片空白。3位科学少年在大量阅读科学文献的基础上，大胆挑战了“惊飞距离”这个生态学难题。他们选取了香港和深圳的公园研究麻雀的惊飞距离，探究方法选用得当，探究过程完整，数据可信。他们希望能够就此找到人与动物和谐相处的行为规律，可能数据还显得有些单薄，但已经足以引人深思。

短片在剪辑上运用配乐节奏作为画面的剪辑点，使得同机位跳剪的画面更加流畅自然；采访与调查的交叉剪辑带来更强的代入感；测量惊飞距离的画面景别丰富且交叉自然，满足了观众对画面的期待；影片整体节奏明快、叙事流畅，让复杂的科学问题在循序渐进的画面衔接里变得通俗易懂。一句话，枯燥的科学概念“惊飞距离”，在短片中拍摄和剪辑得很好看！

3位科学少年出镜自然，拍摄和剪辑特技使用恰当，还能与主题有效结合，显得十分生动。拍摄会飞的鸟难度不小，野外工作量巨大，从3位科学少年逐渐变得黝黑的皮肤可以看出，他们在太阳下一定花费了很多功夫，充分体现了他们抓住不放、坚持不懈的科学精神。

动画设计简洁生动；脚本创作环环相扣，逻辑清晰；解说流畅，但是解说录音质量不高，同期声录制不佳，希望注意改进。

十八、生存还是繁殖，这是个问题

2019 New York • International Youth Science Video Fair

國際青少年科學影像大賽

獲獎證書

茲頒發給「亨達」最佳發明創新獎 獲得者。特頒此證，以資鼓勵。

項目名稱 ： 生存還是繁殖，這是個問題

作　　者 ： 李佳柯、韋春如、胡楹珊

所在學校 ： 佛山市順德區胡寶星職業技術學校

指導教師 ： 周洋、張亮

國際青少年科學影像大賽評審委員會主席

姜冬梅 博士　袁小軍 博士

2019年9月30日至10月6日於美國紐約

主辦方： HKYSA 香港青少年科學院 Hong Kong Youth Science Academy　COLUMBIA UNIVERSITY IN THE CITY OF NEW YORK LAMONT-DOHERTY EARTH OBSERVATORY

在内地观赏影片：

2019 New York • International Youth Science Video Fair

Hantec Best Innovation Award

is hereby awarded to

Jiake Li, Chunru Wei & Yingshan Hu

from

Hubaoxing Vocational Technical School Of Shunde

for their discovery video project on

Survival or Reproduction is a Question

under supervision of

Liang Zhang & Yang Zhou

Dr. Dongmei Jiang
CO-Chair
International Youth Science Videos Fair

September 30 to October 6, 2019
New York, USA

Dr. Xiaojun Yuan
CO-Chair
International Youth Science Videos Fair

Organizers: HKYSA 香港青少年科學院 Hong Kong Youth Science Academy　COLUMBIA UNIVERSITY IN THE CITY OF NEW YORK LAMONT-DOHERTY EARTH OBSERVATORY

在境外观赏影片：

探究故事

蓝鲸的话

在自然界中，果蝇是螳螂的美食。如果有螳螂在，果蝇会不会被吓得只顾逃命，而顾不上“结婚生子”？ 3位科学少年李佳柯、韦春如、胡楹珊想用实验证明他们的科学猜想。可是，用来做实验的螳螂和果蝇从哪里来呢？他们决定自己养。他们养活螳螂和果蝇了吗？科学实验成功了吗？是否回答了生存还是繁殖的难题？

学校社团招新的时候，科学微电影社团的李佳柯和韦春如准备了一些水果来迎接新入团的同学，但两位同学发现水果上有很多果蝇，很是令人讨厌，他们就想有没有什么方法可以控制果蝇。

社团招新结束之后，他们就在网上查资料，搜索果蝇天敌、生态防治等关键词，并没有详细的文献可以参考。他们的同学胡楹珊在家里养着螳螂，平时就是拿果蝇喂养的。他们决定看看螳螂会不会抑制果蝇的繁殖。

他们打算饲养足够的螳螂和果蝇来进行实验。首先准备好螳螂卵，等待孵化。

2月20日螳螂卵开始孵化了。一开始有黄色的小虫，从卵鞘的孔洞中慢慢地蠕动着钻出来，像气球一样鼓胀起来。慢慢地，小螳螂变得棱角分明、玲珑可爱。

刚开始他们用大小塑料盒饲养螳螂，但为了给螳螂营造一个更适宜的生活环境，他们用蚊帐、花草制作了一个“螳螂之家”。

课余时间他们把螳螂带到室外活动，设法给他们喂不同的食物，确保其营养均衡。

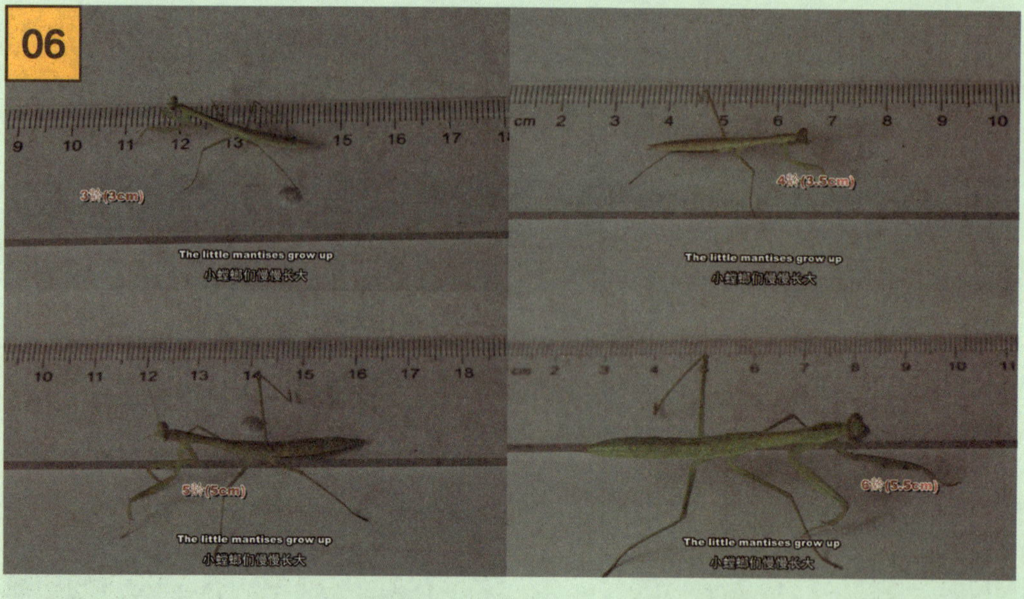

可是，怎样来捕捉果蝇呢？他们尝试了抓、叩等方法。把香蕉放进塑料袋，用来诱捕果蝇，这种方法最有效，捕捉的果蝇数量最多。

有了足够的螳螂和果蝇，他们开始设计实验。把实验箱分成两部分，中间用隔板隔开，分别放果蝇和螳螂。对比观察果蝇在看得见和看不见螳螂情况下的繁殖情况。

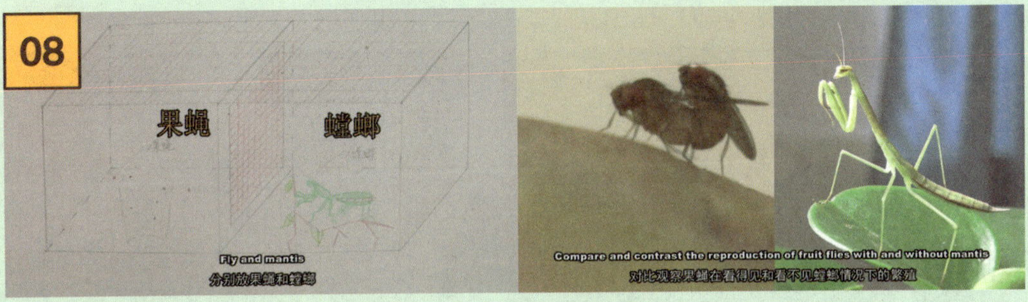

他们用剪刀、手工刀、三角尺、双面胶、纱布过滤棉和泡沫板制作了9个实验箱。用橡皮泥密封，精心制作培养基，放入螳螂、果蝇。A组只放果蝇，B组果蝇能闻到螳螂的气味，相互也能看得见。C组果蝇能闻到螳螂的气味，但是相互看不见。

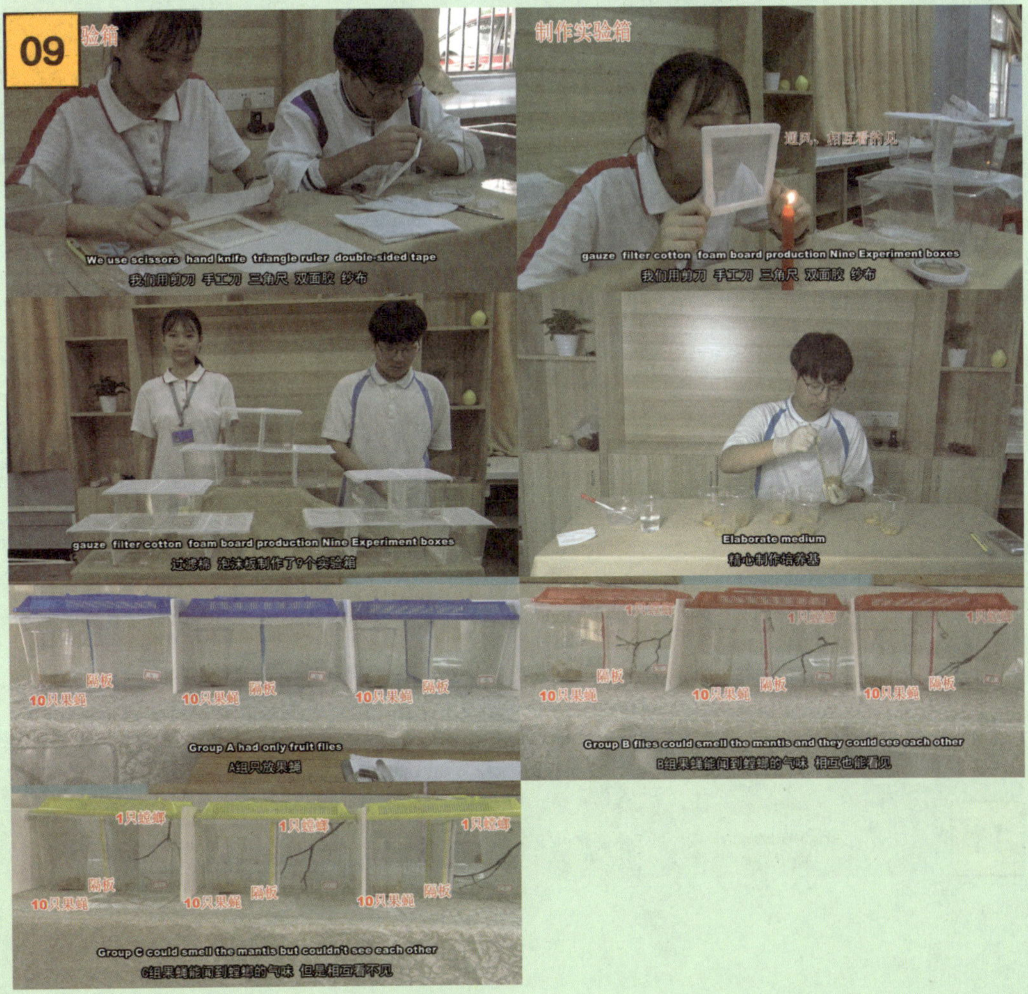

4月11日，他们开始实验。每天中午12点记录温度、湿度，统计果蝇幼虫、果蝇蛹的个数，照顾螳螂、果蝇。4月25日，历时14天的实验结束，他们统计果蝇数量。实验结果显示，A组平均257只，B组平均172只，C组平均214只。

10

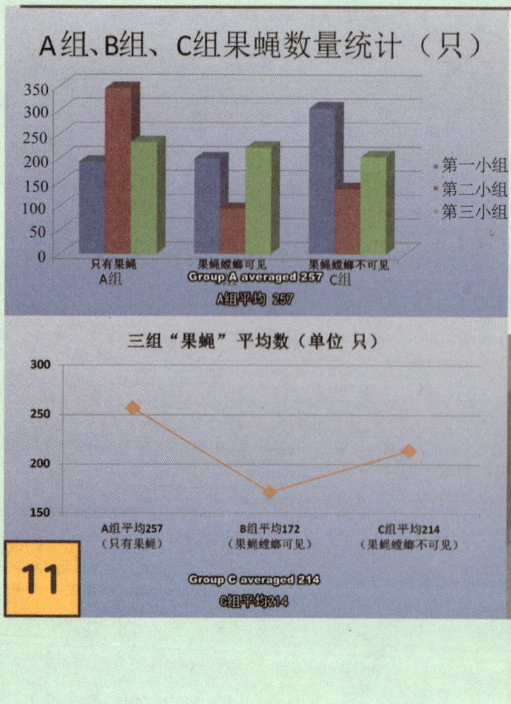

11

实验结果显示，有螳螂时，果蝇的生育率有明显下降。但他们分析，有可能果蝇的年龄和雌雄比例不一定相同，放入时果蝇也可能受伤，密封和实验箱盖的颜色不同，这些因素都有可能导致实验数据有一定的偏差。

他们进一步改进实验，把香蕉放进9个透明塑料杯捣碎。9天后杯壁上都有大量的蛹。如何取出30个蛹放进实验箱呢？直接剪下9个杯壁，保留30个蛹。用培养基制作9个果蝇杯，饲养的螳螂慢慢长大，可能对果蝇更有威慑力。

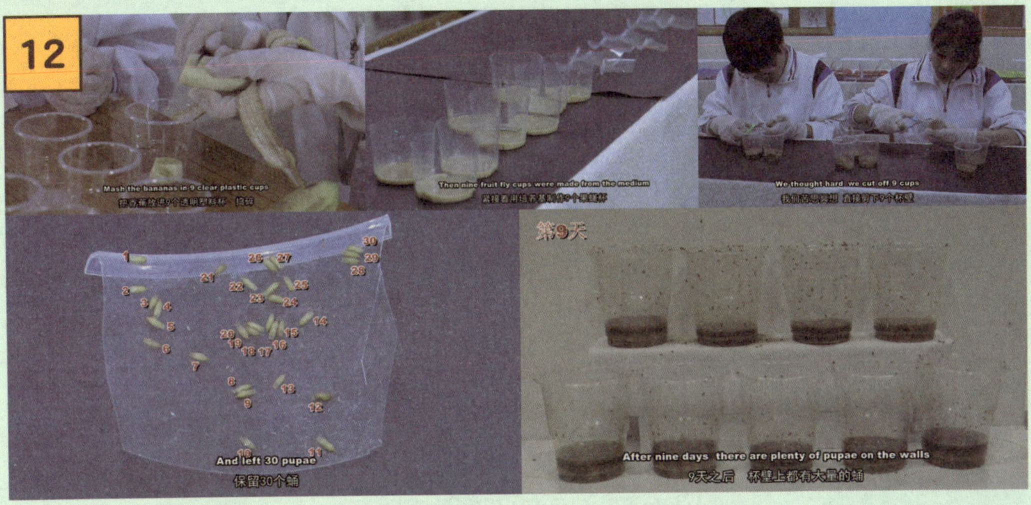

5月6日开始第二次实验，他们采用同样的方法观察记录。8天后实验结束，取出果蝇杯，清洗过滤。采用了实物计数、拍照定点数数的方法。结果显示，A组平均361只，B组平均194只，C组平均220只。以上两次实验证明，A组只有果蝇没有螳螂时生育率最高，B组果蝇看得见螳螂时生育率最低。

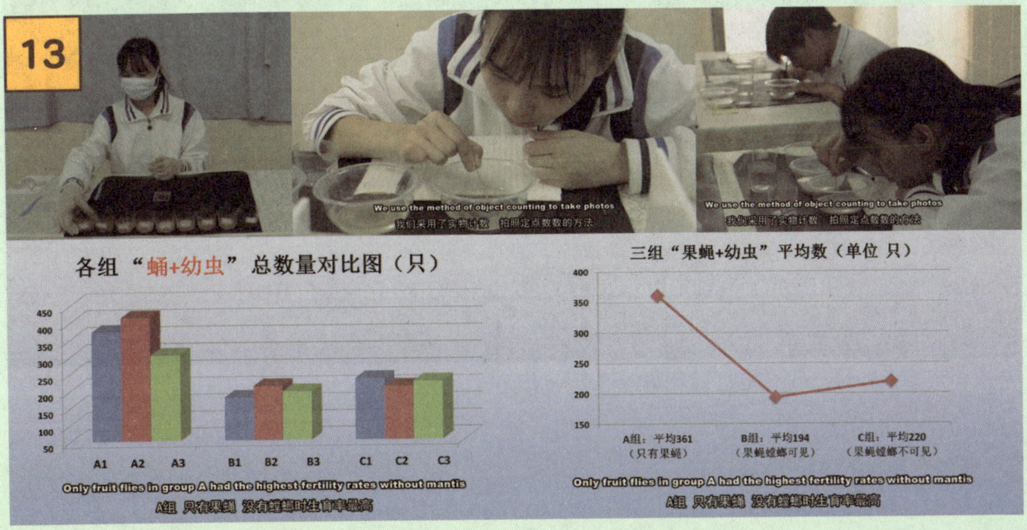

他们推论，果蝇在感知有危险时会选择减少繁育后代。所以他们向果农建议，在果园放养适量的螳螂，可以有效抑制果蝇对水果的破坏。这次实验仅证明果蝇的生育率降低了，但果蝇面临危险时，是否缩短或延长了它的寿命？他们将继续探究。

专家点评

“生存还是繁殖，这是个问题”，这是一个非常深奥的科学问题，也是一个哲学问题。物质世界是一个普遍联系的统一整体。联系是客观的、普遍的，联系的形式是多种多样的。著名的理论“蝴蝶效应”认为，一只南美洲亚马孙河流域热带雨林中的蝴蝶，偶尔扇动几下翅膀，可能两周后在美国得克萨斯引起一场龙卷风。这部科学微电影能够引起观众更多科学遐想和思考共鸣。

更难能可贵的是，3位科学少年通过饲养、观察螳螂和果蝇，设计了精巧的实验，探究了天敌昆虫和被捕食者之间的复杂联系，不仅是吃和被吃，而且用实验数据说明在有螳螂存在的情况下，果蝇繁殖行为发生了改变。

饲养昆虫很不容易！一位著名的从事植物保护工作的老前辈说过，植保工作者遇到的最大困难就是“治虫治不死，养虫养不活”。3位科学少年花费了很大精力养活了螳螂和果蝇，让专业植保工作者都赞叹不已！

3位科学少年在实验中有很多创新方法，巧妙地解决了果蝇的采集问题；剪下附着在塑料杯壁上的果蝇蛹，创造性地解决了初始果蝇蛹的定量计数和保持蝇蛹鲜活完整的矛盾问题。

用实验数据说话，是解决生态系统中复杂联系的最好方法。3位科学少年设计的对比实验数据真实、逻辑严密、分析合理、结论可信，是一个难能可贵的科学探究项目。

3位科学少年长时间的观察和实验，让观众看到了一个又一个神奇的现象，螳螂的孵化和不完全变态的生命周期、果蝇的孵化和完全变态的生命周期。作品在短短8分钟的时间里，传递了丰富的生命信息。

透过镜头，观众被神奇的生命现象所吸引；走到幕后，相信观众也会被这3位科学少年坚持不懈、克服困难的故事所吸引。希望科学少年们也能把自己生动的故事搬上屏幕！

十九、此蚱非彼蝗——关于太平山突眼优角蚱生态位的研究

2019 New York • International Youth Science Video Fair
國際青少年科學影像大賽
獲獎證書
茲頒發給「亨達」最佳拍攝獎 獲得者。特頒此證，以資鼓勵。
項目名稱 ： 此蚱非彼蝗 ——關於太平山突眼優角蚱生態位的研究
作　　者 ： 李卓桐、岑鷺、張立坤
所在學校 ： 鄭州外國語學校、Kingswood School、Johnstown High School
指導教師 ： 劉海鵬
國際青少年科學影像大賽評審委員會主席
姜冬梅 博士　袁小軍 博士
2019年9月30日至10月6日於美國紐約
主辦方: HKYSA 香港青少年科學院 Hong Kong Youth Science Academy　Columbia University in the City of New York Lamont-Doherty Earth Observatory

在内地观赏影片：

2019 New York • International Youth Science Video Fair
Hantec Best Cinematography Award
is hereby awarded to
Zhuotong Li, Bethany Lu Yao Cheung & Likun Zhang
from
Zhengzhou Foreign Language School, Kingswood School & Johnstown High School
for their discovery video project on
Not a Pest:
A Study on the Ecological Niche of Eucriotettix Oculatuses on the Peak in Hong Kong
under supervision of
Haipeng Liu
Dr. Dongmei Jiang
CO-Chair
International Youth Science Videos Fair
September 30 to October 6, 2019
New York, USA
Dr. Xiaojun Yuan
CO-Chair
International Youth Science Videos Fair
Organizers: HKYSA 香港青少年科學院 Hong Kong Youth Science Academy　Columbia University in the City of New York Lamont-Doherty Earth Observatory

在境外观赏影片：

探究故事

蓝鲸的话

益虫就是对人类生产和生活有益处的昆虫，害虫与益虫相反，往往会对人类的生产、生活产生负面影响，甚至会给植物造成死亡与严重灾害。捉到一只虫子，很多同学往往会问：“这是什么虫子？它是益虫，还是害虫？”可是“益虫”和“害虫”的定义有时却把科学少年搞糊涂了。既不是益虫，也不是害虫，那还怎么研究呢？

李卓桐、岑鹭和张立坤3位科学少年，他们把镜头聚焦到了“蝗虫的近亲”——突眼优角蚱。这种在香港太平山上数量众多的昆虫是益虫？是害虫？还是……

当大量的蝗虫聚集在一起的时候，可以造成无法想象的伤害。2004年，内蒙古蝗虫灾害面积高达1.5亿亩（1亩≈666.67m^2）。直接经济损失达到9亿元人民币。3位科学少年在香港的太平山上也发现了成群结队的蝗虫。

为了确认这群蝗虫的数量，他们决定用样方统计法，每隔50米放置一个1平方米的样方，统计5分钟内在这些区域中经过的蝗虫。他们在300米的斜坡上统计了6次。通过测量和计算，得出斜坡的平均高度为4.13米，斜坡长度为300米，平均每平方米蝗虫的数量为20只。将三者相乘，估算出太平山斜坡上蝗虫的总数量为24 780只。

02

资料显示，这种蝗虫是突眼优角蚱，属于蝗亚目。雌性体型较大，而雄性体积较小。雄性生殖器官呈船形，向上翘。雌性则有可以分开的产卵瓣。它们在日间活动，移动速度快，视觉敏锐，是陆地草食动物，可以在水中短暂生存。突眼优角蚱的特点是身侧两个凸起的尖刺以及背上交叉的图形，颜色更是有深有浅。与带来灾难的蝗虫不同，它们的食物并非庄稼，而是以山间的苔藓为主。

03

李卓桐发现，这些突眼优角蚱平日喜欢懒洋洋地趴在长有苔藓的墙壁或者地上，很少活动。所以，并不需要许多能量的它们，吃得也很少。但它们庞大的数量仍然引起了李卓桐的担心：数量如此庞大，会不会危及太平山的生态系统呢？

04

由于没有看到太平山生态系统被明显地破坏，所以李卓桐认为应该是有天敌在制衡着它们。这只突眼优角蚱，已被狼蛛捕获并拖入洞中。

05

不仅是狼蛛，斑络新妇蜘蛛的食谱里也有突眼优角蚱，当然也少不了雷式大疣蛛。体积比突眼优角蚱小很多的蚂蚁，在齐心协力下都能将它制服。

突眼优角蚱同样也是刺吸式口器泛光红蝽的盘中餐，除了蜘蛛、蚂蚁和蝽，它们还会落入谁的口中呢？

张立坤捕捉了螳螂和一些蚂蚱，制作了一个生态箱，在里面铺上了泥土、苔藓、树叶、树枝，并放置了手工制作的水池和斜坡。希望在里面观察到螳螂捕食的画面。经过漫长的等待，终于捕捉到了螳螂捕食的镜头。绿螳螂双钳紧抱这只突眼优角蚱，开始一口一口地慢慢进食。

通过野外和室内的观察，3位科学少年讨论确定了突眼优角蚱在食物链中的位置，它是食物链中的初级消费者。太平山上一般的次级消费者都会捕捉它来填饱肚子。

突眼优角蚱的大量存在，为次级消费者们提供了充足的食物源，对维持太平山的生物多样性起到了十分关键的作用。他们在太平山上发现了壁虎、蟾蜍、青蛙、螳螂，甚至是麻鹰这类食物链顶端的生物。麻鹰的出现，进一步证明了太平山食物链的完整性。

突眼优角蚱虽然属于蝗虫，但并不是害虫，而是猎物。所以，即使数量众多，也不会造成灾害，反而在保持太平山的生态平衡中扮演了不可或缺的角色。

同时，科学少年们在观察时无意中发现了一个有趣的现象。一般来说，蚱这种生物是没有群居习惯的。但相机不仅记录下了突眼优角蚱群居的场景，还记录下了它们聚众蜕皮的证据。这是否能说明它们具有社会性呢？期待科学少年对它们更加深入的研究。

专家点评

短片简洁明快，对太平山生物多样性的一分子——突眼优角蚱进行了研究。3位科学少年像侦探一样发现了主角，并进行了对食性、天敌多样性、生态平衡的判断。

短片中3位科学少年按照“问题串”展开了研究。首先，观察确定所发现的昆虫为突眼优角蚱，是蝗虫的近亲；其次，既然是蝗虫的近亲、数量众多，会不会对生态有危害呢？他们用样方调查的方法统计了它的分布和数量，数量的确惊人；最后，他们对其食性的研究发现，突眼优角蚱完全不同于一般意义上闹蝗灾的蝗虫，它们并无明显危害。3位科学少年的探究仿佛陷入了僵局，突眼优角蚱既不是害虫，也不是益虫，那它有什么意义呢？

3位科学少年并没有放弃，他们从生态平衡的角度出发，继续提问，继续探究。谁吃突眼优角蚱？它的天敌都有哪些？它在太平山生态系统中的位置是什么？对生态平衡的意义是什么？对这些问题的探究，让观众看到一种看似“无益”“无害”的物种在生态系统中的存在价值，让观众跟随镜头感受到了这一物种在生态平衡中所起的重要作用。短片探究过程完整，步骤清晰，结论可信，尤其是作品呈现出的生物多样性的意义，是一部优秀的科学探究纪录片。

短片采用大范围延时的拍摄方法，让观众对研究地点的生态环境建立了清晰的图景，有身临其境的感觉。拍摄画面清晰美观，信息量丰富。

出镜过程每一位同学都自然大方，语言干练。画面的拍摄有些设计、镜头的运用较为熟练，剪辑过程节奏感强，重点得当。

相较于其他作品的科学探究部分，野外研究是本片的亮点，室内实验研究的内容较少。作品略显单薄，对这样一种奇特的生物有待深挖，如生命周期的研究、生命周期不同阶段对生态系统的影响等，增加相对的探究深度有助于对自然界有更多的认知。

短片解说流畅简洁，但片名晦涩难懂，需要再斟酌。

二十、校园里的黑眶蟾蜍

2019 New York • International Youth Science Video Fair

國際青少年科學影像大賽

獲獎證書

茲頒發給**「亨達」最佳解說詞獎**獲得者。特頒此證，以資鼓勵。

項目名稱 ：校園裡的黑眶蟾蜍

作　　者 ：李鍬樘、陳昊、劉俊彥、覃耀安

所在學校 ：佛山市順德區胡寶星職業技術學校

指導教師 ：楊文廣、譚淑芬

國際青少年科學影像大賽評審委員會

姜冬梅 博士　袁小軍 博士

2019年9月30日至10月6日於 紐約

主辦方：HKYSA 香港青少年科學院 Hong Kong Youth Science Academy　COLUMBIA UNIVERSITY IN THE CITY OF NEW YORK LAMONT-DOHERTY EARTH OBSERVATORY

在内地观赏影片：

2019 New York • International Youth Science Video Fair

Hantec Best Commentary Award

is hereby awarded to

Qiaotang Li, Hao Chen, Junyan Liu & Yaoan Qin

from

Hubaoxing Vocational Technical School Of Shunde

for their discovery video project on

Black-eyed Toad on Campus

under supervision of

Wenguang Yang & Shufen Tan

Dr. Dongmei Jiang
CO-Chair
International Youth Science Videos Fair

Dr. Xianjun Yuan
CO-Chair
International Youth Science Videos Fair

Organizers: HKYSA 香港青少年科學院 Hong Kong Youth Science Academy　COLUMBIA UNIVERSITY IN THE CITY OF NEW YORK LAMONT-DOHERTY EARTH OBSERVATORY

在境外观赏影片：

探究故事

蓝鲸的话

瞧，他们戴着口罩，戴着手套。这部科学微电影是新冠肺炎疫情期间刚刚完成的吗？肯定不是，2019年10月在美国纽约国际青少年科学影像大赛上他们就获奖了！研究者们的安全装束和防护理念好超前啊！

来自胡宝星职业技术学校的科学少年，这次研究的是一种癞蛤蟆——黑眶蟾蜍。要知道，蟾蜍的身体滑滑的，还会分泌有毒的体液。做科学研究，绝对不能抱着“为科学牺牲”的错误态度，一定要做好防护，“马大哈”是不能当科学家的！戴好口罩和手套了吗？戴好了就出发，前方目标，胡宝星职业技术学校大操场！

在校园的草地中，科学少年陈昊、刘俊彦发现一只蟾蜍，这种蟾蜍比较特别，好像戴着一副黑框眼镜。他们对这种蟾蜍很好奇，于是与李锹樘、覃耀安一起成立了科学小组去探究这种蟾蜍。经过查阅资料得知，这种蟾蜍叫黑眶蟾蜍，为无尾目蟾蜍科蟾蜍属，以昆虫为食。

黑眶蟾蜍最大的外观特征是自吻部开始有黑色骨质脊棱，沿眼鼻腺延伸至上眼睑，并直达鼓膜上方。它全身是宝，蟾酥、蟾衣、干蟾近年来多用于治疗多种癌症。蟾蜍这么特别，科学少年们决定研究一下它的生活习性和觅食习惯。

科学少年们分别在凌晨1点、2点、3点、5点及早6点观察蟾蜍。蟾蜍大部分时间在外面捕食，6点时它们回到喜欢的隐身处。早8点至17点，蟾蜍躲在阴凉的地方休息。

通过观察得知，蟾蜍选择躲藏在近光源、隐蔽性好、较潮湿的地方。科学少年们抓了几只蟾蜍回实验室进行观察。

第一天，蟾蜍比较活跃、慌张。它们甚至用叠罗汉的方式试图爬出盒子，尝试多次没有成功后，他们变得安静起来。

第二天，蟾蜍们一动不动，难道是饿得没有力气了？于是科学少年们对蟾蜍进行了喂食。可是它们什么都不吃。陈昊、刘俊彦分析蟾蜍不吃的原因，是不是不适应陌生的环境？

4位科学少年想了一个生态观察的方法。他们在草丛里选了一块区域，用玻璃围住，把盒子里的蟾蜍放到草丛中，无精打采的蟾蜍一下子恢复了精神。他们把盒子模拟成草地的环境，再次进行观察，并想办法在晚上捕捉昆虫喂食蟾蜍。

07

08

功夫不负有心人，科学少年们捕捉了白蚁、蜂蝇、蚂蚱、面包虫、蚯蚓、蜻等。当他们把白蚁投进饲养蟾蜍的模拟环境时，蟾蜍立刻发现了美食，以迅雷不及掩耳之势完成捕食。他们接下来分别喂养了蚂蚱、面包虫、蚯蚓等，发现蟾蜍什么虫子都吃。

4位科学少年想尽办法捕捉蜜蜂和马蜂喂食蟾蜍，蟾蜍也是来者不拒。通过喂食实验得知，黑眶蟾蜍吃白蚁、蝽、蚂蚱、马蜂、蜜蜂、面包虫、蚯蚓、鼠妇、蜘蛛，不吃鼻涕虫、蝴蝶、毛毛虫。

在他们捕捉昆虫的过程中，科学少年们进一步发现校园里还有很多蟾蜍。蟾蜍的数量到底有多少呢？通过查找文献得知，用“标志重捕法”可以估计种群的数量。他们按照这一方法，随机在蟾蜍出现最多的6个地方，用捆扎绳套上号码，号码绑在蟾蜍的后腿上，并做好相对应的标记。

次日，科学少年们发现有两只回到了标记处。他们决定每天3个时段、用1周的时间跟踪观察标记过的蟾蜍。通过1周的调查，科学少年们计算得出，草丛中的蟾蜍数量约210只，枯叶区的蟾蜍数量约145只，花园里的蟾蜍数量约124只。校园里竟然至少有479只黑眶蟾蜍每天陪伴着同学们！

11

校园里黑眶蟾蜍虽然很多，但没有对同学们的生活和学习造成影响。黑眶蟾蜍是人类的好朋友，大家要好好爱护它们，与它们和谐共处！

12

专家点评

这部科学微电影是一部将身边的现象作为选题的作品，4位科学少年探究了校园中很普通的小动物——黑眶蟾蜍的有趣故事，探究了其活动规律、食性等。观察仔细，内容丰富，态度投入。

短片中科学少年们选择研究这种夜行性小动物，一定会度过许多个不眠之夜。“它不怕蜜蜂，还挺爱吃”，这个结果十分出人意料。拍摄团队用经典的动物生态学实验方法——“标志重捕法”估算了校园中蟾蜍的数量。这是一部黑眶蟾蜍保育生物学的生动教材。

短片不仅展现了黑眶蟾蜍的保育生物学基础，还很好地呈现了科学微电影的主旨——努力学习科学知识、掌握基本的科学方法、崇尚科学的精神。如果人们都能够像短片中的科学少年一样，爱护、保护野生动物，实验需要接触野生动物的时候做好隔离防护，就可以尽可能地避免意想不到的安全隐患，尤其是阻止人和动物之间的疾病传播。

短片拍摄抓住了很多瞬间的细节，剪辑时运用背景音乐进行节奏调整，整个探究过程让观众感受到了探究的快乐。创造性地模拟蟾蜍的生存环境，让观众更有代入感，能够跟随科学少年一起思考。

二十一、香港海胆与水污染的关系

2019 New York • International Youth Science Video Fair

國際青少年科學影像大賽

獲獎證書

茲頒發給優秀科學微電影「一等獎」獲得者。特頒此證，以資鼓勵。

項目名稱 ：香港海膽與水污染的關係

作　　者 ：李飛洋、廖天灝、傅一方

所在學校 ：Wooster school、皇仁書院、Meriden School

指導教師 ：張溪典

國際青少年科學影像大賽評審委員會

姜冬梅 博士　　袁小軍 博士

2019年9月30日至10月

主辦方：HKYSA 香港青少年科學院 Hong Kong Youth Science Academy　COLUMBIA UNIVERSITY IN THE CITY OF NEW YORK LAMONT-DOHERTY EARTH OBSERVATORY

2019 New York • International Youth Science Video Fair

The First Place Of Grand Award

is hereby awarded to

Feiyang Li, Tianhao Liao & Yifang Fu

from

Wooster School, Queen's College & Meriden School

for their discovery video project on

Relationship Between Sea Urchin and Water Pollution in Hong Kong

under supervision of

Xidian Zhang

Dr. Dongmei Jiang
CO-Chair
International Youth Science Videos Fair

Dr. Xiaojun Yuan
CO-Chair
International Youth Science Videos Fair

Organizers: HKYSA 香港青少年科學院 Hong Kong Youth Science Academy　COLUMBIA UNIVERSITY IN THE CITY OF NEW YORK LAMONT-DOHERTY EARTH OBSERVATORY

在内地观赏影片：

在境外观赏影片：

探究故事

蓝鲸的话

生活在海边的人很喜欢生吃海胆，海胆是一道难得的海鲜美味。但是，关注环境保育的廖天灏同学听说香港附近的海域中出现了大量海胆时，他并没有兴奋地跳起来，而是深感忧虑。他要去调查是不是真的有海胆大量出现的情况发生，海胆大量出现是否与水污染有关。

第一，要建立一个团队。2019年的暑假，科学少年李飞洋和傅一方分别从美国和澳大利亚飞到中国香港，3位小科学家组成了一个探究小组，开始了辛苦的调查工作。

第二，要准备合适的观察记录设备。他们带上了1台无人机、1台水下运动摄像机以及3台高清摄像机。

第三，必须制订出研究计划。他们打算考察香港的5个地点。万事俱备，出发吧！

3位科学少年在一场真正的科学考察中经历了什么？

他们会感慨万千地告诉你计划赶不上变化，再告诉你科学研究中失败的经历一定比成功的多，但是他们最终还是坚持把一部不算完美的真实作品呈现了出来。他们的研究还在继续，我们就先睹为快，看一看他们分享的阶段性成果吧！

香港，是一座高度繁荣的国际大都市，同时也是一座著名的旅游城市。在香港的海洋郊野公园，每年都会迎来超过1 000万的游客。廖天灏、李飞洋和傅一方来到香港海洋郊野公园游玩的时候，发现这里的海滩竖立着“小心海胆”的牌子。海胆的蛋壳外布满了棘刺，如果一脚踩上去肯定很疼！香港的海边为什么有这么多海胆？3位科学少年决定展开探究。

科学少年们查阅资料了解到，海胆是棘皮动物门下海胆纲的生物，它们已经在地球上生活了4.8亿年。海胆喜欢生活在近海温暖的浅水区，通常以海藻、珊瑚虫为食。因为海胆蛋壳外的棘刺，大部分天敌都无法突破它的防御。所以，海胆的大量繁殖，会对当地环境中的其他生物和整个生态系统造成一定的威胁。

香港的海胆分布如何？是否存在海胆大暴发的情况？科学少年们根据了解到的海胆的生活环境，选取了香港的5个海滩进行调查，分别是深水湾、浅水湾、南湾、南丫岛、石澳。

在深水湾、浅水湾两个海滩，科学少年们发现了不少的小动物，如寄居蟹和海参等，但没有发现海胆的踪影。

科学少年们又来到南丫岛，继续寻找海胆的踪迹。在香港少年廖天灏的印象里，南丫岛的海滩有许多海葵，应该也会有许多以海葵为食的海胆。然而出人意料的是，这里海滩的礁石最近被抹上了水泥涂层，海葵没有了，海胆就更找不到了。除了南丫岛，南湾也是珊瑚虫的栖息地，但是非常可惜，他们来到南湾时，这里也没有发现海胆的踪迹。科学少年们只能将希望寄托在最后一个地点——石澳。

石澳位于香港岛的东南角，紧邻太平洋。这里的海滩多为礁石滩，面朝东南，水温较高。港口内风平浪静，适合海胆生长。不出所料，科学少年们在这里找到了大量的海胆！水下的礁石上到处可见密密麻麻的海胆，数量之多令人惊讶。连海边捕鱼的阿伯也受到了海胆的影响，阿伯在收网的时候要不断地拿掉粘在网上的海胆。

石澳的海胆到底有多少？科学少年们决定在这里做样方调查。他们设定了A、B、C 3个区域，每个区域是5平方米，统计每个区域中海胆的数量。

07

经过观察和统计、汇总数据，统计结果显示，A区每平方米海胆的平均数量约为16只，B区每平方米海胆的数量约为8只，C区每平方米海胆的平均数量约为34只。同时，同学们查阅到香港正常海胆密度为每平方米6～10只。这说明，石澳的海胆平均数量远超过平均值。那么，是什么导致了海胆暴发呢？

08

(meters towards the sea)
陆地向海洋的米数

每平方米海胆数量 / 石澳区域	0-1平方米	1-2平方米	2-3平方米	3-4平方米	4-5平方米
A区 District A	5	7	20	15	31
B区 District B	2	12	30	40	43
C区 District C	10	15	37	40	70

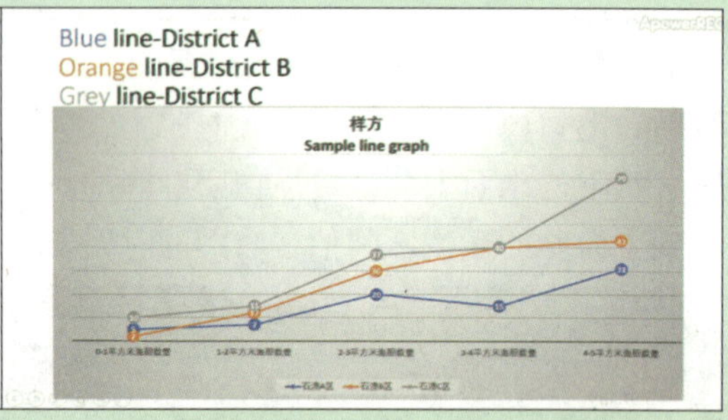

资料显示，香港水域受到珠江入海口排污的影响。珠江带来的污水中含有磷和氮，这两种物质不但会导致海胆的天敌青衣鱼和炮弹鱼的死亡，还会导致海胆的食物——海藻的大量繁殖。这两个原因导致了海胆数量的暴发。对此，科学少年们希望香港渔农自然护理署重视海胆大量繁殖的问题，做出一定的保护措施。

09

专家点评

短片大量使用了航拍、水下摄影等全新的拍摄方式。空中视觉不但可使用大全景交代区域环境，也可近距离拍摄变化的海滩细节；水下视觉则带来了海胆和岩石关系的直观画面。科学少年在海水中统计海胆数量的画面，多处科学少年面对镜头的同期声画面，都令观众身临其境。当然，航拍镜头虽然感染力要超过常规镜头，但是后期剪辑中也不能贪恋航拍镜头的感染力，把本该剪掉的不稳定的或者航拍中调整拍摄角度的“废镜头”保留在成片中。

短片开场使用了新闻的片段，节奏感较强。对于一部科学纪录片来说，如果研究团队能做相关调查就会更好。海胆与香港海洋环境的关系这个课题较为新颖，科学少年们实地调研，探究过程完整。但是这个“小选题”却涉及多元交叉学科，简单地测量或实验不足以证实产生的原因。猜想或结论也需要更多有理有据的事实和数据支撑。出镜的科学少年表达顺畅，整部作品略显仓促，海胆的课题值得继续探究。

短片中，科学少年们对香港附近海湾的海胆数量进行了调查，表现了他们对香港海洋环境的关心、对近岸海洋污染加剧的忧虑。科学少年们找到了香港海胆较多的地方——石澳，景色优美的石澳是港岛东南部的半岛，面向南中国海，环境条件优越。海胆喜欢盐度高的海域，靠近江河入海口和盐度低的海水中很少或者根本没有分布。珠江口的污染问题无法回避，但河流入海的生态影响，不仅仅有污染问题，洪水下泄的时候污染物就被稀释了，这个时候，由于汇入海中的淡水量大，使较大的海区盐度下降，对海洋环境和海洋生物的影响也就很大；相反，干旱缺水的时候河流水体污染最为严重，但入海的淡水总量较少，对海洋环境和海洋生物的影响反而较小。片中的结论石澳海胆较多是珠江口排污的说法只是从富营养化、藻类增加这一推论得出，并未调查海胆暴发水域的温度、盐度等因素。讨论海胆与水污染的关系可以在水族箱中进行，在开放的海域，影响因子众多，无法排除干扰因素，建议修改题目，量力而行，聚焦可以验证的海胆生物学探究。

野外考察是青少年科学探究活动中最有难度的，该短片中科学少年们勇敢地选择了这个十分艰苦的项目。一是5个野外考察点分布在香港各处，他们一一进行排查，花费了大量的时间和精力。二是他们在酷暑下顶着烈日，一工作就是几小时。几天下来，科学少年们都变成了小黑人。三是水中测量工作比陆地上难度更大，一不小心就会被海胆扎伤或掉进海中。四是拍摄难度较大，如何能反映出海胆暴发的状况，如何能探究到水下的海胆分布，科学少年们运用了航拍和水下拍摄技术，探寻到了鲜为人知的海胆世界。镜头背后是科学少年们的辛苦付出，充分表现出“台上一分钟，台下十年功”的精神。

该项目是由中国、美国和澳大利亚籍华裔少年团结协作共同完成的，通过镜头，观众感受到了科学少年们对地球未来的关心。这也正是青少年科学微电影活动对学生世界观、发展观培养的具体体现，彰显了其教育价值。

第五篇 好奇童心与生物

二十二、森林伪装大师

2019 New York • International Youth Science Video Fair

國際青少年科學影像大賽

獲獎證書

茲頒發給優秀科學微電影「一等獎」獲得者。特頒此證，以資鼓勵。

項目名稱 ： 森林偽裝大師

作　　者 ： 李逸明、石寶儀

所在學校 ： 合肥上海世界外國語學校、南京外國語學校

指導教師 ： 郝青

國際青少年科學影像大賽評審委員會主席

姜冬梅 博士　　袁小軍 博士

2019年9月30日至10月6日於美國紐約

主辦方： HKYSA 香港青少年科學院 Hong Kong Youth Science Academy　COLUMBIA UNIVERSITY IN THE CITY OF NEW YORK LAMONT-DOHERTY EARTH OBSERVATORY

在内地观赏影片：

2019 New York • International Youth Science Video Fair

The First Place Of Grand Award

is hereby awarded to

Yiming Li & Baoyi Shi

from

Hefei World Foreign Language School & Nanjing Foreign Language School

for their discovery video project on

Master of Forest Camouflage

under supervision of

Qing Hao

Dr. Dongmei Jiang
CO-Chair
International Youth Science Videos Fair

Dr. Xiaojun Yuan
CO-Chair
International Youth Science Videos Fair

Organizers: HKYSA 香港青少年科學院 Hong Kong Youth Science Academy　COLUMBIA UNIVERSITY IN THE CITY OF NEW YORK LAMONT-DOHERTY EARTH OBSERVATORY

在境外观赏影片：

探究故事

蓝鲸的话

竹节虫个头很大，腿脚伸开，比小朋友的手掌都要大。这么大的虫子，如果不善于伪装自己，很容易被天敌发现，竹节虫让自己看上去就像是一根人畜无害的小树枝，还会随风摇摆呢！

李逸明和石宝仪两位小科学家是竹节虫的老朋友了！他们每年都会来香港的郊野公园进行科学考察，每年都能看到竹节虫，但是今年他们发现竹节虫的数量增加了很多。这么多竹节虫，虽然看上去很可爱，可是会不会给森林带来危害呢？他们打算研究一下。

石宝仪和李逸明在香港仔郊野公园进行考察时，意外地发现了一种身体修长的虫子，像竹子一样一节一节的，难道这就是传说中的竹节虫吗？他们俩询问了几个路人，路人都说几乎都没有发现竹节虫。只有一位老爷爷告诉他们这确实是竹节虫，并把他拍到的照片给两位同学看。

在一棵高大的冬青树上，石宝仪和李逸明一下子又发现了10多只竹节虫。虽然竹节虫很多，可是如果不仔细观察，根本找不到它们在哪里。竹节虫可真是伪装大师啊！那么，竹节虫是如何伪装自己的呢？

既然叫竹节虫，李逸明想把它与竹子做一下对比。远远望去，竹节虫与竹子几乎没有区别，不仅是形状，连颜色都与竹子非常接近。竹节虫静静地趴在树枝上时，就像杂乱的树枝一样。

动物学家牛瑶教授告诉他们，竹节虫这种以假乱真的本领，在生物学上称为拟态。石宝仪还发现，当风吹过时，竹节虫随风摇摆。没有风的时候，竹节虫也会像在跳迪斯科一样，自我陶醉，配合树枝的动态，以此来迷惑天敌。经过长时间的观察，石宝仪和李逸明也没有看见竹节虫吃东西，竹节虫到底吃什么东西呢？他们还发现了两只在一起的竹节虫，一只胖，一只瘦，这是两只不同的品种吗？

带着疑问，李逸明和石宝仪来到了香港中央图书馆。通过查阅资料，发现他们找到的两只竹节虫都是蔡氏短角枝蝻，较粗壮的是雌性，较修长的是雄性，是香港特有的竹节虫。但是却没有查到竹节虫到底喜欢吃什么，只是介绍它是杂食性的昆虫，一般到晚上才会尽情地享用美食。这些竹节虫到底喜欢吃什么？竹节虫对自己的食物是否很挑剔呢？于是，他们决定在室内进行观察，这样在夜晚也可以看到竹节虫的一举一动了。

05

李逸明和石宝仪重新回到香港仔郊野公园，先找到竹节虫栖息的树木，分别有冬青、朴树、木兰，再采集和制作标本，方便室内观察。他们在每种叶子上分别放一雌一雄两只竹节虫，并喷水保湿，来模拟室外环境，以观察它们是否吃这些叶子。他们发现朴树的叶子最受欢迎，不管是竹节虫“小姐”还是“先生”，都会大口大口地享用美食！

06

可相比之下，在冬青叶子和木兰叶子上的竹节虫却始终闭口不吃。在耐心地等待了1天后，冬青叶子上的竹节虫“小姐”和“先生”才开始品尝了几口。但意外的是，他们在“发财树”瓜栗的植物盆栽上，也看到了竹节虫“小姐”吃叶子的场景。这让他们喜出望外。

07

实验的统计结果如下：在4种植物叶子中，雌性竹节虫进食3种，分别是朴树、冬青和瓜栗；而雄性竹节虫进食2种，分别是朴树和冬青。在香港仔郊野公园发现了大量竹节虫，它们分别停留在冬青树、木兰树以及朴树上，木兰树上的竹节虫最多。

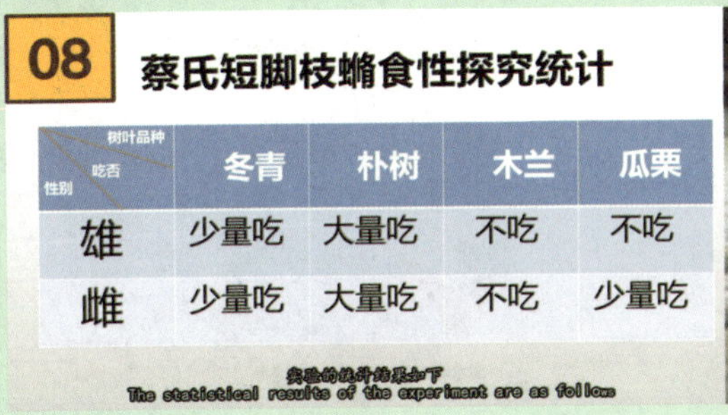

树叶品种 / 吃否 / 性别	冬青	朴树	木兰	瓜栗
雄	少量吃	大量吃	不吃	不吃
雌	少量吃	大量吃	不吃	少量吃

李逸明估计，在相邻的三四棵不大的木兰树上至少有200～300只竹节虫。数量非常惊人。他和石宝仪之前在网上查阅资料时看到，曾经在陕西、湖北等地都发生过竹节虫大暴发的事件，对森林和生态都造成了严重危害。鸟类是竹节虫的天敌，竹节虫取食植物叶子，构成了一个三级食物链，维持着生态的平衡。

然而李逸明和石宝仪在野外只发现了极少数的鸟，更没看到鸟类取食竹节虫。现在是7月盛夏，是夏季最炎热的开端，更适宜昆虫繁殖和生长，而目前又没有发现它们的天敌，竹节虫的数量可能还会继续上升，引起其大暴发，对环境造成危害。

为了了解香港市民对竹节虫的认知状况，李逸明和石宝仪发放了20份调查问卷。经过统计，有75%的人没有在野外见过这种虫子，只有60%的人知道竹节虫的名字，有70%的人不知道竹节虫所吃的植物，还有70%的人不认为竹节虫是一种害虫。

11

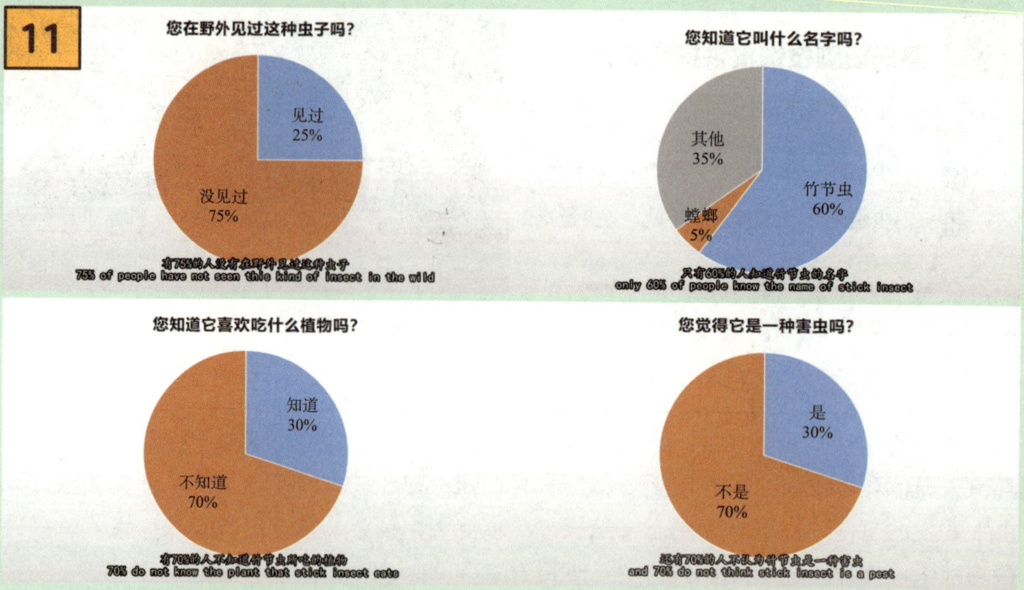

针对这种状况，李逸明和石宝仪对香港的生态环境很是担忧。他们给香港负责环境保育的政府机构——渔农署发送了邮件，说明了竹节虫可能暴发的危机，希望他们能够对此引起重视，保护香港的自然生态。

12

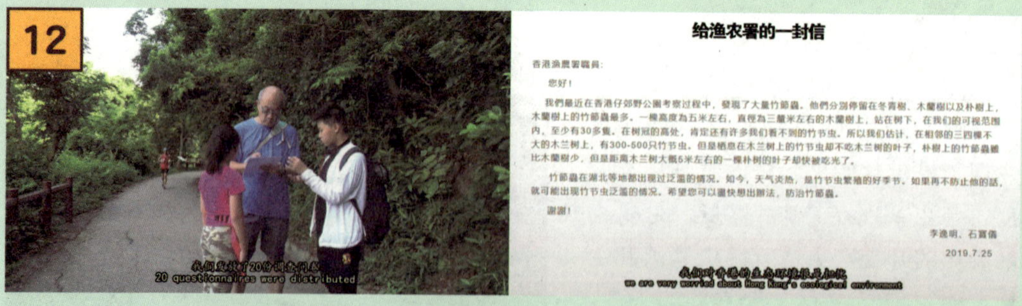

专家点评

竹节虫长得真像竹子吗？像竹子的竹节虫是怎么吃东西的？它们细细的长腿是怎么在树枝草叶间行走的？看完《森林伪装大师》，你会一目了然了。短片拍摄记录了大量的竹节虫生动的视频画面，比如，竹节虫完美消失在竹子枝叶、树叶边缘进食的微距大特写、在风中舞蹈等，短短8分钟短片，在观众脑海中留下来的可能是一辈子都忘不掉的深刻印象。短片对竹节虫的拍摄画面精美，尤其是对竹节虫的动作捕捉是长时间观察的体现。另外，在拍摄前检查摄像机菜单设置非常重要。本片拍摄中，可能是因为摄像机曝光补偿设置失误，导致部分镜头曝光过度、画面中白色衣服失去了层次。

短片介绍了科学少年们在香港仔郊野公园发现很多竹节虫的过程，对竹节虫的自然栖息情况进行了调查研究，迁移竹节虫到竹林中进行比较和拍摄，展示了竹节虫卓越的拟态和随风摆动的可爱姿态。通过查阅书籍文献确定了这种大量出现的竹节虫的种类——蔡氏短角枝䗛（*Ramulus caii*），但未能查清它们的食性，随后自己设计实验，从竹节虫自然栖息的环境中选择了一些树种的枝叶，观察、记录了竹节虫的取食过程，初步了解了这种竹节虫的食性，找到了这种竹节虫爱吃的一个树种——朴树。无论是防治还是人工饲养竹节虫，我们首先要确认这种竹节虫的寄主植物是什么。结合内地一些地区竹节虫暴发成灾的案例，科学少年们认为香港也存在竹节虫暴发的风险，应该深入调查研究，做出预判。科学少年们与香港本地群众交流、咨询、发放调查问卷，调查研究、了解情况，探究过程环环相扣。

科学少年们以前参与的另一个项目——《拯救壁虎总动员》，已经成功地使香港维多利亚公园主管部门改变了维园害虫防治的方法，成功地拯救了香港维多利亚公园的小壁虎。这一次他们发给香港渔农署的邮件或许能够拯救香港仔郊野公园的朴树，或许会给香港仔郊野公园的儿童研习径增加一项更吸引人的研学项目。值得庆幸的是，科学少年们收到了香港渔农署的回复，不仅肯定了他们的研究，而且表示要重视他们提出的预防竹节虫暴发的问题，这个情节应该补充到作品中，能够增强观众对项目意义和科学少年社会责任的认可。

片名略显平淡，竹节虫与森林相比差距很大，应直接准确地体现出作品的核心，更能吸引人的眼球。科学少年对竹节虫的食物链进行了探究和分析，发现了“可爱”的竹节虫吃叶子，竟然中国内地有地方发生了大面积暴发竹节虫灾害，这个知识点反转了人们的认知。镜头前科学少年的表达非常自然，与竹节虫的互动生动活泼。在后期的剪辑时需要注意流畅性和剪辑点的顺畅度。

二十三、“白孔雀”变形记

2019 New York · International Youth Science Video Fair

國際青少年科學影像大賽

獲獎證書

茲頒發給優秀科學微電影「一等獎」獲得者。特頒此證，以資鼓勵。

項目名稱 ：「白孔雀」變形記

作　　者 ：冼子恒、楊健雄、梁昕瑜

所在學校 ：佛山市順德區聚勝小學

指導教師 ：羅穎欣、彭歡

國際青少年科學影像大賽評審委員會主席

姜冬梅 博士　　袁小軍 博士

2019年9月30日至10月6日於美國紐約

主辦方：HKYSA 香港青少年科學院 Hong Kong Youth Science Academy　COLUMBIA UNIVERSITY IN THE CITY OF NEW YORK LAMONT-DOHERTY EARTH OBSERVATORY

在内地观赏影片：

2019 New York · International Youth Science Video Fair

The First Place Of Grand Award

is hereby awarded to

Ziheng Xian, Jianxiong Yang & Xinyu Liang

from

Jusheng Primary School

for their discovery video project on

The Deformation of "White Peacock"

under supervision of

Yingxin Luo & Huan Peng

Dr. Dongmei Jiang
CO-Chair
International Youth Science Videos Fair

September 30 to October 6, 2019
New York, USA

Dr. Xiaojun Yuan
CO-Chair
International Youth Science Videos Fair

Organizers: HKYSA 香港青少年科學院 Hong Kong Youth Science Academy　COLUMBIA UNIVERSITY IN THE CITY OF NEW YORK LAMONT-DOHERTY EARTH OBSERVATORY

在境外观赏影片：

探究故事

蓝鲸的话

看到一朵“雪花”爬来爬去，你一定会无比惊讶。用手碰一下它，“雪花”竟然会蹦到几米外。仔细观察“雪花”，它还长着腿。广东省佛山市顺德区聚胜小学的同学们，有的叫它“白蜘蛛”，有的叫它“跳珠”，还有的干脆称它“白孔雀”。

科学少年冼子恒、杨健雄、梁昕瑜决心研究一下这种特殊的小动物。他们制作了一个生态模拟箱，架好了摄像机，一部科学纪录片正式开拍！“白孔雀”会在他们的镜头下表演出什么故事呢？一起来看看吧！

这里是拥有亚洲最大牌坊的顺峰山公园，这里四季如春，鲜花交替开放。红蝽、环蝶栖息，荔枝蝽交配，吸引了各种各样的小动物来这里做客。这也是冼子恒、杨健雄和梁昕瑜同学最喜欢游玩的地方。

周末的早晨，3位同学相约去公园里玩。“咦，这是什么？”走近一看原是来两只蜡蝉在爬树，它们浑身雪白，背上还有几根白“须”，像极了孔雀开屏时的样子。

有的两只在嬉戏，有的单只在爬行，有的成群在一起享受春光，有的趴在柔软的茎上，有的趴在粗壮的树干上，有的在树尖漫步。

即使和别的昆虫狭路相逢，它也毫不畏惧。冼子恒尝试拿叶子去靠近它，它竟猛然跳到半米开外。冼子恒、杨健雄和梁昕瑜马上对它进行了记录，并把他们的疑问写了下来。

它们是从哪里来的？会是这棵大树上吗？那这是不是它的卵呢？冼子恒、杨健雄和梁昕瑜决定再去凤岭公园看看，寻找答案。他们一路上低下头仔细地寻找，果然，蜡蝉成群地停在另一种植物上，茎上也有许多的这种“白孔雀”。

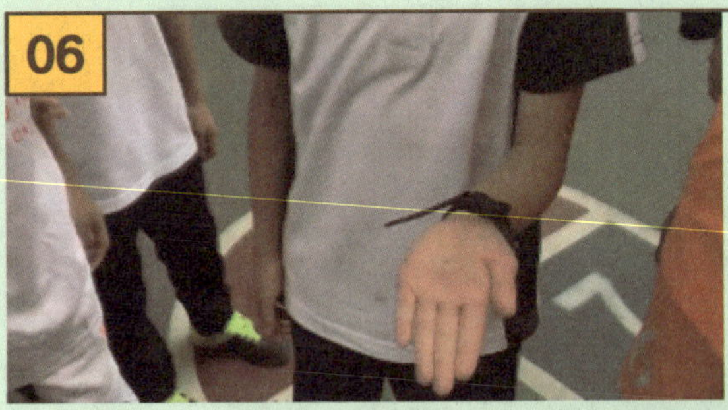

那他们的学校是不是也有“白孔雀”呢？第二天回到学校，他们看到在一棵大树下扫公区的高年级同学，围在一起好像发现了什么，他们已经识别出来了，它叫白蜘蛛。显然，雪白的身体，又有6条腿，所以叫作“白色蜘蛛”好像挺合适，叫白蜘蛛到底对不对呢？

冼子恒、杨健雄和梁昕瑜又去采访了低年级的小朋友，结果他们也见过。低年级学生兴奋地跳起来喊道：跳蛛！叫跳蛛到底对不对呢？

新一天的早上，冼子恒同学捡到了一片“珍贵”的树叶，它的背面，正是已经孵化的“白色跳蛛”。

为了给学校的同学科普它的真实身份，冼子恒、杨健雄和梁昕瑜利用电脑查阅了资料。通过查寻得知，它不叫白蜘蛛，也不叫跳蛛，而是蜡蝉的若虫。原来蜡蝉属于昆虫变态发育中的不完全变态发育，它的一生只有卵、若虫和成虫3个时期。

09

冼子恒、杨健雄和梁昕瑜做了个简单实验，发现了蜡蝉具有趋光性。瞧瞧它们的动作多么一致，好像一群在舞蹈的小精灵。为了知道这种蜡蝉若虫最终会发育成具体哪种蜡蝉，他们决定捉几只回去研究。

10

没多久他们就捉到了一群蜡蝉，并且给蜡蝉制作了一个生态模拟箱。蜡蝉长5～6毫米，3对足，最为神奇的是其身上背着长长的蜡丝，腹部集中有4束，呈扇形伸出，常做孔雀开屏状，向上直立或向外伸出。

11

12

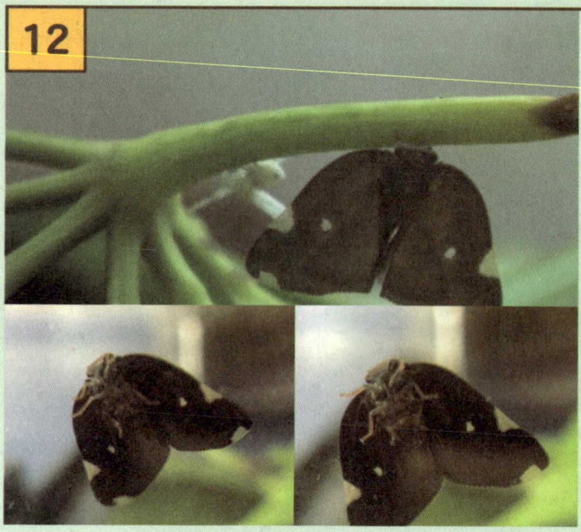

冼子恒、杨健雄和梁昕瑜渐渐发现，蜡蝉原本白色的背上开始出现黑色斑点，像穿上了一件与众不同的衣裳，仿佛已为变身做好充足的准备。几天过去了，有一批蜡蝉不幸死去。四五月，广东的天气多雨，蜡蝉们还能顺利变身吗？突然有一天，冼子恒传来了好消息，他的箱子里突然出现了一只类似“蛾”的东西，他确信没有放任何小动物进去，难道就是它？

13

3位同学马上对比了网上的资料，确定这个应该是广翅蜡蝉的成虫，它是一种昆虫类节肢动物，头、胸、腹、足都呈褐色，体长6.0～7.5毫米，双翅靠中间部分有两个偏圆的深褐色斑点，像两只大眼睛。长久地等待终于看到了希望！几位同学仍然希望能拍到它“变形”的过程，摄相机应该对准哪只若虫呢？

14

冼子恒、杨健雄和梁昕瑜通过仔细观察，发现要变身的蜡蝉有以下三个特点：①它的变身时间是在晚上；②准备变身的若虫会找到一片合适的叶子，安静地倒吊着，甚至用笔戳它都不动；③蜡丝基本掉落的蜡蝉最终走向了死亡。

经过大约两周的蹲守，冼子恒、杨健雄和梁昕瑜终于拍到了蜡蝉变身的神奇瞬间。蜡蝉的变身时间持续了2.5小时。第一天晚上，变身前的蜡蝉像是感觉到了疼痛，跳来跳去。接着，胸部和腹部之间慢慢拉长，长出一节一节像竹子一样的东西。

第二天晚上，随着蜡蝉身体的拉长，成虫慢慢地从它的那个“外壳”钻了出来，刚刚钻出来的成虫长着一对透明的翅膀，头像重新换回了那条雪白的纱裙，接下来，以肉眼可见的速度，翅膀颜色变深，甚至出现了花纹。而若虫的壳还是留在了叶子上，仿佛呈现出倒吊的姿势。

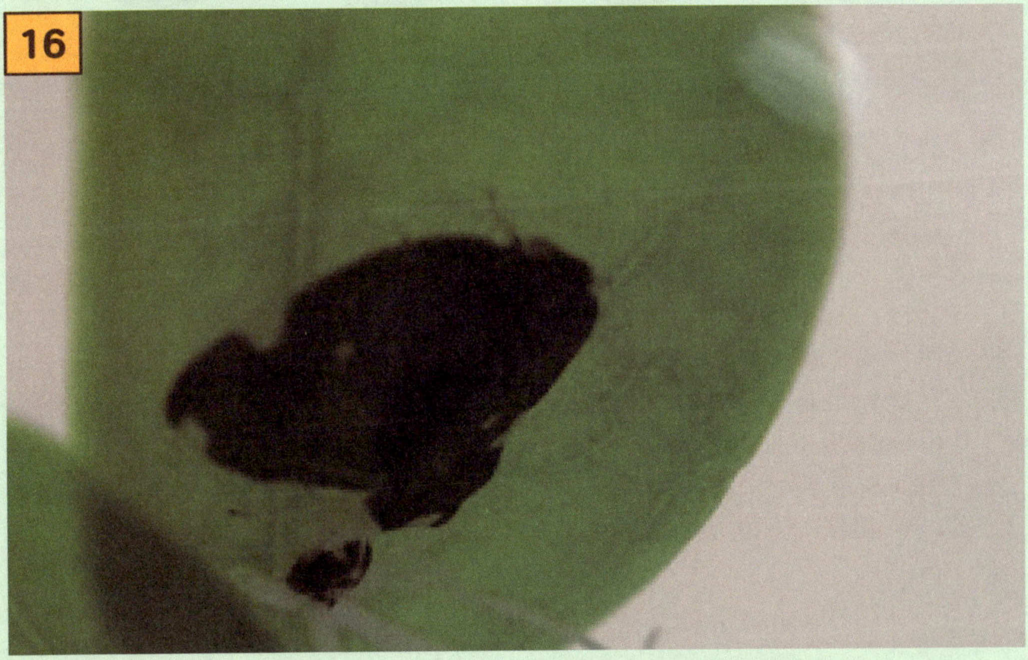

为什么没有生命的壳仍然能够挂在叶子上？这是我们后阶段需要继续研究的方向，相信只要勇于去探索，一定会有更多精彩的发现！

专家点评

短片中，3位科学少年发现了一种外形特殊的生物，经过几番猜测和查阅资料，他们终于确定是蜡蝉。少年儿童天然的好奇心和探究的快乐表现得十分充分，给观众留下了深刻印象。

3位科学少年设计了生态观察箱，并坚持长期观察，终于拍摄到了蜡蝉蜕皮的过程，虽然延时拍摄对焦不够准确，但是蜕皮过程的影像资料很宝贵，在一定程度上满足了观众的好奇心。

短片中观察过程较多，科学少年较少运用实验、统计的方法，比如，一片叶子上有多少只蜡蝉幼虫？它们经常在哪些植物上出现？为什么会这么多？对植物有没有影响？运用更多的研究方法，可以把科学探究从简单观察引向深入。

解说词记录了科学少年的亲身经历，但是配乐声音过大，盖过解说，不需要用太多音效。解说要充分考虑与画面的关系，力求简洁。

二十四、海边的小火山

2019 New York • International Youth Science Video Fair

國際青少年科學影像大賽

獲獎證書

茲頒發給優秀科學微電影「一等獎」獲得者。特頒此證，以資鼓勵。

項目名稱 ：海邊的小火山

作　　者 ：叢越熙、叢越昭、梁嘉琳

所在學校 ：Rancho Lab School、Dana Middle School、廣州愛莎國際學校

指導教師 ：趙鋒力

國際青少年科學影像大賽評審委員會

姜冬梅 博士　　袁小軍 博士

主辦方：HKYSA 香港青少年科學院　COLUMBIA UNIVERSITY

在内地观赏影片：

2019 New York • International Youth Science Video Fair

The First Place Of Grand Award

is hereby awarded to

Aurora Yuexi Cong, Olivia Yuezhao Cong & Jialin Liang

from

Rancho Lab School, Dana Middle School & ISA International School of Guangzhou

for their discovery video project on

The Little Volcanoes by the Beach

under supervision of

Fengli Zhao

Dr. Dongmei Jiang　CO-Chair　International Youth Science Videos Fair

Dr. Xiaojun Yuan　CO-Chair　International Youth Science Videos Fair

Organizers: HKYSA 香港青少年科學院 Hong Kong Youth Science Academy　COLUMBIA UNIVERSITY

在境外观赏影片：

探究故事

蓝鲸的话

3位只有10岁、12岁和14岁的小姑娘，分别来自美洲和澳洲，都非常希望有机会研究海洋生物。她们组成了一个探究小组，在香港的海边发现了一些酷似“小火山”的生物——藤壶。这些生物有坚硬的石灰质外壳附着在石头上，长年的风吹浪打都不会把它们粉碎。为什么藤壶会如此坚固呢？是否和“火山形状”的结构有关呢？能否发明一种藤壶仿生房屋来抵御飓风呢？她们要设计对比实验来验证一下自己的猜想。让我们跟随3位“小科学家”的镜头一起去研究吧！

这些长在海边的小火山叫作藤壶，它们承受着潮起潮落，尽管海浪一天一天地拍打着它们，但是它们依然不停地生长并且越来越坚固。这不禁令来自美国的丛越熙、丛越昭小姐妹和来自澳大利亚的梁嘉琳产生了浓厚的兴趣，到底是什么使得这些藤壶如此坚固呢？是因为火山一样的形状，还是其他的原因呢？3个爱科学的小姑娘成立了研究小组，准备探索海边的这些“小火山”。

通过查阅资料得知，藤壶是一种节肢动物，喜欢长在有水的石头的背阴面。因为长在岩石上，经受着风浪拍打，所以它们的外壳需要无比坚硬地来保护自己。藤壶的壳由一种角质组成，和龙虾壳很像。在壶口还有一层贝壳状的结构，用来开合进食。随着体形的长大，藤壶可以分泌化学物融化自己内部的壳，同时增加外部的化学物质来慢慢变大。

02

藤壶外壳类似火山形状有什么好处呢？从越熙、从越昭和梁嘉琳经过讨论后，决定通过设计实验来找到答案。她们用纸杯做了3个不同的模型：第一个有着和藤壶相似的上小下大的火山形结构；第二个为上下都为锥形结构；第三个为上大下小的火山开口形状。

03

当3个模型完成后，梁嘉琳开始了实验，她分别测试了3种结构的抗压能力和稳定性。梁嘉琳利用相同的手机和电脑作为配重，不断增重进行测试，由实验得知，第一种上小下大的火山形结构最为稳固。

04

在第二个测试中，从越熙和从越昭运用了防晒喷雾来模拟海浪，观察喷雾流过模型的样子。分别从侧面和正面拍摄了喷雾流过模型的画面。可以看到，正方形的模型阻碍了大多数的喷雾，而火山形的结构使得喷雾可以更加均匀地流过。

通过以上的模拟实验发现，火山形结构可以大大地减少海浪对藤壶的正面冲击，流线型的外壳可以将海浪的力分散到周围。

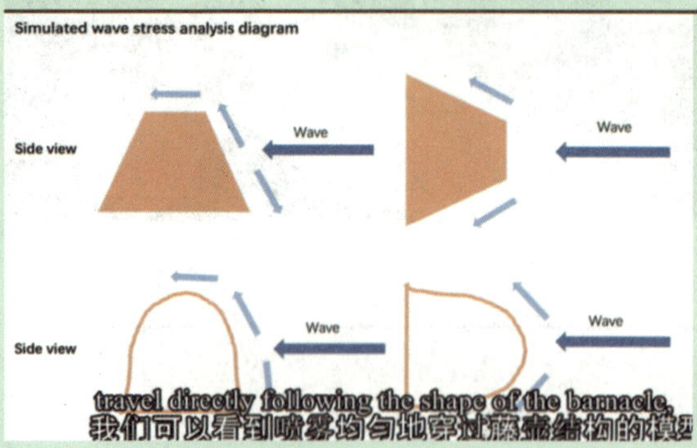

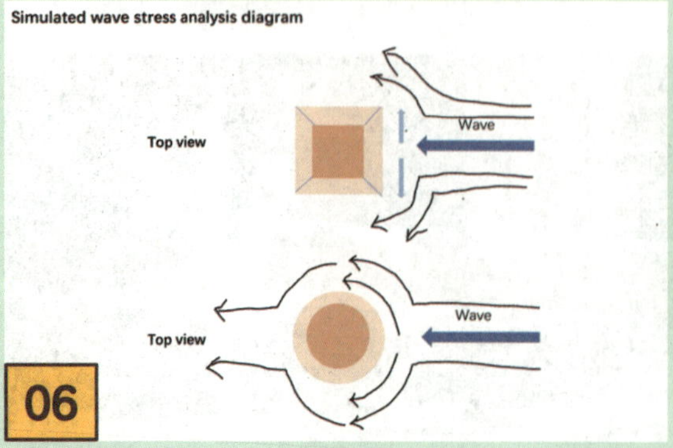

通过反复观察，丛越熙和丛越昭发现藤壶的外壳中有许多管状结构，她们猜想这也许是其结构稳定的另一个原因。于是，她们利用纸板和吸管，模仿藤壶外壳的结构设计了一个仿生建筑模型。

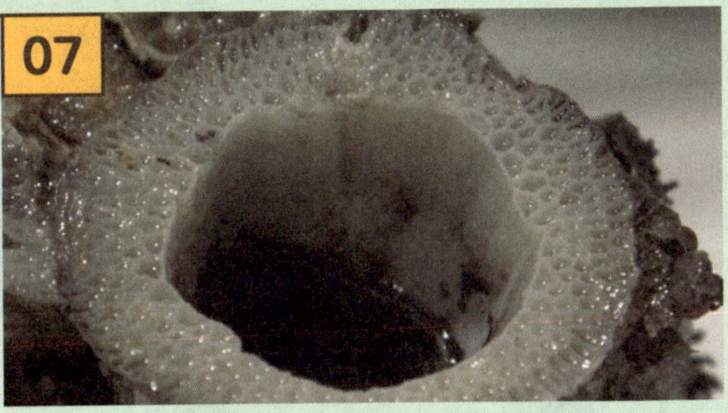

通过以上观察和实验，研究小组发现，在自然界，看似简单的生物都有着复杂的结构，它们都有着自己独特的生存方式。研究小组在未来的探索中将继续研究藤壶外壳的管状墙壁结构。

丛越熙、丛越昭继续着她们的猜想，藤壶的墙壁结构和外壳在未来也许可以作为人们的仿生建筑，如果用藤壶结构来建筑海边的房子抵挡台风，是否会使得海边的房子更加耐用呢？她们还会继续研究下去。

专家点评

选题很小，但是很有意义。短片中3位科学少年通过细致的观察，发现了海边居民熟视无睹的生物——藤壶，她们对藤壶耐海浪冲刷的坚固特性深感疑惑，提出了可能与藤壶的“火山形”结构有关的猜想，并根据藤壶外壳结构特点展开了研究。

基于自身数学和几何知识的限制，她们观察出藤壶火山结构的三大特点，即上小下大而不是上大下小、圆锥形体而不是方锥形体、藤壶壳壁是管状结构。根据这些特点设计对比实验，从承受压力实验和阻挡水流实验中得出，藤壶的结构更具耐受性，从而设计出未来的建筑结构。全篇思路清晰、线索明确、实验设计简洁，能说明和解释一定的问题。

对于小学生和中学低年级的学生来说，进行科学探究时，最重要的是学会探究的方法。很多孩子都止步于观察与提问，但3位科学少年的整个探究过程相当完整，尤其是能够利用生活中简单的工具，手工制作不同的模型进行了多次对比性实验，正向实验、反向实验，并从物理学角度进行喷雾验证，还制作了动画模拟，有了一定的数据后，又制作了仿生模型，进行了更深入的实验。整个过程看似孩子们在快乐地做手工，其实展示了探究者比较清晰的科学思维路线，还隐约体现出一定的材料与工程观念。最后，她们提出了未来的探究方向，尝试解决生活实际问题，更显示出了她们的社会责任感和担当精神。海边的画面漂亮，展现了香港海滨良好的生态环境，也展现了想做海洋生物学家的3位科学少年在大自然研究中积极向上、专注认真的态度。

短片采用了英文解说、配中文字幕的形式。解说简单直接，较口语化。这样一个生动的研究课题，如果科学少年能够一边出镜一边讲解藤壶的特点和自己的想法，那么观众会更加有带入感。录音中出现笑场的部分，应该毫不犹豫地剪掉，并重新录制。

二十五、居家抗疫探科学
——我和蚕宝宝的故事

2020 Hong Kong-New York • International Youth Science Video Fair

國際青少年科學影像大賽

獲獎證書

茲頒發給「HMA」熱愛家鄉專項獎 獲得者。特頒此證，以資鼓勵。

項目名稱：居家抗疫探科學——我和蠶寶寶的故事

作　　者：白宇軒

所在學校：中國內蒙古呼和浩特市南馬路小學

指導教師：楊靜、吳國強

國際青少年科學影像大賽評審委員會主席

姜冬梅 博士　2020年10月5日於香港

袁小軍 博士　2020年10月5日於紐約

主辦方：HKYSA 香港青少年科學院 Hong Kong Youth Science Academy　Columbia University in the City of New York Lamont-Doherty Earth Observatory

在内地观赏影片：

2020 Hong Kong-New York • International Youth Science Video Fair

HMA Special Award Care for Hometown

is hereby awarded to

Yuxuan Bai

from

Hohhot Huimin Nanma Road Elementary School (Neimenggu, China)

for their discovery video project on

Science Exploration From Home During the Epidemic: The Story of Me and My Baby Silkworm

under supervision of

Jing Yang & Guoqiang Wu

Dr. Dongmei Jiang
CO-Chair
International Youth Science Videos Fair

Dr. Xiaojun Yuan
CO-Chair
International Youth Science Videos Fair

Organizers: HKYSA 香港青少年科學院 Hong Kong Youth Science Academy　Columbia University in the City of New York Lamont-Doherty Earth Observatory

在境外观赏影片：

探究故事

蓝鲸的话

在新冠肺炎疫情上网课期间，呼和浩特市回民区南马路小学的白宇轩同学养了很多蚕宝宝，他和蚕宝宝的故事在“空中课堂”里传为佳话，同学们都称他为“昆虫专家”！你看，他被邀请做了一回小老师，给宅在家里的同学们开课了，这实在是一件值得自豪的事情。我们一起来上一堂“白老师”的养蚕课，看看他在养蚕中有什么新发现吧！

白宇轩和蚕宝宝的故事要从2020年的春天说起。突如其来的新冠肺炎疫情，导致白宇轩不能正常开学，他开始了居家线上学习的日子。杨老师在科学课里讲到了养蚕，这对于生活在北方的白宇轩来说，可是一件很新鲜的事情。他从网上买来了蚕宝宝和蚕卵，打算好好地观察一下。

白宇轩用显微镜、微距摄像机观察蚕卵，同时认真做记录。他观察到，那些淡黄色的卵，经过1周左右的时间，渐渐变成了灰黑色。白宇轩用延时摄影看到，那些变黑的卵中间慢慢凹陷，里面蠕动起来，这说明蚕宝宝快要出生了。终于有一天，一只蚕宝宝咬破了卵壳爬了出来，它可真小！看到这么可爱的蚕宝宝，白宇轩下决心要好好照顾它们，还要对其认真研究。

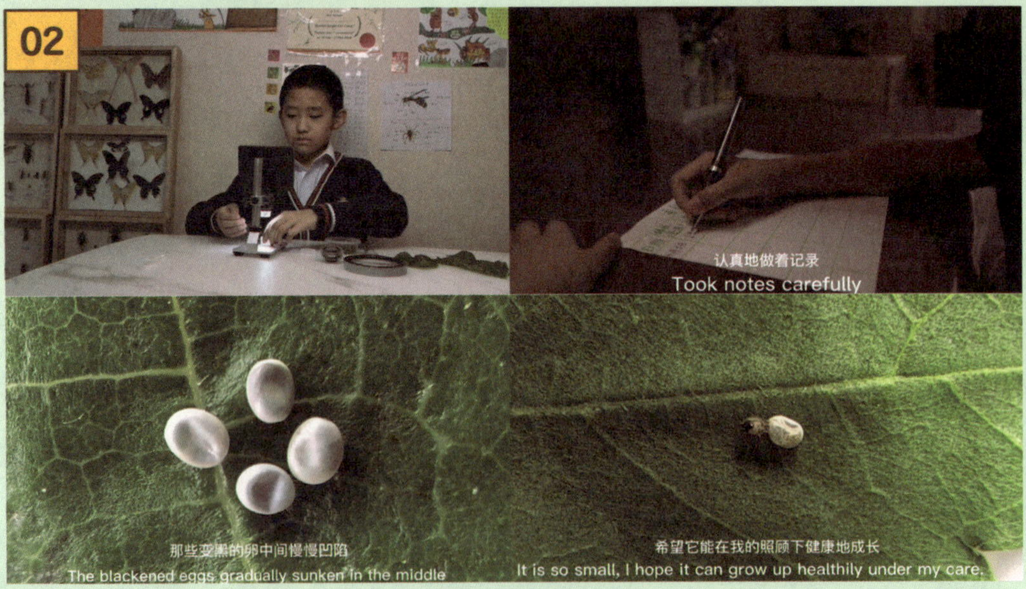

蚕宝宝在化蛹之前，要经历4次蜕皮。当它们抬起头，身体不动也不吃桑叶的时候，就是进入了眠期。由于4月温度变化比较大，白宇轩的蚕宝宝每一次蜕皮相隔一周左右。蚕宝宝蜕皮的时候，要从头部开始，一点点地努力蠕动，就像在脱一件衣服。

大约过了1个月的时间，有的蚕宝宝已经长到五龄，身长六七厘米，变成了又肥又白的大肉虫虫。蚕宝宝基本上是吃了睡、睡了吃，状态都很不错。

蚕宝宝一天天长大，白宇轩还有另外一个收获——蚕砂，也就是蚕的排泄物。这可是一种中药，有很多的作用。白宇轩把蚕砂当作肥料，埋到了桑树苗的土里。这样，桑树苗也可以茁壮成长了。

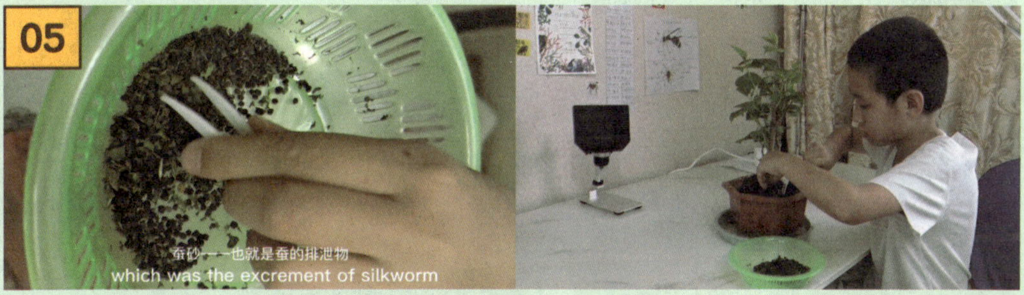

白宇轩自制了一个格子蔟，作为给蚕宝宝结茧的场所。大约一周后，有的蚕宝宝食欲减退、粪便变软、头胸部昂起并摆动。白宇轩知道，蚕宝宝们将要开始一项大工程——吐丝结茧。他用延时摄影记录了其结茧的过程。蚕宝宝可真是不辞辛苦，一刻也不停地吐丝结茧。花费了将近两天的时间，用一根丝，把自己包裹在茧里。看着这些雪白的蚕茧，白宇轩又开心，又佩服蚕宝宝的勤劳。真是“春蚕到死丝方尽”啊！

在等待了将近两周后，蚕宝宝化身蚕蛾，要破茧而出了！蚕蛾先是吐出一些液体，把茧的一头变软；然后用头部把茧顶破，从茧里爬出来。最后，蚕蛾缓缓舒展翅膀，开始寻找伴侣。交配成功后，一个蚕蛾妈妈能产下400多粒卵。新生命就这样孕育出来了！而蚕蛾的生命也将要走到尽头。

为了纪念自己亲手养大的蚕，白宇轩挑选了一些比较完整的蚕蛾，做成了标本。

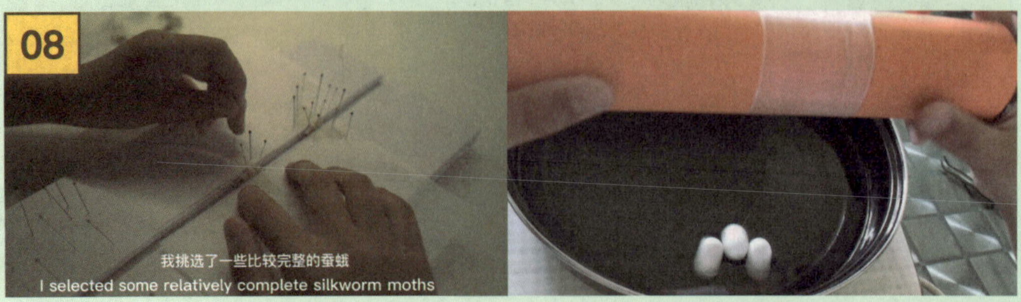

白宇轩想学习古人，充分利用蚕的价值，来个抽丝剥茧。他和妈妈一起，把蚕茧在热水中煮软，用了两个多小时才抽完3颗蚕茧的蚕丝。一根丝的长度在1 500米左右。晶莹的蚕丝闪着贝壳一样的光泽，真好看！

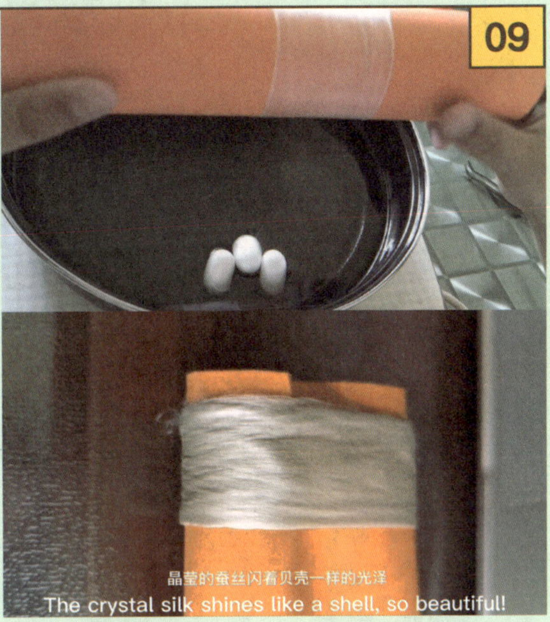

白宇轩养过特别多的昆虫，但这一次的养蚕之旅对于他来说却很不同。他记录和见证了一个完整的生命周期，理解了很多跟蚕有关的诗词和历史文化，还感受到劳动的不易，明白了每一个生命都是值得被尊重的。不愧是“白老师”，这节课讲得真好！

专家点评

在突如其来的新冠肺炎疫情上网课期间，呼和浩特市回民区南马路小学的昆虫小“专家”白宇轩同学应邀在杨老师的空中课堂做了一回小老师，这的确是一件值得自豪的事情。白宇轩和蚕宝宝的故事很有教育意义。

科学少年观察了蚕的生命周期并记录了下来，观察细致，表达清晰，记录完整。在提出新的问题方面可以再继续探究。

短片拍摄中大量使用了显微摄影、延时摄影手段，对蚕的一生记录详细、完整。蚕砂利用以及模拟抽丝环节的影像记录也令本片内容更加丰富。

虽是一次养蚕经历，科学少年不仅收获了科学知识，还收获了科学的方法及与同学们分享的快乐，更重要的是体会到了生命的力量和对生命的尊重。

二十六、弓背蚁的“新家”

2020 Hong Kong-New York • International Youth Science Video Fair

國際青少年科學影像大賽

獲獎證書

茲頒發給「HMA」**最佳腳本獎** 獲得者。特頒此證，以資鼓勵。

項目名稱 ：弓背蟻的『新家』

作　　者 ：王奕喬、張育涵、陳子宇

所在學校 ：中國陝西省西安高新第一中學初中校區

指導教師 ：趙鷹、黃艷華

國際青少年科學影像大賽評審委員會主席

姜冬梅 博士　　袁小軍 博士

2020年10月5日於香港　　2020年10月5日於紐約

主辦方：HKYSA 香港青少年科學院 Hong Kong Youth Science Academy　COLUMBIA UNIVERSITY IN THE CITY OF NEW YORK LAMONT-DOHERTY EARTH OBSERVATORY

在内地观赏影片：

2020 Hong Kong-New York • International Youth Science Video Fair

HMA Best Screenplay Award

is hereby awarded to

Yiqiao Wang, Yuhan Zhang & Ziyu Chen

from

Xi'an Gaoxin NO.1 Middle School, Shanxi (China)

for their discovery video project on

The New Home of the Camponotus

under supervision of

Ying Zhao & Yanhua Huang

Dr. Dongmei Jiang
CO-Chair
International Youth Science Videos Fair

Dr. Xiaojun Yuan
CO-Chair
International Youth Science Videos Fair

October 1 to October 5, 2020 Hong Kong - New York

Organizers: HKYSA 香港青少年科學院 Hong Kong Youth Science Academy　COLUMBIA UNIVERSITY IN THE CITY OF NEW YORK LAMONT-DOHERTY EARTH OBSERVATORY

在境外观赏影片：

探究故事

蓝鲸的话

这是一个有关蚂蚁的故事，更准确地说，是100只弓背蚁和一个蚂蚁工坊的故事。对动物行为学的研究，不仅基于野外观察，还基于室内模拟环境中的观察，不仅观察它们的社会行为、沟通行为、繁殖行为，也观察它们与环境、与其他生物之间的互动。3位好奇心十足的中学生王奕乔、张育涵、陈子宇，亲自带你观察弓背蚁的行为，体验宅在家里研究动物行为的乐趣！

在公园里，西安高新一中的科学少年王奕乔、张育涵、陈子宇发现了一种小黑蚂蚁，学名叫铺道蚁。它们体形微小，很难观察，一旦钻入地下就立即消失得无影无踪。3位科学少年从小就喜欢观察蚂蚁，他们很想找到一种观察蚂蚁的好办法。

他们先在网上查阅资料，了解到最早的蚂蚁源自1亿年前，大约与恐龙同一时代。恐龙早已灭绝，但蚂蚁依然生活在地球的每一个角落。目前世界上已知的蚂蚁约有9 000种，它们大多生活在地下世界，过着群居生活，是典型的社会性昆虫。蚂蚁是杂食性动物，它们会合力将大于自身几十倍的食物搬回巢穴，或通过“放牧”保护蚜虫，让蚜虫吃植物茎叶，继而从蚜虫的分泌物中获取食物。它们依靠分工协作，以适应复杂多变的自然环境，繁衍不息！

那么，蚂蚁们在地下究竟是怎么生活的呢？它们爱吃什么？它们怎么躲避敌害？它们又是怎么长大繁殖的呢？3位同学组成科学探究小组，决定一起设计一个蚂蚁生活观察装置，不仅模拟蚂蚁地下生活的恒温环境，而且能够摄像观察。首先，他们在淘宝购买了一个蚂蚁工坊，又购买了100只弓背蚁，弓背蚁与铺道蚁同科，体形较大，便于观察；其次，他们将蚂蚁工坊放入封闭的大玻璃鱼缸，鱼缸温度保持在28℃左右的恒温环境；最后，架好摄像机，开始为期3个月的蚂蚁饲养与观察实验。

科学少年们每天观察和记录弓背蚁的生长发育、行为变化等情况。王奕乔发现这些蚂蚁各司其职。蚁后，是一家之主，也是蚂蚁族群的核心。工蚁，分为个头大、中、小工蚁和工兵蚁。大、中、小工蚁每天忙碌地觅食、打扫、筑巢，甚至埋葬死去的同类。工兵蚁，总是在通道里巡逻，在巢穴门口守卫，保护蚁后。

王奕乔想要探究弓背蚁喜欢吃什么样的食物，他在鱼缸的各个角落放置了不同的食物，有火腿、香蕉、浇上醋的米饭、面包、糖，火腿代表了蛋白质等肉类食物；香蕉代表了水果；浇上醋的米饭代表了含淀粉等的酸味食物；面包代表了含淀粉等的甜味食物；糖代表了糖类。结果，弓背蚁优先选择了火腿。

接着，陈子宇尝试模拟弓背蚁巢穴受到干扰的情况来观察蚂蚁面对危险和惊扰时的反应。陈子宇首先震动鱼缸中的蚂蚁工坊，观察弓背蚁的反应。只见一个个工蚁搬着蚁卵到处逃窜，然后跑到了“紧急避难所”，工坊中一个相对封闭的空间里。接着，王奕乔和张育涵捕捉了鼠妇和另一种棕色蚂蚁，放入浴缸中。结果，守门的兵蚁会驱赶大个的鼠妇，而把个头较小的棕色蚂蚁抓进巢穴当作食物。

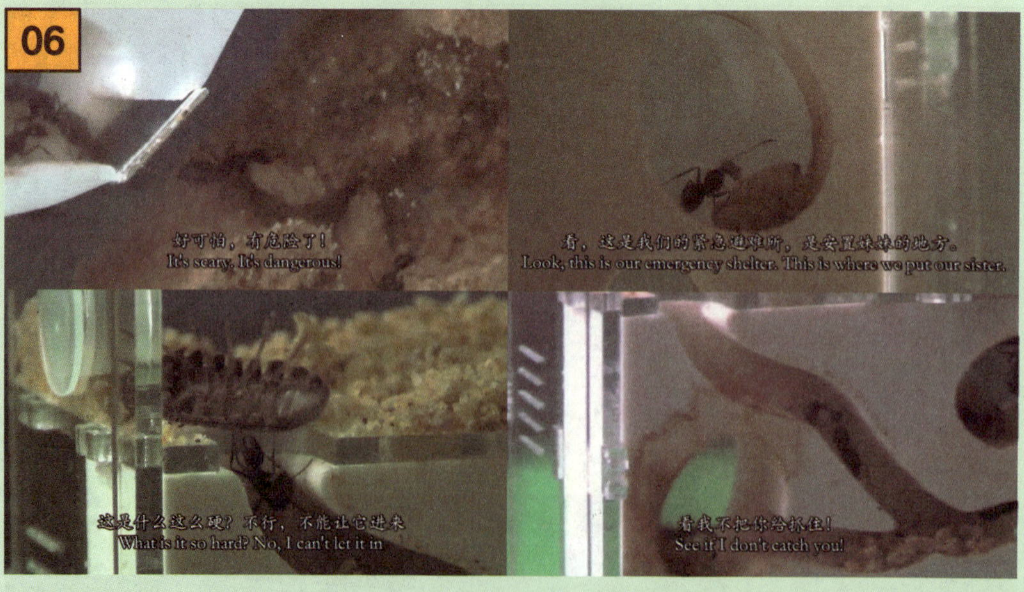

弓背蚁是怎么来到这个世界的？陈子宇观察到，蚁后会产下鹅黄色、椭圆形的卵。这些卵经过蚁后和工蚁30多天的悉心照顾后，颜色渐渐由鹅黄变为灰白，个头变得和成年蚂蚁一样大！每个卵的中点，都可以看到一个小黑点，应该就是蚂蚁宝宝的雏形。卵孵化出幼虫，幼虫再结蛹，蛹生出成虫，成虫再进行交配。原来，弓背蚁也会经历完全变态发育。

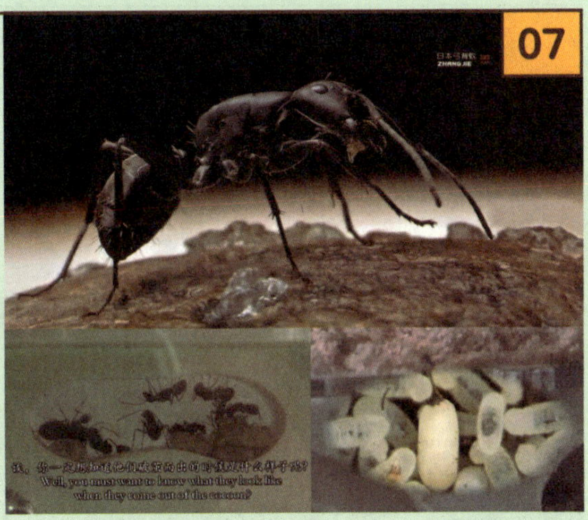

弓背蚁的作息有什么规律呢？王奕乔专门安装了监控器，只要蚂蚁做出了规模较大的运动，便会记录几秒的视频。陈子宇和张育涵统计了监控器拍到的视频，发现弓背蚁最活跃的时间段居然是在晚上，主要集中在晚上8—10点、凌晨0—4点。最安静的时间段是在上午10—12点、下午4—6点，这时候它们大概在睡觉吧！弓背蚁竟然是个“夜猫子”！弓背蚁喜欢在开凿的这些走廊里活动，在晚上寻找食物和水。

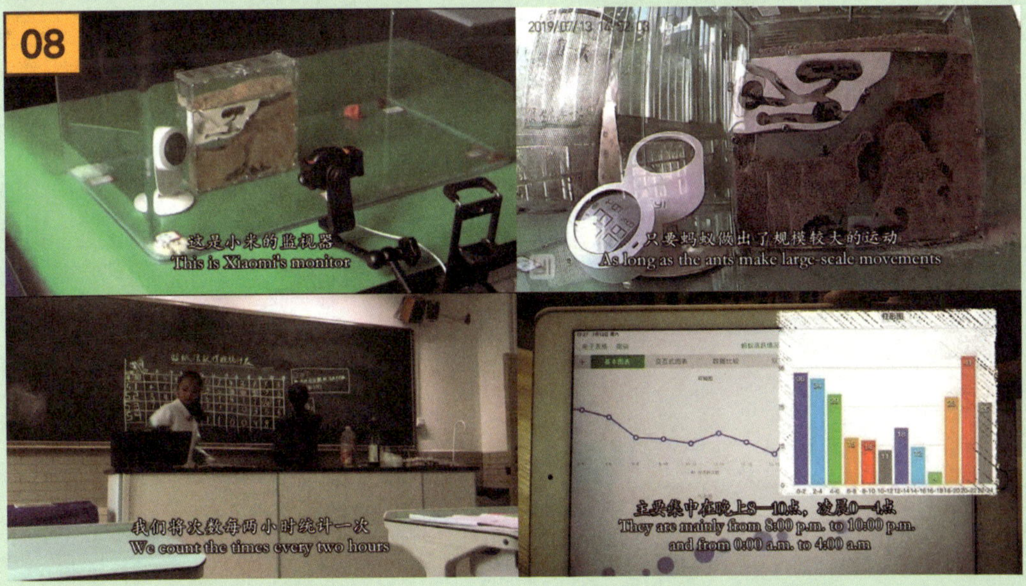

通过3个月的观察和研究，科学少年们对这段探究活动感触深刻。王奕乔觉得自己了解了弓背蚁的觅食习惯、发育过程及面对干扰和入侵时凶猛的状态。陈子宇认为，弓背蚁作为一种蚂蚁，这个家族强大的社会性，团结协作和分工合作，让自己学习到了很多，她找到了蚂蚁这个家族在地球上屹立亿年却愈加繁荣昌盛的原因。张育涵觉得，自己通过这次的观察和研究，揭开了蚂蚁生活中那些不为人知的秘密，让自己感受到了蚂蚁的强大。3位科学少年还将继续探究神奇的蚂蚁世界！

专家点评

短片从两只弓背蚁和探究者的视角观察蚂蚁社会，用蚂蚁工坊模拟它们复杂而有趣的地下生活，本研究使用了购买的商业化蚂蚁工坊来进行研究，如果自制就更好了。在保持蚂蚁工坊恒温、便于摄像观察上对装置进行了改进，增加了保温鱼缸，科学少年们有意在观察方法上做出创新，但是创新点明显不足。

短片中的科学少年对弓背蚁进行了生物学观察和发现，剪辑上采用了拟人化的手法，较为生动。如果拍摄时有效地尝试使用灯光，在画面呈现上会产生很好的提升作用。

在3个月的观察研究周期中，科学少年们使用并不昂贵的拍摄设备记录了大量的生动素材。以蚂蚁作为第一人称的解说词也颇具表现力。

短片让观众看到一个有意思的蚂蚁世界，为观众揭开了蚂蚁社会的神秘面纱。3个月的时间，坚持观察与拍摄，不得不说科学少年们花了心思了，克服了许多困难，从观察研究中他们也得到了很多收获。镜头里蚂蚁的团队精神，也是科学少年们团队精神的写照。

科技创新经典 STEM + 课程　　视频书

奇妙生命　影像发现

科技创新经典 STEM+课程：青少年科学影像

主　编：姜冬梅　副主编：于洲洋　张溪典

中国环境出版集团·北京

图书在版编目（CIP）数据

科技创新经典STEM+课程：青少年科学影像.奇妙生命　影像发现 / 姜冬梅主编.--北京：中国环境出版集团，2025.1
ISBN 978-7-5111-5543-6

Ⅰ.①科…　Ⅱ.①姜…　Ⅲ.①环境保护-青少年读物　Ⅳ.X-49

中国国家版本馆CIP数据核字（2023）第113115号

责任编辑　杨旭岩
装帧设计　宋　瑞

出版发行　中国环境出版集团
（100062　北京市东城区广渠门内大街16号）
网　　址：http://www.cesp.com.cn
电子邮箱：bjgl@cesp.com.cn
联系电话：010-67112765（编辑管理部）
发行热线：010-67125803，010-67113405（传真）
印装质量热线：010-67113404
印　　刷　玖龙（天津）印刷有限公司
经　　销　各地新华书店
版　　次　2025年1月第1版
印　　次　2025年1月第1次印刷
开　　本　787×1092　1/16
印　　张　15.25
字　　数　130千字
定　　价　238.00元（全四册）

国际青少年科学影像大赛
组委会主席介绍

姜冬梅　博士、教授

2016—2024大赛组委会主席

南京大学环境学院博士，清华大学环境学院博士后、清华大学核能与新能源研究院博士后，现任郑州工程技术学院学术副校长、郑州师范学院教授、香港岭南大学荣誉研究员、香港青少年科学院终身荣誉院长，曾担任香港浸会大学访问研究员、香港金融管理学院副院长、香港宋庆龄教育学院院长、中国碳中和发展集团首席科学家、战略发展委员会主席等。由于在环境保护和科学教育上的突出贡献，早在2002年就获得了我国第六届“地球奖”。

在环境保护方面，主要从事应对气候变化与碳达峰碳中和领域的研究，出版专著《应对气候变化》（2007年由中国环境科学出版社出版），发表核心期刊论文47篇。中国林业生态发展促进会碳中和工作委员会理事长、森林研学委员会理事长，中国环境学学会碳捕获封存与利用委员会常务理事、碳排放交易委员会委员。

在科学教育方面，自1994年从事青少年科学教育30余年，辅导青少年科技创新项目数百项，在《小学生学习报》《中学生数理化》主持专栏“应对气候变化”“蓝鲸科学电影院”“毛毛虫学科学”等，发表科普文章超过500篇；曾担任义务教育小学《科学》（大象出版社）编委，并担任《科学》教材课程向教育部申请批准时的执笔编委，提出了课程的主要思想、结构和主要案例，是《科学》教材第一次全国培训的主讲专家；主编《环境教育与科学教育的融合》《环境教育教学方法与实践》（中国环境科学出版社）《我的低碳生活——全国青少年科技实践活动手册》（人民出版社）等著作10余部。

在青少年科学影像教育方面，2006年带领科学教育团队开发了我国第一套青少年科学影像资源包《打开DV学科学》丛书（化学工业出版社），在2010年发起举办了“全国青少年科学影像节”（2025年举行到第15届）、2016年发起举办了“国际青少年科学发现影像大赛”，2019年更名为“国际青少年科学影像大赛”（2025年举行到第10届），目前青少年科学影像活动已经成为国际和国内青少年科技创新经典STEAM活动。2016年和2017年连续出版《透过镜头　放飞好奇》《科学影像　点燃梦想》（人民出版社），2025年出版《科技创新经典STEM+课程：青少年科学影像》，包括《奇妙生命　影像发现》《生物多样　影像探索》《生态环境　影像调查》《传统文化　影像传播》（中国环境出版集团）。

国际青少年科学影像大赛评审委员会介绍

袁小军　博士、研究教授

2019至2024大赛评审委员会主席

美国哥伦比亚大学Lamont-Doherty地球研究所，海洋学教授、海洋及冰川学家，知名华人科学家、为数不多的华人女性终身研究教授。她主导了大量美国顶尖地球科学研究课题，研究集中于海洋-大气-海冰在极地区域的相互作用、热带和极地的联系、极地物理海洋学以及海冰的可预测性等方面，为地球科学做出了卓越的贡献。长期以来，她在科研之余，为地球科学领域的青年人才培养做出不懈的努力。连续担任2019、2020、2021、2022、2023、2024国际青少年科学影像大赛评审委员会主席。

罗伯特·牛顿　博士、资深科学家（Dr. Robert Newton）

科学技术工程数学（STEM）评委

美国哥伦比亚大学Lamont-Doherty地球研究所资深科学家，海洋物理学家、极地气候学家，热爱青少年科学普及，每年暑期指导多个高中生团队开展科学研究。连续担任2019、2020、2021、2022、2023国际青少年科学影像大赛评委。

玛吉·图林　科普主任（Ms. Margie Turrin）

科学技术工程数学（STEM）评委

美国哥伦比亚大学Lamont-Doherty地球研究所，负责公众与青少年科学普及工作，每年组织研究所公众开放日活动，指导多所高中学生开展科学调查活动。多次获得科普、教育、公众服务等领域杰出大奖。连续担任2019、2020、2021、2022、2024国际青少年科学影像大赛评委。

颜备战　博士、教授

科学技术工程数学（STEM）评委

美国哥伦比亚大学Lamont-Doherty地球研究所，国际和公共事务副教授、研究教授。他建立的环境有机地球化学实验室，能够从环境和生物样品中提取、分离和鉴定有机污染物和生物标志物。担任2019国际青少年科学影像大赛评委。

若阿金·戈什　博士、教授（Dr. Joaquim Goes）

科学技术工程数学（STEM）评委

美国哥伦比亚大学Lamont-Doherty地球研究所，生物学和古环境研究教授，日本名古屋大学海洋生物地球化学理学博士，印度孟买大学微生物学硕士。他曾发表120多篇同行评审论文，参与的研究项目包括：海洋浮游植物的生理学和生产力、海洋中的碳循环、气候对海洋生态系统和社会经济的影响、水生生态系统中的微塑料等。担任2019国际青少年科学影像大赛评委。

张波　博士

2016至2018大赛评审委员会主席

美国新罕布什尔大学博士、哈佛大学博士后、哈佛大学医学院讲师、美国诺娃（OvaScience, 2015 top 50 Smartest companies）公司研发部主任，美国青少年科学工程技术协会（ASET4U）创始人。从事疾病检测和新药开发研究，并领导数个新型药物的研发，新药的临床转化及肿瘤生物分子标记物在临床检测中的应用。目前主要致力于干细胞的临床应用和相关产品开发。在青少年科学教育上，倡导Hands On理念，提倡“动手动脑，知行合一”。连续担任2016、2017、2018国际青少年科学影像大赛评审委员会主席。

迈克尔·邦科夫斯基　博士（Dr. Michael Bonkowski）

科学技术工程数学（STEM）评委

美国西北大学费恩伯格医学院研究助理教授兼实验室主任。曾在哈佛大学医学院David Sinclair实验室做研究工作，NAD+生物学和人类衰老研究专家，旨在研究人类新陈代谢、衰老和年龄相关疾病之间的联系。他发表了35篇同行评议的期刊文章，并进行了多项成功的人类长寿研究。担任2017国际青少年科学影像大赛评委。

刘鼎　博士

科学技术工程数学（STEM）评委

哈佛大学分子与细胞生物学系博士后，专注于动物社交本能和孤独感的研究。2016年在中科院上海神经科学研究所获得博士学位，其博士研究论文发表在《Science》杂志。曾获得研究生国家奖学金、吴瑞奖学金、中科院院长奖、Jane Coffin Childs 博士后奖学金等荣誉，2015年应邀参加德国林岛诺贝尔奖获得者大会。2018、2019 英特尔国际科学与工程学大赛（ISEF）评委，连续担任2017、2018、2019、2020、2021、2022国际青少年科学影像大赛评委。

徐浩然　博士

科学技术工程数学（STEM）评委

美国麻省理工学院麦戈文脑研究所罗伯特 · 戴西蒙实验室从事博士后研究。目前研究以狨猴为模式动物研究大脑皮层如何处理复杂社会信息，进而阐释自闭症症候群社会认知缺陷原因。2016年获得中国科学院上海生命科学学院神经科学研究所神经生理学博士。2018英特尔国际科学与工程学大赛（ISEF）评委，2017和2018国际青少年科学影像大赛评委。

卡尔提克 · 斯里尼瓦桑　博士（Dr. Karthik Srinivasan）

科学技术工程数学（STEM）评委

美国麻省理工学院罗伯特 · 戴西蒙实验室博士后，波士顿大学认知与神经系统博士。他的研究工作侧重于使用电生理学、药理学和光遗传学技术研究非人类灵长类动物的注意力神经机制，以及神经表征、皮质图的发展、形成和功能的相关问题。担任2018国际青少年科学影像大赛评委。

劳雷尔 · 赛玛　女士（Ms. Laurel Zaima）

科学技术工程数学（STEM）评委

美国哥伦比亚大学Lamont-Doherty地球研究所，从事海洋地质学和地球物理学领域的科学研究，极地地球物理研究小组成员，担任Lamont-Doherty地球研究所教育与外联协调员。每年举办地球所的开放日，组织上百位科学家搭建数十个“科普帐篷”，同时为来自纽约的公众开展“接地气”的科普宣传；长年为纽约自然博物馆等机构提供丰富多彩的科普展示和讲座。担任2020国际青少年科学影像大赛评委。

牛瑶　博士、教授

科学技术工程数学（STEM）评委

河南师范大学动物学教授、河南省昆虫学会常务理事、中国昆虫学会蝴蝶分会终身会员。长期从事昆虫学和无脊椎动物学的教学与科研工作，发现并命名数百种昆虫的新种。热爱科学普及工作，我国第一套青少年科学影像资源包《打开DV学科学》课题组资深专家，长期义务从事“全国青少年科学影像节”“国际青少年科学影像节”的评审工作。

吕尚伟　院长

影视技术与艺术评委

UCG学院院长。2003年创办国内第一本DV杂志《DV@时代》（现名《数码影像时代》）并任执行主编。国内首家动态数码影像技术测评中心[DVCLUB]产品测评室创立者、负责人，北京电影学院电影制作人高级研修班讲师团讲师 。2006年参与开发编写我国第一套青少年科学影像资源包《打开DV学科学》，主编《DV技术100问》。多次担任“全国青少年科学影像节”“国际青少年科学影像大赛”评委和骨干教师培训主讲专家，培训骨干教师上千名。

薛建峰　编审、制片人

影视编导与艺术评委

资深媒体制作人，多年从事媒体传播的创作与管理，长期关注“科学影像的美学表达”这一国内前沿课题。先后参与创办《走近科学》《原来如此》等科普栏目在科学影像制作方面积累了实践经验，曾获得星光奖“电视科普节目大奖”。多次担任“全国青少年科学影像节”“国际青少年科学影像大赛”“广东省大学生科学影像节”评委。

尚钊　教授

脚本创作与艺术评委

郑州师范学院文学院教授，在文艺理论、写作理论的研究和教学方面卓有建树。我国第一套青少年科学影像资源包《打开DV学科学》课题组资深专家，为了解决科学教师在辅导科学影像作品上的关键难题，开创了青少年科学影像的脚本创作理论，并在实践中摸索了一套将科学探究活动与脚本创作相磨合的方法。多次担任“全国青少年科学影像节”“国际青少年科学发现影像大赛”的评委。作为主讲专家，培训全国科学影像骨干教师上千名。

张红梅　副编审

科学技术与社会（STS精神）评委

《教育时报》原副总编辑，《科学家专访》专栏资深记者，全国青少年科技创新大赛资深记者，《创新之路——青少年科技创新教育活动辅导与研究》主编，国家标版级小学《科学》大象版教材编写组成员；中国科协“青少年科学DV活动资源包”项目组负责人之一，参与开发了我国第一套青少年科学影像资源包《打开DV学科学》，参与发起举办“全国青少年科学影像节”“国际科学影像大赛”，并多次担任两赛评委和骨干教师培训主讲专家，培训骨干教师上千名。

吕萌　总编辑

科学技术与社会（STS精神）评委

小学生学习报社总编辑，从事青少年教育和编辑工作20多年，积累了大量青少年成长成才的经典案例，在科学影像作品的选题和呈现方式上有丰富的经验，坚持科学、技术与人文社会相融合的教育理念。参与开发了我国第一套青少年科学影像资源包《打开DV学科学》，参与发起举办“全国青少年科学影像节”“国际科学影像大赛”，并多次担任两赛评委。在《小学生学习报》上创办了《蓝鲸科学电影院》栏目，已经展播国际和国内优秀科学影像作品百余部。

主编自序

见证青少年科学家群体的成长

姜冬梅

我每次到中小学去，兴致勃勃地和一个个科学影像小组轮番讨论他们的选题、研究计划、拍摄计划，他们的头脑风暴敲打着教室的门窗，整个教室都被智慧的火花照亮着。时间一晃就会过去三五个小时，而我们都浑然不知，心流交汇激起千重浪，我们全都沉浸在无比的幸福之中。当每个小组都确定下来自己的选题准备大干一场时，我能感受到他们的心流在奔腾。作为一名普通的科学教师，在青少年科学影像活动中我一次次地体会到了“得天下英才而育之”的人生快乐。

青少年科学影像活动，是指中小学生组成研究团队，不仅从问题入手完成一个科学探究项目，按照观察提问、猜想假设、计划组织、事实证据、模型解释、表达交流的步骤推进自己的创新研究，而且整个研究过程还能利用数码影像设备拍摄记录下来，创造性地剪辑完成一部科学探究纪录片。在科学影像活动中，中小学生不仅是少年科学家、工程师、发明家，还是摄影师、编剧、导演、出镜演员、配音、配乐，甚至还有更多角色，制片人、舞台设计师、道具设计师等等。

要完成一部作品，这样的青少年科学影像团队听上去需要很多很多人参与，其实，3至5人就可以组成一个研究小组，他们完全可以在研究的同时完成自己小组的科学影像作品。本套丛书共分为4本，分别是《奇妙生命 影像发现》《生态环境 影像调查》《生物多样 影像探索》《传统文化 影像传播》，收录了108部优秀的青少年科学影像作品，这些作品是第二届至第五届“国际青少年科学影像大赛“上的获奖作品。

每一部获奖作品都记录了一群小科学家在好奇心的驱动下像大科学家一样开展科学研究的故事，无论是他们探究的问题，还是他们的数据质量，还是他们最终分享的探究成果，都在一定程度上具备了和大科学家的研究项目一样的品质。我们不能不感叹，一个具备创新精神和掌握了一定创新能力的青少年科学家群体正在成长！

每一部获奖作品也同时记录了这群掌握了数码影像技术的小科学家组成的摄制组的故事，如何利用现代数码技术拍摄和编辑影像，有图有真相地把数码影像设备“玩”成了跨越时空的观察工具、记录工具、数据处理工具、分享交流工具……在数码影像技术的帮助下，影像使创新更真实，影像也使科学更美丽！

透过这些获奖作品，总结青少年科学影像活动中少年科学家的共同特征，或者说是他们在科学影像活动中成长的三大法宝，分别是放飞好奇、沉浸探索、享受交流。

放飞好奇

“好奇心是人的天性，对科学兴趣的引导和培养要从娃娃抓起。”好奇心就是个体在认识世界过程中对未知和新异事物进行积极探索的心理倾向或内部动机。每个中小学生都天生具有好奇心，如果带领他们走出家门、走出教室、走进大自然之中，无论是公园，是田野，还是森林，他们的好奇心就会自发地放飞，太多新奇的事物在等待着他们去探索。

《星系巢穴》中杨沐华、叶若言、黄柯霖在学校门口的大树上发现了一种会编织叶子的黄猄蚁，它们不仅会吐丝，还会把叶子编制成巢穴，这些巢穴布局奇妙，引起了三位中学生探索的兴趣……《星系巢穴》代表香港队赴美国匹兹堡参加了2018年国际科学与工程学大赛（ISEF），他们的发现引起了许多动物学家的兴趣。到今天，三位中学生已经走进了科学的殿堂，杨沐华正在香港大学医学院攻读生物医学博士，叶若言正在美国杜克大学攻读分子生物学，黄柯霖正在北京师范大学攻读艺术设计专业。

《一管一世界》中李瑞妍、陈程睿、赵卓玥在太平山的护坡上发现了许多排水管，不看不知道，一看吓一跳，这些排水管里竟然住着很多小动物，有的住着黑框蟾蜍，有的住着中华壁虎，有的住着雷氏大疣蛛，还有的住着红火蚁……三位中学生将科学与艺术结合，在《一管一世界》中记录了他们的发现之旅。到今天，三位中学生也已经开始了大学生活，李瑞妍考取浙江大学本硕博8年连读的临床医学专业，陈程睿考取了深圳大学高等研究院理工创新实验班数学专业，赵卓玥则远赴日本攻读动漫创作。

《青蛙王子变身记》中陈梓桐、王奕涵、左佑三位小学生在宠物市场发现了一种五颜六色的“小青蛙”，买回来研究它们的习性，竟然发现它们不是青蛙，而是非洲爪蟾，一种繁殖力强大的入侵生物！到今天，他们虽然还在读高中，但是科学探究的经历却像种子一样深植在了他们的心中。

随手打开4本书中的任何一本，仅仅扫一眼目录，中小学生探究自然的好奇心就足以让我们应接不暇，《会吃肉的植物》《长鼻小丑》《蚂蚁的地狱》《以虫治虫》《古树空心之谜》《不朽的龙舟》《金砖探秘》……在好奇心的驱动下，他们拉开了科学探索的序幕。

沉浸探索

每一部科学影像作品都是中小学生完成科学探究项目的真实记录，他们在科学探索中不仅可以更多地了解科学知识，而且最重要的是能够掌握科学探究的方法，成长

为具备科学家潜质的青少年。

《寻蜻记》中何佳茗、王泓乾、肖赫三位中学生在游览香港公园的蜻蜓保育基地时产生了疑问，蜻蜓保育基地为什么蜻蜓反而稀少呢？他们不仅查阅资料，而且采用了采访法、野外调查法、对比分析法等多个研究方法开展探索。他们不辞辛劳地调查了香港新界、九龙、港岛的多个水塘的环境，以便能够进行对比研究，最后终于揭示了一个令人警醒的现象，蜻蜓保育池里放生的大量巴西红耳龟、大型鱼类是蜻蜓幼虫乃至成虫的天敌！有了这个发现，如何管理好蜻蜓保育池这个问题就迎刃而解了。到今天，三位中学生已经扣开了国际名校的大门，踏上了自己追求科学的道路，何佳茗从美国约翰霍普金斯大学神经生物学专业毕业，继续到位于德国柏林的伯恩斯坦计算神经科学中心（BCCN）攻读硕士；王泓乾考取了北京化工大学攻读高分子材料专业；肖赫正在伦敦大学城市学院贝叶斯商学院攻读金融专业。

《毒毛虫来袭》中韦诗瑶、张璐瑶两位中学生在数码港海滨公园观察毛毛虫时，在没有接触毛毛虫的情况下她们的皮肤却出现了严重的皮肤过敏症状，她们反复调查发现原来是毛毛虫掉落的刚毛能够引起皮肤过敏，让人们尤其是孩子的皮肤起成千上万的疙瘩。为了提醒公园游客注意，他们调查了整个海滨公园，统计了毒毛虫的分布情况，并向数码港管理委员会提出了毒毛虫对公共健康的危害及治理建议。管委会不仅及时采取了治理毒毛虫的行动，而且还把两位中学生的科学影像作品在十多个大屏幕上循环播放，提醒游客注意。虽然只是一个小小的社区事件，但是两位中学生科学探究的严谨性和社会责任感却令人赞叹。到今天，韦诗瑶已经入读美国哥伦比亚大学巴纳德学院，张璐瑶也已经入读伦敦大学学院，她们的科学家潜质一定可以让她们在未来的专业探索上出类拔萃。

《“以眼还眼”的螳螂》中马一诺、孙星悦、卢旸岚、孟令宇四位同学在野外抓到了几只螳螂，他们带回来一起观察时，偶然发现了一种奇怪的现象。四个人围着一只螳螂观察，每个人都认为这只螳螂在盯着自己看。他们的实验设计非常有趣，用饮料吸管模仿出了螳螂的眼睛，解构了为什么螳螂总是盯着观察者的看的问题。到今天，马一诺从美国加州大学伯克利分校环境科学专业毕业，已经在攻读宾夕法尼亚大学环境科学专业的硕士，孙星悦本着对摄影技术的兴趣考取了上海大学攻读传媒学，卢旸岚进入伦敦大学学院攻读数学统计专业。

《狮舞岭南之人机共舞》中李欣、陈启涛等7位中等职业技术学校的学生遇到了一个扎心的问题，他们很热爱舞狮活动，但是他们的父母却要求他们要退出舞狮队去好好学习机器人专业。为了能说服父母，也为了能传承舞狮这个传统技艺，他们决定研究用机器人舞狮，实现人和机器人同台共舞。他们经历了重重艰辛，克服了种种困难，想出了各种办法，终于利用工业机器人的专业知识编程设计出了人机共舞。到今天，7位同学已经活跃在佛山市顺德区的各个岗位，他们在科学影像创作中的历练，让李欣成为了当地婚庆公司的著名司仪，陈启涛也成了当地影视制作公司的摄影师。尤其是陈启涛，在国庆70周年时，他和舞狮队受邀在天安门广场展示岭南狮舞，他的骄傲就不必说了，全顺德都在流传科学少年天安门舞狮的故事。科学探究的素质不仅滋润了科学家

的成长，也培养出了许多像李欣、陈启涛一样对社会有用的人。

享受交流

科学成果不是武林秘籍，也不是传男不传女的祖传秘方，科学家取得的研究成果一定会选择一种公之于众的方式展示、分享、交流，要么发表论文，要么出版著作，要么在学术会议上发言或展示，科学影像是21世纪展示交流科学探究成果的新方式，这种方式会随着数码影像的普及成为传播科学成果的重要形式。让中小学生掌握科学影像的创作方式，把科学论文写在屏幕上展示、分享、交流成果，是培养中小学生科学家潜质的重要环节。

《不仅是棵树》中的严知同学从初一就爱上了科学影像创作，《皮包壳的树栖蜗牛》《帝国的交通》《生化结合治白蚁》这三部优秀作品都出自严知之手，他在上中学的4个暑假里陆续完成了角度各不相同的4部作品，他把用科学的方法表达交流、展示分享成果当成了一种日常习惯。到今天，他已经从美国伊利诺伊大学香槟分校毕业，在项目管理上的领导力使他脱颖而出，毕业典礼上受到了校长嘉奖。他现在已经在美国哥伦比亚大学商学院继续攻读硕士学位。严知告诉妈妈，一定要让弟弟参加科学影像活动，让弟弟也沿着哥哥的脚步成长为有科学家潜质的投资人。

《木瓜树上的联合虫害》中的钟家瑞、张小令、王浩丞三位中学生也都是在中学阶段就创作了多部科学影像作品，他们热爱科学探索，也热爱数码影像。到今天，钟家瑞考取了中国民用航空飞行学院飞行技术专业，将来会成为一名飞行员；张小令考取了英国帝国理工大学正在攻读生物学专业，将来会成为一名生物学者；王浩丞考取了厦门大学攻读数学专业，将来也会继续在科学领域深造。

《我还活着》中的苏昱雯就更不用说了，她从小学到中学多次出现在国际和全国科学影像赛事的领奖台上，她花了很多时间做科学探索，培养科学思维，但是让人想不到的是她竟被中国音乐学院录取，并且获得了杰出学生奖。科学与音乐在科学影像中的融合在苏昱雯的身上得到了完美体现。

《客居他乡的鸟》中费利浦也是一个具有音乐创作天赋的少年，他很热爱多样的生物，关心一种濒危动物长冠八哥的异地保护，但是他更热爱音乐创作，在长冠八哥的这部探究纪录片中每一帧的剪辑变换都和音乐节奏相配合。他让科学老师告诉她的妈妈，他要学习音乐创作。科学影像活动发现了这个音乐天才，他也如愿以偿地进入到了美国伯克利音乐学院攻读音乐创作。

《花丛中的“钢铁侠”》中的张艺、温秋芬、吴彩瑶、邹敏、陈林等5位职业技术学校的中学生也都多次参加科学影像创作，他们研究的夹竹桃天蛾幼虫酷似电影中钢铁侠的模样，他们分享交流的研究成果让哈佛大学的科学家在评审时都赞叹“数据质量可以和大科学家的工作相媲美”。他们的科学影像分享交流不仅走进了哈佛大学，还走上了中央电视台，“芝麻开门”栏目专门到学校为他们制作了专题片。

放飞好奇、沉浸探索、享受交流这三大法宝使青少年科学影像活动成为了一个经典STEAM教育，但是放飞好奇需要时间，沉浸探索也需要时间，享受交流更需要时间，在目前仍然以知识讲授、刷题考试、分数评价为主的教育模式下，让学校腾出时间、分配出教师资源、提供设备支持去开展青少年科学影像活动，能做到的学校还只是凤毛麟角。我们在这里编辑出版这108部优秀科学影像作品，是希望星星之火可以燎原。士不可不弘毅，任重而道远！怀着和我们一样科教兴国梦想的学生、老师和校长们，希望这4本书108部作品能够助您一臂之力！

最后，我代表大赛组委会和评审委员会感谢邓予立先生及其亨达集团对大赛奖项的热忱赞助！我代表青少年科学影像课程研发团队感谢胡宝星胡韵琴伉俪对师生培养的鼎力支持！相信爱心汇聚能创造教育奇迹！

mù lù

目录

第一篇

有趣的动物行为 /1

第二篇

奇妙的生命周期 /41

第三篇

悬疑的生态关系 /89

第四篇

可怕的外来入侵 /137

第五篇

神奇的结构功能 /169

第一篇

有趣的动物行为

一、星系巢穴

2nd International Youth Science Fair for Discovery Videos

第二屆國際青少年科學發現影像大賽

獲獎證書

茲頒發給「亨達」最佳科學探究獎 獲得者。特頒此證，以資鼓勵。

項目名稱 ：星系巢穴

作　　者 ：楊沐華、葉若言、黃柯霖

所在學校 ：香港聖若瑟英文書院、漢基國際學校、中央美術學院附屬中學

指導教師 ：于洲洋、劉海鵬

國際青少年科學發現影像大賽評審委員會主席

張波 博士

2017年9月30日至10月6日 於美國波士頓

在内地观赏影片：

2nd International Youth Science Fair for Discovery Videos

Hantec Best Science Exploration Award

is hereby awarded to

Mr. Muhua Yang Ms. Elysia Ye Ms. Kelin Huang

from

St. Joseph's College, Chinese International School, Fine Arts School Affiliated to China Central Academy of Fine Arts

for their discovery video project on

Galaxy Nest System

under supervision of

Mr. Zhouyang Yu Mr. Haipeng Liu

September 30 to October 6, 2017

Boston, USA

Dr. BO Zhang

Chair

International Youth Science Fair for Discovery Videos

在境外观赏影片：

综合实践活动（科学探究课题＋科学影像创作）

蓝鲸的话

香港圣若瑟英文学校的杨沐华和汉基国际学校的叶若言两位同学，迷上了观察黄猄蚁。黄猄蚁在他们2016年拍摄的短片《大自然的裁缝》里一举成为明星。可是，关于黄猄蚁的巢穴，还有很多未解之谜，于是两位小科学家把擅长动画制作的黄柯霖同学拉入了研究团队，开始了巢穴探秘。

不过，野外观察总是暗藏着风险，一定要在老师的指导下进行观察，并且事先做好防护，否则，就连小小的蚂蚁也能对观察者构成威胁。

黄猄蚁又叫亚洲缝叶蚁，会利用幼虫吐的丝，将叶片缝合在一起，建立巢穴。杨沐华和叶若言在2016年曾经研究过黄猄蚁缝叶子的过程，并拍摄了科学微电影《大自然的裁缝》。他们还研究了黄猄蚁的小“叶包”，那些小“叶包”竟然是黄猄蚁的“厨房”和“储藏室”。那么黄猄蚁的主巢穴在哪里呢？

为了找到黄猄蚁的主巢穴，杨沐华和叶若言展开了长达 1 年的探究。他们在 4 个不同的地点发现植物上分布着黄猄蚁的“叶包”，于是他们就把这 4 个地点确定为观察点，不仅制作了观察点的植物标本，还绘制了“叶包”的分布图，当然，他们要继续利用数码摄像机记录下来黄猄蚁上演的一幕幕“大戏”。

夜深人静，几只黄猄蚁仍在忙碌着。它们在枝叶间穿行，遇到缝隙，就测量并选择最短的距离。

它们会把握风吹动树叶的时机，然后一蚁垒一蚁，像技艺高超的杂技演员一样架起“蚁桥”，越过“天堑”！

黄猄蚁正在齐心协力搭建“蚁桥”！它们用自己的身躯作为“建材”，前面的黄猄蚁咬住叶子边缘，后面的咬住前面一只的足，前后相连形成“锁链”，“锁链”再搭建成一排“蚁桥”，让同伴从它们身上平稳通过。可以看到，黄猄蚁展现出了惊人的协作能力！

06

黄猄蚁为什么要搭建“蚁桥”呢？正当杨沐华和叶若言疑惑的时候，一群黄猄蚁在地面捕获到一只荔枝蝽。黄猄蚁们成群结队，从树根部出发，一路经过树干、树枝、树叶，沿着“蚁路”“蚁桥”向树冠进发。

07

荔枝蝽的体形比黄猄蚁大几十倍，沉重的荔枝蝽多次差点从 4 米高的树上掉下，但众黄猄蚁分工明确、齐心协力、化险为夷，最终将荔枝蝽运送到了位于树冠上的一个大“叶包”中。

08

这个大“叶包”比足球还大！黄猄蚁用叶子缝制的“叶包”，直径多在 5 ～ 15 厘米，但是这种直径超过 30 厘米的“叶包”比较少见。它是否就是杨沐华和叶若言心心念念地要寻找的黄猄蚁的主巢穴呢？

09

为了研究黄猄蚁大“叶包”的内部结构，杨沐华和叶若言决定摘下这个大“叶包”，解剖观察。他们在网上购买了高枝剪，当大“叶包”伴随着清脆的咔嚓声落下的时候，成千上万只黄猄蚁也落了下来。虽然他们事先做了严密的防护，但还是有黄猄蚁钻进了衣服里，狠狠地咬了他们几十口。看来，科学研究是有风险的！

杨沐华和叶若言从 2016 年的研究中知道，黄猄蚁的小“叶包”由几片至十几片叶子构成，结构简单，不具备巢穴“家”的功能。

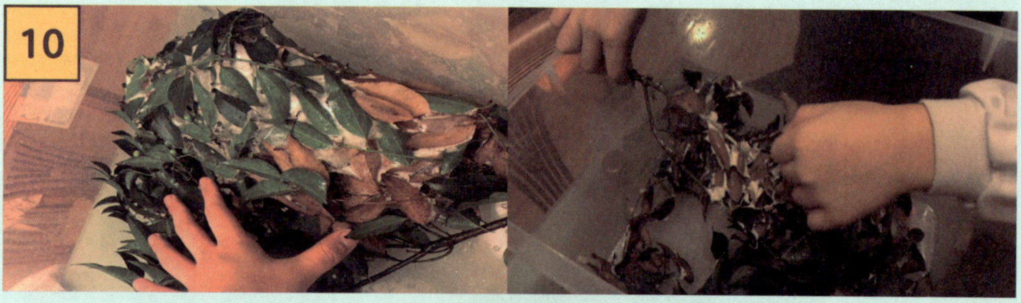

解剖发现，大“叶包”内部被分隔成大小不同的空间，形成了数百个不同功能的“蚁室”。有些“蚁室”内储藏了食物，成为“储藏间”；有些“蚁室”内有蚁卵，成为“育儿室”；有些“蚁室”则居住着蚁后或雄蚁……杨沐华和叶若言终于找到黄猄蚁的主巢穴了！但是这么复杂的结构，怎样才能描述清楚呢？此时需要黄柯霖同学大显身手，她用动画展示了大“叶包”的形成过程和结构图。

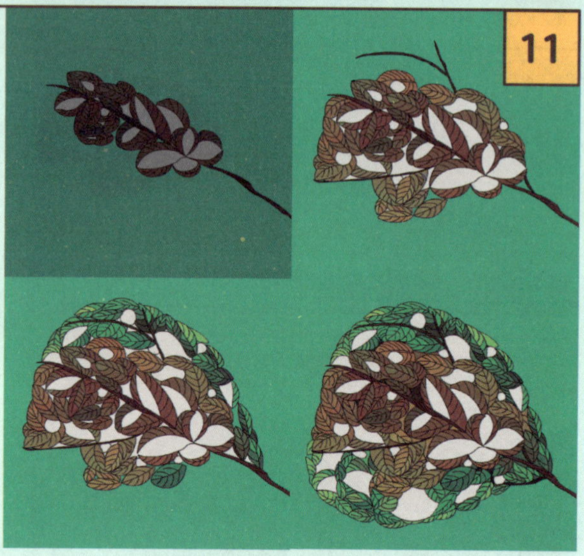

乘胜追击，杨沐华和叶若言在 4 个观察点进一步绘制了大“叶包”、小“叶包”的分布图，记录了黄猄蚁主巢穴、副巢穴的分布和特征。

12

蒲飞路天竺桂

花园道鱼木　香港大学体育馆黄兰　花园道细叶榕

通过观察黄猄蚁"叶包"的结构、功能、分布，并分析"叶包"与"蚁路"之间的关系，杨沐华、叶若言和黄柯霖讨论后认为，单个的黄猄蚁"叶包"并不是黄猄蚁的巢穴，大"叶包"和小"叶包"是一个有机的整体，它们之间通过"蚁路"相互联系，共同构成了一个"巢穴系统"。大"叶包"是黄猄蚁的主巢穴，小"叶包"是黄猄蚁的副巢穴。

黄猄蚁把大"叶包"作为主巢穴，作为种群的起始与核心；它们通过"蚁路"辐射扩张，缝制小"叶包"作为中转站，储藏和加工食物，以扩大其捕食范围，提高运输效率；黄猄蚁又以小"叶包"作为新的基点，再通过小"叶包"不断扩张，甚至横跨多棵树木，使整个黄猄蚁的种群活动范围不断壮大。

黄猄蚁的巢穴由众多"叶包"组成，大"叶包"作为主巢穴就像一个星系里的恒星，散布在四周的小"叶包"作为副巢穴就如星系中的行星和卫星，这种结构造就了黄猄蚁种群的"星系巢穴"。

在 1 年多的时间中，3 位科学少年观察到了黄猄蚁齐心协力缝制“叶包”、搭建“蚁桥”、搬运“猎物”、构建“巢穴系统”的过程，同时也体会到了它们惊人的社会性。他们用镜头记录下的这些点点滴滴，不禁令人感叹黄猄蚁的智慧和大自然的神奇。

16

专家点评

短片是3位小科学家在2016年研究成果的基础上继续深入研究取得的新突破。在这个短片中，他们再次用镜头记录下了多个令人惊叹的瞬间，黄猄蚁种群之间相互协作的现象给观众留下了深刻的印象，让人不得不感叹在地球上还有如此智能的社会性生物与人类比邻而居。

3位小科学家的研究足迹从校门口、家门口拓展到了香港的市区、郊野。他们找到了10多个观察点，并从中选取了4个来进一步重点研究黄猄蚁巢穴的布局特征，从而发现了主巢穴、副巢穴及连接主巢穴、副巢穴的“蚁路”，共同形成了“星系巢穴”。他们利用动画模拟，有效地解释了这一发现。科学研究层层深入，创新点突出，影像美丽，耐人寻味。

短片通过各种拍摄手段，多维度记录蚁巢，特别是搭建“蚁桥”和搬运荔枝椿象这两组高质量的镜头。动画和手绘、电脑绘制示意图的配合恰到好处，但引用示意图时最好和视频16 ：9画幅一致。

短片开门见山，很利索，结构合理，且有亮点。解说语气语速与探究对象很和谐，建议多用短句子。配音准确，表现出对黄猄蚁巢穴探究过程的自信和坚定。在探究过程中，小科学家们进行科研工作的画面虽然不多，却深深印刻在观众的脑海。如果能适当加入同期声，则效果更佳。

短片从一开始就让观众感到震惊，蚂蚁们仿佛在谱写一曲大自然生命奋斗不息的赞歌。小科学家们没有满足于华丽的拍摄，而是用科学研究的方法对多个观察点实地观察记录，还运用了动画来展示大“叶包”的结构，绘制了“叶包”结构图，发现并利用模型解释巢穴所呈的星系结构，甚至对应“中心地理论”的相似之处，揭示黄猄蚁的种群生存结构所蕴含的智慧，是一部科学与人文完美结合的佳作。

短片是《大自然的裁缝》研究项目的第二期研究。作为一项科学探究活动，从时间上说，经历了长达 1 年的观察，第二期研究带给观众的是更加惊奇的发现。1 年的坚持，4 个观察点的选取及不间断地持续观察，对于小科学家们来说，是对毅力的极大考验。

从观察的深度上说，从第一期研究对黄猄蚁缝制“叶包”行为的研究，进一步深入到了对黄猄蚁惊人的社会性行为的研究，通过齐心协办力搬运荔枝蝽象、搭“蚁路”等镜头，既展示出了黄猄蚁团结协作的能力，又让观众体会到了研究者们背后的付出，充分体现了“宝剑锋从磨砺出，梅花香自苦寒来”的道理。从探究的能力上说，第二期的研究能用如此生动与准确的星系模型来解释黄猄蚁的筑巢行为，把一个复杂的问题用一种简单形式表达出来，是研究者在长期观察、搜集证据、分析总结的基础上得到的，小科学家们的研究能力又一次得到了跨越式提升。因此，在青少年科学影像活动中，这种连续性研究，对孩子们各方面的能力与素质，都是一个极大的提高。此外，短片依然延续了第一期强烈的人文性特点，是一部人类向大自然学习的经典之作。

二、寄居蟹的家

2nd International Youth Science Fair for Discovery Videos

第二屆國際青少年科學發現影像大賽

獲獎證書

茲頒發給優秀科學微電影「一等獎」獲得者。特頒此證，以資鼓勵。

項目名稱 ： 寄居蟹的家

作　　者 ： 張可心、侯嘉原

所在學校 ： 河南省安陽市東南營小學

指導教師 ： 于洲洋、劉海鵬

國際青少年科學發現影像大賽評審委員會主席

張波 博士

2017年9月30日至10月6日 於美國波士頓

在内地观赏影片：

2nd International Youth Science Fair for Discovery Videos

The First Place Of Grand Award

is hereby awarded to

Ms. Kexin Zhang Mr. Jiayuan Hou

from

Henan Anyyang Dongnanying Primary School

for their discovery video project on

Home of Hermit Crabs

under supervision of

Mr. Zhouyang Yu Mr. Haipeng Liu

Dr. BO Zhang

Chair

International Youth Science Fair for Discovery Videos

September 30 to October 6, 2017

Boston, USA

在境外观赏影片：

综合实践活动（科学探究课题 + 科学影像创作）

蓝鲸的话

身上背着重重的壳，一步一步往前爬的小动物是什么？是蜗牛？是海螺？是河蚌？这些答案都不对，原来是海滩上背着螺壳的寄居蟹。张可心和侯嘉原 2 位同学要揭开寄居蟹的神秘面纱，探究一下寄居蟹换壳的秘密。

张可心、侯嘉原是来自河南省安阳市东南营小学的 2 位同学。2017 年暑假，2 位同学在香港参加科学微电影夏令营时，在索罟湾和梅窝海滩发现了一些会移动的螺壳，仔细观察，原来每一个会移动的螺壳里都藏着一只小螃蟹。这些螃蟹手脚灵活，背着比自己身体大许多的外壳也能快速移动。2 位小学生很好奇，这是什么螃蟹？它们为什么要在螺壳里？

从海滩回来，张可心和侯嘉原就到香港中央图书馆查阅资料，从资料中知道这是长趾细螯寄居蟹（*Clibanarius longitarsus*），是软甲纲十足目活额寄居蟹科细螯寄居蟹属的一种寄居蟹。资料中说，随着寄居蟹的生长，它们的身躯会逐渐变大，需要不断寻找越来越大的外壳藏身。原来寄居蟹还会换壳！它换壳的时候会是什么样子呢？

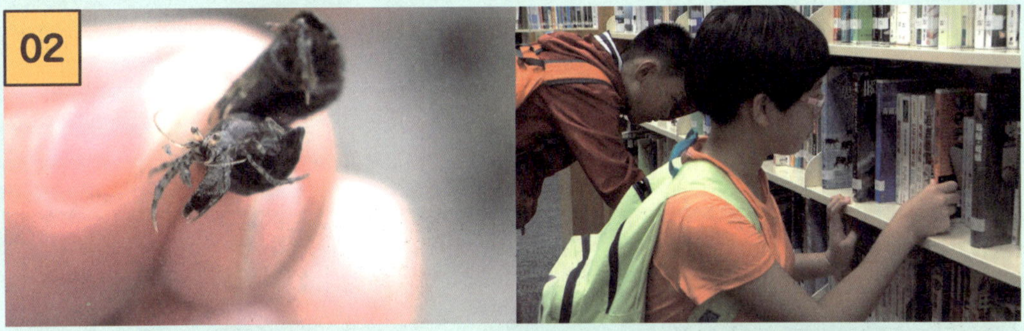
02

03

为了看到寄居蟹换壳的过程，张可心和侯嘉原又回到索罟湾、梅窝海滩寻找寄居蟹。他们发现寄居蟹多选择沟纹笋光螺、纵带滩栖螺的螺壳作为自己的外壳。他们捕捉了十多只长趾细螯寄居蟹，同时捉了几只角眼沙蟹，捡拾了若干珊瑚与礁石、空的钉螺壳，同时收集了足够多的海水，用水族箱模拟适宜寄居蟹生存的河口浅水环境。

通过在室内对寄居蟹进行观察，他们发现有一些寄居蟹栖息在珊瑚、礁石上，但大多数是在水里活动。寄居蟹会在水里寻找食物，用两只螯将找到的食物送入口中。如果感觉到有危险，便迅速缩入壳中，用自己的螯挡住“房子的大门”。

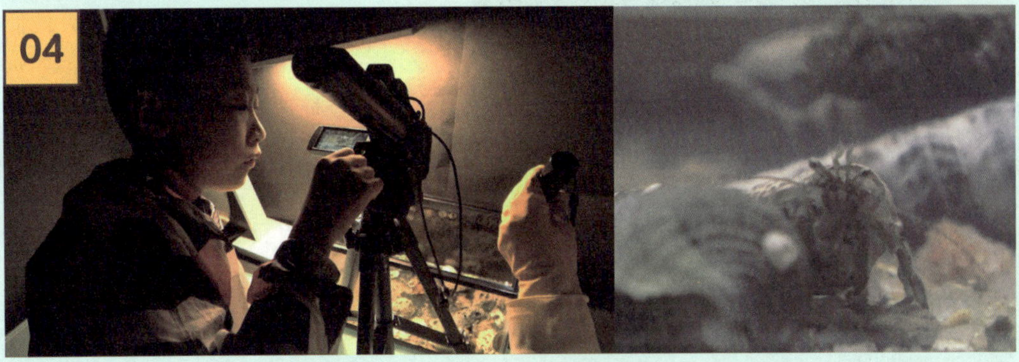
04

在持续的观察中，张可心和侯嘉原看到一只背着绿色螺壳的寄居蟹，用自己的螯抓着一个小一点的白色螺壳不松，两只眼睛时而盯着这个白色螺壳、时而观察周围的环境似乎是想看看是否会有危险。

难道它要换壳了？只见这只寄居蟹纵身一跃，将身体从绿色的大螺壳换到了白色的小螺壳里。哇，终于观察到了寄居蟹换壳的过程！有趣的是，这只寄居蟹竟然选择更小的螺壳作为外壳。看来随着寄居蟹的生长，它们并不会死板地选择更大的外壳，那它们在选择新壳时会参考什么标准呢？张可心和侯嘉原测量了这只换壳寄居蟹的“新家”与“旧家”的壳口，发现新壳的壳口小于旧壳的壳口。而这只寄居蟹的螯可以恰好卡住新壳的壳口，旧壳则显得太大，不利于寄居蟹防守。

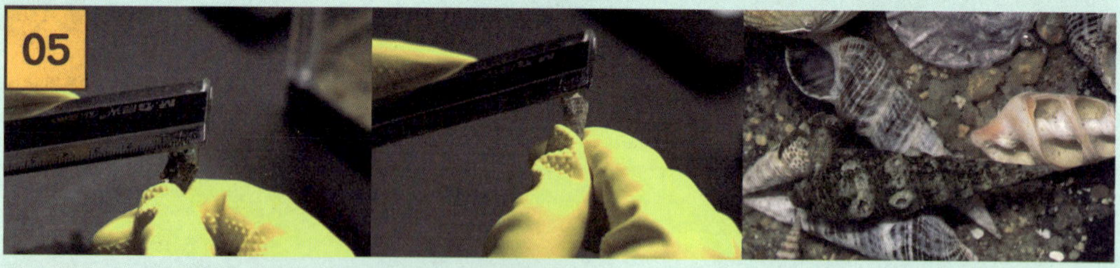
05

06

在梅窝海滩，张可心和侯嘉原发现了一只没有“家”的寄居蟹，它时而在海滩上走来走去、时而静止，看到一个螺壳，过了很久也不钻入。难道它是傻了吗？

侯嘉原猜想，可能它在海滩上活动时，浑身沾满了沙子，导致它不想钻入壳中。张可心按照侯嘉原的建议，把这只寄居蟹放入随身携带的盛有海水和螺壳的收纳盒中，只见这只寄居蟹一入水，便迅速甩动身体，把身上的沙粒洗掉，然后寻找合适的螺壳并钻了进去。原来，寄居蟹喜欢在水中寻找自己的外壳！

07

张可心和侯嘉原经过讨论，总结了他们在室内外观察到的现象。他们发现寄居蟹在选择外壳时，除了如资料上说的对壳的体积有要求，对壳口的大小、换壳时的环境也有一定要求。

原来，寄居蟹要选择适当大小的螺壳以便让自己藏入其中又不会太狭窄；同时还要考虑壳口是否能用自己的螯盖住，以利于防御外敌；换壳时寄居蟹如果不在水中，则很难完成换壳。寄居蟹真是一种有趣的生物！

张可心和侯嘉原的研究并没有就此打住，他们继续在网络上搜索关于寄居蟹的资料，发现了一段令他们忧虑的视频。视频里说，在台湾的一些海岸，越来越多的游客捡拾当地的自然螺壳作为纪念品，导致这些海岸的螺壳越来越少，竟然出现寄居蟹选择塑胶瓶盖作为外壳的情况，这真是不可思议！

看来人类的活动已经影响到了寄居蟹的生存。他们不禁感到好奇——香港的长趾细螯寄居蟹是否也会选择一些人造的物品作为外壳呢？

张可心和侯嘉原决定设计实验进行验证。考虑到寄居蟹在选择外壳时的要求（壳的体积、壳口大小、换壳时的环境），他们准备了与长趾细螯寄居蟹大小接近的几种笔帽和吸管、盛有一定海水的器皿、寄居蟹若干只。实验分为 3 组：第一组放入 4 个纵带滩栖螺螺壳，作为对照；第二组放入 4 种笔帽；第三组放入 4 种吸管。在每组中分别放入 4 只已经去掉外壳的长趾细螯寄居蟹，观察寄居蟹是否会钻入螺壳、笔帽、吸管中 。

他们准备好各种实验材料后，就开始了实验，同时进行观察，他们发现：

第一组实验：有 3 只寄居蟹很快钻入了螺壳中，有 1 只寄居蟹几次尝试钻入壳中，都没有成功。

第二组实验：3 只塑胶笔帽漂浮在水中，被寄居蟹一碰就飘走了，难以让寄居蟹钻入其中；金属笔帽沉在水里，寄居蟹们纷纷尝试钻入，尝试过很多次，才有 1 只寄居蟹成功钻入金属笔帽中，之后一直在里面待着。有的寄居蟹看不顺眼，过来挑衅，已经钻入金属笔帽的寄居蟹连招架带躲闪，安全守护着自己的“新家”。

第三组实验：有 1 只寄居蟹钻入透明吸管中，不久却自己跑了出来。之后偶尔有寄居蟹抓着最粗的吸管不放，却没有钻入其中。

张可心和侯嘉原总结实验结果，得出以下结论：

（1）在没有螺壳的环境中，寄居蟹也会寻找与螺壳相似结构的东西作为自己的“家”，如笔帽、吸管。

（2）对比 3 组实验，可以发现，在第一组实验中，有 3 只长趾细螯寄居蟹钻入纵带滩栖螺螺壳；在第二组实验中，有 1 只长趾细螯寄居蟹成功钻入笔帽中；在第三组实验中，有 1 只长趾细螯寄居蟹钻入吸管中，但不久就跑了出来。这说明长趾细螯寄居蟹确实更偏好螺类作为自己的外壳。

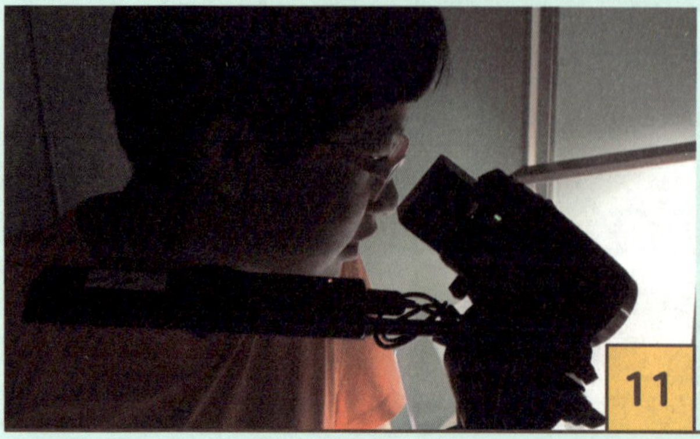

（3）在第二组实验中，金属笔帽可以作为长趾细螯寄居蟹的外壳，但寄居蟹需要花费更多的时间钻入其中；藏身在金属笔帽中，长趾细螯寄居蟹可以抵御具有一定攻击力的外敌。

12

看来当自然环境中螺壳减少时，香港的长趾细螯寄居蟹也会选择一些人造的物品作为外壳，那么这种情况有没有在野外发生呢？张可心和侯嘉原继续在索罟湾、梅窝海滩的岸边探索，但却没有发现背着人造物品外壳的寄居蟹。分析原因，2位同学认为这些海滩有足够的螺类贝壳，可以满足寄居蟹挑选自己的“房子”的需要。但同时，2位同学也在这些海滩发现了很多生活垃圾、污水。有些鱼类、水母已经死掉了。如果这些海滩的环境继续恶化，当螺类大量减少时，这里的寄居蟹可能会像台湾的寄居蟹一样，选择人工制品作为外壳，对寄居蟹来说，那将会是一场悲剧！

专家点评

短片中2位小科学家从起初对寄居蟹“家”的好奇，到深入地观察、思考寄居蟹对“家”的选择，一步一步引导着观众跟随他们一起去探究。他们抓住寄居蟹的生活习性，设计对比实验，验证自己的猜想。由观察寄居蟹常规的选壳标准，到发现当今环境问题导致寄居蟹选壳有了新的标准，让观众认识到寄居蟹被迫适应环境的无奈，为人类认清日益严重的环境问题提供了有力的证据。

短片外景部分画面优美，室内观察部分特写和微距画面紧凑生动，整体结构完整。

短片开头直截了当，始终紧扣主题。解说语气、语速跟探究主题很搭，如果解说词再简洁些会更好。

短片的配音更像小科学家对自己探究过程的讲述，表达自然、富有感染力和个人魅力，吸引着观众跟随着他们去参加探究。作品中有很多小科学家们对话的画面，还有在观察、实验环节的画面，观众能听得到他们在说些什么，这些同期声如果能保留一定会提升作品的品质。另外，小科学家们要学会有话慢慢说，说得快了就会“吃字儿”了。

短片中小科学家们带领观众走进大自然考察，拿着寄居蟹让观众一起观察，趴在水盆边专注地记录寄居蟹换壳的过程，有很强的代入感，让观众充分体验到了“透过镜头，放飞好奇”的教育力量。相信欣赏过这部作品后，会有更多的小观众热爱上大海、螺壳、寄居蟹，他们也会更加懂得保护环境的重要意义。

三、蚕的选择

2nd International Youth Science Fair for Discovery Videos

第二屆國際青少年科學發現影像大賽

獲獎證書

茲頒發給**「亨達」關愛生命專項獎**獲得者。特頒此證，以資鼓勵。

項目名稱 ： 蠶的選擇

作　　者 ： 馮樂儀、劉嘉惠、尤曉瑩、韋喬情、麥嘉源

所在學校 ： 佛山市順德區胡寶星職業技術學校

指導教師 ： 譚淑芬、王春桃

國際青少年科學發現影像大賽評審委員會主席

張波 博士

2017年9月30日至10月6日 於美國波士頓

在内地观赏影片：

2nd International Youth Science Fair for Discovery Videos

Hantec Special Award — Care for Life

is hereby awarded to

Ms. Leyi Feng Ms. Jiahui Liu Ms. Xiaoying You
Mr. Qiaoqing Wei Mr. Jiayuan Mai

from

Hubaoxing Vocational Technical School Of Shunde

for their discovery video project on

Silkworm's Choice

under supervision of

Ms. Shufen Tan Mr. Chuntao Wang

September 30 to October 6, 2017

Boston, USA

Dr. BO Zhang

Chair

International Youth Science Fair for Discovery Videos

在境外观赏影片：

综合实践活动（科学探究课题＋科学影像创作）

蓝鲸的话

很多同学养过蚕，但是有没有想过蚕喜欢爬到什么颜色的“山”上去结茧呢？生活在“桑蚕之乡”的 5 位中学生发现了这个问题，他们要研究这个看似简单，却对养蚕业很有意义的问题。他们自己设计对比实验、自己制作实验材料，一个个忙得不亦乐乎。到底蚕喜欢什么颜色呢？我们一起来看看他们的精彩探究吧！

韦乔情、尤晓莹、冯乐仪、刘嘉惠、麦嘉源 5 位同学一起在学校养了蚕。这些蚕最初由蚕卵孵化出蚁蚕，蚁蚕每蜕一次皮就长大一龄，经过二龄蚕、三龄蚕、四龄蚕，长到五龄蚕，这时候蚕就要结茧了！对于同学们来说，这是他们人生第一次遇到蚕要结茧，还不知道要为蚕宝宝提供什么样的结茧场地。

5 位同学通过查阅资料了解到，人们把蚕结茧的场地称为蚕蔟。但是，他们很快陷入困惑，蚕结茧时应该对结茧场地的颜色和形状有要求吧？几个人争执不下，最后，他们决定成立一个探究小组，设计实验来验证他们的猜想。

为了探究蚕结茧时对蚕蔟颜色和形状的偏好，他们设计了以下实验：首先，用红、橙、黄、蓝、绿、棕、浅蓝 7 种不同颜色的卡纸，分别制作圆柱体、正三角柱体、正六边柱体、正方形柱体 4 种不同形状的蚕蔟；其次，把做好的蚕蔟粘在白色泡沫板上，四面环绕着泡沫板的中心；最后，将蚕放在泡沫板中心，观察蚕会爬到哪些颜色、哪些形状的蚕蔟上结茧。

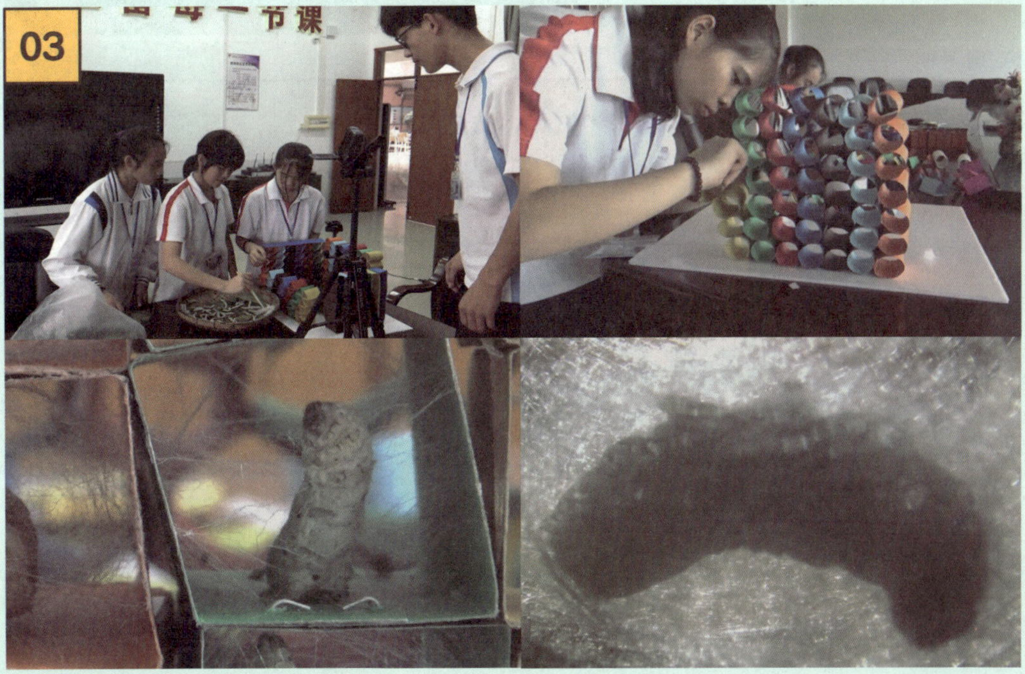

通过统计的实验结果发现，蚕在黄色蚕蔟上结茧最多，第二多的是绿色，接着依次是橙色、蓝色、浅蓝色、棕色、红色；蚕在圆柱体蚕蔟上结茧最多，接着依次是正三角柱体、正方形柱体，最少的是正六边柱体。

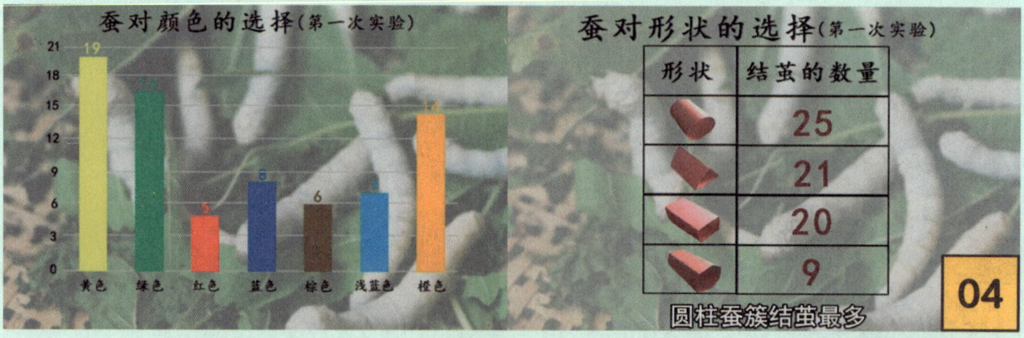

为什么蚕在正六边柱体上结茧最少呢？同学们猜想，也许是正六边柱体的空间太大，蚕结茧时没有依靠。

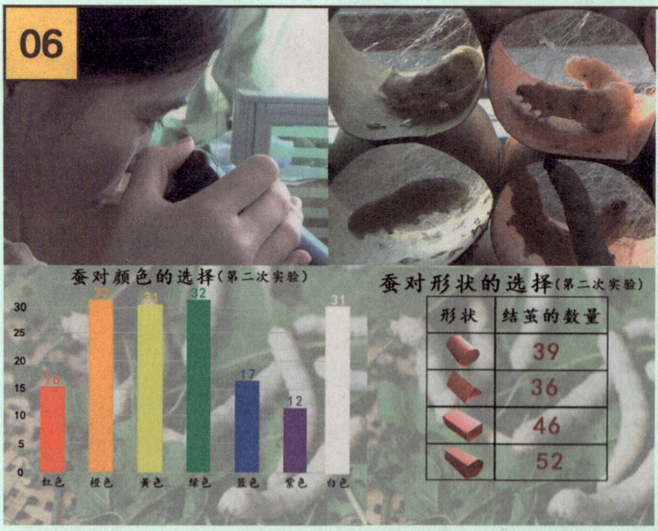

基于第一次实验存在的问题，他们打算再做一次改进实验。他们直接购买了一批准备结茧的蚕，并将蚕蔟的颜色调整为红、橙、黄、绿、蓝、紫、白 7 种颜色，同时减小正六边柱体的空间。这一次的实验结果发现，除了黄色、橙色、绿色，蚕在白色的蚕蔟上也结了很多茧；蚕竟然在正六边柱体上结茧最多，接着依次是正方形柱体、圆柱体，最少的是正三角柱体。

探究小组综合两次实验结果，得出结论：蚕喜欢在黄色、橙色、绿色、白色的蚕蔟上结茧；蚕对蚕蔟的形状没有特别要求，但对蚕蔟的空间有一定要求；蚕蔟的空间要相对紧凑，方便让蚕在结茧时有依靠，太大或太小都不利于蚕结茧。看来，蚕在结茧时，对蚕蔟的颜色和空间大小有一定的偏好。如果能有效利用这种偏好，也许可以提高蚕结茧的成功率，增加蚕丝的产量。

07

探究小组的同学们来到当地生产蚕丝、制作丝绸的南国丝都。他们在这里参观时发现，蚕蔟都是用暗色材料制成的，这显然不是蚕结茧时喜欢的颜色。同学们和工作人员交流，建议换成黄色、橙色、绿色等颜色的材料制作蚕蔟，以提高蚕丝的生产效率。希望他们的建议能够在生产中发挥作用！

08

专家点评

本片探究的科学问题简洁明了，对比实验设计层层深入，实验材料的制作充满了创造性。为了得到更准确的实验数据，他们反复修正实验方案，改进实验材料，并选择蚕的适龄期进行实验，提高了实验的效率。根据实验结果，5 位小科学家结合当地养蚕业的实际情况进行实地考察，对提高蚕结茧的效率提出了建议。

镜头较为丰富，后期制作结构较为完整，简洁集中。但该选题探究程度较浅，建议进一步深入探究蚕的视觉偏好（趋光性、不同波长的光），能够通过阅读参考文献分析提出前人对这一问题的研究成果即可，否则对养蚕业的建议显得缺乏论证，较为牵强。

所有成员在探究分析过程中能够有效表达自己的观点，对话场景中每个人也都很自然，没有表演痕迹。在数据分析体验小纺车抽丝的环节中，如果能保留一点同期声会更生动，今后要培养自己敢于面对镜头说话的能力。

四、我还活着

——双齿多刺蚁利用假死行为应对逆性环境探究

3rd International Youth Science Fair for Discovery Videos

第三屆國際青少年科學發現影像大賽

獲獎證書

茲頒發給優秀科學微電影「一等獎」獲得者。特頒此證，以資鼓勵。

項目名稱　：我還活著——雙齒多刺蟻利用假死行為應對逆性環境探究

作　　者　：王浩丞、蘇昱雯、李正

所在學校　：河南省實驗文博學校、鄭州市回民中學、海南儋州黃崗實驗中學

指導教師　：于洲洋

國際青少年科學發現影像大賽評審委員會主席

張波 博士

2018年9月30日至10月6日 於美國波士頓

HKISA

在内地观赏影片：

3rd International Youth Science Fair for Discovery Videos

The First Place Of Grand Award

is hereby awarded to

Mr. Haocheng Wang, Ms. Yuwen Su & Mr. Zheng Li

from

Henan Experimental Wenbo School; ZhengZhou Huimin Middle School; Danzhou Huanggang Experimental School

for their discovery video project on

I'm Still Alive:

Research on the Suspended Animation Behavior of Polyrhachis Dives Facing Negative Environments

under supervision of

Mr. Zhouyang Yu

Dr. BO Zhang

Chair

International Youth Science Fair for Discovery Videos

September 30 to October 6, 2018

Boston, USA

HKISA

在境外观赏影片：

综合实践活动（科学探究课题＋科学影像创作）

蓝鲸的话

如果有一天你要飞到火星上去，那么必须具备一项技术，就是“假死”。等你乘坐飞行器到达火星的时候，把你从“假死”状态中唤醒，然后你就可以开始正常生活了。许多科学家梦寐以求登上火星，他们正在努力地研究着生物的“假死”现象。3 位小科学家无意中发现了蚂蚁的“假死”行为，于是他们也想试试身手，向“假死”这个研究领域大胆地迈出了第一步。

2018 年的暑假，王浩丞、苏昱雯、李正 3 位同学到香港野外考察时，在山体排水洞口发现了一个蚂蚁的巢穴。他们在好奇心的驱使下将蚂蚁窝捣开，洞里面的蚂蚁涌了出来，开始把蚁卵搬到附近的排水道口，去筑造一个新巢。

01

王浩丞很想知道他们看到的是什么蚂蚁，查阅资料得知，这种蚂蚁叫双齿多刺蚁，是多刺蚁属的一种。为了进一步了解这种蚂蚁，他建议苏昱雯和李正成立一个探究小组，第二天再去野外观察，3个小伙伴一拍即合。

02

不巧的是，第二天他们在野外遭遇了暴雨。还能观察到双齿多刺蚁吗？每个人的内心都充满了疑问。待雨势稍弱，他们走进山林找到上次观察蚂蚁的地方，由于排水道已经被暴雨冲刷过了，只剩下几只蚂蚁。

双齿多刺蚁如何应对雨水的冲刷？它们还能活下来吗？苏昱雯建议大家不如现场做个小实验。

03

他们捕捉了一只双齿多刺蚁，将其放入盒中，并向其中加入一定量的清水以模拟雨水冲刷的环境，看看会发生什么。

只见双齿多刺蚁在水中挣扎了一会儿就不动了，它淹死了！苏昱雯把已经不动的双齿多刺蚁捞出来，放在一边。就在大家都以为双齿多刺蚁已经死了的时候，李正惊奇地从相机里发现这只双齿多刺蚁居然还有活动迹象。双齿多刺蚁竟然还活着！过了一会儿，它的触角和足也开始活动，最后它竟然重新站了起来！双齿多刺蚁竟然会死而复生？真是太神奇了！

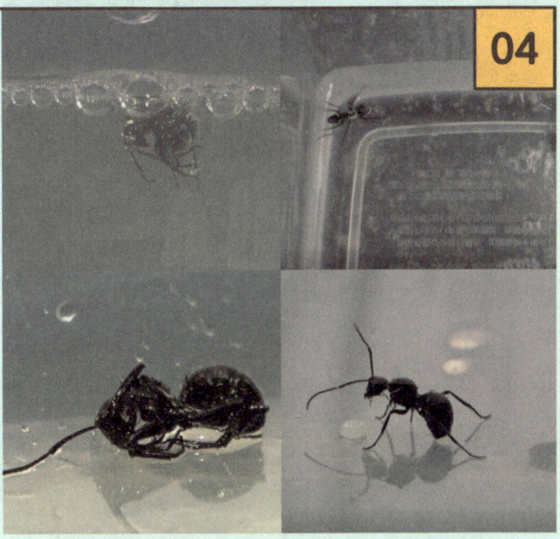
04

通过进一步查阅资料，他们了解到自然界中许多动物在遇到逆性环境时都会进入“假死”状态，使自己成功度过逆性环境。“假死”和装死不同，动物的装死是动物在有意识地假装死亡，但是“假死”则是动物已经处于失去知觉的状态。资料中还说，对于不同动物，能诱发“假死”的逆性环境不尽相同。这让他们想到之前看到的“假死”现象，应该就是双齿多刺蚁应对水浸这种逆性环境的一种表现。

05

在香港，双齿多刺蚁还会遇到哪些逆性环境？又有哪些逆性环境可以触发双齿多刺蚁的“假死”呢？经过长时间的野外观察，同学们猜想水浸、压力、酷热、酸碱环境是双齿多刺蚁可能遇到的逆性环境。他们设计实验来模拟这 4 种环境，观察双齿多刺蚁在这些环境中是否会触发“假死”。

06

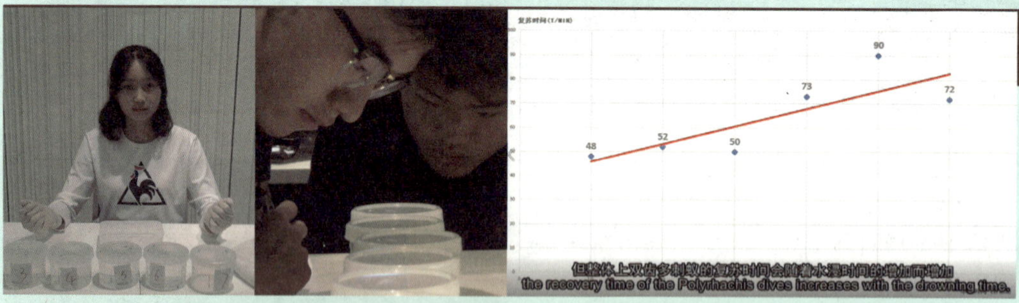

07

首先是水浸实验。同学们准备了 7 个带编号的实验容器、一定量的淡水、若干只双齿多刺蚁。他们随机挑选了 21 只双齿多刺蚁，3 只为一组放入一个实验容器内，共放入 7 个容器；向其中 6 组中加满水，排尽装置内空气，第七组不加水作为对照组；以 10 分钟为一个间隔，按时间顺序将 1 ～ 6 号容器中的水倒空；观察双齿多刺蚁的“假死”情况，并在表格中记录每组蚂蚁的水浸时间和复苏时间。

同学们等待并观察了 3 个小时后，大部分的双齿多刺蚁苏醒了过来，但是第三组的 2 只和第五组的 1 只双齿多刺蚁没有苏醒。他们又持续观察了 1 天时间，这 3 只双齿多刺蚁还没有苏醒，他们认为这 3 只蚂蚁应该已经死亡。同学们统计每组双齿多刺蚁的平均复苏时间，并绘制了复苏时间与水浸时间的散点图，可以看出，虽然有反复，但整体上双齿多刺蚁的复苏时间会随着水浸时间的增加而增加，这两个时间量之间是一种正相关关系。

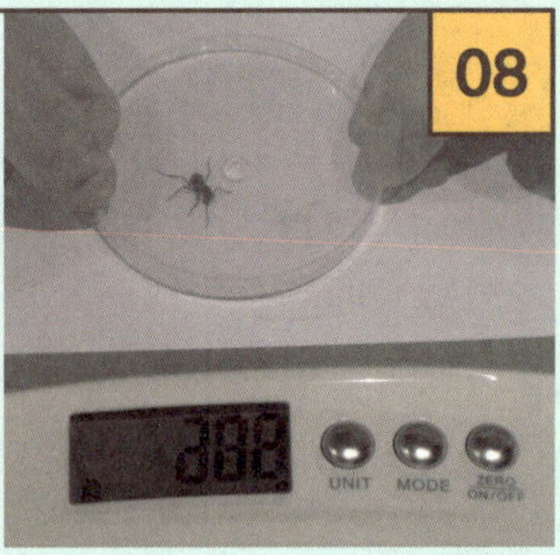

08

接着，同学们探究了压力是否会触发双齿多刺蚁的“假死”，同学们准备了精度为 0.01 牛的压力秤、塑料盖板与一定数量的蚂蚁。他们将双齿多刺蚁置于压力秤上，用塑料盖板覆盖，向其逐渐施加压力，观察并记录双齿多刺蚁在不同压力下的反应。进行了 7 组实验，他们观察到蚂蚁总表现出不适或有意识地停止活动，待压力减小时便迅速尝试逃脱，并没有“假死”现象发生。所以同学们认为压力并不能触发蚂蚁的“假死”行为。

然后是高温实验。同学们准备了热吹风筒、2 组随机选取的双齿多刺蚁、2 个实验容器、2 只温湿度计；利用吹风机的热对流对一个容器加热，另一个保持常温作为对照，观察双齿多刺蚁在高温下的反应。同学们从 25℃开始加热。在持续的加热过程中，同学们发现温度的逐渐升高并不会触发蚂蚁的“假死”行为，当容器内温度升高到 45℃左右时，双齿多刺蚁纷纷失去活力，等待了很长一段时间，也没有发现失去活力的双齿多刺蚁有复苏的迹象。所以，他们认为，高温也不是诱发双齿多刺蚁“假死”的逆性环境。

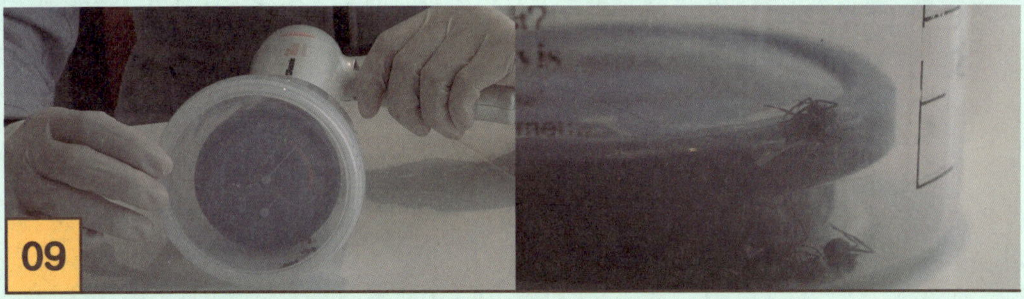
09

难道只有水浸才能触发双齿多刺蚁的“假死”？同学们进行了最后一组实验，探究不同强度的酸碱环境是否会触发双齿多刺蚁的“假死”。他们配制了 7 组溶液，分别为 pH 为 4、5、6 的酸性溶液，pH 为 8、9、10 的碱性溶液， pH 为 7 的蒸馏水作为一组对照组，每组放入 3 只蚂蚁。观察记录双齿多刺蚁在酸碱环境中的反应。他们发现在 pH 分别为 4、5、9、10 的强酸强碱溶液中，双齿多刺蚁一进入溶液便开始挣扎，很快就在这些溶液中不动了；在 pH 分别为 6、8 的弱酸弱碱溶液中，双齿多刺蚁也表现出挣扎现象，有的成功逃到容器壁上，脱离了刺激环境，有的则在水中不动了；而在 pH 为 7 的对照组中，双齿多刺蚁全部脱离了溶液环境，逃到容器内壁。10 分钟后，同学们取出了所有没有活动迹象的双齿多刺蚁，观察了一段时间，发现有的双齿多刺蚁开始有活动迹象。

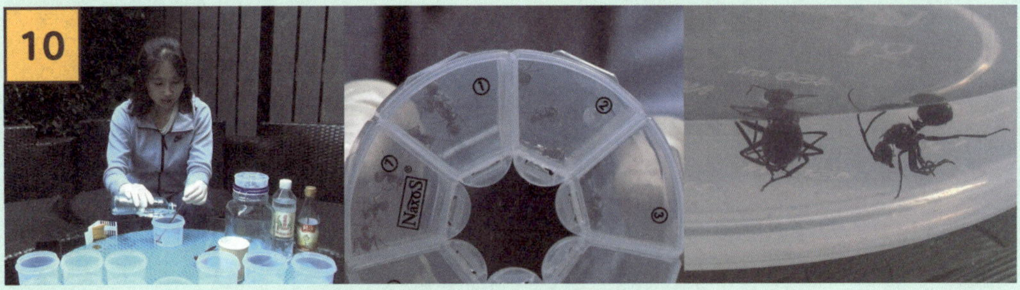
10

同学们观察了 1 小时，发现虽然有的蚂蚁在活动，但并不活跃。同学们猜想，可能它们的身上依然沾有酸碱溶液，影响它们的恢复。他们把这些蚂蚁放入冲洗盒中，用清水冲洗处理。一直等到晚上，冲洗盒中有 2 只蚂蚁没有复苏，其他都活了过来。根据实验现象，同学们认为，强烈的酸碱环境会触发双齿多刺蚁的“假死”行为。

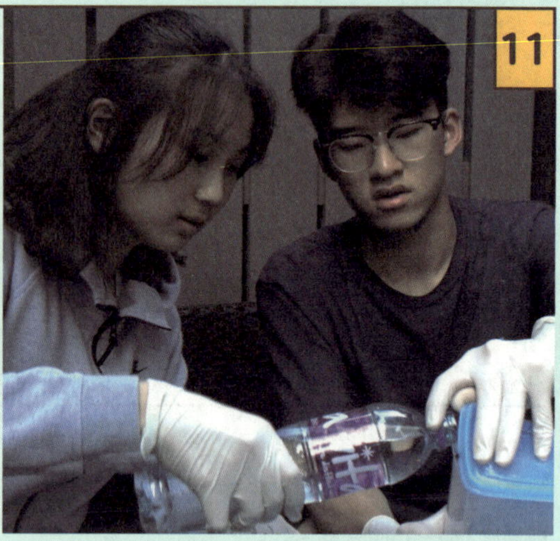
11

通过这些实验，探究小组的 3 位同学发现了水浸环境与强烈的酸碱环境会触发双齿多刺蚁的“假死”行为，而持续的压力与高温环境则不会触发“假死”。于是，他们进一步猜想，水浸和酸碱环境一定是触发了双齿多刺蚁的某些神经，让其处于“假死”状态。而这将是探究小组下一步要研究的问题。

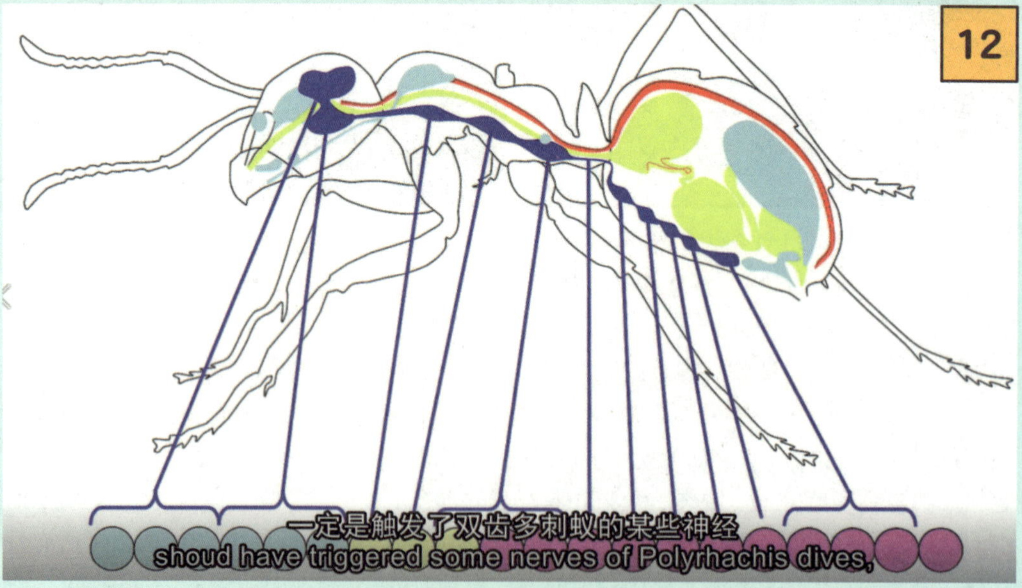

12

专家点评

本片中的 3 位小科学家在野外考察中发现了双齿多刺蚁的“假死”行为是水浸这样的恶劣环境造成的，于是他们想找到更多能够触发蚂蚁“假死”行为的逆性环境。3 位同学设计了一系列逆性环境实验，实验设计合理，数据翔实可靠，分析逻辑清晰，结论可信。研究动物的“假死”行为，有助于理解人类自身的行为，未来可能应用于人类的健康问题中。

3 位小科学家发现问题后，持续追踪，面对暴雨和酷暑，仍不放弃，表现出了科学家的意志品质；精心设计实验、反复耐心观察、认真记录真实数据、表现出了科学家严谨的态度。科学探索的路上充满了艰辛，3 位科学少年的收获不仅仅是研究成果，还有在科学探究中的茁壮成长。

短片环环相扣，节奏把握得当。采用直接解说的形式，新颖独特。团队里每一位成员都直面镜头，讲述蚂蚁“假死”现象的探究过程，表述流利顺畅，节奏紧张、引人入胜，虽然略显稚嫩，但这样的形式已经先声夺人。在实验对比环节如果采用边做边说的形式能更加生动，并且能与影片的整体风格融为一体，提升表现力度。

要注意短片中语言不够简洁，如“开始进行加热”可以改为“开始加热”，“在经过几天的观察以后”可以改为“经过几天的观察”，建议平时注意语感训练。

五、天空中的体操运动员

3rd International Youth Science Fair for Discovery Videos
第三屆國際青少年科學發現影像大賽
獲獎證書
茲頒發給優秀科學微電影「一等獎」獲得者。特頒此證，以資鼓勵。
項目名稱：天空中的體操運動員
作　　者：陳晟躍
所在學校：廣東省實驗中學附屬天河學校
指導教師：劉海鵬、于洲洋
國際青少年科學發現影像大賽評審委員會主席
張波 博士
2018年9月30日至10月6日 於美國波士頓

在内地观赏影片：

3rd International Youth Science Fair for Discovery Videos
The First Place Of Grand Award
is hereby awarded to
Mr. Shengyue Chen
from
The Affiliated Tianhe School of Guangdong Experimental Middle School
for their discovery video project on
Gymnast in the Sky
under supervision of
Mr. Haipeng Liu, Mr. Zhouyang Yu
September 30 to October 6, 2018
Boston, USA
Dr. BO Zhang
Chair
International Youth Science Fair for Discovery Videos

在境外观赏影片：

综合实践活动（科学探究课题＋科学影像创作）

蓝鲸的话

科学少年陈晟跃发现了一个人们熟视无睹的问题，凤头鸠降落时为什么要翘尾？我们知道，野外观察比室内实验难得多。观察动物，特别是鸟的飞行，更难！陈晟跃知难而上，经过长久的观察，不断总结失败经验，反复练习高速摄影，这位小科学家最终做到了能预判出鸟儿飞行的方向，拍到完美的飞行镜头，令人感慨！快扫码观看影片，一起来体验陈晟跃科学探究的苦与乐吧！

香港的冬日，阳光和煦，陈晟跃同学来到了位于中环的香港公园。这里古树参天，清泉细流，为鸟类提供了一个舒适的家园。在游览途中，一种看起来平淡无奇的鸟引起了他的注意。

01

02

鸟的降落本是再普通不过的事，但陈晟跃发现，这种鸟降落时，尾部会垂直翘起，像体操运动员做完动作后的亮相一样。它是什么鸟？为什么它降落时尾巴要垂直翘起？这个动作是它独有的吗？陈晟跃的心中充满了好奇。

陈晟跃通过查阅资料了解到，这种鸟名为凤头鸠，它的头顶上有一簇黑色的羽冠，降落时尾巴会垂直翘起。资料显示，除了凤头鸠，还有一种叫髻鸠的鸟类也有类似动作，这种降落后的翘尾行为在鸟类中极为罕见。资料仅记录了这种现象，至于凤头鸠为何会有这种动作及翘尾的“目的”，资料并没有解释。

03

陈晟跃询问了香港公园的游人，并结合自己的思考，针对这种翘尾行为提出了 3 种猜想：（1）降落时，凤头鸠需要通过翘尾巴调节落地后身体重心的位置，从而保持平衡。（2）降落时，凤头鸠仍然有向前的冲力，翘尾巴可以增加空气阻力，减小向前冲的速度，从而更好地保持平衡，与调节重心无关。（3）翘尾巴仅是凤头鸠的习惯动作，并没有其他作用。

04

如何验证自己的猜想呢？凤头鸠降落的过程转瞬即逝，很难看清楚整个过程，更不要说分析了。为此，他计划用高速摄影机拍摄公园中不同鸟降落过程的慢动作，与凤头鸠做对比。

实际操作起来的时候，陈晟跃遇到了不少困难。鸟漫无目的地飞，很难找到合适的观察点去拍摄。就算找到了合适的观察点，还需要相机可以及时跟上鸟的飞行。陈晟跃的相机只能记录 2 秒的慢动作过程，要在何时开始记录、何时停止难以把握。经过漫长的守候，在经过无数次无效镜头的拍摄后，陈晟跃终于拍到了为数不多，但可以清晰呈现凤头鸠与其他鸟类降落的慢镜头。

陈晟跃反复对比其他鸟类与凤头鸠的慢动作降落镜头，发现一般鸟类降落可以分解为 3 个阶段：第一阶段，尽力展开翅膀和尾巴，形成空气阻力；第二阶段，接近降落点时猛扇翅膀，加大空气阻力；第三阶段，收回翅膀，爪子落地，向前迈几步或抓住树枝、栏杆。凤头鸠降落的前 3 个阶段与一般鸟相同，但多出了第四个阶段，即落地后再翘起尾巴。

一、尽力展开翅膀和尾巴，形成空气阻力

二、接近降落点时猛扇翅膀，加大空气阻力

三、收回翅膀，爪子落地，向前迈几步或抓住树枝、栏杆

四、落地后再翘起尾巴

对比后，陈晟跃认为，从凤头鸠落到物体上并向前迈步可以看出，其在降落时依然保持了向前冲的速度，这时翘尾巴反而会使重心更向前，所以调节重心的猜想应该是错误的。

07

08

在一次拍摄中，陈晟跃还发现凤头鸠没有翘尾，取而代之的是向前多迈了几步，也就是说凤头鸠可以选择不翘尾，而是多迈两步停下来！所以翘尾不是凤头鸠的必须动作，而是一种选择。因此，陈晟跃认为，凤头鸠降落后的翘尾动作，不是为了调节重心，也不是必须动作，而是为了制造空气阻力，减小向前的冲力，从而缩短落地后前行的距离，这和飞机落地后打开降落伞减速的过程是相似的。

为了进一步验证猜想，陈晟跃用硬纸板制作了一个凤头鸠尾巴的模型，并设计实验，他自己作为实验者，模拟凤头鸠降落时翘尾巴产生空气阻力的过程。实验分为 2 组：第一组，实验者把纸板放在自己身体后方，尽全力跑一定的距离；第二组，实验者把纸板放在自己身体后方，尽全力跑同样的距离，但在速度最快时将板竖起。考虑到每次跑步时速度不同会造成误差，每组实验需要实验者反复跑 3 次，记录所用的时间，取平均值做对比。

09

通过实验，陈晟跃测量出 3 组不举纸板奔跑的平均时间为 8.267 秒、3 组举纸板奔跑的平均时间为 8.493 秒。经过比较，第一组所用时间比第二组所用时间短，说明第二组实验中举起纸板会产生一定的阻力。看来，凤头鸠翘尾巴的过程确实可以产生一定的空气阻力，从而减小了凤头鸠降落时向前冲的速度，使降落更平稳。

10

陈晟跃通过探究终于得出了凤头鸠降落行为包括 4 个阶段：（1）利用翅膀和尾巴进行滑翔；（2）扇动几下翅膀；（3）落到物体上；（4）翘起尾巴产生更多阻力，进一步减速。如果没有翘起尾巴，凤头鸠将很难稳定降落，或者需要多迈几步，增加落地后前行的距离。

11

这次探究给了陈晟跃很多启发和思考，例如，是否可以在一些交通工具，如飞机、汽车上安装类似凤头鸠尾巴翘起原理的装置，一旦需要紧急迫降或急停，装置就能起到减速的作用，使其停得更平稳，不至于发生事故。

12

凤头鸠降落时翘起自己的尾巴，就像体操运动员落幕时抬手一样，它不愧是天空中的“体操运动员”！这样一个简简单单不为大多数人所注意的动作，背后却隐藏着巨大的奥妙，大自然太神奇了！

专家点评

本片中的科学少年陈晟跃发现凤头鸠在降落时的翘尾动作，一次非常普通的逛公园引发了深入的科学探究。借助升格高速摄影是小科学家选择的重要研究方法，他把凤头鸠的飞翔降落行为分解成4个步骤，并分析出每个动作可能的物理学原理。

设计仿生实验是小科学家选择的又一个重要研究方法，通过模拟翘尾动作测试翘尾对奔跑速度的影响，验证对翘尾原因的猜想。

选题聚焦在一个“小”问题，探究方法有创新性，探究步骤层层深入，数据真实，结论可信，本课题对利用凤头鸠的降落行为造福人类有一定意义。

从创作方面来看，小科学家陈晟跃讲述了自己所发现的关于凤头鸠翘尾巴的故事，讲述清晰，把真实的探究心理呈现在观众面前。难能可贵的是在研究了凤头鸠的落地动作后，小科学家能亲身设计体验，当看到他举着板子在操场奔跑的瞬间，不禁令人想起苹果砸到牛顿时的场景，也许这样的猜想就是一个科学定律的发现起源。

这部短片的探究起因、过程、实验、结论整体结构完整，逻辑清晰，拍摄凤头鸠的降落非常不易，从影片中看到了创作者的坚守和执着，这本身就是最能打动人心的故事。

在探究中，小科学家对大自然产生了深深的敬畏，这样的生态环境保护意识的提升是青少年科学微电影活动对保护生物多样性最大的贡献。

第二篇

奇妙的生命周期

六、变身吧！蚕宝！

3rd International Youth Science Fair for Discovery Videos

第三屆國際青少年科學發現影像大賽

獲獎證書

茲頒發給優秀科學微電影「一等獎」獲得者。特頒此證，以資鼓勵。

項目名稱 ：變身吧！蠶寶！

作　　者 ：梁樂兮

所在學校 ：鄭州市宇華實驗小學

指導教師 ：楊曉夢，楊征

國際青少年科學發現影像大賽評審委員會主席

張波 博士

2018年9月30日至10月6日 於美國波士頓

在内地观赏影片：

3rd International Youth Science Fair for Discovery Videos

The First Place Of Grand Award

is hereby awarded to

Ms.Lexi Liang

from

Zhengzhou Yuhua Experimental Primary School

for their discovery video project on

Metamorphose, Baby Silkworm!

under supervision of

Ms.Xiaomeng Yang & Mr.Zheng Yang

September 30 to October 6, 2018

Boston, USA

Dr. BO Zhang

Chair

International Youth Science Fair for Discovery Videos

在境外观赏影片：

综合实践活动（科学探究课题 + 科学影像创作）

蓝鲸的话

你养过蚕吗？相信你对蚕宝宝也非常熟悉吧。梁乐兮同学用手中的摄像机记录了自己养蚕的过程。她养蚕宝宝时观察到了什么？发生了哪些有趣的事情？让我们一起来看看吧！

2017 年夏日的一天，梁乐兮同学趴在桌上观察蚕蛾妈妈产卵的过程。瞧！蚕蛾妈妈产下了一粒粒嫩黄色的卵，每一粒卵都是一个沉睡的蚕宝宝。卵从黄色变成了深色，中间开始慢慢地凹陷下去。

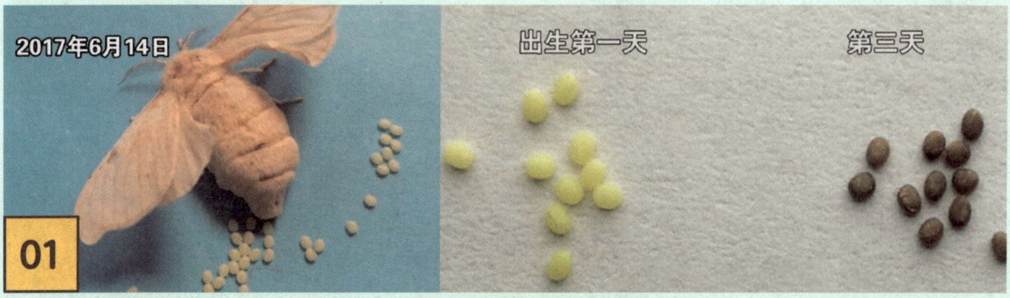

梁乐兮一直守候着这些蚕宝宝。直到第二年春天，卵开始发白，蚕宝宝快要出生了！2018 年 4 月 6 日，蚕宝宝咬破卵壳爬了出来。它黑黑的，像小蚂蚁，所以人们叫它蚁蚕。

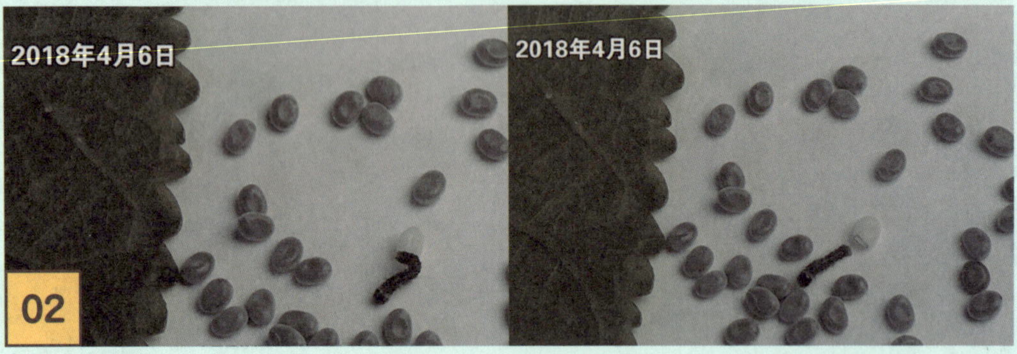

蚕宝宝太小了，梁乐兮小心地用一根羽毛来一个个转移蚕宝宝。她想知道，蚕是用眼睛还是鼻子找到桑叶的呢？她查遍了自己有关蚕的书籍，可是书里都没有写。于是梁乐兮同学打算做个实验，一探究竟。

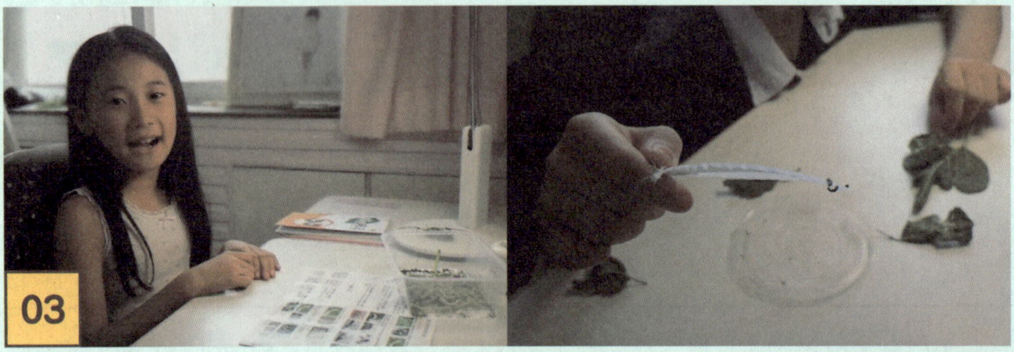

她的实验显示，在完全不透光的盒子里，蚕宝宝能顺利找到桑叶。在同样的黑暗环境下，蚕宝宝还能区分出桑叶和生菜叶子。由此可见，蚕宝宝是靠嗅觉找到食物的。

蚕取食实验

梁乐兮继续观察着蚕宝宝的生长。蚕每蜕一次皮，就长大一龄。每长大一龄，梁乐兮就给蚕宝宝们测量“身高”并记录下来。她还定期给蚕宝宝们换“房间”，把蚕宝宝拉的“臭臭”清理干净。听到蚕宝宝吃桑叶的“沙沙”声，梁乐兮非常开心，她说就像听到了春天的下雨声呢！

05

06

梁乐兮观察到，要蜕皮的蚕宝宝会把尾部固定在桑叶上，昂着头不吃不喝，就这样持续1天左右。蜕皮开始时，它会努力伸直头部，让皮裂开，然后慢慢地蠕动着从皮里一点一点地爬出来。

梁乐兮说，蚕宝宝蜕一次皮非常辛苦，蜕皮后它要休息很久才会大吃起来。经过 4 次蜕皮的蚕宝宝们，成为了五龄蚕，此时它们的食量大增。梁乐兮猜想蚕宝宝之所以吃得多，是在为最后的吐丝聚集能量。

07

梁乐兮发现蚕宝宝都变透明了，大概是要吐丝结茧了！她赶紧把蚕宝宝放到事先准备好的小纸筒里。有的蚕宝宝已经开始吐丝了，有的蚕宝宝还在到处寻找地方准备吐丝。每只蚕的喜好都不一样，它们选择的吐丝地点也不一样。

08

快吐丝的蚕宝宝变透明了

梁乐兮观察到，蚕宝宝们会用蚕丝搭出一个茧的框架，在框架里做出一个椭圆形的茧。它们不停地吐丝，蚕茧越来越厚，最后就看不到里面的蚕宝宝是否还在忙碌了。吐丝结茧的过程需要 1 天多的时间。

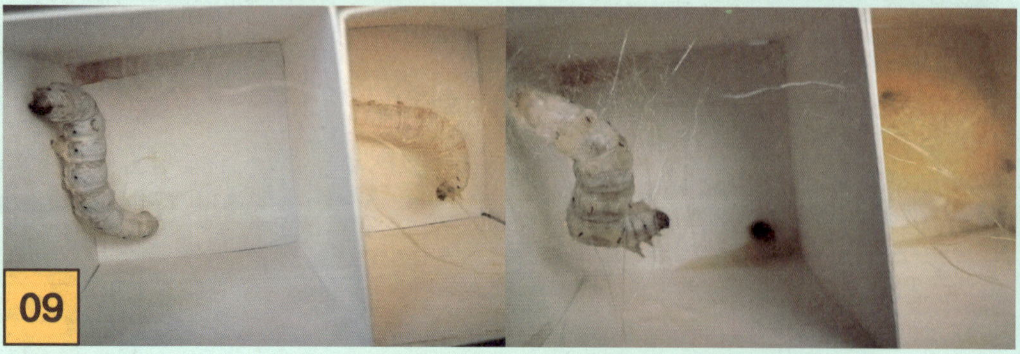

09

梁乐兮还观察到一个有趣的现象：每只蚕宝宝都会在搭好框架后，排出一些液体和粪便。梁乐兮猜想，蚕宝宝应该是不愿意弄脏自己的茧吧。很多资料都说蚕宝宝一生要蜕 4 次皮，可梁乐兮发现，蚕宝宝们还有一次神秘的蜕皮没有被发现。不信？她打开一个茧，发现变成了蛹的蚕宝宝旁边竟然还有第五次蜕皮！

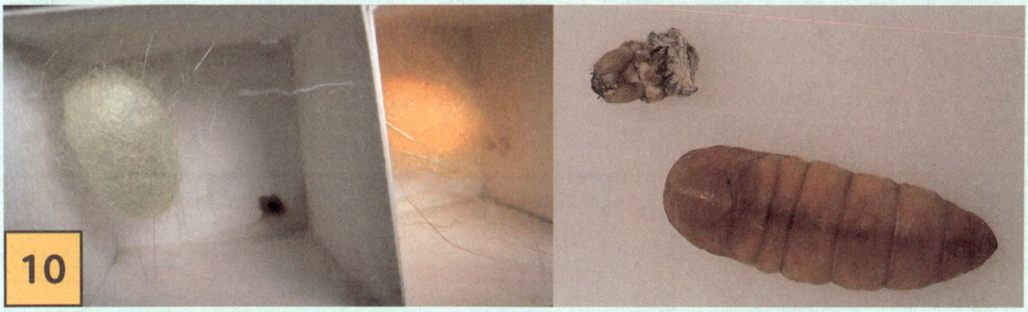

神秘的第五次蜕皮

借助显微镜观察，梁乐兮找到了蚕丝。蚕丝比头发丝细得多，而且比头发丝透明。刚开始，蚕茧里的蛹时不时地转动一下尾巴，过了 2 周左右，蛹突然开始频繁地动，它们大概马上就要羽化了！

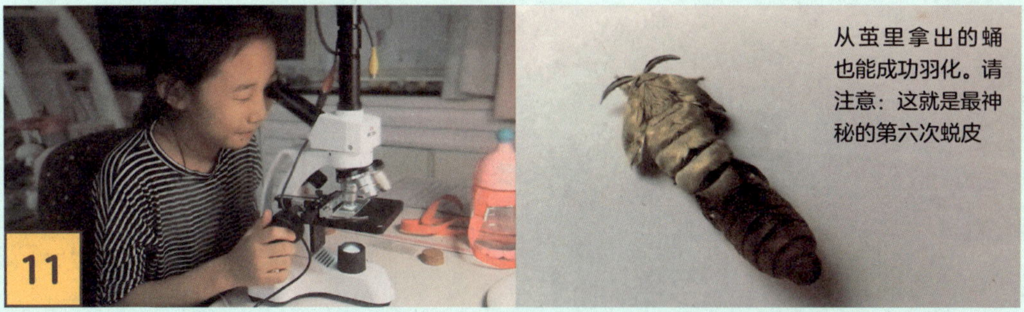

从茧里拿出的蛹也能成功羽化。请注意：这就是最神秘的第六次蜕皮

果然，蛹的头顶裂开，一只胖胖的蛾子钻了出来。它的嘴巴不停地吐出水珠。茧渐渐变湿后，蛾子就使劲用头顶破茧爬了出来。破茧而出了！这时候，它的翅膀还没有展开，翅膀只有在慢慢展开后才能晾干。

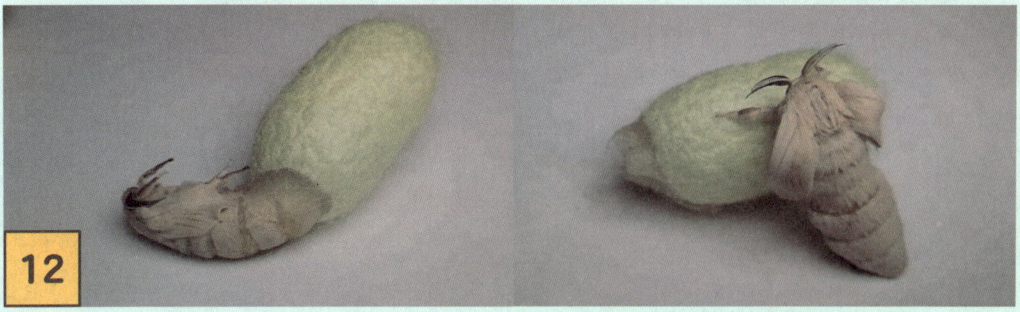

13

蛾子不会像蝴蝶那样飞，也不会吃花蜜，它们从结茧开始就再也不吃不喝了。雌蛾体形较大，雄蛾体形较小。通过 2 年的观察，梁乐兮发现总是雄蛾数量多一些。看！尾巴对着尾巴，它们开始交配了。

梁乐兮同学制作了《蚕的生长阶段记录与统计表》。同时，她根据 2 年多的观察，画出了蚕的生命周期图。

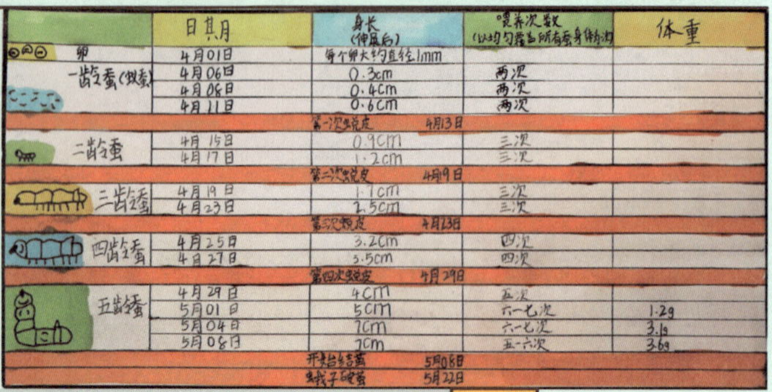

	日期	身长（伸展后）	喂养次数（以均匀覆盖所有蚕身体为准）	体重
卵	4月01日	每个卵大约直径1mm		
一龄蚕（蚁蚕）	4月06日	0.3cm	两次	
	4月08日	0.4cm	两次	
	4月11日	0.6cm	两次	
	第一次蜕皮 4月13日			
二龄蚕	4月15日	0.9cm	三次	
	4月17日	1.2cm	三次	
	第二次蜕皮 4月19日			
三龄蚕	4月19日	1.7cm	三次	
	4月23日	2.5cm	三次	
	第三次蜕皮 4月23日			
四龄蚕	4月25日	3.2cm	四次	
	4月27日	3.5cm	四次	
	第四次蜕皮 4月29日			
五龄蚕	4月29日	4cm	五次	
	5月01日	5cm	六—七次	1.2g
	5月04日	7cm	六—七次	3.1g
	5月08日	7cm	五—六次	3.6g
	开始结茧 5月08日			
	蛾子破茧 5月22日			

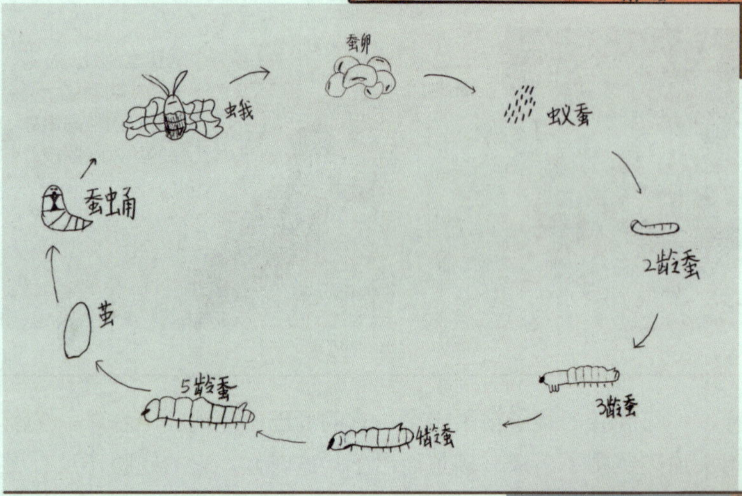

14

交配的雌蛾又开始产下一粒粒嫩黄色的卵。没过几天，蛾子们就相继死去了。但新生命已经静静躺在盒子里，等待着又一年的春天。

15

专家点评

8 岁的小学生梁乐兮花了 2 年时间养蚕，并在妈妈的帮助下用镜头记录了第二年养蚕的过程。从短片中可以了解到，第一年养蚕，让她对蚕宝宝的生命周期有了初步了解；第二年养蚕，一部生动有趣的纪录片诞生了！从第一年的蚕蛾开始产卵说起，小科学家细致观察了生命周期的每个环节，并测量了蚕的体长、蚕沙的大小变化、蜕皮的过程等几个重要方面，图文并茂的观察日志也凸显了小学生的表达特色。

蚕宝宝的片子很多，但这一部处理得更为有趣，画面细节丰富，观察日志是亮点。选题不能算新，但短片靠细心观察、深入探索、生动解说、准确描述取胜，给人以新鲜感。

短片配音自然、流畅，以儿童自身的语言特点讲述了自己的探究故事。出镜时语言简练、表达清晰、表情自然、落落大方。在青少年科学探究纪录片中，该片让人耳目一新。

影片真实记录了一次科学探究的过程，如果能再继续对蚕宝宝有更加深入的探究会更好，例如，光线、环境、不同的食物对蚕宝宝有什么影响？在饲养、观察蚕宝宝的时候有哪些意外的故事？这些都能丰富影片的表现力、感染力。

经过 2 年多的喂养和实验，探究了蚕的生命周期，对于一位小学二年级的学生来说能坚持下来，实属不易，这是好奇心和探究乐趣使然。这也是科学微电影活动作为一项经典的 STEM 课程最核心的教育功能。短片中，小科学家表现出的对蚕的爱护与关切、对新生命的期待，极具感染力，能够激发更多小观众对自然的尊重与爱恋。

七、花丛中的“钢铁侠”

——夹竹桃天蛾幼虫生命周期及拟态的研究

2nd International Youth Science Fair for Discovery Videos

第二屆國際青少年科學發現影像大賽

獲獎證書

茲頒發給「亨達」最佳科學微電影獎 獲得者。特頒此證，以資鼓勵。

項目名稱 ：花叢中的「鋼鐵俠」——夾竹桃天蛾幼蟲生命週期及擬態的研究

作　　者 ：張藝、溫秋芬、吳彩瑤、鄒敏、陳林

所在學校 ：佛山市順德區胡寶星職業技術學校

指導教師 ：譚淑芬、盧偉玲

國際青少年科學發現影像大賽評審委員會主席

張波 博士

2017年9月30日至10月6日 於美國波士頓

在内地观赏影片：

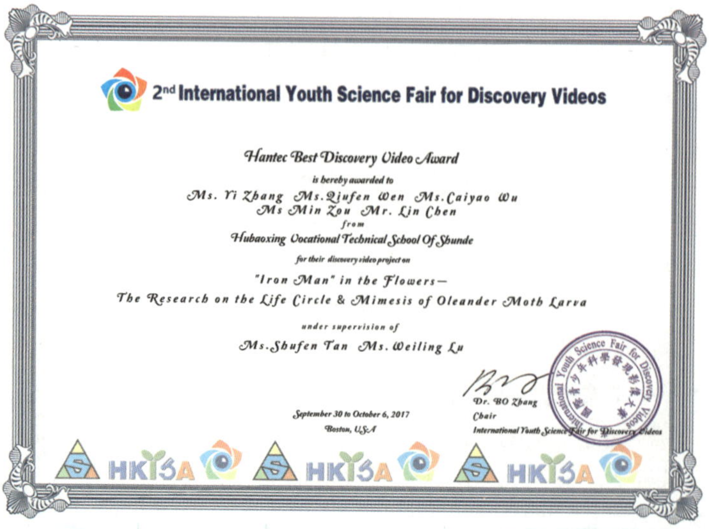
2nd International Youth Science Fair for Discovery Videos

Hantec Best Discovery Video Award

is hereby awarded to

Ms. Yi Zhang Ms. Qiufen Wen Ms. Caiyao Wu

Ms Min Zou Mr. Lin Chen

from

Hubaoxing Vocational Technical School Of Shunde

for their discovery video project on

"Iron Man" in the Flowers—

The Research on the Life Circle & Mimesis of Oleander Moth Larva

under supervision of

Ms. Shufen Tan Ms. Weiling Lu

Dr. BO Zhang

Chair

International Youth Science Fair for Discovery Videos

September 30 to October 6, 2017

Boston, USA

在境外观赏影片：

综合实践活动（科学探究课题＋科学影像创作）

蓝鲸的话

你相信吗？ 4 位美少女不仅喜欢一种酷似“钢铁侠”的虫子，而且她们还具备了“钢铁侠”一样克敌制胜的功夫。她们的科学微电影作品可以说是过五关斩六将，终于站到了“第八届全国青少年科学影像节”和 2017 美国波士顿“国际青少年科学发现影像大赛”的颁奖台上。现在，就跟随她们的镜头，让我们一起来了解“钢铁侠”的秘密。

春天来了，校园的夹竹桃花开得分外娇艳。张艺、温秋芬、吴彩瑶和郑敏 4 个好朋友正在赏花，张艺突然看到一只虫子，虫子长着两只大眼睛，特别像科幻片里的钢铁侠。好朋友们都凑过来看，她们非常好奇，但是谁也没见过这种虫子，于是她们决定成立“钢铁侠”小组，专门研究这种虫子。

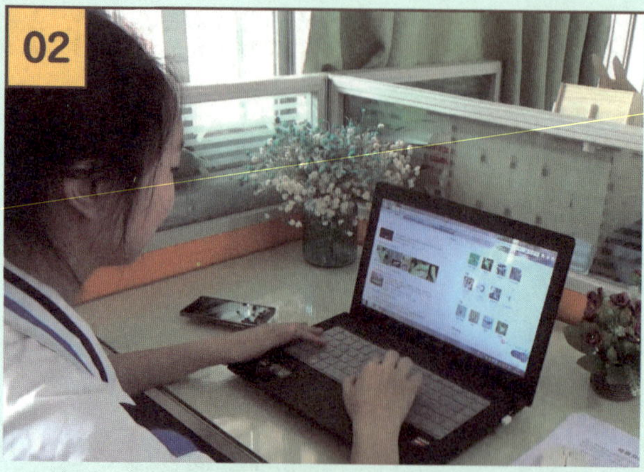
02

通过查阅资料，她们得知这种虫子名为夹竹桃天蛾幼虫，是寄生于夹竹桃科属的有毒植物上的一种蛾类。她们的学校有很多夹竹桃属的植物，除了平时常见的夹竹桃，还有长春花、鸡蛋花等，这些都是夹竹桃天蛾幼虫的寄主植物。看来，在校园里找到它不难。

寻找过程中，吴彩瑶发现夹竹桃天蛾幼虫喜欢隐蔽在夹竹桃叶子的背面。了解到这个特点，她们找起来就容易了很多，不仅捕捉了一些幼虫，还找到了一些虫卵。此外，她们还采集了土壤和夹竹桃枝，用来模拟夹竹桃天蛾幼虫的生存环境。万事俱备，她们准备观察夹竹桃天蛾幼虫的生命周期。

03

经过长达1个多月的观察，加上查阅的大量资料，“钢铁侠”研究小组拍摄记录了夹竹桃天蛾幼虫的整个生命周期，并总结出一张完整的生命周期图。夹竹桃天蛾幼虫从卵中孵化出来，经过一龄幼虫、二龄幼虫、三龄幼虫、四龄幼虫、蛹、蛾等8个阶段，然后再交配、产卵，完成一个生命周期。

04

在观察夹竹桃天蛾幼虫生命周期的过程中，她们发现幼虫食量很大，它吃饱后就会蜷缩起身体，露出一双大大的“蓝眼睛”瞪着你。仔细观察发现，这双大大的“蓝眼睛”并不是真正的眼睛，而是蓝色和白色的斑点，可以称为“眼点”。这个眼点有什么作用呢？难道是用来吓唬天敌，保护自己的吗？她们决定继续研究。只靠观察方法不够，还需要设计实验进行验证。

05

06

她们设计了空心圈、实心点、黑白条纹和眼点 4 种图案的纸，在不同图案的纸上撒上鸟食，选择不同的鸟，让鸟在不同图案上取食，观察不同鸟在不同图案上的取食情况。

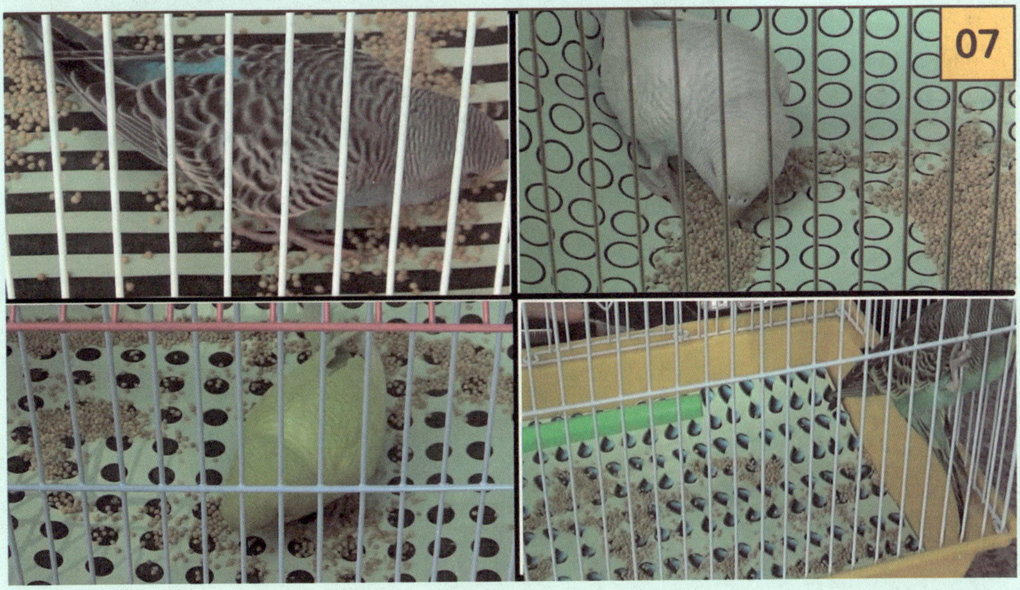
07

首先，选择用鹦鹉进行实验。准备4只鹦鹉，将它们分别放入4个底部铺了不同图案纸的鸟笼中，撒上鸟食，记录相同时间内每只鹦鹉的取食次数。间隔1天，交换鸟笼中的图案纸，再次进行取食实验。就这样重复4次实验，分别记录了每只鹦鹉在4种图案纸上取食的次数。实验结果显示，鹦鹉在眼点图案纸上取食的次数最少。

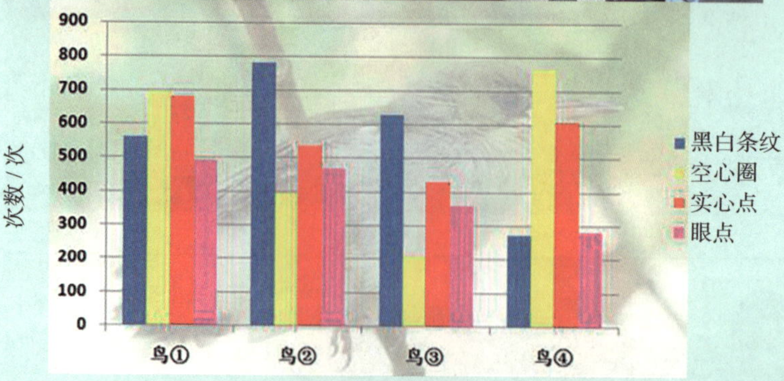

不同图案对鹦鹉取食次数的影响

08

为了减小误差，她们用麻雀重复了同样的取食实验。由于麻雀不适宜鸟笼养殖，实验只进行了1次。结果同样显示，麻雀在眼点图案纸上取食的次数最少。

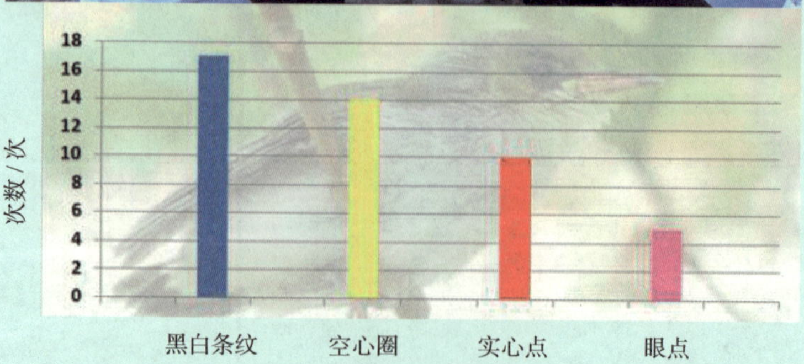

不同图案对麻雀取食次数的影响

为进一步验证猜想，她们选取在野外放养的鸽子进行第三组取食实验。把分别贴着 4 种图案纸的木板放在地上，撒上鸽子喜欢吃的玉米，观察在不同图案纸上取食的鸽子数量。2 小时后，实验结果显示，与黑白条纹和实心点图案纸相比，在空心圈和眼点图案纸上取食的鸽子数量较少。

09

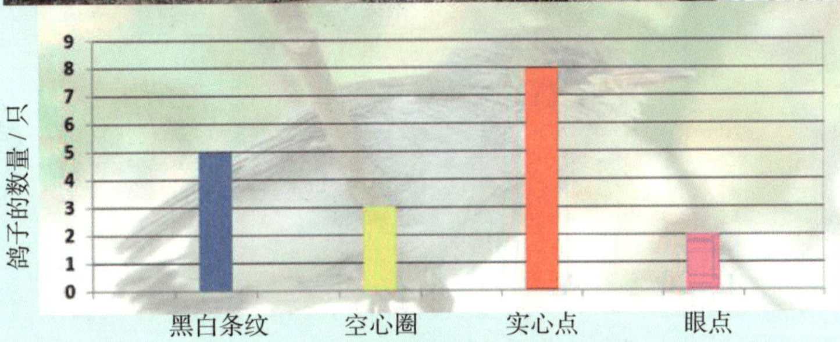

不同图案对鸽子取食的影响

这 3 组实验结果均显示，眼点图案对鸟类有一定的恐吓作用。看来，夹竹桃天蛾幼虫头部眼睛形状的斑点，可以被称作“拟态”，确实可以起到恐吓天敌、保护自己的作用。大自然中生物的拟态真是神奇，值得继续研究下去！

10

专家点评

短片中的小科学家们在夹竹桃科植物上发现这种长着眼点的大青虫，她们并没有被青虫吓到，而是选取了它作为研究对象。作品的可贵之处在于，她们不仅探究记录了夹竹桃天蛾幼虫的生命周期，还进一步设计实验，研究了幼虫身上的眼点斑纹是否有利于防止天敌捕食。眼点实验选取 4 种不同的图案，探究了鸟类捕食的差别。观察细致，生命周期记录完整，实验数据准确，能够证明探究小组提出的猜想。小科学家们的此项目研究就像“大科学家”的研究一样精彩，是一组有意义的动物行为学实验。

短片利用高品质的、清晰的微距画面拍摄及后期快放处理，完美记录了天蛾的一生，特别是从卵中破壳而出的画面激动人心！音乐的合理使用为全片加分，特别是《洛天依投食歌》与虫儿进食画面的互动饶有趣味。后半部分的实验设计和 3 次实施过程令人对实验结果的真实性认识深刻。

标题中的正题形象生动，副题写实具体，有趣且扣紧探究对象。结构合理匀称，开头简洁明快，实验设计切实可信。解说准确生动，配音表达稳定，对内容掌握较好，语速适当。沉稳从容的语速、语调充分表现出严谨的科学态度和对生命的敬畏。

短片在开场设计了看到虫子的出镜，戏剧化的表现却不失生活的小惊喜；小科学家们在实验过程中落落大方，认真完成实验。实验设计的趣味性非常好，如果能保留其中的同期声，真实记录实验中大家的体会会更好。

短片完整地记录下了夹竹桃天蛾幼虫生命周期，让人惊叹小虫的世界也能如此精彩，如此可爱。观众通过镜头看到的“钢铁侠”——夹竹桃天蛾幼虫，是那般可爱又有生命力，相信在观察和研究时，小科学家们也必定有着一颗快乐的心，体验着生命成长带给她们的惊喜与敬畏。为了探究“眼点”的作用，小科学家们设计了既巧妙又需要花工夫的实验进行验证，以及小科学家们对生命周期的持续性观察，都展现出她们认真与执着的优秀品质，让人敬佩，也再一次验证了大自然中每一种生命都有其存在的道理。

八、葱兰杀手

——葱兰夜蛾的生命周期和防治

2nd International Youth Science Fair for Discovery Videos

第二屆國際青少年科學發現影像大賽

獲獎證書

茲頒發給「亨達」最佳觀察發現獎 獲得者。特頒此證，以資鼓勵。

項目名稱：蔥蘭殺手——蔥蘭夜蛾的生命週期和防治

作　　者：何肖文、潘靜儀、楊瑾瑜

所在學校：佛山市順德區胡寶星職業技術學校

指導教師：范承國、林俊耀

國際青少年科學發現影像大賽評審委員會主席

張波 博士

2017年9月30日至10月6日 於美國波士頓

在内地观赏影片：

2nd International Youth Science Fair for Discovery Videos

Hantec Best Observation and Discovery Award

is hereby awarded to

Ms. Xiaowen He　Ms. Jingyi Pan　Ms. Jinyu Yang

from

Hubaoxing Vocational Technical School Of Shunde

for their discovery video project on

Green Orchid Killer—

Life Cycle and Control of the Night Moth

under supervision of

Mr. Chengguo Fan　Mr. Junyao Lin

Dr. BO Zhang

Chair

International Youth Science Fair for Discovery Videos

September 30 to October 6, 2017

Boston, USA

在境外观赏影片：

综合实践活动（科学探究课题 + 科学影像创作）

蓝鲸的话

有一群“杀手”正在威胁着葱兰的生命，这些“杀手”叫作葱兰夜蛾。何肖文、潘静仪、杨谨瑜这 3 位小科学家无意间发现了这种虫子，通过观察研究，记录了葱兰夜蛾的生命周期，并提出了一些有效的防治办法，为生态研究贡献出了一份微薄之力。

2017 年新学期开始，何肖文成了广东省佛山市顺德区胡宝星职业技术学校的一名新生，她在学校的花坛边赏花时，无意中发现了很多虫子。这些虫子主要集中在葱兰花附近，把葱兰花吃得不成样子。这是什么虫子？何肖文询问了学校的园林护工阿姨，可阿姨也不了解。她就上网搜索，了解到这种小虫子叫葱兰夜蛾，又名文殊兰夜蛾，是鳞翅目夜蛾科的一种生物，是一种害虫。葱兰夜蛾早晚比较活跃，白天则隐藏在花草阴影下取食。近年来，葱兰夜蛾种群数量不断上升，对葱兰的生长形成了严重危害。何肖文找来同样热爱科学探索的好朋友潘静仪和杨谨瑜，她们 3 人决定寻找防治葱兰夜蛾的方法。

观察发现，葱兰夜蛾会集中啃食花坛中固定区域的葱兰，其他地方的葱兰则完好无损。这是怎么回事呢？难道这些地方有差别？原来，未被啃食的葱兰附近撒有草木灰，而被啃食过的葱兰附近则没有草木灰。难道草木灰影响了葱兰夜蛾的进食？找到了一点防治线索，她们的劲头更大了，抓住不放，继续探究！

02

就在要开足马力研究的时候，2017 年 9 月 6 日她们发现葱兰夜蛾越来越少了。她们担心找不到葱兰夜蛾会影响研究，便对花坛进行了地毯式搜索，在一些比较松散的土地下发现了葱兰夜蛾的蛹。原来葱兰夜蛾化蛹了，它们都藏到了土里。果然，等到 9 月 29 日，也就是 23 天之后，葱兰上又布满了新一代幼虫。为了能够观察到葱兰夜蛾完整的生命周期，何肖文她们抓来 16 只幼虫，养在自制的网屋里观察。到了 10 月 11 日，有 4 只幼虫不吃葱兰了，身体开始蜷曲，它们这是怎么了？

03

她们将这 4 只幼虫从网屋里取出，分别放在 4 个标号的盒子中观察。10 月 14 日，4 只幼虫都在白天蜕皮化蛹了。将剩下几只快化蛹的幼虫放在沙盘上，半小时后，它们开始往沙子里钻。看来，葱兰夜蛾喜欢在土中化蛹。

04

化蛹 10 天过后，10 月 24 日下午 1 点半，2 号盒子里的蛹化成蛾了。接下来的 2 天，3 只蛹都陆续在白天化成了蛾。亲眼见证从蛹化蛾的过程，她们感到真是神奇！她们一边观察，一边用摄像机记录下了这个过程。

05

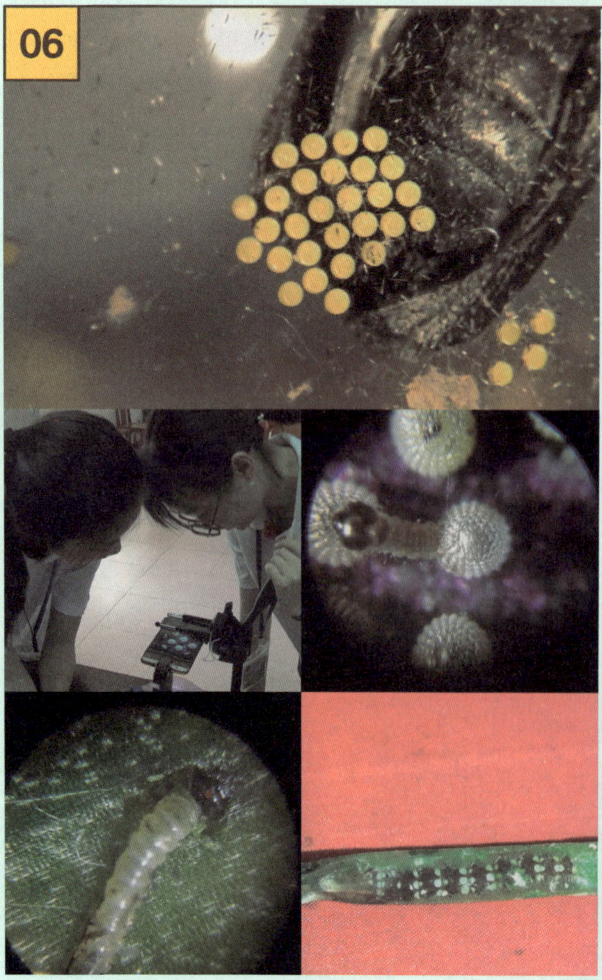
06

成蛾 4 天后，10 月 28 日晚上 8 点，她们发现蛾在产卵，于是赶紧开灯、用摄像机记录下这个过程！但是，蛾一遇光亮便停止了产卵。她们蹲守在摄像机旁，等着蛾适应了光亮，一直到第二天，蛾才继续产卵。

经过同学们的计算，1 只蛾大概能产 350 颗卵。产卵 5 天后，11 月 2 日，光滑的蛾卵变成了珊瑚状，非常美丽！紧接着，11 月 3 日，她们发现卵里的幼虫开始蠕动。11 月 4 日凌晨，幼虫从卵里孵化了出来。观察发现，新孵出的幼虫并不在葱兰表面进食，而是先钻到葱兰内部啃食至只剩一层薄皮。在葱兰里面饱餐到 11 月 7 日，幼虫长大一些才出来取食。

根据长达 1 个多月的观察，何肖文、潘静仪和杨瑾瑜画了一张“葱兰夜蛾生命周期图”，总结了葱兰夜蛾的生命周期：幼虫经过 17 ～ 18 天孵化成蛹，蛹经过 9 ～ 10 天孵化成蛾，蛾 3 天后产卵，卵经过 6 ～ 7 天后孵化成幼虫，完成一个生命周期（总共约为 35 天时间）。

怎么去防治葱兰夜蛾呢？问题虽然还没有解决，但是基于生命周期的观察，她们认为可以分别在葱兰夜蛾的成虫期和幼虫期进行防治。她们曾观察到葱兰夜蛾在幼虫期怕光、怕草木灰，但是在成虫期趋光。于是，同学们决定做实验利用这 3 个特点去防虫。

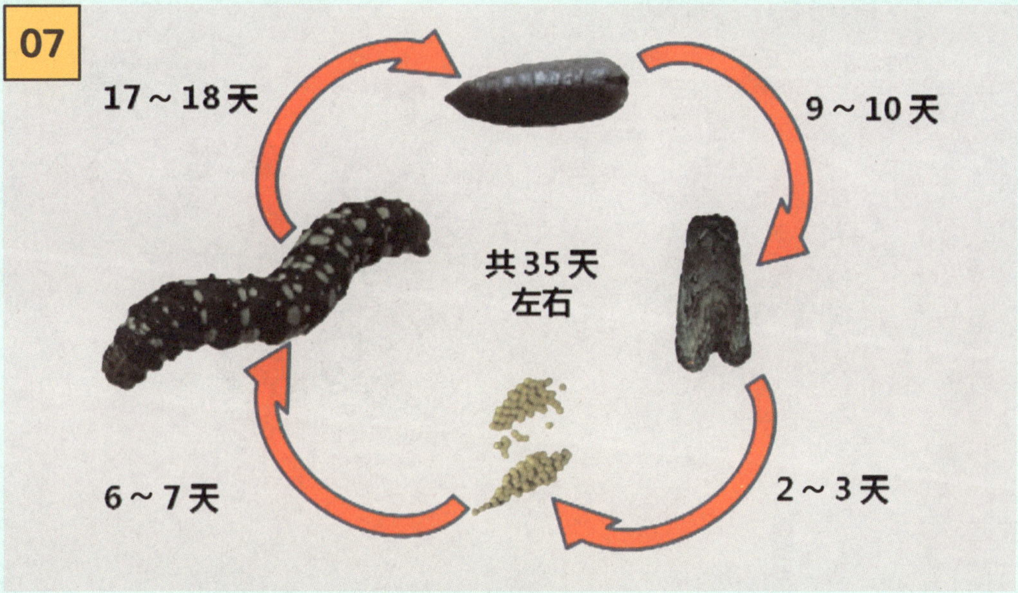

葱兰夜蛾生命周期

首先是光照实验，她们设计了一个暗室，只在暗室中央打光，将葱兰夜蛾放在暗室中央有光照的地方，观察它们的反应。结果，葱兰夜蛾纷纷离开了有光照的地方。实验表明，葱兰夜蛾不喜欢光照，喜欢阴暗的地方。她们因此得出结论，在阳光充足的花坛种植葱兰会减少虫害。

其次是酸碱实验。她们配制了 pH 为 3 的酸性溶液、pH 为 12 的碱性溶液，各放入 4 只葱兰夜蛾幼虫。实验表明，葱兰夜蛾喜欢酸性，怕碱性。她们继续对草木灰进行了酸碱测试，发现草木灰呈碱性。联想先前在校园中的发现，可以得出结论，葱兰夜蛾不喜欢到撒了草木灰的地方取食葱兰，可以用草木灰防治葱兰夜蛾。

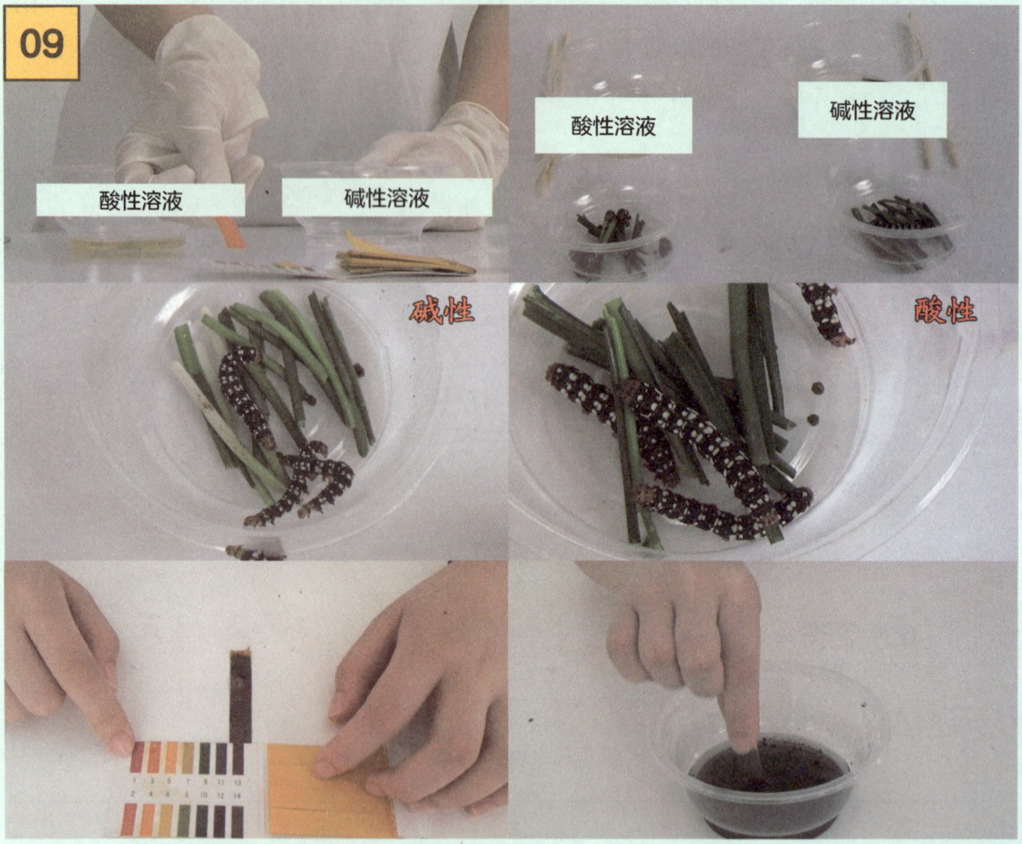

草木灰只能让葱兰夜蛾远离，并不能起到灭杀的作用。况且一只葱兰夜蛾就可以产 350 颗卵，繁殖能力太强了。还有什么更好的防治方法吗？她们想到了用灯光诱捕葱兰夜蛾的成虫，便在校园里设置灯光诱捕器，果然，一个晚上就捉到了 5 只葱兰夜蛾。

经过长达 1 年的观察和实验，何肖文、潘静仪和杨谨瑜的研究小组总结出了 3 种有效防治葱兰夜蛾的方法：第一，在阳光充足的花坛种植葱兰；第二，在土壤中撒上草木灰；第三，在夜晚用灯光诱捕葱兰夜蛾的成虫。

11

找到了防治葱兰夜蛾的方法，何肖文、潘静仪和杨谨瑜 3 个好朋友很开心。不过，对于葱兰夜蛾，她们还有很多问题想要研究，例如，为什么葱兰夜蛾幼虫群集在一起却不怕被鸟吃掉，这是否因为黑白斑点可以恐吓天敌？幼虫往往在冬天会被大量冻死，全球变暖对葱兰夜蛾幼虫过冬有影响吗？这些问题都在等待着像何肖文、潘静仪和杨谨瑜一样的科学少年继续探究。

12

专家点评

3 位小科学家为了能够观察到葱兰夜蛾生命周期中的化蛹、变蛾、产卵、幼虫破壳而出的过程，计划与组织了 1 年的时间去观察。这 1 年的坚持与执着最终凝结成了一部 8 分钟的科学微电影短片，这 8 分钟是小科学家们日夜不眠不休的观察和拍摄换来的！

范承国老师回想自己辅导学生拍摄制作这部作品时也有感而发：在拍摄科学微电影的过程中，很多人都把注意力放到选题要有多么好的创意、多么好的拍摄手法、多么炫的视频剪辑效果上，而我认为科学微电影的核心是科学，应该把大部分精力放到被探究对象本身，把被探究对象最真实、最直观的一面展现出来，其他的只是起到辅助的作用。

在制作《葱兰杀手——葱兰夜蛾的生命周期和防治》这一作品时，花费时间最多的是拍摄幼虫化蛹、蛹化蛾、蛾产卵、幼虫破壳而出的这些镜头，小科学家们没有用任何特殊的手法去处理，而是把镜头原原本本地展现了出来，这恰恰成了短片最精彩的地方。就像地质学家李四光说的，科学是老老实实的东西，它要靠许许多多人的劳动和智慧积累起来。因此，只有这样实实在在的青少年科学教育，才是我们当下最需要的。

九、捕蚊高手
——隆背长脚蛛的探究

3rd International Youth Science Fair for Discovery Videos

第三屆國際青少年科學發現影像大賽

獲獎證書

茲頒發給「亨達」最佳出鏡獎 獲得者。特頒此證，以資鼓勵。

項目名稱 ： 捕蚊高手——隆背長腳蛛的探究

作　　者 ： 伍晴晴、梁玉國、周佩瑤、黃惠琳

所在學校 ： 佛山市順德區胡寶星職業技術學校

指導教師 ： 范承國

國際青少年科學發現影像大賽評審委員會主席

張波 博士

2018年9月30日至10月6日 於美國波士頓

在内地观赏影片：

3rd International Youth Science Fair for Discovery Videos

Hantec Best Interview Skills Award

is hereby awarded to

Ms. Qingqing Wu, Ms.Peiyao Zhou, Ms.Yuguo Liang & Ms.Huilin Huang

from

Hubaoxing Vocational Technical School Of Shunde

for their discovery video project on

Master of Trap Research on the Long-legged Spider on the Back

under supervision of

Mr.Chengguo Fan

September 30 to October 6, 2018

Boston, USA

Dr. BO Zhang

Chair

International Youth Science Fair for Discovery Videos

在境外观赏影片：

综合实践活动（科学探究课题 + 科学影像创作）

蓝鲸的话

突然发现一只蜘蛛爬到身上，你会不会被吓得大喊大叫？大喊大叫之后，你会做什么？伍晴晴和她的小伙伴们的表现可谓非同寻常，她们“明知山有虎，偏向虎山行”，竟然决定要研究这种曾经吓到她们的蜘蛛。这一研究，秋去春来，就是整整 1 年时间。她们都经历了什么？有什么研究收获？让我们一起来分享她们与蜘蛛为伴的日日夜夜。

伍晴晴、梁玉国、周佩瑶、黄惠琳 4 位同学来自胡宝星职业技术学校，她们是形影不离的好朋友。这天她们又一起在校园操场上玩耍的时候，伍晴晴不小心摔倒了，她突然看到一只奇特的蜘蛛，它长着长长的脚，像幽灵一样向她爬了过来。伍晴晴吓了一跳！4 个小伙伴儿都围了过来。为了搞清楚这是什么蜘蛛，她们决定像科学家一样展开研究。

通过上网查询，黄惠琳在蜘蛛爱好者群里找到了答案——隆背长脚蛛。她们继续查阅资料，发现网上关于隆背长脚蛛的资料很少，之后她们决定捕捉几只隆背长脚蛛，人工饲养并观察它的生活习性。

她们观察发现，隆背长脚蛛常出没于草丛、树枝中。蜘蛛所产的卵囊呈白色，附着于枝叶、墙体上。隆背长脚蛛的每个足都是细长的，其中前方的第一对步足最长。隆背长脚蛛有发达的毒牙及细长的触肢，它们白天会隐藏在叶子背面或平贴在枝条上，夜晚出没，结圆网捕食蚊虫。

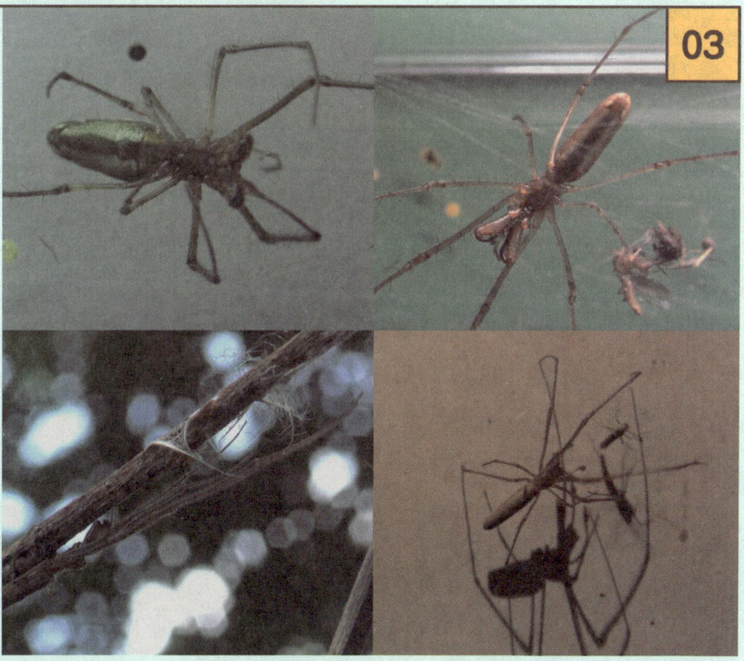

为了喂养隆背长脚蛛，研究小组的 4 位同学每天在校园各个角落抓蚊虫，也被其他同学称为“捕虫小分队”。

一天早晨梁玉国回到学校，惊讶地发现一只隆背长脚蛛产卵了！其他几只也会产卵吗？她们 4 个决定对剩下的隆背长脚蛛进行 24 小时的轮流观察。一连观察了 3 天，隆背长脚蛛也没有产卵。她们突然想到，难道是因为灯光的照射而不产卵吗？为了验证这个猜测，当天晚上几位同学关掉灯进行观察。果然，隆背长脚蛛开始产卵了！看来，隆背长脚蛛的确是在夜晚黑暗的环境下产卵的。

05

伍晴晴和梁玉国将卵从卵囊中取出，利用手机和显微镜头观察，希望可以看到卵孵化小蜘蛛的过程。卵是米白色的，1 块卵块大约有 30 颗卵，每颗卵上面都带有白色的碎屑。从卵被产下开始计算，在接下来 9 天的观察中，卵没有任何变化。伍晴晴她们不禁怀疑，这些卵还会孵化吗？她们会不会白等了这么多天？就在大家怀疑的时候，当天晚上，伍晴晴观察到了有幼蛛在卵里蠕动！产卵后的第 11 天傍晚，伍晴晴发现卵开始发生新变化，长出很多纹路。难道它们要孵化了吗？到第 12 天凌晨 2 点左右，小蜘蛛从卵里孵化出来了！一时着急找不到微距镜头，伍晴晴抓起普通摄像机拍到了小蜘蛛破壳而出的精彩瞬间。

06

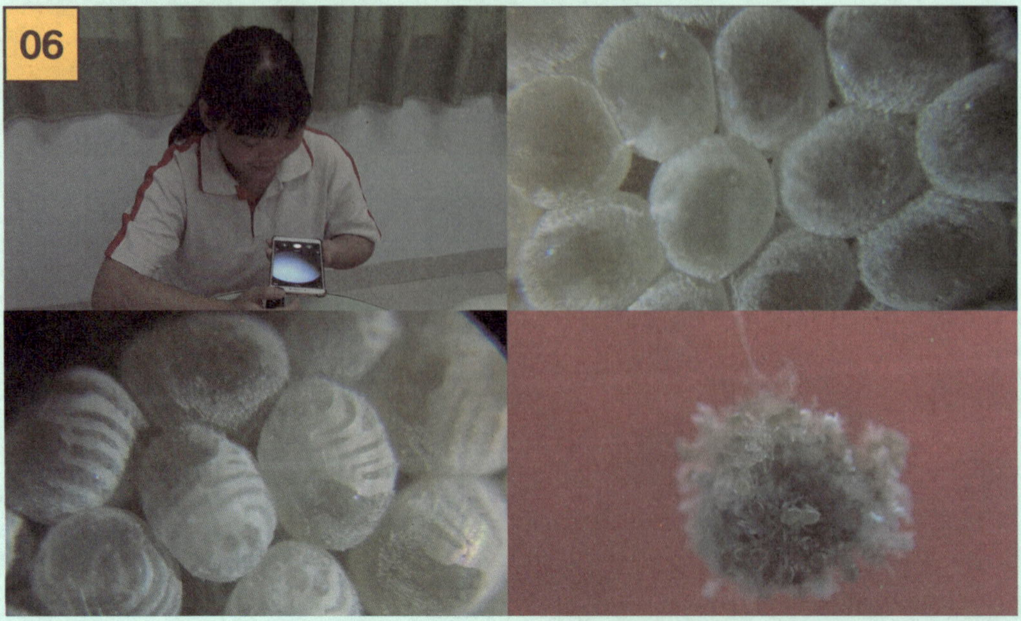

伍晴晴很遗憾没有用微距镜头拍下更清晰的细节，她希望能有机会弥补拍摄卵孵化过程的遗憾。她和小伙伴们在校园里找啊找啊，终于在一棵榕树上又找来了一团隆背长脚蛛的卵。她们吸取上次的教训，日夜坚守，功夫不负有心人，任晴晴和小伙伴们终于用微距镜头拍摄到了幼蛛从卵里孵化出来的过程。

07

08

隆背长脚蛛生命周期图

总结半年多的观察结果，她们绘制了隆背长脚蛛的生命周期图。长成成体的隆背长脚蛛交配、产卵，产卵 9 天后幼蛛开始在卵内蠕动，产卵 11 天后卵表面出现裂纹，产卵 12 天后卵孵化出幼蛛。幼蛛经过多次蜕皮长成成体隆背长脚蛛。

在观察隆背长脚蛛的过程中，周佩瑶发现它的捕蚊能力惊人。周佩瑶建议大家在操场上搭个帐篷，统计隆背长脚蛛的捕蚊情况。她们决定晚上随机跟踪 10 只隆背长脚蛛，连续统计 3 晚。统计显示，10 只隆背长脚蛛共捕蚊 202 只，平均每只一晚捕蚊 6～7 只。看来隆背长脚蛛是当之无愧的捕蚊高手啊！隆背长脚蛛的存在，对学校防蚊起到很大作用。

09

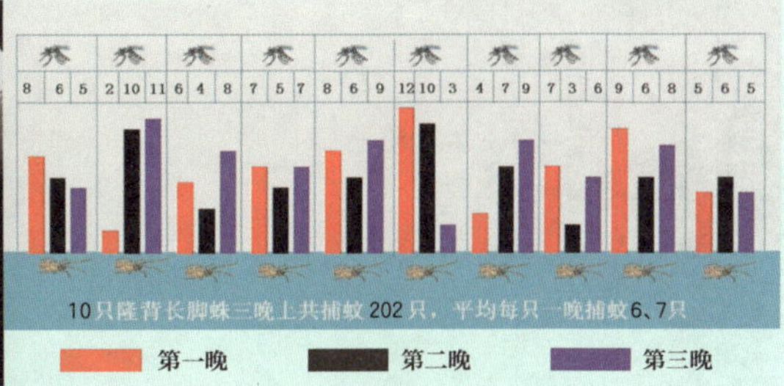

隆背长脚蛛捕蚊统计表

到了第二年春季，4 位小伙伴还在继续研究隆背长脚蛛，但是她们发现校园里的隆背长脚蛛越来越少，这是什么原因造成的呢？周佩瑶偶然看到，校园的园林护工在修剪草坪，原来，开春后校园的花草生长速度很快，护工每个月都会修剪一次。周佩瑶和小伙伴讨论后认为，草不在了，隆背长脚蛛的栖息环境就不存在了，这是导致隆背长脚蛛数量下降的重要原因。她们又开始思考新问题了，能否有一个两全其美的办法，既能保证校园的草坪得到正常修剪，又能保证隆背长脚蛛正常繁衍呢？她们的研究将开启新的一页。

10

专家点评

这是一部笑声最多的科学微电影，观众们隔着屏幕就能体会到探究“恐怖”蜘蛛世界的无穷快乐。任何选题要成为一个优秀的课题，都不在于选题本身。一个源自校园生活的小小发现，探究者却能抓住不放，坚持不懈地观察，终于持续地搜集到了许多有用的信息，使这个课题越来越精彩。4 位女中学生从观察隆背长脚蛛的形态、产卵、孵化入手，历时几个月用镜头记录了它生命周期中一个个珍贵的镜头；为了测试出隆背长脚蛛的捕蚊能力，她们在野外搭帐篷、接力观察蜘蛛捕蚊数量、用数据证明“捕蚊数量多”。她们的研究方法设计虽然朴素，但是实事求的探究精神打动了观众。她们的探究是真实的，她们的作品更是真诚的。

影片开场生动地展现了青少年发现隆背长脚蛛的场景，画面和同期声融合恰当，故事性的画面作为衔接展现良好。同学们出镜时与老师的对话自然大方，但配音略显平淡，只是完成了文字向声音的转换，配音质量还有提升空间。

作品内容构思完整，抓住隆背长脚蛛的雌雄不同及生长周期特点，有非常好的探究意义，但是如何捕蚊这一环节略显简单，而影片的题目是《捕蚊高手》。如果要扣题，那么影片的创作就要围绕隆背长脚蛛为什么是“捕蚊高手”进行探究，其生长规律、身体构成、特殊行为都是它成为“高手”的条件，而且如果是“高手”还应有与普通蜘蛛的对比，才更显得有说服力。

4 位女生到处抓虫给蜘蛛吃、深夜守候着卵等待蜘蛛破壳的瞬间、连续露天守夜观察统计蜘蛛捕蚊的数量……正是因为这种能吃苦、坚韧的精神，她们才能拍到许多珍贵的镜头，让观众过足了眼瘾，看到了鲜为人知的虫虫世界。这也正是科学微电影活动最有魅力和最富教育意义的地方。

十、菜地里的“柯小四”

——柯氏素菌瓢虫的探究

3rd International Youth Science Fair for Discovery Videos

第三屆國際青少年科學發現影像大賽

獲獎證書

茲頒發給**「亨達」熱愛家鄉專項獎**獲得者。特頒此證，以資鼓勵。

項目名稱：菜地里的「柯小四」——柯氏素菌瓢蟲的探究

作　　者：康國洪、張大興、李潔欣

所在學校：佛山市順德區胡寶星職業技術學校

指導教師：盧偉玲、盧小衛

國際青少年科學發現影像大賽評審委員會主席

張波 博士

2018年9月30日至10月6日 於美國波士頓

HKYSA HKYSA HKYSA

在内地观赏影片：

3rd International Youth Science Fair for Discovery Videos

Hantec Special Award — Care for Technology Improvement

is hereby awarded to

Mr. Guohong Kang, Mr. Daxing Zhang & Ms. Jiexin Li

from

Hubaoxing Vocational Technical School Of Shunde

for their discovery video project on

"KE-XIAO-SI" in the Vegetable Fields: Exploration&on Illeis koebelei

under supervision of

Ms. Weiling Lu & Ms. Xiaowei Lu

Dr. BO Zhang

Chair

International Youth Science Fair for Discovery Videos

September 30 to October 6, 2018

Boston, USA

HKYSA HKYSA HKYSA

在境外观赏影片：

综合实践活动（科学探究课题＋科学影像创作）

蓝鲸的话

我们都见过七星瓢虫，不过有一种瓢虫是黄色的，只在头部有4个点；我们都知道七星瓢虫是吃蚜虫的，可有一种瓢虫却是吃真菌的！就是这种头部有4个点的瓢虫引起了康国洪、张大兴和李洁欣的关注。他们越研究，新发现就越多；他们的新发现越多，就越喜欢这种瓢虫。他们还给它起了个昵称“柯小四”。“柯小四”的故事开幕了！

“芳菲歇去何须恨，夏木阴阴正可人。”每天放学后，康国洪和妹妹李洁欣常常一起到菜地干活。有一天他们摘豆角时，突然发现了一种很特别的虫子。这种虫子呈黄色，体形和七星瓢虫一样，却没有七星瓢虫的斑点。这是什么虫子？

七星瓢虫是益虫，但其他星的瓢虫大多是害虫。因此他们产生了疑问：“这种虫子是益虫还是害虫？它会对我们家的菜地造成危害吗？”康国洪和妹妹决定探究一下，他们邀请了同学张大兴一起来揭开这种虫子的神秘面纱。

通过查阅资料得知这种虫子名为柯氏素菌瓢虫，是一种食菌类瓢虫，它以蔬菜表面的菌类为食，是一种对人类有益的昆虫。他们从来没听说过自然界还有能吃菌类的瓢虫，于是捕捉了一些柯氏素菌瓢虫和虫卵，打算带回实验室观察它的生命周期。

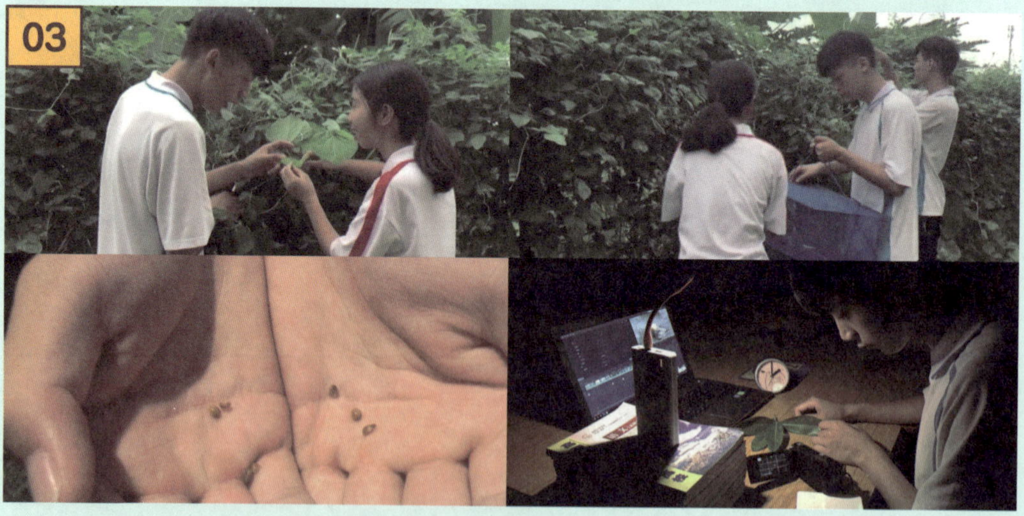

一天晚上，卵中有幼虫的影子开始慢慢蠕动，它要孵化了！康国洪守着这些卵，用微距镜头专心地拍摄着，不想错过每个精彩瞬间。1 个小时后，虫宝宝们陆续出来了！

05

1 周后，幼虫身上慢慢长出了黑色的斑点，身体由乳白色变为深黄色，身长由 0.1 厘米长到 0.5 厘米。幼虫对食物很贪婪，取食速度飞快，它们爬到叶子边缘取食时，居然会把尾巴粘在叶面上。享受完“盛宴”后，幼虫会“心宽体胖”地小憩一会儿，然后起来做“猫式瑜伽”，锻炼腰身，好像在准备着什么。

06

一天，康国洪发现幼虫不动了。这是什么情况？难道幼虫死了吗？

他仔细观察，发现幼虫在微微地蠕动。第二天，幼虫变成了蛹，颜色深黄，形状像圆球，时不时做起“俯卧撑”，难道虫子身体出状况了吗？

07

4 天后，蛹忽然开始剧烈抖动，柯氏素菌瓢虫破蛹而出了！刚出来的成虫为淡黄色，外壳为半透明，活泼地乱窜。10 分钟后，它的翅膀伸展开了。

08

又过了一天，第一只成虫飞起来了！它飞累了就沿着叶子边缘爬动，跑累了就开始大吃特吃，吃完后不停地用前足去触碰口器，像在剔牙。

09

柯氏素菌瓢虫幼虫从卵中孵化出来，经过幼虫、蛹、成虫，再交配、产卵，完成它的生命周期 。

在观察生命周期过程中，他们 3 人发现柯氏素菌瓢虫有个共同特点，就是喜欢躲在叶子背面，难道柯氏素菌瓢虫是害怕光照吗？他们设计了光照实验。将若干只柯氏素菌瓢虫放在一个暗室里，在暗室的中间打上光。结果，他们发现，柯氏素菌瓢虫并不怕光，反而像其他昆虫一样，具有趋光性。

10

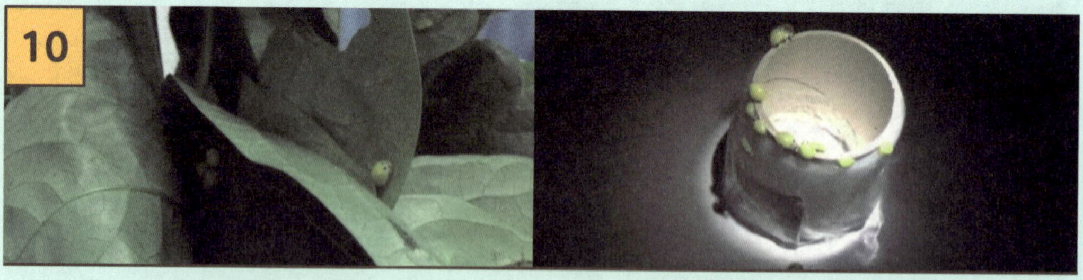

那么，柯氏素菌瓢虫躲在叶子背面是不是为了躲避天敌呢？他们 3 人讨论后重新设计了实验，先到市场买来小鸟，再把小鸟放进装有菜叶和若干只柯氏素菌瓢虫的网笼里。观察发现，小鸟吃光了没有躲在叶子背面的瓢虫。看来，柯氏素菌瓢虫躲在叶子背面确实是为了躲避天敌，保护自己。

11

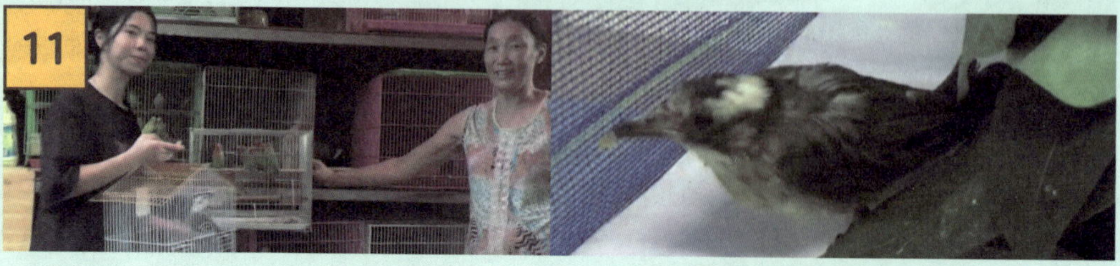

进一步查阅资料，康国洪和张大兴了解到柯氏素菌瓢虫会吃叶子上的一种对农作物致病的菌类——白粉病菌。这对农业种植是有好处的，如果能批量化养殖柯氏素菌瓢虫就更好了。那么，什么是适合柯氏素菌瓢虫生存的环境呢？

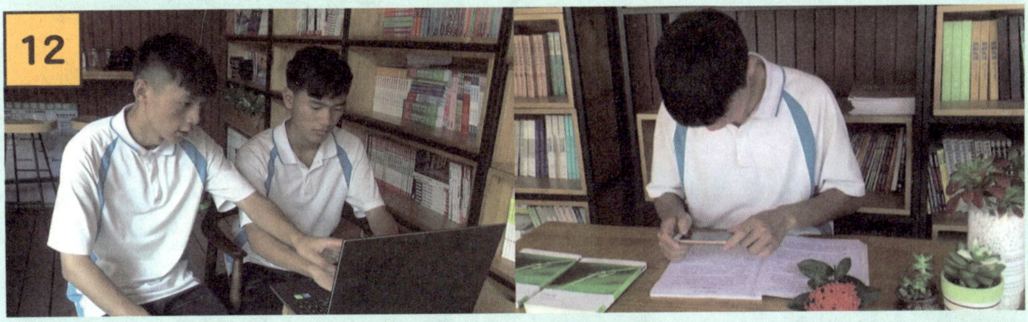
12

康国洪咨询了菜农，了解到柯氏素菌瓢虫是季节性的昆虫，并且雨后会多一些。3 位同学想进一步了解适宜柯氏素菌瓢虫生存的温度、湿度环境，于是设计了 1 组对比实验。

13

在第一组实验中，准备卷膜、温湿计、冰块、吹风筒，将卷膜制作成一个分区间的密封空间。实验开始，密封空间的一端用吹风筒缓缓加热，另一端用冰块慢慢冷却。如此，形成了一个温度从高到低逐渐变化的空间。将一定数量的柯氏素菌瓢虫放在这个密封空间，观察它们喜欢到多少温度的区间活动。康国洪和张大兴每隔 5 分钟观察一次。开始时，虫子的分布还比较平均，随着时间的推移，在第 10 次记录时，他们发现：温度 37℃的区间内，虫子全死了；存活的虫子集中分布在温度 30 ～ 33℃的区间。

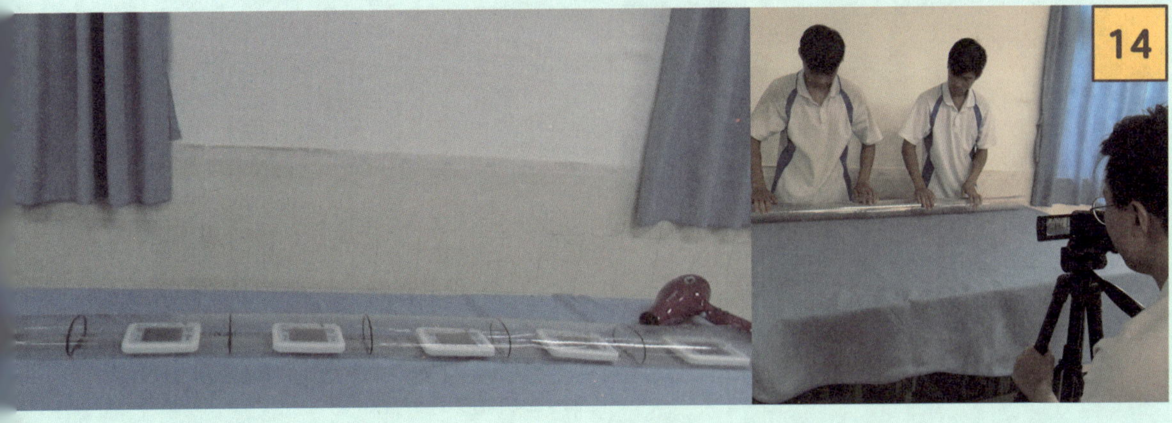
14

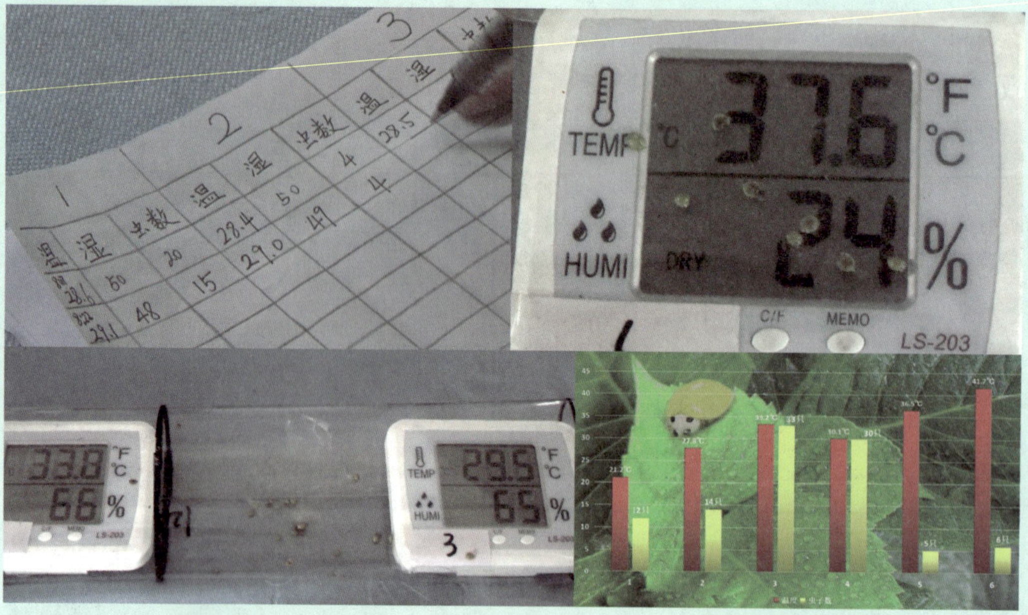

第十次温度实验数据

开始第二组实验，把冰块和吹风筒替换成干燥剂和加湿器，以此营造一个湿度从高到低逐渐变化的封闭空间。康国洪重新投放柯氏素菌瓢虫到设备里。考虑湿度的变化要比温度慢，康国洪和张大兴每隔 1 个小时观察一次。实验进行到第 12 个小时，数据就已经逐渐稳定下来了，表明柯氏素菌瓢虫集中分布在湿度为 80% ～ 100% 的区间内。

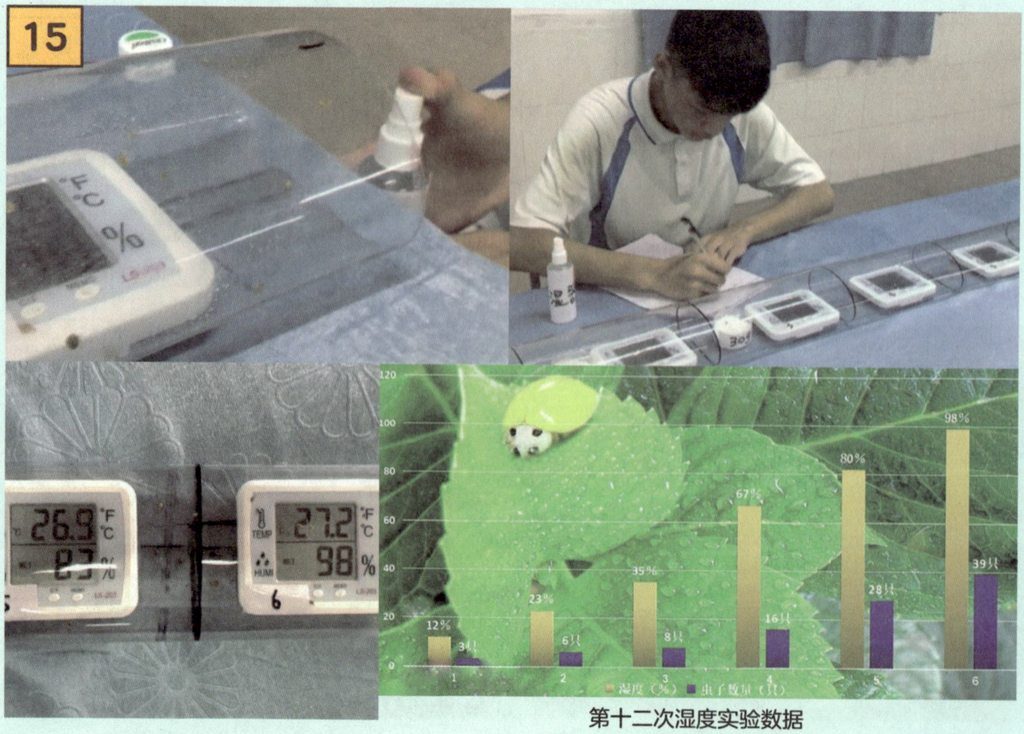

第十二次湿度实验数据

实验显示，温度 30 ~ 33℃、湿度 80% ~ 100% 是最适宜柯氏素菌瓢虫生存的温湿度环境。利用柯氏素菌瓢虫生物防治病害的方法前景广阔，工业化养殖技术值得继续研究下去。

16

专家点评

3 位来自农村的中学生康国洪、张大兴、李洁欣在菜地里发现他们的研究对象“柯氏素菌瓢虫”。他们的探究层层深入，过程完整。对柯氏素菌瓢虫生命周期的研究记录详细，捕捉到了很多有科学意义的细节，生命周期的总结具有科学价值。紧接着，3 位小科学家探究了柯氏素菌瓢虫经常栖息在叶子背面的原因，他们做出了大胆的猜想，并利用小鸟进行实验验证，结论合理。最后，他们探究了柯氏素菌瓢虫在不同温度和湿度下的抗逆性，梯度实验设计巧妙，结果可信。本研究有许多有意义的新发现，在研究方法上创新点十足，是一部优秀的科学探究纪录片。

在镜头里，不论是在菜地，还是在实验室，短片真实地记录了他们认真的态度和耐心细致的工作，同时也反映出他们的工作量。3 位小科学家的付出是惊人的，梯度实验用到近百只虫子，可以想见他们做了大量野外工作，才最终捕捉到足够数量的虫子。此外，生命周期观察需要坚持和耐心，能拍到孵化和化羽的瞬间，需要多少个日夜的观察和等待！ 3 位小科学家坚持不懈的精神值得赞叹。

短片配音顺畅，吐字清晰，感情丰富，但是在情绪把握上需要加强和影片内容的结合。前两分钟是在讲述故事，引人入胜，但后面的语态，越来越明显是在播读。再加上探究活动是 2 位男生出镜，这就更加让人感觉配音者不是在讲述自己团队的故事。

同期声的剪辑略显仓促，如果在观察、实验的过程中增加最生动的同期声对话会更好，可以减弱摆拍的痕迹。在菜地和菜农的采访中，构图不平衡，只用了中全景别，左边的出镜采访者显得与此事无关。

在实验得出数据之后，画面保留很短，观众既看不清楚数据表格，也不能更深入了解实验的结果和意义，给人一种结论不清晰的模糊感。从结构上看，影片应加强重点环节、细节的凸显，如蜕皮、为什么躲在叶子背面、温湿度的影响。

在内容上，还要加强柯氏素菌瓢虫具体在生物防治病害、工业化养殖技术这些概念下的应用意义，便于观众理解和认识。

十一、童年回忆

——荔枝蝽记

2nd International Youth Science Fair for Discovery Videos
第二屆國際青少年科學發現影像大賽
獲獎證書
茲頒發給優秀科學微電影「一等獎」獲得者。特頒此證，以資鼓勵。
項目名稱　：童年回憶——荔枝蝽記
作　　者　：韋家昌、左春楊、李澤耕
所在學校　：佛山市順德區胡寶星職業技術學校
指導教師　：張大偉
國際青少年科學發現影像大賽評審委員會主席
張波　博士
2017年9月30日至10月6日　於美國波士頓

在内地观赏影片：

2nd International Youth Science Fair for Discovery Videos
The First Place Of Grand Award
is hereby awarded to
Mr. Jiachang Wei, Mr. Chunyang Zuo, Mr. Zegeng Li
from
Hubaoxing Vocational Technical School Of Shunde
for their discovery video project on
Childhood Memories — Story of Tessaratoma
under supervision of
Mr. Dawei Zhang
September 30 to October 6, 2017
Boston, USA
Dr. BO Zhang
Chair
International Youth Science Fair for Discovery Videos

在境外观赏影片：

综合实践活动（科学探究课题 + 科学影像创作）

蓝鲸的话

小时候你都玩过什么虫子？ 3 位中学生韦家昌、左春杨、李泽耕生活在盛产荔枝和龙眼的岭南，他们小时候玩的是一种生活在荔枝树和龙眼树上的虫子——荔枝蝽。从玩虫子到研究虫子，再到分析总结出虫子的生命周期，调皮的孩子渐渐长成了科学少年。让我们跟随他们有趣的研究一起体验成长的快乐吧！

夏季，鸟叫蝉鸣，到处充满了生命的气息。韦家昌家的小后院，有一棵长着茂密叶子的龙眼树，他发现树上有一些荔枝蝽象出没。

这不由得让韦家昌想起儿时经常抓荔枝蝽来玩的场景。他向小伙伴左春杨和李泽耕分享了儿时抓荔枝蝽的经历，2 位小伙伴也产生了兴趣。小时候只是玩耍，并不知道这种昆虫的生活习性。现在，3 位同学决定对荔枝蝽的生活习性进行探究。

龙眼树上有许多荔枝蝽，有正在吸食的，有正在交配的，还有在新枝上静静地趴着的！他们决定抓一些荔枝蝽回去探究。正当韦家昌抓住荔枝蝽的时候，他突然闻到一阵臭味。他发现自己手上有焦黄的液体，还感到手有点灼热。这是怎么回事？

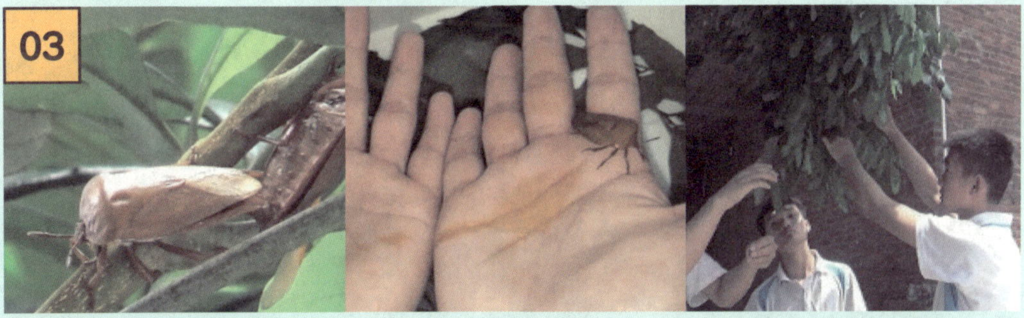

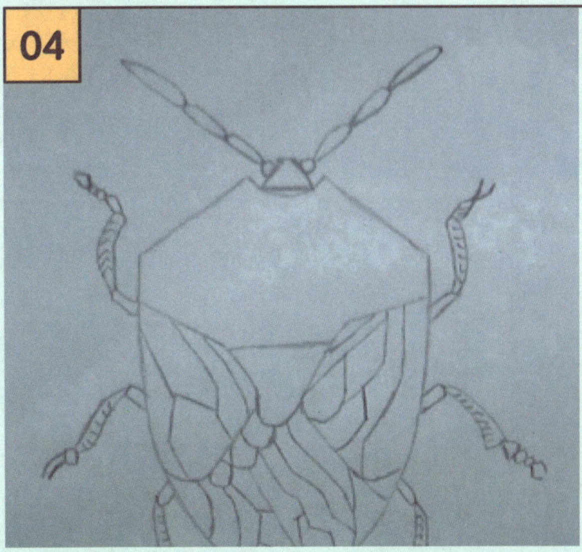

通过上网查阅资料，韦家昌了解到荔枝蝽的基本结构。荔枝蝽象身体呈盾形，头部呈三角形。荔枝蝽的两根黑褐色触角分为 4 节，有 6 条足，腹部带有白色蜡粉。荔枝蝽象一般体长 24 ～ 28 毫米，体宽 14 ～ 20 毫米。雌性成虫腹部第七节中央分为两片，可以依据这个特征鉴别雌雄。

资料中还说，当荔枝蝽遇到危险时，会喷出带有臭味的液体，使侵犯者闻到臭味后不敢接近，它趁机逃之夭夭。原来，韦家昌手上的黄色液体是荔枝蝽为了逃跑喷出的。

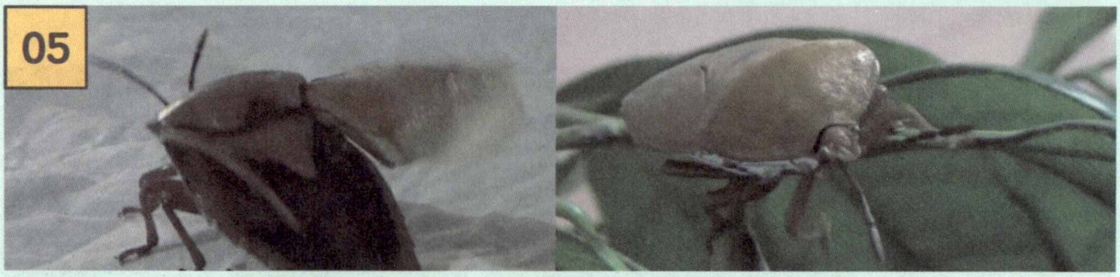

由于这次被荔枝蝽喷“毒”的经历，韦家昌很想知道荔枝蝽一次到底能够喷出多少液体。他将纸巾放入观察箱底下进行观察，经过耐心的等待，他终于抓拍到了荔枝蝽象喷出液体的一瞬间。他把纸巾取出，发现有3处极其稀少的液体。这说明荔枝蝽一次喷的液体并不多，但臭味却很大。

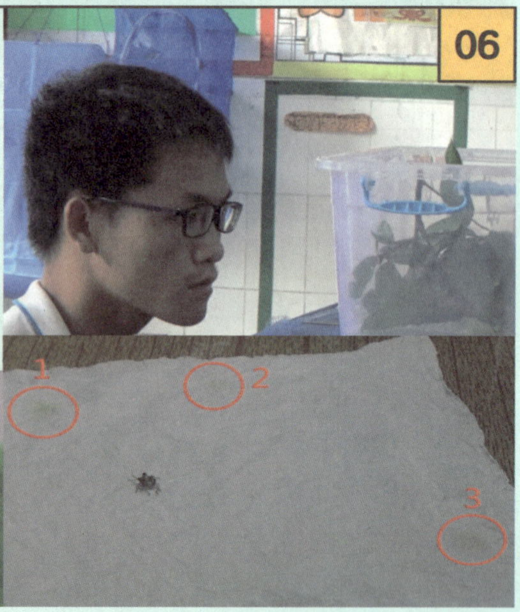

韦家昌想，除了龙眼树，荔枝蝽是否还有其他喜欢栖息的树木？他和左春杨、李泽耕跑到村子里去折了黄皮树枝和龙眼树枝，把这两种树枝分别放在箱子两旁，接着放入荔枝蝽象，观察它们的活动。结果，它们都靠在龙眼树枝这边，只喜欢龙眼树的味道。

经过长期观察，3个小伙伴抓拍到了许多精彩瞬间。这不，雄性成虫为了得到雌性成虫的青睐，正在抖动尾部，引起雌性成虫的注意。当雌性成虫接近雄性成虫，将自己的尾巴和雄虫的尾巴连接起来的时候，交配就开始啦！然而这甜蜜的一幕被另一只雄性成虫看到了，“第三者”一直在周边徘徊着，好像有什么大事要发生似的。交配后，“第三者”与“原配”的雄性成虫打了起来，互不相让……同学们用镜头记录下了这有趣的一幕。

交配后的雌性成虫会在龙眼叶背面产卵，卵有14粒之多，多为圆球形。卵刚产下来时为青绿色，过一段时间就会变成紫红色。

这些卵什么时候会孵化呢？韦家昌、左春杨和李泽耕很想拍到孵化的过程，他们绞尽脑汁，下足了功夫，从产卵到孵化的这段日子里，他们每天都守在摄像机旁边，夜里还轮班看守。卵的颜色一天比一天深，小生命终于要诞生了！

根据观察结果，韦家昌、左春杨和李泽耕反复讨论，梳理出了荔枝蝽的生命周期。荔枝蝽一次产卵约 14 颗，每颗卵径长约 2.6 毫米，4—5 月卵开始孵化成幼虫。幼虫分为五龄，荔枝蝽象每到一龄就要蜕一次皮，每蜕一次皮体形就会明显增大。长成成虫后，体长 24 ～ 28 毫米，体形似盾形。经过交配后，荔枝蝽象产卵于龙眼树枝叶背面。这些阶段都在龙眼树上完成，龙眼树就是它们的“家”。

荔枝蝽幼虫期

						成虫
龄段	第一龄	第二龄	第三龄	第四龄	第五龄	
体长	5 ～ 6 毫米	7 ～ 9 毫米	10 ～ 12 毫米	14 ～ 16 毫米	18 ～ 20 毫米	

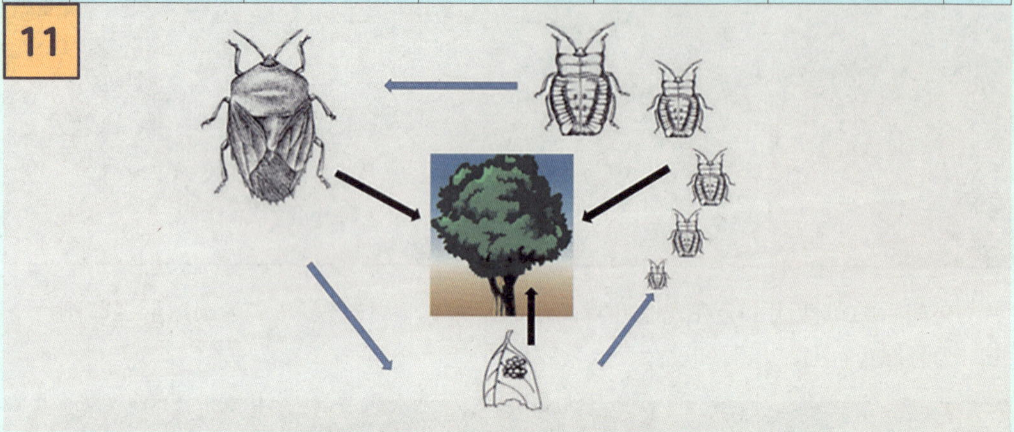

5 月，广东进入雨季。经过几天雨水的洗礼，同学们发现龙眼树上的荔枝蝽全都消失了。也许天气好转、烈日当空时，荔枝蝽还会在那里吧。

专家点评

本片中的3位小科学家研究了荔枝蝽象的生命周期。他们在查阅资料和长期观察的基础上，拍摄到了荔枝蝽交配、产卵、孵化，以及从若虫到成虫的成长阶段，并总结绘制了荔枝蝽象的生命周期图。3位同学能够搜集到这些珍贵的第一手研究数据和结果，足见他们的专注、耐心和坚持不懈的探索精神。

全片画面清晰，细节丰富，结构较为完整。开头提出的害虫这一话题，并未在之后进行探讨，单纯营造“童年回忆”气氛，削弱了科学探究的深度。“童年回忆”与探究题材不够吻合，不适合做科学微电影的片名。

解说词比较准确，配音稳健，但略显平淡。关于荔枝蝽的探究过程充满了曲折与惊喜，观察荔枝蝽产卵、若虫成长都用了很长的时间，甚至夜晚起来观察，这些特定的场景一定有很多信息，但是在本片剪辑时被“抹”掉了。建议并在剪辑时保留一些观察记录时同学们表达感受的同期声。

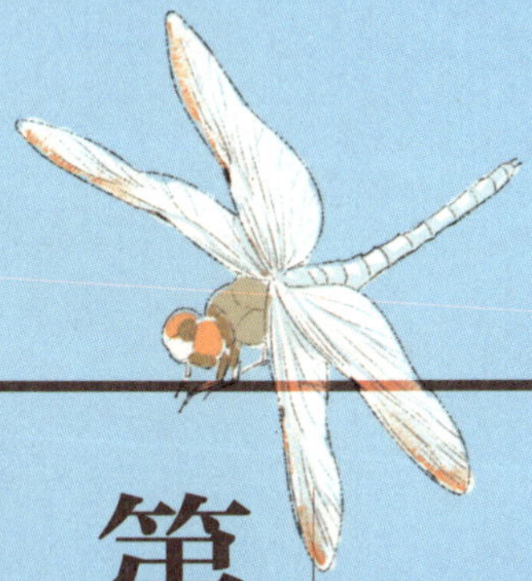

第三篇

悬疑的生态关系

十二、寻蜻记

3rd International Youth Science Fair for Discovery Videos

第三屆國際青少年科學發現影像大賽

獲獎證書

茲頒發給「亨達」最佳科學微電影獎 獲得者。特頒此證，以資鼓勵。

項目名稱 ：尋蜻記

作　　者 ：何佳茗、王泓乾、肖赫

所在學校 ：北京市第四中學、清華大學附屬中學、北京世青國際學校

指導教師 ：劉海鵬

國際青少年科學發現影像大賽評審委員會主席

張波 博士

2018年9月30日至10月6日 於美國波士頓

在内地观赏影片：

3rd International Youth Science Fair for Discovery Videos

Hantec Best Discovery Video Award

is hereby awarded to

Ms.Jiaming He, Mr. Hongqian Wang & Mr.He Xiao

from

Beijing No.4 High School, Tsinghua University High School, Beijing World Youth Academy

for their discovery video project on

Fantastic Dragonflies and Where to Find Them

under supervision of

Mr.Haipeng Liu

September 30 to October 6, 2018

Boston, USA

Dr. BO Zhang

Chair

International Youth Science Fair for Discovery Videos

在境外观赏影片：

综合实践活动（科学探究课题＋科学影像创作）

蓝鲸的话

什么是科学？科学不仅是探寻大自然的奥秘和拓展科学研究的方法，更是在探求人与自然的关系，并将这些内容与科学精神完美统一。在这部作品中，来自北京的3位科学少年何佳茗、王泓乾和肖赫，通过多次考察，揭示了香港几个蜻蜓保育池中蜻蜓减少的原因，尤其指出了人类应该如何与地球村的其他“村民”和谐相处。

01

香港，位于亚热带与热带交会处，地理位置独特，生态环境良好，孕育了繁多的物种，其中蜻蜓种类高达123种。何佳茗、王泓乾、肖赫三位来自北京的同学到香港公园的蜻蜓保育池观赏蜻蜓，却没有看到与保育池边简介牌相匹配的蜻蜓种类及数量，甚至没有他们在北方家乡的小池塘里所见到得多，远远无法达到蜻蜓保育基地的标准。这是怎么回事？他们商量后决定展开调查。

他们首先调查了香港公园的3个水池。一号池最大，有晓褐蜻、赤褐灰蜻、庆褐蜻，主要集中在用隔离网隔开的出水植物区内，但数量不是太多。蜻蜓会将卵产在水里或植物上，出水植物提供了停留地和产卵地。隔离区外有大量体形较大的锦鲤和巴西龟。二号池有琉球橘黄蟌、晓褐蜻、庆褐蜻、赤褐灰蜻，蜻蜓数量最多，并且池内没有大型鱼类和巴西龟。三号池有晓褐蜻、庆褐蜻，蜻蜓数量最少，有超过60只巴西龟和大量体形较大的锦鲤。

晓褐蜻

庆褐蜻

赤褐灰蜻

对比香港公园 3 个水池的情况可以发现，蜻蜓的数量和巴西龟、大型鱼类的数量成反比。他们进一步猜想，是否因为巴西龟和大型鱼类的存在导致了蜻蜓数量的减少？何佳茗询问了公园的管理人员，管理人员表示管理处会定期喂食巴西红耳龟和大型鱼类，它们不会捕食蜻蜓。那么到底是什么原因导致一个蜻蜓培育基地的蜻蜓种类和数量如此稀少呢？

何佳茗、肖赫和王泓乾分头查阅资料，发现巴西红耳龟和锦鲤都是杂食动物，他们讨论认为，并不能排除它们捕食蜻蜓的可能性。另外，何佳茗在香港渔农自然保护署的官网找到了一个存在数十年的蜻蜓保育基地——狮子会自然教育中心蜻蜓池。她认为，如果对比这两个蜻蜓保育基地的环境和蜻蜓数量，也许能够找到香港公园蜻蜓保育基地的问题所在。她决定带两个组员去考察这个蜻蜓保育基地。

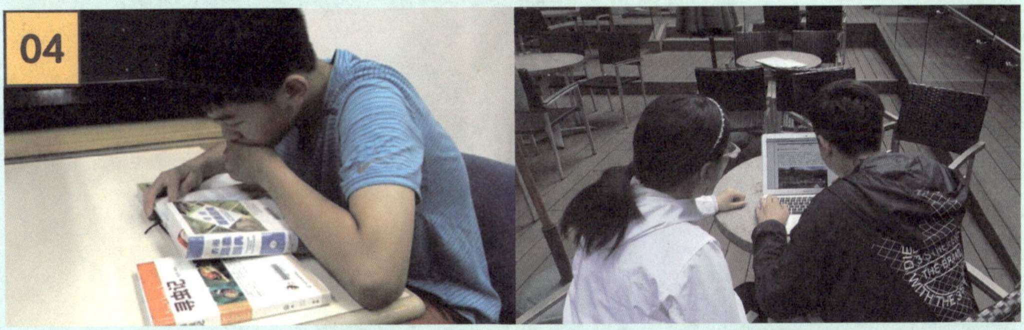

他们来到狮子会自然教育中心蜻蜓池，与蜻蜓池边众多的蜻蜓种类介绍牌格格不入的是，蜻蜓池中只有寥寥几只蜻蜓。他们再次看到了相同的现象，这个蜻蜓保育池中同样有大量的巴西龟存在。

褐斑异痣蟌

同时，让他们担忧的情况又出现了！蜻蜓池中，大量的巴西龟在莲叶间探头探脑，飞行的蜻蜓无处可停。在50平方米左右的池塘里，至少有30只巴西龟游弋其中。一对正在交配的蜻蜓被悄悄靠近的巴西龟逮个正着，肖赫和王泓乾拍下了这惊人的一幕。巴西龟不仅会捕捉生活在水中的蜻蜓幼虫——水虿，也会捕捉生活在水边的成虫。看来，巴西龟的活动确实会影响蜻蜓的生存。此外，水中大量的罗非鱼同样令蜻蜓幼虫难以存活。虽然蜻蜓池中蜻蜓数量极少，但是在蜻蜓池边的水渠中，他们却意外发现了豆娘。水渠里没有大型捕食者，豆娘怡然自得。

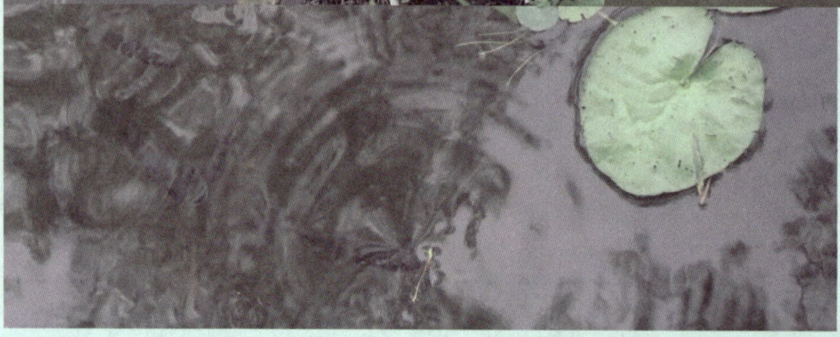

狮子会的工作人员和渔农自然保护署的相关部门都未能回答何佳茗关于蜻蜓池管理的疑问，然而一位常年来拍照的游人告诉她：“以前这里蜻蜓众多，但由于放生巴西龟及保育池的管理漏洞，导致如今蜻蜓数量锐减。”

狮子会保育池之行让何佳茗、王泓乾、肖赫对香港蜻蜓的保育情况更加担忧，两个蜻蜓保育基地都存在大量的巴西龟和鱼类，两个地方的蜻蜓都少得可怜。香港原本是适宜蜻蜓生活的，现在还能找到这样的地方吗？

08

何佳茗、王泓乾和肖赫3位同学不死心，他们在香港跑了很多水塘、水库，最终发现，香港仔的下水塘是人工痕迹较少的蜻蜓观赏地。这里植被很丰茂，溪水中蝌蚪、鱼虾来来往往。在这里，同学们终于找到了种类丰富、数量众多的蜻蜓，斑斓的蜻蜓翩翩嬉戏于水间。此地蜻蜓的天敌也不少，但由于其生物多样性，不会像狮子会那样，出现因罗非鱼和巴西龟泛滥而蜻蜓稀少的情况。

09

10

通过实地考察多个蜻蜓保育基地，他们认为蜻蜓在香港的生活环境不容乐观，放任外来物种的肆意繁殖，直接导致本地物种数量减少。

何佳茗、王泓乾和肖赫继续讨论，深思熟虑后提出了一个合理化建议。如果要建立一个蜻蜓保育基地，应该至少考虑3个方面的要素：（1）水质清洁，水流不断循环交换；（2）种植出水植物，如睡莲，供蜻蜓停留、产卵；（3）移走大型水生食肉动物，尤其是外来入侵生物，如巴西龟、大型鱼类。

11

其实蜻蜓所需的生活环境并不复杂，3位同学在南丫岛的水渠中也发现了各种蜻蜓。一片清澈的水域、水边生有植被、没有外来物种的侵扰，这样的环境对于蜻蜓的生存足矣。

12

专家点评

这是一部真实、真诚、真好看的科学微电影。短片中的3位科学少年在真实的科学考察活动中，发现了一个真实存在的科学问题——为什么蜻蜓保育池里的蜻蜓很少？他们抓住这个看似“小”的疑问不放，揭示了香港保护生物多样性工作存在的“大”误区，最终提出了合理的建议。

为了寻找蜻蜓适宜繁殖的栖息地，3位中学生背着沉重的摄像设备来回跑了很多地方，香港公园、狮子会自然教育中心、香港仔的下水塘、南丫岛的水渠等，通过对比研究，终于揭示出香港公园、狮子会自然教育中心蜻蜓数量减少的原因。在验证猜想的过程中，他们锲而不舍，一步步接近事实的真相，最终做出科学的解释，证实蜻蜓的减少与环境、巴西龟、大型鱼类相关。本课题线索清晰、逻辑严密、结论可信、建议合理。

短片配音流畅，吐字清晰，对问题的描述清楚，解答准确。配音的语气、语态保持了科学探究的严谨性，但缺少了一些生动的、活跃的表达。

开场镜头吸引眼球，探究过程记录详细。蜻蜓虽然很难拍摄，但该片仍然抓拍到了不少特写镜头。剪辑时也运用了字幕特技让画面更丰富、美观。但是可以看到拍摄时有些画面不稳，蜻蜓的特写镜头在剪辑时也无法成组剪辑。

短片在讲述拍摄团队故事的时候，成员的中景、特写总是瞬间恍惚带过，似乎大家在镜头前很害羞，而结尾时坐在岸边休息的“全家福”最为轻松自然。

短片结构完整但不够紧凑。语言应该更准确、更简洁，如“发现了豆娘的存在”，其中“的存在”显然多余，喧宾夺主。

建议在短片中能增加对蜻蜓的基本科普介绍，这样才能让观众对香港蜻蜓保育池有对比的认识。

十三、蚂蚁农场

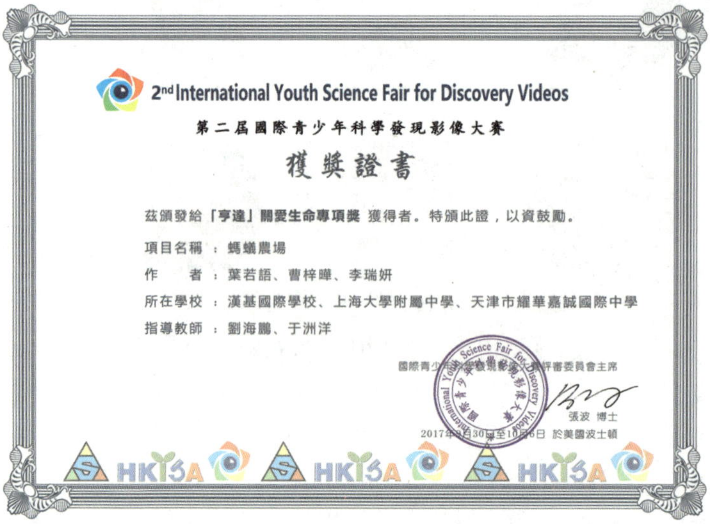
2nd International Youth Science Fair for Discovery Videos

第二屆國際青少年科學發現影像大賽

獲獎證書

茲頒發給「亨達」關愛生命專項獎 獲得者。特頒此證，以資鼓勵。

項目名稱 ：螞蟻農場

作　　者 ：葉若語、曹梓瞱、李瑞妍

所在學校 ：漢基國際學校、上海大學附屬中學、天津市耀華嘉誠國際中學

指導教師 ：劉海鵬、于洲洋

國際青少年科學發現影像大賽評審委員會主席

張波 博士

2017年9月30日至10月6日 於美國波士頓

在内地观赏影片：

2nd International Youth Science Fair for Discovery Videos

Hantec Special Award - Care for Life

is hereby awarded to

Ms. Jessica Ye Ms. Ziye Cao Ms. Ruiyan Li

from

Chinese International School, The High School Affiliated to Shanghai University, Tianjin City Yaohuajiacheng International School

for their discovery video project on

Ant Farmer

under supervision of

Mr. Haipeng Liu Mr. Zhouyang Yu

September 30 to October 6, 2017

Boston, USA

Dr. BO Zhang

Chair

International Youth Science Fair for Discovery Videos

在境外观赏影片：

综合实践活动（科学探究课题＋科学影像创作）

蓝鲸的话

处处留心皆学问。当曹梓晔、叶若语和李瑞妍3位队友留心观察路边的一棵黄兰树时，树上的现象让她们百思不得其解。好奇心驱使着探究的欲望，关于黄猄蚁与介壳虫生态关系的科学课题展开了！睁大眼睛，让我们跟随镜头一起去发现。

曹梓晔和叶若语2位同学在香港大学体育馆门口看到一棵奇怪的黄兰树。由下往上看，这棵黄兰树从根部分了两个叉，一边的叶子是翠绿的，而另一边的叶子则枯萎了。枯萎一边的叶子上面还有很多黑色的斑点。为什么同一棵树，两边的叶子会差别这么大？2位同学很好奇。

02

2位同学首先想到，发黑一边应该是有虫害的。果然，在发黑一边的树叶上，她们发现了很多白色的虫子。再看另外一边，竟然完全没有虫害，叶子都是嫩绿完整的。随后她们发现，在没有虫害的这边，有大大小小五六个圆形的“叶包”。她们把镜头像机推到最前端去拍摄，发现这些“叶包”和枝条上面密密麻麻爬着很多橘黄色蚂蚁。

一边是白色虫害，一边是橘黄色蚂蚁，给人一种分庭抗礼的感觉。同一棵树，为什么会有这么大差别？她们决定首先探究一下白色虫子和橘黄色蚂蚁分别是什么，然后再解释为什么会出现这种现象。

03

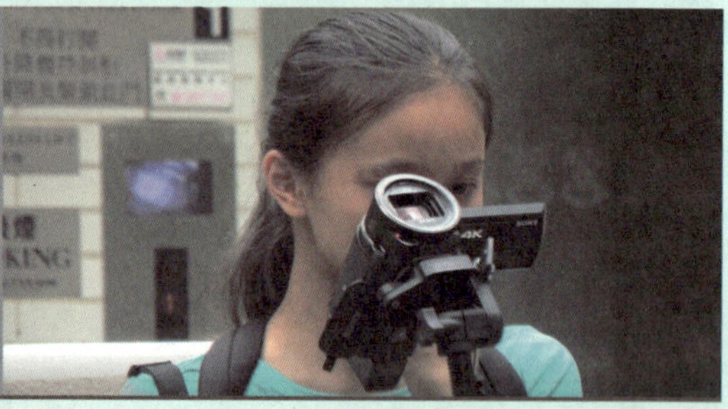

通过查阅资料，同学们得知这种橘黄色的蚂蚁叫黄猄蚁，是一种能在树上建巢的蚂蚁，之前观察到的“叶包”应该就是这些蚂蚁的巢穴。中国在南北朝时期就记载了利用黄猄蚁来治理柑橘害虫。由此，同学们猜想黄兰树上的黄猄蚁是不是在“治理”那些白色害虫呢？

04

05

黄兰树上的白色虫子叫吹棉介壳虫，它靠吸食植物叶片里的汁液来生存，同时能够放出煤烟菌。所以黄兰树树叶上的黑色斑点就是煤烟菌，是这种介壳虫惹的祸。资料里说，黄猄蚁治理的柑橘害虫中就包括了吹棉介壳虫。看来，黄兰树上的黄猄蚁就是专门“收拾”这些介壳虫的。

06

随后2位同学开始在有介壳虫的一边拍摄，寻找“治理”介壳虫的黄猄蚁。同学们以为很容易就能拍到黄猄蚁捕食或驱赶介壳虫的镜头，但结果却出乎意料。同学们发现，在有虫害的这边，黄猄蚁是很少的。而且就算找到了黄猄蚁，它们也完全没有要吃掉介壳虫或者驱赶它们的意思。

同学们观察到的现象跟资料里说的有很大出入，到底是哪里出了问题？2位同学又查到一篇文献，文献提到黄猄蚁和橡胶盔蚧是一种共生关系：黄猄蚁吃橡胶盔蚧分泌出来的蜜液，而黄猄蚁则为橡胶盔蚧提供保护。

07

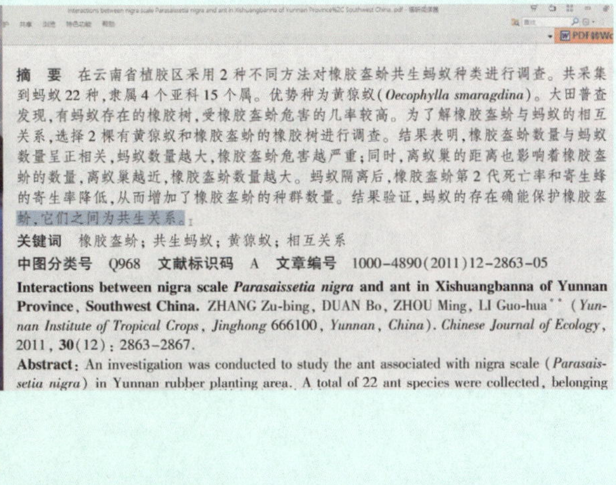

摘　要　在云南省植胶区采用2种不同方法对橡胶盔蚧共生蚂蚁种类进行调查。共采集到蚂蚁22种，隶属4个亚科15个属。优势种为黄猄蚁(*Oecophylla smaragdina*)。大田普查发现，有蚂蚁存在的橡胶树，受橡胶盔蚧危害的几率较高。为了解橡胶盔蚧与蚂蚁的相互关系，选择2棵有黄猄蚁和橡胶盔蚧的橡胶树进行调查。结果表明，橡胶盔蚧数量与蚂蚁数量呈正相关，蚂蚁数量越大，橡胶盔蚧危害越严重；同时，离蚁巢的距离也影响着橡胶盔蚧的数量，离蚁巢越近，橡胶盔蚧数量越大。蚂蚁隔离后，橡胶盔蚧第2代死亡率和寄生蜂的寄生率降低，从而增加了橡胶盔蚧的种群数量。结果验证，蚂蚁的存在确能保护橡胶盔蚧，它们之间为共生关系。

关键词　橡胶盔蚧；共生蚂蚁；黄猄蚁；相互关系

中图分类号　Q968　**文献标识码**　A　**文章编号**　1000-4890(2011)12-2863-05

Interactions between nigra scale *Parasaissetia nigra* and ant in Xishuangbanna of Yunnan Province, Southwest China. ZHANG Zu-bing, DUAN Bo, ZHOU Ming, LI Guo-hua** (*Yunnan Institute of Tropical Crops, Jinghong* 666100, *Yunnan, China*). *Chinese Journal of Ecology*, 2011, **30**(12): 2863-2867.

Abstract: An investigation was conducted to study the ant associated with nigra scale (*Parasaissetia nigra*) in Yunnan rubber planting area. A total of 22 ant species were collected, belonging

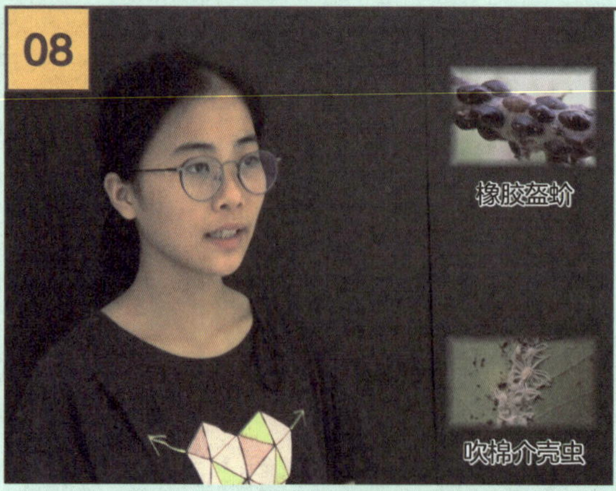

虽然吹棉介壳虫和橡胶盔蚧是不同的介壳虫，但根据已经观察到的现象，同学们认为黄猄蚁和吹棉介壳虫更倾向于是一种共生关系。黄猄蚁并没有“治理虫害”。

同学们继续考察，在香港仔郊野公园也发现了类似的现象。黄猄蚁所在的树上，有介壳虫分布在一部分树叶上并伴有黑色的煤烟菌，另一部分离黄猄蚁巢穴很近的树叶却几乎没有被蚧壳虫和煤烟菌“污染”。这跟香港大学体育馆门前的黄兰树是一致的。也就是说黄猄蚁不仅可以利用介壳虫，吸食它的蜜露，同时又能控制蚧壳虫生长的地点，保持自己巢穴的干净整洁！

基于这些观察，同学们认为黄猄蚁与介壳虫之间不是所谓的共生关系，而更像是“饲养”关系。共生关系是指离开了对方，相互都不能存活，像榕树和榕小蜂、豆科植物和根瘤菌。但不是所有存在黄猄蚁的地方都有介壳虫，比如同学们在蒲飞路、花园道及香港公园观察到的黄猄蚁巢穴，周围就没有介壳虫。

所以，黄猄蚁和介壳虫的关系更像是人类和饲养的家畜的关系。黄猄蚁可以选择饲养介壳虫为自己提供食物，但如果条件不适宜或季节不合适，也能捕捉其他昆虫作为食物。

11

12

通过这次探究，2 位同学认识到，除了人类，其他动物竟然也会养殖和放牧。这让她们对蚂蚁世界另眼相看，同时也让她们感叹大自然的神奇。

专家点评

本片中的 3 位小科学家研究了一种特殊的蚂蚁“黄猄蚁”与吹棉介壳虫和橡胶盔蚧之间的生态关系。她们无意中发现一个有意思的问题：自古有治理虫害美名的黄猄蚁和两种介壳虫比邻而居，难道黄猄蚁正在“治理虫害”吗？然而经过深入观察，越来越多的证据证明黄猄蚁不是在“治理”，而是在“放牧”。小科学家们抓住问题不放，反复查阅文献、反复观察和搜集证据，终于找到了黄猄蚁和两种介壳虫之间真正的生态关系。探究过程完整，逻辑清晰，证据可靠，结论可信。

本片结构上有创新，2 位出镜同学的讲述动人心弦，节奏环环相扣，各种特写和细节镜头栩栩如生。

2 位出镜者作为科学故事的讲述人，从发现、观察到探究向观众娓娓道来，一方面呈现研究过程，另一方面讲述亲身经历和想法。这样的本色出镜，很符合讲述人的状态，显得自然大方。这种呈现方式非常清新，引人入胜，就像在回应记者访谈一样，让观众无形中有一种参与互动的感觉。这是一个非常有趣的故事，如果能保留观察蚂蚁的过程，把理性的讲述与发现的惊喜相结合就会使作品在表达上更加相得益彰。

片名很好，但可以考虑加个更具体的副标题。开头两个镜头与后面内容不协调，可以删掉。本片解说语调沉稳，符合科学纪录片的调性。

十四、斑络新妇家里的“网红”

3rd International Youth Science Fair for Discovery Videos

第三屆國際青少年科學發現影像大賽

獲獎證書

茲頒發給優秀科學微電影「一等獎」獲得者。特頒此證，以資鼓勵。

項目名稱：斑絡新婦家裡的網紅

作　　者：李瑞妍、曹梓曄、郭子鈺、陳彥銘、李欣

所在學校：天津市耀華嘉誠國際中學、上海大學附屬學校、鄭州市二七區人和路小學
佛山市順德區胡寶星職業技術學校、佛山市順德區胡寶星職業技術學校

指導教師：劉海鵬

國際青少年科學發現影像大賽評審委員會主席

張波 博士

2018年9月30日至10月6日 於美國波士頓

在内地观赏影片：

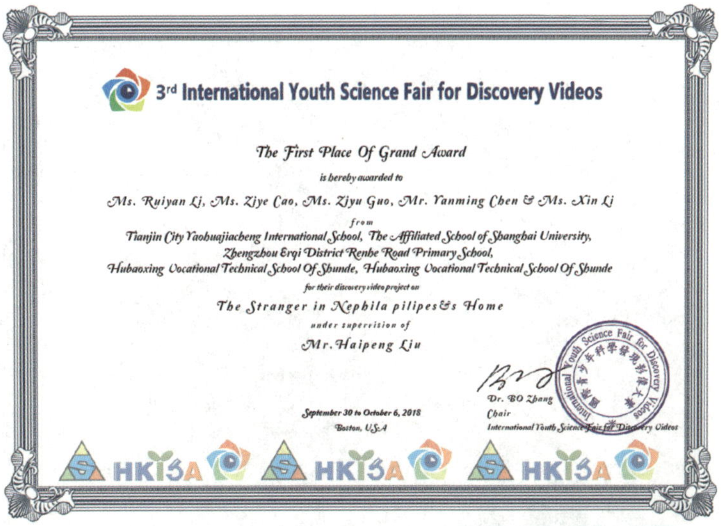

3rd International Youth Science Fair for Discovery Videos

The First Place Of Grand Award

is hereby awarded to

Ms. Ruiyan Li, Ms. Ziye Cao, Ms. Ziyu Guo, Mr. Yanming Chen & Ms. Xin Li

from

Tianjin City Yaohuajiacheng International School, The Affiliated School of Shanghai University,
Zhengzhou Erqi District Renhe Road Primary School,
Hubaoxing Vocational Technical School Of Shunde, Hubaoxing Vocational Technical School Of Shunde

for their discovery video project on

The Stranger in Nephila pilipes&s Home

under supervision of

Mr. Haipeng Liu

Dr. BO Zhang
Chair
International Youth Science Fair for Discovery Videos

September 30 to October 6, 2018
Boston, USA

在境外观赏影片：

综合实践活动（科学探究课题 + 科学影像创作）

蓝鲸的话

连续三四年，观众都看到曹梓晔、李瑞妍、李欣、陈彦铭等同学的作品分别在国际大赛上获奖，他们已经有十几部科学微电影作品奉献给观众了！这次 4 位“老科学家”“老摄影师”“老剪辑师”“老配音配乐师”，强强联手，他们要带着小妹妹郭子钰一起研究什么新课题呢？聚焦两种蜘蛛，揭秘生态关系传奇。

斑络新妇是香港最为常见的大型蜘蛛之一，它体形巨大，通常能长到 4 ～ 10 厘米，且异常凶猛，蝴蝶、蜻蜓、蜜蜂、马蜂甚至鸟类都是它的盘中餐，就连它的“男朋友”雄蛛想要靠近它，都要冒着生命危险，因为一不小心就可能被斑络新妇“小姐”当作猎物吃掉！

但奇怪的是，在斑络新妇“小姐”的“家里”却经常有一些“网红”留宿。它们个头不大，通体红褐色，步足黑褐色，如果不仔细观察，很有可能把它当作是斑络新妇“小姐”的“男朋友”。仔细观察，这些“网红”的长相和雄蛛又有不同，“网红”的腹部较短，没有雄蛛修长的体形，反而像一个鼓起的小山包。“网红”的背部有一些银斑点，像土著人涂在脸上的颜料一样。有些斑络新妇“小姐”的网上只有1～2个“网红”，有些则多达20个，它们能这样悠闲地“居住”在“小姐”的网上，而不被驱赶或捕食，想来是和斑络新妇“小姐”有着非同寻常的关系吧？

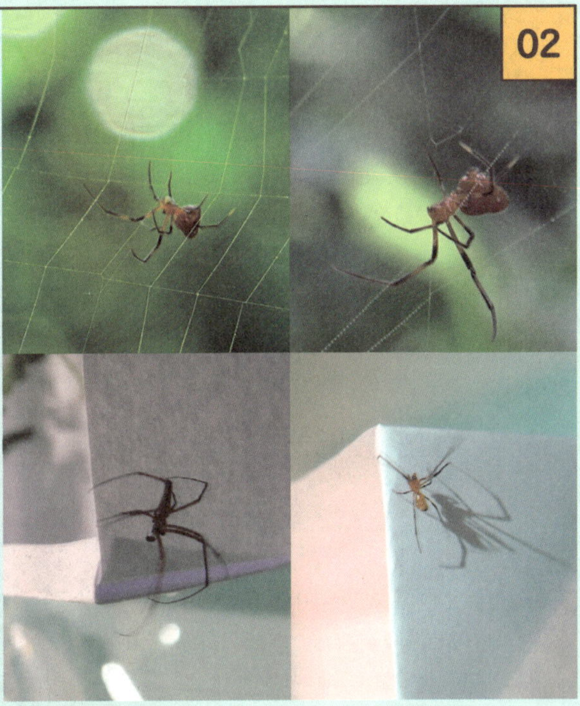

雄蛛　　小红斑蛛

曹梓晔和李瑞妍研究“经验”丰富，她们马上查阅了文献，了解在斑络新妇蛛网上见到的“网红”是斑络新妇的寄生蛛，它属节肢动物门，蜘蛛目、球蛛科、银斑蛛属，香港称为小红斑蛛（*Argyrodes miniaceus*）。这种“网红蛛”会以寄主的猎物为食，还吃落在网上的小昆虫。文献中说，因为小红斑蛛身材娇小，步伐轻盈，斑络新妇“小姐”察觉不到它，因而寄生蛛能够在斑络新妇的网上完成整个生命周期。但是，李瑞妍认为，斑络新妇“小姐”的“男朋友”比小红斑蛛大不了多少，而且小红斑蛛数量众多，完全“察觉不到”应该不太可能。连“男朋友”靠近都会驱赶的斑络新妇“小姐”，居然能和“网红”和平相处？还分享食物？这种小蜘蛛和斑络新妇到底是什么关系呢？这些问题让曹梓晔和李瑞妍很兴奋，她们决定带领研究小组进行深入探究。

在陈彦铭的高清摄像机帮助下，李瑞妍发现了一个特别的现象。小红斑蛛并不是完全生活在斑络新妇的网上，它还能自己织网！小红斑蛛不仅步伐轻盈，还有一层自己织的网，从而能够在斑络新妇和自己的网上来回穿梭，甚至还能直接“空降”到想去的位置。这样，便能够尽量不影响斑络新妇“小姐”对猎物的判断。这有可能是斑络新妇“小姐”不反感它寄居在自己家里的原因之一。

04

曹梓晔和李瑞妍决定再次查阅资料。这次她们从资料中得知，斑络新妇“小姐”成熟后，会将费洛蒙（pheromone）涂在网上吸引雄蛛。斑络新妇雌蛛和雄蛛是能够通过费洛蒙的气味来识别对方的。由此，她们提出猜想，也许是小红斑蛛散发着斑络新妇雌蛛喜欢的气味，所以不会被驱赶或捕食。她们决定设计实验验证这个猜想。

05

曹梓晔把斑络新妇雌蛛常捕食的昆虫做成溶液，喷在已经捕捉的小红斑蛛身上，再将带有新气味的小红斑蛛重新挂在斑络新妇的网上，观察斑络新妇雌蛛的反应。结果，斑络新妇雌蛛并没有什么反应。于是李瑞妍建议直接将溶液喷在已经在蛛网上的小红斑蛛身上，小红斑蛛和斑络新妇雌蛛依然没有太大的反应，只是象征性地移动了一下。此后，曹梓晔和李瑞妍又反复尝试了无花果、假苹婆，甚至用上了驱蚊水、防晒霜，这些物质做成的溶液都没有使斑络新妇雌蛛产生明显的反应。由此，2 位“女科学家”做出了明确判断，气味并不是斑络新妇不吃小红斑蛛的原因。那究竟是什么原因导致“网红”能够和斑络新妇“小姐”和谐共处呢？她们决定继续探究。

06

曹梓晔建议先对蛛网上小红斑蛛的数量进行统计。在整个观察过程中，李瑞妍、李欣和郭子钰共统计了 25 张蛛网，其中有小红斑蛛的蛛网有 18 张。根据观察和数据统计发现，斑络新妇的体长和小红斑蛛的数量有一定关系。小红斑蛛数量最多的时候，正是斑络新妇雌蛛体长 5 ～ 6 厘米、处于交配期的时候。在交配期之前，小红斑蛛的数量随斑络新妇雌蛛体长的增长而增多。在交配期之后，斑络新妇雌蛛身体继续增长并产卵，但小红斑蛛的数量开始下降。

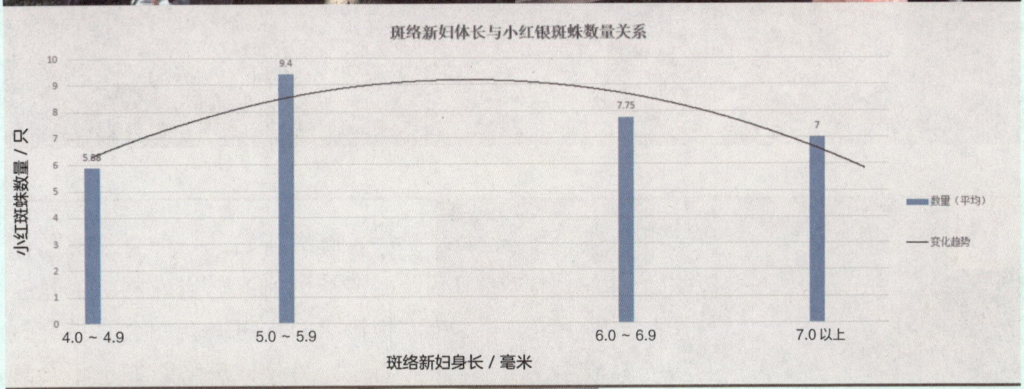

曹梓晔和李瑞妍联想到之前查阅的资料，斑络新妇“小姐”成熟后会将费洛蒙涂在网上来吸引雄蛛。她们讨论认为，也许费洛蒙同时吸引了小红斑蛛，所以在交配期前后，小红斑蛛的数量达到了最多。

09

通过一系列观察，曹梓晔、李瑞妍和她们的研究小组对小红斑蛛是寄生蛛的说法产生了质疑。寄生是指一种生物长期或暂时生活在另一种生物的体内或体表，并从后者那里吸取营养物质来维持其生活的一种种间关系。寄生者会对寄主造成一定程度的伤害，这种伤害甚至会让寄主死亡。但观察发现，小红斑蛛不但没有对斑络新妇造成伤害，还呈现出了相互协助的趋势。

生物之间的关系有捕食、竞争、共生和寄生。小红斑蛛和斑络新妇的关系应该属于共生关系中的偏利共生关系，又称共栖，指两种生物生活在一起，其中一方受益，另一方无利但也无害的一种关系。如藤壶可以固在一些鲸或软体动物的贝壳上，它们既得到了栖息地，又得到了宿主的保护，还可以摄取宿主的一些残食，但对宿主没有危害。

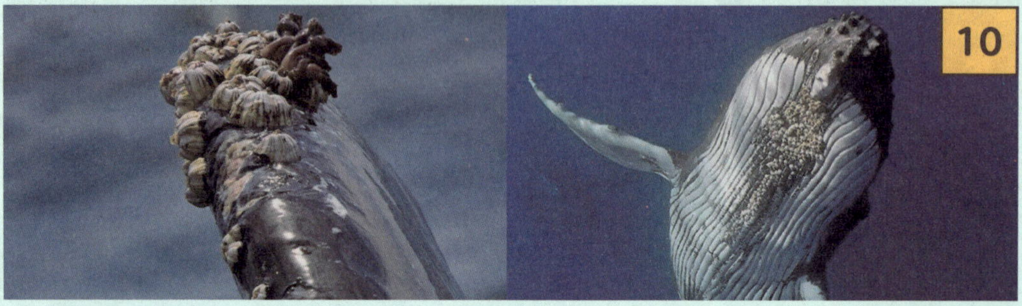
10

11

斑络新妇是一种喜欢保持网面清洁的蜘蛛。当蛛网被大量杂物污染时，斑络新妇会直接弃网而走；另外，斑络新妇也不会理会落在网面上的细小猎物。这些细小猎物不仅影响蛛网美观，还降低了蛛网黏度，而蛛网上的小红斑蛛恰好可以清理这些细小的猎物。虽然小红斑蛛会吃掉少部分斑络新妇的蛛网，但斑络新妇也有收网的习惯，这对斑络新妇影响不大。在食物充足的情况下，小红斑蛛倒是帮斑络新妇清理了蛛网，省了斑络新妇不少事。这应该是它们能够和平共处的另一个原因。

小红斑蛛就像鱼缸里的清道夫，它们不应该被称为寄生生物。人们为了方便，常常给小动物“贴标签”，造成了一些“冤假错案”。好在科学本身就是一个不断改正错误的过程，小科学家们希望这次探究能为小红斑蛛“正名”。

专家点评

5 位中学生选择探究“斑络新妇蜘蛛与小红斑蛛之间的生态关系”，这是一个极具挑战的选题，即使对于大科学家来讲，也是有相当的难度。

首先，挑战来自科学选题本身。研究者具备了对斑络新妇蜘蛛丰富的野外观察经验，不仅准确地辨识出了雌蛛和雄蛛，还敏锐地发现了侵入斑络新妇家族的“第三者”。观众通过 5 位小科学家的摄像机，清晰地看到了他们在野外观察到的现象，跟随镜头的同时，观众不自觉地开始思索两种蜘蛛之间的生态关系问题，代入感很强。

其次，挑战来自科学探究过程。5 位同学反复做出假设，反复设计实验，反复进行验证，最后终于得出了可信的结论。假设大胆，实验设计合理，分析严谨，能够用数据说话，结论可信。那些枯燥的分析在小科学家们拍摄的美丽画面中，信息量远远超过了语言文字的描述，给予了观众充分的满足感。

最后，挑战还来自 5 位中学生在大量的野外研究和拍摄工作中表现出的科学精神。酷暑、长时间的暴晒、一动不动地拍摄、敏捷地抓住蜘蛛……这些细节让观众看到了一群中国未来的“屠呦呦”正在茁壮成长。

该片画面精美，配音流畅，比喻生动，表达清晰，逻辑合理，结构完整，为观众讲述了自然界里一个奇特的故事。画面拍摄和剪辑精良，充分表现了“影像使科学更美丽”的宗旨。如果实验环节加入同期声会更加生动。

十五、一管一世界

2nd International Youth Science Fair for Discovery Videos

第二屆國際青少年科學發現影像大賽

獲獎證書

茲頒發給「亨達」最佳表達獎 獲得者。特頒此證，以資鼓勵。

項目名稱 ： 一管一世界

作　　者 ： 李瑞妍、陳呈睿、趙倬玥

所在學校 ： 天津市耀華嘉誠國際中學、深圳市寶安中學、北京市第五十六中學

指導教師 ： 劉海鵬、陳建安

國際青少年科學發現影像大賽評審委員會主席

張波 博士

2017年9月30日至10月6日 於美國波士頓

在内地观赏影片：

2nd International Youth Science Fair for Discovery Videos

Hantec Best Presentation Award

is hereby awarded to

Ms. Ruiyan Li　Mr.Chengrui Chen　Ms.Zhuoyue Zhao

from

Tianjin City Yaohuajiacheng International School, Shenzhen Baoan Middle School, Beijing No.56 Middle School

for their discovery video project on

What's In The Tube

under supervision of

Mr.Haipeng Liu　Mr.Jianan Chen

Dr. BO Zhang

Chair

International Youth Science Fair for Discovery Videos

September 30 to October 6, 2017

Boston, USA

在境外观赏影片：

综合实践活动（科学探究课题 + 科学影像创作）

蓝鲸的话

谁会想到在山体岩壁的排水管道中有着另一番景象？小科学家们用敏锐的观察力和善于发现的眼睛，记录了蜗居在管道中“居民”们的生活习性，让我们跟随镜头开启一段奇特的管道探险之旅吧！

01

夏天，高温虽然让人酷热难耐，但小动物们却越发活跃起来，它们的身影无处不在。山道石壁上的排水管道中，也有它们的身影。管道里不仅有蜘蛛和蚂蚁，竟然还有两栖类的青蛙、蟾蜍和爬行类的壁虎！

山壁上的这些管道本来是山体护坡工程的一部分。为了防止大雨后出现山体滑坡现象，人们必须在护坡工程上加上管道，用来排出渗到土壤中的雨水。这些小生命为什么要栖息在人类建造的排水管道口中呢？是偶然现象还是有意为之？这些问题引起了李瑞妍、陈呈睿和赵倬玥 3 位同学的好奇，他们决定扛起摄像机一探管中奥秘。

02

经过调查，陈建安发现在排水口中分布最广的一种生物就是蜘蛛，它们有大有小，品种也各不相同。其中，数雷氏大疣蛛个头最大，特征最鲜明。雷氏大疣蛛是定居型蜘蛛，一般喜欢定居在沙质黏土的洞穴中，洞穴结构简单，大多暴露在外而不被植被和枝叶覆盖。山体上大多数的排水口底部都有沙质黏土覆盖，管道的结构也很简单。应该说这些管道是雷氏大疣蛛的“理想居所”。

03

建安发现雷氏大疣蛛所在的管道都比较浅，一般蛛网离管道口的距离在 5 厘米之内，有的蛛网就直接布在了洞口处。由于管道口伸出部分较浅，很多蛛网都延伸到了坡面，这使得蜘蛛可以轻松捕捉猎物。排水口附近坡面上栖息着许多蚂蚱，这种直翅目昆虫正是雷氏大疣蛛的最爱。

04

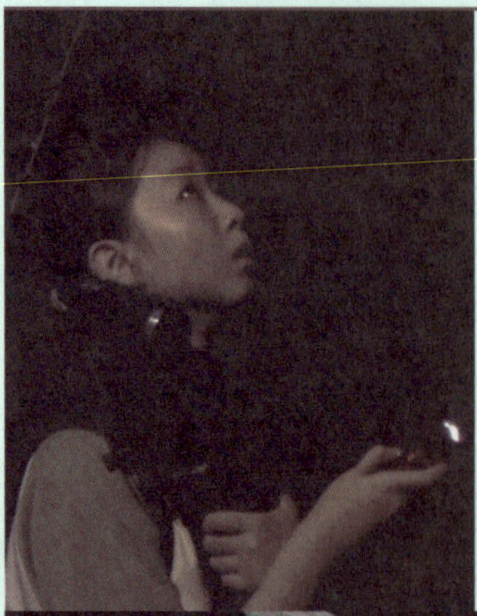

晚上走在山路上，李瑞妍偶尔能听到清脆的蛙叫声，本以为这些蛙类应该是在溪流边或者灌木丛中，没想到它们也出现在了排水管道里。李瑞妍观察到最多的是黑框蟾蜍和大绿蛙。蛙类和蟾蜍都喜欢阴暗潮湿的地方，而且都是“夜猫子”，黑框蟾蜍和大绿蛙也不例外。白天它们需要寻找躲避的地方，最好是阴暗潮湿的地方，到夜晚才会去开阔的小河滩上活动。资料显示，黑框蟾蜍白天喜欢待在洞穴里，大绿蛙则喜欢躲在石块或落叶下面。所以，管道是它们不错的躲藏地点。

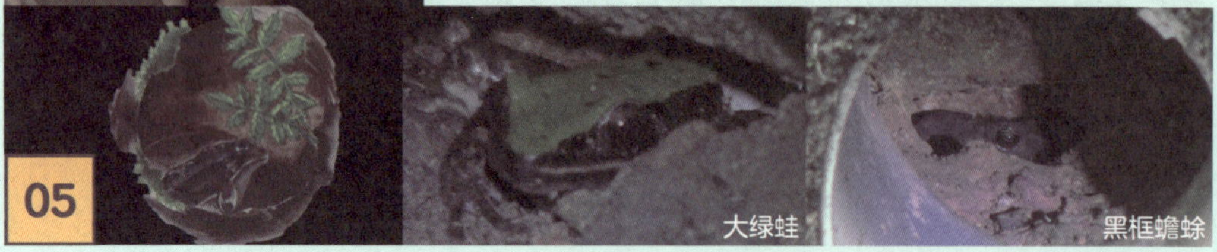

经过测量，黑框蟾蜍和大绿蛙所待的管道一般深度都超过 20 厘米，有的管道十分曲折，而且它们“居住”的洞口所在地都邻近水源，湿度保持在 76% ～ 82%。黑框蟾蜍和大绿蛙都是以昆虫为食的，虽然小科学家们没有拍到它们取食的画面，但坡面上丰富的昆虫应该是它们的食物来源之一。

在管道里，陈呈睿发现了各种各样的蚂蚁大家族，有喜欢食蜜的梅式多刺蚁、有乌黑油亮的双齿多刺蚁、有天性凶猛的红火蚁。对于蚂蚁来说，护坡工程一定程度上阻碍了它们种群的发展，毕竟让蚂蚁在水泥上打洞建巢是不现实的，所以，各种蚂蚁不得不选择管道口作为巢穴的入口。

陈呈睿测量了蚂蚁巢穴口到管道口的距离及管道口的温湿度。发现蚂蚁们通常把窝建造在离洞口 5 ～ 6 厘米处，温度在 28 ～ 30 ℃，湿度为 70% ～ 80%，属于温暖湿润的环境。蚂蚁把窝建造在离管道口较近的地方，能够使它们更方便地进出和运送食物。虽然护坡工程使得蚂蚁不得不将巢穴建在管道中，但管道的隐蔽性，使得蚂蚁既能抵御天敌的入侵，又能保证食物不被抢走。

在山上的岩壁缝里、护坡斜面上、排水管道中，李瑞妍和赵倬玥经常可以发现一个个乳白色的小蛋。仔细观察，才能够发现在岩壁上还爬着它们的“妈妈”——守宫。守宫蛋孵化的环境应具备恒温、遮阳、防雨、隐蔽 4 个条件，所以守宫一般把蛋产在岩缝之间，山道的岩壁上也确实发现了许多守宫产的蛋。那么，既然有天然的产卵地点，守宫为什么要跑去管道里呢？

为了比较岩壁和管道的环境，李瑞妍和赵倬玥二人分别在上午、中午和下午测量了岩壁和管道的温湿度情况。发现不论是岩壁还是管道，在这 3 个时间段，温度和湿度变化都不是很大。同时，她们还发现，守宫对管道的深浅程度没有特别的要求。

温度变化	岩壁	26.2~27.8
	管道	26~29
湿度变化	岩壁	66.5%~72%
	管道	69%~74%

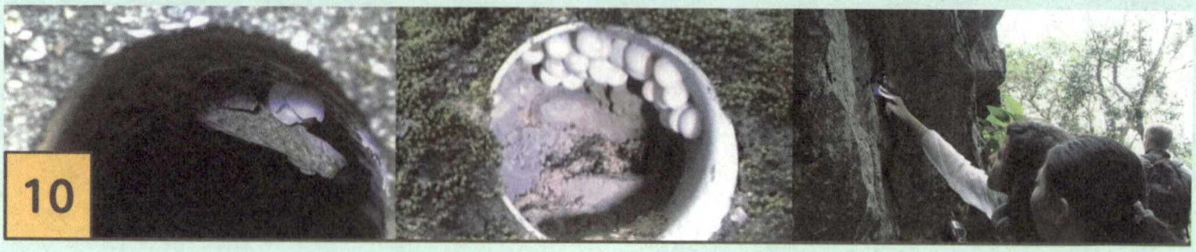
10

综合比较两者的环境，李瑞妍和赵倬玥认为管道口不仅具备恒温、保湿的功能，在遮阳、避雨、隐蔽性上更胜一筹！岩壁上的产卵点至少有 2 只守宫在看守，而管道内最多只发现了 1 只，而且有些管道内只有蛋，根本没有守宫。这些说明守宫自己也觉得管道更加安全！

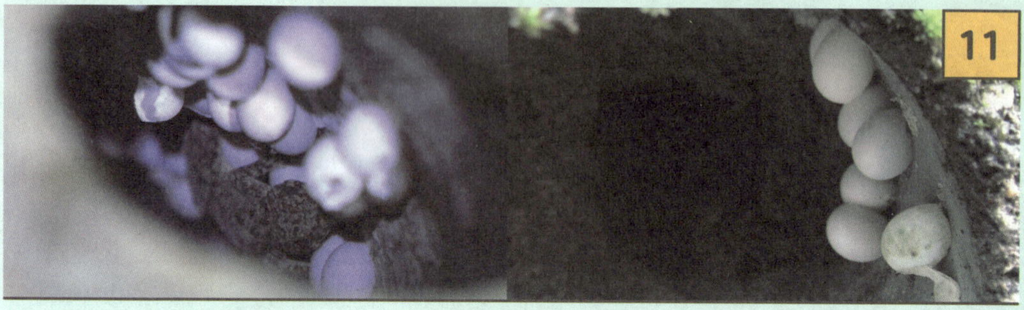
11

虽然 4 位小科学家观察到的这 4 类小动物差别很大，甚至是不同门、不同纲的，但管道都给它们提供了良好的生活环境，有些情况下甚至比自然环境还好。研究小组还发现它们有同处一室的现象，比如，有黑框蟾蜍和守宫的蛋在一起的情况，也有蚂蚁和守宫的蛋出现在同一个管道，有蚂蚁窝的地方也有蜘蛛网。从这些小动物各自的食谱来看，它们并不存在捕食关系，只有蚂蚁和蜘蛛可能存在竞争关系。这些小动物之间既不存在竞争、捕食、共生、寄生关系，又生活在同一环境之中，生物学上把这种关系叫作生境重叠。

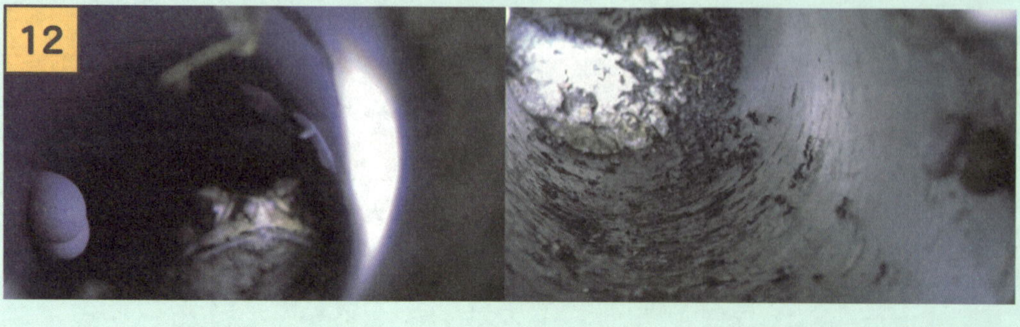
12

一个个小小的管道中竟然存在着如此多的奥秘，每一个小生命所展现出的智慧都令人叹为观止。一管就有一世界的奇妙，只有细心观察、热爱探索的你才能找到。

专家点评

短片中的 3 位小科学家把镜头对准了隐藏在管道中的小动物们，他们的好奇心和敏锐的观察能力令观众赞叹。山体护坡上的管道孔洞常常被路人忽略，但是小科学家们不仅考察了 2.8 千米长的山体上的每一个排水管道，并且记录了住在这些管道中的“居民”，研究了它们为什么选择“蜗居”其中。

作品思路清晰，小科学家们表述生动，使枯燥的山体管道观察变得充满探险的魅力。

画面丰富、翔实，关键字幕（非解说字幕）清晰。音乐可在各个段落间贯穿，这样藕断丝连，观众观看的流畅度会更高。

短片内容完整，向心式结构很适合主题。片名准确又形象。解说比较准确，还要注意简洁。解说词的配音冷静客观，最难能可贵的是所有队员都出镜讲述他们的科学发现、亲身经历、亲自观察的动物世界，这一部分穿插在片中成为点睛之笔，有很强的代入感。片中的配乐在后半部分严重干扰了内容的表达，节奏情绪不是很贴切，要注意好的配乐才有助于情绪的表达。

短片的角度独特，在一个管道里竟然能呈现出一个生物多样性的自然界及不同物种间和平共处的生境重叠现象。短片中，动物们在这狭小的空间里和谐相处，让观众禁不住反思我们人类是否与能其他动物和谐相处呢？小科学家们不仅白天观察，晚上也进行了观察，表现出了坚持不懈的科学精神。

十六、多刺蚁斗争之谜

3rd International Youth Science Fair for Discovery Videos

第三屆國際青少年科學發現影像大賽

獲獎證書

茲頒發給優秀科學微電影「二等獎」獲得者。特頒此證，以資鼓勵。

項目名稱 ：多刺蟻鬥爭之謎

作　　者 ：張志豪、王子文、劉嘉怡

所在學校 ：鄭州第九中學、北京海澱教師進修學校附中、鄭州市第十一中

指導教師 ：王子睿

國際青少年科學發現影像大賽評審委員會主席

張波 博士

2018年9月30日至10月6日 於美國波士頓

在内地观赏影片：

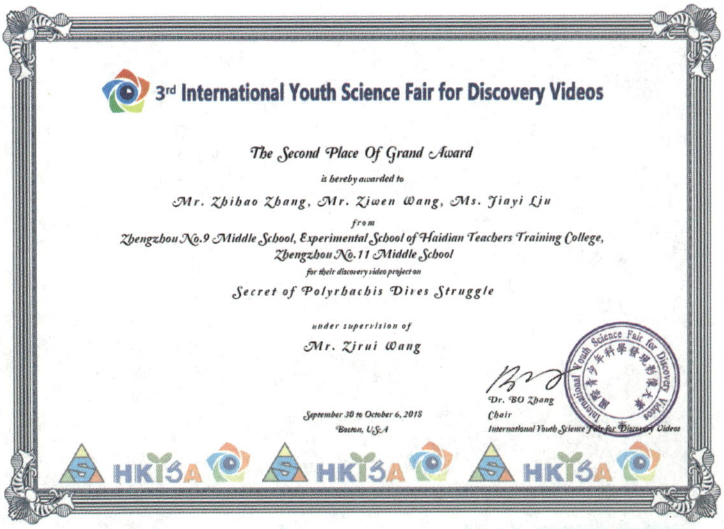
3rd International Youth Science Fair for Discovery Videos

The Second Place Of Grand Award

is hereby awarded to

Mr. Zhihao Zhang, Mr. Ziwen Wang, Ms. Jiayi Liu

from

Zhengzhou No.9 Middle School, Experimental School of Haidian Teachers Training College, Zhengzhou No.11 Middle School

for their discovery video project on

Secret of Polyrhachis Dives Struggle

under supervision of

Mr. Zirui Wang

Dr. BO Zhang

Chair

International Youth Science Fair for Discovery Videos

September 30 to October 6, 2018

Boston, USA

在境外观赏影片：

综合实践活动（科学探究课题 + 科学影像创作）

蓝鲸的话

两个“小朋友”为什么打架？3 位充满好奇心的科学少年非要管管这个“闲事”不可。不过，这次打架的不是一般的小朋友，而是一种叫作“双齿多刺蚁”的蚂蚁。蚂蚁的争斗谜底难道小科学家们也能揭开？让我们看看他们从“打斗”现场发回的报道吧！

暑假，张志豪、王子文、刘嘉怡 3 位同学来到香港，他们登上太平山考察野外生态环境。在一棵大树上，他们发现了一些散发着金属光泽的蚂蚁在互相“亲吻”。它们是什么蚂蚁？

通过询问专家、上网查阅资料，同学们得知，这种蚂蚁叫双齿多刺蚁（*Polyrhachis dives*），属蚁亚科，弓背蚁族，多刺蚁属，广泛分布于我国南方各地区。它们为什么会互相“亲吻”呢？

02

为了得到更清楚的解释，同学们前往香港中央图书馆查阅资料。他们通过资料得知，他们之前看到的行为，原来不是“亲吻”，而是不同族群的双齿多刺蚁为了争夺资源在相互“打斗”。同学们没想到竟然闹出一个乌龙！但这也激发了他们的好奇心，他们不禁想知道，蚂蚁是如何分辨不同族群但却有着相同外表的“敌蚁”呢？

03

04

他们进一步了解到，蚂蚁都是通过气味来分辨事物的。根据这一特点，他们决定设计实验进行验证。

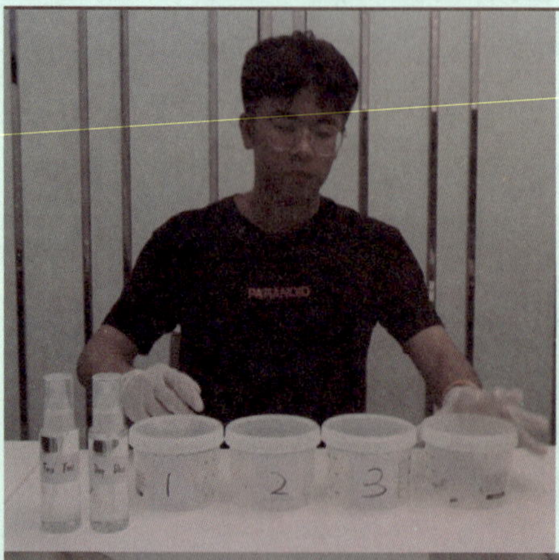

他们捕捉了一些双齿多刺蚁，并准备了 3 个盒子、茶树精油、舒缓精油。张志豪同学负责做实验，他首先将 6 只双齿多刺蚁浸泡在清水中，以去除它们本身的气味。其次将这 6 只蚂蚁平均分成 3 组，每组 2 只，分别放在 3 个盒子中。这 3 组盒子，第 1 组不做任何处理，第 2 组喷稀释后的茶树精油，第 3 组喷稀释后的舒缓精油。观察实验结果，同学们发现：3 组组的蚂蚁均不打架，各组内蚂蚁都可以和平相处。

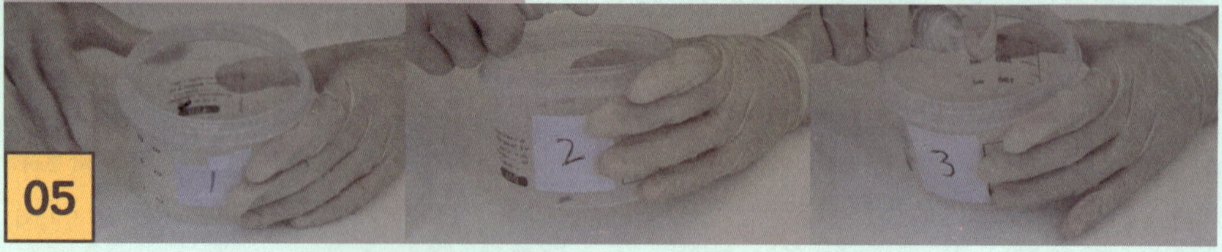

05

之后，张志豪将第 2 组与第 3 组中各 1 只蚂蚁对调，现在，来自第 2 组和第 3 组的双齿多刺蚁竟然开始“打架”了。从实验结果可以看出，气味相同的双齿多刺蚁会友好相处，气味不同，则发生“打斗”行为。双齿多刺蚁的确是靠气味来分辨敌友的。

06

得到这个结论后，一个新的疑问又萦绕在同学们的心头。在发现这种“打斗”行为的地方有三棵大树，刘嘉怡发现只有一棵树上有着蚂蚁聚集“打斗”的情况，这又是为什么呢？针对这个新问题，同学们决定再访太平山，希望对大树进一步观察，看看究竟是什么引起双齿多刺蚁聚在一起“打斗”。

07

香港正值雨季，天气多变，同学们的考察也一度被大雨租挡。天放晴后，他们再一次来到大树下，希望能够再观察到双齿多刺蚁。

08

他们观察后发现，大树表皮早已腐烂，甚至树木内部也已经被侵蚀，形成一个树洞。他们对树洞近距离观察，在树木被侵蚀的洞中发现了白蚁的蚁巢，蚁巢被剖开后，白蚁惊慌失措地逃窜。

09

白蚁的出现让同学们感到非常意外，难道双齿多刺蚁的聚集与白蚁有关系？王子文捕捉了一些白蚁带回酒店，并将白蚁放入装有双齿多刺蚁的盒子中，看看双齿多刺蚁会有什么反应。

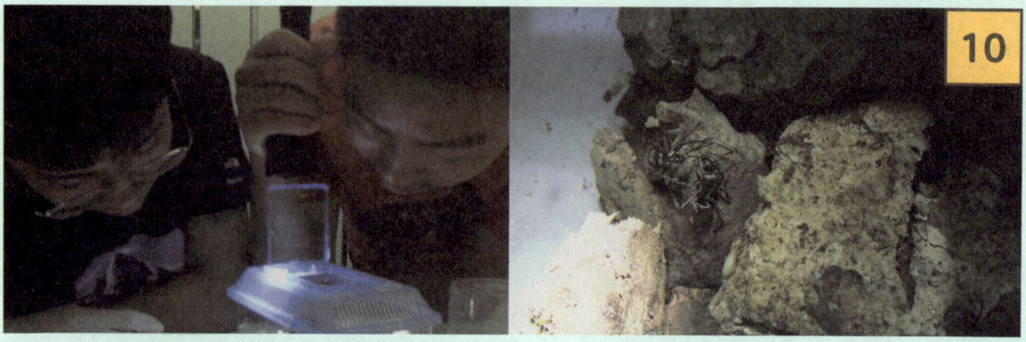
10

11

同学们观察发现，遇到双齿多刺蚁时，白蚁会紧紧咬住双齿多刺蚁的触角以求自保，仿佛在做最后的挣扎。第二天打开盒子，同学们发现白蚁数量明显减少。这说明，双齿多刺蚁对白蚁具有攻击性，会捕食白蚁。

12

目前香港白蚁蚁患严重，缺少有效且环保的治理方案，白蚁的防治是困扰环境保护的难题。他们由此想到，双齿多刺蚁对白蚁的捕食，也许可以作为一种生物防治白蚁的方案。如果将双齿多刺蚁的巢穴转移到白蚁灾害严重的地区，相信它们将会起到生物防治白蚁的作用。

对于双齿多刺蚁的研究，同学们现在只触碰到冰山一角。双齿多刺蚁对防治白蚁究竟能起到多大的作用？双齿多刺蚁为什么单独行动而不集体行动？还需要同学们进一步探究。

专家点评

这部科学微电影是 3 位科学少年张志豪、王子文、刘嘉怡写在屏幕上的科学论文，双齿多刺蚁为什么“争斗”？他们通过实验和野外考察揭示了 2 个不同角度的原因。

第一个原因，不同族群相互斗争。双齿多刺蚁通过气味辨别族群，不同族群之间相互“斗争”。他们提出假设，改变气味可以导致双齿多刺蚁判断失误，会引发相互“斗争”。通过精心设计的对比实验，他们巧妙地证实了假设。验证过程简洁明了，引人入胜。

第二个原因，“斗争”是为了争什么？风雨无阻的野外考察给 3 位科学少年带来了惊喜——双齿多刺蚁为了争夺食物而战，他们意外地发现双齿多刺蚁的食物竟然是危害树木的白蚁。

3 位科学少年在科学探究最后一部分的讨论起到了画龙点睛的作用，爱“斗争”的双齿多刺蚁是白蚁的天敌，人类可以利用它的这一特点防治白蚁。

解说词配音吐字清晰，自然大方，表达流畅。全片结构完整，内容充实且真实可信。

在对比实验环节可以边做边说，实验的步骤、过程、发现可以现场表述，这样会更加生动。

在 3 棵大树的位置，3 位小科学家也可以通过主持的表达方式，引领人们去观察细微的蚂蚁世界。

全片在前后两个部分中间插入了同学们在风雨中坚持探索的场面，能够感受到小科学家们坚持不懈的科学态度，但也使前后两部分有脱节感。

建议科学纪录片的解说词创作尽量用短句子，慎用虚词。

十七、客居他乡的鸟

——异地保护的长冠八哥习性变化探究

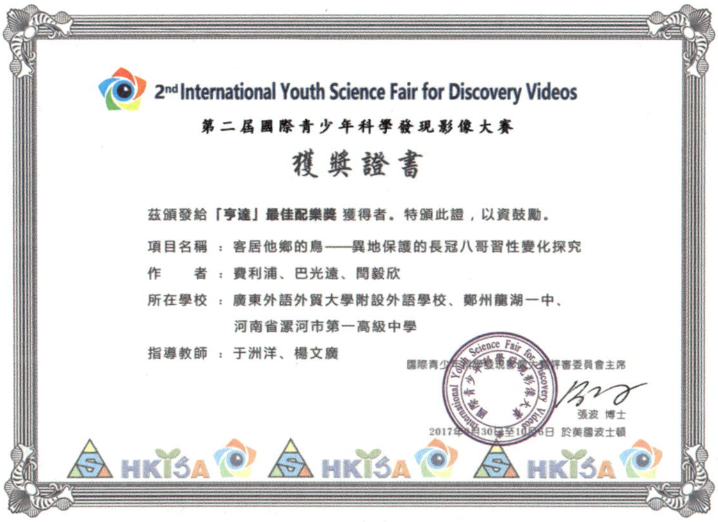
2nd International Youth Science Fair for Discovery Videos

第二屆國際青少年科學發現影像大賽

獲獎證書

茲頒發給「亨達」最佳配樂獎 獲得者。特頒此證，以資鼓勵。

項目名稱 ：客居他鄉的鳥——異地保護的長冠八哥習性變化探究

作　　者 ：費利浦、巴光遠、閆毅欣

所在學校 ：廣東外語外貿大學附設外語學校、鄭州龍湖一中、河南省漯河市第一高級中學

指導教師 ：于洲洋、楊文廣

國際青少年科學發現影像大賽評審委員會主席

張波 博士

2017年9月30日至10月6日 於美國波士頓

在内地观赏影片：

2nd International Youth Science Fair for Discovery Videos

Hantec Best Sound Editing Award

is hereby awarded to

Mr.Lipu Fei　Mr.Guangyuan Ba　Ms.Yixin Yan

from

English School Attached to Guangdong University of Foreign Studies,
No.1 Middle School of Zhengzhou Longhu, LuoHe Senior High School

for their discovery video project on

Bali Starling in Hong Kong—
Exploration on the Habit Change of Bali Starling
Taken Ex-situ Conservation in Hong Kong

under supervision of

Mr.Zhouyang Yu　Mr.Wenguang Yang

Dr. BO Zhang
Chair
International Youth Science Fair for Discovery Videos

September 30 to October 6, 2017
Boston, USA

在境外观赏影片：

综合实践活动（科学探究课题＋科学影像创作）

蓝鲸的话

想必大家都知道大熊猫是中国的国宝，然而有一种鸟，比大熊猫的数量更为稀少，现时野生数量不超过 30 只，被联合国列为极危鸟类，它就是长冠八哥。费利浦、巴光远、闫毅欣 3 位小科学家把镜头聚焦到了这种极为珍贵的长冠八哥身上。长冠八哥千里迢迢来到香港，能适应这里的环境吗？它的习性有没有发生改变呢？让我们跟随小科学家们一起去看一看吧！

费利浦、巴光远、闫毅欣在香港公园见到了一种鸟，它的羽毛雪白、眼袋呈蓝色，鸣叫时偶尔会竖起自己的羽冠，声音清脆、响亮。它的活动深深吸引了同学们，这是什么鸟？从指示牌及鸟园简介上，他们得知这种鸟叫长冠八哥，是椋鸟科下的一种鸟类。它来自印度尼西亚的巴厘岛，因为现时野生数量不超过 30 只，被联合国列为极危鸟类，在香港被异地保护。长冠八哥千里迢迢来到香港，能适应这里的环境吗？它的习性是否会改变？费利浦提议一起研究这些问题。

01

02

他们成立了研究小组。首先，闫毅欣连续3天测量了鸟园的温度、湿度。她了解到香港公园鸟园的环境温度在30℃左右、湿度约为70%，这与巴厘岛是相似的。看来香港的气候适宜长冠八哥生存。

其次，费利浦、巴光远观察到长冠八哥展翅的过程，发现它有16根飞羽。起飞的时候，长冠八哥会先抖动翅膀，然后用双爪蹬一下支撑物，爪向尾部靠拢收起，扇动翅膀；降落的时候，长冠八哥翅膀向内扇动，身体直立、尾翼收起，完成降落。在图书馆查找资料，他们发现鸟类飞行主要是依靠飞行肌发力扇动翅膀，利用飞羽特有的流线型结构保持身体在空中滑翔。长冠八哥的飞行过程与一般鸟类相似。

03

他们3个继续在香港中央图书馆查找长冠八哥习性的资料。先查找中文书籍，发现资料非常少，只在一本关于印度尼西亚巴厘岛的旅游书籍上找到了对长冠八哥的简介；继续查找英文书籍，依旧没有收获，但是找到了一些鸟类保护的资料。他们上网搜索，找到了关于长冠八哥习性的一些资料：

（1）长冠八哥主要吃蚂蚁、白蚁、毛毛虫，有时也吃果实和种子；

（2）长冠八哥喜欢集群活动；

（3）长冠八哥会将树洞作为自己的巢穴；

（4）长冠八哥具有很强的地域性，为了保护自己的“地盘”，它们会变得很凶猛。

这些信息让他们不禁好奇，长冠八哥这么可爱，它凶猛起来会是什么样子？在香港公园的鸟园里有那么多鸟，它会和其他的鸟类发生冲突吗？他们决定重返鸟园，再次观察。

04

重回鸟园，他们观察发现，鸟园中的长冠八哥吃的主要是玉米棒、饲料跟水果。这里的长冠八哥通常独自或 2 只在一起，3 只及以上在一起的场景较少。

在鸟园观察多天后，探究小组在茂密的树丛中终于找到有 4 个树洞是长冠八哥经常出入和停留的地方，这些应该是长冠八哥的巢穴。他们对 4 个巢穴进行了标号。在 1 号巢穴的树上，还有另外 4 个树洞，应该是其他鸟类的巢穴。在 2 号、3 号巢穴，他们偶然看到当长冠八哥飞走后，有鹦鹉、相思鸟进入了它的巢穴。等长冠八哥回来时，即使遭遇巢穴被其他鸟占用，它竟然也不急不躁、无动于衷。长冠八哥怎能容忍与其他鸟共用巢穴？他们始终没有看到长冠八哥与其他鸟发生冲突。这和资料描述的出入很大，让他们很疑惑。

1 号巢穴

2 号巢穴

3 号巢穴

4 号巢穴

2 号、3 号巢穴附近

在 4 号巢穴，探究小组的同学们还惊喜地看到了长冠八哥的雏鸟。雏鸟的身体缩在树洞中，只露出白色羽毛覆盖的颈部和头部，眼袋的颜色比成年长冠八哥要浅很多。雏鸟时不时地把头伸出树洞，好奇地观察外面的情况。有 2 只长冠八哥叼着水果飞回树洞，轮流给雏鸟喂食，那一定是雏鸟的“爸爸妈妈”，真让人感动！在 4 号巢穴的附近，还有其他鸟类在徘徊，长冠八哥发现其他鸟距离自己的雏鸟很近，也没有任何防御行为。

就在探究小组要结束研究的时候，巴光远发现，长冠八哥经常停留在人行天桥下面的缝隙中。他们陆续记录下了长冠八哥出入、停留在人行天桥下的次数和时间，分析后认为人行天桥下面的缝隙应该也是长冠八哥的巢穴。为什么有的长冠八哥会放弃舒适的树洞，选择桥底作为巢穴呢？他们猜想或许是因为其他鸟抢了它的树洞，它才被迫到天桥下面筑巢。

这样看来，鸟园里长冠八哥的习性与资料描述中的有所不同。探究小组将资料中所说的与实际观察到的关于长冠八哥的习性做了对比，他们经过讨论，得出如下结论：

09

（1）长冠八哥在鸟园吃的是玉米、饲料和水果，并不是同学们查到的蚂蚁和毛毛虫；

（2）长冠八哥在鸟园里很少进行群体活动，但资料中显示它们通常进行群体活动；

（3）长冠八哥与其他鸟也能和谐相处，并没有发生冲突；

（4）除了树洞，长冠八哥还会选用人行天桥桥底的缝隙作为巢穴。

看来，香港的异地保护虽然使长冠八哥得以生存，却改变了它的部分习性。

为什么长冠八哥到香港以后习性发生了变化？虽然鸟园的工作人员定期给鸟儿喂食，给树木浇水保持湿度，清理鸟园内的杂物，但是这些鸟始终被困在一个巨大的笼子里，长冠八哥与其他鸟类长时间的近距离接触，导致它们渐渐地丧失了警惕性。

10

如何在保护长冠八哥生存的同时，不改变它原有的习性呢？探究小组的同学们进一步查阅了鸟类保护的相关资料，分析讨论后他们认为，更好的方法是在鸟类的原产地就地保护。同时，有几种保护鸟类的方法值得借鉴，例如，人工养殖后放生、保护鸟的巢穴、供应食品、恢复栖息地、制定相应的鸟类保护法律和政策等。

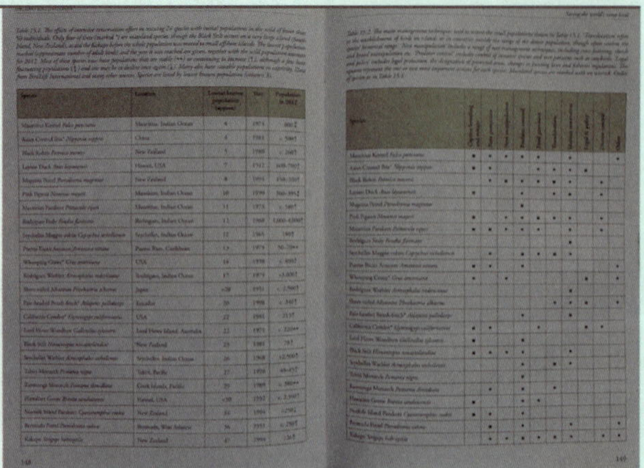
11

12

在保护一种动物的时候，不仅要保护它的生存，同时也要维持它原有的习性，这是更好的动物保护观念。

专家点评

短片对濒危物种长冠八哥的生活和生态习性的观察，本身就是一个有意义的选题。短片中的 3 位小科学家把镜头聚焦到了极濒危物种长冠八哥身上，透过镜头，探讨了长冠八哥在异地保护之下是否适应的问题。他们主要从长冠八哥的食性、栖息和选巢的特点、求偶交配、育雏等角度进行了观察记录。在他们的研究中，观众不仅认识到了这种比大熊猫数量还稀少的物种的生物学特点，还欣赏到了它无可替代的美丽，增强了观众要保护这种濒危物种的意识。

短片中升格拍摄的鸟儿飞翔慢动作很棒，但拍摄白鸟要减曝光，否则白色羽毛上没有细节层次。

短片的调性客观冷静，小科学家们对这一科学问题用严谨的科学态度探究，表达了对圈养鸟类生存环境的担忧。但是在整体的表达中，缺少了一些出镜者的具体行动和语言表达。另外，长冠八哥是非常有趣的鸟类，那么同期声中是否应该有这些内容却没有剪辑进来呢？

短片结构完整，标题可以再具体一些。解说内容充实，语速、语调适中。建议解说词中尽可能少用关联词，多用短句子。

对于圈养的动物，它们的生活如何，适应新的环境吗？离开家对它们有何影响？同学们在持续的观察中，研究了长冠八哥的生活习性，有了新的发现，揭示了人与自然的关系，提出了以原产地保护来维护原有习性的保护措施。这些都体现出了该研究小组的人文情怀。

第四篇

可怕的外来入侵

十八、不良的生物多样性：香港外来物种的入侵调查

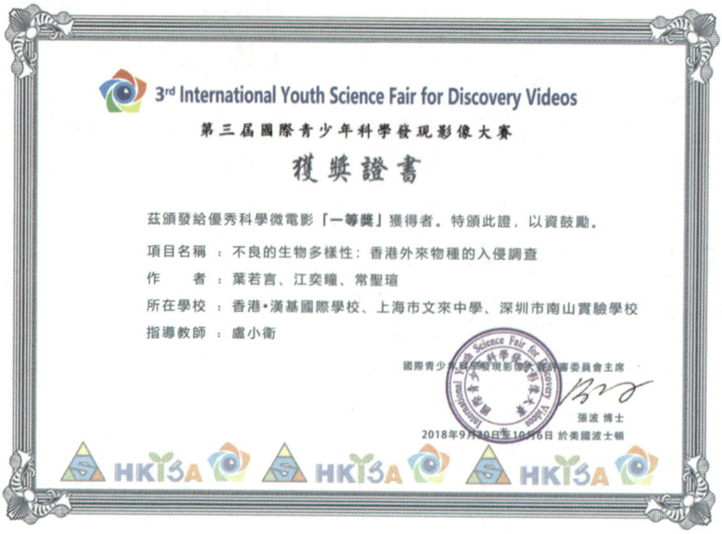
3rd International Youth Science Fair for Discovery Videos

第三屆國際青少年科學發現影像大賽

獲獎證書

茲頒發給優秀科學微電影「一等獎」獲得者。特頒此證，以資鼓勵。

項目名稱 ：不良的生物多樣性：香港外來物種的入侵調查

作　　者 ：葉若言、江奕疃、常聖瑄

所在學校 ：香港•漢基國際學校、上海市文來中學、深圳市南山實驗學校

指導教師 ：盧小衛

國際青少年科學發現影像大賽評審委員會主席

張波 博士

2018年9月30日至10月6日 於美國波士頓

HKYSA HKYSA HKYSA

在内地观赏影片：

3rd International Youth Science Fair for Discovery Videos

The First Place Of Grand Award

is hereby awarded to

Ms. Ruoyan Elysia Ye, Ms. Yitong Jiang & Ms. Shengxuan Chang

from

Chinese International School, Shanghai Wenlai Middle School, Shenzhen Nanshan Experimental School

for their discovery video project on

Unhealthy Biodiversity: An investigation on the Invasive Species in Hong Kong

under supervision of

Ms. Xiaowei Lu

September 30 to October 6, 2018

Boston, USA

Dr. BO Zhang

Chair

International Youth Science Fair for Discovery Videos

HKYSA HKYSA HKYSA

在境外观赏影片：

综合实践活动（科学探究课题＋科学影像创作）

蓝鲸的话

“夫耳闻之不如目见之，目见之不如足践之，足践之不如手辨之。”这句中国古话被写在美国中学生《科学》教材的第一课，简单地说就是，听到不如看到，看到不如走到并做到。叶若言、江奕瞳、常圣瑄 3 位同学带你听到、看到、走到、做到，认识 7 种香港外来入侵生物。

江奕瞳、常圣瑄、叶若言在香港考察时，发现了很多种源自其他地方，但入侵香港，正在对香港的生态环境构成威胁的生物。3 位同学通过查阅资料和实地考察的方法，研究了这些生物是怎么来到香港，又对当地生态环境构成了哪些危害？

入侵生物 1——巴西龟

巴西龟头侧中部的鼓膜上有橘红色或暗红色的椭圆形斑，所以又名“红耳龟”。1980 年开始，巴西龟在香港普遍被作为宠物饲养。之后，它们或被物主丢弃或被放生，在香港水塘和低地河流建立群体。巴西龟是耐饥饿的杂食性龟类，环境适应能力很强，生长快，繁衍力强，捕食凶狠，几乎没有什么天敌，会威胁本地龟及相关物种的生存，对原有生态链造成极大的破坏。

02

入侵生物 2——凤眼兰（水葫芦）

凤眼兰原产于巴西，最初引入香港是用于鱼缸、池塘的观赏植物，也用作牲畜饲料。凤眼兰喜欢温暖湿润、阳光充足的环境，适应性强，具有一定的耐寒能力。凤眼兰是无性繁殖植物，当植物被分成碎块时，每块都具有生长为完整凤眼兰的潜力。凤眼兰是有充气组织的浮水植物，具有移动性，借着水流到未被占据之处就能迅速生长。由于过度繁殖，阻塞水道，影响交通，凤眼兰被视为滋扰性杂草。

03

入侵生物 3——小葵花凤头鹦鹉

小葵花凤头鹦鹉属于凤头鹦鹉科，喜欢群居，在树洞筑巢，以果实、种子和花蜜为食物。由于外表美丽，商贩把它们从印度尼西亚、东帝汶“华莱斯地区”一带走私到各地交易、出售。第一批落户香港的小葵花凤头鹦鹉就是在交易过程中逃脱的。小葵花凤头鹦鹉的叫声响亮，经常打扰市民休息。尤其在傍晚时分，它们会聚集于树顶或建筑上，喧闹一番才归巢休息。同时，它们啄木的习性会导致树木断裂，危害树木健康。

04

入侵生物 4——罗非鱼

罗非鱼属于丽鱼科，原产于非洲的坦噶尼喀湖，后作为经济鱼种引进香港繁殖。罗非鱼繁殖能力强，在口腔里孵化幼鱼，所以不会受其他生物的干扰。罗非鱼虽是盐性鱼类，但在海水、淡水中均可生存，是以植物为主要食物的杂食性动物。罗非鱼有着很强的生存适应能力，耐低氧，在被污染的水体环境中也能生长，但这样会导致其体内常常受到不同程度的污染，因此香港人不再爱吃罗非鱼。这导致罗非鱼在野外很快扩散，泛滥成灾，破坏了香港原本的生态平衡。

05

入侵生物 5——非洲大蜗牛

非洲大蜗牛是陆栖的端足目甲壳动物，它生活在港岛的潮湿落叶层中。该物种最早自新加坡引入中国作食物用途，然后传至香港。非洲大蜗牛具有夜行性、杂食性的特点，多在潮湿环境中活动，喜欢在雨天及夜间出没。它们的食物包括林木、果树、蔬菜、花卉等植物，饥饿时也取食纸张和同伴尸体，甚至能啃食和消化水泥，可危害 500 多种农作物。非洲大蜗牛是许多人畜寄生虫和病原菌的中间宿主，能传染给人的疾病很多，如结核病和嗜酸性脑膜炎。因此，人类食用非洲大蜗牛的危害极大。

06

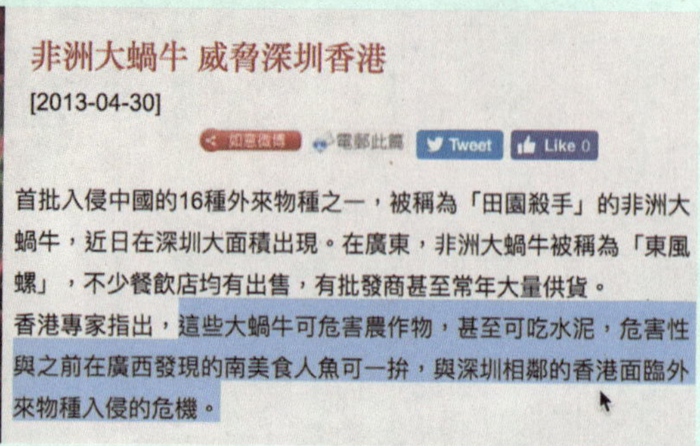

非洲大蝸牛 威脅深圳香港

[2013-04-30]

首批入侵中國的16種外來物種之一，被稱為「田園殺手」的非洲大蝸牛，近日在深圳大面積出現。在廣東，非洲大蝸牛被稱為「東風螺」，不少餐飲店均有出售，有批發商甚至常年大量供貨。

香港專家指出，這些大蝸牛可危害農作物，甚至可吃水泥，危害性與之前在廣西發現的南美食人魚可一拚，與深圳相鄰的香港面臨外來物種入侵的危機。

入侵生物 6——猕猴

香港以前有猕猴的分布，但据资料记载，该物种已于 19 世纪在香港绝种。香港现存的所有猕猴，是 1915 年前后引入的。猕猴躯体粗壮，平均体长约 50 厘米，是群居动物，它们适应性强，容易驯养繁殖，生理上与人类较接近。它们通过发出各种声音或手势来联系，互相之间梳毛也是一项重要的社交活动。这些猕猴乱捕滥猎，取食鸟蛋和雏鸟，选择性地食草，对当地生态环境构成一定的威胁。它们还对人类构成危害，包括抓伤或咬伤人；传播疾病给人类，包括艾滋病和埃博拉病毒传播等。

07

入侵生物 7——黄牛

黄牛是昔日人们用于耕田及作为食物的家养动物，因为后来不再耕田而被放生，成为活动在香港大屿山地区的“野化黄牛”。“野化黄牛”对植被的影响非常明显，它们会啃食草类使草地维持低矮，践踏和选择性地啃食嫩叶令灌丛和林下层出现空地。黄牛不断扩展生长范围，取代了香港原生大型食草动物。

08

香港有多种入侵的外来物种。虽然有些影响不大，但仍有不少物种对香港的生态系统构成威胁。从外地引入的物种因为没有天敌，本地物种又难以抗衡或制约，从而成为真正的入侵者。它们打破生态平衡，改变或破坏了香港的生态环境，严重破坏了生物多样性，造成了不良影响。面对这些入侵生物，我们岂能无动于衷？

09

专家点评

在保护生物多样性这个大课题中，“生物入侵”成为阻碍生物多样性保护的重要因素。进入本地生态系统的外来物种，不仅没有促进当地生物多样性的增加，反而由于其强大的食性、繁殖能力、对恶劣环境的适应能力而生存了下来，甚至成为优势物种，导致当地物种种类和数量的锐减。调查外来入侵物种造成的不良影响，是一项重要的前沿研究。

短片中的小科学家们在选择这个问题开始研究时，就意味着开始了一项极为辛苦的工作。3位小科学家在阅读科学文献的基础上，通过野外实地调查，深入拍摄和搜集素材，将香港科学家列出的7种对当地生态系统有负面影响的动物和植物展现在观众面前，并做了充分的解说。关于外来物种的研究是一个严肃的科学话题，但不为人们所重视。该片梳理了现象，但结论停留在“应该引起重视”，显得有些仓促，建议3位小科学家继续调查研究，找到一些可行性的解决途径。该片不失为一部提高公众生态环保意识的优秀科普作品。

短片配音语言流畅，吐字清晰，表述完整，语气语态客观稳重，出镜时认真、自然。在采访路人时，应将路人同期声剪辑出来，生动的对话会让影片更真实，增加全片说服力。

短片中的3位小科学家从生物入侵对生态系统所造成的危害入手，对香港的巴西龟、凤眼兰、小葵花凤头鹦鹉、罗非鱼、非洲大蜗牛、猕猴、黄牛7个外来入侵物种进行了调查，用事实来证明如果对外来物种不加以防治，会对生物的多样性造成不可逆的危害，警示人们在日常生活中要保持警惕，以免行为失当对环境造成破坏，体现了她们对地球的关怀。同时，她们呼吁人们禁食野生动物，特别是非洲大蜗牛作为许多人畜寄生虫和病原菌的中间宿主，会传播结核病和嗜酸性脑膜炎，人类食用它的危害很大。短片还提示人们要警惕外来动物传播疾病的危害。

十九、青蛙王子变身记

——特别的入侵生物非洲爪蟾

2nd International Youth Science Fair for Discovery Videos

第二屆國際青少年科學發現影像大賽

獲獎證書

茲頒發給「亨達」最佳STEAM項目獎 獲得者。特頒此證，以資鼓勵。

項目名稱　：青蛙王子變身記——特別的入侵生物非洲爪蟾

作　　者　：陳梓桐、王奕涵、左佑

所在學校　：河南省鄭州市中原區桐淮小區小學

指導教師　：張輝麗、魏項

國際青少年科學發現影像大賽評審委員會主席

張波 博士

2017年9月30日至10月6日 於美國波士頓

在内地观赏影片：

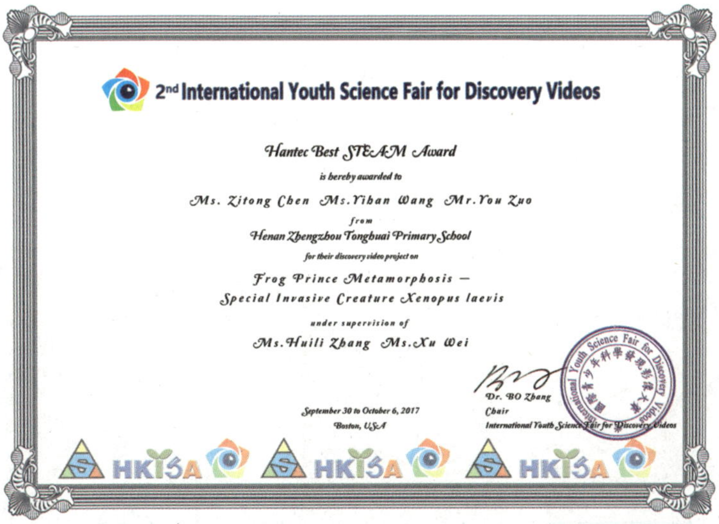

2nd International Youth Science Fair for Discovery Videos

Hantec Best STEAM Award

is hereby awarded to

Ms. Zitong Chen　Ms. Yihan Wang　Mr. You Zuo

from

Henan Zhengzhou Tonghuai Primary School

for their discovery video project on

Frog Prince Metamorphosis —

Special Invasive Creature Xenopus laevis

under supervision of

Ms. Huili Zhang　Ms. Xu Wei

September 30 to October 6, 2017

Boston, USA

Dr. BO Zhang

Chair

International Youth Science Fair for Discovery Videos

在境外观赏影片：

综合实践活动（科学探究课题 + 科学影像创作）

蓝鲸的话

第一眼看到“彩蛙”的时候，陈梓桐、王奕涵和左佑 3 位同学的脑海里都浮现出了一个大大的问号：这些五彩缤纷的小青蛙难道是中了魔法的“王子”吗？3 位充满好奇、富有爱心又具备科学探究思维的同学，开始了他们的科学之旅。他们要揭开“彩蛙”的色彩之谜，帮助“青蛙王子”们摆脱魔法的控制。

陈梓桐、王奕涵和左佑 3 位同学发现，一种名为“彩蛙”的动物悄然出现在河南郑州的花鸟市场上。“彩蛙”体形较小，多为红、黄、蓝、浅绿 4 种颜色。青蛙谁都不陌生，可他们从未见过这种奇特色彩的青蛙。“彩蛙”究竟为何物？它们是外来物种吗？在好奇心的推动下，他们决定研究“彩蛙”这个小课题。

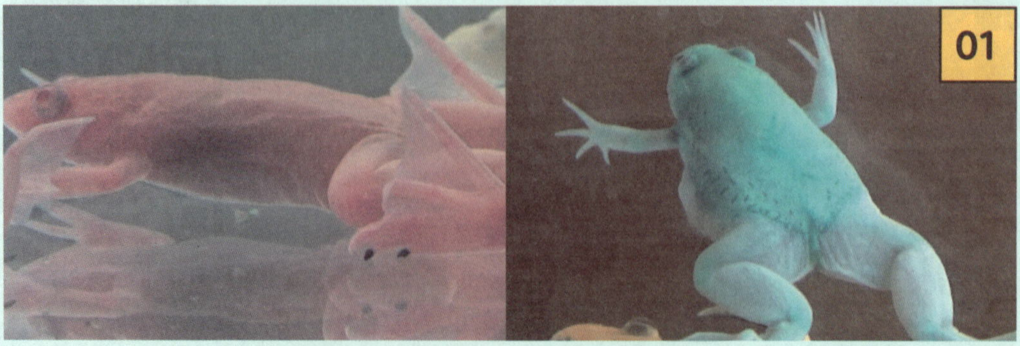

通过查阅资料他们得知，“彩蛙”原来是非洲爪蟾，不是本地生物。它身上的“彩衣”原来是白化的非洲爪蟾经过人工染色形成的，竟然不是天生的彩色。太出乎意外了！看来这个小课题并不“小”，非常值得研究下去。

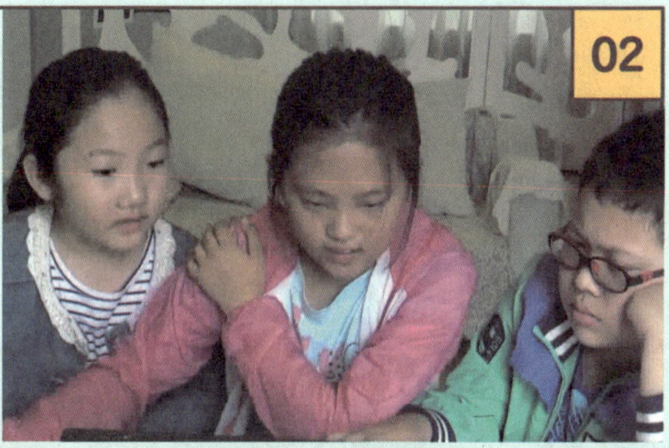

食物种类	爪蟾的反应
碎菜叶	爱吃、食量大
火腿肠	不爱吃、食量小
面包碎	不爱吃、食量小
小鱼苗	爱吃、食量大
小虾	爱吃、食量大
红虫	爱吃、食量大

食性研究实验总结

非洲爪蟾喜欢吃什么呢？他们打算首先研究非洲爪蟾的食性。陈梓桐、王奕涵分别用菜叶、面包、火腿肠、小鱼、小虾、红线虫喂食非洲爪蟾，发现它们不喜欢吃面包和火腿肠，非常喜欢吃小鱼、小虾、红线虫和菜叶，而且食量很大。

非洲爪蟾会不会打洞呢？他们打算进一步探究它的栖息环境。左佑先用白沙做实验，他把白沙倒入一个鱼缸，把非洲爪蟾放在白沙上，结果它们全都跳出了鱼缸。陈梓桐、王奕涵再将红线虫放在白沙上，诱惑非洲爪蟾，它们才愿意来到白沙上，欣然享受美味的红虫。可是吃完红线虫之后，它们又跳出了鱼缸，根本不往白沙里面钻。经过 2 天的观察，左佑发现非洲爪蟾并没有在白沙上打洞。

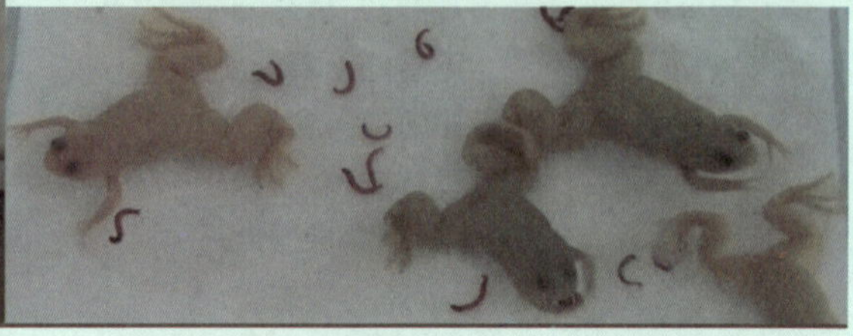

难道是因为白沙的质地太硬了吗？左佑建议用河泥再次进行实验，并把鱼缸抱回家，利用 360 度摄像头对非洲爪蟾进行 24 小时不间断观察。由于非洲爪蟾时常在鱼缸中活动，导致水浑浊不堪，根本无法观察到它们是否在河泥上打洞。无奈之下，左佑把水全部舀了出来。到了晚上，他惊奇地发现，有 1 只非洲爪蟾在河泥上打了一个洞钻了进去。紧接着，第二只、第三只、第四只……非洲爪蟾都从同一个位置钻进了河泥里。左佑激动极了！

养殖了一段时间后，非洲爪蟾身上五彩的颜色逐渐褪色了，变成了淡黄色。

左佑查阅资料后了解到，非洲爪蟾是模式生物，也是实验室的“宠儿”。英国生物学家约翰·格登利用非洲爪蟾卵进行细胞核重新编程，获得了2012年诺贝尔奖。

07

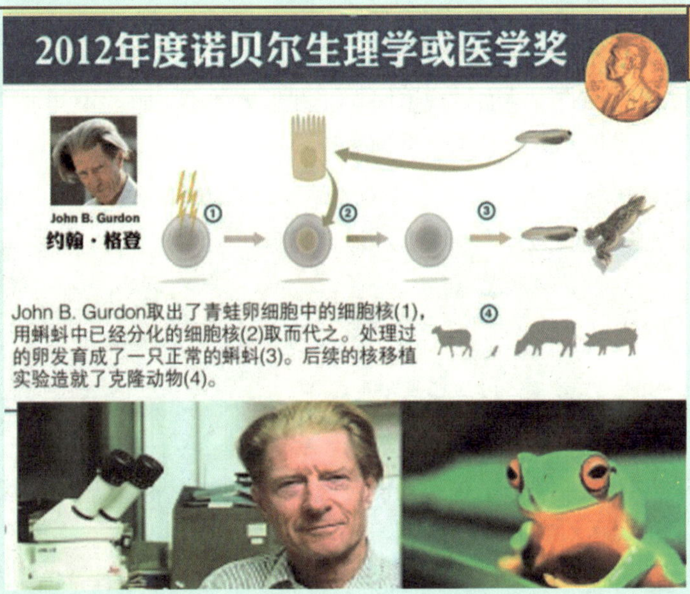

08

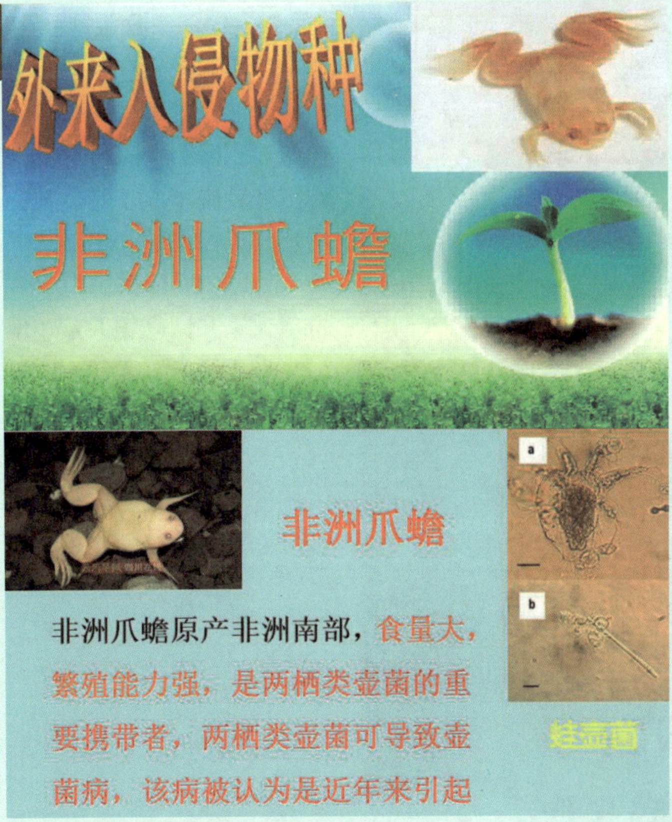

资料中也显示，非洲爪蟾在我国属于外来入侵物种。非洲爪蟾的繁殖能力强，常常携带一种对它自身有的免疫力，却对其他两栖动物有重大威胁的病菌——壶菌。如果非洲爪蟾被放生到野外，岂不是会对其他两栖动物造成危害？而一些商人为了利益，养殖非洲爪蟾并染色，这样就加快了这一物种在我国的入侵速度，对我们的生态环境构成严重威胁。

郑州市民对非洲爪蟾了解多少呢？研究小组的 3 位同学决定设计调查问卷，走上街头进行调查。他们发现市民对非洲爪蟾并不了解，不知道它是外来入侵物种，也不知道它已经悄然威胁到了我们的生态环境。

09

一共发放了 35 份调查问卷

10

陈梓桐、王奕涵和左佑 3 位同学感到问题很严重，他们对非洲爪蟾的入侵深感忧虑，如果现在不发出提醒，有可能就晚了！于是，他们向郑州市民发放了不随意养殖、放生非洲爪蟾的倡议书，希望大家共同守护天蓝、地绿、水清的美丽家园！

专家点评

短片中 3 位小科学家关注到了宠物市场中一种花花绿绿的蛙类，从探究蛙的颜色入手，他们发现原来这些“彩蛙”是一种新的入侵生物——非洲爪蟾。于是他们设计了实验，对非洲爪蟾的食性、栖息等特性进行了探究。最为可贵的是，小科学家们还利用监控摄像记录下非洲爪蟾打洞的习性，让观众不禁感叹这些小动物强大的生存能力。从对非洲爪蟾的食性实验到生活环境实验，他们在实验中克服了很多困难，并做了调查问卷，反思了人类的商业行为对环境造成的影响。外来生物非洲爪蟾对中国的水生环境可能会产生威胁，3 位小科学家呼吁大家不要随意饲养入侵生物非洲爪蟾，更不要放生。

短片拍摄的非洲爪蟾非常生动，画面丰富，内容比较充实，全片结构也较为完整，但梳理不够，层次不够清晰。解说词如果能够删减一些，可以留给观众更多欣赏画面、自我思考的空间。

配音语气自然，吐字清晰，普通话标准。作品使用了采访同期声，生动贴切。在观察实验环节，3 个小伙伴如果能一边观察一边解说现象，就会更加真实生动，此外部分解说词的音轨只有单声道。

短片中的小科学家们设计课题研究花了很多时间，做了一系列大大小小的实验，工作量非常大！可想而知他们也克服了很多困难。为了弄清楚彩色非洲爪蟾这种外来入侵生物的影响，小科学家们积极进行问卷调查，反思了人类的商业行为对生物入侵和生态平衡造成的负面影响。小科学家们向市民发放倡议书，积极宣传分享保护生态环境的理念，充分展现了他们的环境保护意识和社会责任感。

二十、探究福寿螺对不同光色的趋性

2020 Hong Kong-New York • International Youth Science Video Fair
國際青少年科學影像大賽
獲獎證書
茲頒發給「HMA」最佳發明創新獎 獲得者。特頒此證，以資鼓勵。
項目名稱 ：探究福壽螺對不同光色的趨性
作　　者 ：王璟鈺、崔燦、孫駿熙
所在學校 ：中國浙江省杭州師範大學東城小學
指導教師 ：壽佳欣
國際青少年科學影像大賽評審委員會主席
姜冬梅 博士　　袁小軍 博士
2020年10月5日於香港　　2020年10月5日於紐約
主辦方：HKYSA 香港青少年科學院 Hong Kong Youth Science Academy　COLUMBIA UNIVERSITY IN THE CITY OF NEW YORK LAMONT-DOHERTY EARTH OBSERVATORY

在内地观赏影片：

2020 Hong Kong-New York • International Youth Science Video Fair
HMA Best Innovation Award
is hereby awarded to
Jingyu Wang, Can Cui & Jonathan Sun
from
Dongcheng Primary School of Hangzhou Normal University (Zhejiang, China)
for their discovery video project on
The Tendency of the Apple Snails to Different Light Colors
under supervision of
Jennifer Shou
Dr. Dongmei Jiang　CO-Chair　International Youth Science Videos Fair
Dr. Xiaojun Yuan　CO-Chair　International Youth Science Videos Fair
Organizers: HKYSA 香港青少年科學院 Hong Kong Youth Science Academy　COLUMBIA UNIVERSITY IN THE CITY OF NEW YORK LAMONT-DOHERTY EARTH OBSERVATORY

在境外观赏影片：

综合实践活动（科学探究课题 + 科学影像创作）

蓝鲸的话

西湖的夜晚，月明星稀，3 位小学生正在湖边下网捕螺。他们为了能够捕捉到更多的福寿螺，还发明了一个闪闪发光的诱捕装置。他们为什么要捕福寿螺？是要把它们带回家大餐一顿吗？事实上，并不是这样的。原来，他们知道了福寿螺是一种危险的入侵生物，而且清除起来非常难，他们就想做个研究，看能否找到简洁的清除方法。他们发明的捕螺装置能奏效吗？这个方法有科学依据吗？我们拭目以待。预祝小科学家们的研究能够取得成功！

王璟钰、崔灿、孙骏熙是来自杭州师范大学东城小学的 3 位科学少年，他们常常一起在西湖景区的曲院风荷内游玩。这天，他们在荷花池塘里发现了大量红色的福寿螺的卵块。池塘中的荷花茎、叶上，池塘边的石墙上，到处可以看到这些卵块。看到原本美丽的荷花池被福寿螺占领了，3 位科学少年非常担心，当即商量决定把这个问题作为一个小课题研究一下。

02

王璟钰数了数荷花池里福寿螺的卵块，在仅约 10 米长的岩壁上及荷花茎上竟然找到了 82 个卵块。福寿螺是入侵生物，这些卵如果孵化成功，肯定会对当地环境及西湖里的其他物种造成影响，破坏生物多样性。想到这里，3 人当即决定清除掉这些卵块。他们说干就干。

夜幕降临，他们惊奇地观察到雌螺产卵的过程，刚产出的卵呈粉红色，之后会渐渐转为红色。1 只福寿螺就能产几十颗卵！

既然福寿螺的危害那么大，该如何治理泛滥成灾的福寿螺呢？只靠他们现在这种“发现一个，清理一个”的笨办法肯定不行，而且也不安全。于是他们决定收集一些福寿螺的卵块，带回家孵化观察，看看有没有更有效的清理办法。

03

在等待孵化福寿螺的过程中，他们查阅了相关资料，了解到福寿螺的繁殖能力极强，一只雌螺可以产卵 50 ～ 500 颗，孵化率超过 80%，孵化期共 10 ～ 15 天。崔灿还用显微镜观察并记录下了福寿螺卵孵化的过程。

04

福寿螺卵原来有这么高的孵化率，这让他们感到研究任务更迫切了！他们继续讨论治理福寿螺的方法。王璟钰想到日常生活中人们常用紫色的光吸引蚊子，然后将其捕杀，那么福寿螺喜欢靠近什么颜色的光呢？是否可以像捕蚊灯一样，发明一种设备，靠有色光吸引福寿螺，然后将其捕杀？

他们一起设计了 1 个实验，来验证、探究福寿螺会趋向于哪种颜色的光。他们准备了 40 只生长状况良好的福寿螺，以及一个划分了趋光选择室、保持温度在 26℃、湿度 56% 的实验箱子。首先，将福寿螺放入实验中的黑暗适应区 30 分钟；其次，在 5 个趋光选择室分别打开红、黄、蓝、绿、白 5 种颜色的 LED 灯光刺激福寿螺，1 个趋光选择室不打光保持黑色作为对照组，然后开放各个趋光选择室和黑色适应区的大门，看看福寿螺会去哪个区域；最后，让 LED 灯光持续照射 180 分钟，统计各趋光选择室福寿螺的数量。就这样重复了 3 次实验，每次实验都准备了相同数量的福寿螺，并且都在 18:00—21:00 进行实验。

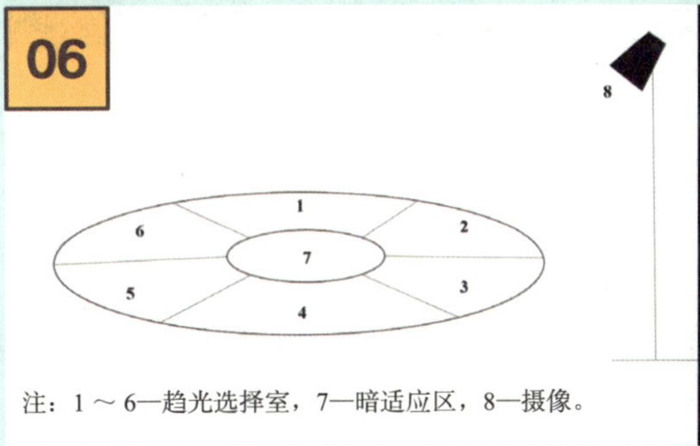

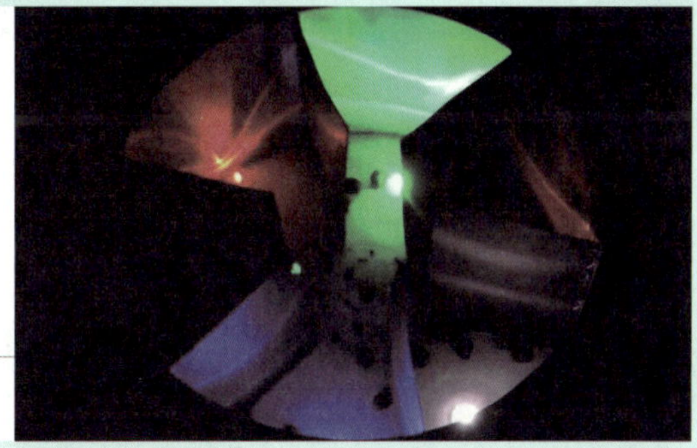

福寿螺实验环境示意图

他们发现，福寿螺对不同光色有不同的趋性，对蓝光和黄光的趋光率要高于其他颜色的光，对红光、绿光有明显的趋避反应。如果把捕螺笼设置成蓝光、黄光的设备，将会有较大的概率捕捉到福寿螺。

他们还发现，光刺激的时长对福寿螺对光色的趋性也有影响，随着时间的增加，福寿螺对蓝光和黄光的趋光率也在增加，对绿光的趋光率减少，对红光的趋光率没有明显规律。这说明，蓝光和黄光的捕螺笼放得越久，越能吸引到福寿螺。

08

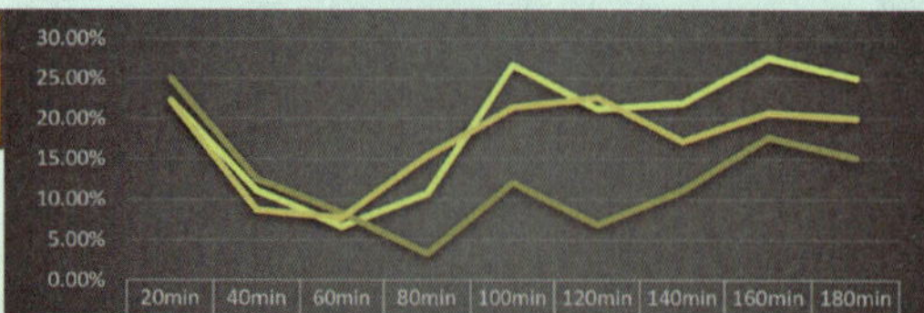

	20min	40min	60min	80min	100min	120min	140min	160min	180min
1	22.22%	11.11%	6.67%	10.71%	26.67%	21.21%	21.88%	27.59%	25.00%
2	25.00%	12.50%	8.33%	3.33%	12.12%	6.90%	11.11%	17.65%	15.15%
3	22.22%	8.70%	7.69%	15.38%	21.43%	22.58%	17.14%	20.69%	20.00%

黄光刺激时长对福寿螺趋光率的影响

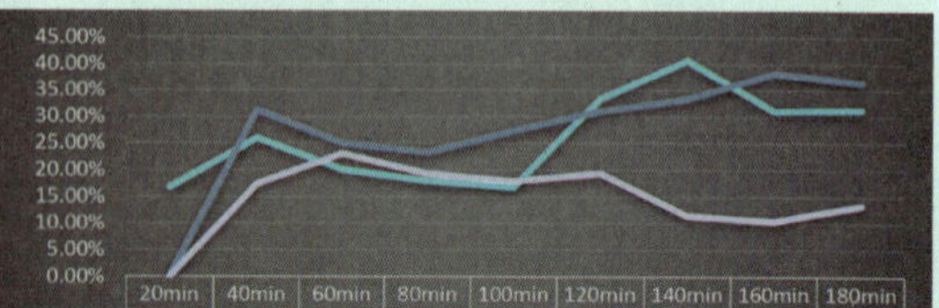

	20min	40min	60min	80min	100min	120min	140min	160min	180min
1	16.67%	25.93%	20.00%	17.86%	16.67%	33.33%	40.63%	31.03%	31.25%
2	0.00%	31.25%	25.00%	23.33%	27.27%	31.03%	33.33%	38.24%	36.36%
3	0.00%	17.39%	23.08%	19.23%	17.86%	19.35%	11.43%	10.34%	13.33%

蓝光刺激时长对福寿螺趋光率的影响

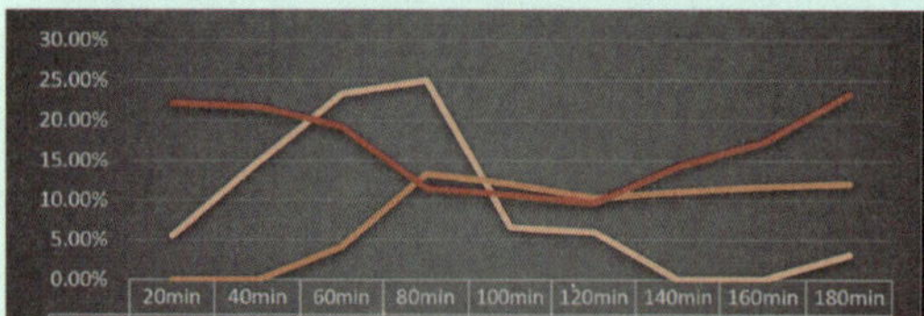

	20min	40min	60min	80min	100min	120min	140min	160min	180min
1	5.56%	14.81%	23.33%	25.00%	6.67%	6.06%	0.00%	0.00%	3.13%
2	0.00%	0.00%	4.17%	13.33%	12.12%	10.34%	11.11%	11.76%	12.12%
3	22.22%	21.74%	19.23%	11.54%	10.71%	9.68%	14.29%	17.24%	23.33%

绿光刺激时长对福寿螺趋光率影响的折线图

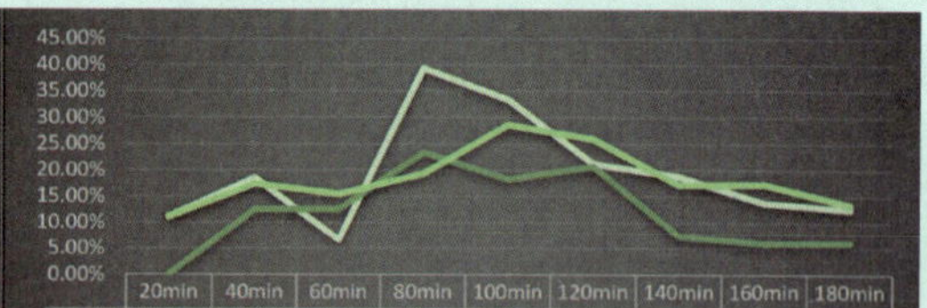

	20min	40min	60min	80min	100min	120min	140min	160min	180min
1	11.11%	18.52%	6.67%	39.29%	33.33%	21.21%	18.75%	13.79%	12.50%
2	0.00%	12.50%	12.50%	23.33%	18.18%	20.69%	7.41%	5.88%	6.06%
3	11.11%	17.39%	15.38%	19.23%	28.57%	25.81%	17.14%	17.24%	13.33%

红光刺激时长对福寿螺趋光率影响的折线图

为什么福寿螺更趋向于黄光和蓝光？3 位少年继续查阅资料，了解到福寿螺对不同光色的趋性与它长期适应的环境有关，红光作为一种警戒色信号会使福寿螺躲避。

09

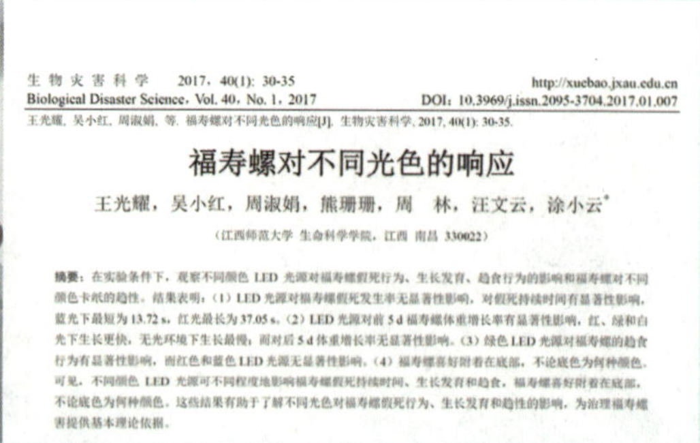

生物灾害科学 2017，40(1): 30-35 http://xuebao.jxau.edu.cn
Biological Disaster Science，Vol. 40，No. 1，2017 DOI：10.3969/j.issn.2095-3704.2017.01.007
王光耀，吴小红，周淑娟，等. 福寿螺对不同光色的响应[J]. 生物灾害科学，2017，40(1): 30-35.

福寿螺对不同光色的响应

王光耀，吴小红，周淑娟，熊珊珊，周　林，汪文云，涂小云*
（江西师范大学 生命科学学院，江西 南昌 330022）

摘要：在实验条件下，观察不同颜色 LED 光源对福寿螺假死行为、生长发育、趋食行为的影响和福寿螺对不同颜色卡纸的趋性。结果表明：（1）LED 光源对福寿螺假死发生率无显著性影响，对假死持续时间有显著性影响，蓝光下最短为 13.72 s，红光最长为 37.05 s。（2）LED 光源对前 5 d 福寿螺体重增长率有显著性影响，红、绿和白光下生长更快，无光环境下生长最慢；而对后 5 d 体重增长率无显著性影响。（3）绿色 LED 光源对福寿螺的趋食行为有显著性影响，而红色和蓝色 LED 光源无显著性影响。（4）福寿螺喜好附着在底部，不论底色为何种颜色。可见，不同颜色 LED 光源可不同程度地影响福寿螺假死持续时间、生长发育和趋食，福寿螺喜好附着在底部，不论底色为何种颜色。这些结果有助于了解不同光色对福寿螺假死行为、生长发育和趋性的影响，为治理福寿螺害提供基本理论依据。

他们根据实验和查阅到的资料，设计了第一代诱螺灯笼，利用黄光和蓝光来引诱福寿螺。他们在已经准备好的渔笼顶端中央安置黄色、蓝色两种灯，将带灯的渔笼投放到曲院风荷福寿螺密集的区域，诱捕福寿螺。晚上，3 位少年将诱螺灯笼收回，一笼就捕到了 40 多只福寿螺！3 位捕螺少年希望继续改进诱螺灯笼，让这个设备真的可以应用在治理福寿螺上。

10

11

崔灿认为，只有自己和小伙伴捕螺还不够，需要大众对福寿螺有正确的认识。为此，他们在自己班里组织了与福寿螺有关的知识普及和问卷调查，让其他同学也了解到福寿螺对当地生态环境的危害，一起加入清理福寿螺、保护生态环境的队伍。

专家点评

短片展现了杭州风景和福寿螺的危害情况。3位科学少年查阅文献资料，了解了福寿螺对不同光色的趋性背后的原因，设计对比实验：同时打开5种色光和黑暗处理进行实验。他们发明制作的第一代诱螺器在西湖曲院风荷风景区下水进行捕螺实验，获得初步成功。祝贺3位科学少年！期待让福寿螺只进不出的第二代诱螺器早日出现。

短片的亮点是福寿螺的趋光性实验，福寿螺选择不同色光的对比实验，设计很巧妙。延时摄影记录的趋光过程直观可信。另外，手绘动画也非常有趣。

短片中，首先映入观众眼帘的是福寿螺的卵，但是，一句解说词就破坏了科学探究的悬念。按照稿子念使得科学探究活动的生动性减弱了，建议多用同期声。实验分析较为完整，其趋光性、对颜色的选择性可以作为短片的重点，直接表达，过多滞后显得前面的铺垫太多了，给观众“包子皮太厚”的感觉。后面的动画没有结果，叙事性不完整，建议补充完整。

短片通过对福寿螺对不同光色的趋性探究，为控制入侵生物福寿螺的扩散，进行了一些有益的探索，体现了小科学家们的社会责任感。

二十一、异形入侵香港 2
——发现扁虫记

2019 New York • International Youth Science Video Fair
國際青少年科學影像大賽
獲獎證書
茲頒發給「亨達」最佳科學探究獎獲得者。特頒此證，以資鼓勵。
項目名稱：異形入侵香港 2 ——發現扁蟲記
作　　者：叶若語、黃柯霖、叶若言、楊沐華
所在學校：波士頓聖保羅學校、中央美術學院附屬中學、香港漢基國際學校、香港聖若瑟英文書院
指導教師：于洲洋、劉海鵬
國際青少年科學影像大賽評審委員會
姜冬梅 博士　袁小軍 博士
2019年9月30日至10月6日於美國紐約
主辦方：HKYSA 香港青少年科學院 Hong Kong Youth Science Academy　Columbia University in the City of New York Lamont-Doherty Earth Observatory

在内地观赏影片：

2019 New York • International Youth Science Video Fair
Hantec Best Science Exploration Award
is hereby awarded to
Ruoyu Jessica Ye, Kelin Huang, Ruoyan Elysia Ye & Muhua Yang
from
Boston St. Paul's School, Fine Arts School Affiliated to China Central Academy, Chinese International School & St. Joseph's College
for their discovery video project on
First Record of the New Guinea Flatworm Platydemus manokwari (Platyhelminthes, Geoplanidae) as an Alien Species in Hong Kong Island, China
under supervision of
Zhouyang Yu & Haipeng Liu
Dr. Dongmei Jiang
CO-Chair
International Youth Science Videos Fair
Dr. Xiaojun Yuan
CO-Chair
International Youth Science Videos Fair
Organizers: HKYSA 香港青少年科學院 Hong Kong Youth Science Academy　Columbia University in the City of New York Lamont-Doherty Earth Observatory

在境外观赏影片：

综合实践活动（科学探究课题＋科学影像创作）

蓝鲸的话

如果你在野外发现很多空的蜗牛壳，你会想到什么？

“是谁吃了它们？”这正是 4 位中学生面对空蜗牛壳时脑海中浮现出的问题。“凶手”并没有离开“作案现场”，它们正在空壳上爬来爬去！它们长得黑黑的、扁扁的，身上黏黏的，身体会伸缩变化，而且会把猎物溶解后吸食汁液，就像是电影中来自外星的“异形”。经过连续 2 年的野外考察和实验研究，《异形入侵香港 2——发现扁虫记》终于问世。

2018 年的夏天，在一次探究腐木生物多样性的研究中，杨沐华和叶若言在腐木附近发现了大量的空蜗牛壳散在地上。为什么会有这么多蜗牛壳？经过仔细观察，他们发现这些蜗牛是被一种扁虫杀死的。扁虫并没有离开“作案现场”，还在蜗牛壳周围爬来爬去。这是什么扁虫？杨沐华和叶若言翻遍了香港有记录的扁虫图鉴，也没有找到这种扁虫。难道这种扁虫是新物种吗？

杨沐华和叶若言继续查阅其他地区的扁虫记录，发现这种扁虫和新几内亚扁虫的外形非常相似。如果继续研究这个课题，他们需要更多人手，必须成立一个扁虫研究小组。于是，他们邀请叶若语加入了扁虫小组加强野外考察和实验，并特别邀请了中央美术学院附属中学的黄柯霖也加入扁虫小组，专门负责与研究课题相关的动画创作。

02

他们决定先通过形态学对比的方法鉴别这种扁虫。这种扁虫外形扁平、两端尖锐，长 60 ～ 75 毫米、宽 3 ～ 5 毫米、厚 1 ～ 2 毫米。扁虫背部呈深棕色，中间有一条细细的金色的线；腹部呈浅灰色。这些形态特征和新几内亚扁虫的模式样本非常吻合。他们请教了动物学家牛瑶教授，牛瑶教授初步断定这种扁虫就是新几内亚扁虫。

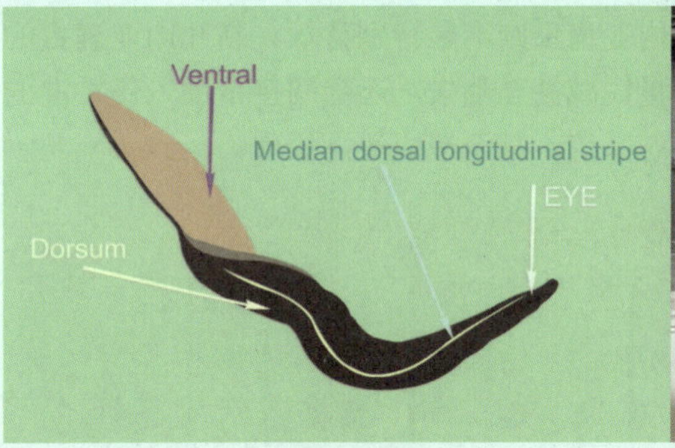

03

04

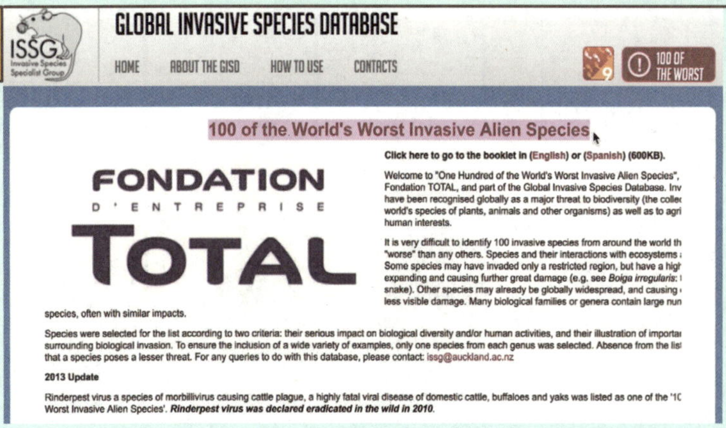

杨沐华和叶若言上网查阅资料，发现新几内亚扁虫是一种入侵性极强的生物，曾经造成太平洋多个岛屿本地蜗牛的灭绝，是扁虫家族里唯一被列入全球 100 种最危险的外来入侵物种的。

05

根据最新的新几内亚扁虫分布图，有15个地区已经被新几内亚扁虫入侵，但其中并没有中国，更不要说香港了。因此，杨沐华和叶若言判断他们关于新几内亚扁虫的发现应该是香港的首次发现，也是中国的首次发现。

06

为了搞清楚新几内亚扁虫的捕食习惯，扁虫研究小组设计了一个对比实验来测试新几内亚扁虫的捕食偏好，叶若语和黄柯霖负责做这个实验。他们选择了6种蜗牛、1种蚯蚓，每种动物设置3组，共21组；向每组投入一只新几内亚扁虫，测试新几内亚扁虫是否会捕食这些生物。

结果显示，新几内亚扁虫更喜欢捕食香港本地蜗牛，特别是香港本地的树栖蜗牛；对于外来入侵的蜗牛，如非洲大蜗牛，新几内亚扁虫则不是特别喜欢。新几内亚扁虫的这种捕食特性，不仅会造成香港本地蜗牛数量锐减甚至消失，还会间接帮助入侵香港的蜗牛壮大群落。这很可能破坏香港本地的生态系统，甚至造成经济损失。

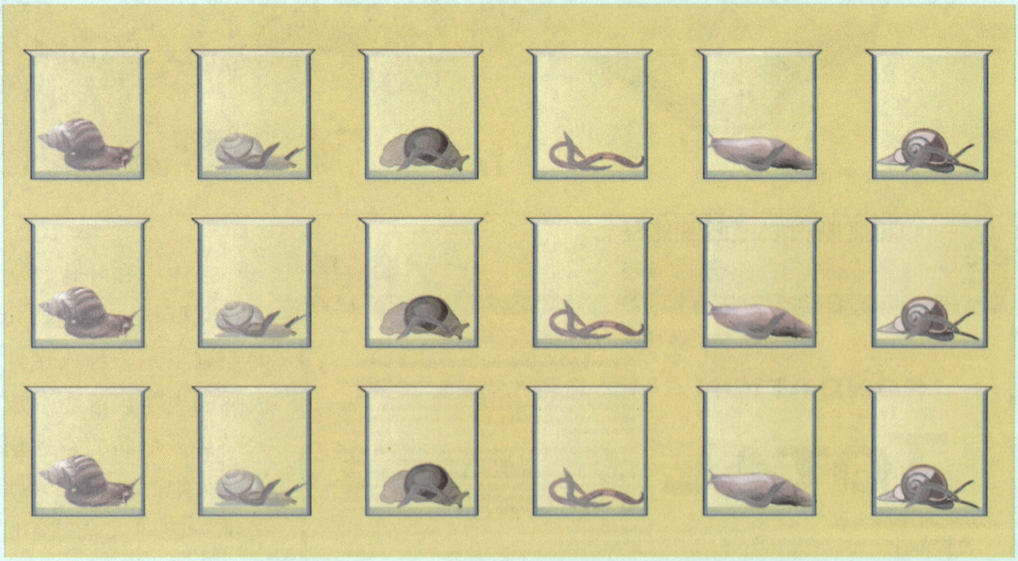

为了分析这种入侵生物对香港可能造成的危害，扁虫小组决定调查新几内亚扁虫在香港的入侵程度，杨沐华和叶若言负责野外调查。他们选择了 8 个调查点，开始调查这些地点新几内亚扁虫的分布情况。通过调查，他们发现新几内亚扁虫已经入侵了香港岛的中环、南部地区和南丫岛。

那么在有新几内亚扁虫的地方，扁虫数量有多少？密度高吗？杨沐华和叶若言在最初发现新几内亚扁虫的深水湾丽海堤岸路，展开了样方调查。他们随机选择了 3 个 1 平方米的样方点，统计样方点中的新几内亚扁虫数量。根据统计，他们估算出在 3 240 平方米的丽海堤岸路附近，可能会有 17 100 只左右的新几内亚扁虫存在，平均每平方米会有 5 只新几内亚扁虫。

从调查和统计结果分析，新几内亚扁虫在香港的分布，总体上呈现较为稀疏的分布态势，但是在港岛南区的丽海堤岸路附近有很高的密度。它们很可能已经对当地蜗牛，甚至整个生态系统造成了严重威胁。而现在，香港还没有什么办法可以很好地控制这些扁虫。

09

扁虫小组的同学们想要把自己的惊人发现告诉相关专业机构，遗憾的是，虽然他们发现的扁虫从形态学上辨认很像新几内亚扁虫，但是缺少更有力的分子学证据来佐证。这个时候，他们急切地希望能够对这种扁虫做基因检测，确定它的基因序列。

10

2019 年，扁虫小组在指导老师的帮助下，联系到了云南大学动物学家胡俊杰教授。在说明了自己的研究进展之后，胡教授热情地邀请同学们到自己的实验室进行研究。杨沐华和叶若言捕捉好新几内亚扁虫，将它们封存在酒精里，带到实验室，终于可以对这种扁虫进行基因序列分析了。

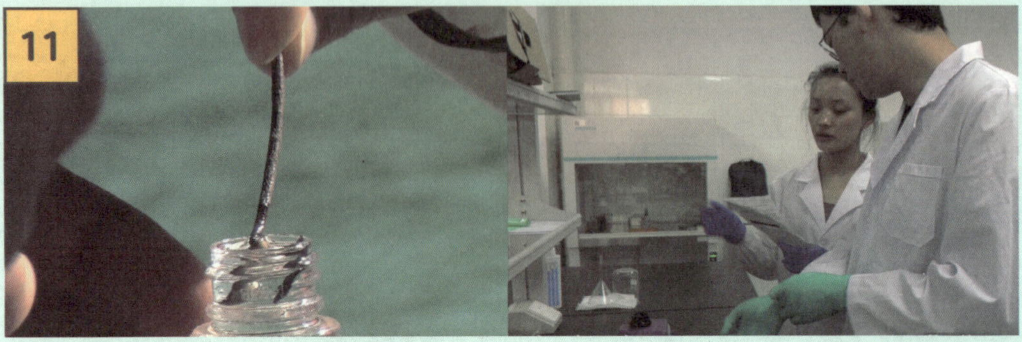
11

在胡教授的指导下，杨沐华和叶若言按照实验步骤展开了对目标扁虫 COX—1 的提取。首先，从扁虫的身体里提取出 COX—1 基因；其次，他们通过离心机过滤出了想要的 DNA；再次，通过克隆的方式扩增了提取出的 COX—1 的量；最后，将提取出的足够量的 COX—1 送交专业机构进行基因测序。

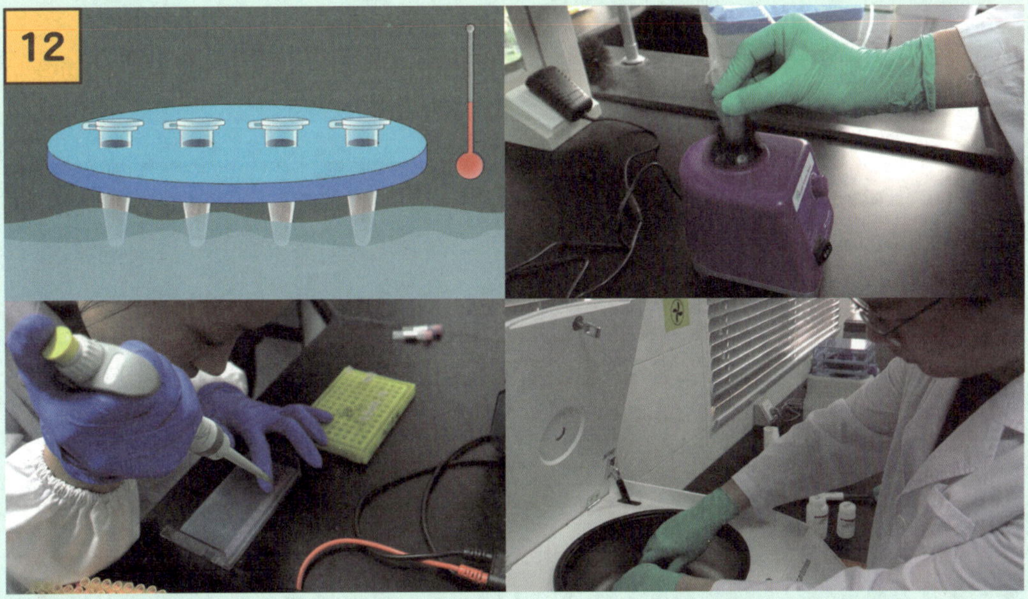

12

同学们将得到的 COX—1 基因序列与基因银行（GenBank）的新几内亚扁虫基因序列做对比，发现与“世界单倍型”样本 99.5% 吻合，与“澳大利亚单倍型”样本 95.02% ～ 96.27% 吻合。这说明，同学们发现的扁虫就是新几内亚扁虫。

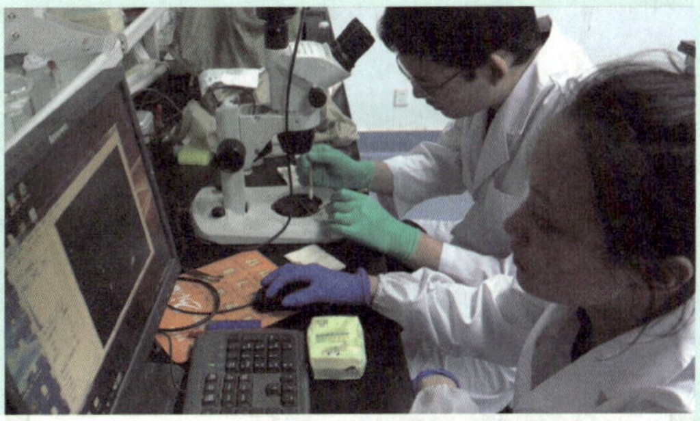

13

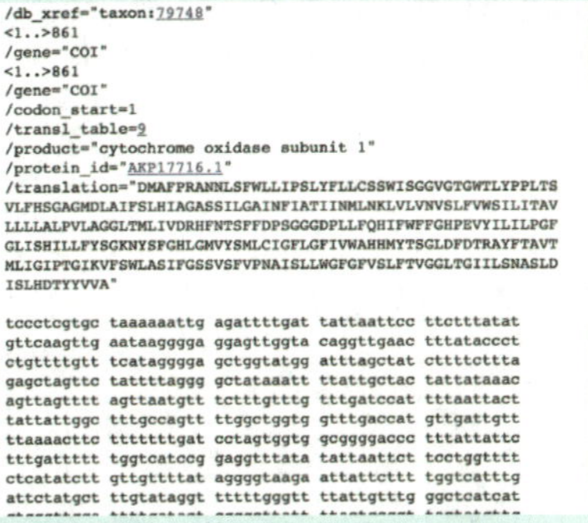
/db_xref="taxon:79748"
<1..>861
/gene="COI"
<1..>861
/gene="COI"
/codon_start=1
/transl_table=9
/product="cytochrome oxidase subunit 1"
/protein_id="AKP17716.1"
/translation="DMAFPRANNLSFWLLIPSLYFLLCSSWISGGVGTGWTLYPPLTS
VLFHSGAGMDLAIFSLHIAGASSILGAINFIATIINMLNKLVLVNVSLFVWSILITAV
LLLLALPVLAGGLTMLIVDRHFNTSFFDPSGGGDPLLFQHIFWFFGHPEVYILILPGF
GLISHILLFYSGKNYSFGHLGMVYSMLCIGFLGFIVWAHHMYTSGLDFDTRAYFTAVT
MLIGIPTGIKVFSWLASIFGSSVSFVPNAISLLWGFGFVSLFTVGGLTGIILSNASLD
ISLHDTYYVVA"
ORIGIN
1 gatatggcct tccctcgtgc taaaaaattg agattttgat tattaattcc ttctttatat
61 tttttattgt gttcaagttg aataagggga ggagttggta caggttgaac tttataccct
121 cctttaactt ctgttttgtt tcatagggga gctggtatgg atttagctat cttttcttta
181 catatagccg gagctagttc tattttaggg gctataaatt ttattgctac tattataaac
241 atgttgaata agttagtttt agttaatgtt tctttgtttg tttgatccat tttaattact
301 gctgttttat tattattggc tttgccagtt ttggctggtg gtttgaccat gttgattgtt
361 gatcgtcatt ttaaaacttc tttttttgat cctagtggtg gcggggaccc tttattattc
421 cagcatattt tttgattttt tggtcatccg gaggtttata tattaattct tcctggtttt
481 ggtttgattt ctcatatctt gttgttttat aggggtaaga attattcttt tggtcatttg
541 ggtatggttt attctatgct ttgtataggt tttttgggtt ttattgtttg ggctcatcat

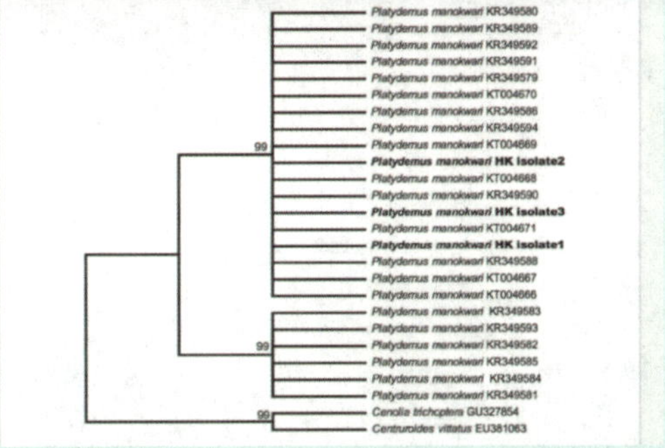

在收集新几内亚扁虫做基因鉴定的时候，杨沐华和叶若言、叶若语、黄柯霖 4 位科学少年又意外发现了另一种新的扁虫。这种新扁虫和新几内亚扁虫看起来非常相似，但头部是橙黄色的点状，背部有两条黄色的线条。

他们再次翻阅各个地区的扁虫图鉴，却没有找到这种新扁虫！这是一种新的物种吗？杨沐华和叶若言对这种新种类的扁虫也进行了基因鉴定，发现它的 COX1 基因与新几内亚扁虫只有 86% 的相似度。他们继续将其和基因银行的其他扁虫做对比，发现新扁虫与所有扁虫的相似度都在 95% 以下，因此第二种扁虫应该是一种全新的物种。杨沐华和叶若言就要高中毕业了，叶若语和黄柯霖将继续研究下去。

14

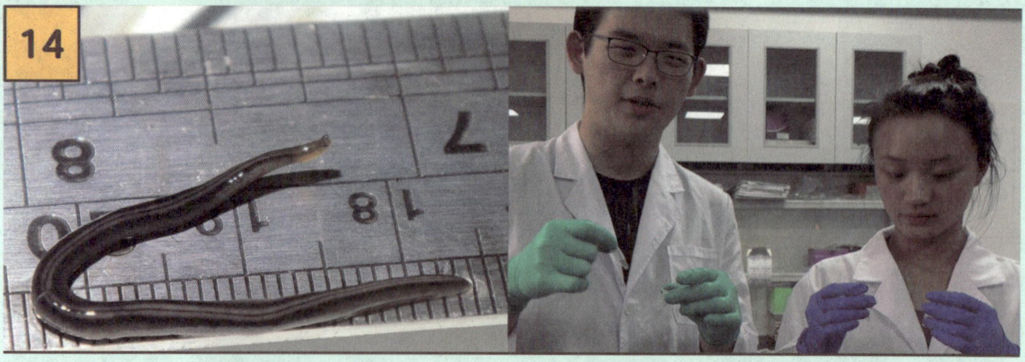

扁虫小组的发现更新了新几内亚扁虫在全球的分布图，刷新了香港扁虫种类的纪录。新几内亚扁虫对香港当地的生态环境无疑会造成巨大危害，是时候对新几内亚扁虫采取行动了！扁虫小组的 4 位科学少年建议香港政府评估新几内亚扁虫给香港环境带来的负面影响，控制新几内亚扁虫种群的散播。至于新扁虫对生态环境的影响，叶若语和黄柯霖还要继续研究下去。

15

专家点评

新几内亚扁虫被列入全球100种最危险的外来入侵生物。短片中的4位小科学家不仅在野外考察中发现了这种生物，并且通过形态学识别确认，这是新几内亚扁虫在中国大陆及香港地区的记载中“首次报告”；他们又进一步从生态学的角度研究了新几内亚扁虫在香港的分布和数量；为了更加准确地辨别物种，他们进入大学分子生物学实验室，用COX—1的方法提取DNA，并在得到基因序列后进行了比对分析，确认他们发现的扁虫正是中国从未记录过的新几内亚扁虫。

发现一个新物种本来已经很难，发现两个就更是可遇而不可求了。探究小组竟然在短片最后留下一个“包袱”，他们在同样的地点捕捉到了另外一种形态学和基因序列分析上都与其他扁虫存在明显差异的陌生扁虫，有可能是另一个新物种，期待他们更进一步的研究。

扁虫这一奇特而危险的生物竟然就在香港的公园和路边，短片对外来入侵生物的探究从设计上明显高于一般的生物物种观察，选题难度显而易见。探究小组对实验的设计很有章法，在拍摄过程中能抓拍大量自然状态下的扁虫，并且在剪辑和配乐上有自己的设计和想法，基本达到了科学纪录片的水准。

短片中在介绍扁虫的形态时采用了动画的方法，使科学表达更加简单明了、生动准确。在介绍复杂难懂的分子生物学实验——COX—1基因提取实验时，短片把动画在科学影视中的作用发挥得淋漓尽致。动画拉近了观众与“高大上”研究科学之间的距离，让观众轻松理解陌生的基因实验，凸显了“影视使科学更美丽”的理念。

扁虫吃食蜗牛的一段延时拍摄中，影像与音乐相得益彰，虽然这段没有解说词，但与短片片名相互呼应，使观众对“异形”留下了陌生和恐惧的深刻印象，增强了探究的好奇心。

如果探究小组能够站在镜头前介绍相关的环境和实验过程，短片会更加生动。

第五篇

神奇的结构功能

二十二、长鼻小丑

——龙眼鸡体纹与额顶凸的探究

2020 Hong Kong-New York • International Youth Science Video Fair

國際青少年科學影像大賽

獲獎證書

茲頒發給「HMA」最佳觀察發現獎 獲得者。特頒此證，以資鼓勵。

項目名稱：長鼻小丑——龍眼雞體紋與額頂凸的探究

作　　者：何展鵬、單景瑞、譚幗婧、康國洪

所在學校：中國廣東省佛山市順德區胡寶星職業技術學校

指導教師：譚淑芬、盧偉玲

國際青少年科學影像大賽評審委員會

姜冬梅 博士　2020年10月5日於香港

袁小軍 博士　2020年10月5日於

主辦方：HKYSA 香港青少年科學院 Hong Kong Youth Science Academy　COLUMBIA UNIVERSITY IN THE CITY OF NEW YORK LAMONT-DOHERTY EARTH OBSERVATORY

在内地观赏影片：

2020 Hong Kong-New York • International Youth Science Video Fair

HMA Best Observation and Discovery Award

is hereby awarded to

Zhanpeng He, Jingrui Shan, Guojing Tan & Guohong Kang

from

Hu Baoxing Vocational and Technical School (Guangdong, China)

for their discovery video project on

Long-nosed Clown: Research on the Body Grain and the Frontal Crown

under supervision of

Shufen Tan & Weiling Lu

Dr. Dongmei Jiang
CO-Chair
International Youth Science Videos Fair

Dr. Xiaojun Yuan
CO-Chair
International Youth Science Videos Fair

Organizers: HKYSA 香港青少年科學院 Hong Kong Youth Science Academy　COLUMBIA UNIVERSITY IN THE CITY OF NEW YORK LAMONT-DOHERTY EARTH OBSERVATORY

在境外观赏影片：

综合实践活动（科学探究课题＋科学影像创作）

蓝鲸的话

4位中学生何展鹏、单景瑞、谭帼婧、康国洪发现了一种奇怪的虫子，它长着长鼻子、穿着花衣服，活脱脱一个马戏团的“小丑”。在自然界中，虫子把自己“打扮”得如此幽默有什么用处呢？同学们的好奇心爆棚，抓住“小丑”的“花衣服”和“长鼻子”这两个特征不放，开展了一系列的数据分析和实验研究。让我们跟随他们的镜头，看看他们脑洞大开的探究吧！

夏日的一个周末，何展鹏和他的3位好朋友相约在自家门前的空地打羽毛球。没不过一会儿，4个人就大汗淋漓。为了遮天蔽日，他们转移到了空地旁的一棵大荔枝树下。太阳是避开了，可球时不时地落在荔枝树上，他们不得不轮流爬上树去捡球。还好树不是太高，何展鹏三两下就能爬上树梢。每次上树捡球，他总能看到一种颜色艳丽的虫子。这虫子有黄绿色的花纹，十分显眼，更引人注意的是它长长的红鼻子，想让人忽略它都不容易。

自从参加了科学微电影小组，何展鹏对昆虫就有了独特的兴趣，之前他就研究过“六斑月瓢虫”，跟他一起打球的康国洪也是科学微电影小组的成员，之前的作品还拿过大奖呢！他们一拍即合，今年的科学微电影选题就是这个“长鼻小丑”了！一起打球的单景瑞和谭帼婧也被这“小丑”深深吸引，她们好想知道，这长长的鼻子有什么用？还有这一身“绚丽”的花纹，难道不怕小鸟发现它们吗？

搜寻资料后，单景瑞和谭帼婧知道了这“小丑”原来叫龙眼鸡，因主要栖息在龙眼树和荔枝树上吸食树汁而得名，它长长的鼻子叫额顶凸，至于龙眼鸡为什么有这么长的额顶凸，身上的花纹又有什么功能，单景瑞和谭帼婧就没有找到更多的解释了。何展鹏提议去野外进一步观察，自己寻找答案！

何展鹏听说隔壁马登村有很多龙眼树，考虑到龙眼鸡喜欢昼伏夜出，4 人决定赶在日出之前找到龙眼鸡。这天，天还没亮，4 人就带着设备来到了马登村。但事与愿违，日出之前，他们一无所获，正当要放弃的时候，何展鹏意外发现了一只龙眼鸡！龙眼鸡确实不好找，即使何展鹏指了又指，谭帼婧还是找了好一阵子才看到。但接下来，随着太阳升起，视线越来越好，龙眼鸡也难逃各位同学的“法眼”了。看来，资料上说龙眼鸡昼伏夜出，也不完全准确。

经过这一次对龙眼鸡的认真观察，它的形象在 4 人脑海中也渐渐具体起来：龙眼鸡的前翅为绿色，翅的下半部分约有 14 个圆形的黄斑，基部有一条黄赭色的横带，中间靠上部分有两条交叉的黄赭色横带，这些黄色的斑点和横带边缘都有白色的蜡粉。从树下向上望去，龙眼鸡翅膀上的这些斑点花纹像极了龙眼树叶交错迷离而形成的光斑！这不禁让何展鹏猜想，龙眼鸡是在模仿这交错迷离的光斑，从而形成保护色来伪装自己？

为了验证何展鹏的猜想，4 人随机拍了几组龙眼鸡在树上以树叶交错为背景的图片拿回学校分析。他们想要计算龙眼鸡身上斑点占翅膀的比例与树叶占光影的比例是否接近。但在计算时，同学们却遇到了问题，到底应该怎么计算这些不规则形状的斑点面积呢？单景瑞想到了自己所学的专业——平面设计。在平面设计王老师的帮助下，同学们了解到，可以利用 Photoshop（PS）这款软件，精确地将一种颜色或一个不规则图形从一张图像中选出来，并且统计出相应的像素点。只要计算对应的像素点，就可以算出不同颜色或区域在一张图像中所占的比例。

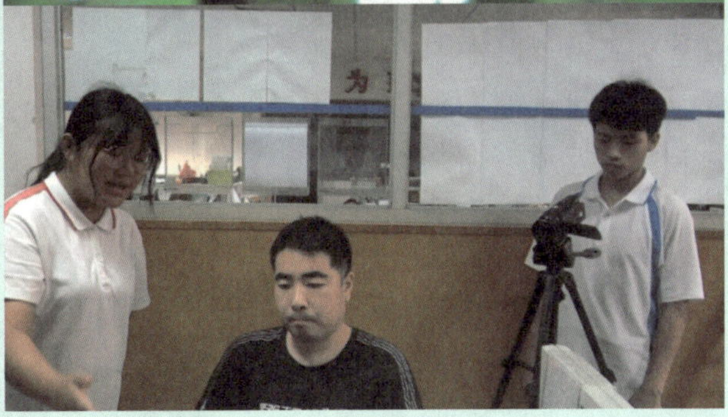

单景瑞利用 PS 软件计算出龙眼鸡斑点占翅膀、树叶占光影的比例。经过计算，取平均值，单景瑞得出龙眼鸡的斑纹占翅膀的比例平均为 31.23%，树叶的光影占比为 29.65%，相差不到 2%！看来，龙眼鸡身上的斑纹很有可能就是自然选择的结果，拥有这样斑纹比例的龙眼鸡更加容易隐藏自己，不被天敌发现，从而存活下来。

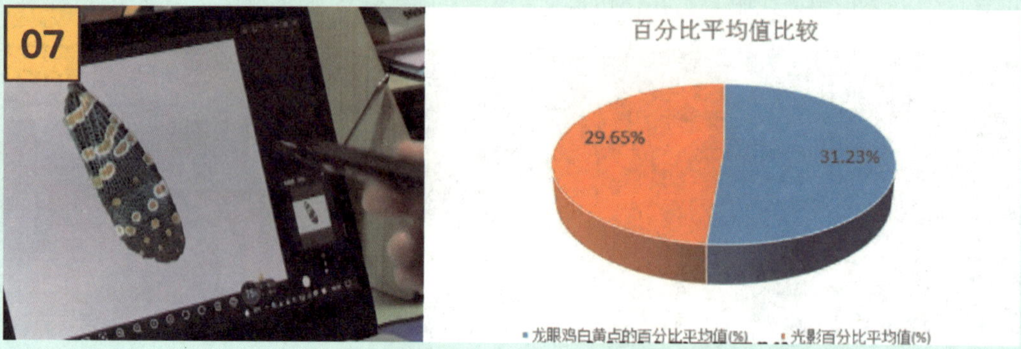

那龙眼鸡的额顶凸又有什么作用呢？为了弄清楚这个问题，何展鹏提议多捉一些龙眼鸡回来，进行室内观察。说干就干，何展鹏一马当先，爬树捉虫的工作就由他来负责。一开始，抓虫进行得并不顺利。别看龙眼鸡鼻子长长的，长得挺“笨”，但想要捉它可不容易，因为它跳起来速度极快，如果想在不伤害它的前提下捉到它可是要下一番功夫。经过几次捕捉后，何展鹏发现，龙眼鸡“逃跑”的方向有一定的规律，可以归纳为“指哪打哪”，即鼻子指向的方向，就是龙眼鸡要跳向的方向。掌握了这个规律，何展鹏捉虫就变得易如反掌了。

他们将虫子带回后，在室内搭起了巨大的纱网帐篷，这样既给了龙眼鸡充足的“跳跃”空间，又方便他们观察。经过测量，龙眼鸡额顶凸的长度大约等于胸腹长度之和，比翅膀的一半还要长。这么长的额顶凸为龙眼鸡的生活提供了哪些“便利”呢？

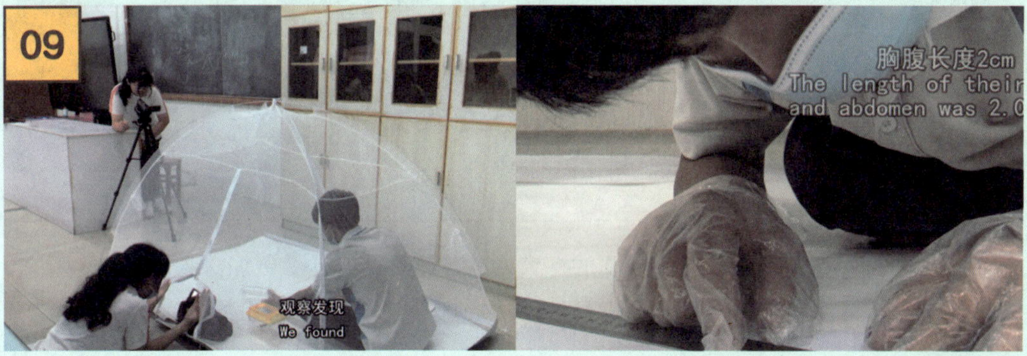

单景瑞发现，龙眼鸡在吸食完汁液后，额顶凸会变得格外饱满，难道龙眼鸡把吸食的汁液储存在额顶凸中？谭帼婧在另一篇报道中发现，有些人会吃龙眼鸡，并且会把龙眼鸡的额顶凸扎破来吸食里面的汁液。看来，额顶凸真的有存储营养液的作用。另外，何展鹏根据捉虫子的经验，认为长长的额顶凸不仅指定了龙眼鸡跳跃的方向，而且它的“造型”可以帮助龙眼鸡在跳跃、飞行的过程中减小空气阻力，从而飞得更快、更远。

为了验证这个猜想，他们设计了 2 组纸飞机实验。第一组比较平头和尖头的纸飞机谁飞得更远，更有方向性，他们还利用纸飞机发射器让纸飞机以相同的速度飞出，减少人为误差。结果显示，在同样条件下，尖头纸飞机飞得更远，指向性更好；第二组比较的是尖头纸飞机中，长尖头和短尖头会对飞行造成怎样的影响。结果显示，头部越长，纸飞机飞得越远，指向性也越好。看来，龙眼鸡长长的额顶凸能让它们飞得更快、更准、更远。

经过这次对龙眼鸡体纹和额顶凸的探究，他们对龙眼鸡有了更加深入的认识。看来，大自然中千奇百怪的昆虫都“奇”得自然，“怪”得合理，就看你能不能找到这些“奇怪”的答案了！

专家点评

龙眼鸡的长鼻子有什么功能呢？这是一个很多人都有疑问的问题。本片中的4位科学少年发现，龙眼鸡长长的额顶凸和它的口器紧紧相连，当龙眼鸡吸食完汁液后，它的额顶凸就会变得圆鼓鼓的；当它没有足够的食物能量时，它的额顶凸就会变得扁平，由此他们认为，龙眼鸡的额顶凸具有储存食物的作用。这一结论是可信的。他们还认为长鼻能够指引方向。一般认为龙眼鸡的长鼻在求偶中起作用。看来还有许多问题有待研究。

短片观赏性很强，小组选择了龙眼鸡这种色彩鲜艳、造型夸张的探究对象，并使用长焦镜头抓拍了龙眼鸡在自然环境中的生动影像。影像也是探究小组独特的技术手段，通过对不同颜色的像素数量统计，对龙眼鸡体色与光影树叶色彩的相关性进行了研究。

短片在发现一个漂亮的小虫时，并没有按常规的思路进行它的生活习性或生命周期的观察，而是另辟蹊径，对龙眼鸡长长的鼻子进行了深入探究。小科学家们通过数学计算、工程分析，又制作模型进行实验，充分表现出了科学微电影活动是一项经典的STEM教育活动，也是一个优秀的综合实践活动课题，能极大地提高学生的综合素质。

二十三、蝶翅结构色探秘

3rd International Youth Science Fair for Discovery Videos

第三屆國際青少年科學發現影像大賽

獲獎證書

茲頒發給優秀科學微電影「**二等獎**」獲得者。特頒此證，以資鼓勵。

項目名稱 ：蝶翅結構色探秘

作　　者 ：王志愷、田佳果、李世廷

所在學校 ：西安高新一中初中校區

指導教師 ：趙鷹、李嘉誠

國際青少年科學發現影像大賽評審委員會主席

張波 博士

2018年9月30日至10月6日 於美國波士頓

在内地观赏影片：

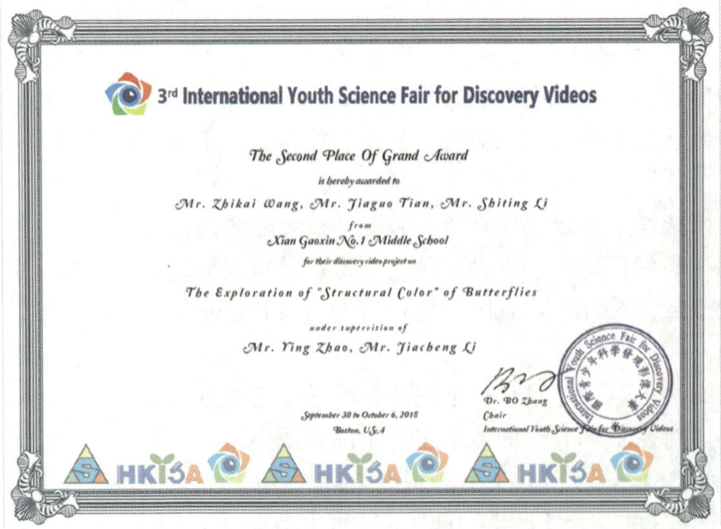
3rd International Youth Science Fair for Discovery Videos

The Second Place Of Grand Award

is hereby awarded to

Mr. Zhikai Wang, Mr. Jiaguo Tian, Mr. Shiting Li

from

Xian Gaoxin No.1 Middle School

for their discovery video project on

The Exploration of "Structural Color" of Butterflies

under supervision of

Mr. Ying Zhao, Mr. Jiacheng Li

September 30 to October 6, 2018

Boston, USA

Dr. BO Zhang

Chair

International Youth Science Fair for Discovery Videos

在境外观赏影片：

综合实践活动（科学探究课题＋科学影像创作）

蓝鲸的话

你见过闪着蓝色金属光泽的蝴蝶翅膀吗？这种漂亮的金属光泽是如何形成的？很多甲虫身上也有这种光泽，这种光泽的形成原理又是什么？来自陕西省西安高新一中初中校区的3位科学少年王志恺、田佳果、李世廷第一次在博物馆看到闪蝶和甲虫的标本，就禁不住提出了一连串问题。虽然讲解员告诉了他们答案，但是他们并不满足。他们组成“探秘”小分队，要挖掘“结构色中的结构”。小分队已经出发了，第一个目标是搜集足够多的蝶翅和甲虫。大家快来帮忙吧！

周末，王志恺、田佳果、李世廷3位同学来到了陕西自然博物馆，这里有种类丰富的昆虫，他们被大蓝闪蝶吸引了。大蓝闪蝶在阳光下能变幻不同的色彩，非常美丽！为什么大蓝闪蝶有这样的特性呢？工作人员解释说，闪蝶科的蝴蝶有一个共同点，就是它们身上都会闪烁蓝色或紫色的金属光芒。王志恺观察了吉丁虫，田佳果观察了象鼻虫，李世廷观察了金龟子，这些虫子也都具有类似的金属光泽，他们不禁好奇，这种金属光泽的色彩是怎么形成的呢？他们决定揭开金属光泽的秘密。

01

王志恺通过查阅资料了解到，蝴蝶翅膀的颜色大多和色素有关。田佳果、李世廷马上找来黄色的锯粉蝶和大蓝闪蝶的翅膀，把它们同时浸泡在开水中进行对比观察，锯粉蝶的翅膀很快就褪色了，而大蓝闪蝶的翅膀在水中却并没有褪色。通过分析实验结果，探秘小分队推断大蓝闪蝶翅膀很可能不含色素，那么它为什么会呈现出耀眼的蓝色光芒呢？

锯粉蝶（黄）2018.6.14　　开水浸泡实验

探秘小分队再次准备了大蓝闪蝶的翅膀和不同颜色蝴蝶的翅膀。在显微镜下观察这些翅膀，他们发现这些蝴蝶的翅膀都具有重叠的鳞片，但是大蓝闪蝶的翅膀却几乎接近透明。大蓝闪蝶翅膀的结构与其他蝴蝶有不同之处。

为了继续探究大蓝闪蝶翅膀的成色原理，3 位同学准备了更多像闪蝶翅膀一样具有金属光泽的材料，例如，孔雀羽毛、蝴蝶翅膀、甲虫壳等。把这些材料放在光学显微镜下观察，他们发现，不论是甲虫壳还是孔雀羽毛，都和大蓝闪蝶的微观结构很相似。难道是这些材质的结构导致了它们具有独特的色彩？

王志恺、田佳果、李世廷讨论来讨论去，最后王志恺建议在大蓝闪蝶翅膀上滴加清水，这样或许可以改变其特殊的结构，从而产生不同的颜色。但是，在蝶翅上滴加清水后，蝶翅的颜色并没有改变。

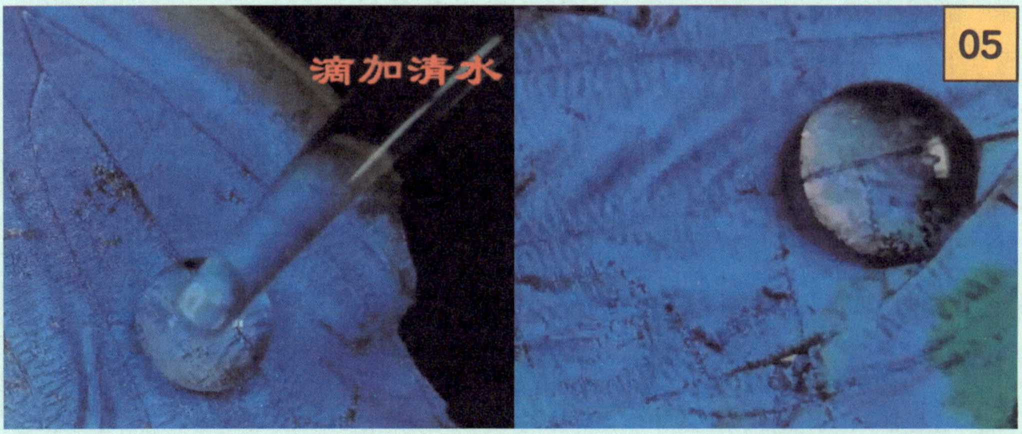

田佳果建议用酒精再次进行实验，并重新准备了大蓝闪蝶的翅膀和实验用酒精。滴加酒精后，他们惊喜地发现大蓝闪蝶的翅膀竟然由蓝色变为绿色，随着酒精褪去，大蓝闪蝶的翅膀又重新变为蓝色。

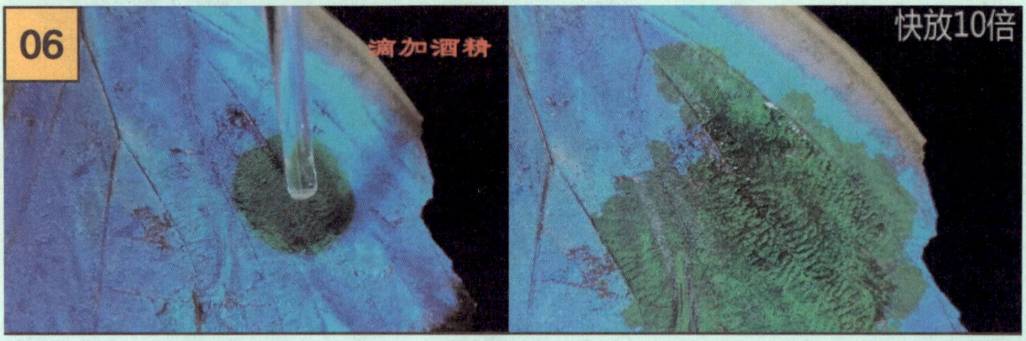

为了搞清楚问题，李世廷建议用 400 倍显微镜观察大蓝闪蝶的翅膀，并将得到的图片继续放大。他们发现，鳞片表面有模糊的条纹。这些条纹间距固定，平行排列。资料显示，如果从横截面方向看过去，这些脊还具有树状的复杂微观结构，而这些树状脊结构的每一个肋片都是一片纳米级厚度的薄膜。

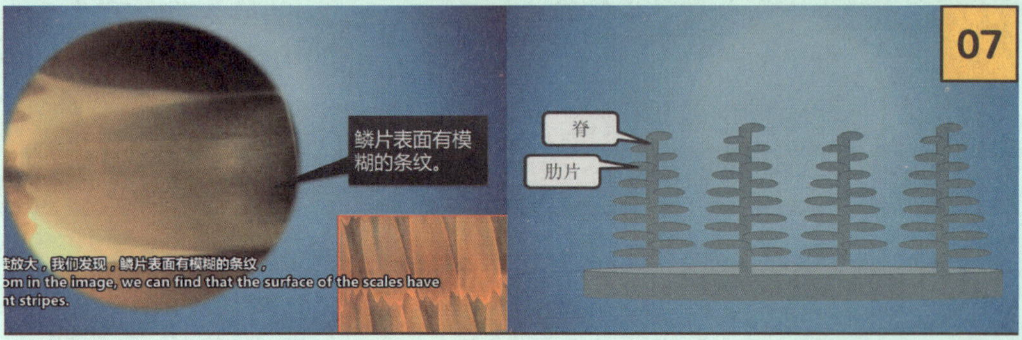

难道大蓝闪蝶翅膀成色与薄膜有关系？探秘小分队的 3 位同学分头查阅了大量资料，终于了解到薄膜干涉其实非常常见，比如肥皂泡上的条纹、光盘背面的彩虹色光泽。当光照射到透明薄膜表面时，入射光经薄膜表面反射得到第一束光，经薄膜下表面反射，又经下表面折射得到第二束光，这两束光相遇就会发生干涉，形成干涉条纹。薄膜干涉与薄膜的厚度、材质、光线的角度等都有关。

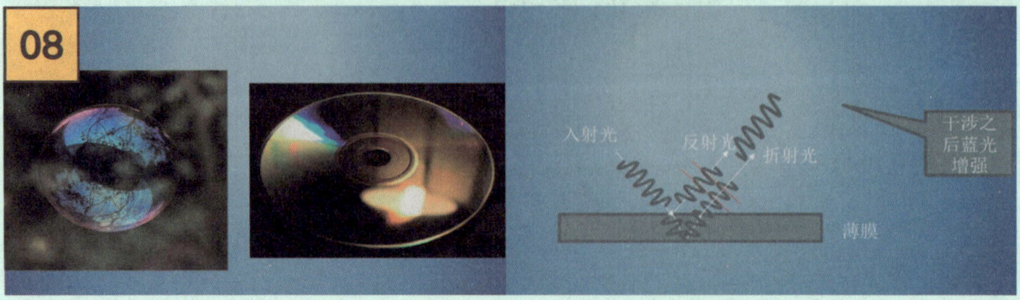

大蓝闪蝶翅膀鳞片上的薄膜厚度、材质、结构、距离等正好适合蓝色光的波长发生相长干涉，因而产生了明亮耀眼的蓝色光。从侧面观察时，入射光的角度发生变化，光的折射路线长度也随之发生变化。这时适合波长较短的紫光发生相长干涉，因而他们看到的是明亮的紫色。探秘小分队认识到，原来大蓝闪蝶翅膀的颜色并非化学色素决定，而是其特殊的结构引起光学现象产生的结构色。

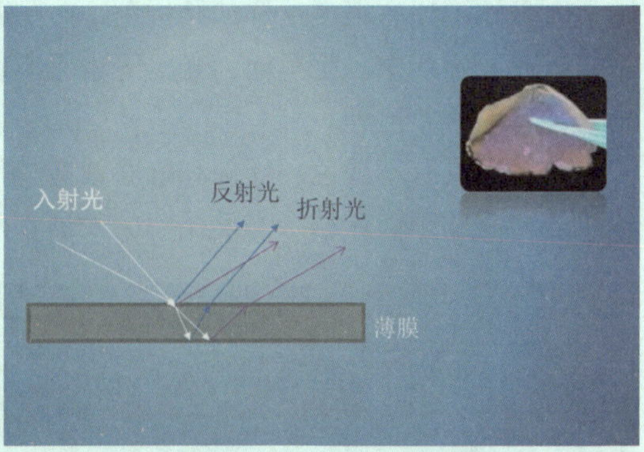

大蓝闪蝶鳞片相长干涉原理图

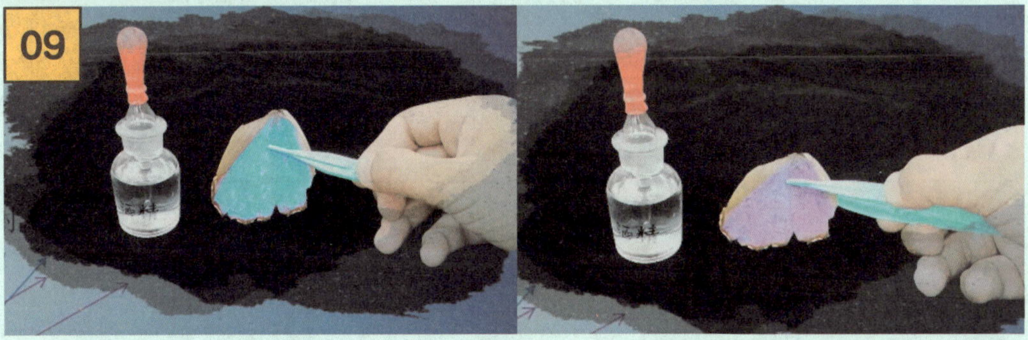

探秘小分队继续分析，滴加酒精后，薄膜的厚度会发生变化，光在薄膜中的折射路线也发生变化。这时，适合波长较长的绿色光发生相长干涉，因而看到蝶翅变成了绿色。

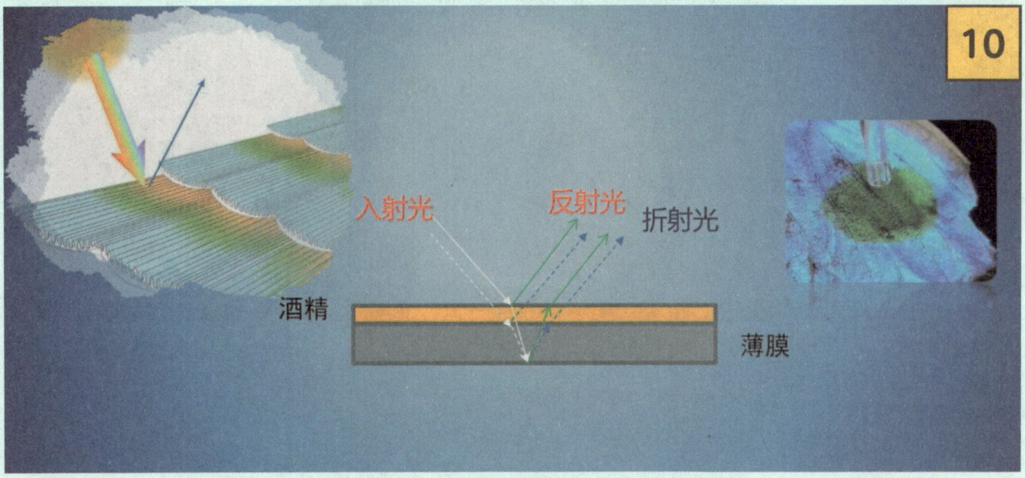

滴加酒精后，大蓝闪蝶鳞片相长干涉原理图

大自然中还有很多这样的结构色，它在蝴蝶、甲虫、孔雀羽毛等动物身上都有体现，不仅如此，生活中，肥皂泡、光盘等也具有结构色。在这些绚丽的结构色背后，隐藏着的是神奇的科学道理。

结构色具有不褪色、环保和虹彩效应等优点。因此，研究自然界中生物的结构色形成机理，有助于促进纳米光学技术的发展，从仿生角度推动科学技术的进步。

11

王志恺、田佳果、李世廷的探究结束了，虽然探究过程十分艰辛，但当了解到蝴蝶结构色背后的秘密时，他们体验到了前所未有的成就感。

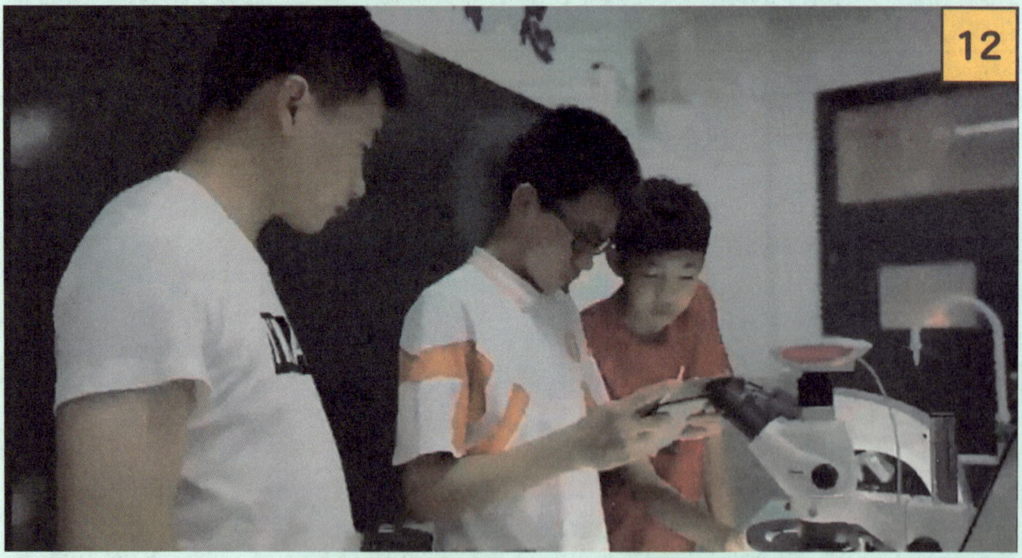
12

专家点评

观察自然，向自然学习，是人类永恒的课题。结构色是一个较难懂的物理学现象，如果没有光学知识，没有反射、散射、干涉、衍射等基本概念，仅凭肉眼观察，很难理解隐藏在自然现象背后的科学规律到底是什么。短片中的 3 位科学少年精心设计了几组对比实验来揭秘结构色。

短片选题的切入点非常巧妙，3 位科学少年首先用第一组对比实验验证一种蝶翅有颜色脱落，另一种蝶翅无颜色脱落。在此，科学少年首次通过查阅资料引出了结构色的概念，紧接着进行第二组对比观察，在显微镜下观察两种蝶翅结构的差异，他们拍摄到了显微镜下蝶翅结构的明显差异。进一步，第三组对比实验观察了更多具有结构色的实验材料。再进一步，第四组酒精对结构色影响实验，科学少年们拍摄到了酒精作用下的蝶翅结构色的变色过程，非常精彩。在 4 组实验的基础上，科学少年们运用模型解释的方法阐述了结构色的形成原理。结构完整，逻辑合理，阐述清晰，但整个探究重点放在了解释知识上，缺乏创新点。

科学少年能够运用显微镜、放大镜、图像编辑等技术手段，显示了较强的动手能力。短片中没有展示他们遇到的研究困难，但从层层深入的观察中，可以看出他们抓住问题不放的科学精神。

短片中，3 位科学少年拍摄到了很多精彩的镜头，但是在视频后期剪辑时这些精彩镜头一闪而过，比如，蝶翅在显微镜下的结构、酒精使结构色变色，可以将这些环节放大，而不是将其湮没在深奥的科学原理中。

在科学探究中出现有对普通观众来说较为陌生的名词和科学原理，这些原理如果能转化为更加科普的语言就不会令人费解。

配音流畅，但唇齿无力，语气平淡。科学少年在出镜表达时，神态拘谨，没有表现出积极阳光和从容自信的状态。

如果在创作影片时，能做到详略得当，抓住关键环节重点表述，呈现会更加生动有趣。

语言上问题不少，比如，有时解说词与同期声内容重复。应注意解说词要反复阅读修改，毕竟“杂草除才能嘉禾立”嘛。

二十四、真金不怕火炼

——举腹蚁巢穴防火性的探究

2020 Hong Kong-New York · International Youth Science Video Fair

國際青少年科學影像大賽

獲獎證書

茲頒發給「HMA」關愛生命專項獎 獲得者。特頒此證，以資鼓勵。

項目名稱 ：真金不怕火煉——舉腹蟻巢穴防火性的探究

作　　者 ：范廣鑫、范心田

所在學校 ：中國福建省大田縣城二小、中國廣東省清遠市博愛學校

指導教師 ：范承國、劉志娣

國際青少年科學影像大賽評審委員會主席

姜冬梅 博士　袁小軍 博士

2020年10月5日於香港　2020年10月5日於紐約

主辦方：HKYSA 香港青少年科學院 Hong Kong Youth Science Academy　Columbia University in the City of New York Lamont-Doherty Earth Observatory

在内地观赏影片：

2020 Hong Kong-New York · International Youth Science Video Fair

HMA Special Award Care for Life

is hereby awarded to

Guangxin Fan & Xintian Fan

from

Datian Chengguan No.2 Elementary School, Sanming(Fujian, China) &
Qingyuan Bo'ai School, (Guangdong, China)

for their discovery video project on

True Gold is not Afraid of Fire: A Study on the Fire Resistance of Crematogaster′ s Nest

under supervision of

Chengguo Fan & Zhidi Liu

Dr. Dongmei Jiang
CO-Chair
International Youth Science Videos Fair

October 1 to October 5, 2020
Hong Kong - New York

Dr. Xiaojun Yuan
CO-Chair
International Youth Science Videos Fair

Organizers: HKYSA 香港青少年科學院 Hong Kong Youth Science Academy　Columbia University in the City of New York Lamont-Doherty Earth Observatory

在境外观赏影片：

综合实践活动（科学探究课题 + 科学影像创作）

蓝鲸的话

一场连续多日的山火焚毁了家乡的森林，但是倔强的爸爸并没有向灾难低头，而是带着两个孩子上山植树，观众被这真实的场面感动了，可是，大自然还有更加令人感动的现象。姐弟范范心和广鑫田偶然发现了烧焦的小树上有一个蚁巢，蚁巢黑乎乎的像木炭一样，山火连续多日，生命不可能在高温、缺氧、有毒气体中生存下来。把蚁巢层层剥开，你猜，小姐弟俩能发现什么？

范心田和范广鑫是姐弟俩，在他们的家乡福建省三明市大田县，2020 年 1 月 8 日发生了一场特大的森林火灾，把县城周围的山林焚烧殆尽，给村民们带来了巨大的损失。大火过后，村民们并没有唉声叹气地待在家里，而是开始自发地上山植树，重建家园。这一天，小姐弟俩跟着爸爸一起到山上去植树，看到漫山遍野都是被大火烧焦后的痕迹，范心田十分沮丧。就在这时，范广鑫意外发现，在大火烧焦的树干上，有一个鼓起的大包，仔细观察才辨认出，原来这是一个被烧焦的蚂蚁窝！

蚂蚁窝的外部虽然已经被烧焦了，但整体还比较完整，想必它已经成了蚂蚁们的“棺材”。对比周围被大火烧得光秃秃的山地，范心田和范广鑫的心头不禁泛起了大大的问号，这个小小的蚂蚁窝为什么没有被烧成灰烬呢？

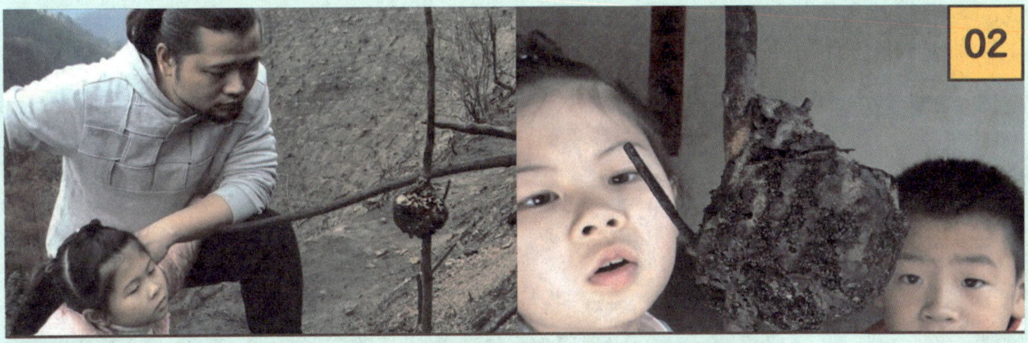
02

带着疑问和好奇，范心田和范广鑫将这个蚂蚁窝从树上摘下来，带回家里仔细观察。带回家后，他们发现，蚁巢上面黑乎乎被烧焦的不是他物，全是蚂蚁！为什么这些蚂蚁全都死在了外面呢？不仅如此，当他们清理已经死去的蚂蚁时，竟然发现有存活的蚂蚁从窝里面爬出来！爬出来的蚂蚁身体呈黄褐色，总是将自己的腹部高高举起，这究竟是什么蚂蚁呢？

03

带着疑问，他们上网查阅了资料，根据蚂蚁的行为特征和外貌，他们判定这是“举腹蚁”，举腹蚁最大的特征就是习惯将腹部上举。既然举腹蚁在蚁巢里面还可以生存，那为什么那么多蚂蚁都死在了外面呢？

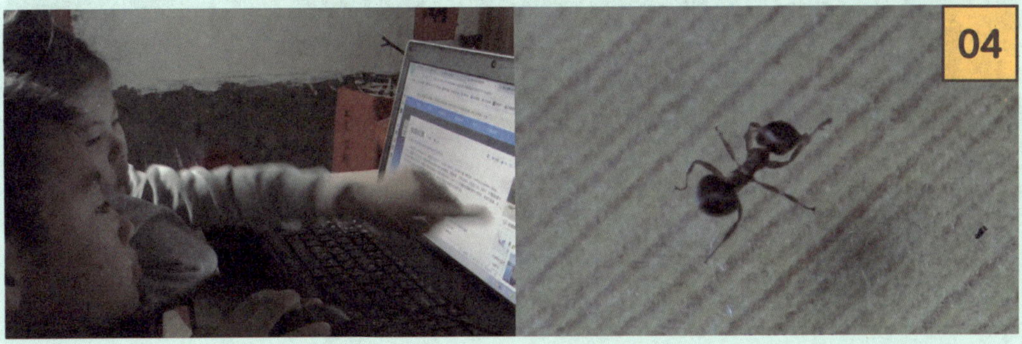
04

带着这个疑问，范心田和范广鑫打算观察一下蚁巢的结构。范广鑫用锯将蚂蚁窝从中间剖开后发现，蚂蚁窝内部是层层叠叠的小空间，相信这就是蚂蚁生活的小房间吧！范心田和范广鑫还发现，蚁巢是由树叶和一些硬纸片一样的经蚂蚁处理过的植物纤维做成的。但树叶和植物纤维不应该一点就着吗？这个蚂蚁窝又是怎么在熊熊山火中幸存下来的呢？

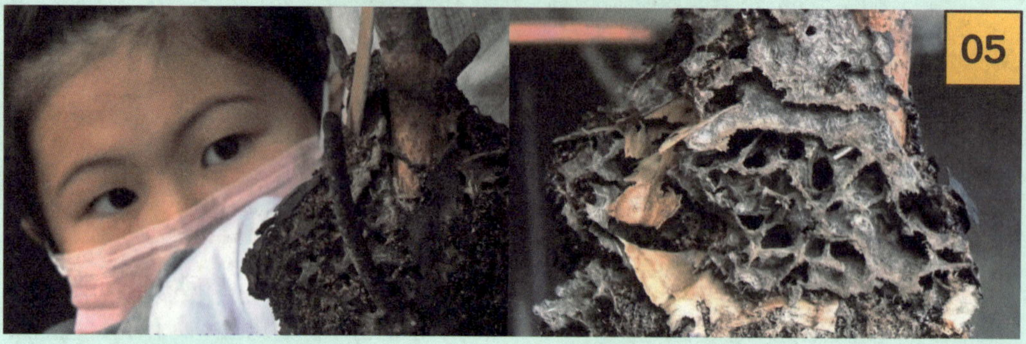
05

为了解答心中的疑问，范心田和范广鑫设计了 1 组实验，将蚁巢中取得的树叶和植物纤维放在铁板上加热，观察它们会不会被烧焦。结果显示：树叶在加热后不久就开始冒烟，并化为灰烬，而植物纤维在同样条件下加热了 10 多分钟却依然完好。看来经过蚂蚁处理的植物纤维有一定的抗火隔热作用。

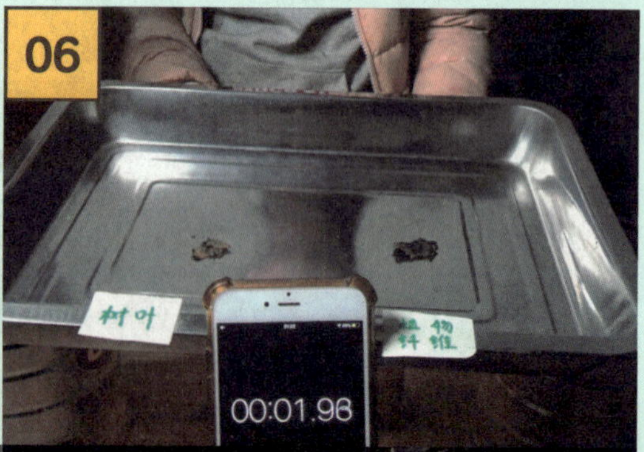

06

随后，范心田再一次观察解剖开的蚂蚁窝，她发现蚂蚁大多死在蚂蚁窝的下半部分，蚁巢的中间部分已经没有死亡的蚂蚁了，这是什么原因呢？范心田和范广鑫讨论，想到燃烧必须具备的 3 个条件：可燃物、氧气和着火源。

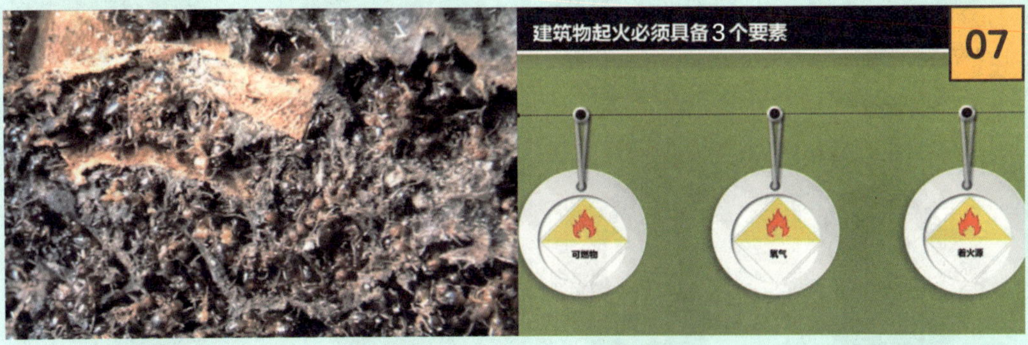

07

2 位小朋友认为，在森林大火中，着火源和可燃物都已经具备了，那么蚁巢内部没有被烧毁的原因可能是蚂蚁们用身体阻断了氧气。经过观察可以发现，大量的蚂蚁都死在了蚁巢的底部，还有一些死在蚁巢的外层，这些死亡的蚂蚁用身体堵住了蚁巢的各个入口，造成了空气的阻绝，加上植物纤维有一定的阻燃作用，最终让它们的同伴在蚁巢内得以存活。举腹蚁用自己的身体阻止大火，保护自己的家园，这样的行为真是令人敬畏！同时，举腹蚁“制造”的具有阻燃作用的植物纤维同样值得人们学习和研究！

08

专家点评

树上的蚁巢在山火后还能幸存，这样的结果令人吃惊，蚁巢的材料和结构值得深入研究。要是能多找几个蚁巢就更好了，毕竟排除偶然因素才能得出正确的结论。此外，还应注意科学微电影解说词应平和、客观，拟人化的表达容易引起误解。

短片中爸爸带着两个孩子做科学探究，针对一个被山火烧得面目全非的蚁巢层层展开，进行了多个角度和深度的提问和验证。稚嫩的童声解说，更让本片显得平实质朴。

故事化的开场，引出对蚁巢的发现。对比实验形象展示出蚁巢的防火效果，小姐弟观察细致，认真探究令人感动。他们还分析出阻燃和断氧两种可能。对一个蚁巢有如此细致的观察，他们的科学探究已经迈出了第一步。

短片抓住了一次偶然的发现，对烧焦的蚁巢进行了探究，发现了蚂蚁所建蚁巢中植物纤维具有阻止燃烧的作用，为2位“小小科学家”这种善于观察的精神点赞。同时，短片中对大火里丧生的蚂蚁表现出的伤心与同情，以及对劫后余生蚂蚁顽强生命的赞叹等镜头，都是一次极生动的生命教育历程，在孩子幼小的心中埋下了尊重生命的种子，相信它会生发出爱的力量。

二十五、犀鸟丰容探究

2nd International Youth Science Fair for Discovery Videos

第二屆國際青少年科學發現影像大賽

獲獎證書

茲頒發給優秀科學微電影「二等獎」獲得者。特頒此證，以資鼓勵。

項目名稱 ： 犀鳥豐容探究

作　　者 ： 丁佳慧、王傳龍、魏芸龍

所在學校 ： 上海市虹橋中學

指導教師 ： 陳筱楓

國際青少年科學發現影像大賽評審委員會主席

張波 博士

2017年9月30日至10月6日 於美國波士頓

在内地观赏影片：

2nd International Youth Science Fair for Discovery Videos

The Second Place Of Grand Award

is hereby awarded to

Ms. Ding Jiahui, Mr. Wang Chuanlong, Mr. Wei Yunlong

from

Shanghai Hong Qiao Middle School

for their discovery video project on

Hornbill Enrichment

under supervision of

Mr. Xiaofeng Chen

September 30 to October 6, 2017

Boston, USA

Dr. BO Zhang

Chair

International Youth Science Fair for Discovery Videos

在境外观赏影片：

综合实践活动（科学探究课题 + 科学影像创作）

蓝鲸的话

做个玩具、搭个棚子、埋些果子，让动物园里情绪低落的动物们更多地恢复自然状态下的行为，变得更快乐、更愿意活动、更爱和同伴交流，这就是动物丰容（environmental enrichment）。我国的动物园在动物丰容方面，无论是理念还是技术，与世界相比都还有很大差距。

了解到这个现状，来自上海市虹桥中学的“科学创客”丁佳慧、王传龙、魏芸龙，他们很想在动物丰容领域做点贡献。于是，他们选择了上海动物园的犀鸟，打算为它做个玩具，让它一改呆头呆脑、半天一动不动的“郁闷”状态。

他们成功了吗？来，让我们走进上海动物园，看看犀鸟是否喜欢新玩具。

犀鸟，是一种珍奇的大型鸟类，体长为 70 ～ 120 厘米，其中喙就长达 35 厘米。犀鸟以果实或昆虫为食。它头上长有盔突，一双大眼睛上长有粗长的睫毛，足上长有宽扁的脚趾以适合在树上进行攀爬活动。全世界共有 45 种犀鸟，中国共有 4 个品种，分布在云南西部、南部和广西南部，均被列为国家二级保护动物。

01

王传龙同学非常喜欢犀鸟，但他发现有些犀鸟很不活跃，看起来不太快乐。犀鸟为什么不快乐呢？王传龙和他的几位同学讨论了这个发现，同学们都觉得这是一个很有意思的课题，他们决定成立科学探究小组开展研究。

通过查询资料和咨询动物学专家，他们了解到，圈养的鸟类与野生鸟类生活环境有很大区别，这个区别有可能导致鸟类活跃度降低。圈养的鸟类活动空间小，不需要寻觅食物，时间长了就会影响其活跃度。如何提升犀鸟的活跃度，使犀鸟重新“快乐”起来呢？“动物丰容”的概念进入同学们的认知。动物丰容，就是通过一些方法，尽可能地给圈养的野生动物恢复或保持原有天性，为圈养动物营造一个良好的生活环境，这也是人类给圈养野生动物提供的福利。

怎么给犀鸟进行丰容？王传龙想到了巨大的摩天轮，如果为犀鸟制作一个摩天轮，它一定会很快乐。轮子从哪里来呢？自行车！王传龙说服了爸爸，将家里的自行车拆了，他和探究小组的同学们要为犀鸟制作一个双排摩天轮。

他们设计了图纸，一起商讨制作方法。动物园对外来物品放入笼舍内的要求非常高，丰容器材要绝对保证犀鸟的安全。经过反复论证和精心制作，王传龙和同学们制作了一个犀鸟丰容器具，就把它叫作“摩天轮”吧！

新的问题来了，犀鸟会喜欢这个“摩天轮”吗？大家心情忐忑，真想钻到犀鸟的脑子里，看看它都在想点什么。他们把做好的“摩天轮”放进犀鸟的圈舍里，实验开始了！大家隔着玻璃紧张地观察着。一开始，丰容器具上色彩鲜艳的小球吸引了犀鸟，犀鸟不知道这是什么东西，它用好奇的眼光注视着这个“摩天轮”。接着，犀鸟谨慎地触碰着“摩天轮”。经过几次试探，犀鸟大概认为它是安全的，就开始放心地和“摩天轮”玩了起来，并尝试着从“摩天轮”里面获取食物！看到犀鸟这么喜欢“摩天轮”，大家非常开心。

实验证明，“摩天轮”会明显提升犀鸟的活跃度；虽然获取有点难度，并且需要花费时间，但是很明显这让犀鸟对寻找食物产生了兴趣。放入丰容器具“摩天轮”之前，犀鸟在笼舍中没有探索行为。前后对比，说明犀鸟对这个新奇的物体很感兴趣。动物园的技术人员也肯定了探究小组的成果。

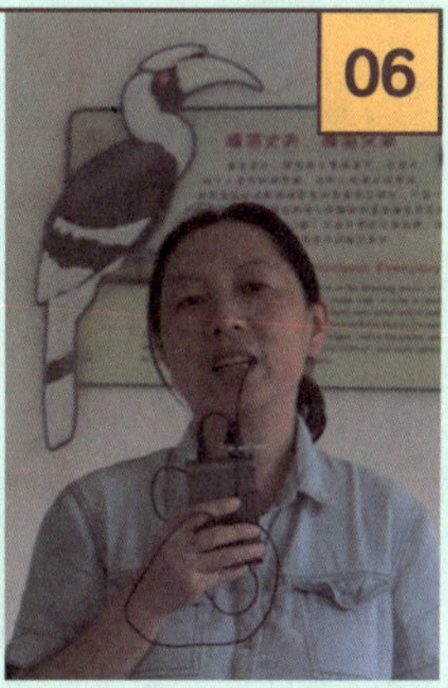

丰容是人类给圈养野生动物提供的福利，目前中国虽然制定了新的野生动物保护法，但还没有涉及给野生动物提供福利的条例。王传龙和探究小组的同学们呼吁法律工作者们在野生动物福利的问题上要做更多探讨。

专家点评

动物丰容是动物行为学和动物福利领域的前沿课题，我国对圈养动物缺乏个体的关注，在动物丰容这个领域的研究刚刚起步。给犀鸟做个玩具，听上去异想天开，却是少年创客们在犀鸟丰容研究上的突破和创新。

短片中的少年创客们发现犀鸟“不快乐”的现象后，很想帮助犀鸟改善。他们脑洞大开，给犀鸟设计、制作了双层“摩天轮”玩具，既能玩，又能觅食，一举两得。短片探究逻辑清晰，发现问题、讨论方案、设计图纸、动手制作、检验效果、专家评价，层层递进，结构完整。在选题、研究方法、创新效果上，都给观众耳目一新的感觉，很有代入感。

短片中提到了一些数据，对犀鸟丰容前、丰容后进行对比，但是观众只能听到解说，不能看到画面，非常遗憾。如果能够增加丰容前后犀鸟行为变化的画面、少年创客们记录、分析数据变化的画面，观众更能感同身受。

短片中其实可以看到两个玩具，创作小组亲手制作时用的前者，即安装有不锈钢的缸子的双层“摩天轮”玩具；犀鸟实验时用的是后者，即安装有白色塑料杯子的双层摩天轮玩具。显然前者和后者不是同一个玩具。短片中应该交代“两代作品”的关系，发现了什么问题，为什么做了改进，改进的效果如何，等等。少年创客们解决真实困难的故事正是展现科学的情感、态度、价值观的良好载体。否则会让观众产生诸如这只是一个小制作，问题一下子就解决了的感觉，说服力不强。

短片解说较生动，但不够简洁。配音站在第一人称的角度，非常恰当地表达了作者对犀鸟的关爱，在大自然中与动物成为朋友的理念。不足之处是，未能很好地将这种担忧、关爱、设想等通过语气、语调，充分运用语言的丰富变化有效传递出来，通篇解说平平淡淡，没有起伏转承。

给犀鸟设计、制作玩具的过程非常生动，应该保留一些同期声，这些也是对作品主题的丰富。饲养员的一段表达非常准确地概括了主题，同期声使用非常好，但犀鸟玩耍一段却没有保留同期声，使得信息不完整，略显遗憾。

二十六、行者攀鲈

3rd International Youth Science Fair for Discovery Videos
第三屆國際青少年科學發現影像大賽
獲獎證書
茲頒發給優秀科學微電影「二等獎」獲得者。特頒此證，以資鼓勵。
項目名稱　：行者攀鱸
作　　者　：陳兆武、李嘉榮、張森華
所在學校　：佛山市順德區胡寶星職業技術學校
指導教師　：胡衛濤、饒秀珍
國際青少年科學發現影像大賽評審委員會主席
張波 博士
2018年9月30日至10月6日 於美國波士頓

在内地观赏影片：

3rd International Youth Science Fair for Discovery Videos
The Second Place Of Grand Award
is hereby awarded to
Mr.Zhaowu Chen, Mr.Jiarong Li & Mr.Senhua Zhang
from
Hubaoxing Vocational Technical School Of Shunde
for their discovery video project on
The Walker:Climbing Perch
under supervision of
Mr.Weitao Hu & Ms.Xiuzhen Rao
September 30 to October 6, 2018
Boston, USA
Dr. BO Zhang
Chair
International Youth Science Fair for Discovery Videos

在境外观赏影片：

综合实践活动（科学探究课题 + 科学影像创作）

蓝鲸的话

鱼不是在水里游动的吗？为什么这条小鱼会在地上行走？饲养在家里鱼缸中的鱼儿竟然还有“鲤鱼跃龙门”的功夫，“越狱”逃跑吗？科学少年陈兆武、李嘉荣、张森华来自广东省佛山市顺德区胡宝星职业技术学校，他们在家乡的鱼塘附近发现了这种“身怀绝技”的鱼，于是一个科学探秘故事开始了。

在回家的路上，陈兆武、李嘉荣无意间发现地上有条鱼在爬行。这条鱼个头不大，呈银灰色。鱼儿发现了他们，却没有立刻逃走。陈兆武、李嘉荣用手去逗这条鱼，结果它慌乱地爬走了。看到它爬行的样子，他们感到很奇怪，这是什么鱼，居然能在地上爬行？陈兆武、李嘉荣喊上张森华，他们 3 人决定探究这种会爬的鱼。

02

先采访一下附近鱼塘的主人吧！鱼塘主人告诉陈兆武，当地人称呼这种鱼为“铁甲鱼”，铁甲鱼经常在雨天爬出来。这种鱼的鳃内上方具有辅助呼吸器官“鳃上器”，能使鱼在缺氧时纳入空气进行呼吸，使它在陆地上存活得更久。至于这种鱼为什么能在地上爬行，鱼塘主问也不甚了解，依然是个谜。

科学少年们决定再在网络上和图书馆查阅一下相关资料。从资料上，他们终于知道了这种鱼叫作龟壳攀鲈鱼，全球仅有 2 个种，是亚洲特有的小型淡水鱼。龟壳攀鲈鱼生活在各大小江河下游及邻近湿地之处。至于龟壳攀鲈鱼为什么能爬行，资料还是没有说明。老师说实践出真知，陈兆武和小伙伴儿们决定通过仔细观察，自己揭秘龟壳攀鲈鱼的爬行行为，他们设计了一系列探究实验。

基本信息

名称	龟壳攀鲈
目	鲈形目
亚目	攀鲈亚目
科	攀鲈科
属	攀鲈属
分布区域	中国、马来西亚、印度等国家

龟壳攀鲈鱼

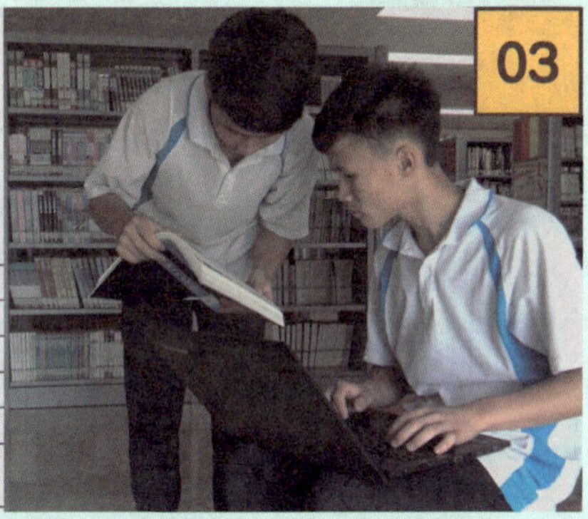

03

第一个实验是验证龟壳攀鲈鱼的爬行方向。陈兆武和同学们想尽办法找来 4 条大小相同的龟壳攀鲈鱼，把它们放在地上。结果，这些鱼虽各顾各地爬行，但有一个共同点：它们都朝着有水的地方前进。同学们换了一个地点重复实验，结果龟壳攀鲈鱼还是向着水源处爬行。由此可见，龟壳攀鲈鱼有敏锐的寻找水源的能力，总是选择爬向水源。

04

第二个实验是对比鲫鱼、鲮鱼、龟壳攀鲈鱼和弹涂鱼的爬行能力。陈兆武他们 3 人在市场挑选了当地常见的鲮鱼和鲫鱼，将它们和龟壳攀鲈鱼一起放到木板上面，观察发现，鲫鱼一开始就躺下了，鲮鱼平躺着摆动了几下尾巴又躺下了，只有龟壳攀鲈鱼能保持身体平衡并快速爬行。他们想到了能爬行的弹涂鱼，将弹涂鱼找来再一次进行对比观察，发现弹涂鱼的爬行主要依靠双鳍让身体处于平衡状态得以爬行。由此可见，鲫鱼、鲮鱼因为不能保持身体平衡而无法爬行；龟壳攀鲈鱼、弹涂鱼可以在爬行时保持身体平衡。那么，到底是龟壳攀鲈鱼的哪个部位让其在爬行时保持身体平衡的呢？

龟壳攀鲈鱼在陆地上时，鳃盖张开、胸鳍划动、尾巴摆动，所以爬行时运用到的身体部位分别是鳃盖、胸鳍、尾部。众所周知，鱼是依靠尾部的摆动来提供潜行动力的，那到底是哪个部位使龟壳攀鲈鱼保持身体竖立及平衡的呢？是鳃盖，还是胸鳍？为此他们又设计了第三个实验。

第三个实验是验证龟壳攀鲈鱼支撑身体竖立的部位。他们把龟壳攀鲈鱼胸鳍捆绑起来，其依然可以爬行；把鳃盖捆绑起来，龟壳攀鲈鱼只会上下跳动，不能爬行了。实验结果显示，龟壳攀鲈鱼能在地上爬行，是利用了鳃盖保持身体竖立和平衡的。为什么鳃盖能起到保持平衡的作用？

07

探究小组继续观察发现，龟壳攀鲈鱼鳃盖能张开一定的角度，这让鳃盖为鱼身在爬行时提供足够的支撑力，防止身体侧翻。同学们利用画图的方法测量了鳃盖张开的角度，发现鳃盖最多可以张开到85度！在画图时，陈兆武又发现了一个有趣的特征，鳃盖周边呈锯齿形，有23个小刺、1个大刺，大刺比小刺大得多，呈黑色。鳃盖周边的锯齿又有什么作用呢？一则新闻报道给出了答案，大鱼或鸟类捕食龟壳攀鲈鱼后，竟会被其鳃盖卡住而窒息。原来，鳃盖周边的锯齿有对抗天敌的作用。

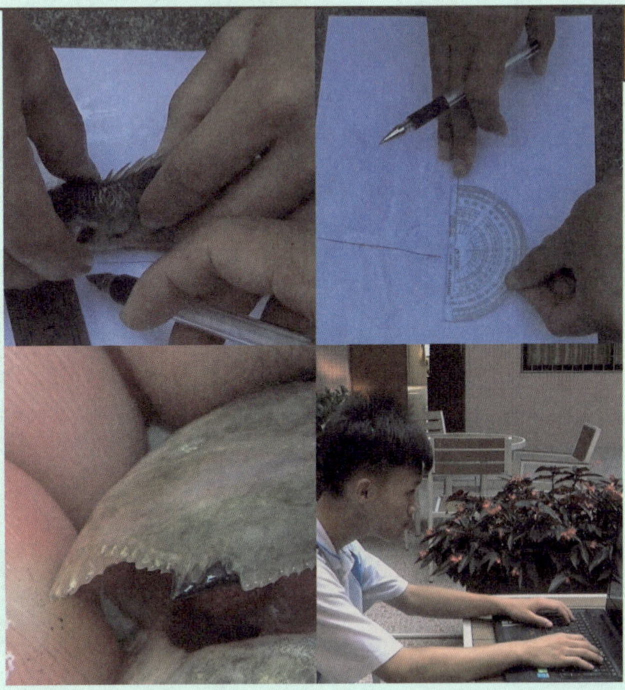

08

在饲养龟壳攀鲈鱼的日子里，有几次鱼从鱼缸里丢失了。陈兆武蹲守鱼缸好几天，终于拍到龟壳攀鲈鱼“越狱”的镜头。它竟然具备“鲤鱼跃龙门”的能力，可以直接从水中跳跃到陆地上去。陈兆武想起第一次在河岸边发现了龟壳攀鲈鱼的时候，它应该是刚从水里跳出来的。

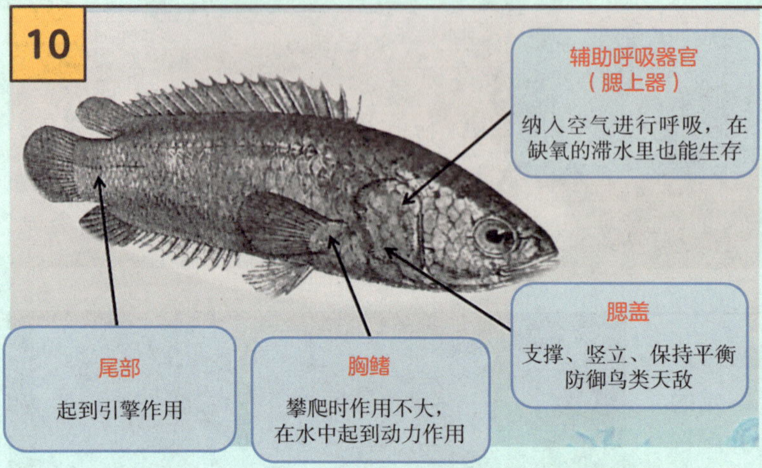

龟壳攀鲈鱼是如何在地面行走的

龟壳攀鲈鱼具备在陆地上行走的能力，也有在陆地寻找水源的能力，同时还能够从水里跳跃到地面上。这些能力使得龟壳攀鲈鱼既能在水里生存，也能短暂地在陆地生存。

这不禁让探究小组的同学们猜想，龟壳攀鲈鱼很有可能是水生生物进化成陆地生物的活化石。通过这次探究，同学们不仅揭示了龟壳攀鲈鱼是如何在地面行走的，也让他们对生物进化和演变有了更鲜活的认识。

专家点评

短片从一条不起眼的小鱼入手，提出问题、进行猜想、实验验证、做出解释，再提出问题、再进行猜想、再实验验证，再做出解释。在这反复的探究过程中，科学少年们一步步揭示出现象背后的真相。

短片中两组对比实验设计得十分巧妙，一组是不同鱼的爬行能力对比，另一组是攀鲈鱼身体不同部位对爬行能力的影响，很有代入感，观众能够跟随科学少年一起一步步思索和推导出结论。作品逻辑清晰、层层深入，结论令人信服。

揭开攀鲈鱼行走的秘密，使科学少年对生物进化和演变有了更鲜活的认识。科学发现就是在执着地寻根问底中获得的，科学少年们抓住问题不放的科学精神值得点赞！

短片中 2 位同学出镜自然大方。配音流畅，吐字清晰。如果在采访鱼塘主人，水产市场购买鲫鱼、鲮鱼时，能增加和他们交流的同期声会更生动。

短片整体完整，如果在鱼类对比时突出三种鱼身体结构特征的相同与不同、放大“跃龙门”细节，会让影片的特色和科学探究活动的意义增色。

攀鲈鱼的新闻资料，说明的是攀鲈鱼的鳞片会使吃掉它们的大鱼或者鸟窒息，这个特点说明攀鲈鱼的特殊结构既能使它行走，也会对其他生物造成危害，这个矛盾点也是能够进一步挖掘、放大的影片内容。在画面上，短片出现的新闻联播引用中使用了已经离职的主播照片，但是其中的配音却是女声，主播的画面显得毫无意义，可以删除。

二十七、会吃肉的植物

——猪笼草

2nd International Youth Science Fair for Discovery Videos

第二屆國際青少年科學發現影像大賽

獲獎證書

茲頒發給優秀科學微電影「二等獎」獲得者。特頒此證，以資鼓勵。

項目名稱 ： 會吃肉的植物——豬籠草

作　　者 ： 徐凌霄、李亦陽

所在學校 ： 鄭州市第七中學、鄭州市第十一中學

指導教師 ： 葉永忠

國際青少年科學發現影像大賽評審委員會主席

張波 博士

2017年9月30日至10月6日 於美國波士頓

在内地观赏影片：

2nd International Youth Science Fair for Discovery Videos

The Second Place Of Grand Award

is hereby awarded to

Mr. Lingxiao Xu, Ms. Yiyang Li

from

No.7 Middle School of Zhengzhou, No.11 Middle School of Zhengzhou

for their discovery video project on

Carnivorous Plant — Nepenthes

under supervision of

Mr. Yongzhong Ye

September 30 to October 6, 2017

Boston, USA

Dr. BO Zhang

Chair

International Youth Science Fair for Discovery Videos

在境外观赏影片：

综合实践活动（科学探究课题＋科学影像创作）

蓝鲸的话

猪笼草，就是传说中的食肉植物，苍蝇、蟋蟀、蚂蚁都是它的“盘中餐”。如果拥有一棵神奇的猪笼草，你首先会拿它去做什么实验？2位科学少年李亦阳、徐凌霄抱着猪笼草跑到了鸡圈边，他们闻着浓烈的鸡屎味，一蹲就是几个小时，只为了验证猪笼草是不是能够捕捉到苍蝇。放飞好奇，每一位科学少年都可能成长为真正的科学家！

端午节放假，李亦阳带着同学徐凌霄一起到她爸爸的办公室，向他请教功课。窗台上的几盆花吸引了他们的眼球，它们是一种长满了像小葫芦样的奇怪绿色植物。两位同学的好奇心瞬间爆棚。

01

李亦阳问爸爸这些小葫芦是什么东西，摆放在这里有什么用？爸爸告诉他们这是猪笼草，夏天蚊蝇多，这些猪笼草可以帮他捕捉蚊蝇，同时还有绿化及装饰的作用，两全其美。

他们俩从来没有见过猪笼草，以前只知道动物吃植物，哪里还有植物吃动物的？听了介绍，他俩不禁感叹世界之大，无奇不有！看着一个个、一串串提溜的笼子，好像一个个小瓶子，而且上面还有一个盖子呢，长得还真有点奇怪！他们很想知道这些猪笼草是如何捕食动物的。

他们放下手中的功课，开始在网上查阅资料。原来，猪笼草是一种生长在热带雨林地区的野生植物。猪笼草有一个独特的吸取营养的器官——捕虫笼。捕虫笼呈圆筒形，下半部稍膨大，笼口上有盖子，因其形状像猪笼而得名。猪笼草在植物大家庭中因能“吃肉”而声名鹊起。

05

李亦阳认真观察起窗台边上这个“植物陷阱”。等待了2个小时，竟然没有看到一只蚊蝇在上面攀爬，真让人失望！是办公室原本就没有蚊蝇，还是因为气候、时间的问题，或是猪笼草对蚊蝇的吸引力不够强呢？徐凌霄建议李亦阳找一个潮湿、温热、蚊蝇多的地方，继续观察猪笼草。

附近有个养鸡场，不如把带来的猪笼草挂在那里观察吧。说干就干！果然，不一会儿就有不少苍蝇飞过来，对猪笼草表现出了极大的兴趣。它们开始先在叶子上爬行，慢慢就爬到了猪笼草漏斗状的捕虫笼上，在笼盖和捕虫笼的边缘上爬行，好像找到了可口的食物。苍蝇还是很狡猾的，一直在享受着美味给它们带来的快乐，始终在笼盖背面和捕虫笼的周边爬，就是不往捕虫笼里面爬。

06

07

养鸡场周围的气味很难闻，但为了看到蚊虫入“瓮”，他们还是耐心地观察着。快看，苍蝇开始往小罐罐里面爬了！看到这个场景，2位同学紧张得就要窒息了。紧接着，一只又一只的苍蝇爬进了捕虫笼里面，再也没有出来。

苍蝇为什么会钻进去呢？观察归来，他们决定继续探究。他们找来实验用具，准备检验一下“胜利成果”。剪开捕虫笼，2 只捕虫笼中的十几只苍蝇成了猪笼草的丰盛美餐。猪笼草里面流出了很多液体，2 位同学用 pH 试纸测验，发现猪笼草中的消化液呈弱酸性。

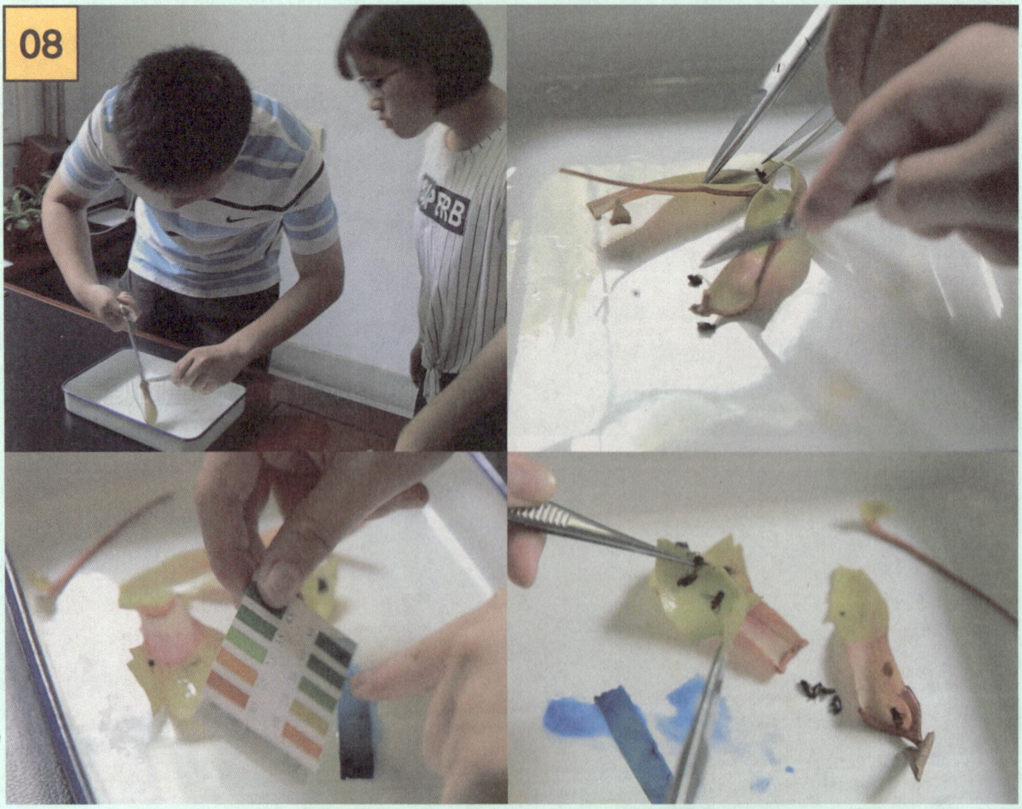

原来猪笼草是一个聪明的“猎手”！笼盖的下表面有大量的蜜腺，分泌出的蜜液散发出诱虫的芳香，吸引昆虫觅食。这些蜜液有一点麻醉的作用，会使昆虫麻痹而落入笼内。捕虫笼内的上半部分布着蜡质材料，笼身边缘有细小的光滑条纹，蜡质使其更加光滑，让昆虫难以抓牢，这样会阻止任何落入捕虫笼内的昆虫爬出。各类昆虫落入捕虫笼后，等待它们的是猪笼草的消化液。这种酸性消化液会腐蚀昆虫的身体，帮助猪笼草消化吃掉的昆虫。最后，猪笼草将得到的营养物质，通过叶柄传递到全身。猪笼草之谜终于揭开了，但是大自然中还有很多未解之谜等待着小科学家们继续去探究！

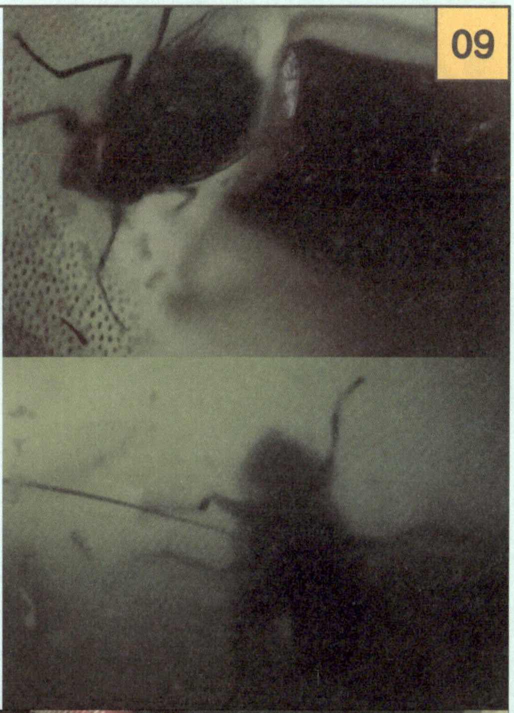

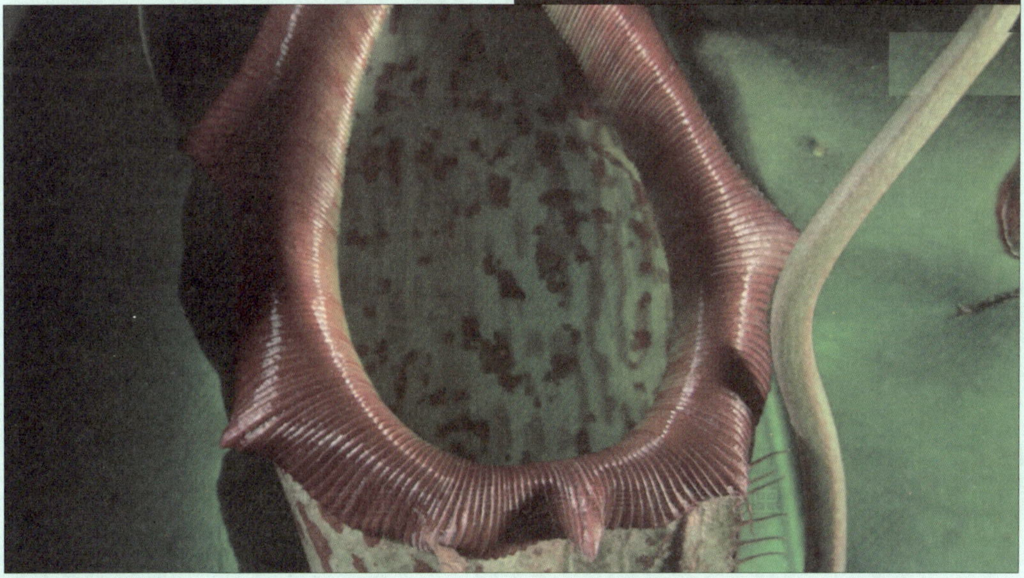

专家点评

短片主题明确，对神奇的猪笼草进行了探究。从好奇心出发，提出问题，并设计实验亲自验证，结论真实可信。科学少年们在鸡圈边观察猪笼草捕蝇能力的实验简单明了，尤其是他们的执着精神给观众留下深刻印象。关于猪笼草的“神奇”，还有很多值得深挖的课题，如结构、功能、捕虫原理、消化原理，以及与猪笼草相关的生态防虫方案、仿生设计方案等都可以继续探究下去。

出镜的 2 位科学少年表情自然，动作协调，比较遗憾的是他们没有在发现、观察、探究的过程中在现场表达自己的真实感受，爸爸的同期声不是影片的重点。拍摄环境只有爸爸的办公室和养鸡场，但对猪笼草来说，它的生长环境在哪里？内容上还可以适当拓展。

短片解说词表述清晰，问题集中。猪笼草长什么样？怎么捕虫？从课题本身来说还有更深、更多的答案值得探究，对观众来说“不解渴”。配音情绪稳定、流畅。中间有一男声介入，却是昙花一现，显得有些突兀。值得注意的是，一般在配音中不采用男女声交叉的方式，除非有特别的设计和安排。

短片已经开启了猪笼草探究的大门，建议登堂入室，给观众呈现更多“神奇”的方面。

二十八、“九死还魂”

——神奇的复苏植物

2nd International Youth Science Fair for Discovery Videos

第二屆國際青少年科學發現影像大賽

獲獎證書

茲頒發給優秀科學微電影「二等獎」獲得者。特頒此證，以資鼓勵。

項目名稱　：「九死還魂」——神奇的復蘇植物

作　　者　：鄧萬堅、陸萬貴、李偉生

所在學校　：佛山市順德區胡寶星職業技術學校

指導教師　：孫玉生

國際青少年科學發現影像大賽評審委員會主席

張波 博士

2017年9月30日至10月6日 於美國波士頓

HKYSA

在内地观赏影片：

2nd International Youth Science Fair for Discovery Videos

The Second Place Of Grand Award

is hereby awarded to

Mr. Wanjian Deng　Mr. Wangui Lu　Mr. Weisheng Li

from

Hubaoxing Vocational Technical School Of Shunde

for their discovery video project on

Magic Resurrection Plant

under supervision of

Mr. Yusheng Sun

September 30 to October 6, 2017

Boston, USA

Dr. BO Zhang

Chair

International Youth Science Fair for Discovery Videos

HKYSA

在境外观赏影片：

综合实践活动（科学探究课题 + 科学影像创作）

蓝鲸的话

3 位科学少年虽然身处水草丰茂的岭南水乡顺德，但是他们非常担忧全球日益严重的沙漠化问题，于是开始寻找神奇的复苏植物，希望能够帮助解决沙漠化问题。什么样的植物在“干死”以后还可以“死而复生”呢？他们淹没在了网络信息的汪洋大海之中，各种信息难辨真伪。3 位科学少年成立了“沙漠小组”亲自设计实验，模拟沙漠环境，要验证传说中的复苏植物。快来围观吧！

沙漠，是一片死寂之地，地球上很多生机勃勃的植被，都渐渐被沙漠无情吞噬、占领。近年来，这种情况越发严重，已成为世界性难题。我国是世界上沙漠化面积较大的国家之一，深受其危害。沙漠化的有效治理、改善已经刻不容缓。

邓万坚、陆万贵、李伟生在微信朋友圈看到一则故事，说一位植物学家制作多年的标本在遇水后居然复活了！大多网友惊呼神奇，也有网友将信将疑。植物离开水怎么还能活呢？3位同学很是好奇。干枯的植物还能复活吗？这种植物要是真的存在，那对治理沙漠化岂不是很有帮助？他们带着这个疑问随机采访了学校的几位师生，大家对此都纷纷质疑。这更激发了3个科学少年的兴趣，他们决定成立“沙漠小组”一探究竟。

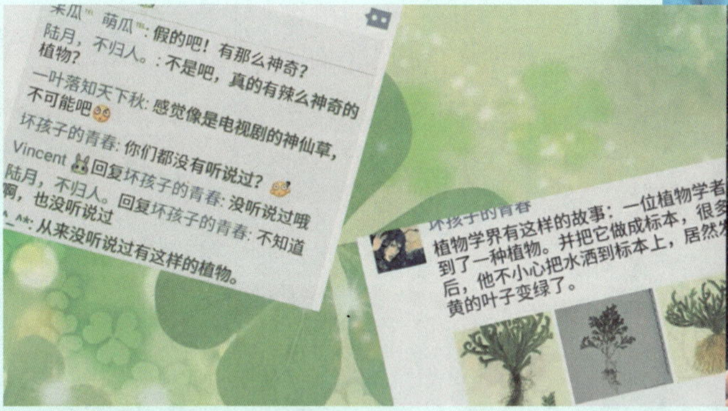

02

邓万坚建议先找到这种植物。他们来到顺德区图书馆查阅资料，希望能在这里找到答案。但事情并没有想象的那么顺利，他们忙碌了一下午，翻遍了植物学科书籍，还是没有找到能复活的植物。当邓万坚一筹莫展的时候，一种叫作卷柏的蕨类植物引起了他们的关注。这种植物耐旱、生命力极强的特性与“传说”中的植物十分相似。

03

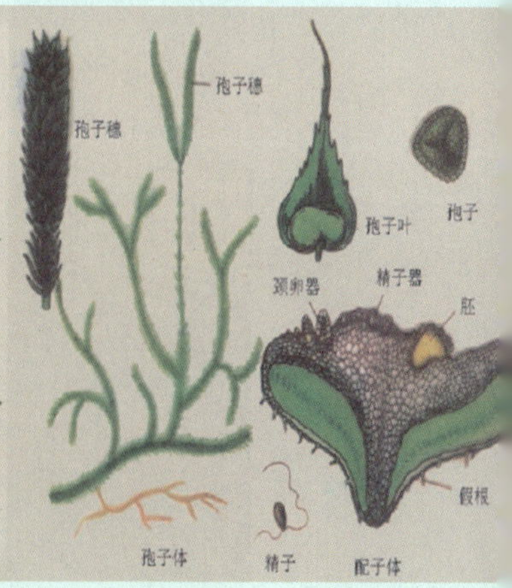

顺藤摸瓜，他们在网上继续查阅卷柏的资料，得到了更多的信息。卷柏，又名复活草，是一种罕见的蕨类植物，已经在地球上村长3亿多年了。邓万坚和陆万贵、李伟生又找到很多出售卷柏的商家，商家都声称自己的卷柏可以起死回生。

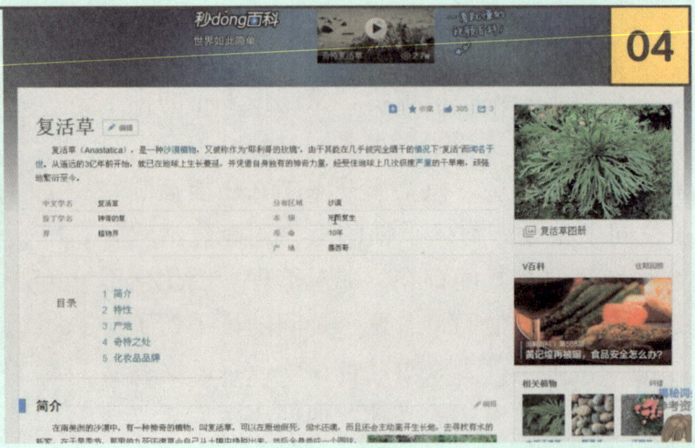

04

一周时间内，他们陆续收到安徽、云南两家网店寄来的卷柏。植物的生长离不开阳光、土壤和水的滋润。同学们看着网店寄来的这些缩成一团的植物，叶子全部变得干黄，感觉如枯枝败叶般，又干又脆。这些看似已经枯死的植物，真能复活吗？

05

他们准备好2个容器，将卷柏分别放在容器内，按照店主的说明，把一些清水洒在卷柏上，看看植物是否会发生变化。5分钟过去了，他们发现这些植物并没有什么变化，难道是时间不够吗？1个小时过去了，这些植物看似开始微微张开，这难道就是复活的迹象？同学们准备再泡上几个小时，看看是否会有更大的变化。8个小时之后，眼前的景象让同学们兴奋不已。两株卷柏卷曲的枝叶，已经渐渐舒展，颜色也变成了绿色。看来，干枯的卷柏真的能复活。但沙漠的气候炎热，常年的降水量又很少，这些植物要是在沙漠环境下还能复活吗？

06

为了模拟沙漠的严酷环境，同学们想到了体育场的沙坑，那里可能是个理想的实验场地。但同学们到现场一看，发现沙坑里的沙子还是含有一定的水分，很多普通的植物在这里都能生长，不符合实验要求。面对这样的情况，同学们想出了一个方法：自制沙漠实验田。

07

沙漠小组的 3 位同学分工合作。首先，邓万坚在晴朗天气条件下收集沙子，要保证足够实验使用。其次，陆万贵、李伟生找到一块干净的空地，把沙子铺开进行晾晒，让沙子在烈日下暴晒数小时，使里面的水分完全蒸发。沙子准备完毕，便可以开始实验了。实验地点选在足球场中间，那里没有树木的遮挡，阳光照射最为充足。他们用纸盒装满晒干的沙子，并保证沙子有一定的厚度；再把购买的卷柏，按照种类的不同依次放在“实验田”里；洒上适量的水，模拟沙漠里的“久旱逢甘霖”。

08

气温随着时间的推移越来越高，整个足球场也慢慢变成了巨大的蒸笼，卷柏能经得起烈日的考验吗？邓万坚的心情忐忑不安，时不时跑去看看。时间一分一秒地过去，奇迹终于发生了，“实验田”里的卷柏真的又一次起死回生了。沙漠小组的模拟实验宣告成功！

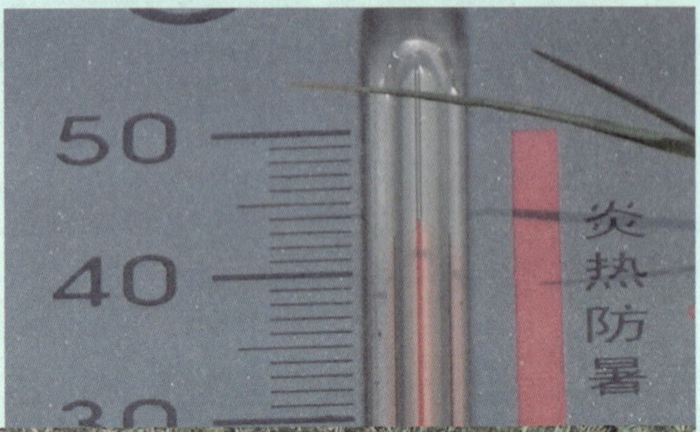

09

像卷柏这种能够耐受极度干旱，并在遇水后起死回生的植物，被人们称为复苏植物。它们能在极其恶劣的环境下生长，干枯后遇水即能复活。复苏植物这一特性，为沙漠化的治理提供了一个新的思路。

10

因为实验条件的限制，沙漠小组不能完全模拟出沙漠的真实环境，达到百分之百的模拟效果。但他们相信，随着研究的深入，复苏植物的特性会应用到沙漠化的治理中，甚至应用到更多领域中，造福人类。

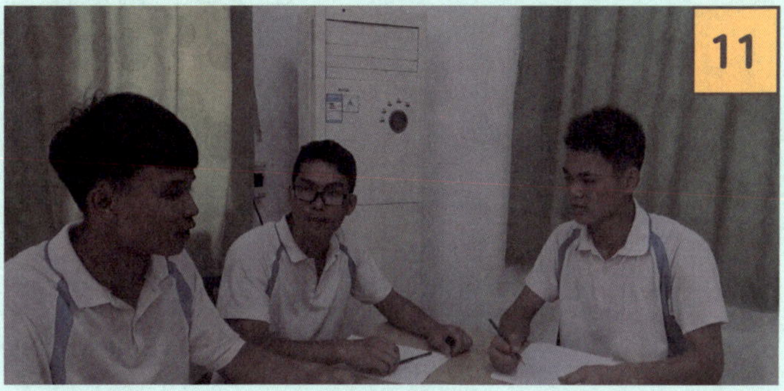

专家点评

选题很有分量，很有实际意义，充分显示出了科学少年强烈的社会责任感和对地球的终极关怀。模拟沙漠环境，探讨对全人类有价值的环境课题，是本片对青少年科学探究活动最有启发的一点——各地师生不用抱怨当地是否缺乏适合科学探究的选题。

短片中科学少年们通过查阅网络资料锁定了卷柏这种植物，并通过实验验证了卷柏的复苏能力——吸水能力。但是科学实验到此戛然而止，显然证明还不够充分，吸水后的卷柏是否还能继续生长？是否有新的根生长出来，是否有固土防沙的作用？还有许多问题值得探究，应该继续深挖下去。

短片使用快放手法，展示植物复苏过程是短片的一大亮点。室内拍摄建议使用台灯等补光，减少画面上的噪点。

配音表达环节平淡，创作者需要记住配音是在对内容充分了解、理解之后的一次声音创作。短片中被采访对象都显得态度积极，表达清楚、生动。在实验环节，如自制沙漠实验田是非常有意思的行动，若能增加同期声的表达会让受众看得兴致盎然。

实验环节真实可信。解说比较准确。开头关于“什么是沙漠”的采访可以删减。另外，还请核对短片的题目，到底是“神奇的复苏之物”，还是“神奇的复苏植物”。

二十九、植物中的“铁娘子”

——空气凤梨生长奥秘的探究

3rd International Youth Science Fair for Discovery Videos

第三屆國際青少年科學發現影像大賽

獲獎證書

茲頒發給優秀科學微電影「二等獎」獲得者。特頒此證，以資鼓勵。

項目名稱：植物中的“鐵娘子”——空氣鳳梨生長奧秘的探究

作　　者：梁賀文、李帥、趙海龍

所在學校：佛山市順德區胡寶星職業技術學校

指導教師：孫玉生、張大偉

國際青少年科學發現影像大賽評審委員會主席

張波 博士

2018年9月30日至10月6日 於美國波士頓

在内地观赏影片：

3rd International Youth Science Fair for Discovery Videos

The Second Place Of Grand Award

is hereby awarded to

Mr. Hewen Liang, Mr. Shuai Li & Mr. Hailong Zhao

from

Hubaoxing Vocational Technical School Of Shunde

for their discovery video project on

Plant "Iron Lady": Study on the Mystery of the Growth of Air Pineapple

under supervision of

Mr. Yusheng Sun & Mr. Dawei Zhang

September 30 to October 6, 2018

Boston, USA

Dr. BO Zhang

Chair

International Youth Science Fair for Discovery Videos

在境外观赏影片：

综合实践活动（科学探究课题 + 科学影像创作）

蓝鲸的话

大家还记得研究“九死还魂草”（卷柏）的沙漠小组吗？他们希望找到一种能够改造沙漠的植物。沙漠小组的老队员毕业了，他们的学弟们又补充到了沙漠小组中，继续寻找耐干旱、生命力强的植物，这次他们找到了空气凤梨。空气凤梨的生长有什么奥秘？为什么有人称它“铁娘子”？请沙漠小组的科学少年梁贺文、李帅、赵海龙介绍他们的研究成果。

有一种植物靠空气就能生长，你相信吗？植物的生长离不开阳光、空气、土壤和水，大自然中的植物会通过各种方式来获得赖以生存的养料。无论是家养的绿植还是户外供人欣赏的花卉，都是种植在土壤里或者浸泡在水里。然而，最近网上传言有这样一种植物，只要将它随意放在空气中就能生长。这引起了新一代沙漠小组成员梁贺文、李帅、赵海龙 3 位同学的探究兴趣。这究竟是一种什么样的植物呢？

沙漠小组讨论了详细的研究计划。他们决定先寻找这种神奇的植物，揭开它神秘的面纱。他们上网查询资料，在搜索“只靠空气就能生长的植物”时，一种叫空气凤梨的植物引起了他们的注意。这种植物无须土壤和水就能生长的特性，和“传说”中的植物十分相似。

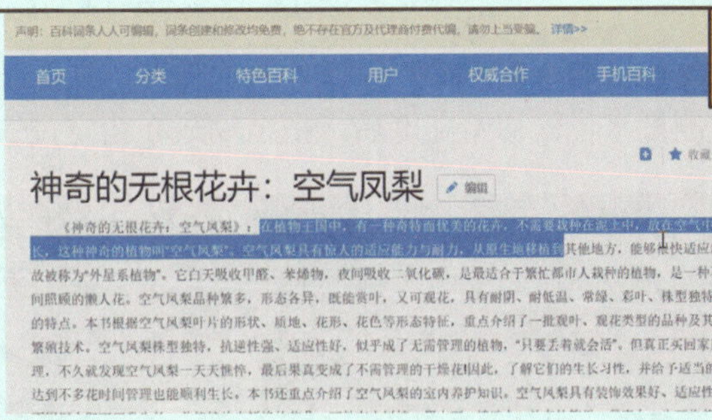
声明：百科词条人人可编辑，词条创建和修改均免费，绝不存在官方及代理商付费代编，请勿上当受骗。详情>>

首页 分类 特色百科 用户 权威合作 手机百科

收藏 0 0

神奇的无根花卉：空气凤梨 编辑

《神奇的无根花卉：空气凤梨》：在植物王国中，有一种奇特而优美的花卉，不需要栽种在泥土中，放在空气中就能正常生长，这种神奇的植物叫“空气凤梨”。空气凤梨具有惊人的适应能力与耐力，从原生地移植到其他地方，能够很快适应新的环境，故被称为“外星系植物”。它白天吸收甲醛、苯烯物，夜间吸收二氧化碳，是最适合于繁忙都市人栽种的植物，是一种不需多花时间照顾的懒人花。空气凤梨品种繁多，形态各异，既能赏叶，又可观花，具有耐阴、耐低温、常绿、彩叶、株型独特、便于管理的特点。本书根据空气凤梨叶片的形状、质地、花形、花色等形态特征，重点介绍了一批观叶、观花类型的品种及其栽培要点与繁殖技术。空气凤梨株型独特，抗逆性强、适应性好，似乎成了无需管理的植物，“只要丢着就会活”。但真正买回家后，全无管理，不久就发现空气凤梨一天天憔悴，最后果真变成了不需管理的干燥花|因此，了解它们的生长习性，并给予适当的环境，才能达到不多花时间管理也能顺利生长。本书还重点介绍了空气凤梨的室内养护知识。空气凤梨具有装饰效果好、适应性强等特点，

02

为了验证网上的说法，他们来到了顺德区图书馆，希望能在这里解开心中的谜团，空气凤梨是同学们要找的植物吗？他们充满期待。但是万事开头难，植物类的书籍比同学们想象中要多得多，只能进行地毯式搜索。整整一个下午过去了，但功夫不负有心人，经过不懈努力，他们最终在一本杂志中找到了这种神秘植物。空气凤梨，属凤梨科，是地球上唯一能够完全生于空气中的植物。它不需要泥土和水，就能绽放出鲜艳的花朵。

03

他们上网买了一些空气凤梨。几天后陆续收到了网店寄来的包裹。这些植物看起来并没有什么特别。它们既不需要生长在土里，又不需要浸泡在水里，是靠什么方式来吸收养分的呢？

04

沙漠小组的 3 位同学决定设计实验探究。他们把植物分成 2 组，每组分别浸泡叶子和根，测量水位的初始高度后，把植物放在指定位置，做好提示性标语。

05

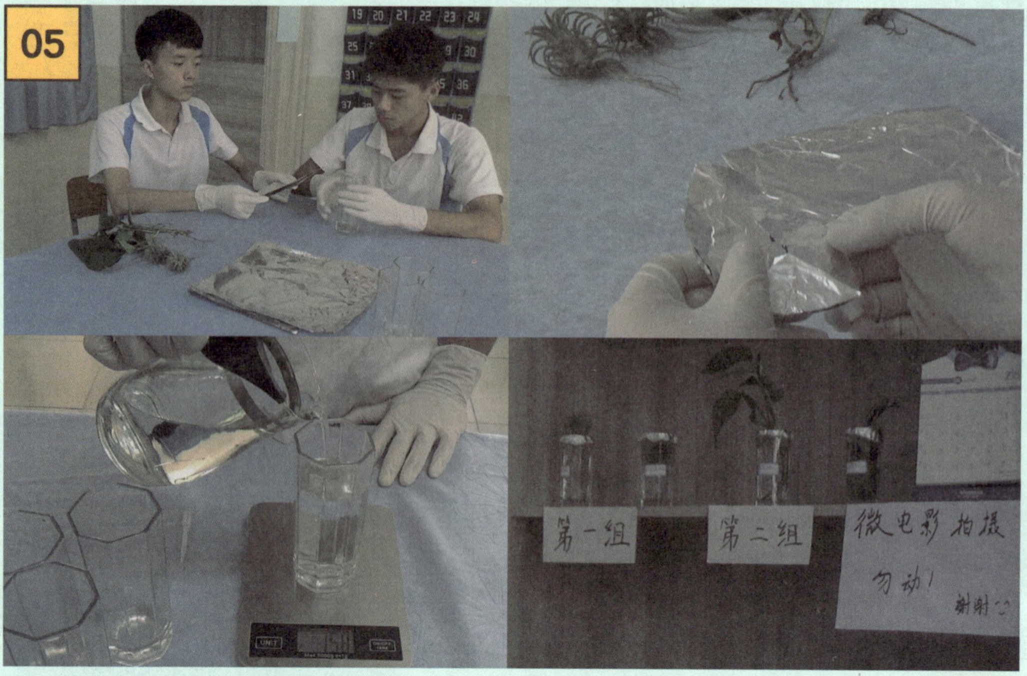

他们每天观察、记录水位情况。1 周后，他们发现不同量杯中的水位明显不同。他们把记录下来的数据进行对比分析，绘制成了水位变化曲线，由此得出结论：空气凤梨的根部基本没有吸水能力，叶子具有一定吸水能力。

06

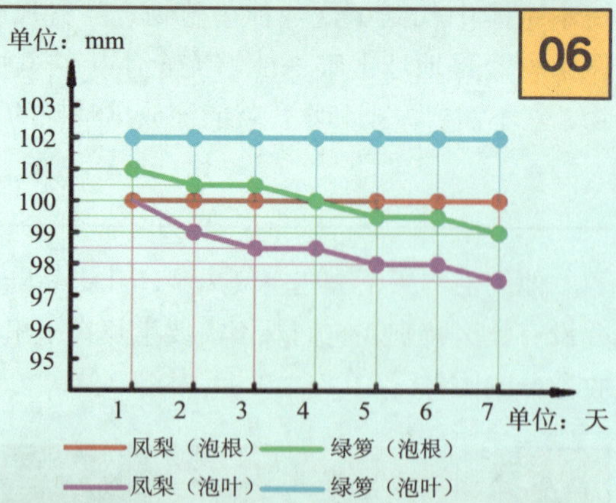

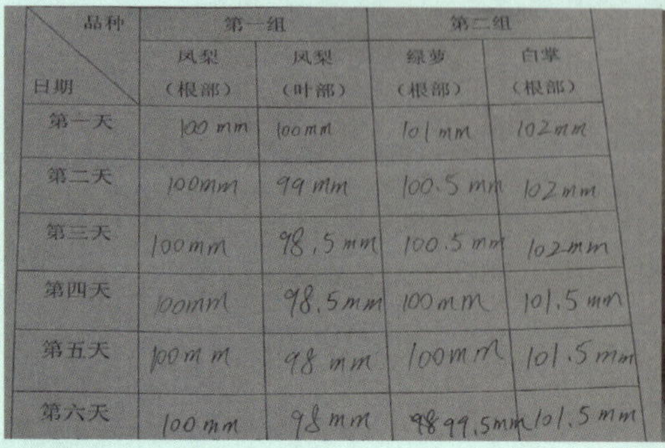

品种 / 日期	第一组		第二组	
	凤梨（根部）	凤梨（叶部）	绿萝（根部）	白掌（根部）
第一天	100 mm	100mm	101 mm	102mm
第二天	100mm	99 mm	100.5 mm	102mm
第三天	100mm	98.5mm	100.5 mm	102mm
第四天	100mm	98.5mm	100mm	101.5mm
第五天	100mm	98mm	100mm	101.5mm
第六天	100mm	98mm	98 99.5mm	101.5mm

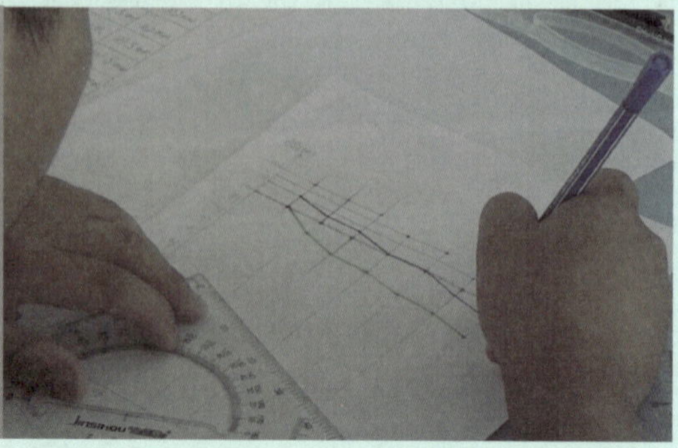

原来空气凤梨是靠叶子来吸水的。那么它的叶子为什么能像根一样吸水呢？沙漠小组又进行了另一组实验：空气凤梨叶子特性实验。分别取凤梨和绿萝两种植物，解剖它们的叶子，放在显微镜下观察。他们惊奇地发现，滴水后，凤梨叶子上的鳞片逐渐消失了，而绿萝的叶片没有发生明显变化。这个现象说明，空气凤梨叶子表面布满银色鳞片且具有吸收和储存水分的功能。

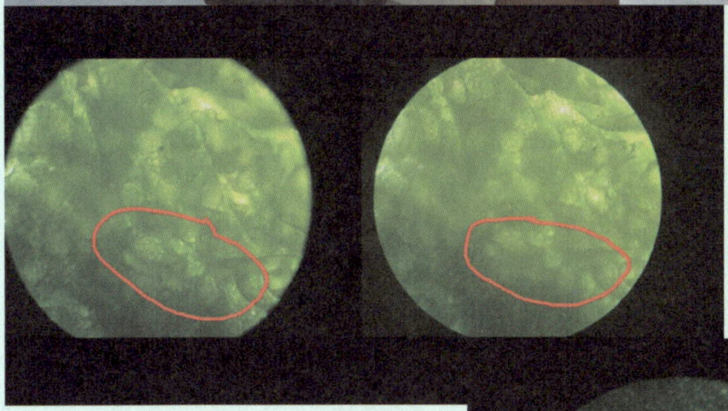

空气凤梨（滴水前→滴水后）

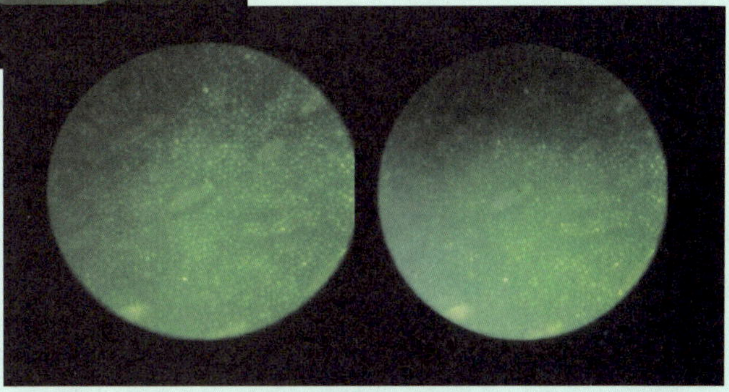

绿萝（滴水前→滴水后）

原来空气凤梨“逆生长”的奥秘在于它的叶子。凤梨的叶片可以吸收空气中的水蒸气，从而获取生长所需的养料。空气凤梨主要生长于美洲的热带雨林区，但在严酷的沙漠环境里也可以生长。

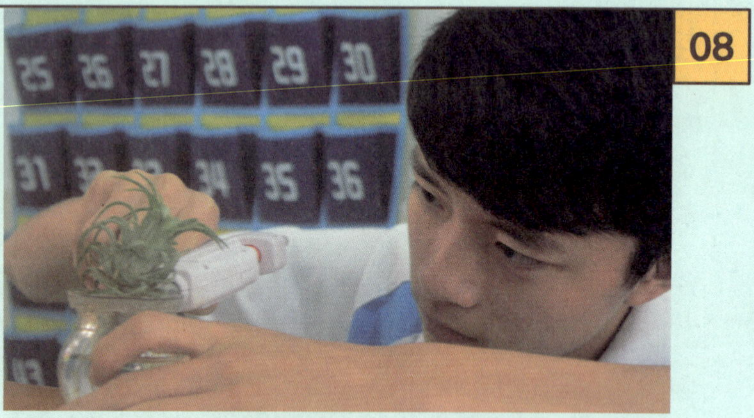

沙漠小组的同学们认为，空气凤梨无须土壤和水就能生长，且对生长环境要求不高的特性，将为沙漠化的治理贡献力量。空气凤梨也可用于室内养植，为室内美化提供新方向。

专家点评

短片通过同学们对一种特别的植物——空气凤梨的探究，揭开了它可以在空气中生长的秘密。为了解这种植物，他们不仅在网上查，还到图书馆里找。他们设计了简单的对比实验来探究空气凤梨不同部位的吸水能力，实验设计有板有眼，实验数据真实可靠。在显微镜下对叶子表皮结构的观察，如果能够给出更清晰的图解，可能会成为研究的一个亮点。但结论较为唐突，一种在热带雨林中生长的植物同时也能适应沙漠环境，缺乏实验证明。

短片开头入题较慢。片名可以去掉“探究”二字，改为“空气凤梨生长的奥秘”。配音音色较好，语言流畅，配音与音乐的配合及后期处理对影片有很好的提升作用。

科学探究是团队的合作，配音中讲述的是团队的故事，在出镜、探究、介绍空气凤梨的时候都有很大的空间进行语言的表达。团队中的同学形象都非常好，却没有勇敢地站在镜头前向观众介绍这种美丽的植物，较为遗憾。

从内容创作上分析，影片侧重于介绍空气凤梨这样一种非凡的植物，科学实验和设计偏重于呈现从百度查找的知识点，缺乏对科学少年们观察和发现问题的描述。此外，科学少年们在探究中遇到的每一个困难是什么，怎样突破和找到解决方法的？短片中并未呈现。这些内容的缺失使作品看上去中规中矩，观众难以看到科学少年进行科学探究的内在动力。

“要像空气凤梨那样，外表美丽，内心坚强，在以后的学习生活中做令人钦佩的强者。”这应该是他们的最大收获。

科技创新经典 STEM + 课程　　视频书

生态环境 影像调查

科技创新经典 STEM+ 课程：青少年科学影像

主　编：姜冬梅　　副主编：刘　鼎　杨沐华

中国环境出版集团·北京

图书在版编目（CIP）数据

科技创新经典STEM+课程：青少年科学影像.生态环境 影像调查 / 姜冬梅主编.-- 北京：中国环境出版集团，2025.1
ISBN 978-7-5111-5543-6

Ⅰ.①科… Ⅱ.①姜… Ⅲ.①环境保护－青少年读物 Ⅳ.①X-49

中国国家版本馆CIP数据核字（2023）第113111号

责任编辑 杨旭岩
装帧设计 宋　瑞

出版发行 中国环境出版集团
（100062　北京市东城区广渠门内大街16号）
网　　址：http://www.cesp.com.cn
电子邮箱：bjgl@cesp.com.cn
联系电话：010-67112765（编辑管理部）
发行热线：010-67125803，010-67113405（传真）
印装质量热线：010-67113404
印　　刷 玖龙（天津）印刷有限公司
经　　销 各地新华书店
版　　次 2025年1月第1版
印　　次 2025年1月第1次印刷
开　　本 787×1092　1/16
印　　张 17
字　　数 130千字
定　　价 238.00元（全四册）

国际青少年科学影像大赛组委会主席介绍

姜冬梅　博士、教授

2016—2024年大赛组委会主席

南京大学环境学院博士，清华大学环境学院博士后、清华大学核能与新能源研究院博士后，现任郑州工程技术学院学术副校长、郑州师范学院教授、香港岭南大学荣誉研究员、香港青少年科学院终身荣誉院长，曾担任香港浸会大学访问研究员、香港金融管理学院副院长、香港宋庆龄教育学院院长、中国碳中和发展集团首席科学家、战略发展委员会主席等。由于在环境保护和科学教育上的突出贡献，早在2002年就获得了我国第六届“地球奖”。

在环境保护方面，主要从事应对气候变化与碳达峰碳中和领域的研究，出版专著《应对气候变化》（2007年由中国环境科学出版社出版），发表核心期刊论文47篇。中国林业生态发展促进会碳中和工作委员会理事长、森林研学委员会理事长，中国环境学学会碳捕获封存与利用委员会常务理事、碳排放交易委员会委员。

在科学教育方面，自1994年从事青少年科学教育30余年，辅导青少年科技创新项目数百项，在《小学生学习报》《中学生数理化》主持专栏“应对气候变化”“蓝鲸科学电影院”“毛毛虫学科学”等，发表科普文章超过500篇；曾担任义务教育小学《科学》（大象出版社）编委，并担任《科学》教材课程向教育部申请批准时的执笔编委，提出了课程的主要思想、结构和主要案例，是《科学》教材第一次全国培训的主讲专家；主编《环境教育与科学教育的融合》《环境教育教学方法与实践》（中国环境科学出版社）《我的低碳生活——全国青少年科技实践活动手册》（人民出版社）等著作10余部。

在青少年科学影像教育方面，2006年带领科学教育团队开发了我国第一套青少年科学影像资源包《打开DV学科学》丛书（化学工业出版社），在2010年发起举办了“全国青少年科学影像节”（2025年举行到第15届）、2016年发起举办了“国际青少年科学发现影像大赛”，2019年更名为“国际青少年科学影像大赛”（2025年举行到第10届），目前青少年科学影像活动已经成为国际和国内青少年科技创新经典STEAM活动。2016年和2017年连续出版《透过镜头　放飞好奇》《科学影像　点燃梦想》（人民出版社），2025年出版《科技创新经典STEM+课程：青少年科学影像》，包括《奇妙生命　影像发现》《生物多样　影像探索》《生态环境　影像调查》《传统文化　影像传播》（中国环境出版集团）。

国际青少年科学影像大赛
评审委员会介绍

袁小军　博士、研究教授

2019至2024大赛评审委员会主席

美国哥伦比亚大学Lamont-Doherty地球研究所,海洋学教授、海洋及冰川学家，知名华人科学家、为数不多的华人女性终身研究教授。她主导了大量美国顶尖地球科学研究课题，研究集中于海洋-大气-海冰在极地区域的相互作用、热带和极地的联系、极地物理海洋学以及海冰的可预测性等方面，为地球科学做出了卓越的贡献。长期以来，她在科研之余，为地球科学领域的青年人才培养做出不懈的努力。连续担任2019、2020、2021、2022、2023、2024国际青少年科学影像大赛评审委员会主席。

罗伯特·牛顿　博士、资深科学家（Dr. Robert Newton）

科学技术工程数学（STEM）评委

美国哥伦比亚大学Lamont-Doherty地球研究所资深科学家，海洋物理学家、极地气候学家，热爱青少年科学普及，每年暑期指导多个高中生团队开展科学研究。连续担任2019、2020、2021、2022、2023国际青少年科学影像大赛评委。

玛吉·图林　科普主任（Ms. Margie Turrin）

科学技术工程数学（STEM）评委

美国哥伦比亚大学Lamont-Doherty地球研究所，负责公众与青少年科学普及工作，每年组织研究所公众开放日活动，指导多所高中学生开展科学调查活动。多次获得科普、教育、公众服务等领域杰出大奖。连续担任2019、2020、2021、2022、2024国际青少年科学影像大赛评委。

颜备战 博士、教授

科学技术工程数学（STEM）评委

美国哥伦比亚大学Lamont-Doherty地球研究所，国际和公共事务副教授、研究教授。他建立的环境有机地球化学实验室，能够从环境和生物样品中提取、分离和鉴定有机污染物和生物标志物。担任2019国际青少年科学影像大赛评委。

若阿金·戈什 博士、教授（Dr. Joaquim Goes）

科学技术工程数学（STEM）评委

美国哥伦比亚大学Lamont-Doherty地球研究所，生物学和古环境研究教授，日本名古屋大学海洋生物地球化学理学博士，印度孟买大学微生物学硕士。他曾发表120多篇同行评审论文，参与的研究项目包括：海洋浮游植物的生理学和生产力、海洋中的碳循环、气候对海洋生态系统和社会经济的影响、水生生态系统中的微塑料等。担任2019国际青少年科学影像大赛评委。

张波 博士

2016至2018大赛评审委员会主席

美国新罕布什尔大学博士、哈佛大学博士后、哈佛大学医学院讲师、美国诺娃（OvaScience, 2015 top 50 Smartest companies）公司研发部主任，美国青少年科学工程技术协会（ASET4U）创始人。从事疾病检测和新药开发研究，并领导数个新型药物的研发，新药的临床转化及肿瘤生物分子标记物在临床检测中的应用。目前主要致力于干细胞的临床应用和相关产品开发。在青少年科学教育上，倡导Hands On理念，提倡“动手动脑，知行合一”。连续担任2016、2017、2018国际青少年科学影像大赛评审委员会主席。

迈克尔·邦科夫斯基 博士（Dr. Michael Bonkowski）

科学技术工程数学（STEM）评委

美国西北大学费恩伯格医学院研究助理教授兼实验室主任。曾在哈佛大学医学院David Sinclair实验室做研究工作，NAD+生物学和人类衰老研究专家，旨在研究人类新陈代谢、衰老和年龄相关疾病之间的联系。他发表了35篇同行评议的期刊文章，并进行了多项成功的人类长寿研究。担任2017国际青少年科学影像大赛评委。

刘鼎　博士

科学技术工程数学（STEM）评委

哈佛大学分子与细胞生物学系博士后，专注于动物社交本能和孤独感的研究。2016年在中科院上海神经科学研究所获得博士学位，其博士研究论文发表在《Science》杂志。曾获得研究生国家奖学金、吴瑞奖学金、中科院院长奖、Jane Coffin Childs 博士后奖学金等荣誉，2015年应邀参加德国林岛诺贝尔奖获得者大会。2018、2019 英特尔国际科学与工程学大赛（ISEF）评委，连续担任2017、2018、2019、2020、2021、2022国际青少年科学影像大赛评委。

徐浩然　博士

科学技术工程数学（STEM）评委

美国麻省理工学院麦戈文脑研究所罗伯特 · 戴西蒙实验室从事博士后研究。目前研究以狨猴为模式动物研究大脑皮层如何处理复杂社会信息，进而阐释自闭症症候群社会认知缺陷原因。2016年获得中国科学院上海生命科学学院神经科学研究所神经生理学博士。2018英特尔国际科学与工程学大赛（ISEF）评委，2017和2018国际青少年科学影像大赛评委。

卡尔提克 · 斯里尼瓦桑　博士（Dr. Karthik Srinivasan）

科学技术工程数学（STEM）评委

美国麻省理工学院罗伯特 · 戴西蒙实验室博士后，波士顿大学认知与神经系统博士。他的研究工作侧重于使用电生理学、药理学和光遗传学技术研究非人类灵长类动物的注意力神经机制，以及神经表征、皮质图的发展、形成和功能的相关问题。担任2018国际青少年科学影像大赛评委。

劳雷尔 · 赛玛　女士（Ms. Laurel Zaima）

科学技术工程数学（STEM）评委

美国哥伦比亚大学Lamont-Doherty地球研究所，从事海洋地质学和地球物理学领域的科学研究，极地地球物理研究小组成员，担任Lamont-Doherty地球研究所教育与外联协调员。每年举办地球所的开放日，组织上百位科学家搭建数十个“科普帐篷”，同时为来自纽约的公众开展“接地气”的科普宣传；长年为纽约自然博物馆等机构提供丰富多彩的科普展示和讲座。担任2020国际青少年科学影像大赛评委。

牛瑶　博士、教授

科学技术工程数学（STEM）评委

河南师范大学动物学教授、河南省昆虫学会常务理事、中国昆虫学会蝴蝶分会终身会员。长期从事昆虫学和无脊椎动物学的教学与科研工作，发现并命名数百种昆虫的新种。热爱科学普及工作，我国第一套青少年科学影像资源包《打开DV学科学》课题组资深专家，长期义务从事“全国青少年科学影像节”“国际青少年科学影像节”的评审工作。

吕尚伟　院长

影视技术与艺术评委

UCG学院院长。2003年创办国内第一本DV杂志《DV@时代》（现名《数码影像时代》）并任执行主编。国内首家动态数码影像技术测评中心[DVCLUB]产品测评室创立者、负责人，北京电影学院电影制作人高级研修班讲师团讲师 。2006年参与开发编写我国第一套青少年科学影像资源包《打开DV学科学》，主编《DV技术100问》。多次担任“全国青少年科学影像节”“国际青少年科学影像大赛”评委和骨干教师培训主讲专家，培训骨干教师上千名。

薛建峰　编审、制片人

影视编导与艺术评委

资深媒体制作人，多年从事媒体传播的创作与管理，长期关注“科学影像的美学表达”这一国内前沿课题。先后参与创办《走近科学》《原来如此》等科普栏目在科学影像制作方面积累了实践经验，曾获得星光奖“电视科普节目大奖”。多次担任“全国青少年科学影像节”“国际青少年科学影像大赛”“广东省大学生科学影像节”评委。

尚钊　教授

脚本创作与艺术评委

郑州师范学院文学院教授，在文艺理论、写作理论的研究和教学方面卓有建树。我国第一套青少年科学影像资源包《打开DV学科学》课题组资深专家，为了解决科学教师在辅导科学影像作品上的关键难题，开创了青少年科学影像的脚本创作理论，并在实践中摸索了一套将科学探究活动与脚本创作相磨合的方法。多次担任“全国青少年科学影像节”“国际青少年科学发现影像大赛”的评委。作为主讲专家，培训全国科学影像骨干教师上千名。

张红梅　副编审

科学技术与社会（STS精神）评委

《教育时报》原副总编辑，《科学家专访》专栏资深记者，全国青少年科技创新大赛资深记者，《创新之路——青少年科技创新教育活动辅导与研究》主编，国家标版级小学《科学》大象版教材编写组成员；中国科协“青少年科学DV活动资源包”项目组负责人之一，参与开发了我国第一套青少年科学影像资源包《打开DV学科学》，参与发起举办“全国青少年科学影像节”“国际科学影像大赛”，并多次担任两赛评委和骨干教师培训主讲专家，培训骨干教师上千名。

吕萌　总编辑

科学技术与社会（STS精神）评委

小学生学习报社总编辑，从事青少年教育和编辑工作20多年，积累了大量青少年成长成才的经典案例，在科学影像作品的选题和呈现方式上有丰富的经验，坚持科学、技术与人文社会相融合的教育理念。参与开发了我国第一套青少年科学影像资源包《打开DV学科学》，参与发起举办“全国青少年科学影像节”“国际科学影像大赛”，并多次担任两赛评委。在《小学生学习报》上创办了《蓝鲸科学电影院》栏目，已经展播国际和国内优秀科学影像作品百余部。

主编自序

见证青少年科学家群体的成长

姜冬梅

我每次到中小学去，兴致勃勃地和一个个科学影像小组轮番讨论他们的选题、研究计划、拍摄计划，他们的头脑风暴敲打着教室的门窗，整个教室都被智慧的火花照亮着。时间一晃就会过去三五个小时，而我们都浑然不知，心流交汇激起千重浪，我们全都沉浸在无比的幸福之中。当每个小组都确定下来自己的选题准备大干一场时，我能感受到他们的心流在奔腾。作为一名普通的科学教师，在青少年科学影像活动中我一次次地体会到了“得天下英才而育之”的人生快乐。

青少年科学影像活动，是指中小学生组成研究团队，不仅从问题入手完成一个科学探究项目，按照观察提问、猜想假设、计划组织、事实证据、模型解释、表达交流的步骤推进自己的创新研究，而且整个研究过程还能利用数码影像设备拍摄记录下来，创造性地剪辑完成一部科学探究纪录片。在科学影像活动中，中小学生不仅是少年科学家、工程师、发明家，还是摄影师、编剧、导演、出镜演员、配音、配乐，甚至还有更多角色，制片人、舞台设计师、道具设计师等等。

要完成一部作品，这样的青少年科学影像团队听上去需要很多很多人参与，其实，3至5人就可以组成一个研究小组，他们完全可以在研究的同时完成自己小组的科学影像作品。本套丛书共分为4本，分别是《奇妙生命 影像发现》《生态环境 影像调查》《生物多样 影像探索》《传统文化 影像传播》，收录了108部优秀的青少年科学影像作品，这些作品是第二届至第五届“国际青少年科学影像大赛“上的获奖作品。

每一部获奖作品都记录了一群小科学家在好奇心的驱动下像大科学家一样开展科学研究的故事，无论是他们探究的问题，还是他们的数据质量，还是他们最终分享的探究成果，都在一定程度上具备了和大科学家的研究项目一样的品质。我们不能不感叹，一个具备创新精神和掌握了一定创新能力的青少年科学家群体正在成长！

每一部获奖作品也同时记录了这群掌握了数码影像技术的小科学家组成的摄制组的故事，如何利用现代数码技术拍摄和编辑影像，有图有真相地把数码影像设备“玩”成了跨越时空的观察工具、记录工具、数据处理工具、分享交流工具……在数码影像技术的帮助下，影像使创新更真实，影像也使科学更美丽！

透过这些获奖作品，总结青少年科学影像活动中少年科学家的共同特征，或者说是他们在科学影像活动中成长的三大法宝，分别是放飞好奇、沉浸探索、享受交流。

放飞好奇

“好奇心是人的天性，对科学兴趣的引导和培养要从娃娃抓起。”好奇心就是个体在认识世界过程中对未知和新异事物进行积极探索的心理倾向或内部动机。每个中小学生都天生具有好奇心，如果带领他们走出家门、走出教室、走进大自然之中，无论是公园，是田野，还是森林，他们的好奇心就会自发地放飞，太多新奇的事物在等待着他们去探索。

《星系巢穴》中杨沐华、叶若言、黄柯霖在学校门口的大树上发现了一种会编织叶子的黄猄蚁，它们不仅会吐丝，还会把叶子编制成巢穴，这些巢穴布局奇妙，引起了三位中学生探索的兴趣……《星系巢穴》代表香港队赴美国匹兹堡参加了2018年国际科学与工程学大赛（ISEF），他们的发现引起了许多动物学家的兴趣。到今天，三位中学生已经走进了科学的殿堂，杨沐华正在香港大学医学院攻读生物医学博士，叶若言正在美国杜克大学攻读分子生物学，黄柯霖正在北京师范大学攻读艺术设计专业。

《一管一世界》中李瑞妍、陈程睿、赵卓玥在太平山的护坡上发现了许多排水管，不看不知道，一看吓一跳，这些排水管里竟然住着很多小动物，有的住着黑框蟾蜍，有的住着中华壁虎，有的住着雷氏大疣蛛，还有的住着红火蚁……三位中学生将科学与艺术结合，在《一管一世界》中记录了他们的发现之旅。到今天，三位中学生也已经开始了大学生活，李瑞妍考取浙江大学本硕博8年连读的临床医学专业，陈程睿考取了深圳大学高等研究院理工创新实验班数学专业，赵卓玥则远赴日本攻读动漫创作。

《青蛙王子变身记》中陈梓桐、王奕涵、左佑三位小学生在宠物市场发现了一种五颜六色的“小青蛙”，买回来研究它们的习性，竟然发现它们不是青蛙，而是非洲爪蟾，一种繁殖力强大的入侵生物！到今天，他们虽然还在读高中，但是科学探究的经历却像种子一样深植在了他们的心中。

随手打开4本书中的任何一本，仅仅扫一眼目录，中小学生探究自然的好奇心就足以让我们应接不暇，《会吃肉的植物》《长鼻小丑》《蚂蚁的地狱》《以虫治虫》《古树空心之谜》《不朽的龙舟》《金砖探秘》……在好奇心的驱动下，他们拉开了科学探索的序幕。

沉浸探索

每一部科学影像作品都是中小学生完成科学探究项目的真实记录，他们在科学探索中不仅可以更多地了解科学知识，而且最重要的是能够掌握科学探究的方法，成长

为具备科学家潜质的青少年。

《寻蜻记》中何佳茗、王泓乾、肖赫三位中学生在游览香港公园的蜻蜓保育基地时产生了疑问，蜻蜓保育基地为什么蜻蜓反而稀少呢？他们不仅查阅资料，而且采用了采访法、野外调查法、对比分析法等多个研究方法开展探索。他们不辞辛劳地调查了香港新界、九龙、港岛的多个水塘的环境，以便能够进行对比研究，最后终于揭示了一个令人警醒的现象，蜻蜓保育池里放生的大量巴西红耳龟、大型鱼类是蜻蜓幼虫乃至成虫的天敌！有了这个发现，如何管理好蜻蜓保育池这个问题就迎刃而解了。到今天，三位中学生已经扣开了国际名校的大门，踏上了自己追求科学的道路，何佳茗从美国约翰霍普金斯大学神经生物学专业毕业，继续到位于德国柏林的伯恩斯坦计算神经科学中心（BCCN）攻读硕士；王泓乾考取了北京化工大学攻读高分子材料专业；肖赫正在伦敦大学城市学院贝叶斯商学院攻读金融专业。

《毒毛虫来袭》中韦诗瑶、张璐瑶两位中学生在数码港海滨公园观察毛毛虫时，在没有接触毛毛虫的情况下她们的皮肤却出现了严重的皮肤过敏症状，她们反复调查发现原来是毛毛虫掉落的刚毛能够引起皮肤过敏，让人们尤其是孩子的皮肤起成千上万的疙瘩。为了提醒公园游客注意，他们调查了整个海滨公园，统计了毒毛虫的分布情况，并向数码港管理委员会提出了毒毛虫对公共健康的危害及治理建议。管委会不仅及时采取了治理毒毛虫的行动，而且还把两位中学生的科学影像作品在十多个大屏幕上循环播放，提醒游客注意。虽然只是一个小小的社区事件，但是两位中学生科学探究的严谨性和社会责任感却令人赞叹。到今天，韦诗瑶已经入读美国哥伦比亚大学巴纳德学院，张璐瑶也已经入读伦敦大学学院，她们的科学家潜质一定可以让她们在未来的专业探索上出类拔萃。

《“以眼还眼”的螳螂》中马一诺、孙星悦、卢旸岚、孟令宇四位同学在野外抓到了几只螳螂，他们带回来一起观察时，偶然发现了一种奇怪的现象。四个人围着一只螳螂观察，每个人都认为这只螳螂在盯着自己看。他们的实验设计非常有趣，用饮料吸管模仿出了螳螂的眼睛，解构了为什么螳螂总是盯着观察者的看的问题。到今天，马一诺从美国加州大学伯克利分校环境科学专业毕业，已经在攻读宾夕法尼亚大学环境科学专业的硕士，孙星悦本着对摄影技术的兴趣考取了上海大学攻读传媒学，卢旸岚进入伦敦大学学院攻读数学统计专业。

《狮舞岭南之人机共舞》中李欣、陈启涛等7位中等职业技术学校的学生遇到了一个扎心的问题，他们很热爱舞狮活动，但是他们的父母却要求他们要退出舞狮队去好好学习机器人专业。为了能说服父母，也为了能传承舞狮这个传统技艺，他们决定研究用机器人舞狮，实现人和机器人同台共舞。他们经历了重重艰辛，克服了种种困难，想出了各种办法，终于利用工业机器人的专业知识编程设计出了人机共舞。到今天，7位同学已经活跃在佛山市顺德区的各个岗位，他们在科学影像创作中的历练，让李欣成为了当地婚庆公司的著名司仪，陈启涛也成了当地影视制作公司的摄影师。尤其是陈启涛，在国庆70周年时，他和舞狮队受邀在天安门广场展示岭南狮舞，他的骄傲就不必说了，全顺德都在流传科学少年天安门舞狮的故事。科学探究的素质不仅滋润了科学家

的成长，也培养出了许多像李欣、陈启涛一样对社会有用的人。

享受交流

科学成果不是武林秘籍，也不是传男不传女的祖传秘方，科学家取得的研究成果一定会选择一种公之于众的方式展示、分享、交流，要么发表论文，要么出版著作，要么在学术会议上发言或展示，科学影像是21世纪展示交流科学探究成果的新方式，这种方式会随着数码影像的普及成为传播科学成果的重要形式。让中小学生掌握科学影像的创作方式，把科学论文写在屏幕上展示、分享、交流成果，是培养中小学生科学家潜质的重要环节。

《不仅是棵树》中的严知同学从初一就爱上了科学影像创作，《皮包壳的树栖蜗牛》《帝国的交通》《生化结合治白蚁》这三部优秀作品都出自严知之手，他在上中学的4个暑假里陆续完成了角度各不相同的4部作品，他把用科学的方法表达交流、展示分享成果当成了一种日常习惯。到今天，他已经从美国伊利诺伊大学香槟分校毕业，在项目管理上的领导力使他脱颖而出，毕业典礼上受到了校长嘉奖。他现在已经在美国哥伦比亚大学商学院继续攻读硕士学位。严知告诉妈妈，一定要让弟弟参加科学影像活动，让弟弟也沿着哥哥的脚步成长为有科学家潜质的投资人。

《木瓜树上的联合虫害》中的钟家瑞、张小令、王浩丞三位中学生也都是在中学阶段就创作了多部科学影像作品，他们热爱科学探索，也热爱数码影像。到今天，钟家瑞考取了中国民用航空飞行学院飞行技术专业，将来会成为一名飞行员；张小令考取了英国帝国理工大学正在攻读生物学专业，将来会成为一名生物学者；王浩丞考取了厦门大学攻读数学专业，将来也会继续在科学领域深造。

《我还活着》中的苏昱雯就更不用说了，她从小学到中学多次出现在国际和全国科学影像赛事的领奖台上，她花了很多时间做科学探索，培养科学思维，但是让人想不到的是她竟被中国音乐学院录取，并且获得了杰出学生奖。科学与音乐在科学影像中的融合在苏昱雯的身上得到了完美体现。

《客居他乡的鸟》中费利浦也是一个具有音乐创作天赋的少年，他很热爱多样的生物，关心一种濒危动物长冠八哥的异地保护，但是他更热爱音乐创作，在长冠八哥的这部探究纪录片中每一帧的剪辑变换都和音乐节奏相配合。他让科学老师告诉她的妈妈，他要学习音乐创作。科学影像活动发现了这个音乐天才，他也如愿以偿地进入到了美国伯克利音乐学院攻读音乐创作。

《花丛中的“钢铁侠”》中的张艺、温秋芬、吴彩瑶、邹敏、陈林等5位职业技术学校的中学生也都多次参加科学影像创作，他们研究的夹竹桃天蛾幼虫酷似电影中钢铁侠的模样，他们分享交流的研究成果让哈佛大学的科学家在评审时都赞叹“数据质量可以和大科学家的工作相媲美”。他们的科学影像分享交流不仅走进了哈佛大学，还走上了中央电视台，“芝麻开门”栏目专门到学校为他们制作了专题片。

放飞好奇、沉浸探索、享受交流这三大法宝使青少年科学影像活动成为了一个经典STEAM教育，但是放飞好奇需要时间，沉浸探索也需要时间，享受交流更需要时间，在目前仍然以知识讲授、刷题考试、分数评价为主的教育模式下，让学校腾出时间、分配出教师资源、提供设备支持去开展青少年科学影像活动，能做到的学校还只是凤毛麟角。我们在这里编辑出版这108部优秀科学影像作品，是希望星星之火可以燎原。士不可不弘毅，任重而道远！怀着和我们一样科教兴国梦想的学生、老师和校长们，希望这4本书108部作品能够助您一臂之力！

最后，我代表大赛组委会和评审委员会感谢邓予立先生及其亨达集团对大赛奖项的热忱赞助！我代表青少年科学影像课程研发团队感谢胡宝星胡韵琴伉俪对师生培养的鼎力支持！相信爱心汇聚能创造教育奇迹！

mù lù

目录

第一篇

第二篇

第一篇

农林保护 探索创新

DIRECTOR

一、毒毛虫来袭：香港数码港爆发榕透翅毒蛾的调查研究

2020 Hong Kong-New York • International Youth Science Video Fair

國際青少年科學影像大賽

獲獎證書

茲頒發給「HMA」最佳科學技術社會（STS）獎獲得者。特頒此證，以資鼓勵。

項目名稱：毒毛蟲來襲：香港數碼港爆發榕透翅毒蛾的調查研究

作　　者：韋詩瑤、張璐瑤

所在學校：中國香港滬江維多利亞學校、Kingswood School（UK）

指導教師：劉海鵬、楊沐華

國際青少年科學影像大賽評審委員會主席

姜冬梅 博士　2020年10月5日於香港

袁小軍 博士　2020年10月5日於紐約

主辦方：HKYSA 香港青少年科學院 Hong Kong Youth Science Academy　COLUMBIA UNIVERSITY IN THE CITY OF NEW YORK LAMONT-DOHERTY EARTH OBSERVATORY

在内地观赏影片：

2020 Hong Kong-New York • International Youth Science Video Fair

HMA Best Science Technology Society (STS) Award

is hereby awarded to

Shi Yao Wei & Bethany Lu Yao Cheung

from

Victoria Shanghai Academy (Hong Kong, China), Kingswood School(UK) & St. Joseph's College (Hong Kong, China)

for their discovery video project on

The Mystery of the Poisonous Caterpillar: A Study on the Outbreak Trend of Perina nuda in Cyberport Hong Kong

under supervision of

Haipeng Liu & Muhua Yang

Dr. Dongmei Jiang
CO-Chair
International Youth Science Videos Fair

Dr. Xiaojun Yuan
CO-Chair
International Youth Science Videos Fair

Organizers: HKYSA 香港青少年科學院 Hong Kong Youth Science Academy　COLUMBIA UNIVERSITY IN THE CITY OF NEW YORK LAMONT-DOHERTY EARTH OBSERVATORY

在境外观赏影片：

探究故事

蓝鲸的话

最近有一种毒毛虫悄悄地在深圳、佛山等地扩散，而且先后出现毒毛虫伤及路人的报道。2位中学生在香港数码港海滨公园也发现了这种毒毛虫。正当他们做好防护，打算揭开毒毛虫之谜时，却不幸被毒毛虫伤到，严重过敏。这些毒毛虫究竟是如何隔空伤人的？他们的研究还能继续下去吗？

盛暑时分，香港数码港海滨公园有不少市民选择在大榕树下乘凉，但在这宁静祥和之下，却暗藏危机。在公园的大榕树下，韦诗瑶、张璐瑶2位科学少年发现了一大群毒毛虫正隐藏在树缝中，它们通体棕黑色，身上覆盖着长毛，背部还有两簇鬃毛。2位同学从未见过这么多毒毛虫聚集在一起，它们是什么物种？为什么会成群结队？它们会对树木造成伤害吗？

2位同学根据毒毛虫的身体特征通过查阅文献，将这个物种的检索范围缩小至鳞翅目毒蛾科的幼虫。但在比对了众多图鉴和数据后，他们仍然无法在数据库中找到和所见毒毛虫外观一致的物种。最后在鳞翅目专家牛瑶教授的帮助下，他们得知这种毒毛虫是榕透翅毒蛾幼虫。根据生存环境和地区的不同，毒毛虫的身体颜色会有所差异。他们还发现毒毛虫栖息在树缝中，发暗的体色能迷惑天敌，起到保护作用。

第二天清晨5点，科学少年们再次来到树下观察，却被眼前的情形惊呆了！毒毛虫们正成群结队，头尾相接，以千军万马之势向树木根部的树缝进发。当朝霞散去，鸟儿蠢蠢欲动之时，毒毛虫们早已遁入阴影之中，等待下一次黑夜的到来。基于以上观察，他们推测毒毛虫有昼伏夜出的习性，白天会在树缝中躲避天敌，如鸟类、寄生蜂等昼行性动物，天黑后才会爬上树梢进食。

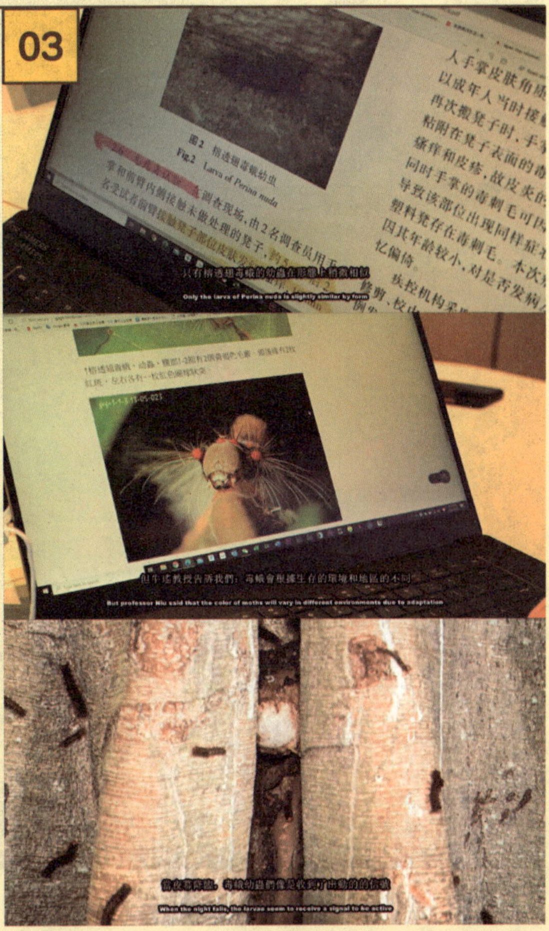

2位科学少年的观察吸引了大量路过的市民，很多人表示从来没有见过这种情况！这让3位科学少年有了新的担忧，榕透翅毒蛾会在数码港泛滥成灾吗？

04

05

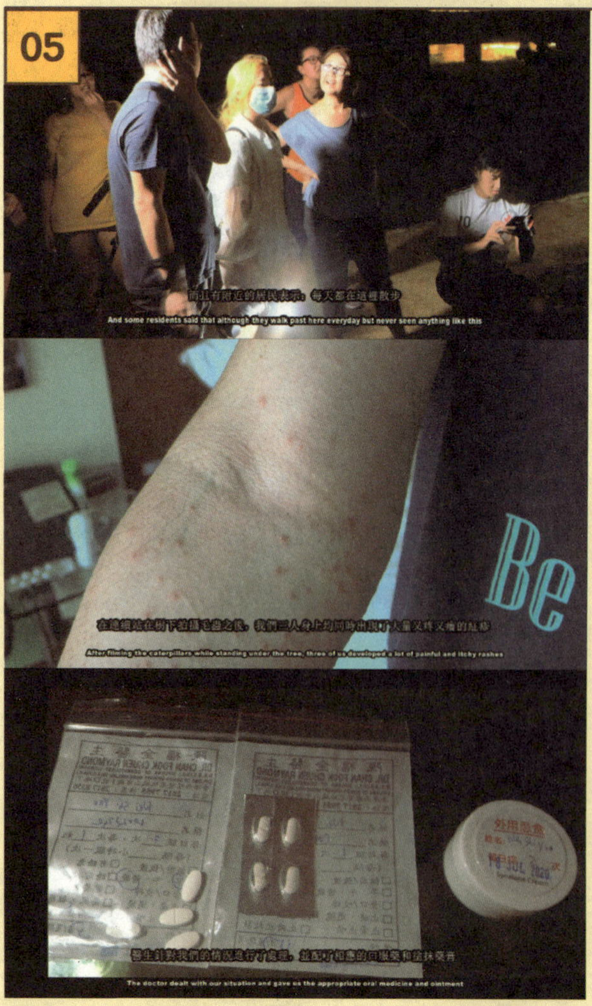

正当2位同学想进一步研究时，他们身上竟然出现了成片又疼又痒的红疹，而且很快遍布全身。由于事出突然，特别是张璐瑶的情况非常严重，他们立即去看了医生。医生针对他们的情况做了处理，并告诫他们二次感染可能会引起更严重的过敏反应，建议他们停止对毒毛虫的研究。奇怪的是之前在观察时，3位同学非常小心，从来没有用手直接触碰过毒毛虫，那毒毛虫的毒素又是怎样伤及他们的呢？

经过反复搜索，他们发现了一篇流行病学的研究论文，其中提到在深圳市一所小学，有师生因在榕透翅毒蛾栖息的树下长时间逗留，接触到了从空中飘落的毒毛虫刚毛，而出现了严重的皮肤过敏。科学少年们顿时明白，他们一定也是由于相同的原因才“中招”的。

2位科学少年对是否继续毒毛虫的研究产生了不同看法。杨沐华认为，这种毒毛虫实在太危险了，为了安全，小组研究不能再进行下去了。韦诗瑶觉得，既然已经研究了这么多，就这样半途而废太可惜了，是否可以转换研究方向，比如毒毛虫的分布、人们是否意识到了它的危险等。张璐瑶过敏最严重，她觉得如果放弃研究，可能会有更多人受害。如果能搞清楚毒毛虫是怎么感染人的，这对于数码港附近的居民来说是一件很有意义的事。

经过讨论，2位科学少年总结了毒毛虫毒素可能的5种传播方式：直接接触毒毛虫；触碰毒毛虫爬过的树干；风把树上残留的毒毛虫刚毛吹落到人的皮肤上；下雨后，带毒刚毛混入草丛、泥土中，人们的鞋子将刚毛带起后接触到皮肤；带毒刚毛落在其他物品（如帐篷、凳子等）或落在宠物身上，随后接触到人的皮肤。

2位科学少年决定继续调查毒毛虫在数码港海滨公园的分布情况。他们这次做了充分的防护工作，服用了抗过敏药物，并在老师的协助下展开调查。数码港海滨公园分为南、北两部分，经过观察统计，南园的57棵榕树中有24棵上有毒毛虫栖息，感染率为42.1%，情况比较严重。北园一共44棵榕树，只在两棵榕树上发现了毒毛虫，感染率为4.5%，情况尚可。他们绘制了毒毛虫的扩散图，发现在最早出现毒毛虫的榕树上，幼虫数量最多。以这棵树为感染源，毒毛虫的分布呈现从南到北逐渐扩散的趋势。

目前，数码港海滨公园管理处已经把虫害最严重的榕树围起，并做出警示，防止市民靠近，但对其他榕树并没有做出相应处理。附近的市民是否对毒毛虫的危害有所了解呢？3位同学制作了52份调查问卷，对公园内的市民进行了调查。其中，17%的被访者表示见过毒毛虫，19%的被访者表示出过红疹。一位来自印度的医护人员告诉他们，在出现红疹后她自己用药膏处理过，但最后还是留下了疤痕。还有高达44%的市民认为这种毒毛虫不会对人体造成伤害。根据统计结果及毒毛虫的扩散数据，3位同学认为情况不容乐观，应该及时采取防治措施，防止更多市民受到毒毛虫的危害。

10

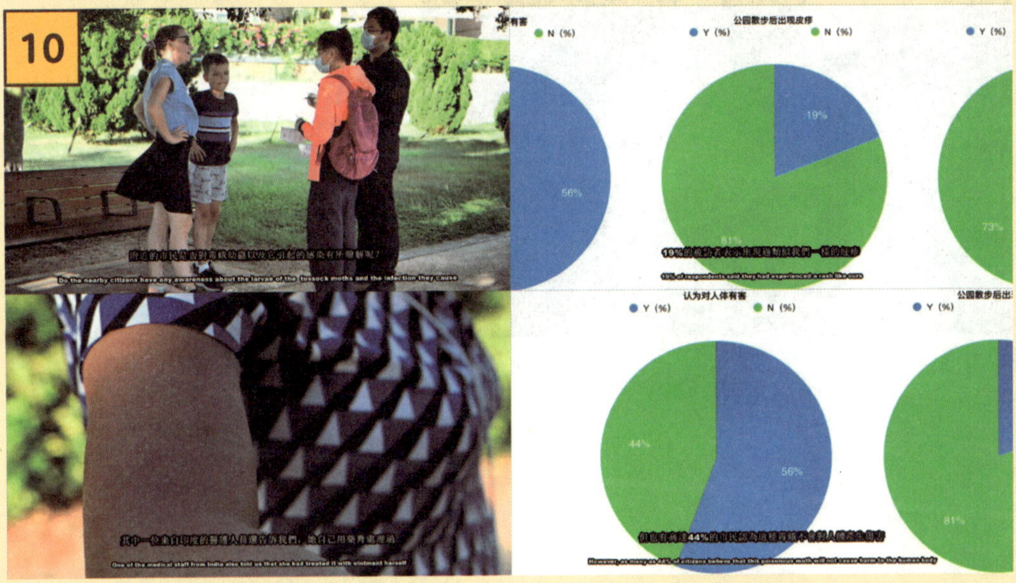

2位科学少年在文献里找到了防治毒毛虫的方法，主要分为化学防治和生物防治。可喷洒甲氨基阿维菌素和苯甲酸盐等药剂杀灭毒毛虫，也可以通过它的天敌茧蜂、寄生蜂、白僵菌、绿僵菌进行防治。他们还尝试了粘虫板，希望集中捕杀毒毛虫，可惜效果不佳。

11

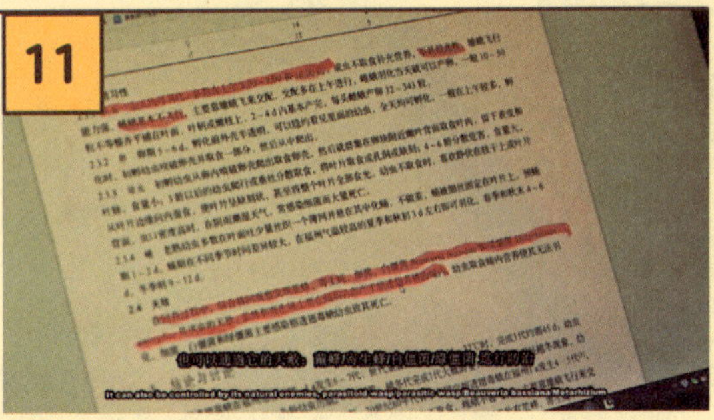

12

通过对毒毛虫的长时间观察，对它危害的亲身体会，对其分布的调查统计和对市民认知的了解，2位科学少年认为十分有必要警示数码港甚至香港市民有关榕透翅毒蛾幼虫的危害，以便尽早防治。科学少年们将自己的探究与发现写成文章向媒体投稿，还通知了数码港海滨公园管理处希望引起社会重视，让大家在享受户外美好环境的同时，做好自我防护。

专家点评

短片中科学少年们研究的榕透翅毒蛾是榕树常见害虫，这种毒蛾幼虫俗称毒毛虫。其幼虫体表有许多毛丛，接触人体皮肤后会引起皮炎。由于榕树一般比较高大，树冠上的食叶害虫很难防治。这组科学少年在香港数码港发现了榕透翅毒蛾昼伏夜出的活动规律，发现了它们白天藏匿的区域，为防治这种害虫提供了第一手资料。同时科学少年们以感染毒毛虫皮炎为代价探究清楚了毒毛虫感染人的方式，为防止毒毛虫皮炎流行做出了很大贡献。

科学探究有风险！这组科学少年以全体过敏的代价完成了这部短片艰苦而危险的拍摄工作，现身说法，警示了毒蛾幼虫对数码港片区市民的直接影响。航拍、微距摄影、动画等影像手段的应用让观众更直观地理解了毒蛾危害。

短片从细微处入手对人们忽略的安全隐患，回访式的出镜表达对发现的过程起到了再次提炼和聚焦的作用，对故事的渲染起到烘托。画面的拍摄略显不足，“我们的故事”因为过敏显得生动，引发担心和悬念。尤为可贵的是，探究小组能够想到游人也会因此受到伤害并且继续探究解决方法的人道主义精神。

短片揭示了榕透翅毒蛾给人们生活带来的影响，并提出了一些防治的建议。看到“小科学家们”因为感染毒素而严重过敏，观众深刻感受到了他们为科学研究献身的精神。

短片是一部优秀的STEM作品，科学少年们从身边发现的问题出发，层层深入，环环相扣，将科学、技术、社会紧密结合在一起，完成了一次真实的综合探究活动，对科学发展、社会进步都有积极意义。短片值得作为科学微电影经典创作案例推荐给广大青少年和科技辅导教师赏析。

二、木瓜树上的联合虫害

2nd International Youth Science Fair for Discovery Videos

第二屆國際青少年科學發現影像大賽

獲獎證書

茲頒發給「亨達」最佳拍攝獎 獲得者。特頒此證，以資鼓勵。

項目名稱 ：木瓜樹上的聯合蟲害

作　　者 ：仲家瑞、王浩丞、張小令

所在學校 ：上海市大同中學、河南省實驗文博學校、浙江省杭州英特外國語學校

指導教師 ：于洲洋

國際青少年科學發現影像大賽評審委員會主席

張波 博士

2017年9月30日至10月6日 於美國波士頓

在内地观赏影片：

2nd International Youth Science Fair for Discovery Videos

Hantec Best Cinematography Award

is hereby awarded to

Mr. Jiarui Zhong Mr. Haocheng Wang
Ms. Xiaoling Zhang

from

Shanghai Datong High School, Henan Experimental High School, Hangzhou Entel Foreign Language School

for their discovery video project on

Joint Pest on Papaya Tree

under supervision of

Mr. Zhouyang Yu

September 30 to October 6, 2017
Boston, USA

Dr. BO Zhang
Chair
International Youth Science Fair for Discovery Videos

在境外观赏影片：

探究故事

蓝鲸的话

小时候听童话故事《咕咚来了》，大家知道了木瓜是长在树上的，成熟之后会掉下来。来自上海的仲家瑞、来自郑州的王浩丞和来自温州的张小令3位同学在香港的野外第一次看到了木瓜树，但是他们的疑惑也随之而来：成熟的木瓜不仅没有自己掉下来，还招来了各种爱吃木瓜的虫子。让我们一起看看发生在木瓜树上的科学探究故事吧！

仲家瑞、王浩丞、张小令3位科学少年在香港南丫岛进行野外考察时，意外发现了几株木瓜树。树上的木瓜看似已经成熟，却没有掉下来，而且在木瓜上面还有一些胡蜂、蝴蝶和果蝇在啃食木瓜。他们感到好奇的同时，忧虑也油然而生。木瓜都被昆虫啃食了可怎么办呢？有没有什么方法可以对这些木瓜树上的昆虫进行防治从而更好地保护木瓜呢？

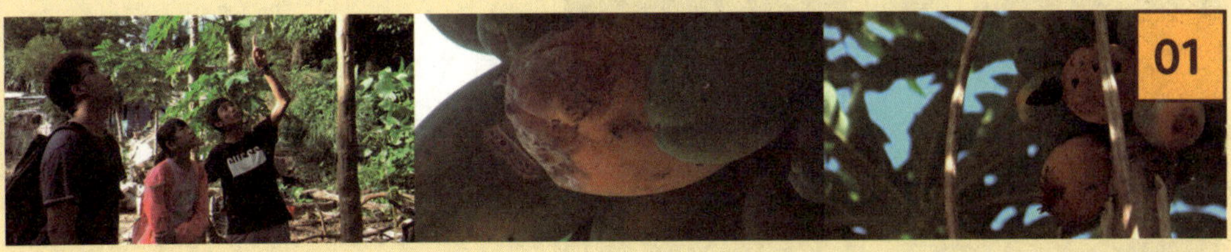

01

经过一番讨论和资料收集，3位科学少年又一次去了南丫岛。这次他们在木瓜树上发现了很多很小的蜗牛，它们大多吸附在果实上，有些则在树干和叶子上，而且在这些蜗牛的周围，总有一些星星点点的黑色小颗粒。蜗牛吸附在木瓜上做什么呢？于是他们捕捉了一些蜗牛带回室内观察，准备一探究竟。

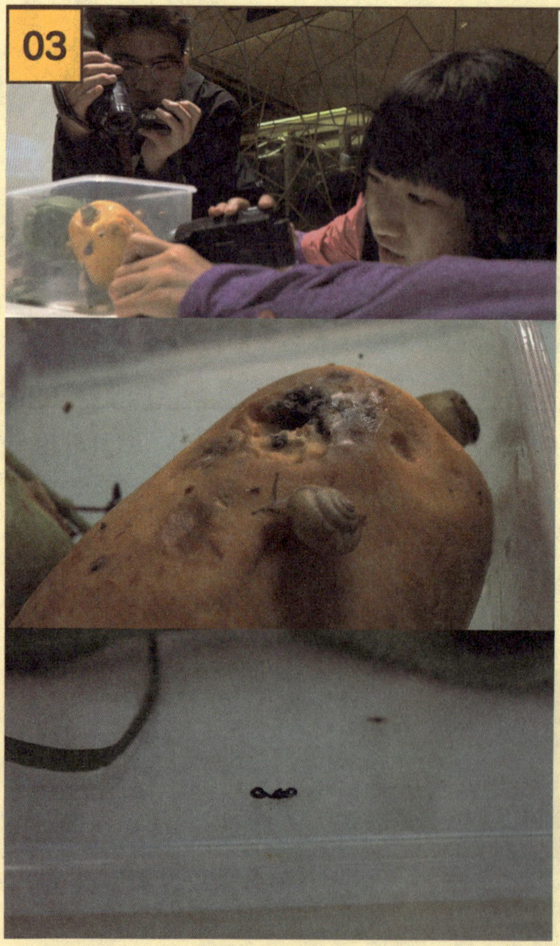

通过仔细观察和对比资料，他们得知这些蜗牛叫同型巴蜗牛，是一种植食性蜗牛，但是并没有资料显示这种蜗牛会吃木瓜。于是，3位同学做了如下实验。他们将采回来的一个青色木瓜、一个黄色木瓜和一些木瓜树的枝叶放在塑料箱内，然后放入蜗牛。过了一会儿，他们惊奇地观察到蜗牛开始吃木瓜了！而且在蜗牛爬过的地方还留下了白色的黏液和黑色的小颗粒。3位同学猜测这些黑色小颗粒应该就是蜗牛的排泄物。

通过野外和室内的观察，他们认为南丫岛木瓜树上的虫害是多种生物造成的联合虫害，也就是说“罪犯”不止一种生物！首先，蜗牛啃食木瓜、排泄黑色颗粒，导致木瓜变质；接着，变质的木瓜招引胡蜂、果蝇、蝴蝶和蚂蚁前来继续啃食，这样又进一步加重了木瓜的虫害。那该如何防治这种联合虫害呢？他们想，蜗牛对木瓜的危害是造成联合虫害的第一步，如果能够控制蜗牛不爬到木瓜上，应该就可以从源头上解决这种联合虫害。

3位科学少年开始寻找防治同型巴蜗牛的方法。首先，在实地观察时，他们看到有些木瓜树上缠了一些黑网，就像为木瓜树穿上了一件防护衣。穿了防护衣的树上蜗牛数量确实要少一些。可是防护衣并不能完全阻挡蜗牛的脚步，依然有蜗牛怡然自得地爬到木瓜上，所以缠黑网的方法并不能彻底消除同型巴蜗牛对木瓜的危害。他们还发现，在香港其他地方的树上绑着一种黄色胶布，这种胶布虽然可以有效地粘住一些害虫，但一些有益动物（如壁虎等）也会被黏住以致死亡，看来这种方法也有不足之处。最后，他们查找资料发现有一种名叫四聚乙醛的杀蜗剂，但这种化学物质曾发生过导致人类及宠物死亡的案例。因此，为了安全这种试剂也不可采用。

06

这么多防治方法都不理想，他们决定另辟蹊径，看看能否找到一种新试剂，既可以有效驱赶或杀死蜗牛，又方便获取、容易配制、成本较低，还不会危害其他益虫。他们想，如果是日常生活中常见的材料就再好不过了。于是，3位同学找到生活中常见的酸、碱、盐：白醋、小苏打和食盐，准备进行实验，看看同型巴蜗牛是否对这些物质有反应。

3位同学设计了4组实验，分别是一定浓度的白醋溶液、小苏打溶液、食盐溶液以及清水。把4块海绵分别浸泡在不同试剂中，在每组的海绵上放置3只同型巴蜗牛。通过实验他们发现，浸泡清水的海绵上，有两只蜗牛探出了头开始活动。浸泡白醋的海绵上，也有2只蜗牛探出了头活动。浸泡小苏打溶液的海绵上，有3只蜗牛探出头活动，而且非常活跃。浸泡食盐水的海绵上，有两只蜗牛始终没有勇气探出头，只有1只蜗牛终于鼓足勇气探出头，然而其身体却分泌出大量黏液，并试图逃脱海绵。这只蜗牛所经之处，可以看到明显的痕迹。经过奋力拼搏，它终于爬到了实验器皿的边缘，它分泌的黏液还挂在海绵上。对比4块海绵可以看出，浸有盐水的海绵可以有效驱赶蜗牛或者至少让蜗牛躲在壳里不敢活动。

07

如何将这种浸有盐水的海绵固定到木瓜树上呢？他们想到可以利用塑胶管保持海绵中试剂的量，在皮管上剪出一个小缺口，拿干净的海绵填充，再喷撒上食盐水，用蓝贴胶和万能胶将它固定在树干上，就制成了一个简单的“塑胶环”，这样应该就可以阻止蜗牛往木瓜树上爬了！他们准备进行实地测试，迫不及待地希望看到答案。

08

3位同学把塑胶环绑在木瓜树上，在持续的观察中，他们看到大部分蜗牛都被塑胶环挡住了脚步。大多数蜗牛爬到塑胶环下方时望而却步，便将头缩进壳内；几只大胆的蜗牛继续前进，但在接触到塑胶环下方滴出的试剂后便分泌出大量黏液，并缩进壳内掉落到树下。3位科学少年耐心观察了很长时间，也没有看到蜗牛爬到海绵上。他们又专门取了一只蜗牛放到塑胶环上去，发现蜗牛一遇到沾有盐水的海绵就迅速缩进了壳里。

09

10

看来塑胶环的方法是可行的。在木瓜树干上安装塑胶环，可以有效阻止同型巴蜗牛爬到木瓜上。这样就可以减少同型巴蜗牛对木瓜的危害，进而减缓木瓜树上的联合虫害了。

仲家瑞、王浩丞、张小令计算了制作塑胶环的成本，缠绕一棵树大约需要10元，而且制作简单。其实实验还有改进的空间，比如，他们选用的小苏打溶液碱性较弱，并不能很好地展示蜗牛在碱性环境中的活动。他们只是通过定性实验得出了盐水对同型巴蜗牛的影响，下一步3位科学少年准备测试出盐水驱赶同型巴蜗牛的临界浓度，从而更好地应用于虫害防治。

11

专家点评

短片中的3位“小科学家”在作品中展开了一系列的野外考察和科学实验，他们从成熟的木瓜遭受虫害这一问题入手，考察了虫害的种类、每种虫害的影响和联合效果，并尝试设计发明一种简单、易获得、低成本的防治虫害的方法。他们的科学探究环环相扣，思路清晰，设计合理，发明实用，可以有效地帮助瓜农防治虫害。短片中3位“小科学家”落落大方，表现出了科学工作者分享交流科研成果的热情和能力。同时，他们在野外辛勤工作的身影和坚持不懈的科学态度也给观众留下了深刻的印象。

短片结构完整，探究过程层次清晰、影像记录丰富。不论是实地观察记录，还是室内实验，都拍摄到大量细节丰富的镜头。

短片中3位“小科学家”一起记录、分享自己在探究过程中的点点滴滴，通过分别讲述，他们带领观众参与到这次科学探究活动的细节中，引人入胜。例如，在观察蜗牛吃木瓜的环节，抓取了两位同学惊喜的一刻。3位“小科学家”面对镜头的讲述自信自然。他们对科学问题的分析准确，显示了团队的团结协作能力。

短片的递进式结构与探究对象和探究过程浑然一体，相得益彰。结尾定向延伸、拓展，引人深思。解说自然从容，语速适中，可惜有读错字（如皿）。

短片对“小科学家”的观察能力与反思能力有了一个较好的展示，这正说明此项活动对孩子们学习能力的提升是十分有效的，这些经验会植根于他们的心里，进而影响他们的行动。在野外观察与实验中，“小科学家们”被蚊子叮咬了大包但仍然坚持观察的镜头，令人产生敬意。“小科学家们”关注到黄色粘虫纸也会粘住壁虎，想到了这种方法的弊端，体现了他们既关注环境又关爱生命的人文精神。最后，他们为农业生产特别是为种木瓜的农民设计的防虫方法，值得去尝试应用，显示了他们的智慧与社会责任感。

三、借腹生子

3rd International Youth Science Fair for Discovery Videos
第三屆國際青少年科學發現影像大賽
獲獎證書
茲頒發給「亨達」最佳科學探究獎 獲得者。特頒此證，以資鼓勵。
項目名稱 ：借腹生子
作　　者 ：陳彥銘、韋春如、嚴嘉偉
所在學校 ：佛山市順德區胡寶星職業技術學校
指導教師 ：張亮、周洋
國際青少年科學發現影像大賽評審委員會主席
張波 博士
2018年9月30日至10月6日 於美國波士頓

在内地观赏影片：

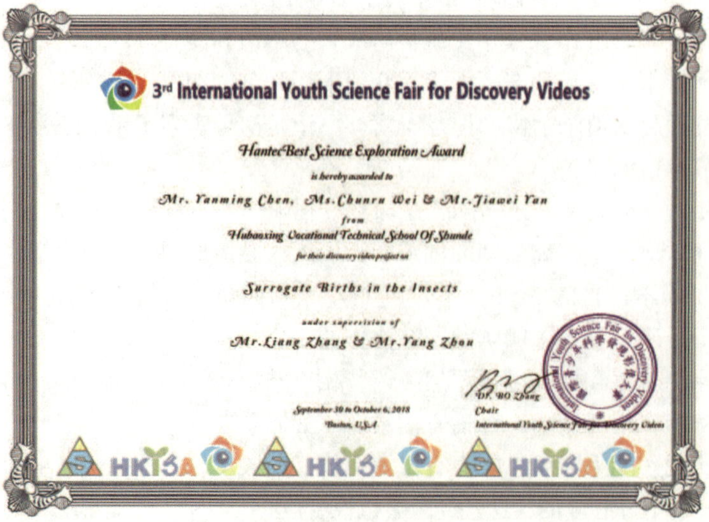
3rd International Youth Science Fair for Discovery Videos
Hantec Best Science Exploration Award
is hereby awarded to
Mr. Yanming Chen, Ms. Chunru Wei & Mr. Jiawei Yan
from
Hubaoxing Vocational Technical School Of Shunde
for their discovery video project on
Surrogate Births in the Insects
under supervision of
Mr. Liang Zhang & Mr. Yang Zhou
September 30 to October 6, 2018
Boston, U.S.A
Dr. Bo Zhang
Chair
International Youth Science Fair for Discovery Videos

在境外观赏影片：

探究故事

蓝鲸的话

陈彦铭、韦春如、严嘉伟3位科学少年在菜地里捉了一些菜青虫，他们原本想观察和拍摄菜青虫化蛹成蝶的美丽瞬间，可是让他们意想不到的事情发生了，他们捉来的菜青虫竟然怀上了“孩子”。当几十条小虫子从菜青虫肚子里“生”出来的时候，他们惊讶得下巴都掉了，怎么生出了“别人的孩子”？科学发现就是这么眷顾有准备的科学少年！你的摄像机准备好了吗？开拍！科学发现正在等着你。

“虫妈妈怎么是这样生孩子的？菜青虫不是要化蛹成蝶才能产卵的吗？”当看到菜青虫身体里爬出许多小虫子时，3位科学少年感到非常好奇，不禁发出了这样的疑问。

02

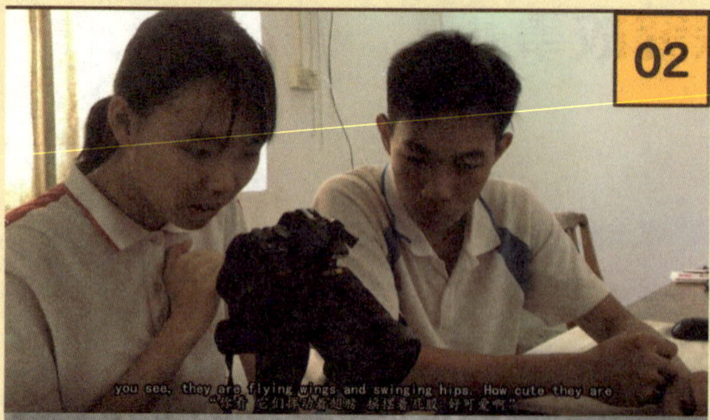

“虫宝宝”出生不久就开始结茧了，但是虫妈妈在生完小虫子后却去世了，3位同学不禁感叹虫妈妈的伟大。他们继续观察这些虫茧，在守候了8天之后，虫茧开始有了活动，里面钻出了小虫子。可是，菜青虫生出的“孩子们”却扇动着翅膀，摇摆着屁股，一点也不像菜青虫。经过仔细观察，3位同学猜测这应该不是菜青虫的孩子，而更像是一种蜂。

于是陈彦铭、韦春如、严嘉伟3人再次来到油菜地，找到了更多菜青虫继续进行观察。这一次他们还在菜地旁边的竹林中，发现了菜青虫的蛹。他们将菜青虫和蛹带回，并将菜青虫放在强光下观察，发现菜青虫的肚子里确实有“小虫子”的影子，同时，带回来的蛹里也钻出了蜂！那么菜青虫肚子里钻出来的蜂和蛹里钻出来的蜂是同一物种吗？

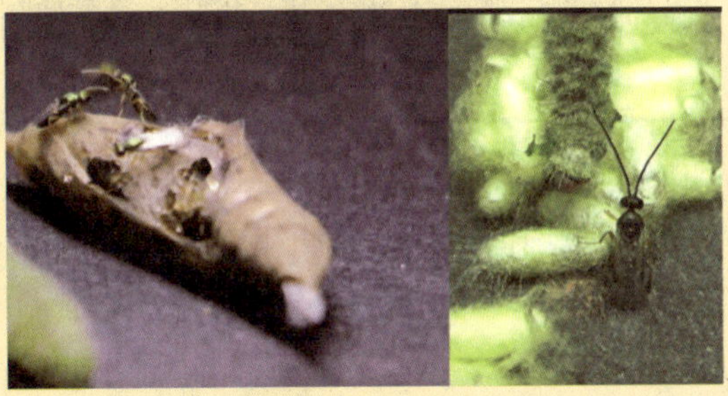

刚从蛹里钻出的蜂围绕着蛹壳不停地转圈，难道是不舍得离开吗？而且它们钻出来后，就有交配行为了。3位科学少年总结了一下他们观察到的现象：菜青虫能直接“生”出虫宝宝，结成茧变蜂；菜青虫也能变蛹，蛹里直接钻出蜂，但书上却说菜青虫的生命周期是从卵到幼虫，再到蛹，然后化蛹成蝶。他们不禁疑惑，为什么观察到的现象和书上写的完全不一样呢？

为了研究菜青虫到底是怎么“生宝宝”的，3位同学计划捕捉更多的菜青虫进行观察。经过连续6天的寻找和捕捉，他们终于又找到了一些菜青虫和蛹。但这一次的观察和前面一样，还是从很多菜青虫和蛹内钻出了蜂。

05

3位同学疑惑之下只好去请教生物老师，但生物老师也不太确定这是什么物种，让他们先去查阅资料。经过一番书籍和网络的查阅，3位同学确认这些“虫宝宝”确实是蜂，但由于这种蜂个头太小，肉眼都很难看清楚是什么样子，所以很难判断是什么品种。

06

为了弄清楚这种蜂的品种，陈彦铭、韦春如、严嘉伟3位科学少年运用了许多设备进行拍摄，从普通DV、单反、显微镜到微距镜头。他们最终成功拍到了整个孵化过程。他们把视频发给生物老师，经过认真比对和分析，老师告诉他们从菜粉蝶幼虫（菜青虫）体内钻出并结茧的是菜粉蝶绒茧蜂，而从蝶蛹里直接钻出来的是蝶蛹金小蜂。它们竟然都是寄生在菜青虫体内的寄生蜂！

07

生物老师还建议养殖这两种蜂，因为菜青虫是农业害虫，通常只能用农药去除，如果能用这两种寄生蜂来控制菜青虫的数量，就能够减少使用农药，实现生态防治菜青虫。3位科学少年听到后激动不已！经过激烈的讨论，他们设计了以下两组实验：将一个巨大的长方形玻璃缸平均分为3格，分别在每格内放35只菜青虫，50只金小蜂。另一组也在每格内放35只菜青虫，将50只金小蜂改为放50只绒茧蜂。

3位同学轮流观察蜂叮菜青虫的数量，并记录。第一组实验结果显示：105只菜青虫被叮的比例为65%，这些被叮的菜青虫又经过两天变蛹，变蛹10天后，大约有2 040只金小蜂出生，平均每只蛹产了30只金小蜂。

第二组实验结果显示：105只菜青虫被叮的比例为61%，这些被叮的菜青虫经过10天后，大约有1 280只绒茧蜂幼虫从体内钻出，平均每条菜青虫产20只绒茧蜂。这两组实验证明了两种蜂的确对菜青虫有抑制作用，但是3位科学少年也意识到实验是在密闭空间进行的，这和自然条件下菜青虫和两种蜂的生存环境存在差异。因此，自然条件下的叮咬比例还需要进一步探索。

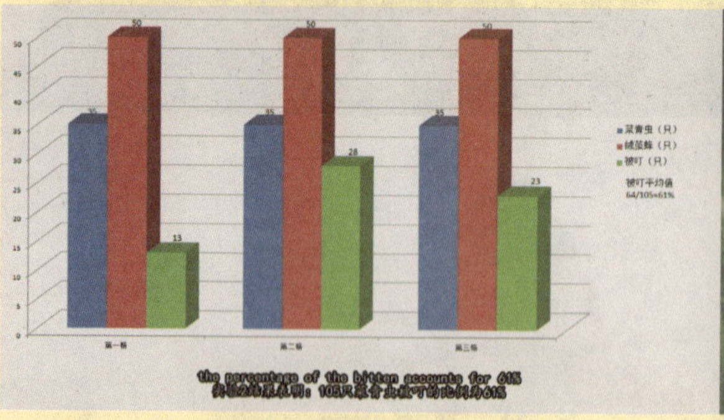

另外，在3位同学观察绒茧蜂破皮而出时，他们又发现了一种菜青虫的天敌：银纹夜蛾幼虫。它能够直接捕食菜青虫！但银纹夜蛾幼虫是否也有生物防治的价值，还需要进一步的探究。

经过此次对菜青虫寄生蜂的探究，3位科学少年总结道：寄生蜂可以有效抑制菜青虫。但是由于菜青虫化蝶以后可以帮助传播花粉，我们不应杀灭所有的菜青虫。所以他们建议在大自然中投放一定数量的蝶蛹金小蜂和菜粉蝶绒茧蜂或者其他的天敌去抑制菜青虫。生态防治比农药治虫更环保，因为这既保护了人类的身体健康，也维护了大自然的生态平衡。

专家点评

研究寄生蜂，选题很好，很有趣！寄生蜂的生命周期及和寄主之间的关系，非常适合用科学影像的方式呈现在屏幕上，让观众体会到大自然的神奇。但是寄生蜂很难找到，短片中的3位“小科学家”用影像真实地记录了他们发现两种菜青虫寄生蜂的过程，一种是绒茧蜂，另一种是金小蜂，并且创造性地探究出了两种寄生蜂的人工培育方法。

当他们观察到违背常识的现象时，抓住不放，猜想有可能观察到了寄生蜂，但是研究刚刚开始，观察动物就死掉了。研究小组为了能够再次找到研究动物，克服了重重困难，最后终于在一块菜地中找到了期待已久的菜青虫，寻找过程曲折感人。

研究小组对两种只有两三毫米大小的寄生蜂跟踪观察，尝试了多种观察设备，终于用影像清晰地记录下两种寄生蜂成虫交配、寻找寄主（菜青虫）产卵、卵在寄主体内孵化成长、从寄主体内钻出结茧化蛹、再破茧而出的全过程。用影像记录寄生蜂的困难和方法上的探索突破都表现出了“小科学家”执着的精神和毅力。

研究小组提出了利用两种寄生蜂防控菜青虫的生态方法，设计了菜青虫繁育两种寄生蜂的方案，并且通过两组实验，发明出了人工培育两种寄生蜂的方法。此项发明创新性强，具有应用和推广价值，应该及时形成论文并申请专利。短片的配音充分地将科学探究过程中的酸甜苦辣自然地表达出来，可见真正参与科学探究才能有感而发。在短片中每次观察的关键时刻“小科学家”们都能巧妙运用同期声吸引观众注意力。短片的内容非常丰富，一虫两蜂（菜青虫+金小蜂+绒茧蜂）、两虫（菜青虫+银纹夜蛾幼虫），创作团队不仅搞清楚了其中的关系，而且观察到很多细节现象，但更重要的是通过创作将所观察、所探究的科学内容有机地整理出来，向观众展示其中的奥秘，揭示其中的科学内涵。目前短片的表达更侧重团队的观察发现，略显单薄。科学内涵有待进一步挖掘。短片前期拍摄投入了大量的精力和耐心，包括无人机航拍、微拍等。后期制作的精致度，以及结构、思路都有提升空间。解说词可以更简洁。

总体来说，“小科学家”们镜头里的大自然，就像是一个魔术师，太神奇了！菜青虫和蜂两种风牛马不相及的小动物，居然有了交集。从发现问题，到疑问重重，再到多方面搜集证据，最后得出结论，这一路探究下来，真是不容易！“小科学家们”的观察十分有意义，最终为生物防治菜青虫找到了十分有效的方法。

四、以虫治虫
——土蚕的生物防治

2020 Hong Kong-New York • International Youth Science Video Fair
國際青少年科學影像大賽
獲獎證書
茲頒發給「HMA」最佳科學探究獎 獲得者。特頒此證，以資鼓勵。
項目名稱 ：以蟲治蟲——土蠶的生物防治
作　　者 ：鄒婷婷、林兆韜、吳美淇、何梓汶、陳黎敏
所在學校 ：中國廣東省佛山市順德區胡寶星職業技術學校
指導教師 ：陳春瑛、馬啟珍
國際青少年科學影像大賽評審委員會主席
姜冬梅 博士　2020年10月5日於香港
袁小軍 博士　2020年10月5日於紐約
主辦方：香港青少年科學院 Hong Kong Youth Science Academy　Columbia University in the City of New York Lamont-Doherty Earth Observatory

在内地观赏影片：

2020 Hong Kong-New York • International Youth Science Video Fair
HMA Best Science Exploration Award
is hereby awarded to
Tingting Zou, Zhaotao Lin, Meiqi Wu, Ziwen He & Limin Chen
from
Hu Baoxing Vocational and Technical School (Guangdong, China)
for their discovery video project on
Insect Control: Biological Control of Silkworm
under supervision of
Chunying Chen & Qizhen Ma
Dr. Dongmei Jiang
CO-Chair
International Youth Science Videos Fair
Dr. Xiaojun Yuan
CO-Chair
International Youth Science Videos Fair
Organizers: 香港青少年科學院 Hong Kong Youth Science Academy　Columbia University in the City of New York Lamont-Doherty Earth Observatory

在境外观赏影片：

探究故事

蓝鲸的话

如果你从土里挖出一条粗大的虫子，会不会被吓得吱哇乱叫？我们不得不佩服胡宝星职业技术学校的学生们，他们是真不怕虫子！这种虫子俗名“土蚕”，但是却不是会吐丝的“蚕宝宝”，而是一种常见的农业害虫，危害庄稼和蔬菜，让农民伯伯很头疼。那怎么防治土蚕呢？5位中学生听说可以用线虫防治土蚕，他们要做实验来验证一下。让我们跟随他们探究的镜头，一起来看看这种“以虫治虫”的生态方法吧！

最近发生的一件怪事，可把邹婷婷急坏了。她去菜地浇水的时候，发现刚刚发芽的幼苗都不同程度地遭到了破坏，而且还找不到原因。她把她的好朋友吴美淇叫来，一起看看究竟是什么原因。经过一番搜寻，她们竟在幼苗扎根的地底下发现了圆滚滚的肉虫！而且数量还很多！没有多少经验的邹婷婷只能把肉虫带回家询问妈妈。妈妈一看到这圆滚滚的虫子立刻就认出这是“鸡毬虫”，专门吃刚刚发芽的幼苗。

01

后来，他们在网上查到这种肉虫叫蛴螬，也被叫作土蚕、地老虎等。它是金龟子的幼虫，对好多种农作物的幼苗有害，是世界性的地下害虫。小伙伴们都大吃一惊，没想到它长得圆滚滚，看起来“笨笨的”，竟会有这么大的危害。于是，邹婷婷找来了她的好朋友吴美淇、林兆韬、何梓汶、陈黎敏一起商量对策，看看是否能找到方法来对付这种地下害虫。

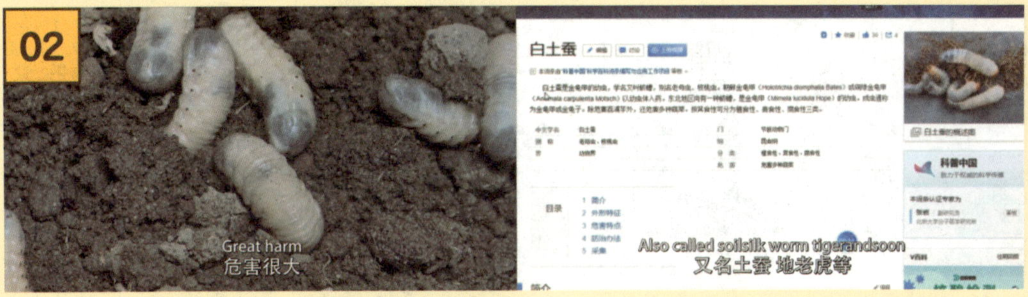

他们再次回到菜地，找到了几只土蚕，并把它们带回室内观察。经过观察和测量，他们带回的土蚕身体平均长度在3.5厘米，周长3.7厘米；外表呈黄白色，头部为褐色；有3对足，还有很多刺毛。土蚕不仅可以用足爬行，还可以利用背腹的蠕动前行。

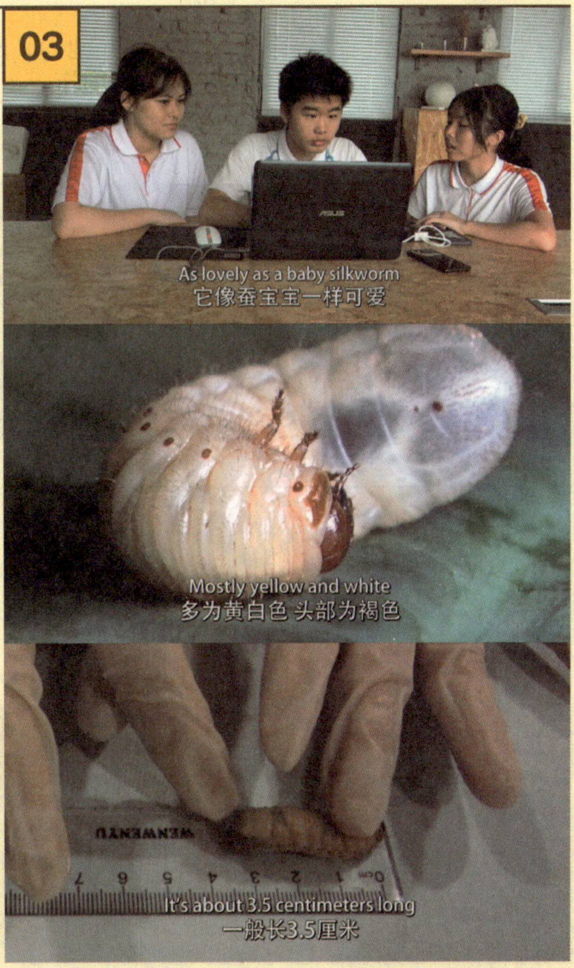

在观察的过程中，吴美淇想到土蚕都是生活在地下的，那是不是土蚕都有避光性？于是，他们设计了光照实验。林兆韬找来一个长长的硬皮纸筒，并在中间挖了一个洞，将几只土蚕放入洞中。然后用手电筒在纸筒的一端打光，这样就在纸筒中形成了强光区和弱光区。接下来，他们认真观察土蚕的“动向”。经过一段时间的观察和反复几次实验的确认，他们发现土蚕都会从光线较弱的纸筒一端爬出，看来，土蚕真的具有避光性！

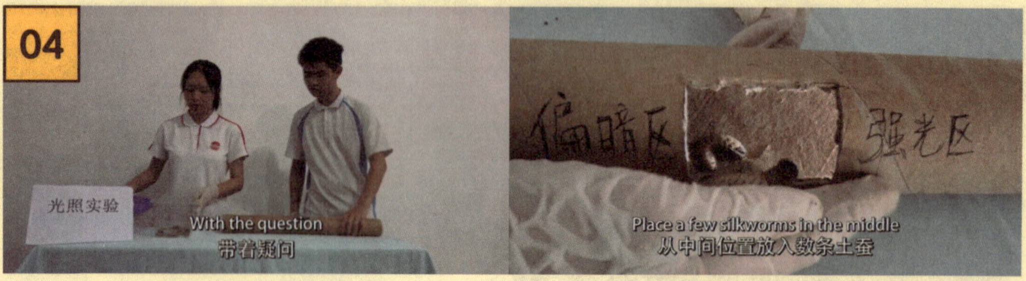

后来，邹婷婷观察到下雨以后，土蚕会变得异常活跃，这又是什么原因呢？林兆韬认为可能土蚕更喜欢潮湿的土壤。于是他们又设计了干湿实验。他们将干土壤和湿土壤分别放置在实验容器的两侧，然后将几只土蚕放在两种土壤的中间，观察他们的活动方向。经过反复10次实验，结果都显示土蚕更愿意钻入湿土壤中。

经过这两组实验，邹婷婷和小伙伴们已经了解到一些土蚕的基本习性，但对于土蚕危害幼苗的原理还不太清楚。于是他们在室内的实验箱内种植了一些农作物的幼苗，然后把土蚕放入实验箱中。他们观察到土蚕会不断地在土壤中钻来钻去，就这样把刚刚扎根的幼苗从土中翻出。

林兆韬还了解到，目前农民伯伯们主要依靠农药等化学药剂来防治土蚕。这不仅会造成农药残留，还会污染土壤，于是他们希望找到更好的方法。吴美淇在网上找到一篇利用昆虫病原线虫防治土蚕的论文，于是他们决定试试看。他们找到以大蜡螟虫尸体作为载体的昆虫病原线虫，并将这些昆虫病原线虫“接种”到土蚕身上。这些昆虫病原线虫用肉眼无法观察到，于是他们找来显微镜观察：昆虫病原线虫在显微镜下呈现为许多细小的黑线，主要以寄生的方式生活在昆虫体内。

接种了昆虫病原线虫的土蚕在48小时后逐渐死亡。解剖已经死亡的土蚕，他们看到了大量寄生的昆虫病原线虫。原来昆虫病原线虫在土蚕体内大量繁殖，导致土蚕死亡。那么这种方法是否可以用在田间地头呢？

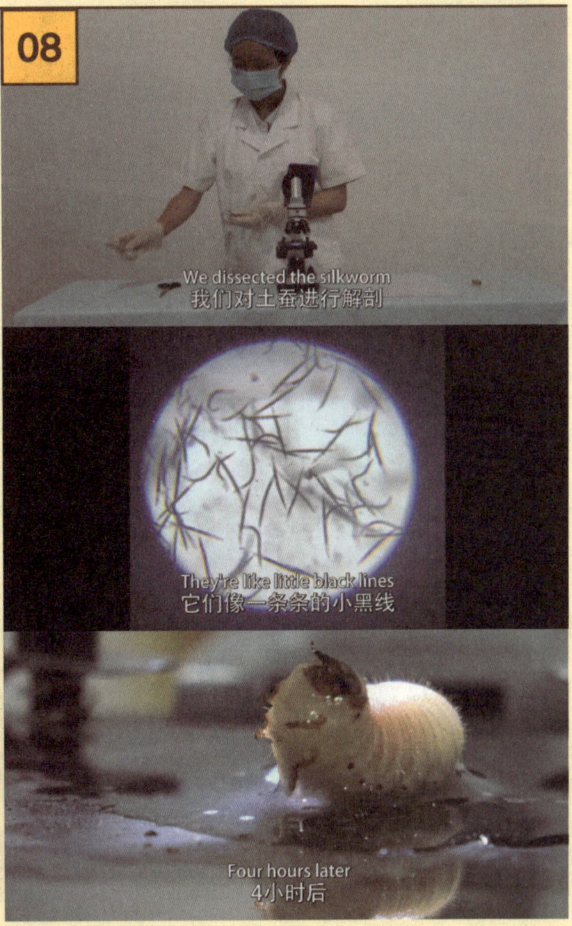

他们又做了一组实验：分别在两个实验箱A、B内种植20株玉米幼苗，然后在实验箱A中放入20条土蚕和带有昆虫病原线虫的昆虫尸体；实验箱B只放入20只土蚕。经过几天的实验，结果显示，A组的玉米幼苗生长状态良好，而B组幼苗大部分没有出土，仅有的几株出土的幼苗也被土蚕连根刨起。这个实验表明昆虫病原线虫的确可以抑制土壤中土蚕的活动。

那么能否将这些昆虫病原线虫直接投放在田地里呢？这些昆虫病原线虫是否会对人类有害呢？一些农民表示，他们已经用这些昆虫病原线虫来防治“地下害虫”了，据说这种方式对人类和自然都没有伤害。但事实是否如此，还需要我们进一步探究和证实。

专家点评

短片介绍了地下害虫土蚕（蛴螬）及昆虫病原线虫，并提出利用昆虫病原线虫作为“杀虫剂”。

短片记录的探究过程，实验设计丰富，拍摄手段非常多样化，包括昆虫病原线虫显微摄影、土蚕“遁地”时形成的轨迹（延时摄影，4分9秒）都令人印象深刻。

被探究的“主角”不宜与蚕宝宝做比喻，毕竟物种的准确性很重要，而且样子差距也很大，避免给观众造成误解。研究小组对土蚕进行了多次观察和实验，但是出镜时同学们都显得疲惫无力，没有表现出强烈的好奇心。

研究小组能抓住问题不放，通过不同的实验，一步步来验证自己的猜想，最后提出了生物防治土蚕的方法，对农业生产有所帮助。

五、彩虹战蓟马

2020 Hong Kong-New York • International Youth Science Video Fair

國際青少年科學影像大賽

獲獎證書

茲頒發給「HMA」最佳科學創客獎 獲得者。特頒此證，以資鼓勵。

項目名稱 ：彩虹戰蓟馬

作　　者 ：周珂吟、李嘉敏、陳嘉龍

所在學校 ：中國廣東省佛山市順德區胡寶星職業技術學校

指導教師 ：范承國、藍高龍

國際青少年科學影像大賽評審委員會

姜冬梅 博士　袁小軍 博士

2020年10月5日於香港　2020年10月5日於紐約

主辦方：HKYSA 香港青少年科學院 Hong Kong Youth Science Academy　COLUMBIA UNIVERSITY IN THE CITY OF NEW YORK LAMONT-DOHERTY EARTH OBSERVATORY

在内地观赏影片：

2020 Hong Kong-New York • International Youth Science Video Fair

HMA Best Creative Maker Award

is hereby awarded to

Keyin Zhou, Jiamin Li & Jialong Chen

from

Hu Baoxing Vocational and Technical School(Guangdong, China)

for their discovery video project on

Rainbow VS Gynaikothrips uzeli zimm

under supervision of

Chenguo Fan & Gaolong Lan

Dr. Dongmei Jiang
CO-Chair
International Youth Science Videos Fair

Dr. Xiaojun Yuan
CO-Chair
International Youth Science Videos Fair

Organizers: HKYSA 香港青少年科學院 Hong Kong Youth Science Academy　COLUMBIA UNIVERSITY IN THE CITY OF NEW YORK LAMONT-DOHERTY EARTH OBSERVATORY

在境外观赏影片：

探究故事

蓝鲸的话

看到这个题目，你是不是有点好奇？什么是蓟马？彩虹和蓟马有什么关系？为什么它们之间还会战斗？这一连串的问题让人难以解答。不如打开这部科学探究纪录片，看看3位中学生到底在研究什么吧！

原来，“蓟马”是榕树上的一种害虫。为了研究出防治害虫的办法，胡宝星职业技术学校的3位“小发明家”真可谓“脑路清奇”，一种“彩虹”捕虫装置震撼出场！

在操场上练习长跑的李嘉敏经常会被飞到身上的一种小黑虫“骚扰”，令她身心不宁，越是临近战赛，越是让她心烦。这天，跑步的李嘉敏看到周珂吟在操场写生，便走过去跟她打招呼。

“在画什么呢？”

“哎！本来想来操场写生，换换心情，谁知道操场上有这么多飞虫，还总是往画板上飞！”

“谁说不是呢！我跑得再快也甩不掉它们！你说它们是哪儿来的？”

“就是啊，怎么这么多！”

说着说着，两人开始沿着操场周围的树丛寻找。在一棵榕树下面，他们看到了正举着摄像机拍摄的陈嘉龙，他皱着眉头，对着树叶拍个不停。

“你这是在拍什么啊？”李嘉敏问。

02

“你们看，这榕树叶一片一片的枯萎，卷曲起来，好像是受了虫害。”陈嘉龙解释道。

对这个问题也感到好奇的周珂吟上前摘下一片树叶。

“哎呀！嘉敏，你看，这不就是我们刚刚说的虫子吗？”周珂吟惊讶地说道。

“你们知道这是什么吗？”陈嘉龙问。

“不太清楚，不过不只是榕树不喜欢它，我们俩也不堪其扰！我听说范老师对昆虫很有研究，不如我们去问问他？说不定能找到方法，治治这虫子。”李嘉敏提议道。

03

于是3位同学找到学校的范老师，希望得到一些关于虫子的信息。果然，范老师一眼就认出这些虫子叫“蓟马”。但是更多的信息，范老师也不太清楚。他建议3位同学既然发现了这个问题，不如一起研究一下这种昆虫，说不定能找到抑制虫害的方法。

说干就干，陈嘉龙最先从网上得到了一些关于蓟马的资料。学校的这种蓟马属于榕管蓟马，主要生活在榕树上。成虫和幼虫都以锉吸式口器刮破叶片表皮，然后吸取营养液。受害初期的树叶表面会出现紫色斑点，严重后，整片树叶枯萎，卷曲呈“饺子”状虫瘿，里面还会有大量的若虫和卵。最后叶片会脱落，对榕树造成极大的影响。榕管蓟马世代重叠现象严重，几乎常年可以在榕树上见到成虫、幼虫和卵，极易泛滥成灾。想要找到根治它的方法，就一定要了解它，因此，3位同学决定首先了解一下榕管蓟马的生命周期。

榕管蓟马的幼虫和卵都非常小，想要观察到可不容易。陈嘉龙想了各种方法希望可以拍到卵。他最终发现，手机加上微距镜头是目前能实现的最佳方案。

榕管蓟马的卵为乳白色半透明状，椭圆形，表面光滑，6天后孵化出一龄幼虫，它们和卵一样都是乳白色，分节不明显；4天后一龄幼虫蜕皮为二龄幼虫，二龄幼虫尾部逐渐明显，颜色较深，身体变黄，眼睛为红色；二龄幼虫4天后蜕皮为三龄幼虫，三龄幼虫会长出明显的翅芽；6天后，三龄若/幼虫蜕皮为四龄若/幼虫，四龄幼虫翅芽变长且为黑色，眼睛也变成黑色；8天后，四龄若/幼虫蜕皮成为成虫，成虫则通体呈黑褐色，口锥端部宽圆，体侧可以看到白色的鬃毛，成虫两天后开始交配，再过一天后产卵。这就是榕管蓟马的整个生命周期，历时31天。

虽然了解了榕管蓟马的生命周期，但对如何防治它们还需要进一步的探索。陈嘉龙查阅资料后发现，目前防治榕管蓟马的方法主要还是喷洒化学药剂。但周珂吟认为，榕树主要是园林观赏型植物，一般都种植在人群密集处，长期喷洒化学药剂，对人体也会有伤害。

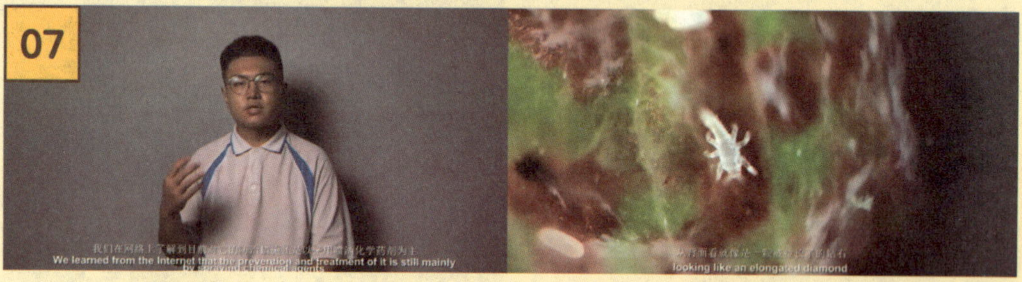

李嘉敏联想到之前他们3人的遭遇，认为榕管蓟马会被鲜艳的颜色吸引，比如它们会“攻击”李嘉敏身上鲜艳的跑步衫，还会被周珂吟的颜料吸引，更加喜欢树叶的嫩绿色。所以，他们想利用这个特点来“对付”榕管蓟马。

3位同学将直径10厘米、高8厘米的透明圆筒外表面等分为6份，其中5份涂上颜色，分别为红色、黄色、蓝色、绿色、紫色。剩下一面不上色。随后放入30只榕管蓟马，看看它们会选择哪一种颜色停留。经过反复试验，最终发现榕管蓟马对红、黄、蓝3种颜色最为敏感，较多榕管蓟马会选择栖息在这3种颜色上。

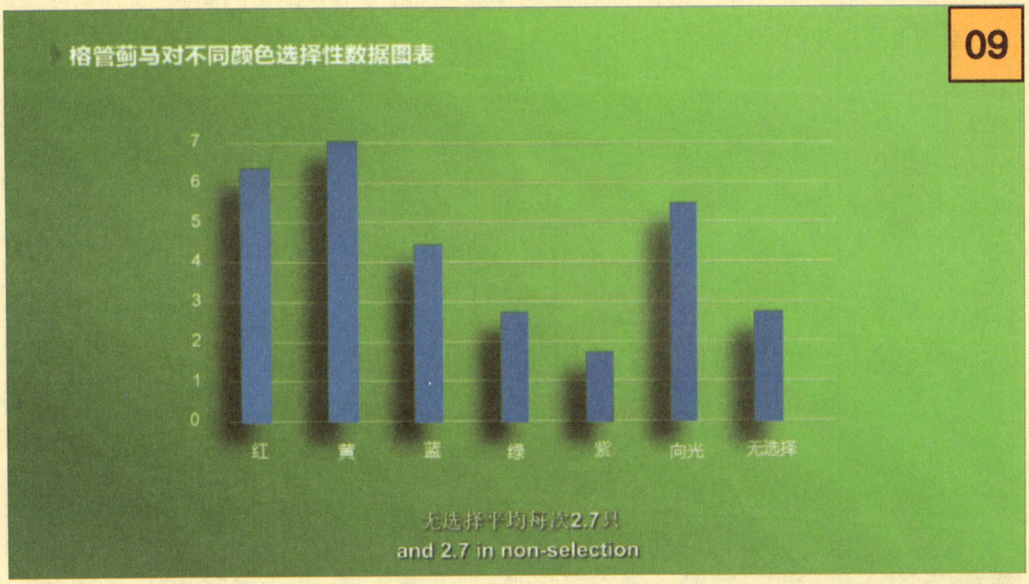

根据试验结果，3位同学设计了一个“彩虹捕马器”。将一个巨大的喇叭涂上红、黄、蓝、这3种颜色，再在喇叭的尾端装上一个抽油烟机，希望这样可以将榕管蓟马捕捉起来。经过仔细设计和精心组装，“彩虹捕马器”终于可以“实战”了！他们将“捕马器”放在靠近榕树的地方，并打开抽油烟机。经过20分钟的等待，最终却只捕捉到两只蓟马，这让他们一度灰心丧气。

但他们没有就此放弃，经过一番讨论，周珂吟提出，可以在喇叭口放一个“泡泡机”这样可以让颜色更加鲜艳，也许可以吸引到更多的蓟马。

说干就干，经过一番调整，这次的结果会如何呢?

“三，二，一！”打开“捕马器”盖子的时候大家都开心不已！经过这次改良，同样的时间内，捕捉到了30多只蓟马！但如果想要真正解决榕管蓟马的问题，也许还要再下一番功夫，让我们期待他们下一次的改良吧！

专家点评

短片中科学少年们对榕树害虫榕管蓟马鉴定准确，用视频影像资料详细记录了榕管蓟马的生命周期，并设计、实施了榕管蓟马对不同颜色的趋性实验。他们根据实验结果设计了一台“彩虹捕马器”，非常有创意。科学少年们对榕树害虫的无公害防治进行了很有意义的探索。

科学少年们用显微摄影方式记录虫卵孵化、幼虫发育过程，以及用抽油烟机自制彩虹涂色捕虫器是这个片子的两个亮点。生动的影像一目了然，代入感强。科学少年们出镜部分的背景选择、构图和光线控制需要提升。

在生活中困扰我们的小虫子，引发了科学少年们探究的兴趣。科学少年们进行了探究，在观察虫卵时，相机看不清楚，换了手机微距镜头才拍到，这个故事可以放大讲。他们还设计了能实际应用的机械装置，发明成果让这个课题增分不少。但是对几部分内容的处理用力略显平均，建议创作者对重点有趣的部分有所侧重，让作品更生动。

六、灰巴蜗牛食性与生物防治研究

3rd International Youth Science Fair for Discovery Videos

第三屆國際青少年科學發現影像大賽

獲獎證書

茲頒發給優秀科學微電影「二等獎」獲得者。特頒此證，以資鼓勵。

項目名稱：灰巴蝸牛食性與生物防治研究

作　　者：趙思雨，馬一鳴，張家碩

所在學校：河南省鄭州市二七區培育小學

指導教師：劉迎帥

國際青少年科學發現影像大賽評審委員會主席

張波 博士

2018年9月30日至10月6日 於美國波士頓

3rd International Youth Science Fair for Discovery Videos

The Second Place Of Grand Award

is hereby awarded to

Ms. Siyu Zhao, Mr. Yiming Ma, Mr. Jiashuo Zhang

from

Henan Zhengzhou Erqi District Peiyu Primary School

for their discovery video project on

The Grey Snail —— Research on Food and Biological Control

under supervision of

Mr. Yingshuai Liu

September 30 to October 6, 2018

Boston, USA

Dr. BO Zhang

Chair

International Youth Science Fair for Discovery Videos

在内地观赏影片：

在境外观赏影片：

探究故事

蓝鲸的话

灰巴蜗牛是我国常见的一种危害农作物的害虫。如果你家的花园里灰巴蜗牛泛滥，把花花草草吃得遍体鳞伤，那你会怎样对付它呢？“蜗牛跑得慢，把它们一只一只捉走吧！”恐怕你不知道，蜗牛昼伏夜出，甚至会钻到泥土里藏起来，让你找不到它。有没有什么更好的防治方法呢？郑州市二七区培育小学的赵思雨、马一鸣、张家硕3位科学少年想出了生物防治的妙招儿。让我们一起看看是否奏效吧！

赵思雨、马一鸣和张家硕3位科学少年在植物园的枝叶上发现了许多硕大的“田螺”，仔细观察后才发现叶子上爬的不是田螺，而是黄褐色的蜗牛。它们在枝叶间缓慢地穿梭爬行。3位科学少年询问专家后得知它们是蜗牛家族的一员，名叫“灰巴蜗牛”。科学少年们随后又上网查阅资料，发现灰巴蜗牛又叫“水牛”，它们在全国都有分布，又是我国目前为止最常见的危害农作物的陆生软体动物之一。3位科学少年迫不及待地想知道灰巴蜗牛是如何危害农作物生长的。让我们跟随他们的脚步一起探究吧！

在北方，3位同学从小到大都很少见到蜗牛，更别说巧遇如此“泛滥成灾”的蜗牛。于是同学们计划一有时间就对灰巴蜗牛进行实地蹲守观察。

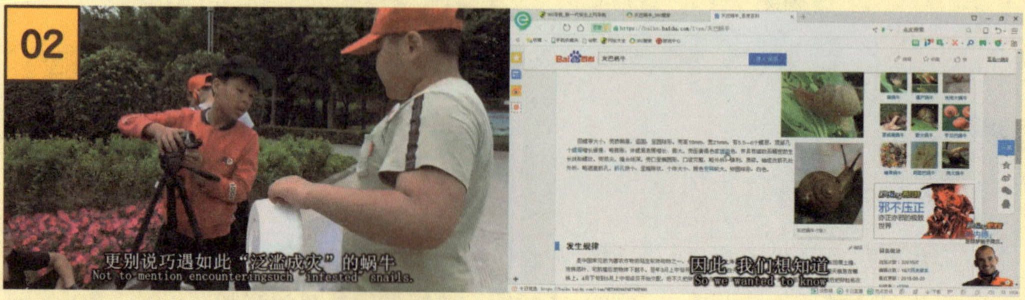

炎炎夏日的午后，闷热的天气，科学少年们非常担心是否能在植物园找到灰巴蜗牛。因为之前他们在网上查阅资料了解到灰巴蜗牛白天潜伏，傍晚或清晨取食，遇到阴雨天就会整天栖息在植株上。冒着烈日，沿着植物花科，科学少年们在各自的观察点寻找。功夫不负有心人，他们终于找到了灰巴蜗牛。原来它们有的藏在叶子下面，有的钻进了泥土里，用这样的方式来躲避高温。

为了更好地观察和研究，科学少年们捉了一些灰巴蜗牛，把它们放进提前准备好的塑料箱里。另外，他们还准备了一些灰巴蜗牛喜欢的食物——小叶黄杨。科学少年们把蜗牛带回室内，准备做更细致的研究。

第二天上午，他们观察了养在半透明塑料箱中的灰巴蜗牛。不幸的是，在干燥的天气和缺乏培养经验的情况下，一些蜗牛只剩下了壳，同时他们在箱子中闻到了一股刺鼻的腥臭味。

不过，一些有趣的现象也引起了他们的好奇。一些蜗牛将自己蜷缩在壳里面，并将壳口封住；蜗牛之间会有触角的碰触；两只、三只甚至好几只蜗牛都喜欢互相趴在对方的壳上。

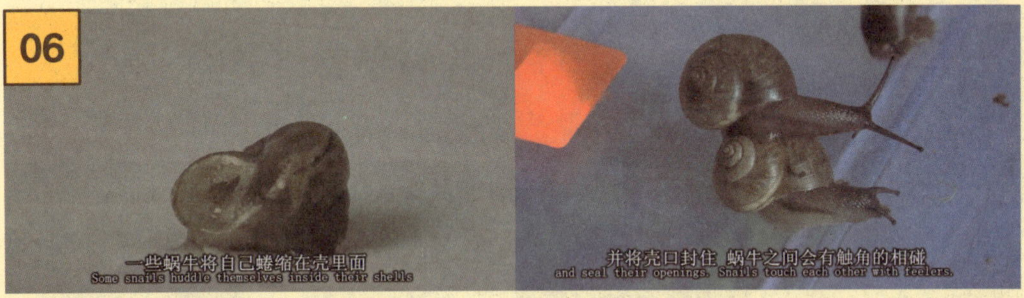

随后，科学少年们又查阅资料发现，蜗牛常把壳口封住是为了保护自己进行休眠。它们会潜伏在潮湿的土壤或茎叶下面，等到条件适宜的时候，如下雨时、灌溉后、傍晚或早晨，再外出觅食。蜗牛之间触角的接触是为了辨别气味和传递信息。至于喜欢趴在对方的壳上，有一种说法是，4月下旬和5月初是灰巴蜗牛交配的季节，它们可能是在求偶、交配。同时，蜗牛在爬行时腹足不断分泌的黏液，可以协助蜗牛移动。

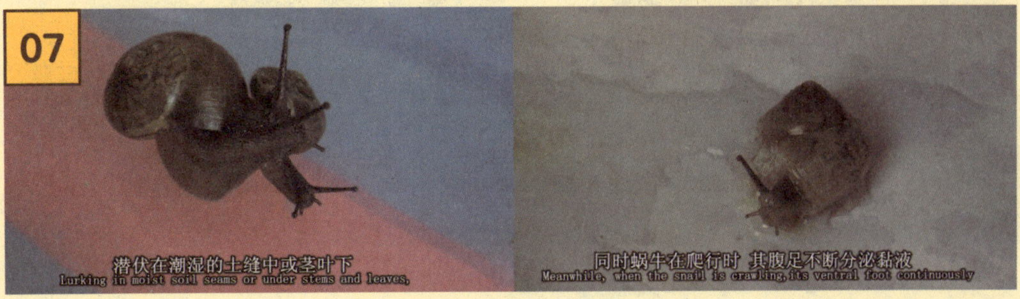

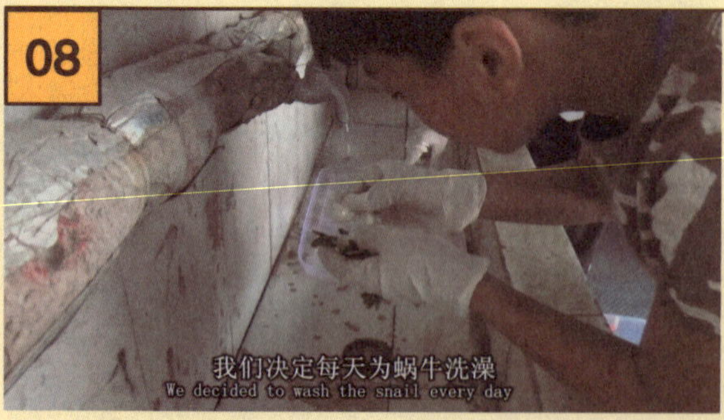

科学少年们决定每天为蜗牛洗澡，清理它们的“家”，并准备食物。为了进一步研究灰巴蜗牛是如何危害农作物的，他们用白菜、苹果、番茄和黄瓜等不同蔬菜、水果进行了实验。

实验发现，灰巴蜗牛对白菜、苹果、黄瓜都十分喜爱。这也说明灰巴蜗牛是一种杂食性软体动物，它们对水分含量高的食物有着好胃口。另外，科学少年们还发现，灰巴蜗牛对白纸和报纸也非常喜爱，它们甚至会吃报纸！原来，纸张中含有生长蜗牛壳必须的钙，它们是在利用纸张中的微量元素来为自己的壳补充营养！

灰巴蜗牛作为一种危害农作物的软体动物，科学少年们想到了一些防治方法。他们用盐、醋和辣椒水对灰巴蜗牛进行实验。他们将溶液洒在灰巴蜗牛的身上，灰巴蜗牛全部缩进了壳里。随后，他们又将3种溶液混合在一起，洒在灰巴蜗牛身上。

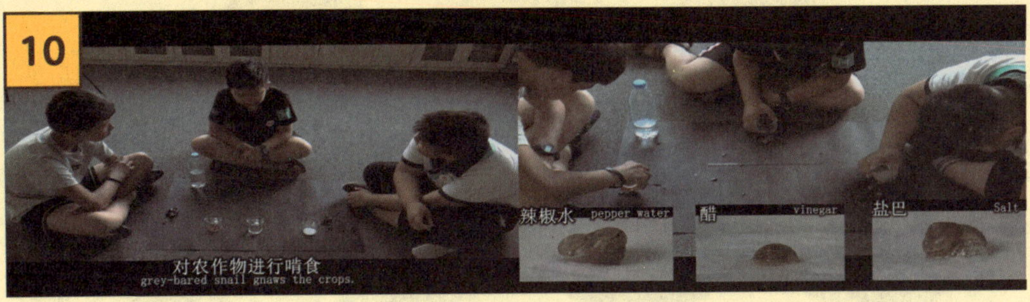

实验结果显示，盐水组，72%的蜗牛死亡；白醋溶液组，54%的蜗牛死亡；辣椒水组，80%的蜗牛存活了下来；而3种溶液混合之后，灰巴蜗牛全部死亡。

实验结果表明，灰巴蜗牛对盐水和白醋溶液有强烈的反应，但对辣椒水反应较低，3种溶液混合，对灰巴蜗牛的防控力度最强。虽然这些溶液有效，但是否能将溶液直接喷洒在植物上来防控蜗牛，还有待进一步的实验探究。

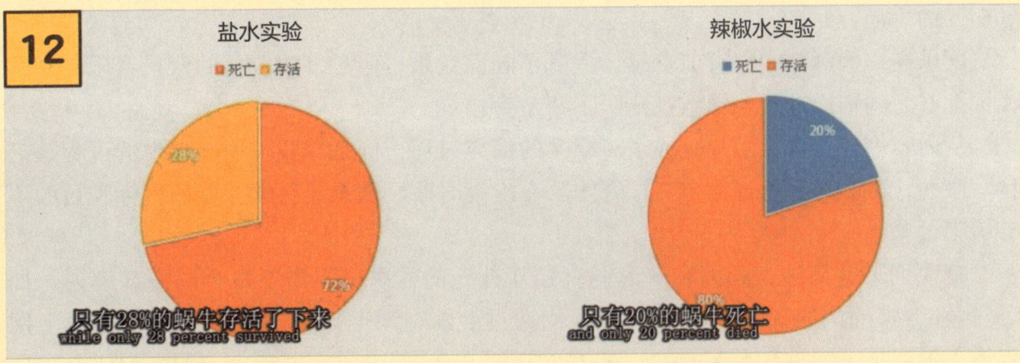

专家点评

短片极具趣味性，让观众看到了小学生们探究科学的真实场景：边玩边探究。科学真好玩！蜗牛赛跑这一段很有意思，食性试验也生动有趣。生物防治方法很有意义，但是分析不够清晰，建议表述盐、醋、辣椒的防治效果用柱形图，一目了然。

生物防治用到的材料，一方面能防治害虫，另一方面是否对植物也有危害呢？食盐对植物也是有害的，如果将食盐换作其他无机盐肥料，比如用氯化钾、尿素、硝酸钾、硝酸铵，在生产上才有推广意义。小学生还不懂“盐”的化学概念，科学辅导老师可以考虑在科学探究中适当拓展学生的知识。

配音顺畅，吐字清晰。影片03:03处，将配音“闻到了一股较难闻的腥臭味”和同期声“真臭啊”混剪，显得突兀。应该在影片中剪辑出同学们观察、发现，并说出“真臭啊”的画面。

配乐在一些画面中很有节奏感，提升了画面效果，但是多数段落的背景音乐却和解说词配音之间形成冲突，导致观众听不清楚旁白。

从内容创作上看，短片完成了对蜗牛的探究过程，但是寻找、观察蜗牛的过程缺乏特写画面，试验过程略显简单。探究团队在出镜时略显随意，科学探究的目标和目的不够清晰。

解说词不够简洁，画面和解说词有相互补充的效果，不需要每个画面都解说，如“经过和专家的沟通询问得知……”“我们通过上网查询得知”“因为之前我们通过上网查询了解到……”重复太多。

第二篇

生态平衡　物种多样

DIRECTOR

七、拯救腐木
——森林的诺亚方舟

3rd International Youth Science Fair for Discovery Videos

第三屆國際青少年科學發現影像大賽

獲獎證書

茲頒發給優秀科學微電影「一等獎」獲得者。特頒此證，以資鼓勵。

項目名稱 ：拯救腐木——森林的諾亞方舟

作　　者 ：楊沐華、張瑞、孔佑博

所在學校 ：香港聖若瑟英文書院、北京市第一六六中學、北京市文匯中學

指導教師 ：范承國

國際青少年科學發現影像大賽評審委員會主席

張波 博士

2018年9月30日至10月6日 於美國波士頓

在内地观赏影片：

3rd International Youth Science Fair for Discovery Videos

The First Place Of Grand Award

is hereby awarded to

Mr. Muhua Yang, Ms. Rui Zhang, Mr. Youbo Kong

from

St. Joseph's College, Beijing No. 166 High School, Beijing Wenhui Middle School

for their discovery video project on

Save the Rotten Wood : The Noah's Ark in the Forest

under supervision of

Mr. Chengguo Fan

September 30 to October 6, 2018

Boston, USA

Dr. BO Zhang

Chair

International Youth Science Fair for Discovery Videos

在境外观赏影片：

探究故事

蓝鲸的话

如果在你的手上放一条鲜红色的千足虫，让它密密麻麻的足像波浪一样在你指尖移动，缓缓爬过你的手心、手背、胳膊，你能否像欣赏音乐一样感受千足虫在你皮肤上演奏的乐曲呢？你可能会说："我浑身起鸡皮疙瘩了！""小科学家"张瑞不一样，她正淡定地观察着手心里的千足虫。她和队友要给大家分享他们对腐木上神奇生命的探索发现。

砖红厚甲马陆非常喜欢生活在腐木上，来看看它的家吧！对于它来说，蘑菇如参天大树，苔藓如新绿草原，树皮如绵延丘陵。

不止是砖红厚甲马陆，蛞蝓、蜗牛、霍氏绕马陆、蚂蚁、萎鞘天牛、隙蛛、跳蛛、褐翅钲蟋蟀、蝴蝶、姬蜂、蛛蜂、扁头泥蜂、金龟子幼虫等形形色色的小生命都以这块腐木为家。腐木的生物竟然如此丰富！

蛞蝓

蜗牛

霍氏绕马陆

蚂蚁

萎鞘天牛

隙蛛

跳蛛

褐翅钲蟋蟀

紫斑蝶

姬蜂

蛛蜂

扁头泥蜂

金龟子幼虫

各种菌类

许多人认为“朽木不可雕也”，甚至认为腐木是森林害虫的天堂，因此腐木往往被移出森林，森林的生物多样性也许同时也遭到了破坏。带着这个困惑，来自香港的杨沐华和来自北京的张瑞、孔佑博3位同学对腐木的生物多样性展开了调查。

他们测量出腐木的总体积，统计出1个样方上生物的数量，估算出腐木上各种生物的总数量。在这棵腐木上小动物的数量竟然高达4 902只！

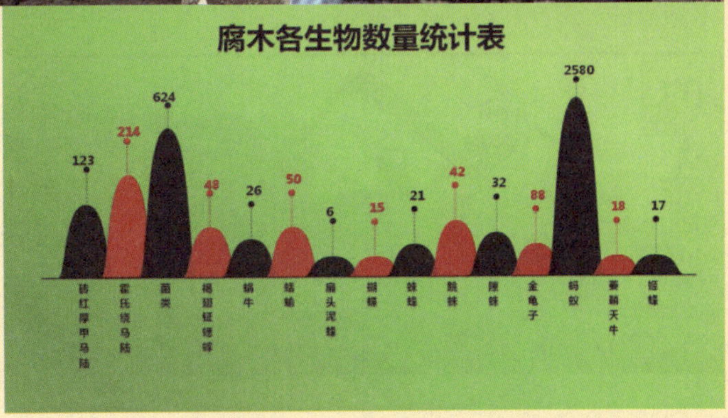

腐木对维持生态系统的稳定至关重要，这些生命之间形成了一个生态系统，隙蛛、扁头泥蜂、蚂蚁、蛛蜂、跳蛛、姬蜂在腐木上扮演着“次级消费者”，马陆、金龟子幼虫、蛞蝓、蜗牛、褐翅钲蟋蟀、萎鞘天牛、蝴蝶在腐木上扮演着“初级消费者”，各种菌类扮演着“分解者”和“生产者”的角色，而以上这些都离不开大树留下的珍贵遗产——腐木。

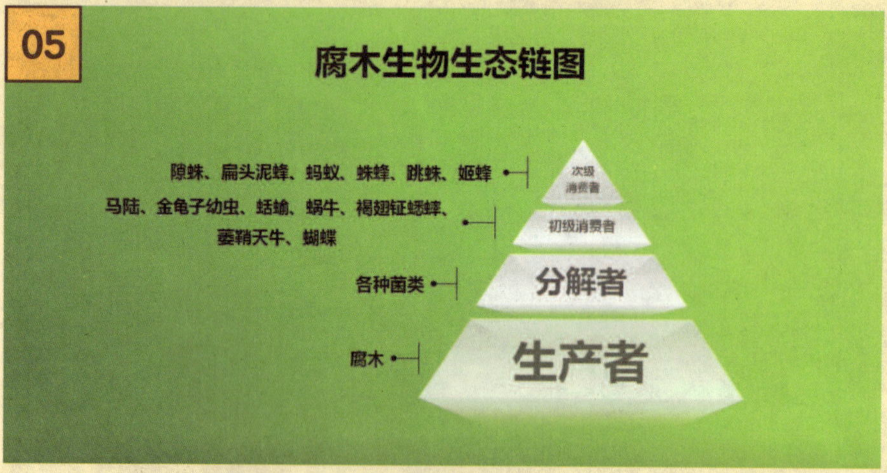

腐木就像是森林的“诺亚方舟”，对维持森林的生物多样起着重要的作用。但是，公众是否了解腐木对森林的作用呢？科学少年们决定对路人进行随机采访。有些路人知道腐木有益森林，但并不知道腐木对森林生物多样性的重要作用。

由于长期不被人们重视，加上传统林业管理的一些误区，腐木越来越少，腐木这个大家庭正面临着无家可归的凄凉处境，因此也造成了森林生物多样性的破坏。

3位科学少年决定设计一个“森林的诺亚方舟——腐木旅馆”，拯救那些缺失腐木的森林，让这些小生命有一个栖身之所。“腐木旅馆”是选择不同种类的树桩，将它们排列成金字塔，并保留一些空隙，便于小动物在其中安家。

08

希望他们的“腐木旅馆”在香港的郊野公园开起“连锁店”，真正成为拯救森林生物多样性的“诺亚方舟”！

09

蓝鲸的话

手训，是动物学家观察不具备伤害能力的小动物时用手直接接触，获得第一手观察信息的方法。小学生在进行科学观察时，如果没有动物学家的指导，务必要按照实验规范，戴上手套操作。

专家点评

野外生态观察是青少年科学探究项目中难能可贵的方法，本片中的“小科学家们”主要使用了观察记录、数据统计、工程设计等方法，简洁合理，分析直观，逻辑清晰，观点明确。选题有新意、有价值，结构完整。

影片开场出镜的环节，手上爬的马陆令人惊诧，“小科学家”张瑞一边讲解一边把它送回到它生存的“星球”——腐木，动作连贯，一气呵成，成为影片的点睛之笔。

“小科学家们”拍摄了大量精致的腐木家族虫子的画面，镜头画面新奇，带领观众看到了平时熟视无睹的“腐木星球”众生相。片尾提出了森林生态环境中人们认为没有用处的腐木，其实也是森林生态的组成部分，观点明确。

一个鲜为人知的世界，竟如此的生动与色彩斑斓，让人不禁感叹“小科学家们”那双发现的眼睛和那颗有爱的心灵。科学微电影活动教会孩子们观察发现的同时，又让孩子们体会到了发现背后的不易——镜头中“小科学家们”专注拍摄的眼神和汗水，以及马陆爬过时胳膊上成片的蚊子叮的包，都是真实的写照。

最后，孩子们特别设计出的森林“诺亚方舟”，承载着他们的满满爱心。较为遗憾的是没有交代搭建腐木生态小屋的过程，这个“诺亚方舟”是怎么建造、放置，又起了什么作用呢？影片留下了一个大大的悬念。

解说词优美流畅，旁白和音乐配合画面，增加了观影的奇妙感受。需要注意的是，片名格式有问题，动宾词组与偏正词组不对等。解说词层次之间往往有多余的交代，如“我们决定……”应当删去。

八、不仅是棵树

2nd International Youth Science Fair for Discovery Videos

第二屆國際青少年科學發現影像大賽

獲獎證書

茲頒發給「亨達」最佳剪輯獎 獲得者。特頒此證，以資鼓勵。

項目名稱 ：不僅是棵樹

作　　者 ：王泓帆、嚴知、張志豪

所在學校 ：鄭州市第二中學、上海星河灣雙語學校、鄭州市第九中學

指導教師 ：張溪典

國際青少年科學發現影像大賽評審委員會主席

張波 博士

2017年9月30日至10月6日 於美國波士頓

HKISA

在内地观赏影片：

2nd International Youth Science Fair for Discovery Videos

Hantec Best Film Editing Award

is hereby awarded to

Mr. Hongfan Wang Mr. Zhi Yan Mr. Zhihao Zhang

from

Zhengzhou No.2 Middle School, Shanghai Starriver Bilingual School, Zhengzhou No.9 Middle School

for their discovery video project on

More Than A Tree

under supervision of

Mr. Xidian Zhang

September 30 to October 6, 2017

Boston, USA

Dr. BO Zhang

Chair

International Youth Science Fair for Discovery Videos

HKISA

在境外观赏影片：

探究故事

蓝鲸的话

王泓帆、严知、张志豪3位同学把镜头对准了一棵树。幽默诙谐的语言、生动有趣的镜头，一个由生产者、各级消费者、分解者组成的大树生态系统便展现在了我们的眼前，让我们看到了大自然生命和谐共处的美丽画面。

你知道吗？大树本身就是一个生态系统。在大树上，生活着许许多多的小生物，他们相互依存，形成了一个属于他们自己的“生活圈”。来自上海的严知和来自河南的张志豪、王泓帆3位科学少年，对太平山上一棵大树及围绕它产生的生态系统，产生了浓厚的兴趣。

生产者是生态系统中重要的组成部分。蕨类、苔藓是必不可缺的生产者，它们将无机物合成有机物，为人类提供可吸收的能量。附生植物也是生产者的一部分，它们的足迹遍布每一片角落。哦！当然了，还有一个重要的生产者——大树。

除大树本身是生产者之外，大树的身上还生长着许许多多的地衣和苔藓。地衣和苔藓为初级消费者提供了必要的食源。他们在大树上先后发现了蜗牛、蛞蝓、盲蛛等初级消费者。

02

这些初级消费者以树叶、苔藓等为食物来源。它们也是这个生态系统的重要成员，有了它们，才会有更高级的消费者存在。

03

盲蛛，大家见过吗？和大多数“蛛”不同，盲蛛也是初级消费者。它们不结网，“漫无目的”地在树根处“游荡”，而且它们特别喜欢吃蘑菇。在3位科学少年研究的这棵大树上，也生活着不少盲蛛。同为“蛛”类的圆蛛就是真正的次级消费者了，它们会捕食落在它们网上的小虫。

04

05

别看圆蛛的个头比盲蛛小，但它可是吃肉的。

06

除蜘蛛之外，蚂蚁也是大树生态系统的一员，它们数量众多，树干、树枝、包括各种树洞里都能找到它们的踪影。

一只蚂蚁并不可怕，但一群蚂蚁可是相当“恐怖”的，蜗牛、蚯蚓、蚂蚱等都是它们的猎物。

07

08

这就是大树生态系统中各种生物的缩影，它们相互影响，共同维持着这个生态系统的平衡。但现在很多大树被转移到城市里做绿化植物，这样做破坏了原来的生态系统。这就像是养鱼不放水，没了水，鱼还怎么活？整个大树和它周围的环境是一个整体，环环相扣，只有所有的小伙伴们一起生活，才能维持这个整体。

专家点评

短片的创作者用镜头记录了大树生态系统中生产者、各级消费者、分解者之间密切的关系，并且揭示了移栽大树进城这种做法的危害。该作品生动活泼有趣，深受青少年观众喜爱。

短片选题新且很有深意，构思巧妙，比拟新颖，解说准确、生动、简洁。短片标题再斟酌，“不仅是棵树”可以更直白，如“大树就是一个家”。

镜头拍摄的品质较高，特别是几个长镜头。分角色配音也惟妙惟肖。下次不要忘了加字幕，这导致减分了。

短片开场第一声鸟啼拉开了大树生态系统的故事，这一声效的使用就像惊堂木一样。在作品中出镜者相互对话轻松幽默，分角色配音，略带夸张的表演更让作品具有异想天开的色彩。但在出镜时，两位中学生似乎有些羞涩，在镜头前有些不知所措。

短片以拟人的手法，亲切、有趣地展示了生命世界的多样性，启迪人们对各种小生命保护的意识。短片科普性强，探究性略显弱了些。

创作者极具童心和想象力，以拟人的手法，活泼生动的语言，为我们展现了围绕一棵大树的自然生态系统，每一个小生命，都作为这个系统中的一员和谐共处，让我们看到了大自然中生命和谐共存的美丽画卷。

九、铜山湖畔的三白驴
——关于泌阳驴种群数量锐减及保护对策的研究

3rd International Youth Science Fair for Discovery Videos

第三屆國際青少年科學發現影像大賽

獲獎證書

茲頒發給「亨達」關愛生態環境專項獎 獲得者。特頒此證，以資鼓勵。

項目名稱 ：銅山湖畔的三白驢——關於泌陽驢種群數量銳減及保護對策的研究

作　　者 ：魯星妤、劉思源、裴奕鑫

所在學校 ：鄭州市二七區優智外國語學校

指導教師 ：李清泉、王福敏

國際青少年科學發現影像大賽評審委員會主席

張波 博士

2018年9月30日至10月6日 於美國波士頓

在内地观赏影片：

3rd International Youth Science Fair for Discovery Videos

Hantec Special Award – Care for Ecology and Environment

is hereby awarded to

Ms. Xingyu Lu, Ms. Siyuan Liu & Mr. Yixin Pei

from

Zhengzhou Erqi District Youzhi Foreign Language School

for their discovery video project on

"Three Whites Donkey" by the banks of the Tongshan Lake:

It is about countermeasures for population reduction and protection of Biyang Donkeys

under supervision of

Mr. Qingquan Li & Ms. Fumin Wang

September 30 to October 6, 2018

Boston, USA

Dr. BO Zhang

Chair

International Youth Science Fair for Discovery Videos

在境外观赏影片：

探究故事

蓝鲸的话

早在2003年，一位叫高飞的姐姐就研究过三白驴，她发现三白驴的种群数量在锐减，于是她提出了一系列保护三白驴的政策建议。15年后，三白驴的数量增多了吗？3位小学生正在专心地研究，让我们跟随他们的镜头一起来关心三白驴的命运。

春暖花开、万物复苏的春天是出游踏青的好时节，刘思源、裴奕鑫和鲁星妤3位科学少年周末一起来到了风景秀丽的河南省驻马店市泌阳县铜山湖风景区游玩。在游玩过程中他们看到湖边有驴在吃草，这种驴身体结构紧凑，头直颈长，眼睛大而饱满，口型大而方正，两只耳朵耸立着，四肢端正。

从放驴的孙爷爷口中他们了解到，这是我国四大优良驴种之一——泌阳驴。泌阳驴又名三白驴。但是现在泌阳驴的数量越来越少了。科学少年们感到很奇怪，这么可爱的泌阳驴怎么会越来越少了呢？

02

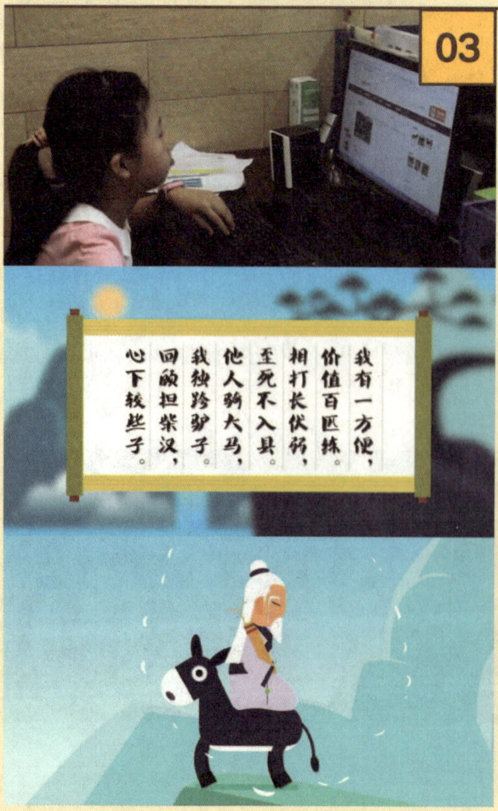

03

于是，回到家里他们便上网查阅资料。我国自古以来就有关于驴的传说，如有名的张果老倒骑毛驴。唐初的白话诗僧王梵志就在诗中写道：“我有一方便，价值百匹练。相打长伏弱，至死不入县。他人骑大马，我独跨驴子。回顾担柴汉，心下较些子。”可见，驴在人们的生活中非常重要。

以前经济水平有限，因为三白驴耐力好、吃得少，且不易生病，当地基本上家家户户都要用到它，拉磨、犁地、拉车、嫁娶等。另外，驴和马配种生育下来的骡子耐力非常好，常被用来运物资。

然而，近年来驴的运输作用逐渐被替代。昔日为人们的生活立下汗马功劳的三白驴，如今唯一被人们记得的优点竟然只有肉质鲜美。

为了详细了解三白驴的现状，3位科学少年经过商议，决定做详细的实地调查。他们在老师的带领下驱车来到美丽的泌阳县。泌阳县属浅山丘陵区，四季分明，雨量充沛，这为泌阳经济发展特别是畜牧业的发展创造了得天独厚的自然条件。

刘思源、裴奕鑫和鲁星妤3位科学少年在老师的协助下找到了泌阳县种畜场下属的曾沟牧场。走进养殖场，他们又见到了三白驴。当他们架起摄像机要拍摄采访时，神气的三白驴似乎并不害怕他们这些外来人员。它们可爱的样子一下子就吸引住了3位同学。三白驴不仅眼睛的周围是白色的，嘴巴的周围是白色的，就连肚子也是白色的，真不愧是“三白”驴啊！同学们感叹：“它的耳朵好像竹筒，眼睫毛好长好长，三白驴长得真漂亮啊！”牧场工作人员告诉他们有的三白驴才出生十几天，有的正在孕期。

刘思源、裴奕鑫和鲁星妤了解到，新中国成立以来三白驴的种群数量经历了“两起两落”，2018年已经下降到5 186头，低于新中国成立初期的水平。为什么第二次锐减后不能回升呢？

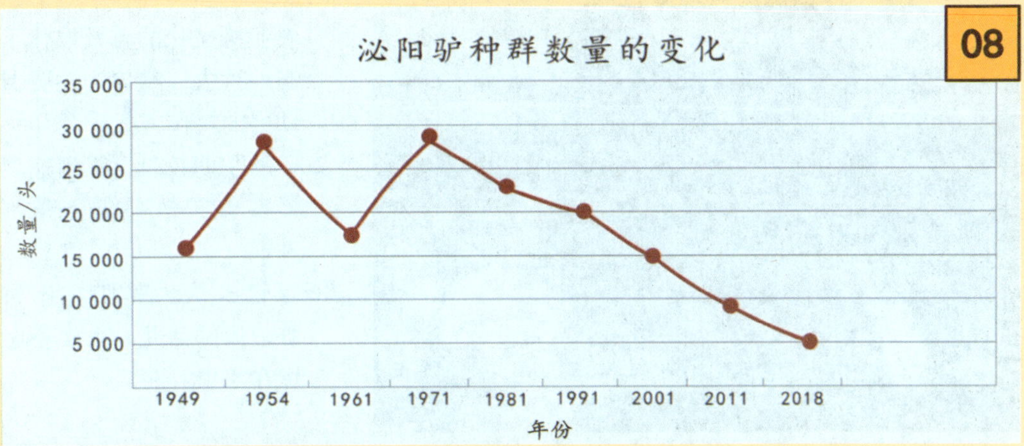

为了更准确地了解泌阳三白驴数量锐减的原因，他们先后走访了泌阳县的贾楼乡、羊册镇、春水镇、官庄镇等9个乡镇。起初，他们的采访进行得并不顺利，人们似乎并不乐意接受采访。不过，功夫不负有心人，他们最终采访到了约150位当地群众。

10

结合当地群众的反馈，他们总结出泌阳三白驴数量锐减的原因主要有以下几点：

① 农业机械化的普及取代了当地过去以牲口为主要劳动力的耕作方式。

② 驴的孕期较长，繁殖速度慢。养驴效益低，赚不到钱。

③ 年轻人认为养驴是比较脏、累的活儿，大多不愿留在家里养驴。

11

面对泌阳三白驴数量锐减的现状，采取保护措施已经迫在眉睫。他们采访了泌阳县种畜场的李厂长。李厂长告诉他们以后泌阳三白驴的发展思路是由政府引导、企业投资、采用“公司+农户”的模式对驴产品进行深加工。

此外，3位科学少年制作了关于泌阳三白驴保护措施的调查问卷，走进泌阳县的几个乡镇做了问卷调查。

12

调查结果显示，当地有13%的人并不了解泌阳三白驴这一濒危物种。83%的人认为应重视泌阳驴并加大保护力度，而仍有17%的人认为无所谓。65%的人认为泌阳三白驴与有机农业有着密不可分的关系。关于保护泌阳三白驴应当采取哪些措施，90%的人认为应该从发展有机农业、政府引导和企业投资3个方面共同入手。

13

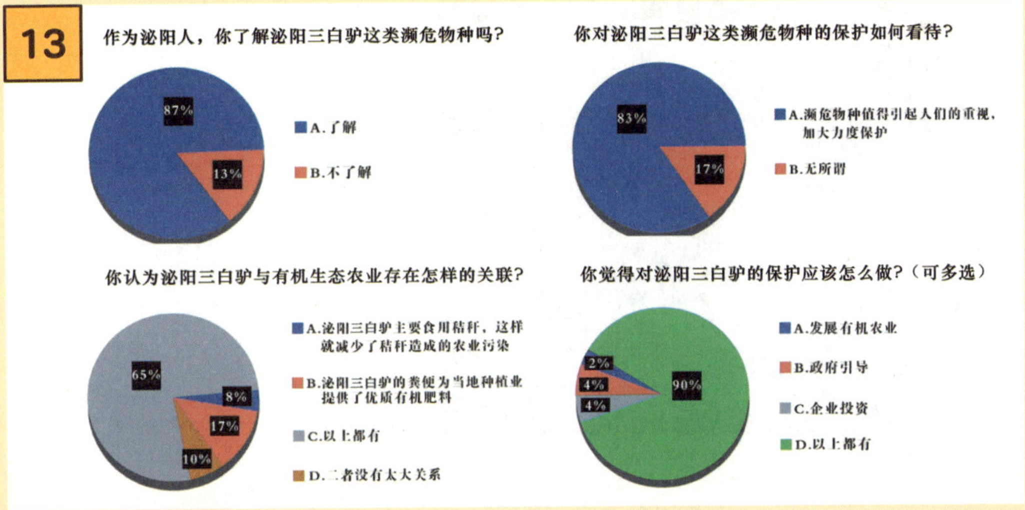

通过采访李厂长并结合当地群众的反馈，3位科学少年一起商定了保护措施：

① 企业投资：采用“公司+基地+农户”的发展模式。

② 政策引导：加快泌阳三白驴保种步伐，吸收省、市、县各级畜牧专家和领导参加，切实增加政策引导，资金扶持，科研投入。

③ 经济补助：政府采取经济补偿措施鼓励农户个人养殖。

④ 搞好特色：泌阳县生态环境优良，因此可以利用泌阳三白驴这张“名片”做好当地生态旅游、特色文化。

14

15

刘思源、裴奕鑫和鲁星妤3位科学少年呼吁大家一起行动起来，保护泌阳三白驴。相信在大家的共同努力下，铜山湖畔的泌阳三白驴一定能找回昔日的辉煌，奋蹄驰骋在青山绿水间！

专家点评

3位小学生针对三白驴的物种数量锐减的情况展开了研究，选题非常有意义。三白驴从2001年的15 000头急剧下降到2018年的5 000头，仅17年的时间锐减了10 000头，种群数量只剩下了1/3！ 3位小学生收集到的数据，给毫无察觉的我们一个警醒——原来一个非常熟悉的物种就要从地球上悄悄地消失了。值得反思的是，如果人们一味地认为用“吃驴肉”的方法可以保护三白驴的种群数量，那么可能南辕北辙，也许用不了几年我们的子孙后代就再也见不到这个物种了。

本片配音自然流畅，动画的使用是较大的亮点。动画中出现著名诗人关于驴的描述这一环节，建议配以声情并茂的朗诵。

探究活动中的出镜表达有感而发、自然流露，这一过程是对中小学生科学素质培养的重要环节，3位小学生与三白驴亲密接触的镜头触动观众。在科学纪录片创作中，要更多地拍摄具有现场感的探究过程，力避用表演的方式摆拍。出镜时还要注意服装和表情，可以分切镜头规避一些不合适的表情。

从创作上看，作品从对泌阳三白驴的科学探究延展到了经济和社会领域，试图探究种群数量与当地可持续发展的关系，建议探访畜牧专家，课题会挖掘出更多有关三白驴物种保护的亮点。

十、软体动物多样性的研究

3rd International Youth Science Fair for Discovery Videos

第三屆國際青少年科學發現影像大賽

獲獎證書

茲頒發給「亨達」關愛生態環境專項獎 獲得者。特頒此證，以資鼓勵。

項目名稱 ：軟體動物多樣性的研究

作　　者 ：仲家瑞、張亦菲、張凱

所在學校 ：上海市大同中學、鄭州市第十九中學、孟州市第一高級中學

指導教師 ：藍高龍

國際青少年科學發現影像大賽評審委員會主席

張波 博士

2018年9月30日至10月6日 於美國波士頓

HKISA HKISA HKISA

在内地观赏影片：

3rd International Youth Science Fair for Discovery Videos

Hantec Special Award — Care for Ecology and Environment

is hereby awarded to

Mr. Jiarui Zhong, Ms.Yifei Zhang & Mr.Kai zhang

from

Shanghai Datong High School; Zhengzhou No. 19 Middle School; Mengzhou No. 1 High School

for their discovery video project on

A Study on the Biodiversity of Molluscs

under supervision of

Mr.Gaolong Lan

September 30 to October 6, 2018

Boston, U.S.A

Dr. BO Zhang

Chair

International Youth Science Fair for Discovery Videos

HKISA HKISA HKISA

在境外观赏影片：

探究故事

蓝鲸的话

蜗牛、螺、蛞蝓，你能分辨清楚这些小动物吗？让3位科学少年仲家瑞、张亦菲和张凯告诉你怎么辨别吧。他们对这些软体动物了如指掌，不仅知道它们的名字，还知道它们对不同环境的适应能力各异！他们甚至大胆地提出，蜗牛可以指示环境好坏。你同意他们的观点吗？看，他们正在实验，不如我们一起加入探究吧！

说到陆地上的软体生物，最庞大的家族就是蜗牛一族了。它们的身影，可以追溯到几亿年前的寒武纪早期，甚至更早。来自上海市和河南郑州市、孟州市的科学少年仲家瑞、张亦菲、张凯就对这种古老而又柔软的动物产生了兴趣，3个人利用在香港参加夏令营的机会，对香港的软体动物展开了研究。

香港是国际化的都市，也是全球金融业最发达的地区之一。可是大家或许不知道香港70%的土地都是绿地，有数不胜数的生灵在那里扎根繁衍，蜗牛这个庞大的种群就是其中之一。

02

03

在香港公园稀稀落落的草丛里，他们发现了一只环口螺缓缓地挪着步子，正在觅食。在这只环口螺的壳旁边，还有个用来保护自己的盖子。在清晨幽静的步道上，一只肥嘟嘟的蛞蝓正在慵懒地做着“早操”，机智的它用前额凸起的地方做支点，集中力量将身体顶起来，再一步一步把身子扭过来，就像在做转体的体操运动员。木瓜树上，同型巴蜗牛们正在向着木瓜这个人间美味发起新一轮的攻势。叶子上，一只用硬皮包着外壳的蜗牛也同样吸引了同学们的注意，这是正在贪婪地吮吸着清晨露水的树栖蜗牛。而在路旁，他们又遇到了非洲大蜗牛。这些都属于软体动物。

仲家瑞、张亦菲和张凯3位科学少年不禁好奇，为什么在公园里会有这么多蜗牛呢？为了对比，他们挑选了不同的地区做了统计。分别是维多利亚公园的西南角、东南角和中央草坪3块绿地。他们通过对比发现，维多利亚公园的蜗牛没有香港公园的多。这引起了3位科学少年的注意：是什么原因导致了两处仅仅相距3千米的地方的蜗牛种类和数量的差异呢？

04

为了解决这个问题，他们还去了南丫岛和铜锣湾进行实地考察。他们猜想，可能是环境污染导致的酸雨对香港的软体动物的分布造成了影响。为了进一步考察，他们将不同地方带回来的5种不同种类的蜗牛进行实验，分别是蛞蝓、同型巴蜗牛、非洲大蜗牛、环口螺和树栖蜗牛，每种蜗牛各3只。

05

他们分别把pH值为2、3、4的溶液（醋酸溶液）滴在不同蜗牛相同位置的皮肤上，观察其反应。

当pH值为3时，树栖蜗牛开始有剧烈反应，但其他蜗牛均没有明显反应。当pH值为2时，树栖蜗牛反抗剧烈且有抽搐现象，同时有黄色黏液流出；同型巴蜗牛躲进壳内，壳口有无色液体流出；蛞蝓失去活力；环口螺没有明显反应。

他们通过观察发现，在不同浓度溶液组的3只树栖蜗牛均分泌出了很多黄色黏液。被pH为4的溶液滴过的同型巴蜗牛、环口螺、蛞蝓和非洲玛瑙螺均无明显反应；被pH为3的溶液滴过的同型巴蜗牛、蛞蝓和非洲玛瑙螺均无明显反应，但环口螺缩进了壳内；被pH为2的溶液滴过的同型巴蜗牛、蛞蝓和环口螺均有明显反应，但环口螺并无明显反应，3只非洲玛瑙螺依然活跃，而其余蜗牛均有些许反应，较之前相比活跃程度下降。

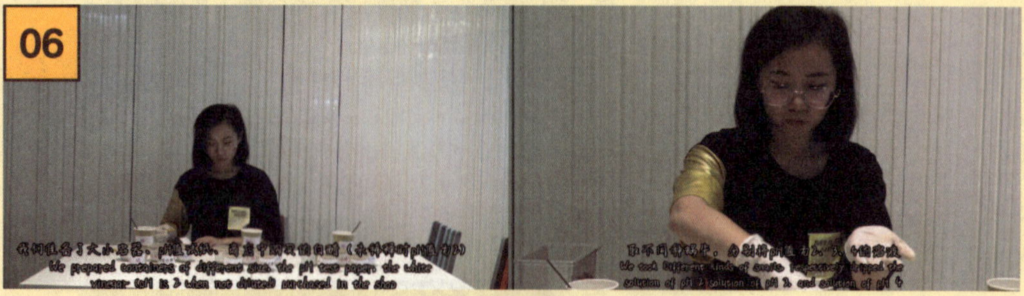

随后3位科学少年根据实验数据绘制出以下梯度图。树栖蜗牛对酸性环境的耐受性最低，非洲玛瑙螺对酸性环境的耐受性最高，蛞蝓对环境的耐受性仅次于非洲玛瑙螺，接着是同型巴蜗牛，之后就是环口螺了。

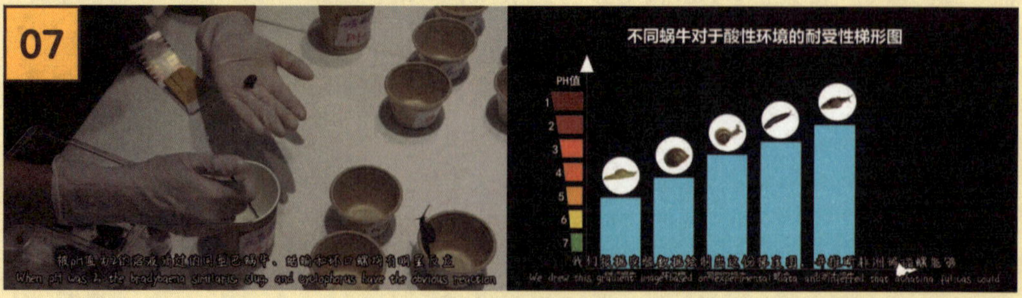

他们根据实验结果猜测可以利用蜗牛对酸性强弱条件的不同反应，把蜗牛当作环境的指示生物。例如当处于某个环境中，只要有耐受性低的树栖蜗牛频繁出没，则反映此环境受污染程度较低；当在某个环境中只有非洲玛瑙螺可以生存，说明此环境受污染程度较高。而当一个环境中既有树栖蜗牛又有非洲玛瑙螺，则可参考木桶原理（一个整体的最短板决定了该整体的性质），即按照耐受性最低的物种推断。

例如香港公园有大量树栖蜗牛出现，说明香港公园环境较好。而维多利亚公园只有非洲玛瑙螺和蛞蝓出现，说明其环境较差。这个结论在之后对香港市民的采访中也被证实了——大多数居民觉得香港公园的环境比维多利亚公园要好。

蜗牛会对环境进行挑选，人们总会在环境不错的地方看到大片蜗牛出现，而不是在酸雨频繁的地区或火山口。当然，不同的蜗牛有不同的耐受性，所以人们会在适合蜗牛生存的不同环境中找到不同的蜗牛。然而在蜗牛依赖环境生存的同时，也在不断改善环境。例如它们主要以植物为食，使环境中的植物不至于疯狂生长；而它们身上有致命的寄生虫，以它们为食的生物也不至于繁衍过度。

总体来说，蜗牛与环境既是生态系统中相对独立的部分，也是相互作用不可分割的统一体。再放眼人类世界，不也是如此吗？在长期进化发展的过程中，人类不仅在环境中生存，环境也同样孕育着人类。因此，对环境负责也就是对人类自己负责。多么可爱的地球，多么惬意的家园。让我们共同还江山翠绿，还江河清澈，还后代一个美丽的地球。

专家点评

本片中的3位科学少年善于从身边去发现选题，他们在常去的公园发现了两个相互关联的现象，即“环境不同，蜗牛的生物多样性程度就会不同”。为了验证自己的猜想，3位“小科学家”反复调查了香港的不同公园，并且设计了实验寻找现象背后可能的原因。最后，他们提出了蜗牛、螺、蛞蝓这些软体动物可以作为环境的指示生物，并且总结出了环境优劣的不同情况下，软体动物多样性的差异。

本研究结构完整，逻辑清晰，有一定的数据支持，结论合理，创新点明确。解说词文采飞扬，配音流畅。但个别字发音需要注意准确，还需要注意节奏的调整。此外，片名“软体动物”范围太大，建议加上限定词。解说词语言要力求准确、简洁，有些表述不准确，如“70%的土地都是绿地”“清晨所带来的露水”，注意尽可能少用“进行”，说“实验”就可以了，不要说“进行实验”。

本片结构较为完整但缺乏特点。影片对两个公园的各种蜗牛进行了探究，通过实验找到了不同蜗牛对环境的耐受程度规律，转而将其作为标志物，科学逻辑和思维清晰明了。但怎样让这些科学表达更加精彩？建议在对比实验时，可以增加同期声效；在不同的公园及采访路人时，可以设计主持人出镜，介绍地点、环境的不同；视频中有与蜗牛亲密接触的画面，这是非常生动的环节，剪辑时应当保留探究者或好奇或惊喜或淡定的临场反应。

生物多样性平时人们可能体会不到，但看完此短片人们的体会更深刻。仅仅是香港的几个公园，仅仅是软体动物，生物多样性就会如此丰富。“小科学家”们探究的虽然只是小小的蜗牛，但他们却能从蜗牛一族与环境这个大的生态系统的角度去分析问题，进而放眼人类与地球。这种整体意识，是小科学家们对地球的终极关怀，这也正是科学微电影活动的教育魅力所在。

第三篇

珍爱『邻居』 和谐共处

DIRECTOR

十一、早起的鸟儿几点起？

2020 Hong Kong-New York • International Youth Science Video Fair

國際青少年科學影像大賽

獲獎證書

茲頒發給「HMA」最佳拍攝獎 獲得者。特頒此證，以資鼓勵。

項目名稱 ：早起的鳥兒幾點起？

作　　者 ：湛若同、雷致遠、金子軒

所在學校 ：中國香港沙田學院、中國香港漢鼎書院、The Fessenden School (USA)

指導教師 ：于洲洋、張溪典

國際青少年科學影像大賽評審委員會主席

姜冬梅 博士　2020年10月5日於香港

袁小軍 博士　2020年10月5日於紐約

主辦方：HKYSA 香港青少年科學院 Hong Kong Youth Science Academy　COLUMBIA UNIVERSITY IN THE CITY OF NEW YORK LAMONT-DOHERTY EARTH OBSERVATORY

在内地观赏影片：

2020 Hong Kong-New York • International Youth Science Video Fair

HMA Best Cinematography Award

is hereby awarded to

Yeuk Tong Rita Zhan, Lui Chi Yuen & Zixuan Jin

from

Sha Tin College (Hong Kong, China), Han Academy (Hong Kong, China), The Fessenden School (USA)

for their discovery video project on

What Time Do the Early Birds Get Up?

under supervision of

Zhouyang Yu & Xidian Zhang

Dr. Dongmei Jiang
C0-Chair
International Youth Science Videos Fair

Dr. Xiaojun Yuan
C0-Chair
International Youth Science Videos Fair

Organizers: HKYSA 香港青少年科學院 Hong Kong Youth Science Academy　COLUMBIA UNIVERSITY IN THE CITY OF NEW YORK LAMONT-DOHERTY EARTH OBSERVATORY

在境外观赏影片：

探究故事

蓝鲸的话

早起的鸟儿有虫吃，那么小鸟几点起床呢？你恐怕也回答不上来吧？3位十一二岁的小学生湛若同、雷致远、金子轩在香港数码港海滨公园开始了他们的科学探究。他们每天早上四五点起来去录制第一声鸟叫，每天太阳落山时还在拍摄倦鸟归巢，每天深夜还在测量小鸟栖息地的环境温湿度变化……他们渐渐成了小鸟的朋友。你听，他们正在建议数码港管理处，要把数码港海滨公园建成一个鸟类研习公园，让更多的人像他们一样爱上小鸟。

暑假，湛若同、雷致远、金子轩3位科学少年在香港数码港海滨公园考察时，发现了各种各样的鸟儿。大人们常说："早起的鸟儿有虫吃。"那么这些鸟儿到底几点起床？小鸟起床后，第一件事是去捉虫吃吗？他们3人准备早上起来观察观察。

第一天早上4:58，闹钟准时把他们叫醒。3位科学少年抓紧起床，扛起摄像机、三脚架就出发。到达数码港海滨公园的时候，已经是早上5:30。他们听到整个公园到处都是鸟儿的叫声。看来鸟儿们早就起床了，他们来晚了！不过，不妨先观察早起的鸟儿是不是在捉虫吧！

在公园的草地上，湛若同发现了一些黑领椋鸟，它们的“黑领子”还不太明显，因为它们是还没完全长大的幼鸟，也叫亚成鸟。它们有的跟着爸爸、妈妈在草丛里找虫吃，有的已经开始独立找虫吃了，它们还真是勤奋呢！这时，湛若同又发现一对成年黑领椋鸟好像在跳舞。仔细观察，原来它们在求偶！一大早起来就谈恋爱，爸爸、妈妈不会批评它们偷懒吗？快捉虫去吧！再看看树上，湛若同发现一只成年的黑领椋鸟刚飞回巢穴，把捉到的虫带回巢喂给幼鸟吃。3位科学少年走到鱼塘边，发现这里有很多夜鹭。它们排着队站在湖边，耐心地等待鱼儿游过来。忽然间，一只夜鹭逮到一条大鱼，直接囫囵吞下，好厉害啊！

原来，早起的鸟儿，不仅有虫吃，还有鱼吃。它们有的觅食给自己吃，有的觅食去喂幼鸟。除了寻找食物，有的早起的鸟儿还在谈恋爱呢！这事可不能告诉它们的爸爸、妈妈。没有听到清晨第一声鸟鸣，就不知道早起的鸟儿到底是几点起床，真是遗憾！3位科学少年决定明天更早一点来观察。

04

第二天早上，他们4:00就起床了，趁着“夜深人静”悄悄地来到了公园。他们在大树下摆好摄像机，等待第一声鸟鸣。这时，雷致远在一棵榕树上发现了一种身形小巧的鸟正在埋着头睡觉。探照灯的光打过去，它们也没有要起床的意思，而是探头望着他们。这种鸟叫暗绿绣眼鸟，香港当地居民也叫它相思鸟。暗绿绣眼鸟们结伴在一起，有的像夫妻俩、有的像姐妹仨、有的像五兄弟。在它们附近的树枝上，雷致远还看到了暗绿绣眼鸟的空巢，大概是幼鸟长大了，这个巢已经挤不下了。另一棵榕树上，他们发现了成群的黑领椋鸟正在一起休息。这群黑领椋鸟的“黑领子”还不够黑，由此判断，它们都是亚成鸟，应该就是昨天早上拍到的那群鸟。原来，这群黑领椋鸟白天在草地上活动，晚上是在这里睡觉啊！

05

暗绿绣眼鸟

早上4:54，当太阳越过地平线时，整个天空笼罩在紫色的晨曦中，鸟儿们好像是被大自然的闹钟叫醒了。它们有的飞上更高的枝头，有的在两棵树之间飞来飞去，有的飞向了草地，还有的飞到更远的地方去了。

06

知道了鸟儿几点起床，那么它们几点睡觉呢？3位科学少年打算傍晚再来观察倦鸟归巢。一直到傍晚6:40左右，暗绿绣眼鸟才归来。它们三两成群，趁着日落前选好了栖息的树枝。晚上7:15，太阳落山了，暗绿绣眼鸟亲密地依偎在一起，进入了梦乡。

07

3位科学少年通过查阅资料，发现科学家早就在研究鸟类的夜间栖息习性了。论文上说，鸟类在夜晚的视力会变弱，感知危险的能力也会降低，因此夜栖地的选择及栖息方式会关系到它们的安全。那么数码港的鸟儿夜间栖息有什么习性呢？

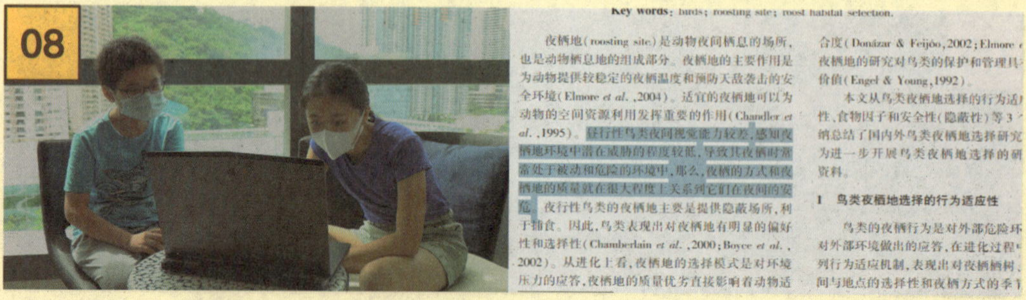

接下来的几个夜晚，3位科学少年在数码港海滨公园对暗绿绣眼鸟与黑领椋鸟幼鸟的夜间栖息习性展开探究。湛若同和雷致远测量了榕树下环境的温湿度，发现暗绿绣眼鸟所在榕树环境的温度为29℃，湿度为70%；黑领椋鸟亚成鸟所在榕树的环境温度为28℃，湿度为69%。这应该是适宜它们栖息的温湿度吧！他们还数了一下，有20只暗绿绣眼鸟栖息在同一棵榕树上，15只黑领椋鸟的亚成鸟栖息在另一棵榕树上，并且这棵榕树上没有黑领椋鸟的成鸟。金子轩则用摄像机记录下他们测量和观察的过程。

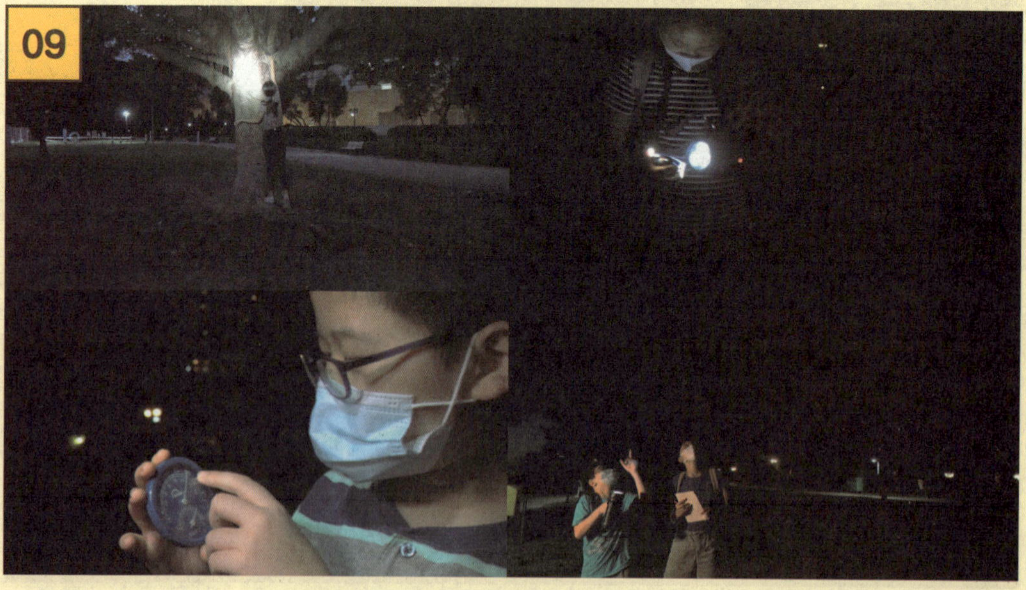

3位科学少年发现，无论是暗绿绣眼鸟，还是黑领椋鸟亚成鸟，都会选择栖息在榕树树冠下部树梢的位置。在树下，3人还经常看到流浪猫！猫难道不会爬到树上吃鸟？他们猜想，这些鸟儿选择栖息在树梢，有榕树气生根的掩护，可以更好地躲避天敌。即使猫爬了上来，也会首先触动树枝，这样鸟儿们在感知到树枝晃动后，就有足够的时间飞走。可见，树梢是相对安全的位置。

10

又一天早上4：00，3位科学少年再一次去观察，结果遭遇了大雨，被淋成了“落汤鸡”。他们禁不住担心，鸟儿们会不会被雨淋坏？雨停后，他们急忙去探望他们的小鸟朋友们，发现鸟儿们依然活泼自如。原来它们栖息在树冠下部，上面有交叉错落的榕树枝干及树叶，可以起到遮风挡雨的效果。

11

通过十几天的考察，3位科学少年了解到数码港海滨公园的暗绿绣眼鸟、黑领椋鸟夜间栖息的习性，这些鸟在一定程度上都表现出集群栖息的特点。研究早起的鸟儿和它们的栖息习性，让3位科学少年和小鸟交上了朋友，他们表示，会更好地保护鸟儿们。另外，他们夜间在鱼塘边发现了大量的夜鹭。这些夜鹭在有光照时，就会迅速飞走，它们还会再飞回来“上夜班”吗？又是一个新问题，3位科学少年还会继续研究下去！

专家点评

短片中的科学少年们调查了香港数码港海滨公园鸟的种类，重点观察了树栖鸟类的夜间栖息习性，鸟类在夜晚的视力会变弱，感知危险的能力也会降低，因此夜栖地的选择及栖息方式会关系到它们的安全。同学们每天很早起床，很晚才睡，遭遇过突然的大雨，个个被淋成“落汤鸡”，但他们还提议把数码港海滨公园建成一个鸟类研习公园。这些工作是十二三岁少年很难达到的高度。

在夜晚暗光环境下，短片采用手电筒扫描式拍摄的方法值得推广。夜晚，在尽量不打扰鸟类的前提下，通过手电筒光斑扫描拍摄对象，可以基于人类视觉成像特征，在观众大脑中合成观察区的完整影像。另外本片长焦镜头、延时摄影和手绘动画等影像化手段的应用也非常熟练。

鸟儿几点起床？这是一个很多人都感兴趣的话题，不过短片配乐有些突兀，如果更换适合的配乐会提升作品的感受。此外，科学少年们对鸟类的观察、猫的发现、大雨的天气都为短片的故事性增加很多色彩。总体表达顺畅，思路清晰。

早起的鸟儿有虫吃！这既是对短片中鸟儿的生活习性观察得出的结论，更是对3位“小科学家”探究精神的赞扬，他们为了观察到鸟儿的起床时间，连续多日凌晨4点就到达观察地。在科学研究中，野外观察是需要时间和耐心的，“小科学家们”经受住了考验，拍摄到了大量的珍贵镜头。尤其是他们在凌晨观察时遭遇大雨却还能保持乐观的态度，真是难能可贵！人类只有与自然交朋友、与鸟儿交朋友，才能更好地保护它们。短片最后，鸟儿在大自然的怀抱中自由自在飞翔的镜头，让观众既感受到了大自然的美丽，又激发起大家保护鸟儿的愿望。

十二、拯救壁虎总动员

在内地观赏影片：

在境外观赏影片：

探究故事

蓝鲸的话

粘虫板粘住了壁虎，这一现象很多游人视若无睹。但是，3个善良的小学生不仅发现了这个问题，而且下决心展开一次科学救援行动。小壁虎得救了吗？让我们跟随镜头，一起加入救援行动！

清晨，侯嘉原、石宝仪、雷致远在维多利亚公园散步时发现，许多树上都贴上了为粘住蚊虫的黄色胶带。

01

02

可是他们还发现，许多壁虎也会被粘在这种黄色的粘虫板上，粘虫板的黏性非常强，一旦被粘上，就很难逃离。有的壁虎腿都被粘断了，再加上天气比较炎热，有些壁虎被活活地晒死了，这些壁虎的尸体上还爬满了蚂蚁，好可怜哪！

03

壁虎是对人类有益的小动物，可总是被粘在这种黄色的粘虫板上。这可怎么办？他们决定对此进行探究。

他们首先设计并发放了20份调查问卷，对公园的游客进行随机调查。

04

经过统计，3位科学少年发现，只有15%的人看到了粘虫板上粘到了壁虎；竟然有10%的人认为壁虎对人类是有害的；只有60%的人认为壁虎的捕虫能力比粘虫板强；还有30%的人认为不应该营救壁虎！

05

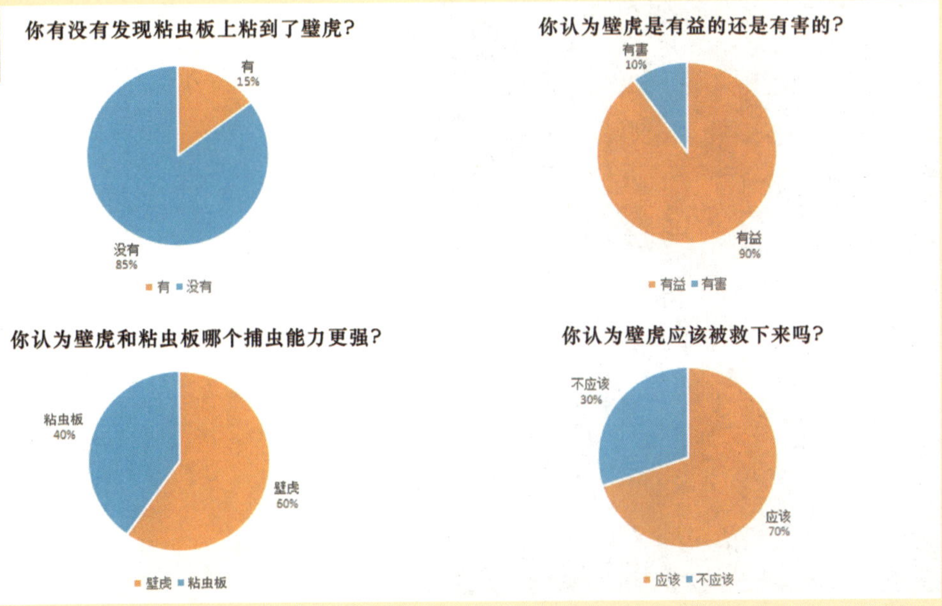

看来人们对壁虎的认知有失公允，于是他们决定立即成立“拯救壁虎小分队”，每天清晨到维多利亚公园拯救可怜的壁虎。

“你们看，好不容易救下来的壁虎都被粘得快死了呀！我们还是想办法给他们清洗一下吧。”当3位科学少年小心翼翼地把壁虎从粘虫板上救下来时，却发现它们已经奄奄一息，雷致远同学建议对这些可怜的小家伙进行清洗。

直接对壁虎进行清洗不太可行，于是他们将撕下的粘虫板带回酒店进行“去除胶水黏性”的实验。他们准备了定妆粉、生面粉、香油、白醋、苏打粉、洗手液、肥皂水、卸妆水、酒精及清水共10种材料和溶液，分别对粘虫板进行清洗，以便找到多种去除黏性的方法。

08

经过统计，他们发现洗手液、苏打粉、生面粉和定妆粉的清洗效果显著；水、酒精、卸妆水、肥皂水、白醋和香油的清洗效果一般；看来，粉状物质能够较快较好地去除黏性物质。

09

清洗效果显著

洗手液、苏打粉、生面粉和定妆粉

清洗效果一般

水、酒精、卸妆水、肥皂水、白醋和香油

他们把定妆粉洒在被营救回来的小壁虎身上，真的不黏了！小壁虎又恢复了活力！

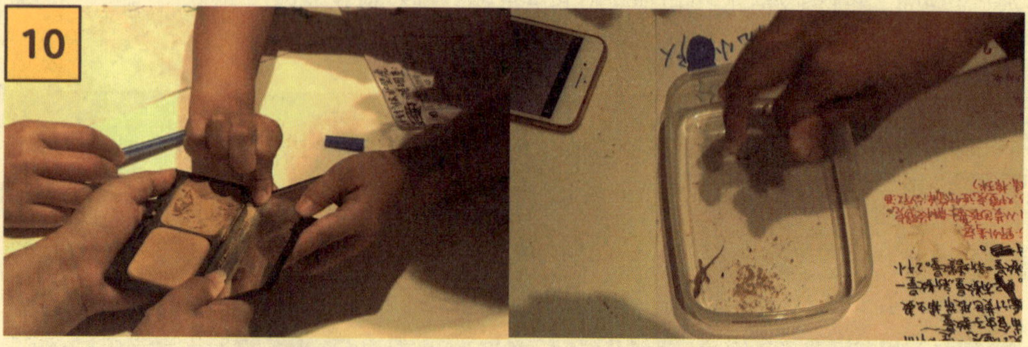

10

通过查阅资料，他们得知，壁虎是昼伏夜出的动物。白天，它们潜伏在壁缝、瓦檐下、厨柜背后等隐蔽的地方，夜间出来活动。夏秋季的晚上，壁虎常出现在灯光照射的墙壁上、屋檐下或电杆上，捕食蚊、蝇、飞蛾和蜘蛛等，是有益无害的动物。一连好几个晚上，3位科学少年在维多利亚公园进行观察，最终只在几处墙角发现了壁虎，却未能如愿拍摄到壁虎捕食的画面。

11

通过查阅资料，他们还得知，壁虎在一天内能够捕食苍蝇、蚊子等昆虫50～200只。如果1只壁虎一天内捕食50只蚊子，一个月（30天）能够捕食多少只蚊子？答案是1 500只。

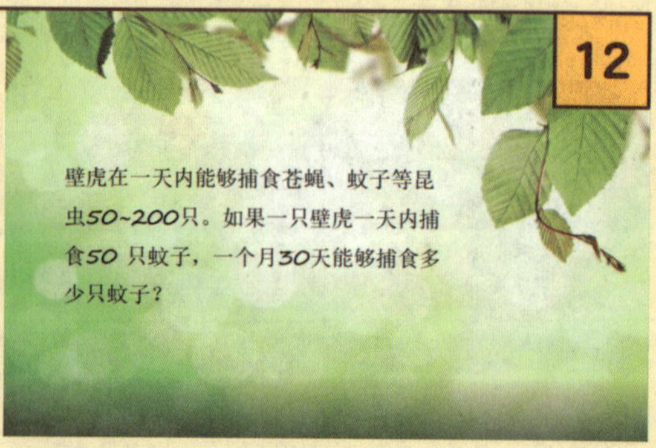

12

经过调查统计，他们还发现，一张粘虫板一般只能用一个月，一个月大约能粘80只虫子，那么一只壁虎一个月的捕虫量就相当于18张黏虫板的捕虫量。

因此他们倡议大家保护壁虎，取消使用粘虫板，这样既顺应了大自然的发展规律，保护生物多样性，又能鼓励利用生物防治虫害的方法。

专家点评

出于对被困壁虎生命的担忧，3位“小科学家”上演了一场“大营救”。他们通过野外考察、对比实验，找到了除去壁虎身上粘胶的方式，实现了对壁虎的营救。同时，他们通过统计分析，发现了壁虎捕蚊虫的能力要比粘虫板强，因此向香港维多利亚公园管理处提出了生态防虫方案，用有力的证据说明了大自然的规律和保护生物多样性的重要性。3位小科学家有爱心、善观察、能思考，本次探究方法合理、逻辑清晰、数据可信、建议可行。值得祝贺的是，香港维多利亚公园采纳了他们的建议，从2019年夏天开始去除了这些黄色粘虫板。

短片的配音吐字清晰、顺畅，语气语态自然，体现了在科学探究过程中所感受到的惊讶、快乐，对小动物的爱心及科学探究的严谨；在分析清洗胶板的出镜环节更是体现了积极向上的态度和团队合作的精神。但拍摄的时候要注意面光，采用补光的方式或者在自然光充沛的环境拍摄更好。相较而言，男声的配音更加生动，我们从他的配音中可以感受到他的积极态度和在科学探究中的快乐体验。

本片中的科学探究还有提升空间。选题的角度非常巧妙，他们关注到不为人们所注意的细节，粘虫板虽然粘住了蚊虫但是也粘住了壁虎！片中两个科学点抓得很好：一个是用什么办法解救壁虎，他们选取了10种样品，数量上稍微有些多，集中在3～5种即可。应该在找到最佳办法时，向观众解读为什么是最佳，也应告诉大家其他的为什么不好。另一个是壁虎消灭蚊虫的数量大于粘虫板，这个发现是人们在使用粘虫板时忽略的问题。或许是时间原因，影片创作稍显仓促，如果能拍摄到更多细节会更好。

十三、泥融飞燕子　仲夏育雏忙

3rd International Youth Science Fair for Discovery Videos

第三屆國際青少年科學發現影像大賽

獲獎證書

茲頒發給優秀科學微電影「一等獎」獲得者。特頒此證，以資鼓勵。

項目名稱 ： 泥融飛燕子 仲夏育雛忙

作　　者 ： 王奕涵、陳梓桐、王奕碩

所在學校 ： 鄭州市中原區桐淮小區小學

指導教師 ： 張輝麗、賀娟娟、胡秀春

國際青少年科學發現影像大賽評審委員會主席

張波 博士

2018年9月30日至10月6日 於美國波士頓

在内地观赏影片：

3rd International Youth Science Fair for Discovery Videos

The First Place Of Grand Award

is hereby awarded to

Ms. Yiban Wang, Ms. Zitong Chen, Mr. Yisbuo Wang

from

Henan Zhengzhou Tonghuai Primary School

for their discovery video project on

Swallows Nesting House with Mud and Midsummer Brood Busy

under supervision of

Ms. Huili Zhang, Ms. Juanjuan He, Ms. Xiuchun Hu

Dr. BO Zhang

Chair

International Youth Science Fair for Discovery Videos

September 30 to October 6, 2018

Boston, USA

在境外观赏影片：

探究故事

蓝鲸的话

本片中的3位小科学家王奕涵、陈梓桐、王奕硕是科学微电影的“大明星”，别看他们才刚刚十一二岁，已经拍摄过不止3部科学微电影作品了。这一次，他们别出心裁，把摄像头安装到了屋檐上，聚焦小燕子一家七口的感人故事。让我们跟随他们的镜头，到燕子家里看看吧！

“小燕子，穿花衣，年年春天来这里……”初春的一天，教室里来了一位老朋友。一身乌黑光亮的羽毛，一对俊俏轻快的翅膀，加上剪刀似的尾巴，这就是活泼机灵的小燕子。燕子的学名为家燕，是雀形目燕科燕属的鸟类。家燕是候鸟。河南省郑州市中原区桐淮小区小学的王奕涵、陈梓桐和王奕硕3位科学少年发现春天的时候，燕子就会到他们学校筑巢、安家。这不禁引起了他们的好奇——家燕是怎么生活的呢？

01

看！这里有一点湿泥，是家燕开始筑巢了吗？他们安装了摄像头，开始了对家燕生活习性的调查探究。这个燕巢离地面高约4米，开口向上，紧贴着天花板。家燕夫妇先用树枝和硬草横七竖八地搭好框架，再从附近衔来稀泥、枯草，混以黏性唾液，揉成小泥丸，用嘴将泥丸自下而上整齐地砌在一起，形成一个紧密坚固的外壳。最后衔来羽毛和细草等，铺于巢底，很有规则地摆成圆形。一个结实又漂亮的燕巢就搭好了，家燕真是了不起的建筑专家！

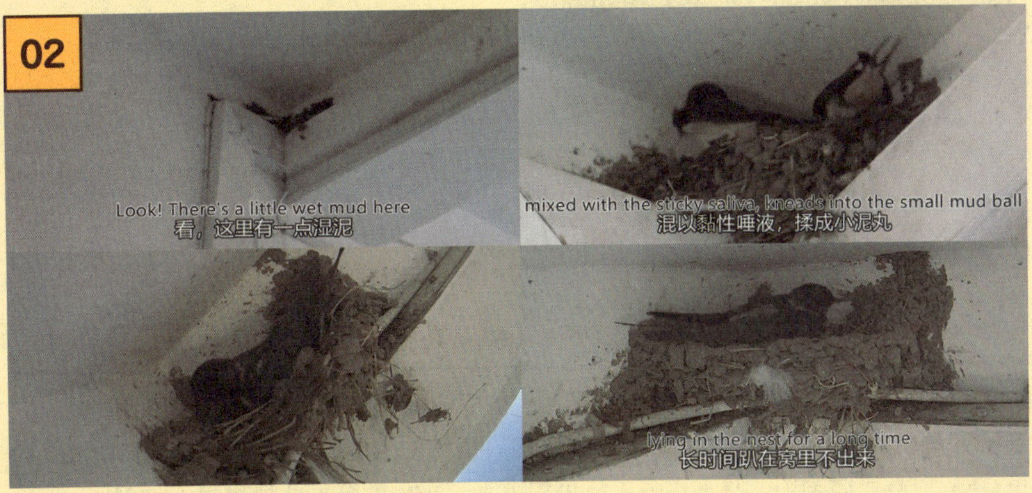

窝筑好后，王奕涵、陈梓桐和王奕硕发现家燕活动见少，长时间趴在窝里不出来。这是为什么呢？陈梓桐决定爬上梯子察看。结果他们兴奋地发现了燕子蛋！燕巢里一共有5枚燕子蛋，大小匀称，表面布满了褐色的小点。不过在观察阶段，意外发生了，学校粉刷墙壁，连燕子窝都变白了，燕子蛋也换了个模样！不过他们观察发现，幸好家燕还能认出它的家。

04

根据家燕的孵蛋周期，3位科学少年制订好观察计划，密切关注燕子蛋。没多久，他们发现小燕子破壳了！它们通体呈肉红色，粘着几根湿漉漉的胎毛。燕子夫妇把碎蛋壳一点一点从窝里衔出来，为燕宝宝留下一个舒适的生长环境。

又过了几天，5只雏燕身上的毛干了，身体却还很软，就好像叠罗汉似的压在一起。雏燕太弱小，除了喂食，燕妈妈就留在窝里一边看护一边供它们取暖。接下来的一周里，5只雏燕眼睛紧闭，身上也多了浅色的绒毛，头已能够灵活地抬起。第9天，雏燕已经可以发出稚嫩的叫声了，只要听到一点动静，就马上张大嘴巴，唧唧喳喳地等待食物。大大的黄嘴巴有利于雏燕更好地进食，可爱极了。

05

随着时间慢慢过去，雏燕的眼睛已经能睁开了，身上的绒毛也变黑变硬，爸爸妈妈外出觅食的时候，它们就在窝里睡觉，真是标准的“饭来张口”。据3位科学少年统计，家燕父母每小时大约喂食15次，一天大约喂食180次，真的是“辛勤三十日，母瘦雏渐肥”。

晚上，雏燕父母守护在燕宝宝身边，用自己的身体挡住冷风，把最柔软的胸膛留给孩子们。勤劳的家燕很爱干净，雏燕宝宝会自觉把粪便排出巢穴，父母也会主动为它们清理粪便。为了给雏燕宝宝喂食，家燕父母每天频繁往返，不停地忙碌着。家燕主要以昆虫为食，蚊、蝇、蛾、蚁等都在他们的食谱里。一只家燕平均一天能吞食3 000多只害虫，一个夏季能捕食50万～100万只害虫，它们是名副其实的食虫益鸟。

有了充足的食物，雏燕宝宝飞快地成长着，几乎是一天一个样。它们的个子变大了，羽毛变密了，尾羽、飞羽逐渐长成，眼睛也明亮机灵，越来越像它们的爸爸妈妈了。燕子窝也显得越来越拥挤。

家燕喂食的过程也很有意思。你看，燕妈妈紧贴小窝，几乎把整个头部放进了雏燕嘴里。有时，虫子太大，燕宝宝吞不下，燕妈妈赶紧把宝宝吐出的食物衔走吞掉。

终于，燕宝宝们长大了，父母开始教它们练习飞行。看，这只雏燕沿着管道，尝试做展翅的动作，可是起初却没有成功飞起。在和兄弟姐妹交流之后，它扇动着翅膀，勇敢地飞了出去。在它的带动下，其他雏燕也一只接着一只飞出了窝。

为了更多地了解家燕，3位科学少年走出校园，来到居民区、马路边进行调查探究。在同学和家长的帮助下，他们观察到了筑在不同墙壁上的各种各样的燕巢，3位科学少年还对照顾家燕的居民进行了采访：“这个是燕子头两年用的窝，第三年建的这个，是第二个窝，这个窝是第四年建的。”采访结束后，他们也学着老奶奶的样子清理家燕粪便。

随着时间的增加，燕子们也和他们越来越亲近，不时在头上盘旋，哪怕面对众多的观察者，在十分嘈杂的环境下，也能慢条斯理地梳理着羽毛，接受妈妈的喂食，俨然已把3位同学当作了好朋友。瞧！它们用锋利而又强劲有力的爪子牢牢抓住电线。五六天后，他们就能跟着父母一起觅食了。家燕夫妇养大5只小燕后，又在二楼筑造了新巢，孵蛋，育雏，新一轮的生命诞生了。看着这些可爱的小生命，3位科学少年想着能为它们做些什么呢？

信赖创造美好的世界。科学少年们向身边的人和市民发出倡议，让大家一起携手，爱护燕子，保护环境，参加观燕护燕活动，争当护燕小卫士。

专家点评

短片使用监控机位拍摄燕巢，记录下大量细节丰富的燕子活动及育雏的画面，这是本片最大的特点。从两只亲鸟建巢，到产卵、孵化，再到育雏，本片完整记录了燕子繁育期的行为，尤其展现了5只小燕子成长的全过程。

特别令人感动的是燕子妈妈在每个环节的辛苦付出，以及小科学家们在观察记录的过程中对小燕子关心与爱护的镜头，他们为小燕子打扫粪便垃圾的镜头，与小燕子和谐相处的镜头，都让观众看到了爱护生命、保护生物多样性的意识是怎样一步步在少年儿童心中扎根的。

配音流畅、富有感情，讲述了家燕育雏的过程。其间穿插了对居民的采访，出镜表达顺畅。

作为科学微电影，不仅仅要记录家燕的育雏过程，建议能进一步探讨其生长环境、物种关系、行为特征等更深层的科学知识，揭示关于家燕的新知识。

短片结构完整，层次感稍弱。要把握好语言文字与画面的关系，使其相辅相成，应避免重复甚至冲突。

十四、寻找城市精灵

3rd International Youth Science Fair for Discovery Videos

第三屆國際青少年科學發現影像大賽

獲獎證書

茲頒發給優秀科學微電影「二等獎」獲得者。特頒此證，以資鼓勵。

項目名稱 ：尋找城市精靈

作　　者 ：王泓帆、郭舒然、任松源

所在學校 ：鄭州第二中學、河南建業外國語學校、鄭州市維綱中學

指導教師 ：沈妍婧

國際青少年科學發現影像大賽評審委員會主席

張波 博士

2018年9月30日至10月6日 於美國波士頓

在内地观赏影片：

3rd International Youth Science Fair for Discovery Videos

The Second Place Of Grand Award

is hereby awarded to

Mr. Hongfan Wang, Ms. Shuran Guo, Mr. Songyuan Ren

from

Zhengzhou No.2 Middle School, Jianye International School, Zhengzhou Weigang Middle School

for their discovery video project on

Search for City Elves

under supervision of

Ms. Yanjing Shen

September 30 to October 6, 2018

Boston, USA

Dr. BO Zhang

Chair

International Youth Science Fair for Discovery Videos

在境外观赏影片：

探究故事

蓝鲸的话

头戴葵花凤冠，身穿白色婚纱，像闪电在高楼中穿梭，像精灵在绿树间嬉戏，它们就是小葵花凤头鹦鹉，一群生活在香港闹市中的野生极濒危鸟类。科学少年王泓帆已经拍摄过3部科学微电影了，他第一眼看到小葵花凤头鹦鹉，就敏锐地选定了这个“主角”。但是让他这个富有经验的“小科学家”万万没想到的是，小葵花凤头鹦鹉的“身世”竟然如此凄惨……

王泓帆、郭舒然、任松源3位科学少年在香港发现了一种鸟，它通体雪白，头顶还有金黄色的凤冠，在众多鸟儿中脱颖而出。它们像精灵一样穿梭在城市的高楼和树林间，令他们感到有趣又新奇。那么它到底是什么鸟呢？

通过查找资料，他们最终确定了它的名字。因为它的头冠展开时就像葵花的花瓣一样，所以科学家们给它定名为小葵花凤头鹦鹉，它隶属鸟纲鹦形目鹦鹉科凤头鹦鹉属。别看它的名字中有一个“小”字，它的体型可不算小，一般情况下体长可以达到40厘米。

雌鸟的虹膜呈红棕色，雄鸟呈黑褐色。它们的羽毛雪白漂亮，头顶有黄色冠羽，真是一种可爱的大型鹦鹉！

他们发现这种美丽的鸟儿原产地可不在中国，而是在南半球。它们究竟是怎样来到香港的？他们猜想也许是鸟儿自己飞越千山万水来到了香港，也许是被人带到了香港，又或许是随着货物运输来到了这里，不过他们的讨论没能得到统一的结论。

3位科学少年分头行动，通过网络资源、书籍资料、专家咨询等方式来寻求这个问题的答案。原来小葵花凤头鹦鹉曾是英国驻港三军司令的宠物，1941年日军入侵香港时，司令见大势已去，就在投降前将笼门打开将其放生了。这些鹦鹉就这样在香港开始了自由的生活，它们的后代繁衍至今。

他们不由得感慨，时至今日，小葵花凤冠鹦鹉也仍然在总督府附近生活，它们大概和我们一样，不论时光过去多久，依然会怀着“昭昭前事，祈愿和平”的心愿。在为它们感到幸运的同时，3位科学少年却发现了一个令人忧心的情况。小葵花凤头鹦鹉在世界自然保护联盟（IUCN）濒危物种红色名录上的保护级别为极危物种（CR），原来它是和大熊猫一样珍稀的动物！他们决定看一看小葵花凤冠鹦鹉在香港的生活状态。

在中环可以经常看到小葵花凤头鹦鹉的身影，它们常常栖息在高大的树上，榕树、木棉等都是它们喜爱的场所。它们的食物种类很丰富，包括果子、树叶、坚果等。当然，为了食物，它们偶尔也会发生小小的争斗：它们用自己坚实的钩状喙和灵活强壮的脚进行完美配合。

科学少年们又在它们栖息的树上同时发现了鸟窝和树洞，小葵花凤头鹦鹉会选择哪一个作为自己的家呢？原来它们都是选择树洞作为自己的家。它们也喜欢集群活动，每到傍晚，鹦鹉们常常一小群聚在一起举行“晚宴”。

在香港，小葵花凤头鹦鹉似乎并不像一种濒危动物。许多采访者告诉科学少年们，在城市中心时常能见到它们。但是，与香港情况不同，在国外小葵花凤头鹦鹉的生活实在是不尽如人意。

在原产地印度尼西亚，小葵花凤头鹦鹉的数量因为非法贩卖和走私而急剧降低，现如今，全世界仅剩不到7 000只小葵花凤头鹦鹉，而且数量还在不断减少。幸运的是，香港的小葵花凤头鹦鹉生活安定，数量已有200多只，已经占到全球野生小葵花凤头鹦鹉数量的10%。

这些发现令3位科学少年倍感欣慰，同时他们想去了解鹦鹉们幸福生活背后的原因。他们发现这与香港的绿地保有量高和生态文明意识建设有着密不可分的关系。香港的绿地密度之高在世界遥遥领先，而且不论绿地的大小，都尊重了它原有的地形和植物多样性。他们想，这也是小葵花凤头鹦鹉能在这里找到合适居所和充足食物的关键。

11

香港人民也没有忽略鹦鹉本身的特性和需求。因此即使是在城市中心，人们依然保护着它们珍贵的生态环境。鹦鹉与人类在高楼和树林间共同生活，这是人与自然和谐相处的全新模式。透过这群飞翔在城市中心的精灵，人们看到了它们的珍贵与可爱，看到了拯救濒危动物的行动与希望，更看到了香港的城市精神！

12

专家点评

城市在人们的印象中都是钢筋水泥的楼房，香港更甚。可谁承想在香港的城市中心还生活着像大熊猫一样珍稀的鸟儿——小葵花凤头鹦鹉。随着3位科学少年的镜头展开，我们看到了这种世界级极濒危物种是如何在香港这个繁华的城市中生活的。

短片的科学探究重点是小葵花凤头鹦鹉的来历，主要采用了文献分析、野外考察、调查采访的研究方法。短片以讲述史料的方式展示了小葵花凤头鹦鹉的“身世”中所特有的“战争与和平”的内涵，同时以对比的方式揭示了小葵花凤头鹦鹉在原栖息地濒临灭绝的主要原因，进一步肯定了香港对生物多样性保护的措施，找到了小葵花凤头鹦鹉在香港得以繁衍生息的原因。3位科学少年借助科学影像，启发观众体会到了香港的城市精神，并沉浸在对人与自然关系的思考之中，使其享受到了意犹未尽的观影感受。

画面精美，后期制作流畅，全片结构较为完整。配音音色优美，吐字发音准确，流畅自然。

短片对小葵花凤头鹦鹉进行了探究，找到了它们的居所是树洞，3位科学少年如果能继续分析探究小葵花凤头鹦鹉的食物、天敌、栖息环境等就更好了。如果能把香港对小葵花凤头鹦鹉保护的措施梳理得更明晰些，总结出对濒危物种的保护更有效的办法，那将会更具有社会意义。

十五、宠物放生

3rd International Youth Science Fair for Discovery Videos

第三屆國際青少年科學發現影像大賽

獲獎證書

茲頒發給優秀科學微電影「一等獎」獲得者。特頒此證，以資鼓勵。

項目名稱　：寵物放生

作　　者　：狄子晴、張浩然、李逸明

所在學校　：北京東城區府學胡同小學、北京東城區東交民巷小學、合肥市南門小學

指導教師　：楊柳

國際青少年科學發現影像大賽評審委員會主席

張波 博士

2018年9月30日至10月6日 於美國波士頓

在内地观赏影片：

3rd International Youth Science Fair for Discovery Videos

The First Place Of Grand Award

is hereby awarded to

Ms. Ziqing Di, Mr. Haoran Zhang, Mr. Yiming Li

from

Beijing Dongcheng Fuxian Hutong Primary School, Beijing Dongjiao Minxiang Primary School, Hefei Nanmen Primary School

for their discovery video project on

Pets Were Released

under supervision of

Ms. Liu Yang

September 30 to October 6, 2018

Boston, USA

Dr. BO Zhang

Chair

International Youth Science Fair for Discovery Videos

在境外观赏影片：

探究故事

蓝鲸的话

从小到大，你都养过哪些宠物？小猫、小狗、小鸡、小鸟？它们还活着吗？还是你不想养就把它们放生到野外了？香港野外有很多原本是家养的动物，有不再耕地变成宠物的黄牛、有不再被主人喜爱的巴西龟、还有为了逃避战乱被主人放生的小葵花凤头鹦鹉。它们生活得怎么样？让我们跟随3位小科学家去野外调查调查吧！

随着经济的发展，香港成为世界著名的航运、贸易、商业、金融、旅游中心，人民生活富裕，不再从事农耕业，便将曾经用来耕种的黄牛放生，那么这些被放生的黄牛都在哪里呢？来自北京的狄子晴、张浩然和来自安徽的李逸明3位科学少年了解到这些被放生的黄牛如今在香港的佛教圣地——大屿山附近活动，便动身出发去寻找。

告别了繁华的都市，这里原生态的自然风光令人感到前所未有的平静与舒适，他们如愿以偿地在大屿山发现了黄牛的身影。这些黄牛有着铜铃般大的眼睛和两只弯弯的大角，鞭子似的尾巴有力地摆动着，通身的毛发像黄色的绸缎一样，看起来十分稳健。在这里，黄牛像明星一样，人们争先恐后地与它们合影留念，3位同学也忍不住上前去抚摸它们。黄牛的嘴巴在不停地咀嚼着，是在吃空气吗？当然不是！这是在“反刍”，它们将半消化的食物从四个胃里返回嘴里再次咀嚼。而它们取食草类的喜好也减少了火灾的发生。这些黄牛衣食无忧的生活可真幸福啊！

接着，他们又来到了香港公园。“看，小葵花凤冠鹦鹉！”狄子晴、张浩然、李逸明立刻架起相机进行观察。这种鹦鹉真的好美啊！浑身长满了洁白的羽毛，头上长着黄色的凤冠，它们三五成群地立在高高的树枝上面，十分威武！

04

小葵花凤冠鹦鹉时不时地舔着自己的爪子，这是在做什么？3位科学少年仔细观察后，发现它们在吃树上的果子。双爪踩在树枝上面，面对眼前的果子，小葵花凤冠鹦鹉并不着急美餐一顿，而是仔细挑选美味的果子，一口一口地品味着美食。

05

小葵花凤冠鹦鹉是从哪里来的呢？他们查阅资料得知，早在“二战”时期，住在香港的英国总督养了一笼子小葵花凤冠鹦鹉。不久，日本攻进香港，总督无奈将小葵花凤冠鹦鹉放生。这种鹦鹉体型适中，缺少天敌，香港丰富的植被为它们提供了充足的食物，但它们繁殖速度较慢，一次产2～3枚卵。近80年过去了，在香港的小葵花凤冠鹦鹉也只有200余只。

有些被放生的宠物并不像黄牛、小葵花凤冠鹦鹉一样，能够成为人与自然和谐共处的典范，比如红耳巴西龟。来到香港公园，他们看到了满池的红耳巴西龟，它们的头部两侧长着红色的条纹，有着迷人的绿色背甲和皮肤，背部中央有条高高的脊棱像山峰一样，脊棱两侧的花纹呈对称分布。

06

3位科学少年数了数池子里巴西龟的数量和鱼的数量，巴西龟有50余只，鱼只有20余条，可见巴西龟的密度十分大。这里为什么会有这么多的巴西龟呢？经过调查分析得出结论：由于巴西龟比较常见，一些幼年巴西龟常常出现在宠物市场，主人玩腻后多数将它们放生在公园池塘中。但巴西龟缺少天敌，繁衍速度快，因此泛滥成灾，给当地生态环境造成了破坏。因此，香港公园也张贴了“请勿放生龟”的标牌。

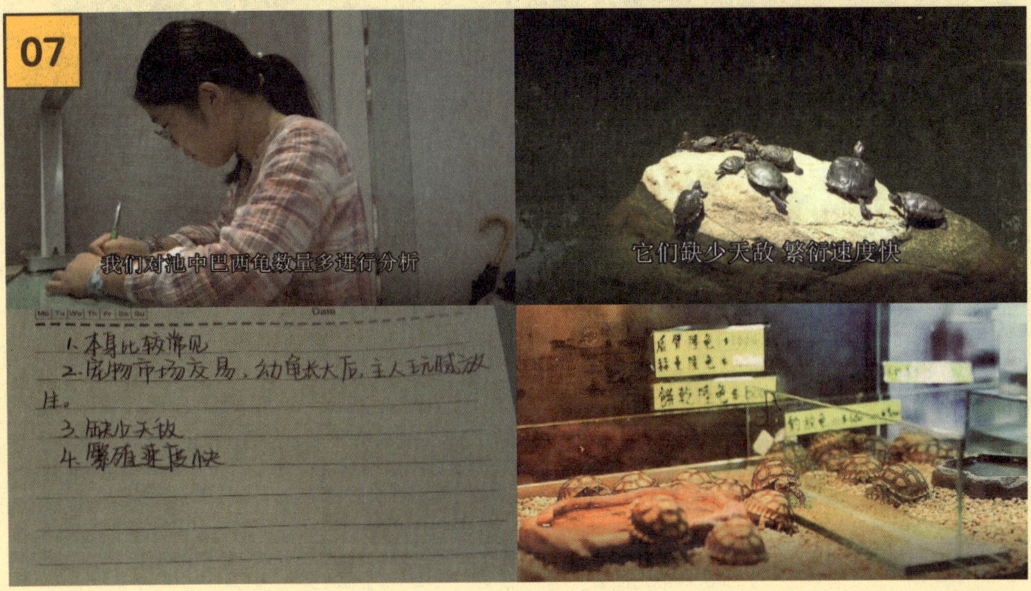

他们通过查阅资料得知，红耳巴西龟和本土龟“联谊”易造成基因污染，它们不仅在池中缺少天敌，抢占了鱼类的生存空间，还有可能传播沙门氏杆菌，简直就是池中的“霸主”。

3位同学通过对以上3种宠物放生情况的调查后，发现有些家养宠物适合放生，成为一景，但有些宠物则泛滥成灾，成为“霸主”。那么大家如何看待宠物放生呢？3位同学制作了有关宠物放生的调查问卷发放给50位市民。

09

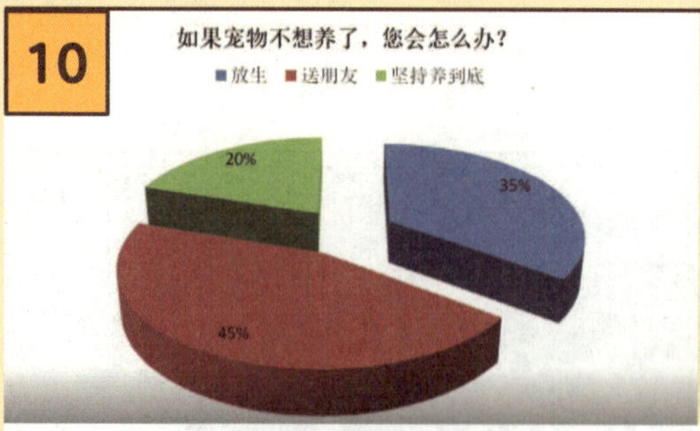

10

他们对调查问卷进行了统计，结果显示，如果宠物不想养了，有45%的人选择送朋友，35%的人选择放生。68%的人认为家养宠物放生不利于他们的生存。67%的人认为放生宠物破坏了原有的生态环境。

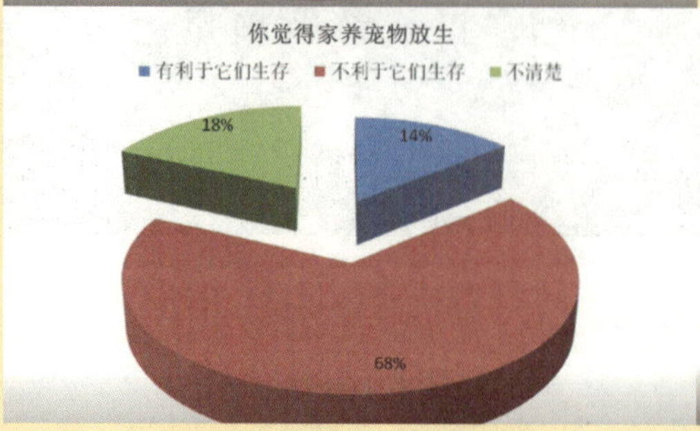

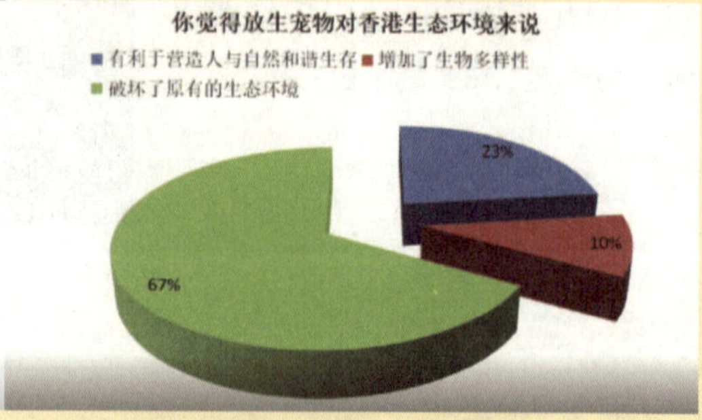

同学们还采访了著名动物学家牛瑶教授，牛瑶教授表示，家养宠物不适合放生，例如红耳巴西龟的放生会给自然带来破坏。

那么家养动物是否适合放生呢？像黄牛和小葵花凤冠鹦鹉这类动物的放生，促进了人与自然的和谐共处，增加了生物多样性。不过，并不是所有放生的鸟类都能像小葵花凤冠鹦鹉一样幸运，有些鸟类往往难以形成种群，只有死路一条。当然像巴西龟这样的动物不适合放生，它们的放生会给当地生态环境造成破坏，减少生物多样性。因此我们需要具体物种具体分析，不能一概而论。

专家点评

家养宠物能不能放生？短片提出了一个值得思考的科学问题，同时这又是一个复杂的社会问题。狄子晴、张浩然、李逸明3位小科学家没有被自己提出的问题吓倒，他们大胆地开启了探究之旅，亲自收集事实证据来告诉观众答案。

3位小科学家扛着摄像机在香港跋山涉水，乘船、乘列车、乘巴士往返奔波数百公里，终于找到了3种可以研究的对象：被放生的农耕黄牛、小葵花凤冠鹦鹉、红耳巴西龟。他们通过实地观察、采访和问卷调查3种动物被放生的后果，最终得出家养动物是否适合放生是一个牵涉当地生物多样性保护的重要问题，需要具体物种具体分析，不能一概而论。

非常值得肯定的是，3位小科学家选题敏锐，对复杂问题的思考没有限于现有道德伦理、学术理论和知识概念的局限，勇于亲自观察实践，获得第一手数据资料，听取各方面意见，综合分析得出自己独到的见解。3位小科学家能够驾驭这样一个课题，值得赞叹！

短片配音流畅，吐字清晰，语气稳重，但语速较快，与画面的配合还需要加强。在公布调查问卷的结论时，应辅助解说词进行提示解读。采访专家时，应使用专家的同期声，以提高权威性和说服力。采访时画面构图应以接受采访的人为主体，调整机位。影片的解说词写作需要加强，解说词的结构、逻辑、语言还有待提高。

十六、仓鼠去哪儿

3rd International Youth Science Fair for Discovery Videos

第三屆國際青少年科學發現影像大賽

獲獎證書

茲頒發給優秀科學微電影「一等獎」獲得者。特頒此證，以資鼓勵。

項目名稱 ：倉鼠去哪兒

作　　者 ：鄺羨恩、羅啟傑、趙凱翹、黃凱欣、蔣文琛

所在學校 ：澳門培正中學

指導教師 ：陳麗玲、郭振業

國際青少年科學發現影像大賽評審委員會主席

張波 博士

2018年9月30日至10月6日 於美國波士頓

在内地观赏影片：

3rd International Youth Science Fair for Discovery Videos

The First Place Of Grand Award

is hereby awarded to

Ms. Sinian Kong, Mr.Nuno Miguel Do Espirito Santo Lo, Ms.Hoikio Jasmine Chiu, Ms.Hoiian Wong & Ms.Mansam Cheong

from

Pui Ching Middle School

for their discovery video project on

The escaping route of hamster

under supervision of

Ms.Laileng Chan, Mr. Chanip Kuok

September 30 to October 6, 2018

Boston, USA

Dr. BO Zhang

Chair

International Youth Science Fair for Discovery Videos

在境外观赏影片：

探究故事

蓝鲸的话

你养过仓鼠吗？仓鼠也能做科学实验吗？来自澳门培正中学的5位科学少年——邝羡恩、罗启杰、赵凯翘、黄凯欣、蒋文琛，正在研究一个看似简单的科学问题——仓鼠喜欢选择什么样的环境？5位科学少年只有十一二岁，别看他们年龄小，却有着良好的科学探究能力。他们设计了很多组对比实验，反复对比各种环境条件，终于找到了答案。如果你也有养殖仓鼠的经验，快来看看他们的实验结果是否与你的经验一致吧！

一天，邝羡恩上课偷偷睡觉被老师发现了，还被罚打扫工作室。打扫时她发现了一只仓鼠正试图逃跑。她就想到一个问题：仓鼠在逃跑时会去哪里呢？

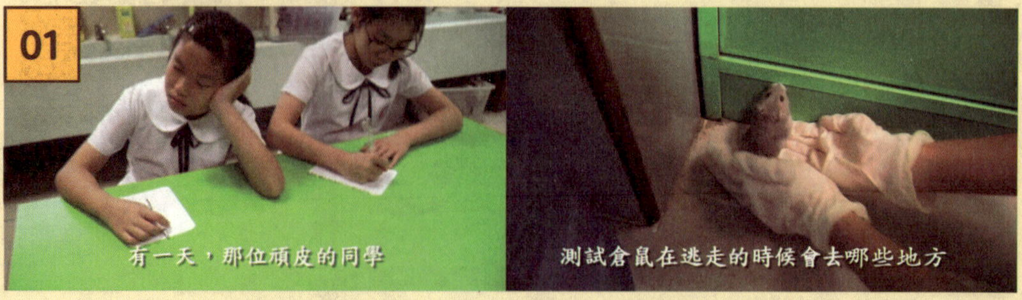

为了解答这个问题，她邀请罗启杰、赵凯翘一起进行实验。他们一起上网查找资料，了解仓鼠的生活习性。他们发现仓鼠比较喜欢生活在吸油纸巾、无尘木屑、卫生纸条、猫砂等材料中，于是就选用了纸巾、纸粒和无尘木屑3种材料进行实验。

他们共设计了4个实验。实验一，不同材料对仓鼠选择逃生环境的影响。他们准备纸巾、纸粒、木屑3种材料，分别放置在相同的3个盒子中，并记录室内的温度和湿度，仓鼠更喜欢去哪里呢？通过测试，仓鼠喜欢躲在纸巾里。

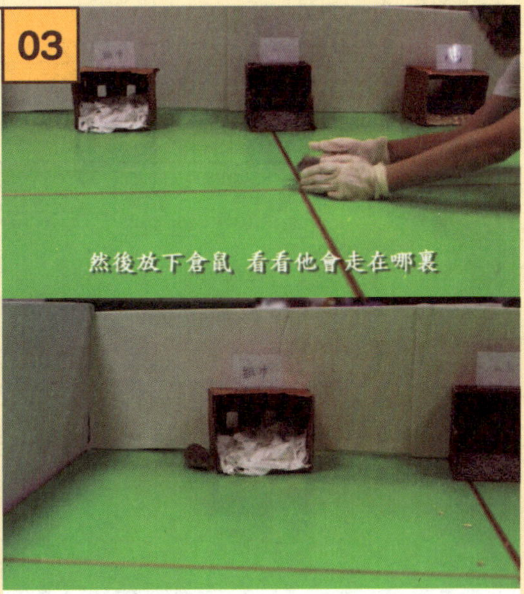

第一個測試的結果

	濕度/%	溫度/°C	進入的次數	進入的平均時間/秒
木糠	50	27	1	11
紙粒	50	27	0	0
紙巾	50	27	2	60

04

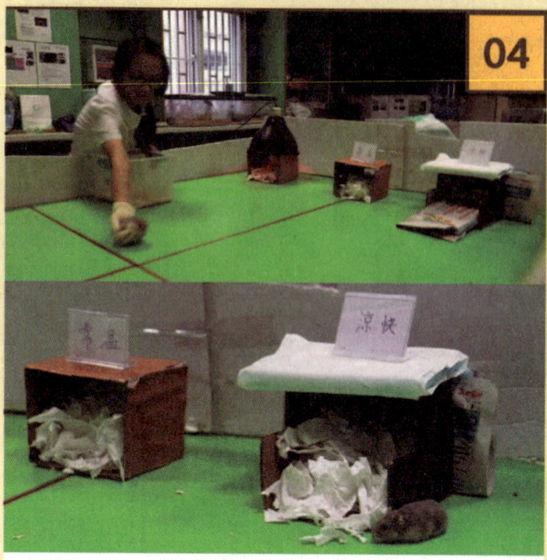

第二個測試的結果

	濕度/%	溫度/°C	進入的次數	進入的平均時間/秒
室溫環境	60	25	0	0
涼快環境	60	18	3	83
溫暖環境	60	30	0	0

温度会影响仓鼠选择逃跑的目的地吗？他们进行了第二个实验。

实验二，温度对仓鼠选择逃生环境的影响。实验设置纸巾材料相同的常温、温暖和凉爽3种环境。仓鼠会选择去哪里呢？通过测试，仓鼠喜欢躲在比较凉爽的环境里。

05

第三個測試的結果

	濕度/%	溫度/°C	進入的次數	進入的平均時間/秒
全乾的環境	60	25	2	90
半濕的環境	70	25	1	60
全濕的環境	80	25	0	0

湿度对仓鼠选择逃生环境会有什么影响？

实验三，湿度对仓鼠选择逃生环境的影响。

他们设置了全湿、半湿、干燥的生活环境。通过这个测试，他们发现，仓鼠比较喜欢选择在全干的地方活动。

还有哪些因素会影响仓鼠对逃生环境的选择？他们又通过实验来检测不同光线对仓鼠选择的影响。

实验四，光照条件对仓鼠选择逃生环境的影响。

他们设计了明亮、较亮、黑暗3种环境，仓鼠会去哪里呢？

实验结果显示，仓鼠比较喜欢待在较黑暗的环境里。

06

第四個測試的結果

	濕度/%	溫度/℃	進入的次數	進入的平均時間/秒
較暗的環境	50	25	2	17
較強光的環境	50	25	1	8
中等光的環境	50	25	0	0

最后他们得出结论：

仓鼠逃生喜欢选择较凉爽、较黑暗、较干燥的环境。

07

专家点评

短片的科学探究活动目标明确：仓鼠会去哪里呢？可贵之处在于，对于这个看似简单的问题，小科学家们并没有凭经验得出一个答案就结束了，而是用对比实验的方法去寻找问题的答案。虽然实验条件简陋，但是设计合理，充分体现了同学们找寻答案的好奇之心。通过镜头，观众看到了同学们认真努力的态度，以及爱护小动物的优秀品质。

开场故事设计的非常有趣，出镜同学自然大方引人入胜。负责实验的同学与仓鼠多次“亲密接触”，从容淡定，使观众看到了科学少年们真实的探究过程。片尾的花絮十分生动，可以保留同期声融合到影片中，让科学讲述更有趣。

今后可以继续加强“被研究对象的故事”“小科学家的故事”“摄影师的故事”3个并列故事的剪辑和编辑，使科学探究有更丰富的内容。

第四篇

地球环境 持续发展

DIRECTOR

十七、给汽车戴“口罩”

——发明汽车纳米催化剂口罩

2nd International Youth Science Fair for Discovery Videos

第二屆國際青少年科學發現影像大賽

獲獎證書

茲頒發給**「亨達」最佳發明創新獎**獲得者。特頒此證，以資鼓勵。

項目名稱：給汽車戴「口罩」——發明汽車納米催化劑口罩

作　　者：周強、黃因和、曹文輝、何永文、肖寶華

所在學校：佛山市順德區胡寶星職業技術學校

指導教師：譚淑芬、王興華

國際青少……評審委員會主席

張波 博士

2017年……30日至10……日 於美國波士頓

在内地观赏影片：

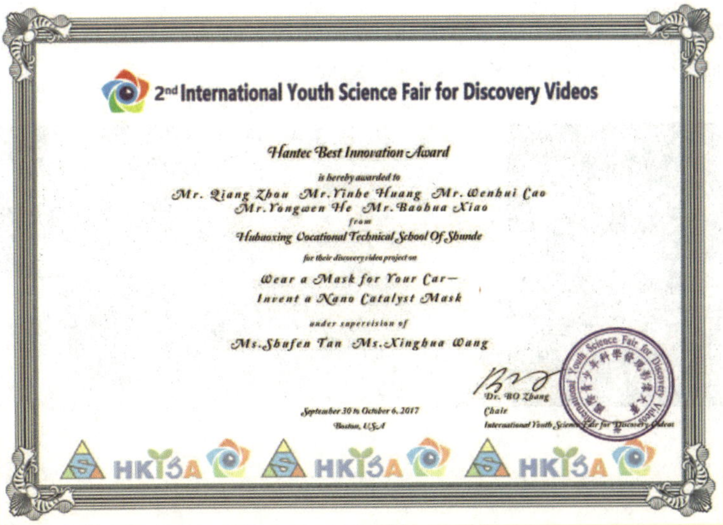

2nd International Youth Science Fair for Discovery Videos

Hantec Best Innovation Award

is hereby awarded to

Mr. Qiang Zhou　Mr. Yinhe Huang　Mr. Wenhui Cao

Mr. Yongwen He　Mr. Baohua Xiao

from

Hubaoxing Vocational Technical School Of Shunde

for their discovery video project on

Wear a Mask for Your Car—

Invent a Nano Catalyst Mask

under supervision of

Ms. Shufen Tan　Ms. Xinghua Wang

September 30 to October 6, 2017

Boston, USA

Dr. BO Zhang

Chair

International Youth Science Fair for Discovery Videos

在境外观赏影片：

探究故事

蓝鲸的话

如果不是亲眼所见他们现场监测到一氧化碳数据为0，我真不敢相信几个十五六岁的孩子能完成这个“给汽车戴口罩”的发明！他们真的做到了！黄因和同学代表整个研究小组到美国波士顿参加了“国际青少年科学发现影像大赛”，以前他学习汽车修理专业的想法只是想着毕业后有一份体面的工作，能够养活自己。但是在大赛上与哈佛大学和麻省理工大学的教授们交流后，他立志要让自己的青春更加闪光，要在汽车制造领域有更多的发明与创新，为社会做出更大的贡献。

汽车作为一种现代交通工具，已经和人们的生活密不可分。随着汽车数量逐年增加，空气质量也在逐年下降，汽车尾气是空气污染的主要源头之一。

01

一提起汽车尾气，人们就会想到雾霾，现在通常用戴口罩的方法，将汽车尾气拒之“口”外。但是戴口罩又麻烦，又闷热，令人很不舒服。如果反过来，让汽车戴上“口罩”，让人们摘下口罩，是否可行呢？

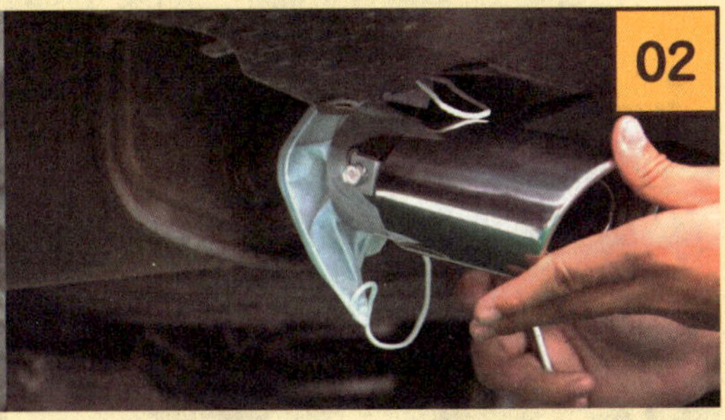

02

03

胡宝星职业技术学校汽车修理专业的周强、黄因和、曹文辉和何永文等几位科学少年准备给汽车“戴口罩”，以此验证他们的猜想，实验在汽修专业的教学车间进行。他们借来了黄老师的东风日产骐达汽车、一部汽车尾气检测仪、几个防雾霾口罩，万事俱备，实验可以开始了！

首先，检测没有“戴口罩”的汽车的尾气排放情况。他们把仪器的探头伸入排气管里，通过电脑上的柱状图看出，碳氢化合物、一氧化碳不断上升。然后，他们给汽车排气口直接戴上“口罩”，进行检测的时候问题来了——口罩挡住了排气口，仪器的探头不能伸入排气管里进行检测了。如果只是靠近排气口检测，误差太大。

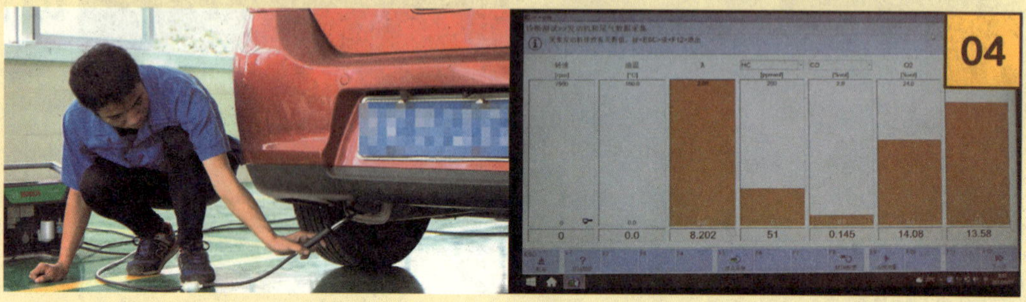

该如何解决这个问题呢？经过讨论，他们想到有一种叫作“排气口罩”的配件，既有直筒的也有弯筒的，于是分别购买了两种配件。

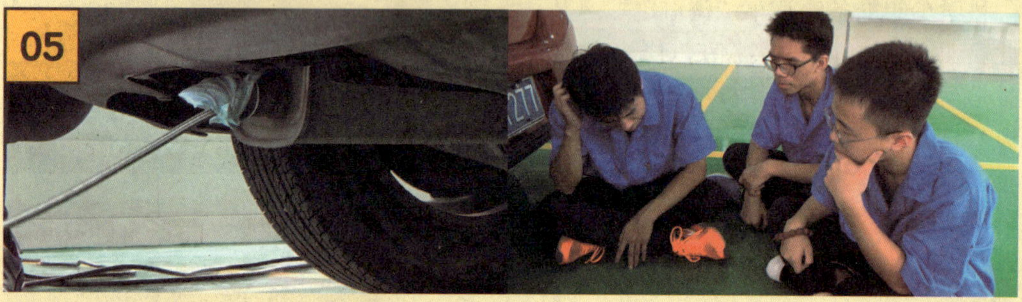

问题解决了！他们先给汽车戴上“防雾霾口罩”，再戴上“排气口罩”，这下可以进行检测了。他们得出数据：二氧化碳果然减少了，碳氢化合物和一氧化碳也减少了，尾气中有害气体的浓度果然降低了。

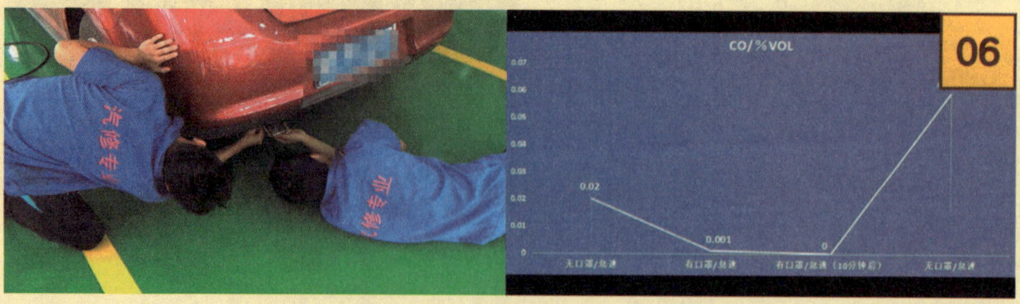

但是，同学们又遇到了一个现实的问题。汽修专家杨老师告诉他们，如此将口罩设置在汽车尾气排气管口，虽然表面上减少了汽车尾气的排放，但这样会使汽车的透气性变差，不利于汽车的保养。

07

能不能发明一种透气性好同时又能过滤有害尾气的“口罩”呢？其实汽车本身就有一个叫三元催化器的设备，是用来过滤尾气的。为了搞清楚它的内部结构和工作原理，他们拆装了一个三元催化器，发现它的工作原理主要是在管道的内壁上涂抹了3种催化剂——氧化铜、氧化锰、活性炭，当汽车尾气经过管道的时候，有害气体就会被这3种催化剂氧化，从而达到减少有害气体排放的目的。

08

弄清楚了三元催化器的工作原理之后，科学少年们设想能否设计一个新型的过滤器安装在汽车排气口，进行二次过滤。经过反复讨论，他们决定制作一个直线型和一个流线型的催化剂过滤器。

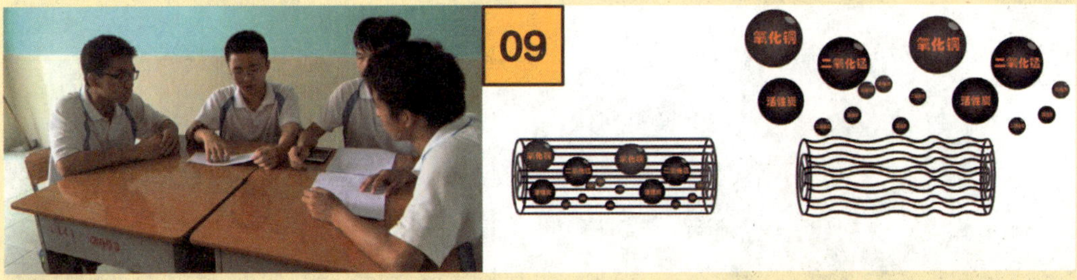

09

汽车尾气检测数据

	转速/rpm	CO/%vol	HC/ppmvol	CO2/%vol	O2/%vol	λ
无催化剂过滤器/怠速	700	0.039	89	15.09	5.38	3.494
直线型催化剂过滤器/怠速	700	0.000	10	6.96	14.19	15.410
直线型催化剂过滤器/怠速（10分钟后）						
流线型催化剂过滤器/怠速						
流线型催化剂过滤器/怠速（10分钟后）						
无催化剂过滤器/怠速						

他们分工合作，制作了直线型过滤器模型和流线型过滤器模型。他们在网上购买了纳米氧化锰、纳米氧化铜和活性炭，把3种催化剂粉末混合搅拌均匀，将直线型过滤器和流线型过滤器放入粉末中，使催化剂粉末均匀地黏附上去。他们把黏附了催化剂的直线型过滤器放入汽车排气管里，再把排气口罩装上，进行检测，发现有害气体的数据果然降低了。

经过前后3个月的实验和反复尝试，科学少年们终于成功地发明了“汽车纳米催化剂口罩”。虽然它的样子还有些粗糙，但是给汽车戴上这个“防毒口罩”以后，有害气体明显减少了。他们还会继续努力，改进发明。汽车戴上了“口罩”，人们终于可以摘下口罩呼吸新鲜空气了。

专家点评

机动车尾气排放造成空气污染的加剧已经成为困扰中国城市发展的严峻问题，5位汽修专业的“小工程师”希望通过“戴口罩”来降低汽车尾气中的有害物质。作品的可贵之处在于他们步步为营、坚持不懈，历经一年的研究，取得了发明成果。

首先，他们通过反复设计和改进发明了一种能戴在汽车排气口上的专用汽车口罩；其次，他们选用了3种能够氧化和清除汽车尾气的纳米催化剂材料进行对比实验；最后，他们根据空气流体原理设计了增加纳米材料氧化催化面积的新型“汽车口罩”。以“口罩”为比喻，生动形象地概括了他们所发明的新产品的效果。作品思路清晰、描述准确，如果能够把发明背后的故事搬到屏幕上，将会更加吸引观众。

短片选题好，结构层次分明，情节有起伏，引人入胜。解说简洁，配音流畅，语态稳定，讲述清晰。在检测汽车尾气时，如能加入同期声对话将更为生动有趣。短片中“小工程师们”都是汽修高手，建议也要成为影视表达的高手。在与老师研究排气管的一段对话非常贴切和自然，言之有物。讨论时出镜对话要注意，能够形成双向的交流就更好了。

近年来，空气污染严重，重污染天气频繁，空气质量关系到每一个人的健康。汽车尾气是空气污染的重要来源之一。学生能够关注社会热点问题，关心人体健康，善于动脑，从人们戴口罩防空气污染的方法，联想到为汽车“戴口罩”过滤污染的方法。在实验遇到困难时，同学们总是能积极想办法，反复讨论，分工合作。特别是同学们成功后激动地击掌庆祝的镜头，让观众感同身受，体会到团队协作、相互鼓励的重要性。

十八、谁吃塑料更厉害？
——大麦虫和黄粉虫的较量

3rd International Youth Science Fair for Discovery Videos

第三屆國際青少年科學發現影像大賽

獲獎證書

茲頒發給「亨達」關愛生態環境專項獎 獲得者，特頒此證，以資鼓勵。

項目名稱 ：誰吃塑料更厲害？——大麥蟲PK黃粉蟲

作　　者 ：尤曉瑩、馮樂儀、劉嘉惠

所在學校 ：佛山市順德區胡寶星職業技術學校

指導教師 ：譚淑芬

國際青少年科學發現影像大賽評審委員會主席

張波 博士

2018年9月30日至10月6日 於美國波士頓

在内地观赏影片：

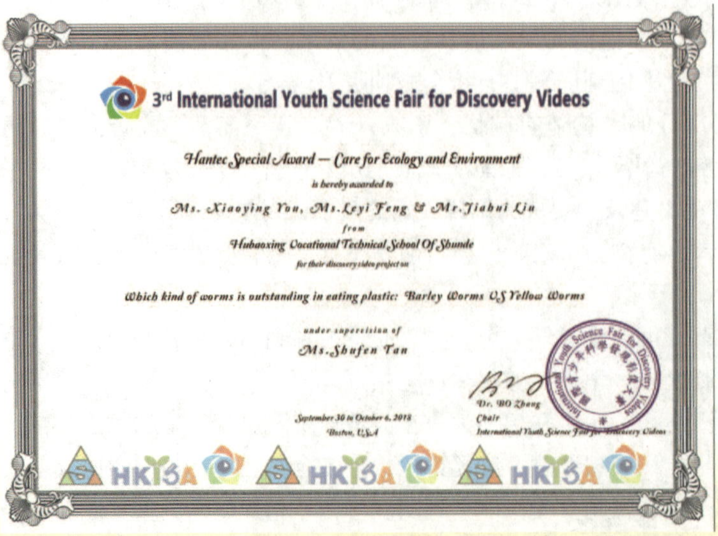
3rd International Youth Science Fair for Discovery Videos

Hantec Special Award — Care for Ecology and Environment

is hereby awarded to

Ms. Xiaoying You, Ms. Leyi Feng & Mr. Jiahui Liu

from

Hubaoxing Vocational Technical School Of Shunde

for their discovery video project on

Which kind of worms is outstanding in eating plastic: Barley Worms VS Yellow Worms

under supervision of

Ms. Shufen Tan

September 30 to October 6, 2018

Boston, USA

Dr. BO Zhang

Chair

International Youth Science Fair for Discovery Videos

在境外观赏影片：

探究故事

蓝鲸的话

自从科学家发明了塑料，一个新的问题就产生了，如何降解塑料呢？很多环保专家、化学家、生物学家都投入到处理塑料废弃物的研究中，但是仍然没有找到最终的答案。短片中的3位小科学家明知山有虎，偏向虎山行。她们的科学探究选题非常有意义、有价值！

成千只大麦虫和黄粉虫，看到这么多的虫子你会害怕吗？几位漂亮的女同学竟然与它们交上了朋友，每天都要观察它们，用它们做实验。像科学家一样，抓住问题不放，一步步深入，去验证自己的猜想，最终得到科学的解答。真的要为这几位未来的科学家点赞！

尤晓莹、冯乐仪和刘嘉惠3位科学少年用大麦虫去喂食她们饲养的蜥蜴。可是，她们惊奇地发现装虫的塑料袋被咬出很多洞，有些大麦虫甚至爬了出来。她们怀疑，是不是大麦虫把塑料袋吃掉了？她们打算设计实验，来验证自己的猜想。

首先，她们把大麦虫和撕碎的泡沫饭盒放在同一个饲养盒里，看大麦虫是否真的吃塑料。第二天，她们发现泡沫饭盒上明显有很多被咬破的小洞，还能听到大麦虫吃塑料的沙沙声。

02

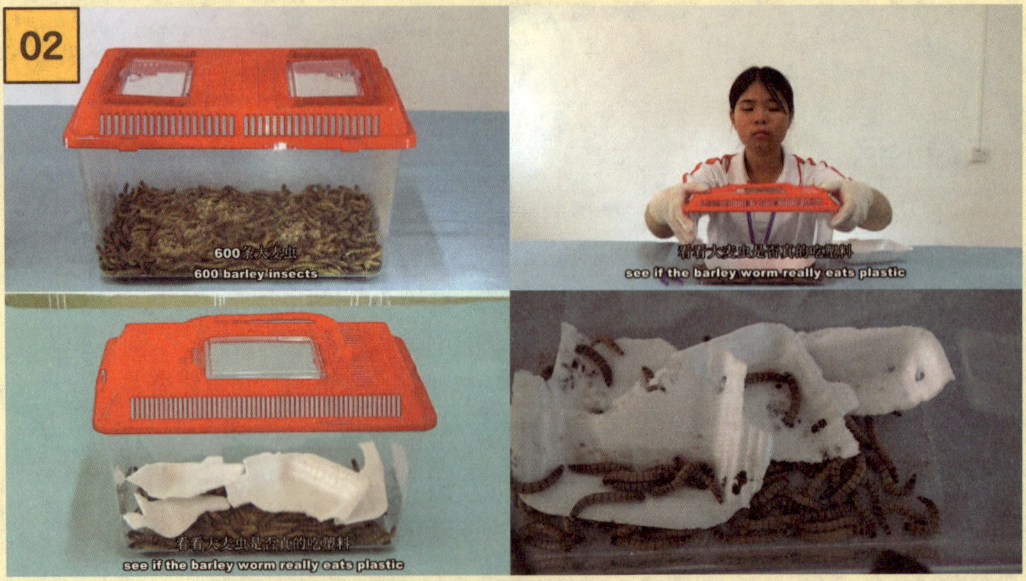

03

看来大麦虫是真的能吃塑料。可是它们消化得了吗？如果能消化，它们又能吃多少呢？大麦虫喜欢吃哪种塑料呢？新的疑问又产生了。为此，她们设计了第二组实验。

她们准备了12个盒子，600条大麦虫，若干麦糠和HDPE（高密度聚乙烯）、PE（聚乙烯）、PS（聚苯乙烯）3种塑料，分别在每个盒子里放50条大麦虫，并将每种材料分3个盒子，4种材料共放了12个盒子。然后在每个盒子上贴上标签，写上实验时间、大麦虫的条数和质量、实验材料的名称和数量。

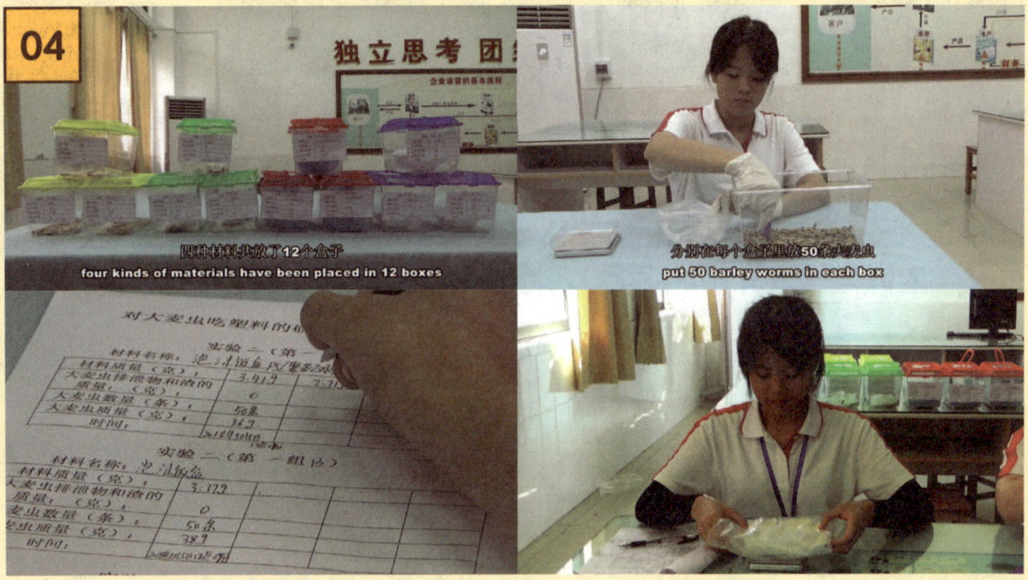

4天后，她们看到塑料饭盒（PS聚苯乙烯）被咬得最厉害。大麦虫最爱吃这种塑料？她们决定称量饭盒的质量。分析图表结果表明，PS质量减少得比其他塑料要多。

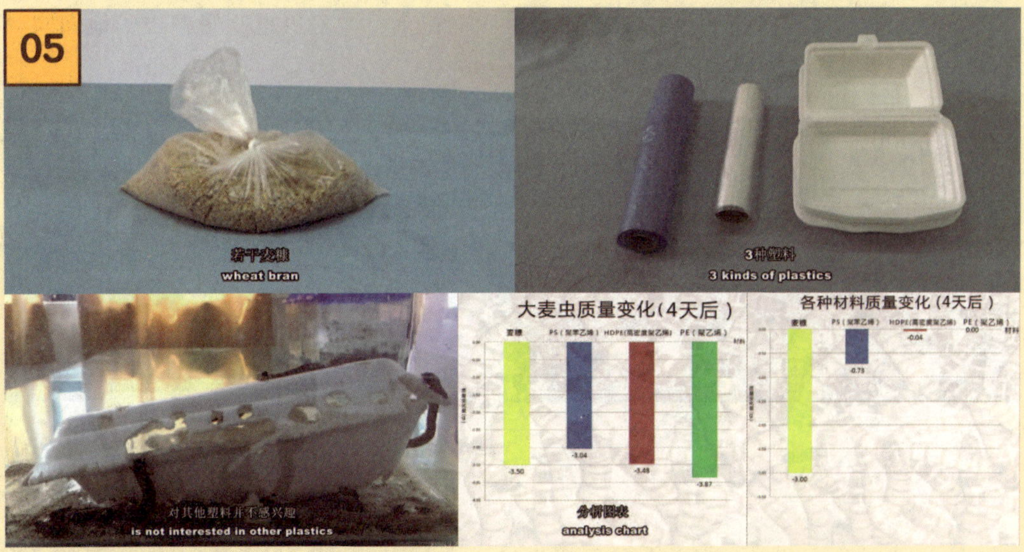

为了得出更精准的数据，8天后，她们进行了第二次称量。结果表明，PS聚苯乙烯减少的质量仍然是3种塑料中最多的，实验证明大麦虫最爱吃聚苯乙烯。尤晓莹、冯乐仪和刘嘉惠猜想，大麦虫的肠道细菌能分解塑料。

06

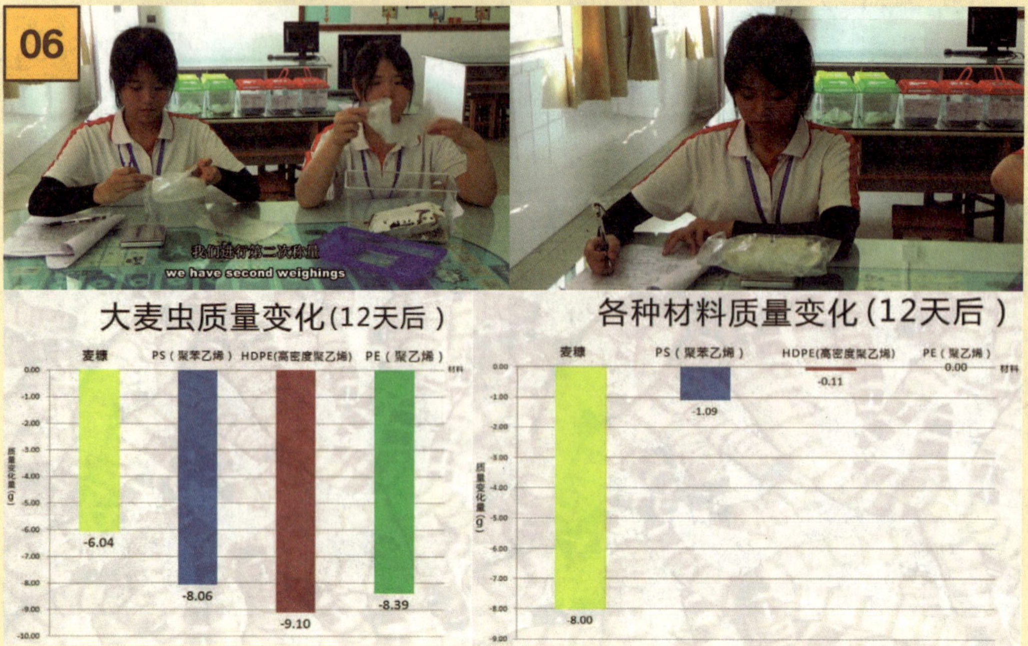

她们在网上选购大麦虫时发现一种与大麦虫相似的昆虫，叫黄粉虫，这是同一种虫吗？她们查阅了有关资料，得知黄粉虫也叫面包虫，大麦虫也叫黑粉虫，他们同属鞘翅目、拟步甲科，但它们不同种。

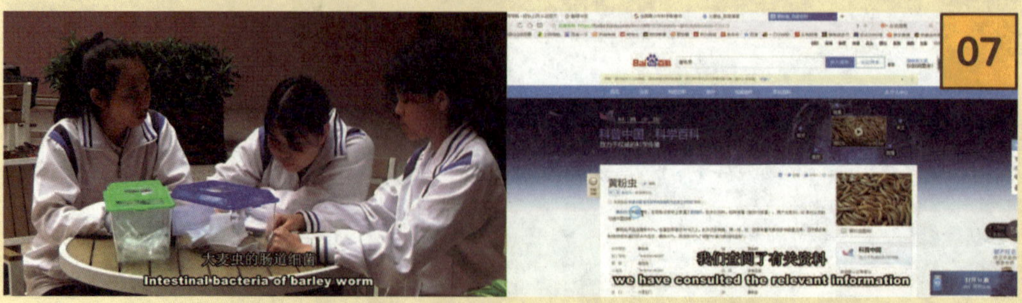

07

3位同学看到网上有报道说，科学家发现黄粉虫幼虫能分解塑料，但没有科学家研究过大麦虫是否吃塑料。她们的科学探究证明大麦虫吃泡沫塑料，这可是新发现呀！

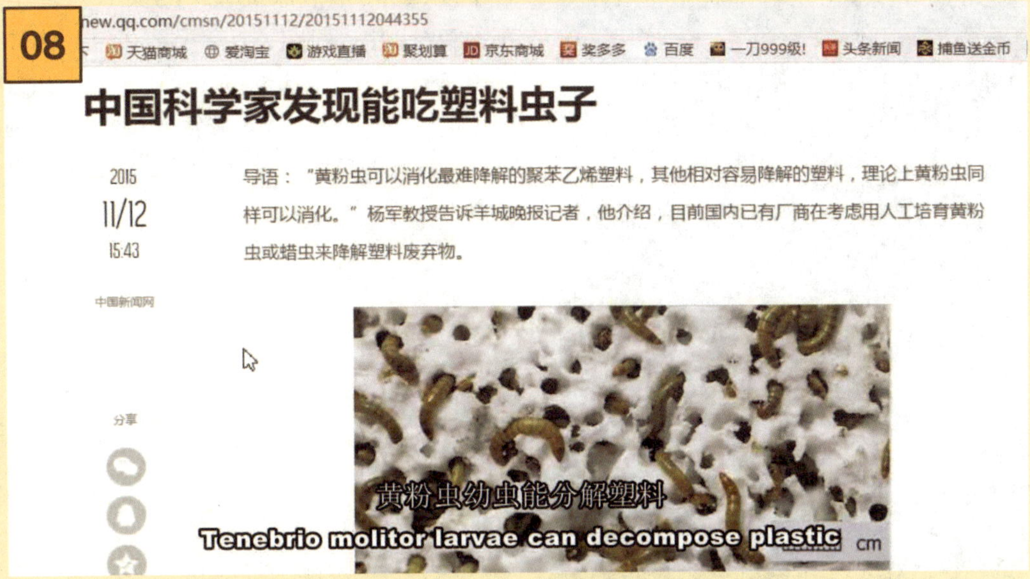

她们猜想大麦虫比黄粉虫体型大很多，吃的塑料也会多一些。因此，她们设计了一个对比实验，看看大麦虫和黄粉虫谁吃塑料更多。

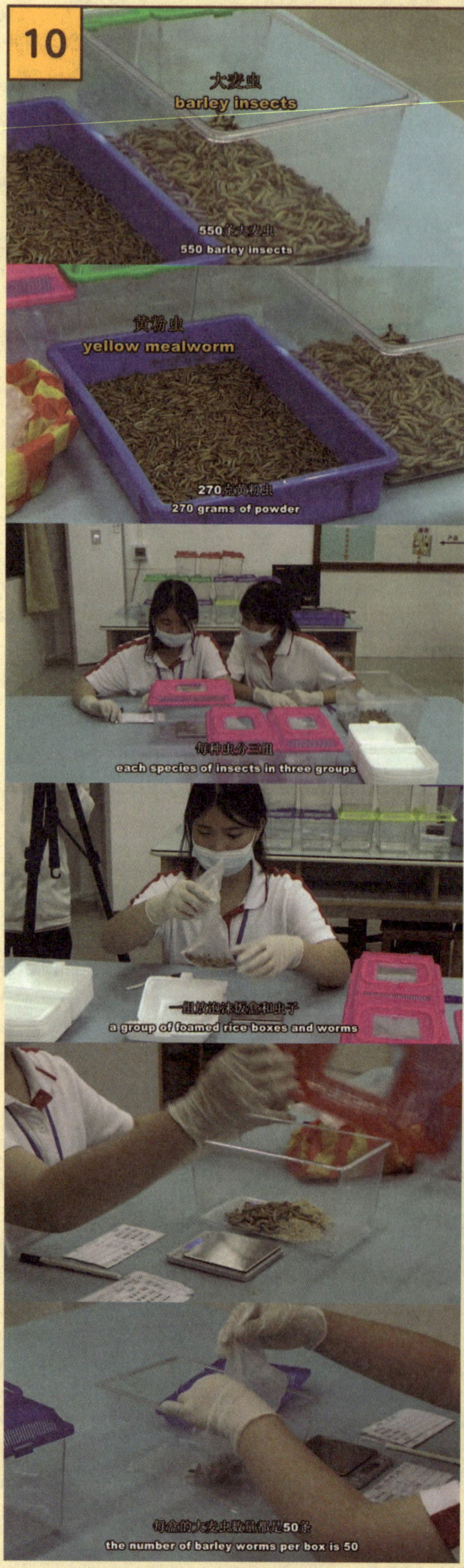

她们买了一批黄粉虫和大麦虫，并准备了18个盒子、550条大麦虫、270克黄粉虫、若干麦糠和8个泡沫饭盒（PS聚苯乙烯）。每种虫分3组，每组3个盒子。一组放泡沫饭盒和虫子，一组放麦糠和虫子，一组只放虫子。每盒的大麦虫数量都是50条，质量约25克，每盒的黄粉虫质量也为25克，数量约270条。

实验第6天，她们看到大麦虫吃掉了大面积的泡沫饭盒，大部分都还活着，而黄粉虫没有吃泡沫饭盒而且差不多都死掉了。她们对虫子和泡沫饭盒进行了称量。

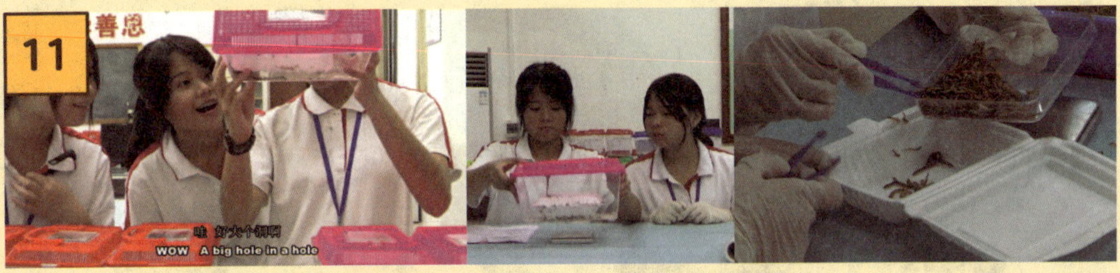

5天后他们再次称量，分析图表结果如下。

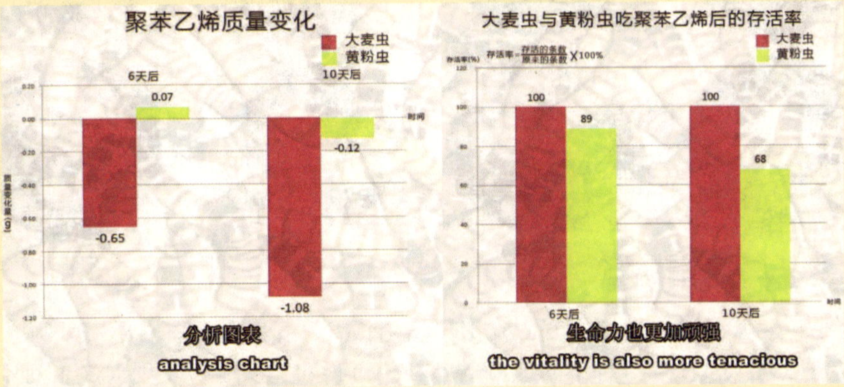

她们发现，大麦虫吃塑料的效果比黄粉虫更好，生命力也更加顽强。

她们感到自己的研究非常有意义，接下来她们将研究大麦虫的肠道细菌能否分解塑料，并希望她们的研究能为解决白色污染做出贡献。她们同时呼吁人们在日常生活中减少使用一次性塑料制品，尽量使用可以重复利用的材料，保护我们美丽的地球。

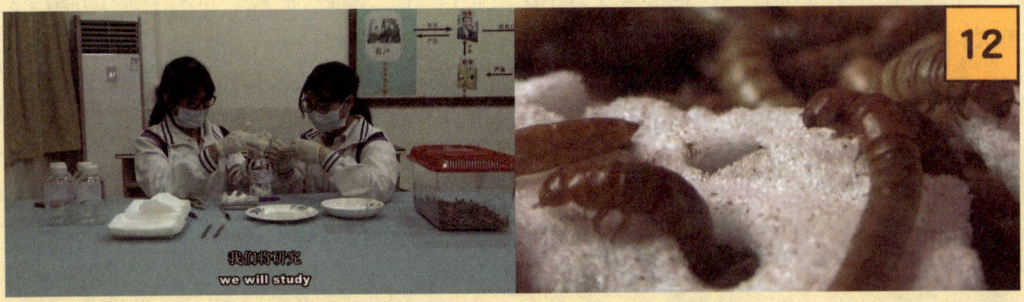

专家点评

3位小科学家无意中发现大麦虫吃泡沫塑料饭盒，于是她们抓住线索，从大麦虫吃塑料开始研究。她们找到4种不同成分的塑料，进行对比实验，发现大麦虫对不同塑料是有偏好的。

但是，随着研究的深入，她们从文献中找到了另一种吃塑料的昆虫——黄粉虫，于是她们顺藤摸瓜，设计了第二组对比实验，探究大麦虫与黄粉虫谁吃塑料更厉害。令人惊喜的是，她们发现了大麦虫在吃塑料上的表现更优秀。3位“小科学家”还打算继续探究两种虫的肠道细菌对塑料的降解作用，希望寻找到更好的方法来保护环境，给观众留下了悬念和美好的期待。

短片中，对比实验设计合理，数据详尽，逻辑清晰，结果可信。作品结构完整，层次清晰，是一部优秀的科学纪录片。

虫子吃塑料部分细节记录真实。但小组成员同期声录制有底噪，此外，后期制作表格最好满屏呈现，电脑网页部分也可以选择有价值区域放大。

配音吐字准确，探究过程讲述清晰。但要下功夫精炼语言，力求准确、简洁、生动！

3位女同学的出镜表达体现了探究过程的惊喜和探究的故事。在出镜中尤其注意了佩戴口罩、手套等防护用具，整齐的研究器具也为影像的呈现增色不少。

从内容来看，同学们发现了吃塑料的虫子，并针对不同塑料进行了实验探究，提出了未来探究的方向，结构完整、条理清晰。不足之处是，对于观众来说塑料是个大概念，应当在片中适当普及塑料的背景知识，以便于理解；其次，在画面中应运用黄粉虫和大麦虫的特写镜头，充分表现它们之间的差异，虫子吃塑料的特写画面会更加有视觉冲击力。建议下一部作品注意加强解读知识点，凸显平时观众看不到的画面，提升作品的感染力。

十九、克林擦擦的秘密

2nd International Youth Science Fair for Discovery Videos

第二届國際青少年科學發現影像大賽

獲獎證書

茲頒發給優秀科學微電影「二等獎」獲得者。特頒此證，以資鼓勵。

項目名稱　：克林擦擦的秘密

作　　者　：霍昊琛、趙啟光、張逸軒

所在學校　：西安高新第一中學初中校區

指導教師　：趙鷹、孫麗

國際青少年科學發現影像大賽評審委員會主席

張波 博士

2017年9月30日至10月6日 於美國波士頓

HKYSA

在内地观赏影片：

2nd International Youth Science Fair for Discovery Videos

The Second Place Of Grand Award

is hereby awarded to

Mr. Haochen Huo, Mr. Qiguang Zhao, Mr. Yixuan Zhang

from

Xian Gaoxin No.1 Middle School

for their discovery video project on

The Secret of Kling Wipe

under supervision of

Mr. Ying Zhao, Ms. Li Sun

September 30 to October 6, 2017

Boston, USA

Dr. BO Zhang

Chair

International Youth Science Fair for Discovery Videos

HKYSA

在境外观赏影片：

探究故事

蓝鲸的话

一种酷似海绵的清洁神器“克林擦擦”，你的妈妈是否常用它做家务？是用它擦拭家具、皮鞋，还是用它清洗餐具呢？你有没有发现它像橡皮一样越用越小？那些掉下来的碎屑去哪里了？那些碎屑对我们有害吗？对水里的小鱼有害吗？克林擦擦还有一股难闻的味道，那是什么味？是否是一种有害气体？怎样使用克林擦擦才更科学？你有什么建议给妈妈吗？来自陕西省西安高新第一中学初中校区的3位科学少年霍昊琛、赵启光、张逸轩，提出了一连串的问题，他们要用科学实验一一解答。

克林擦擦又叫作魔力擦，近两年来由于其神奇的超强去污能力且价格低廉，深受大众追捧。据网络曝光，克林擦擦中甲醛含量较高，长期使用可能致癌。但据霍昊琛、赵启光和张逸轩3位科学少年了解，身边很多同学、老师都在使用克林擦擦。克林擦擦为什么具有神奇的去污能力，它真的会危害健康吗？这引起了他们极大的探究兴趣，决定利用实验一探究竟。

他们购买了克林擦擦、白醋、食盐和牙膏，分别用来清洗沾满污垢的6个杯子，然后对比它们的去污效果。结果发现，克林擦擦的去污效果最好，但克林擦擦的磨损也很严重。

他们将实验清洗下来的污垢制成临时装片，放在显微镜下进行观察。3位科学少年发现克林擦擦清洗下来的茶垢中竟然混有形状规则的几何体，并且大多刺进了污垢里。随后他们又观察了克林擦擦的表面切片。发现它的空隙中也存在污垢，看来，这些三棱锥似的几何体应该是克林擦擦的脱落物。

为了验证这个猜想，他们用两块克林擦擦相互摩擦，并将摩擦脱落后的碎屑制成装片进行显微观察。果然，他们发现了这些三棱锥几何体，看来污垢里的几何体果然是来自克林擦擦。

实验到这里，3位科学少年已经能够解释克林擦擦的去污原理了。对比克林擦擦和普通海绵擦除污垢后的临时装片，可以发现，克林擦擦内部结构排列十分整齐，呈正六边形，而且有很多分叉，细长且稠密，这样的结构让它和物体的接触面积变大，从而增加了摩擦力。

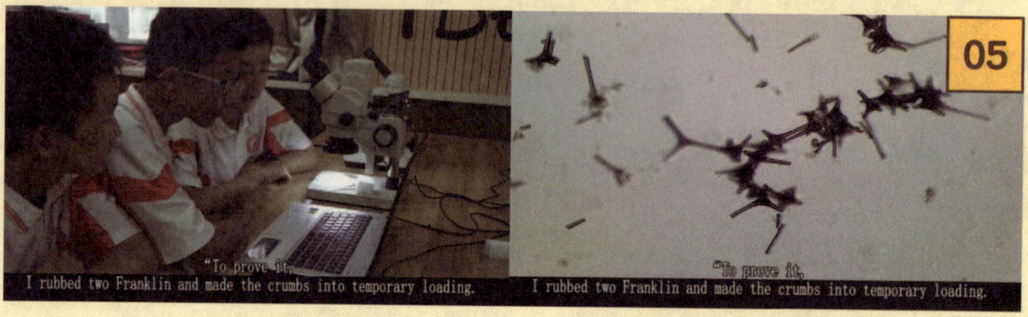

普通海绵结构极不均匀、分叉少、粗且十分稠密。相比海绵，克林擦擦更易磨损，形成坚硬的棱锥，刺进污垢，此时用清水冲洗，极易脱落。对比发现，克林擦擦去污、去油能力这么强的原因原来是这样！那么克林擦擦的脱落物对人类是否有害呢？由于实验条件有限，3位科学少年无法深入探究，但从结构上推测，如果这些脱落物污染水源，有可能会损伤鱼鳃。

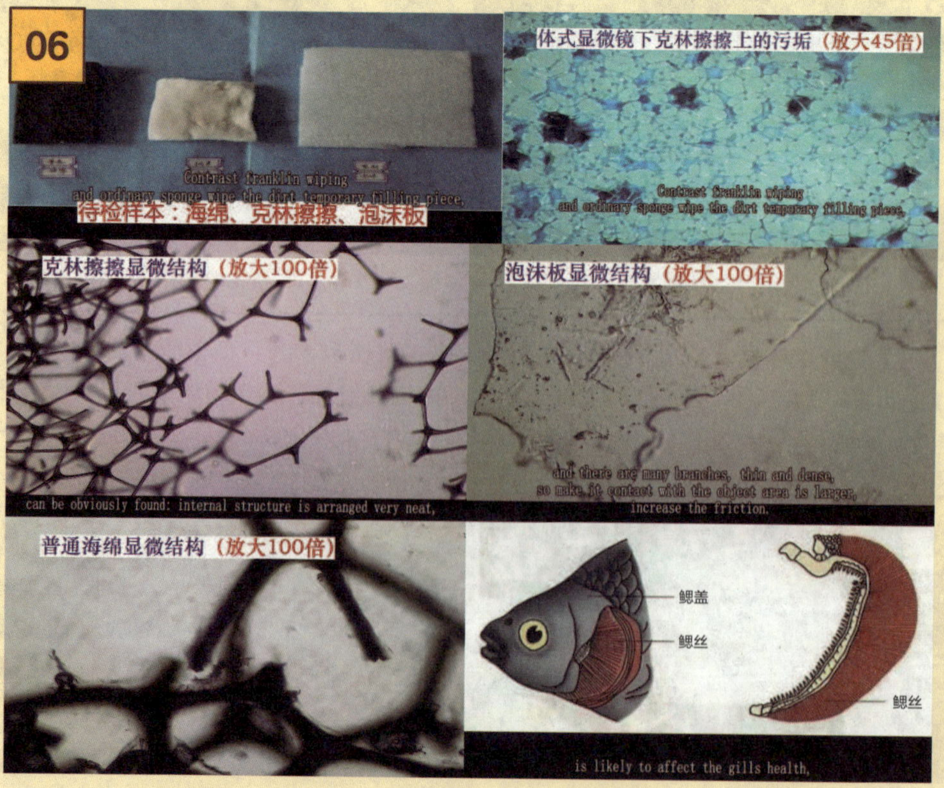

那么有多少人使用过克林擦擦，又有多少人知道它的工作原理和危害呢？经过3位科学少年的采访和调查，他们发现大部分人是使用过克林擦擦的，用过的也都表示它的去污能力特别强，但是人们对它去污的原理，以及有可能造成的危害都不太了解，尤其是有关甲醛超标的报道。

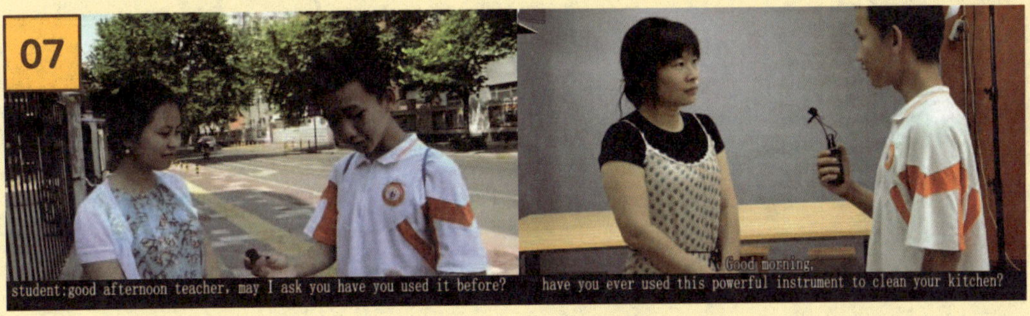

于是他们找到了西北大学城市与环境学院的黄华宇教授，请他帮助测试了3种克林擦擦的甲醛含量。黄教授说，有关克林擦擦中甲醛含量的测试方法，我们国家没有相关的规定，但可以使用测试其他固体中甲醛含量的方法。

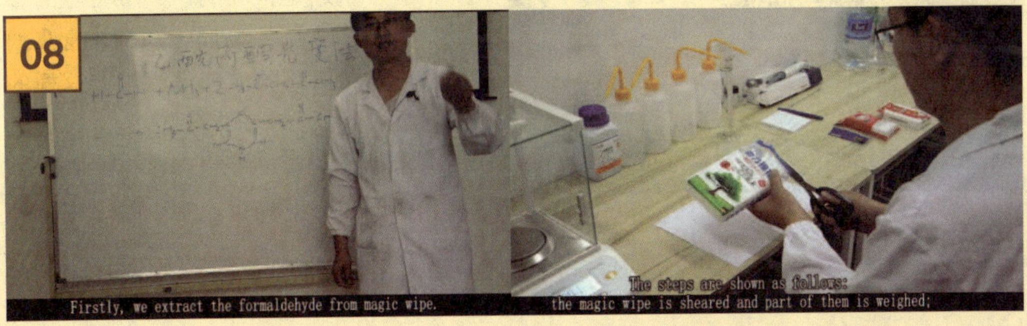

首先需要将克林擦擦中的甲醛提取出来：将克林擦擦剪碎，放入水中浸泡，然后过滤，再测定水溶液中的甲醛含量。他们使用乙酰丙酮光度法来测定水溶液中的甲醛含量。

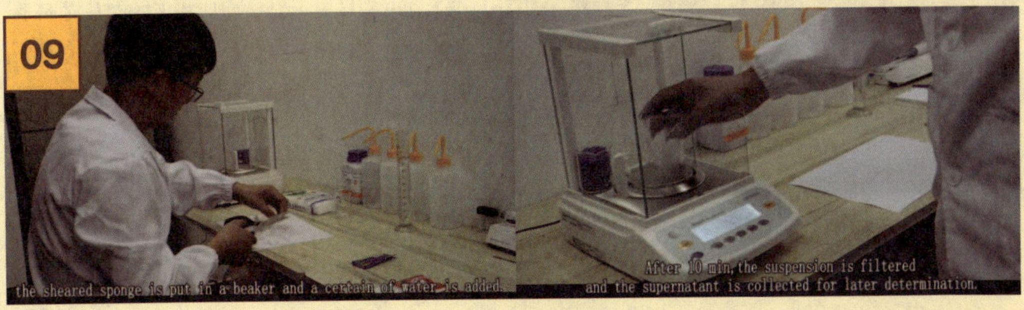

在铵根离子的存在下，乙酰丙酮与甲醛发生反应，生成一种带颜色的化合物，通过测试这种带颜色的化合物的吸光度来测定甲醛的含量。实验结果显示，一号克林擦擦的甲醛浓度最高，达到了 246 mg/kg；二号克林擦擦的甲醛浓度也达到了 112 mg/kg；而三号克林擦擦最贵，浓度也最低，为 86 mg/kg。

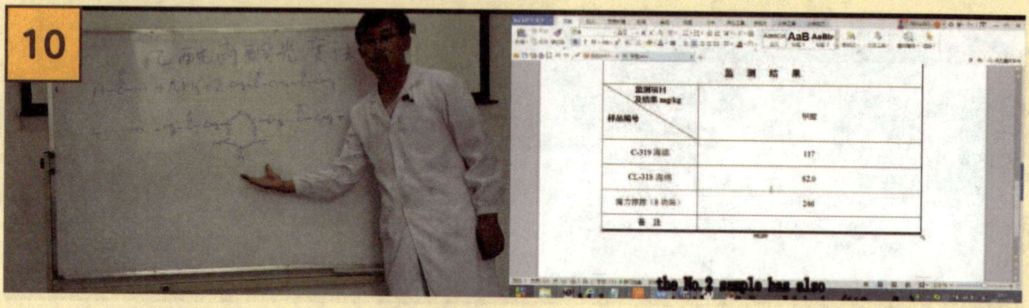

黄博士告诉他们，虽然我们国家对克林擦擦中的甲醛含量没有相关的规定，但从测试的结果来看，克林擦擦中的甲醛含量还是很高的，其中一号的含量竟然达到了 246 mg/kg，这是非常高的数值。虽然目前国家还没有规定这样的数值是否超标，但黄博士认为，国家应当出台相关的规定控制克林擦擦中甲醛的含量，因为甲醛对人的眼睛、皮肤和免疫系统都有危害。

经过 3 位科学少年的实验和专家的建议，他们认为，应该尽量避免使用克林擦擦清洗餐具等直接和口腔接触的物品，而家具、皮鞋等则可以使用克林擦擦去污。另外，尽量不要购买廉价和品质差的克林擦擦。

专家点评

短片选题关乎民生，很有意义。克林擦擦是一种三聚氰胺发泡物，是由甲醛、三氯氰胺和亚硫酸氢钠为原料制成的聚合物，它是很好的吸音材料和防火建筑用材，硬化后成为硬度最高的商用塑料，用于打磨物体表面。但是，克林擦擦在家庭中被广泛用于清洗餐具，其中是否隐藏着危险呢？

短片的亮点不是克林擦擦中是否含有甲醛，而是克林擦擦碎屑的危害。科学少年在显微镜下看到了碎屑的形状，并进一步猜想碎屑进入水体有可能伤害鱼鳃。如果能够进一步验证猜想，将会是一个具有创新性的研究。但是短片在这里戛然而止，转弯去探讨克林擦擦是否含有甲醛的问题。建议科学少年能够抓住一点不放，打开一个“两厘米”宽的口子，深挖“两公里”下去，一定能够挖到科学宝藏。

短片探究过程较为完整，影像记录也较为丰富，显微镜观察影像使人印象深刻。短片采用的是标清遮幅格式，建议用16∶9高清格式。

短片配音表达自然顺畅，有较好的引领性。在实验、显微镜等环节可以保留一些同期声。采访时能引导采访的内容，表现比较好，但镜头前应注意眼神不要漂移。

短片结构合理，特别是结尾的建议和感谢。但解说不够简洁，比如访问调查环节，相同的提问不必重复出现。

短片中的科学少年以实验为主体开展探究，使用标准的科学仪器进行观察，培养了动手能力。对于“克林擦擦中甲醛含量的测定”，受实验条件限制，科学少年们无法自主进行，他们选择求助权威机构进行专业测定，实事求是，数据专业、可信。用科学的方法探究影响公共安全与健康的问题，并提出有益的建议，这样的探究活动非常有意义。

二十、植物降甲醛的探究

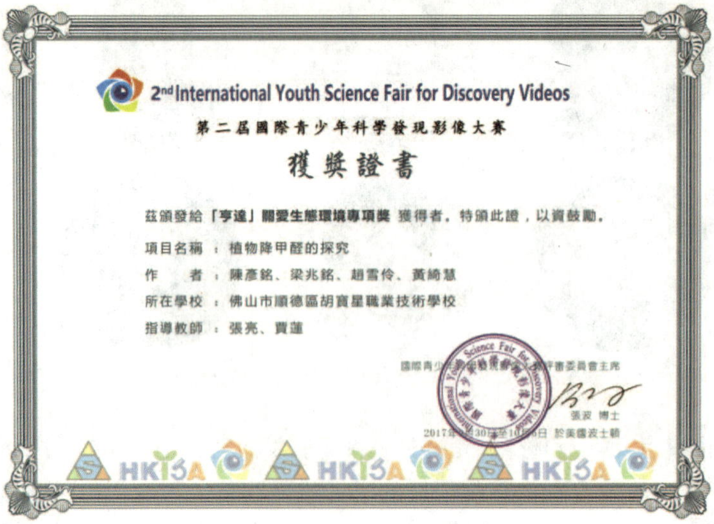

2nd International Youth Science Fair for Discovery Videos

第二屆國際青少年科學發現影像大賽

獲獎證書

茲頒發給「亨達」關愛生態環境專項獎 獲得者，特頒此證，以資鼓勵。

項目名稱 ： 植物降甲醛的探究

作　　者 ： 陳彥銘、梁兆銘、趙雪伶、黃綺慧

所在學校 ： 佛山市順德區胡寶星職業技術學校

指導教師 ： 張亮、賈蓮

國際青少年科學發現影像大賽評審委員會主席

張波 博士

2017年9月30日至10月6日 於美國波士頓

在内地观赏影片：

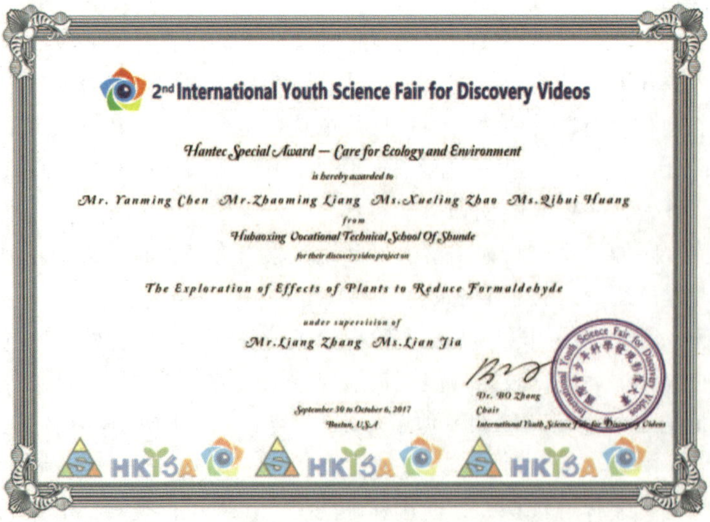

2nd International Youth Science Fair for Discovery Videos

Hantec Special Award — Care for Ecology and Environment

is hereby awarded to

Mr. Yanming Chen　Mr. Zhaoming Liang　Ms. Xueling Zhao　Ms. Qihui Huang

from

Hubaoxing Vocational Technical School Of Shunde

for their discovery video project on

The Exploration of Effects of Plants to Reduce Formaldehyde

under supervision of

Mr. Liang Zhang　Ms. Lian Jia

September 30 to October 6, 2017

Boston, U.S.A

Dr. BO Zhang

Chair

International Youth Science Fair for Discovery Videos

在境外观赏影片：

探究故事

蓝鲸的话

去除室内空气污染已经成为当今污染控制的难题，尤其是装修带来的甲醛污染一直困扰着家家户户。看到乔迁新居的老师因为室内甲醛污染而烦恼，陈彦铭带领3位队友开始探索植物降低甲醛浓度的方法，他们要让自己的老师在更清洁的家庭环境中生活。

4位科学少年是否找到了能降低甲醛浓度的植物？哪种植物的效果更好一些？让科学少年来告诉我们答案吧！

一个风和日丽、阳光明媚的下午，老师带着陈彦铭、梁兆铭、赵雪怜、黄绮慧参观正在装修的新房。在装修的新房里，他们闻到一股刺鼻的味道，他们猜测这可能就是新房装修之后残留的甲醛的味道。

通过查阅资料，他们得知甲醛是一种有刺激性气味且有害的无色气体，会严重危害人体健康。有没有什么方法可以降低室内甲醛的含量呢？

他们了解到人们常用的两种祛除甲醛的方法，使用活性炭或者请专门消除甲醛的公司。

但是他们想探索另一种环保的方法——绿色植物。绿色植物能吸收甲醛吗？哪种植物吸收甲醛的效果更好呢？他们想通过实验来进行验证。

他们在网上买了7种植物，分别是虎尾兰、杜鹃、仙客来、鸭掌木、龟背竹、芦荟、白掌，他们还在学校周围挖到了一种植物——海芋。他们自己设计图纸，自己动手打造了3个透明的玻璃箱。

06

他们购买了装修所用的主要材料，有玻璃木板、水性漆和喷漆等，用来模拟房屋装修。他们在每个方格的内壁涂上水性漆和喷漆，使其在格子里产生甲醛。

为了能够让箱子更密闭，他们在网上买了2千克的橡皮泥进行密封。密封好箱子之后，等待24小时。

07

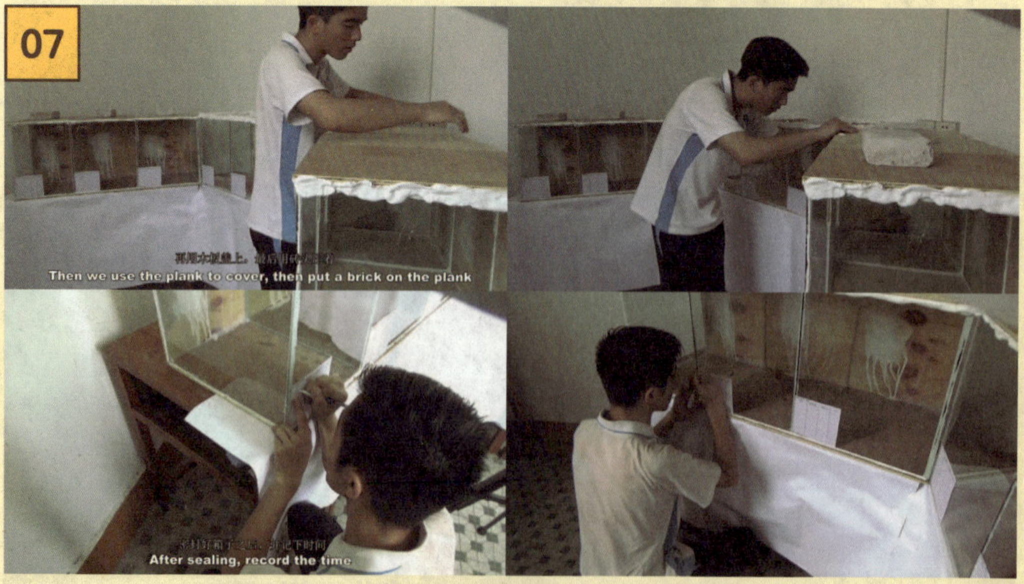

他们用甲醛自测盒做实验，可是甲醛自测盒所显示的只是颜色的变化，没有准确的数据。因此他们购买了甲醛测试仪进行测试，并记录甲醛数值。

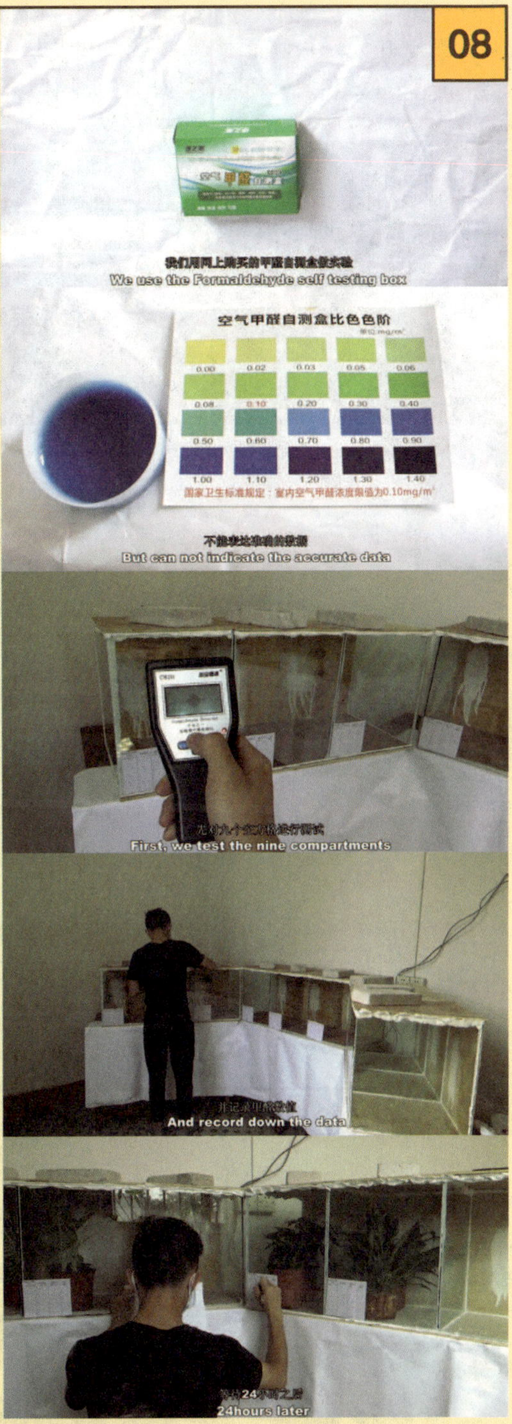

测试并记录玻璃箱中的甲醛浓度后，他们放入不同植物并封好箱子，记录放入植物的时间。接下来就让植物使出“大招”来吸收甲醛。等待24小时之后，再进行测量。

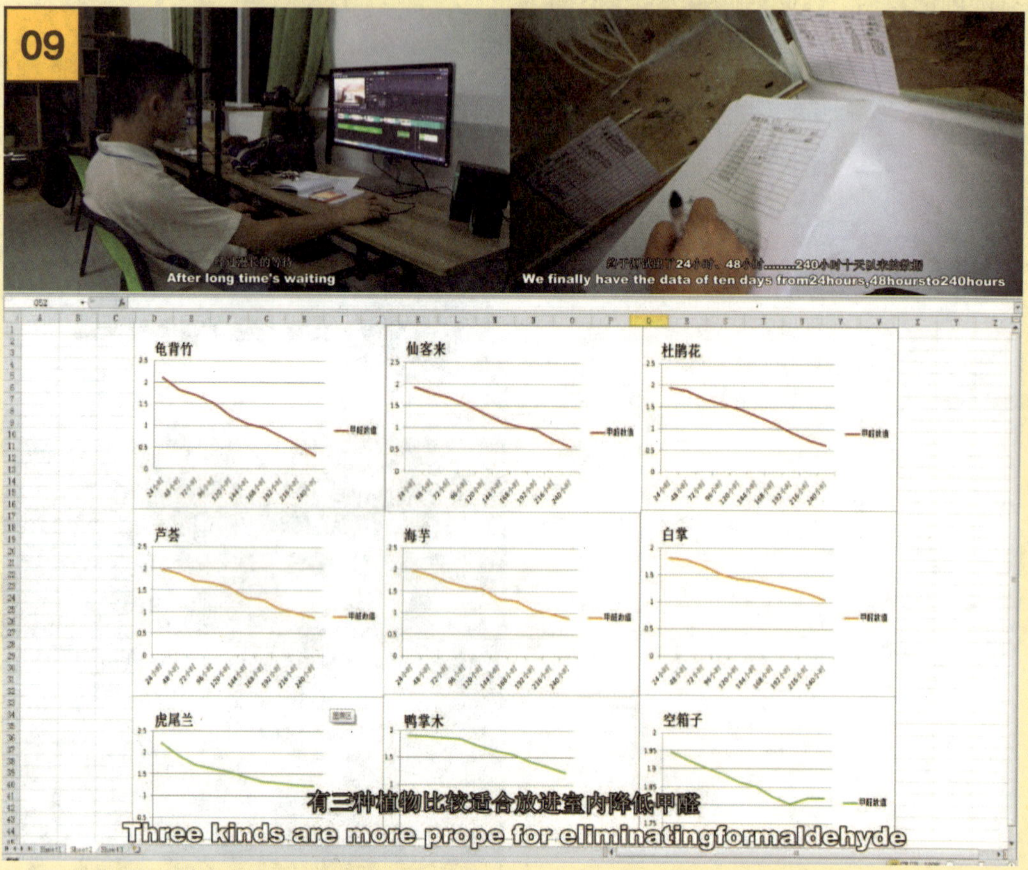

09

经过漫长的等待，他们终于测出了24小时、48小时……直至10天（240小时）以来的甲醛浓度数据。经过数据的对比与分析，他们发现在选择的8种绿色植物中，有3种植物比较适合放进室内吸收甲醛，它们是龟背竹、仙客来、杜鹃。

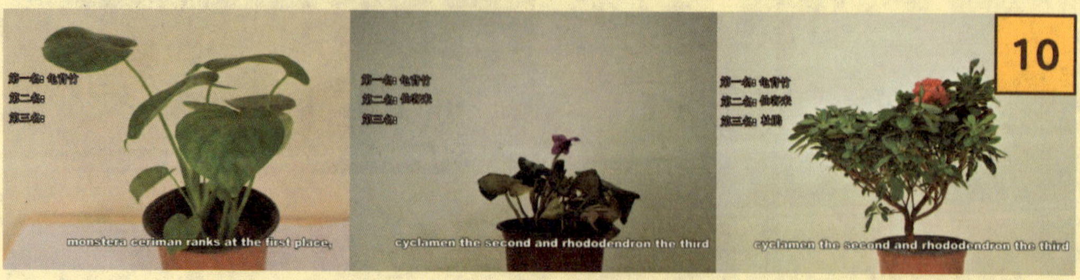

10

得出结论后，4位科学少年把这3种总计12盆植物送给老师，希望能帮助老师营造一个安全、舒适的生活环境。当然，有没有其他植物可以更好地降解甲醛呢？有待大家以后继续探究。

专家点评

短片中以老师新装修的房子为切入点，直截了当地引出问题：哪种植物能更有效地降低室内甲醛的浓度？选题有意义。科学少年们设计了对比实验，选择了8种花卉植物对比它们吸收甲醛的效果。最难能可贵的是，4位科学少年亲自动手制作实验器具，买玻璃、玻璃胶制作实验箱，选择不同的检测方法进行定性和定量实验，表现出了较强的动手能力。

最终，经过长达10天的观察和记录，分析整理数据，他们在8种植物中筛选出来3种降低甲醛浓度效果最好的植物。虽然进行了对比实验，但是每种植物的重复数量较低，只有一棵，不能排除个体差异带来的偶然性，建议增加实验组的重复数量。配音调性平和，语音标准，不急不躁，娓娓道来，较为清楚地表达了科学问题。

虽然短片中大家的研讨过程保留了同期声，但是可以适当延长一些。此外，在实验环节，全体成员亲手制作了实验道具，这一过程可以适当保留同期效果声。

短片基本上是实验记录，缺乏讲述小科学家的故事，更缺乏摄影师的故事。复杂的实验设计、详细的数据记录都说明了科学探究的工作量很大、困难很多、过程很艰辛，建议用特写镜头记录小科学家对科学探究的兴趣，体现出小科学家们的专注和执着，尤其要记录探究过程中遇到的困难和解决困难后的欣喜表现。

二十一、荧光剂的秘密

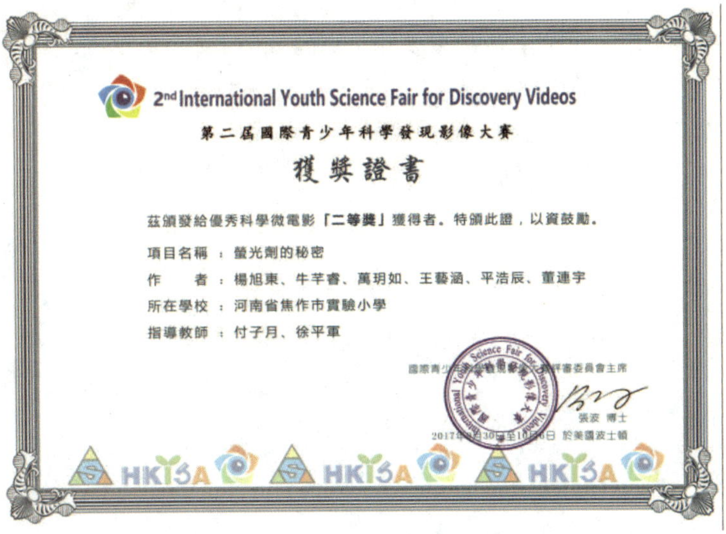

2nd International Youth Science Fair for Discovery Videos

第二屆國際青少年科學發現影像大賽

獲獎證書

茲頒發給優秀科學微電影「二等獎」獲得者。特頒此證，以資鼓勵。

項目名稱：螢光劑的秘密

作　　者：楊旭東、牛芊睿、萬玥如、王藝涵、平浩辰、董連宇

所在學校：河南省焦作市實驗小學

指導教師：付子月、徐平軍

評審委員會主席

張波 博士

2017年9月30日至10月6日 於美國波士頓

在内地观赏影片：

2nd International Youth Science Fair for Discovery Videos

The Second Place Of Grand Award

is hereby awarded to

Mr. Xudong Yang, Ms. Qianrui Niu, Ms. Yueru Wan,
Ms. Yihan Wang, Mr. Haochen Ping, Mr. Lianyu Dong

from

Henan Jiaozuo Experimental Primary School

for their discovery video project on

The secret of Fluorescence — Remoral of Flourescent Agent Method

under superision of

Ms. Ziyue Fu, Mr. Pingjun Xu

September 30 to October 6, 2017
Boston, USA

Dr. BO Zhang
Chair
International Youth Science Fair for Discovery Videos

在境外观赏影片：

探究故事

蓝鲸的话

科学探究就像一次侦查活动。河南省焦作市实验小学的6位科学少年组成了一个“探案小分队”，他们要找到“罪犯”荧光剂的藏身之处，把它抓捕归案。这种肉眼难以辨识的荧光剂，还需要借助工具成为“火眼金睛”后才能找到它。科学少年是否找到了合适的工具？又是否抓捕到了“罪犯”呢？

河南省焦作市实验小学的杨旭东和他的几位同学无意中在网上看到了一则骇人听闻的报道：有些洗衣粉含有荧光剂，如果用含荧光剂的洗衣粉洗完衣服后直接接触皮肤，会引起荨麻疹、湿疹，或更加严重的皮肤病。

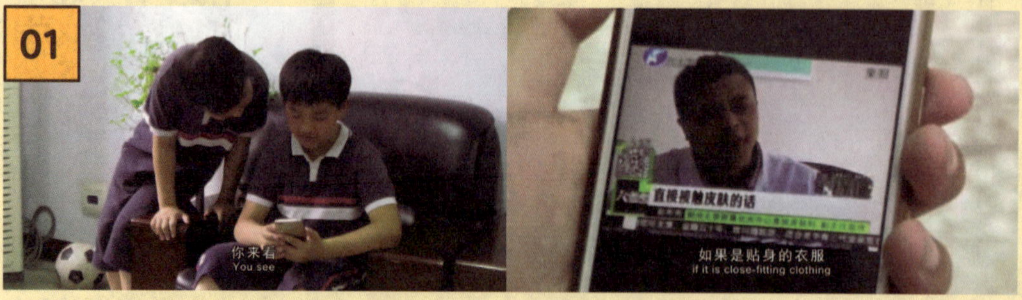

几位科学少年通过网络了解到，荧光剂其实挺恐怖的，它会大大削减人体的免疫力，还能与伤口外的蛋白质结合，阻碍伤口的愈合；此外，荧光剂还可能使人体细胞更易突变。它真是人体的潜在威胁！

几位科学少年随后在网上买了一支荧光剂测试笔。荧光剂测试笔其实是一盏小灯，它能够照出荧光剂的残留。如果衣服或被单上残留有荧光剂，在测试笔的照射下就会显示出蓝色的斑点。不测不知道，一测吓一跳，他们全身上下的荧光剂还真不少。

不久，他们发现朋友圈有人在卖一种“洗衣片”。卖家称自己的产品要优于一般的洗涤用品。他们联系了卖家，购买了产品。仔细阅读产品介绍，盒子上明确标注：无磷、无毒、无荧光增白剂等。

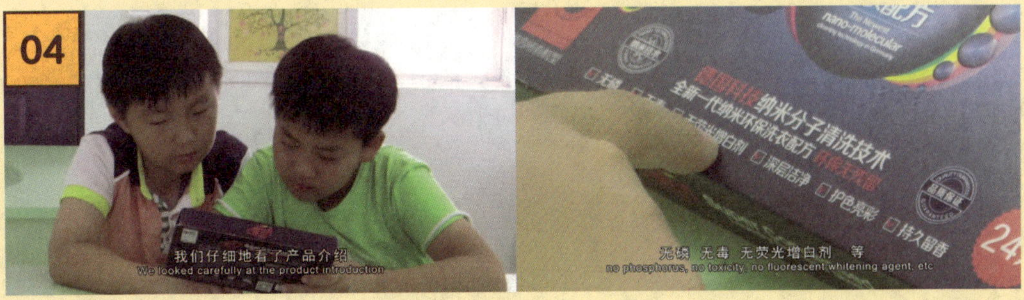

随后几位科学少年用荧光剂测试笔测试了该产品，发现荧光剂含量虽然不多，但也并不像商家说的一点不含。该产品是否能清除衣物上残留的荧光剂呢？几位科学少年决定测试一下。他们在布块上标记出荧光剂，然后用卖家的产品进行洗涤，清洗后发现荧光剂并没有减少。

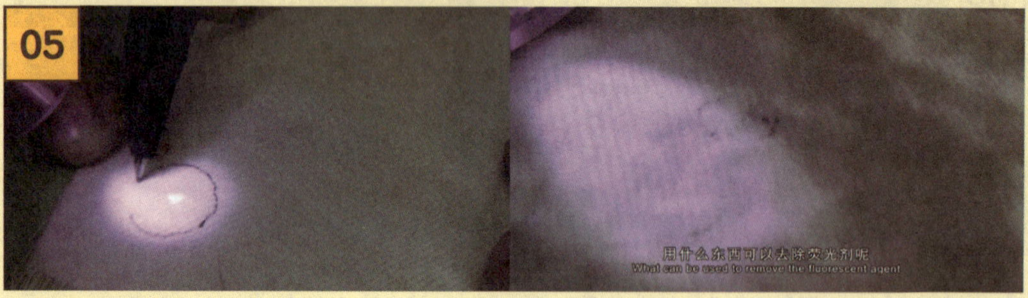

那么，用什么东西可以去除荧光剂呢？他们展开了讨论。最终，他们选择了7种物品：洗衣粉、肥皂、盐、食用碱、醋、酒精和消毒液，并开始实验。为了称量准确，他们准备了7个量杯和1架天平，还有荧光剂测试笔和布块、小盆等。

实验第一步，称量。洗衣粉、肥皂、盐、食用碱各5克；用量杯量取醋、酒精、消毒液各10毫升。

第二步，标记。为了保证数据可比性，他们将一大块布裁成七小块，用荧光测试笔和黑笔在布块上标记出含有荧光剂的部分。

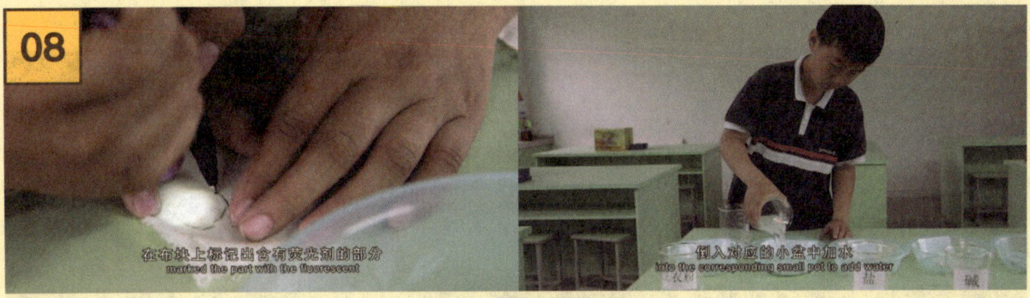

第三步，搓洗。他们将称量好的洗衣粉、肥皂、盐、食用碱倒入对应的小盆中加水，将醋、酒精、消毒液直接倒入对应小盆，分别搓洗布块3分钟。消毒液的味道可真刺鼻，他们后悔没有提前准备一只口罩。

第四步，检测。他们用清水将7块布冲洗干净后，用荧光剂测试笔测试布块上做标记的部分，以便比较。

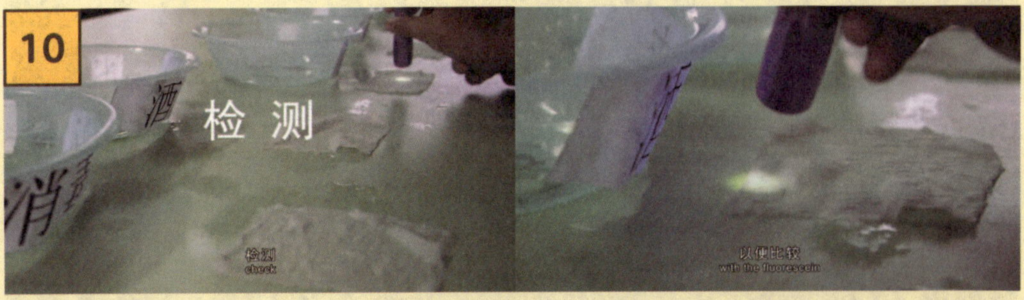

实验结果：他们对比了清洗前后的布块上的荧光剂情况。结果显而易见，用洗衣粉和肥皂搓洗过的，含量增多；用盐、食用碱和醋搓洗过的，含量不变；用消毒液和酒精搓洗过的，含量减少。

11

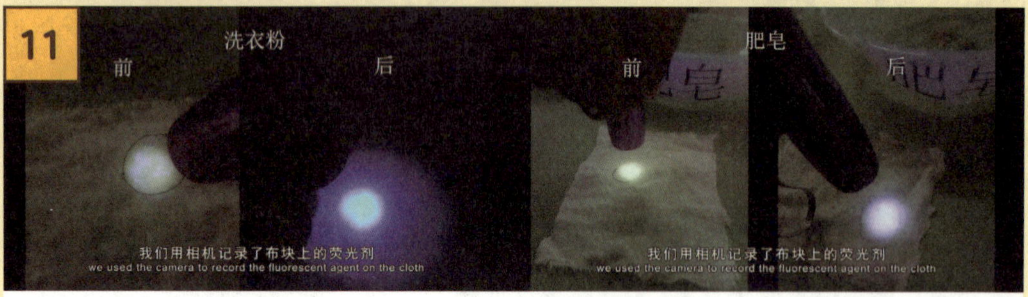

物品	洗衣粉	肥皂	盐	食用碱	醋	酒精	消毒液
实验结果	增多	增多	不变	不变	不变	减少	减少

最后他们上网查阅了资料发现，酒精具有很强的溶解能力，而消毒液的主要成分——次氯酸钠是一种强氧化剂，有漂白作用。这应该就是荧光剂减少的原因吧。现在真相大白，微商有些夸大事实，他们的产品并没有他们说得那么有效。其实在生活中，我们可以用常见的消毒液去除荧光剂，大家也不用那么恐慌。

12

专家点评

短片中的科学少年听说了荧光剂可能产生的危害，于是开始寻找哪里有荧光剂，怎样去除荧光剂，入题自然。短片用对比实验的方法展开探究，简洁明了，思路清晰，结论可信，解决了生活中人们对于荧光剂的疑虑。短片内容更侧重对已查阅到的知识点的验证，是一部中规中矩的科普短片。

短片没有涉及科学少年在探究中遇到的困难，以至观众的带入感较弱，体会不到科学少年克服困难的思维过程，也感受不到他们探究的乐趣和欣喜，建议要学会讲“小科学家的故事”，力避“表演+实验”的套路。

短片中两位同学的对话非常生活化，与配音融合得天衣无缝。有些地方带有强烈的个性化表达，每一环节的过渡和实验环节的出镜都有板有眼。

短片解说偏多，有些内容可以省略，比如介绍实验用品的语句。此外，图像与解说相辅相成，但视频中已经出现的信息，解说中可以省略。

第五篇

环境卫生　健康生活

DIRECTOR

二十二、洗手学问大

2019 New York · International Youth Science Video Fair

國際青少年科學影像大賽

獲獎證書

茲頒發給「亨達」關愛生態環境專項獎 獲得者。特頒此證，以資鼓勵。

項目名稱 ：洗手學問大

作　　者 ：王迪生、嚴嘉欣、余詠芯、梅安迅

所在學校 ：澳門培正中學

指導教師 ：高泳詩

國際青少年科學影像大賽評審委員會主席

姜冬梅 博士　袁小軍 博士

主辦方： HKYSA 香港青少年科學院 Hong Kong Youth Science Academy　COLUMBIA UNIVERSITY IN THE CITY OF NEW YORK LAMONT-DOHERTY EARTH OBSERVATORY

在内地观赏影片：

2019 New York · International Youth Science Video Fair

Hantec Special Award — Care for Ecology and Environment

is hereby awarded to

Teksang Wang, Kaian Im, Wangsam Iu & Onson Mui

from

Pui Ching Middle School

for their discovery video project on

The Importance of Proper Hand Washing

under supervision of

Wengsi Kou

Dr. Dongmei Jiang
CO-Chair
International Youth Science Videos Fair

Dr. Xiaojun Yuan
CO-Chair
International Youth Science Videos Fair

Organizers: HKYSA 香港青少年科學院 Hong Kong Youth Science Academy　COLUMBIA UNIVERSITY IN THE CITY OF NEW YORK LAMONT-DOHERTY EARTH OBSERVATORY

在境外观赏影片：

探究故事

蓝鲸的话

2019年，新冠肺炎疫情在全球暴发之前，就有一组科学少年抓住“洗手”这个问题不放，非要研究研究怎样洗手才能真正洗干净。那时候，洗手看上去不是一个大问题，但是半年之后，我们就禁不住赞叹这组科学少年真是有先见之明，他们的研究对后来防疫、抗疫有积极意义。

到底怎样洗手才最干净呢？梅安迅、王迪生等同学准备做个实验，一探究竟。

他们首先准备培养基，用量筒量取1 000毫升的水，倒入血清瓶，将滤纸对折放在天平上面，将培养基倒入血清瓶，然后把血清瓶盖扭紧，轻轻摇晃直至培养基同水混合。

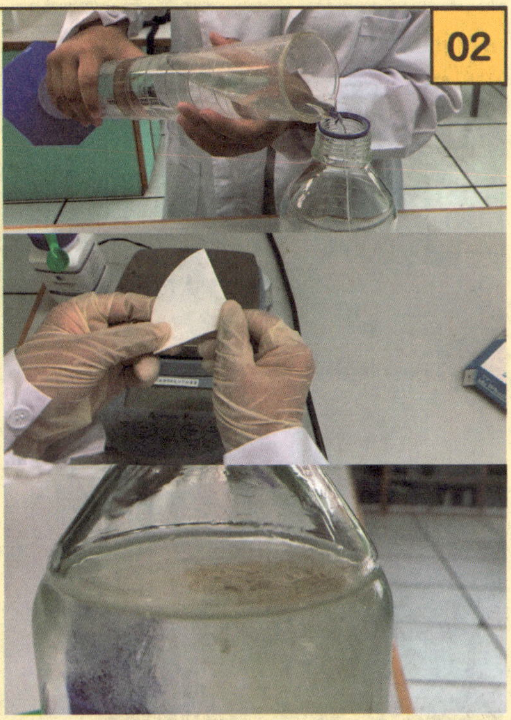

用铝箔纸包住瓶盖，并将瓶盖半开，放入高温高压灭菌釜灭菌约1小时。

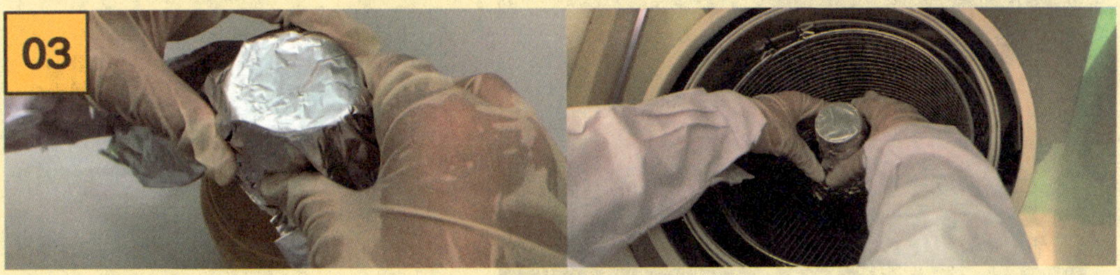

准备培养皿。先把空的培养皿放入杀菌机消毒10分钟，再把灭菌后的培养液分装到不同的培养皿中，然后将培养皿包装好，放入冰箱，等待培养液凝固。

把培养皿划分成4份，用于4次重复实验，以确保实验结果准确。准备一条脏毛巾，用手在上面擦3次，再用纸巾擦干，然后用手指接触培养基取样，作为洗手前的对照组。在每一次洗手实验之前都要用这条毛巾来擦手，使洗手前手上的含菌量相当。

05

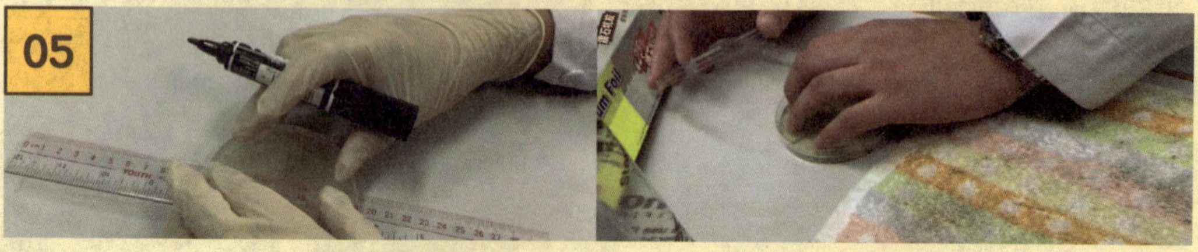

06

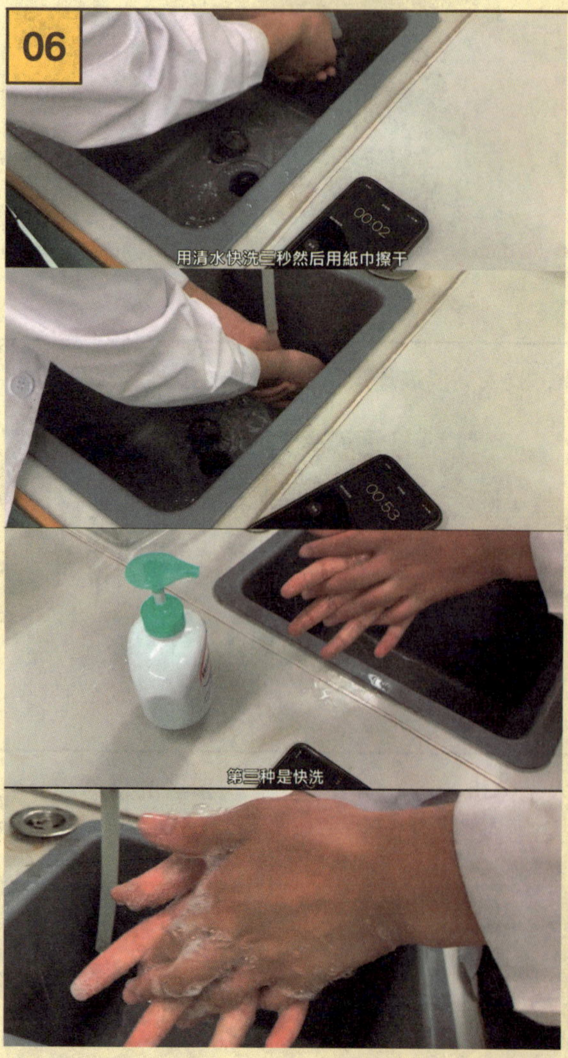

接下来王迪生同学会用4种方法洗手：第1种是快洗，用清水快洗3秒钟，然后用纸巾擦干；第2种是慢洗，用清水慢洗60秒再用纸巾擦干；第3种是洗手液快洗，用洗手液快洗3秒钟，然后用纸巾擦干；第4种是洗手液慢洗，用洗手液慢洗60秒再用纸巾擦干。

每一次洗手后用手指在培养基上重复取样4次，把培养皿放到恒温箱里培养一天。为了清晰显示实验结果，梅安迅同学还用马克笔将数到的细菌数写在培养皿上。

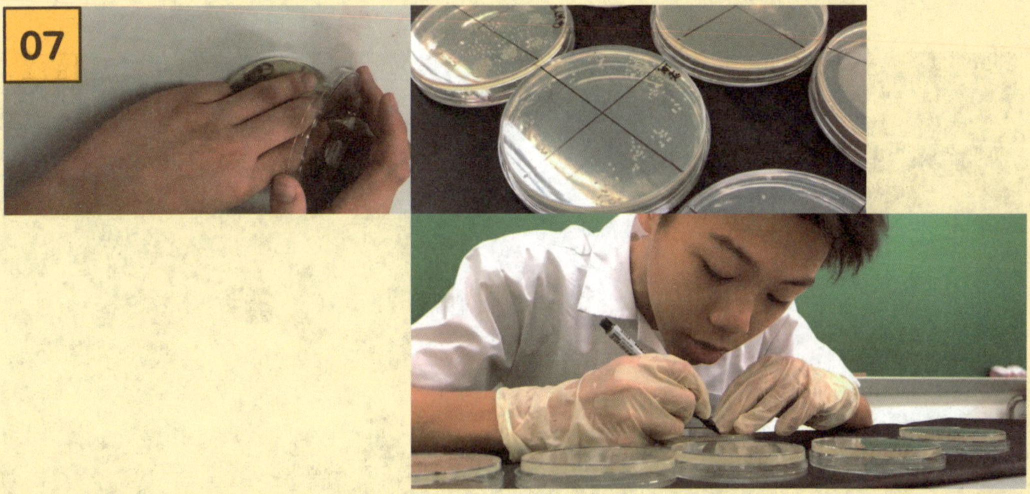

实验结果显示，未洗手对照组平均有106个点，而快洗的平均有54个点，慢洗的平均有3.5个点。用洗手液快洗的平均有14个点，最后用洗手液慢洗的平均有0.75个点。所以用洗手液慢洗可以最有效地清除细菌。

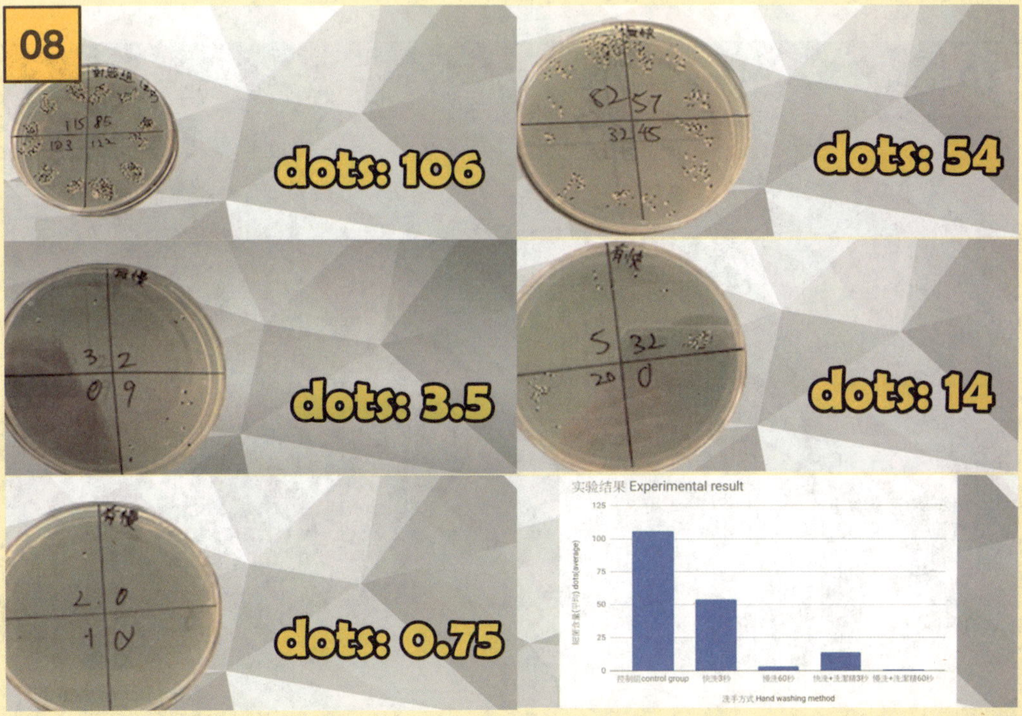

打完篮球，几位科学少年用干洗洗手液洗手，想知道效果如何。让我们跟着余咏芯再来做个实验吧！首先准备一条脏毛巾，在上面擦3次，然后用手指在培养基上取样，作为对照组。

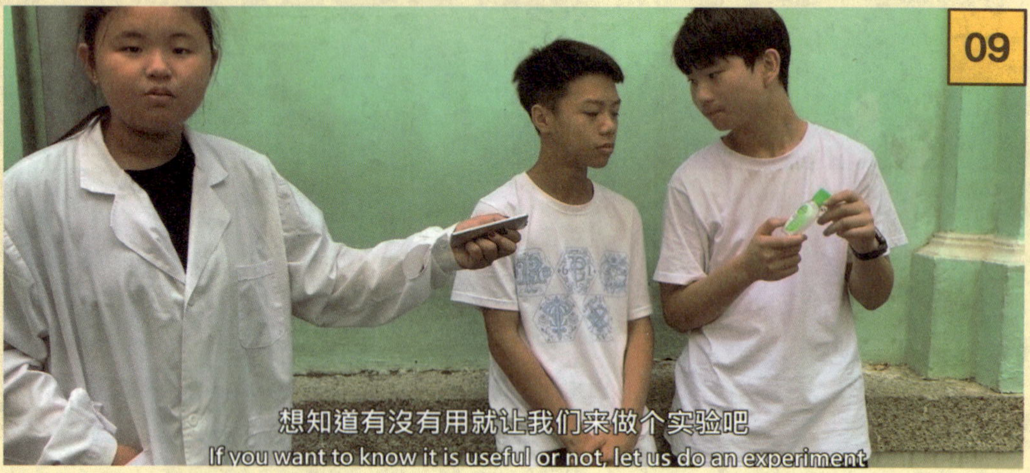

同样地，他们把培养皿分成4份，用3种方法洗手。第1种用包装没那么精美的干洗洗手液搓洗；第2种用包装比较精美的干洗洗手液搓洗；第3种用75%的酒精来搓洗。每次搓洗以后，用手指在培养基上取样并在恒温箱培养1天。

实验结果显示，控制组平均有134个点，而包装没那么精美的干洗洗手液平均有1个点，包装比较精美的干洗洗手液平均有2.25个，最后75%的酒精平均有4.75个点。

11

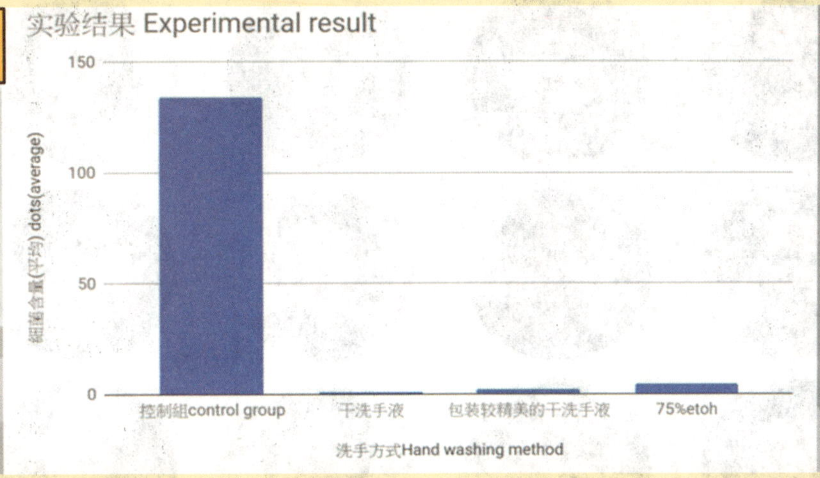

实验结显示，包装没那么精美的干洗洗手液比较容易消灭细菌。所以大家出门的时候可以带一支包装没那么精美的干洗洗手液来用。下次出门的时候记得带一支啊！

12

专家点评

短片中的科学少年从洗手的学问入题，探究“为什么要洗手、怎样洗手才干净、用什么洗手”这一系列的小问题。这些小问题看似司空见惯、无足轻重，但是却隐藏着大学问。科学少年们通过自己精心设计的实验，利用微生物实验室的无菌操作流程，一步一步地进行了规范的对比实验和分析研究。实验设计合理，探究过程完整，结论可信。

短片探究主题很有实用价值。参与探究的科学少年不仅能够从实验中亲身学到科学思维的逻辑和方法，更能在真实的研究中对发生在身边的行为做出科学的判断和分析。这是一个优秀的STEM课题。

短片中科学少年对生活的细致观察，对科学探究的热爱，将自己的研究成果分享给观众的热情，跃然“屏幕”之上，观众不仅学到了科学知识，也被科学少年的热情所感染。为他们点赞！

二十三、你的水杯干净吗？

2nd International Youth Science Fair for Discovery Videos

第二屆國際青少年科學發現影像大賽

獲獎證書

茲頒發給優秀科學微電影「一等獎」獲得者，特頒此證，以資鼓勵。

項目名稱 ：你的水杯乾淨嗎？

作　　者 ：張皓瑋、李雨涵、高晨翔

所在學校 ：西安高新第一中學初中校區

指導教師 ：趙鷹、黃豔華

國際青少年科學發現影像大賽評審委員會主席

張波 博士

2017年9月30日至10月6日 於美國波士頓

在内地观赏影片：

2nd International Youth Science Fair for Discovery Videos

The First Place Of Grand Award

is hereby awarded to

Mr. Haowei Zhang, Ms. Yuhan Li, Mr. Chenxiang Gao

from

Xian Gaoxin No.1 Middle School

for their discovery video project on

Is Your Water Cup Clean ?

under supervision of

Mr. Ying Zhao Ms. Yanhua Huang

September 30 to October 6, 2017

Boston, USA

Dr. BO Zhang

Chair

International Youth Science Fair for Discovery Videos

在境外观赏影片：

探究故事

蓝鲸的话

“你的水杯干净吗？”“你的杯子多长时间洗一次？”多么扎心、多么尴尬的问题啊！你是不是和我一样，很庆幸没有被片中的“小科学家”调查到？更庆幸的是，3位小科学家让我们亲眼看到了自己天天用的水杯竟然那么脏啊！赶紧行动起来，洗刷刷，洗刷刷。不要忘了告诉你身边的人：“洗水杯时间到！”

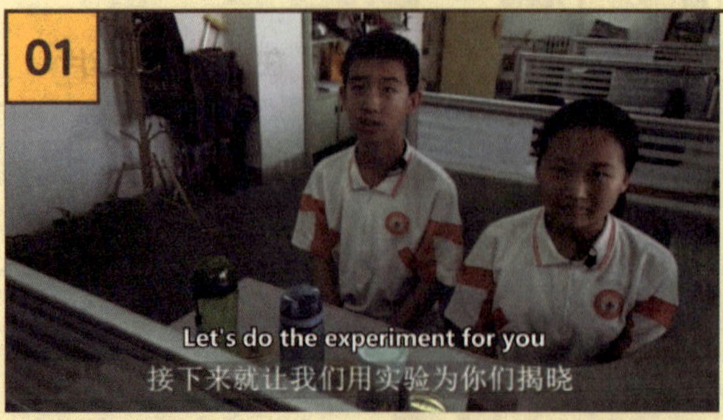

水杯是我们日常生活中必不可少的伙伴，那么它们的卫生状况究竟怎么样呢？来自陕西省西安市的张皓玮、李雨涵和高晨翔3位同学对此产生了兴趣。他们拿来最常见的水杯——塑料杯、玻璃杯、不锈钢杯，测试这些水杯的杯口是否有细菌，所含细菌的种类是否相同。接下来他们将用实验回答这些问题。

他们在网上购买了细菌培养基，一开始随机抽取了4个杯子取样，在培养基上进行培养。

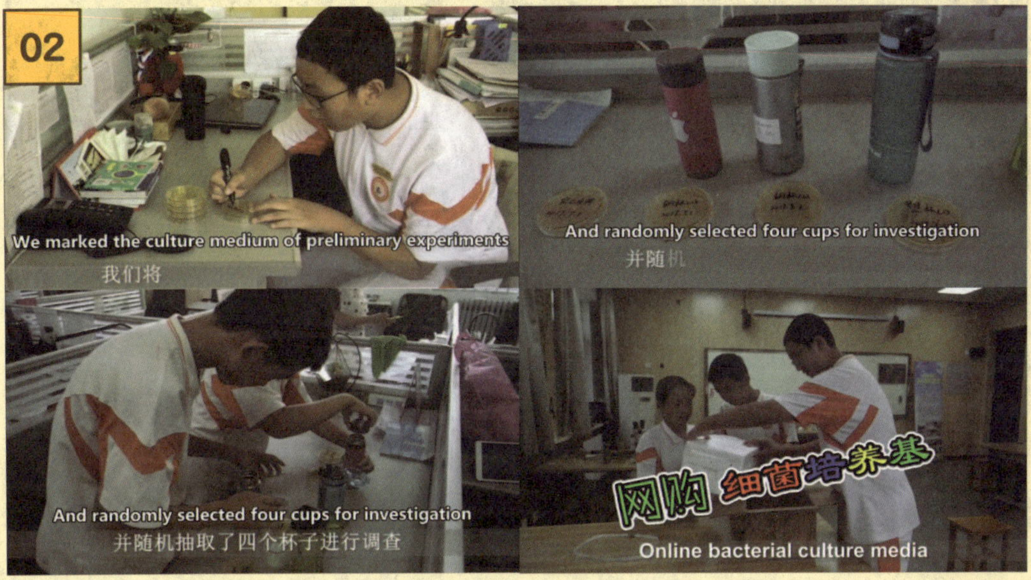

为了保证实验的准确性，科学少年们将样本的数量增加到30个，然后在不同年龄段的学生中进行抽查。

他们对学生和老师的杯子都进行了样本抽查。

为了检测杯口的卫生情况，他们利用细菌培养基检测了30个样本。样本种类有玻璃杯、塑料杯与不锈钢杯，通过细菌在培养基中的生长状况来检测杯口的卫生情况。

他们进行了两天（48小时）的细菌培养，实验结果显示，来自塑料杯的样品全都形成了环状菌落，而不锈钢杯样本只有8个形成环状菌落，玻璃杯样本中仅有2个形成了较为明显的环状菌落。由此可见，在3种杯中，玻璃杯的卫生情况最好，塑料杯的卫生情况最差，不锈钢杯则介于两者之间。

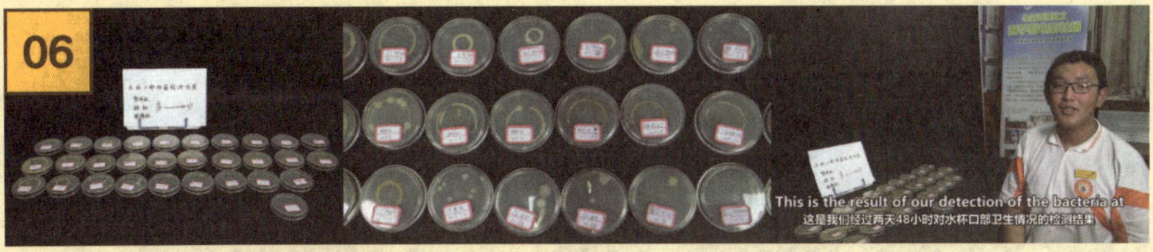

他们发现杯子上确实有很多细菌，有些同学的杯口细菌特别多，有些则很少。这与同学们使用杯子的卫生习惯有关吗？他们因此进行了问卷调查和随机采访。

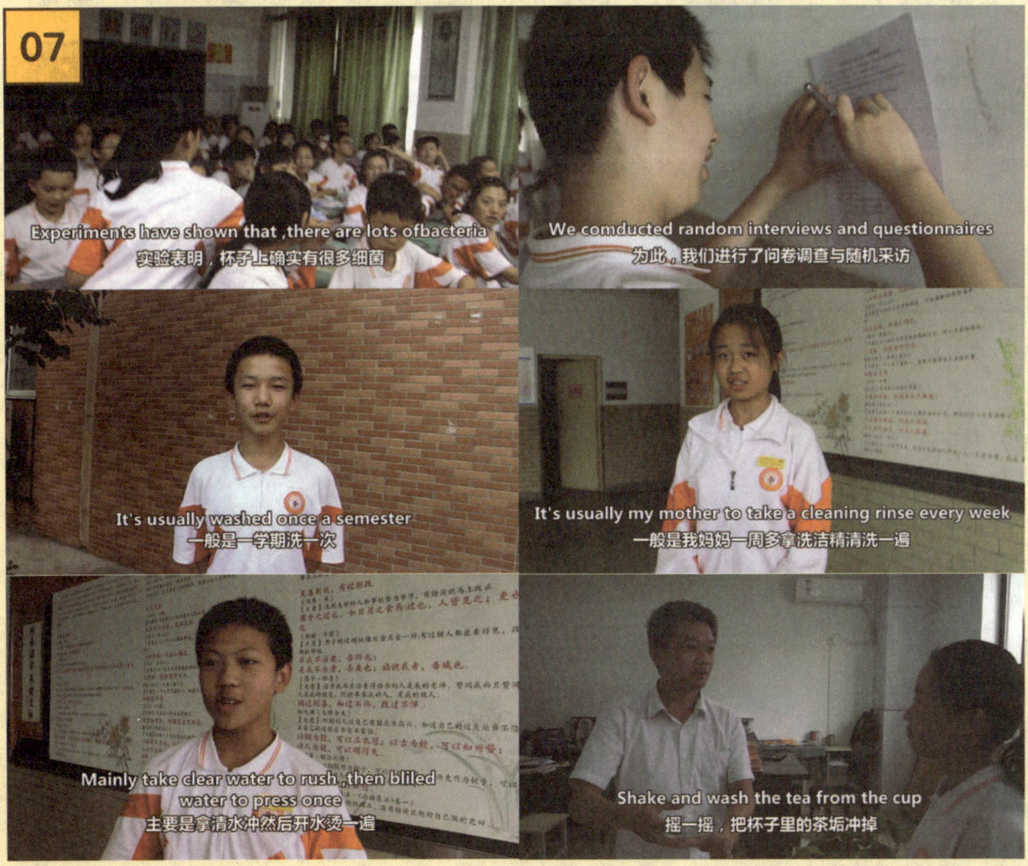

他们将调查结果绘制成表格。

问题一：你用哪种水杯喝水？超过50%的人选择了细菌最多的塑料杯。

问题二：你觉得哪种水杯更卫生？ 40%的人认为玻璃杯更卫生，认为塑料杯卫生的人仅为6%。

08

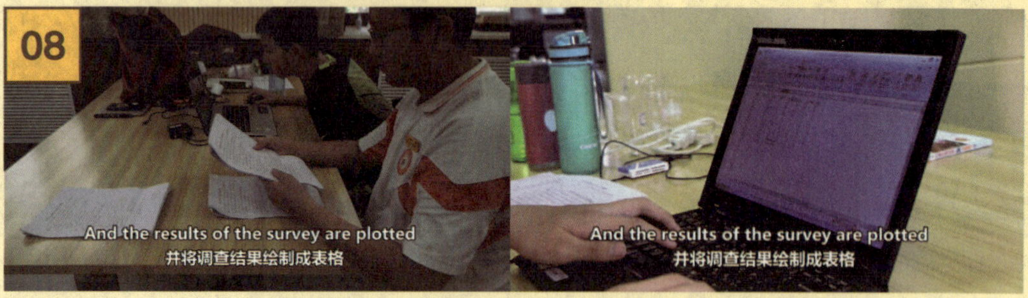

09

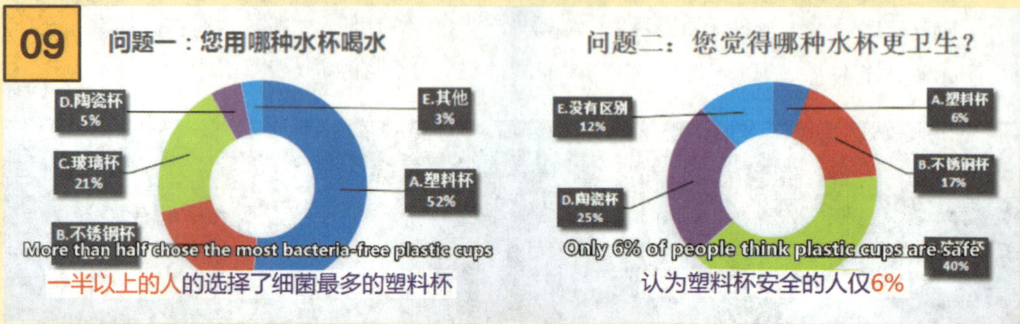

问题三：你多久洗一次水杯？ 52%的同学不是每天洗杯子。

问题四：为什么不经常清洗水杯？不洗杯子的理由选择人数最多的是喝白开水不用洗。

10

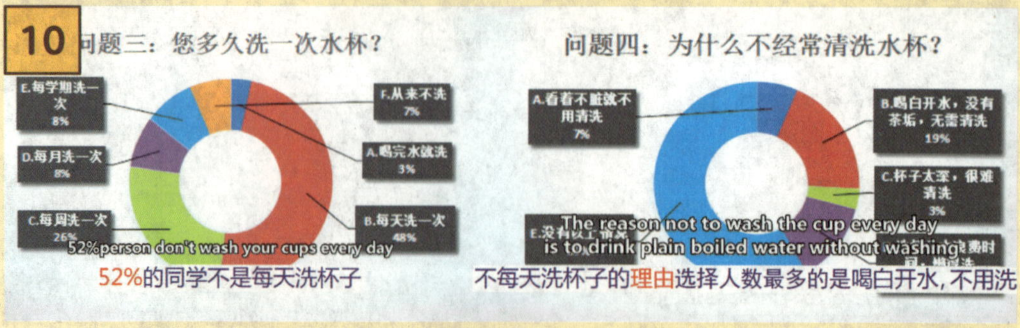

问题五：怎么清洗水杯？有35%的同学会对水杯消毒杀菌。

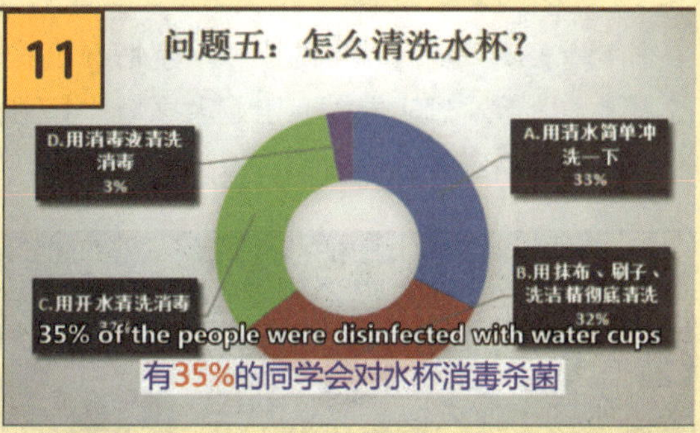

问题六：水杯清洁不彻底有危害吗？有89%的同学认为水杯清洁有必要。

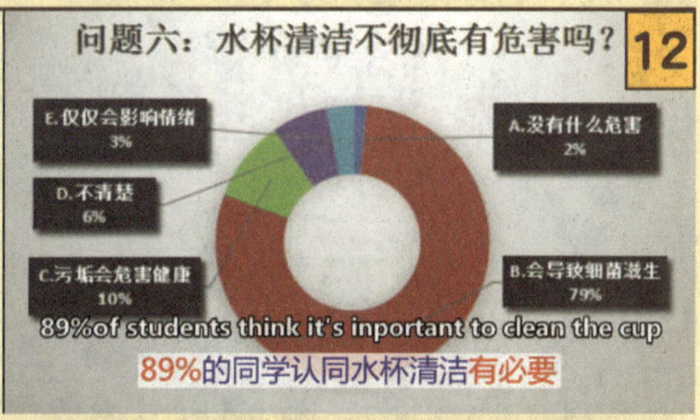

为什么玻璃杯的卫生情况最好呢？是否因为玻璃杯口更光滑，所以附着细菌更少？带着这些疑问，他们把3种杯子样本放在显微镜下放大观察，发现原来看似光滑的杯子，其实凹凸不平。塑料杯和不锈钢杯的口部都有明显的凹槽，正是这些凹槽为细菌提供了藏身之所。

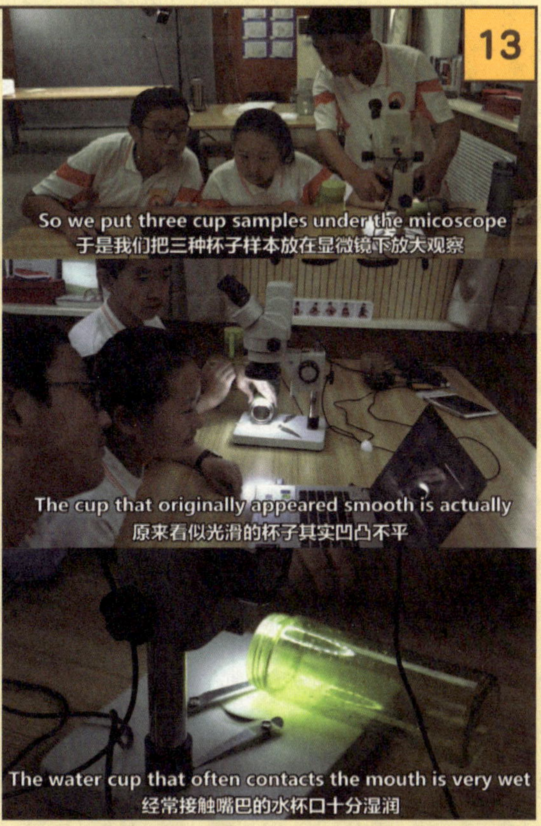

实验表明，随身携带的水杯卫生情况不容乐观。部分同学并没有养成定期清洗水杯的习惯。希望通过实验探究引起大家对水杯卫生情况的重视，希望大家养成定期对水杯进行清洗和消毒的卫生习惯，保证身体健康。

专家点评

短片中的科学少年从身边发现问题，选择了一个和日常生活息息相关的课题，入题快，中心突出。探究过程记录完整，实验设计合理，抽查部分处理得简洁得当，数据分析清晰，结论可信。短片用科学实验和调查揭示了水杯卫生这个被人们忽略的问题。看完短片，观众有恍然大悟的感觉，身临其境地感受到了科学少年探究的快乐，观影的满足感很强。

3位科学少年在探究中为了保证实验的准确性，不断地修正实验，对实验结果做了认真的数据统计分析，并在旧问题解决后找出新的问题，一步步将问题和猜想推进，表现出了科学探究中探究结果不断反馈和循环上升的过程。

3位科学少年在科学探究的过程中自始至终身体力行，无论是对全班同学做调查、宣讲，还是认真讲述做实验的过程，都体现了问题虽小但抓住不放、探索到底的科学精神。

面对镜头讲述实验的环节自然、流畅，相比配音表达好很多。因为配音的语气和语态属于平时说话的状态，给人着急说完的感觉。本片解说生动，需进一步重视解说与画面的配合，解说词可以更简洁。

今后，同学们在表达及形体等方面要加强训练，在镜头前要落落大方，摄影师要注意尽量避免采用俯视的角度拍摄出镜者。

值得称赞的是，科学少年在采集同学的杯子样本时，会向同学解释培养基是无菌的，并向同学们表示感谢，这显示了科学少年严谨的科学态度、安全意识及争取他人配合的能力。

二十四、大蒜的奥秘

3rd International Youth Science Fair for Discovery Videos

第三屆國際青少年科學發現影像大賽

獲獎證書

茲頒發給「亨達」關愛生命專項獎 獲得者。特頒此證，以資鼓勵。

項目名稱 ：大蒜的奧秘

作　　者 ：歐錦鈞、林正瀚、洪啟霖、方鴻諭

所在學校 ：澳門培正中學

指導教師 ：高泳詩、王雅凡

國際青[illegible]學發現[illegible]評審委員會主席

張波 博士

2018年[illegible]至10月6日 於美國波士頓

在内地观赏影片：

3rd International Youth Science Fair for Discovery Videos

Hantec Special Award — Care for Life

is hereby awarded to

Mr.Kamkuan Ao, Mr.Chengbon Lin, Mr.Kailam Hong & Mr.Hongu Fong

from

Pui Ching Middle School

for their discovery video project on

The mystery of garlic

under supervision of

Ms.Wengsi Kou, Ms.Yafan Wang

Dr. BO Zhang

Chair

International Youth Science [illegible] Videos

September 30 to October 6, 2018

Boston, USA

在境外观赏影片：

探究故事

蓝鲸的话

大蒜是常见的食物，它的杀菌功能到底有多厉害呢？来自澳门的4位科学少年欧锦钧、林正瀚、洪启霖、方鸿谕听老师讲课时提到大蒜有杀菌作用。老师讲得对不对呢？不偏听偏信，抓住问题不放，让事实说话，这是科学家的研究态度。让我们跟随他们走进实验室，验证一下老师的话。

欧锦钧和林正瀚两位科学少年在讨论晚饭吃什么的时候，因为大蒜争论了起来。他们一位说，大蒜有益于身体健康；另一位说，大蒜又臭又难吃，怎么会有益于健康呢？针对这个问题他们开始了研究。

他们做了个关于大蒜和细菌的实验，实验材料有：500毫升量杯1个、250毫升量杯1个、鸡汤1盒、鱼胶粉1盒、玻璃棒1根、细菌培养皿8个、糖1包、加热器1个、圆筒器皿1个、棉花棒1盒、蒜头1个、勺子1个。

首先，他们将大蒜去皮，再将其切碎，准备大约150毫升的鸡汤和150毫升的清水，将清水和鸡汤混合。

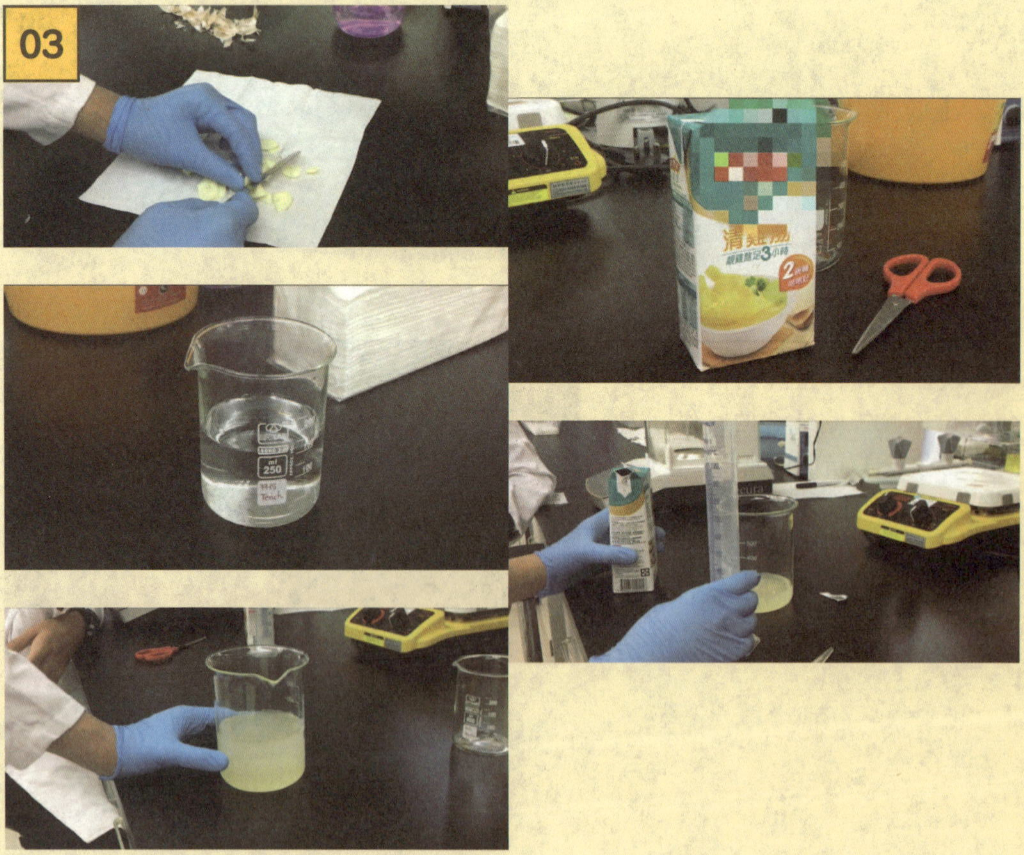

准备1包糖，将3勺砂糖加入鸡汤混合，再用120℃高温将鸡汤加热，但不煮沸。

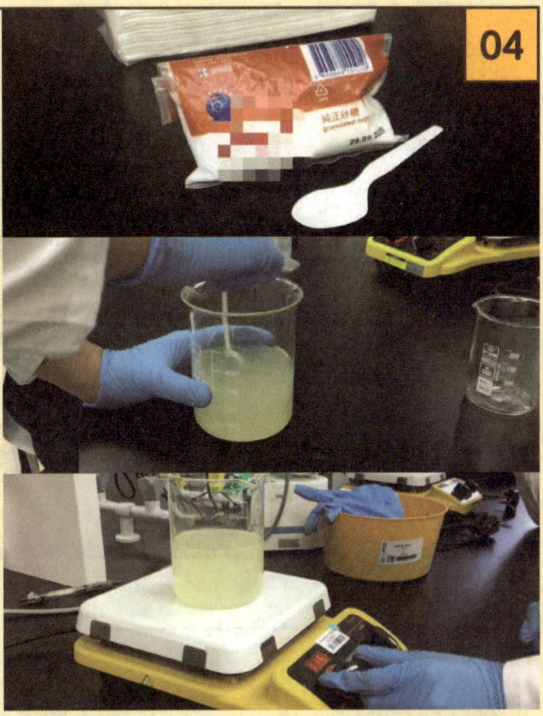

然后，准备半盒鱼胶粉，先将鱼胶粉倒入量杯，加入少量清水，再将鱼胶粉加入鸡汤，搅拌均匀；然后将一半的鸡汤倒进另一个量杯，让鸡汤凝固。

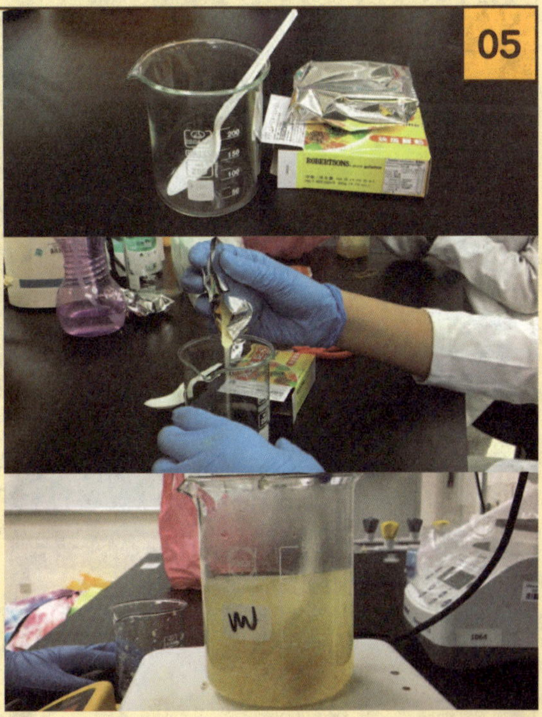

将切好的大蒜放进其中一个量杯，另一个量杯不放大蒜，然后准备8个细菌培养皿，将有大蒜的鸡汤倒进4个培养皿中，再将没有大蒜的鸡汤倒进另外4个培养皿中。

06

将8个培养皿放到4℃的冰箱里，凝固后取出。他们分别以清水、唾液、鞋底的尘土及地板擦拭物为4个样品，在两种培养基上进行培养。

07

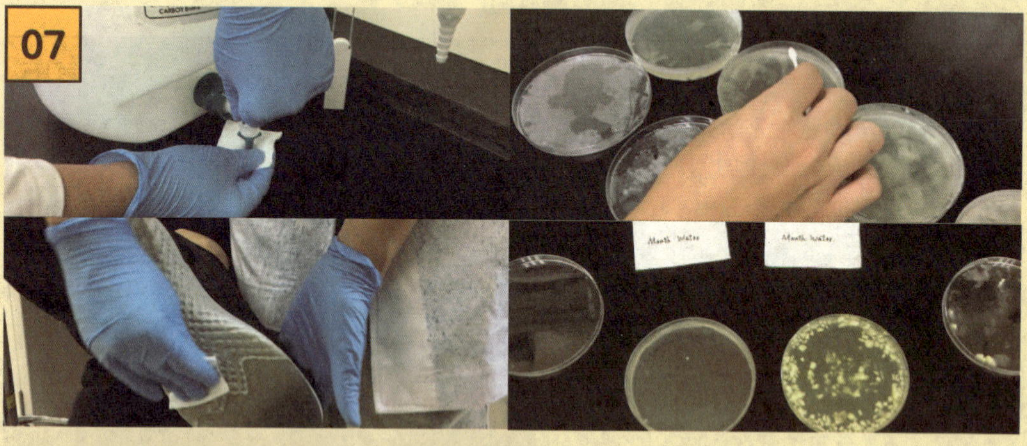

08

实验结果

The result

	没有蒜頭 Don't have garlic	有蒜頭 Have garlic
1. 清水Water	6 dots	0 dots
2. 唾液Mouth water	11 dots	1 dots
3. 鞋底Shoe	Uncountable	1 dots
4. 地板Floor	1 dots	1 dots

一个星期后，他们对比清水、唾液、鞋底和地板样本的结果发现，没有放大蒜的培养皿中的细菌要比放了大蒜的培养皿中的细菌多。

科学少年欧锦钧、林正瀚、洪启霖、方鸿谕采访了澳门大学健康科学学院助理教授王雅繁博士。王雅繁博士告诉他们，大蒜是一种非常有益的食物，里面含有丰富的营养物质，特别是含有一种“大蒜素”的物质，对细菌和病毒有很好的抑制和杀灭作用。大蒜除了可以抗癌，对治疗中老年人的心血管疾病也有很大的帮助。原来大蒜有这么多的益处！

专家点评

“大蒜是否杀菌”这个选题简洁明了，贴近生活。但是如何验证有关“细菌”的问题，对高中生来说有一定的难度。4位“小科学家”在学校微生物实验室展开了探究。他们首先自制“鸡汤蔗糖鱼胶”无菌培养基，并分为含有大蒜和没有大蒜的两种。然后，他们设计了4组对比实验，分别在清水、唾液、鞋底、地板上进行细菌采样，在两种培养基上涂抹。在恒温箱中培养1周后，观察菌落数量差异。实验设计简单合理，逻辑推理清晰，结论有一定的可信度。但是每组实验样品的重复较少，数据有一定的偶然性，建议每组增加重复，结果会更加可信。

短片中探究者们状态自然，观众能够感受到小科学家们探究的快乐。影片轻松活泼，配音表述清晰。实验用具整齐专业，画面美观。但是鞋底的样本和地板的样本有什么区别呢？选取样本的动机没有介绍清楚。短片在公布结论的时候，没有准确地展示每个样本的情况，不能调动观众与“小科学家”一起得出结论，建议后期制作加入更多相关的画面和解说。

短片中脚本基本完整。但开头有关睡觉的片段对为什么发现选题没有推动作用，可以删除，此外这段表演中提出“大蒜对身体有益”与实验验证“大蒜的杀菌作用”两个问题不一致，缺少过渡说明。还需注意片尾字幕用“导演”“演员”等称谓不合适，削弱了科学纪录片的真实性和科学性。

二十五、放不下的手机
——不同姿势与环境下手机对视力的影响

2nd International Youth Science Fair for Discovery Videos

第二屆國際青少年科學發現影像大賽

獲獎證書

茲頒發給優秀科學微電影「一等獎」獲得者。特頒此證，以資鼓勵。

項目名稱：放不下的手機——不同姿勢與環境下手機對視力的影響

作　　者：高潼舒、朱麗、席銘璐

所在學校：河南省鄭州市中原區桐淮小區小學

指導教師：賀娟娟、秦琳、張輝麗

國際青少年科學發現影像大賽評審委員會主席

張波 博士

2017年9月30日至10月6日 於美國波士頓

在内地观赏影片：

2nd International Youth Science Fair for Discovery Videos

The First Place Of Grand Award

is hereby awarded to

Ms. Tongshu Gao, Ms. Li Zhu, Ms. Minglu Xi

from

Henan Zhengzhou Tonghuai Primary School

for their discovery video project on

The Phone Than Can't be Dropped —
The Influence of Mobile Phone on Eyesight in Different Posture and Environment

under superrision of

Ms. Juanjuan He, Ms. Lin Qin, Ms. Huili Zhang

September 30 to October 6, 2017
Boston, USA

Dr. BO Zhang
Chair
International Youth Science Fair for Discovery Videos

在境外观赏影片：

探究故事

蓝鲸的话

智能手机早已改变了人们的生活方式。浏览信息、看视频、上网课、玩游戏……手机成为人们日常生活中必不可少的一部分。随之而来的“手机病”成为影响人们健康的重要问题。3位小学生抓住“手机是否会损伤视力”这个身边的问题不放，非要把它研究个水落石出不可。让我们跟随他们一起去调查吧！

随着手机功能的增加，人们的生活也越来越离不开手机。候车时、坐车时、吃饭时、睡觉时，甚至蹲马桶时也在使用手机，而戴眼镜和患眼疾的人也越来越多。

日常使用手机对视力有影响吗？带着这个疑问，高潼舒、朱丽和席铭璐3位科学少年去街头采访了一些正在使用手机的路人，针对大家使用手机的时间、环境、姿势等进行了调查。

采访中她们发现大多数人使用手机较为频繁，有的人一天中竟持续使用手机达四五个小时之久。而且人们喜欢躺着使用手机，喜欢在晚上使用手机。为了探究手机对人们视力的影响，她们决定在不同光线下，以不同的坐姿，分别在一天中的早、中、晚3个时间段，使用手机30分钟完成英语课的作业，看使用手机前后视力是否会受到影响。

为了准确地测量视力，她们特意来到了郑州大学附属郑州中心医院，采访了眼科专家顾东霞主任。顾主任说测视力在光线明亮的地方，在一个固定的地方，距离视力表5米，将视力表上5.0的位置与眼睛的高度平齐，一般先查右眼，再查左眼。她们找来了3张相同的视力表，让眼睛与第1.0行平行。

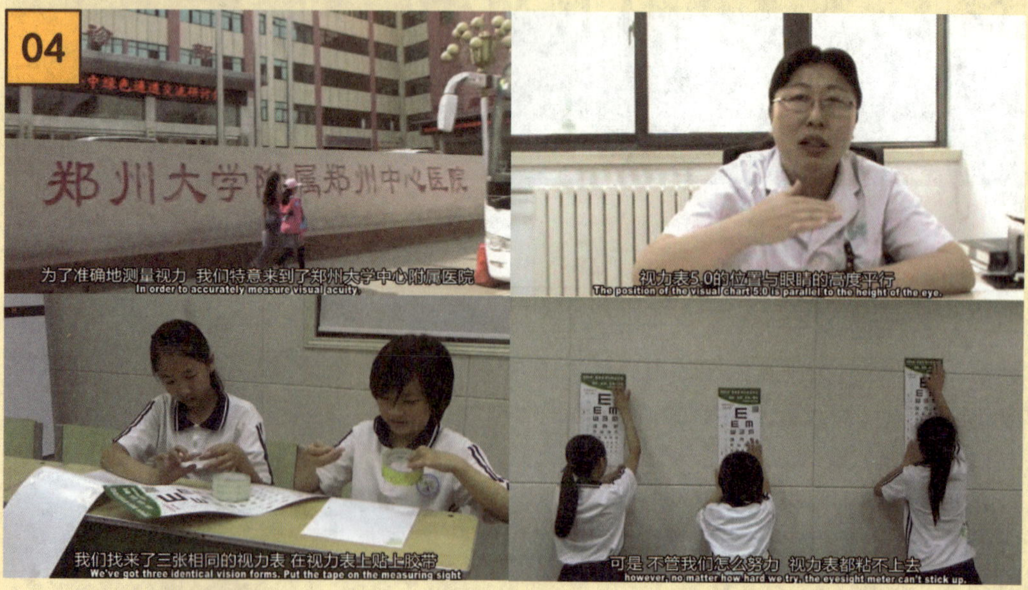

接下来3位科学少年测量了使用手机之前的视力，并在表格里记录各自的视力情况。然后他们用正常坐姿在正常的光线下使用手机30分钟，一起完成英语作业。作业做完了，他们立刻放下手机，再次测试视力。

经过连续两天早、中、晚各一次的实验，她们发现虽然视力并没有明显下降，但是在测试时看视力表，眼睛会有点模糊，同时，3位科学少年的眼睛都伴有轻微酸涩感。

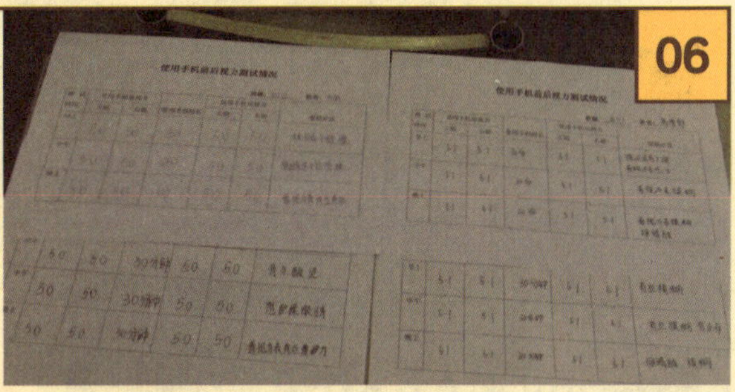

她们在采访时了解到，很多人喜欢躺着或趴着使用手机，为此她们又做了第二个实验。这次她们趴在桌子上使用手机，30分钟过去了，再次测试视力时3位同学几乎都下降了0.1，而且这次眼睛的酸涩程度更为严重，让人忍不住想去揉眼睛。

老师送来远视表让他们缓解眼睛疲劳，她们对着远视表看了一会儿，眼睛的不适感才减轻。在趴着看手机后，3个人的视力都有0.1的下降，而休息之后不适感逐渐消失，看来以后真的不能再趴着或躺着使用手机了。

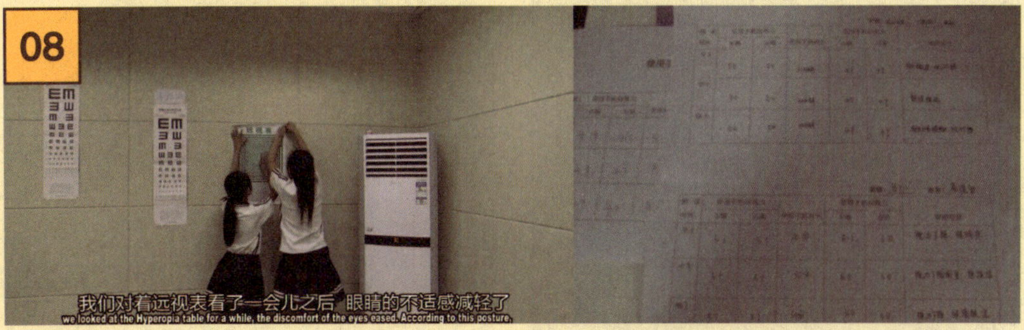

09

在不同光线下使用手机，对视力会有影响吗？为此她们设计了实验。为了营造黑暗的环境，一大早她们就来到遮光良好的学校录播室。

10

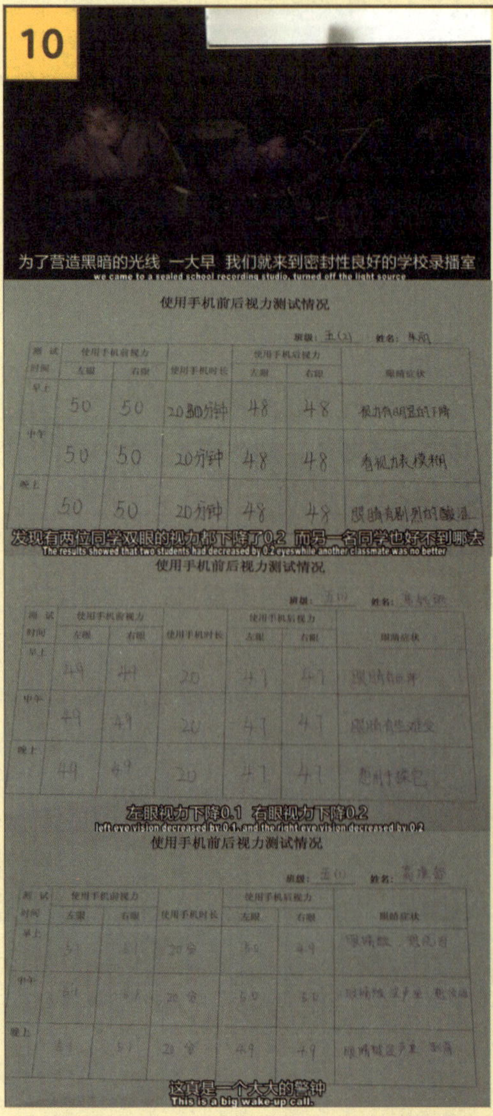

关掉光源使用手机20分钟，她们对视力进行了测试，发现有两位科学少年的双眼视力都下降了0.2，而另一位同学左眼视力下降0.1，右眼视力下降0.2。实验为大家敲响了警钟。

通过实验她们得出这样的结论：持续使用手机30分钟，对视力有轻微影响；在正常光线下，以趴着或躺着等不良姿势使用手机，视力有轻微下降，眼睛酸涩；在黑暗光线下使用手机20分钟，视力有明显下降且伴有强烈不适感。带着这些疑问，她们又一次采访了顾东霞主任。顾主任说，长期使用手机、电脑容易导致睫状肌紧张疲劳，不良的使用手机习惯会对眼睛造成非常大的伤害。

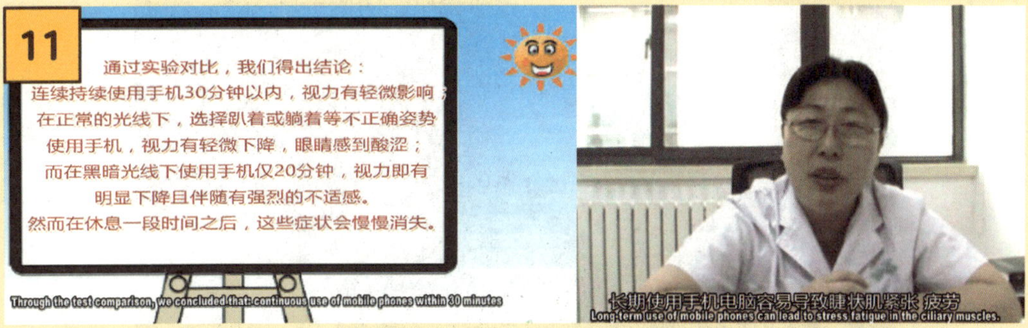

同学们有良好的用眼习惯吗？她们特意制作了调查问卷，随机发放给三至六年级的各20名同学。调查发现，同学们每天使用手机等电子产品的时间为30到120分钟的比例竟然高达42.1%；使用时间在120分钟以上的同学比例竟有13.16%。躺在床上或沙发上使用手机等电子产品的同学比例高达68.57%，结果令人担忧。

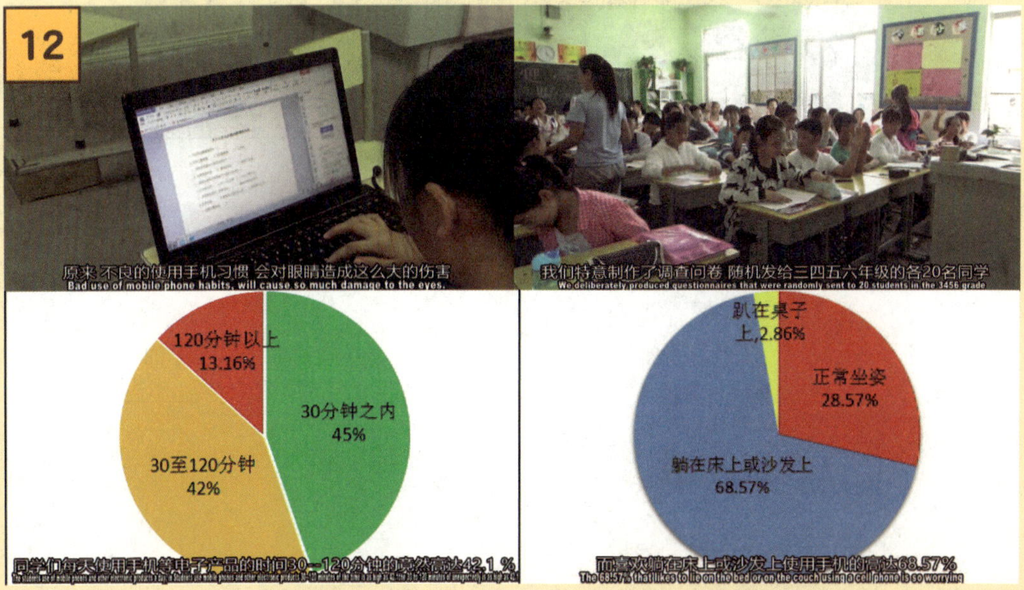

为此，她们准备了保护眼睛的知识讲座，在6月6日世界爱眼日这天对同学们进行了爱眼宣传。通过这个活动，她们希望传递的理念为：手机固然重要，可是眼睛是心灵的窗户，大家一定要健康合理地使用。

专家点评

短片选题来自生活，非常接地气。很多家长都会呵斥孩子“放下手机，影响视力”，但是这句话的内容还只是一个猜想，并不是一个科学结论。3位小科学家敏锐地抓住了这个没有被验证的猜想，决心用科学探究的方法来亲自验证。她们采用了社会调查常用的方法，如采访法、咨询法、问卷调查法，并通过亲身实验证实了猜想，有条有理，结论可信。

短片配音语言流畅，吐字清晰，普通话标准，在语气语态的把握上恰到好处。短片中可以看出，小科学家们做了大量的采访，这些同期声的运用使得内容贴近观众。她们在科学实验环节亲身体验，传递出认真的科学态度；同时，她们以亲身经历向更多同龄人进行爱眼宣传，显现了她们的社会责任感。

但是短片整体节奏较慢，信息量不足，解说过多，忽略了画面传达信息的作用。

第六篇

小事不小　从我做起

DIRECTOR

二十六、小事不小

2nd International Youth Science Fair for Discovery Videos

第二屆國際青少年科學發現影像大賽

獲獎證書

茲頒發給「亨達」最佳STS獎 獲得者。特頒此證，以資鼓勵。

項目名稱 ： 小事不小

作　　者 ： 余穎潼、何映霏、朱柏年、賴穎妍

所在學校 ： 澳門培正中學

指導教師 ： 高泳詩、郭振業、黃耀峰

國際青少年科學發現影像大賽評審委員會主席

張波 博士

2017年9月30日至10月6日 於美國波士頓

HKYSA HKYSA HKYSA

在内地观赏影片：

2nd International Youth Science Fair for Discovery Videos

Hantec Best STS Award

is hereby awarded to

Ms. Wengtong Yu Ms. Iengfei Ho Mr. Paknin Chu Ms. Wengin Lai

from

Pui Ching Middle School

for their discovery video project on

The Butterfly Effect

under supervision of

Ms. Wengsi Kou Mr. Chanip Kuok Mr. Iofong Wong

Dr. BO Zhang

Chair

International Youth Science Fair for Discovery Videos

September 30 to October 6, 2017

Boston, USA

HKYSA HKYSA HKYSA

在境外观赏影片：

探究故事

蓝鲸的话

什么是小事？就是只关系到自己的事，扔个一次性饭盒、丢个一次性纸杯、抛个包装盒。什么样的事是大事？就是会关系到环境、地球、下一代的事。小事不小就是指，如果你的行为习惯可能会影响周围的环境、地球的未来、你的子孙后代，那么小事就不再小了。澳门培正中学的4位科学少年余颖潼、何映霏、朱柏年、赖颖妍敏锐地发现了身边的小事，他们抓住不放，把小事“闹”成了了不起的大事！

01

在每一个地区、城市、国家都会产生垃圾，澳门也不例外。澳门培正中学的余颖潼、何映霏、朱柏年、赖颖妍4位科学少年发现，同学们经常在学校吃午餐，但是午餐之后剩下汤、面、饭的午餐盒，就成了需要处理的垃圾。

他们看见街上的垃圾桶堆满了这种餐盒，这些餐盒虽然不重，但体积较大，占用了很大的空间。他们想，如果可以减少这些垃圾占用的空间，就能够减少存放这些餐盒的垃圾的塑料袋的数量。随后他们告诉老师，希望探究一下这个问题——如何减少这些食物餐盒等垃圾所占的空间。

有一天中午，正当他们在睡午觉的时候，老师突然打来电话，说今天学校有聚会，可能会产生很多垃圾，同学们可以来学校收集这些塑料碗和纸杯去做实验。

为了确保实验安全和卫生，科学少年们都戴上了手套。他们把这些餐具清洗干净后便开始实验。除纸巾等垃圾外，他们一共收集到31个纸杯、33个塑料碗、9个纸盒、11个汤勺和两个搅拌勺。

他们从教室里拿了两个大小相同的垃圾桶，随后将刚才那些垃圾扔进垃圾桶，模拟平时人们扔垃圾的过程。然后记录全部垃圾占用的垃圾桶的数目。

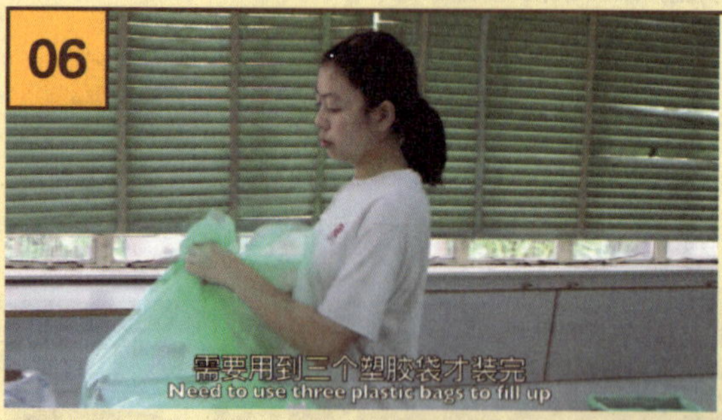

他们发现，这些垃圾在随意丢弃的时候，需要2～3个塑料袋才能装完。

接着他们又进行了垃圾整理后的实验。首先分别把塑料碗、纸杯、塑料杯、汤勺和搅拌勺整齐地叠放在一起。然后把整理后的垃圾放在垃圾桶内，记录垃圾所占垃圾桶的数目。他们发现，整理后的垃圾一个塑料袋便装下了！

随后，科学少年们又准备了两份等量的垃圾，一份模仿人们正常丢垃圾的过程，随意丢入垃圾桶；一份经过整理后再放入垃圾桶。二者做一个明显的对比。

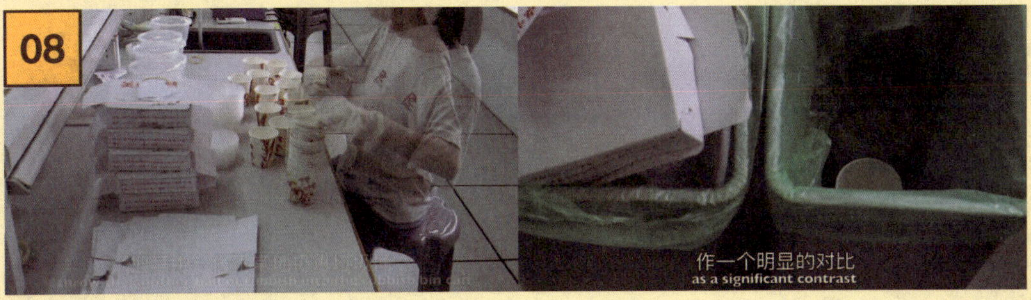

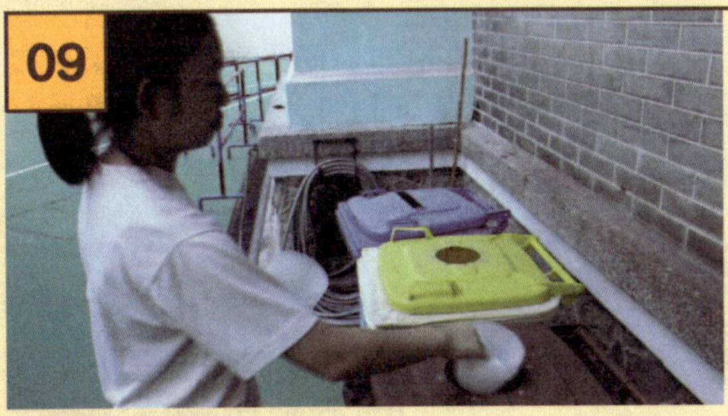

他们做完这个实验后，便将这些整理好的垃圾进行垃圾分类回收，放进学校的垃圾回收站。

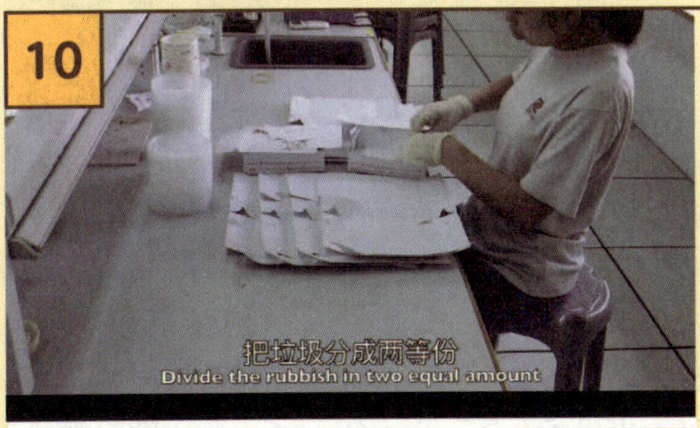

	整理前	整理后
31个纸杯、33个胶碗、4个胶杯、9个纸盒、11个汤匙、2个搅拌匙	3个胶袋	少于1个胶袋

经过这次的垃圾整理实验，他们发现，整理前与整理后相比，垃圾占用垃圾袋的数量比例为3 ∶ 1。

这次活动令科学少年们意识到，人们每天制造了大量的垃圾，因此每个人必须行动起来，减少制造垃圾，保护地球。

11

例如，我们可以减少叫外卖的次数，或者吃完外卖后花一点时间来整理垃圾。仅仅是这样，就可以大量地减少塑料袋的使用。而且，政府也可以推行按照垃圾形状分类的垃圾桶来节省空间，以及减少塑料袋的使用量。

12

专家点评

用完一次性饭盒后，应该如何将其放到垃圾袋里？这真的是一件小得不能再小的事了。首先，大家并没有随地乱扔垃圾，而已经将其扔到了垃圾袋里，这不仅符合文明行为要求，而且已经是尽了自己的义务。但科学少年们敏锐地发现了这个行为中的问题所在，提出了自己的疑问。他们精心设计了实验，亲力亲为，一步一步，有条不紊，证明了将垃圾随意放入垃圾袋和整理后放入垃圾袋两种行为对环境影响的差别。此项探究显示，这种普遍存在于我们身边的“小事”累积下来就是了不得的“大事”。科学少年们具备良好的可持续发展思想，能够小中见大，并提出积极的建设性意见，对改善环境具有积极的意义。

改变行为习惯是公众环境意识提高的突破口，短片从身边选题，贴近生活，探究方法简单明了，结果真实可信，对观众环境意识的提高有警醒作用。看过此片的观众，在以后的日常生活中，潜移默化地会受到“整理垃圾”思想的影响。

真实的问题、真实的探究、真实的数据、真实的结果，本项探究虽然简单，但是真实的画风如同一股清新的正能量，让青少年科学教育工作者反思我们应该追求什么样的教育。

定格动画、快动作等剪辑手法的处理让观众观看时较为轻松有趣，但科学探究深度不足，比如基于此选题，如果能结合几何知识，对餐盒形状、深度提出改进建议，将会更好，例如什么样的形状和深度的餐具更容易分类整理等。

配音较为清晰，科学少年在出镜过程中表现较好，但是在实验环节没有讲细节，建议通过现场出镜或者同期声充分表达。音乐贯穿始终，节奏与画面分离的现象较为突出。

二十七、牛奶盒的别样人生

2019 New York • International Youth Science Video Fair
國際青少年科學影像大賽
獲獎證書
茲頒發給優秀科學微電影「一等獎」獲得者。特頒此證，以資鼓勵。
項目名稱 ：牛奶盒的別樣人生
作　　者 ：劉健培、陳雪琪、杜青林、陳啟濤、梁世謙、麥倩文
所在學校 ：佛山市順德區胡寶星職業技術學校
指導教師 ：李妍、徐登峰
國際青少年科學影像大賽評審委員會
姜冬梅 博士　袁小軍 博士
2019年9月30日至10月6日於美國紐約
主辦方：HKYSA 香港青少年科學院 Hong Kong Youth Science Academy　Columbia University in the City of New York Lamont-Doherty Earth Observatory

在内地观赏影片：

2019 New York • International Youth Science Video Fair
The First Place Of Grand Award
is hereby awarded to
Jianpei Liu, Xueqi Chen, Qinglin Du, Qitao Chen, Shiqian Liang & Qianwen Mai
from
Hubaoxing Vocational Technical School Of Shunde
for their discovery video project on
Another Life of Milk Box
under supervision of
Yan Li & Dengfeng Xu
Dr. Dongmei Jiang
CO-Chair
International Youth Science Videos Fair
Dr. Xiaojun Yuan
CO-Chair
International Youth Science Videos Fair
Organizers: HKYSA 香港青少年科學院 Hong Kong Youth Science Academy　Columbia University in the City of New York Lamont-Doherty Earth Observatory

在境外观赏影片：

探究故事

蓝鲸的话

垃圾是放错地方的资源。如果我们能把那些被称作“垃圾”的固体废物放到正确的位置，它们就不再是垃圾了，而是可以发挥新功能的原材料。固体废物的回收、循环、再利用一直是环保领域的难题。那么问题来了！人们每天扔掉那么多牛奶盒，这些废弃的牛奶盒可否回收、循环、再利用呢？胡宝星职业技术学校的刘健培、陈雪琪、杜青林、陈启涛、梁世谦、麦倩文6位科学少年下决心要研究研究这个问题。

刘健培、陈雪琪、杜青林、陈启涛、梁世谦、麦倩文是胡宝星职业技术学校TBIC环保社团的成员，他们经常组织学校的环保活动。一天，科学少年们在网上查阅资料时，发现国内已经有牛奶盒回收利用的做法了。他们从事了很多环保活动，却从来没有听说过顺德有回收牛奶盒的机构。如果中国已经有人在做，那么他们是不是在顺德也可以做起来呢？

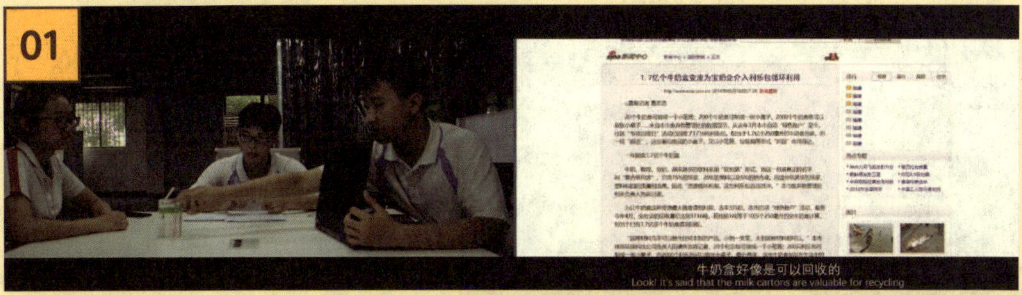

针对牛奶盒回收的问题，他们采访了学校老师、环保组织员工、小商铺老板等人。从被采访者口中，他们了解到，除了学校老师很多人还不知道牛奶盒可以回收。但是如果有条件回收的话，大家都很愿意回收废旧牛奶盒。

为什么没有人回收牛奶盒呢？几位科学少年采访了学校附近废品站的负责人。负责人告诉他们，直接回收整个牛奶盒，盒中残留的牛奶很容易滋生细菌，处理难度大。即使废品站回收了，也没有上游商家愿意回购牛奶盒。市面上的牛奶盒主要由内外两层包装组成，外层由纸浆、塑料混合而成，内层是一层铝箔。虽然纸浆和铝箔都是有用的材料，但是废品站负责人说目前他们的技术还不能将这两种材料从牛奶盒中分离出来。

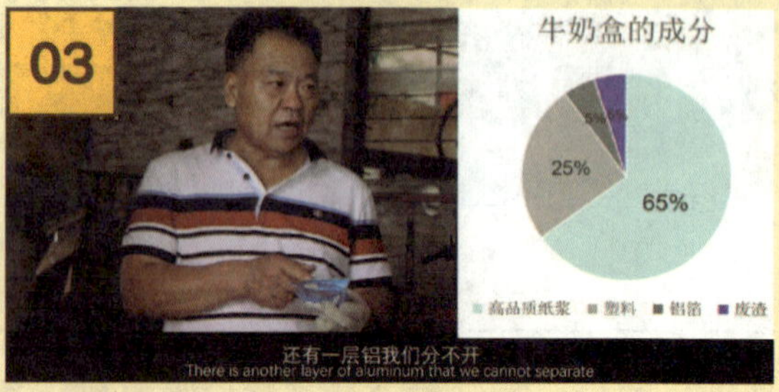

据统计，中国每年丢弃的牛奶盒约500亿个（约50万吨），数量惊人。我国还处在铝产量较低的阶段，每一个被丢弃的牛奶盒都有一层铝箔，如果能找到一种处理丢弃牛奶盒的方法，将是一件很有意义的事。科学少年们决定寻找方法。

6位科学少年继续在网上查阅资料，讨论回收方法，他们总结出一套自己的牛奶盒回收方法。他们准备好水箱、若干个洗干净的牛奶盒、剪刀、盒子、筛网、纱布、吸水的抹布、榨汁机。并按如下步骤开始验证：

第一步，将清洗干净的牛奶盒剪开；第二步，将牛奶盒剪成长宽各约5毫米的小正方形；第三步，按牛奶盒和水1：2的比例加入水；第四步，将混合物放入榨汁机，榨3～5分钟至纸片成浆；第五步，把榨好的纸浆倒入装有水的容器中，沉淀1～2分钟；第六步，从纸浆中捞出浮上来的杂质；第七步，把筛网放入纸浆中，将纸浆摇到筛网上；第八步，将筛网放在棉布上吸水，然后拿起筛网；第九步，将成型的纸浆拿去晒干。这样，他们就从捞出来的杂质回收到铝，同时还得到了再生纸。

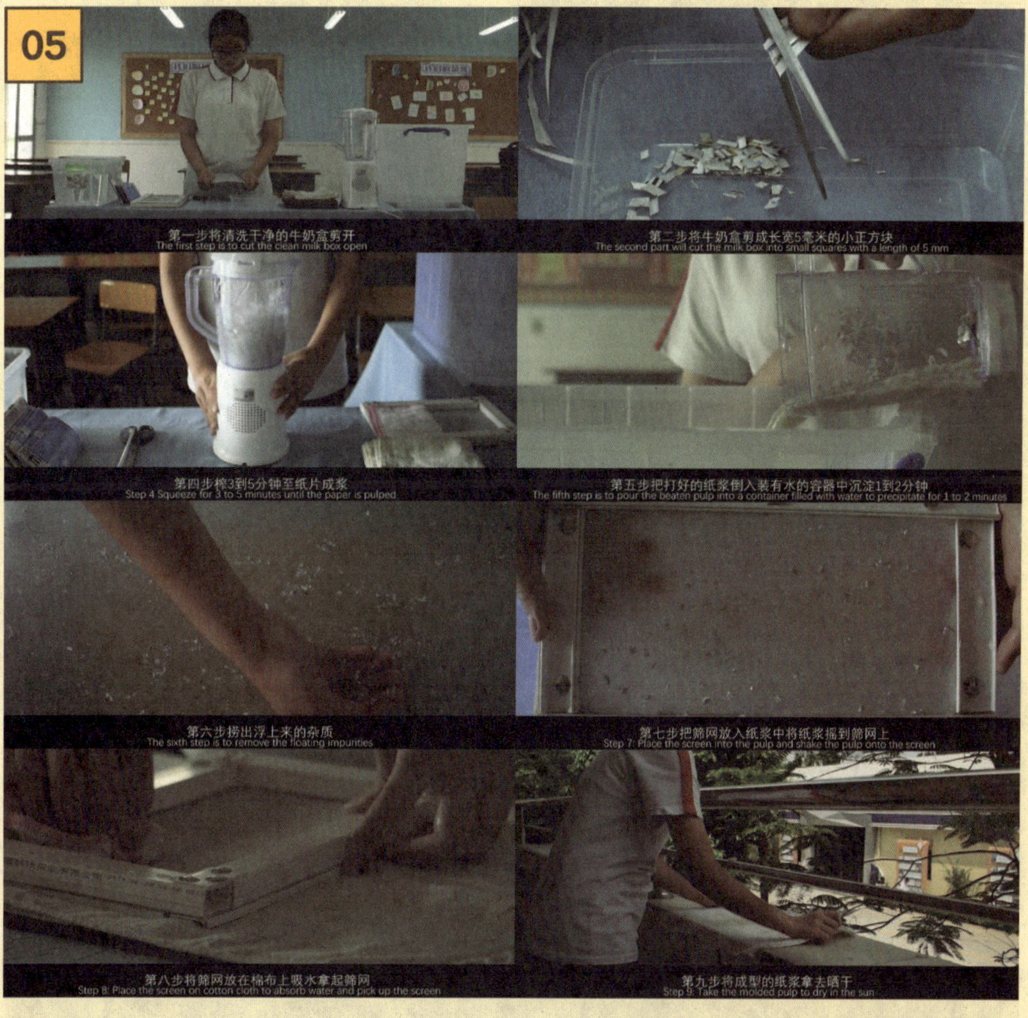

成功研制出这种回收方法后，几位科学少年和废品站的负责人达成协议，废品站会定期到愿意收集牛奶盒的学校去回收牛奶盒，科学少年们负责将牛奶盒制造成纸，废品站再把做成的纸卖给造纸厂。

科学少年们在学校行动了起来。他们准备了一些纸箱子用做牛奶盒的回收箱，放在学校的各个班级、小卖部等地方。他们还在每个班招募义工，义工负责每天清洗牛奶盒。同学们将干净的牛奶盒收集好，送至废品站。

6位科学少年决定向附近的世纪小学宣传回收牛奶盒的方法。世纪小学的老师都认为这是很有意义的一件事，很支持这种做法，同意他们在世纪小学做一节宣讲课。

在这一系列探究过程中，6位科学少年发现了牛奶盒回收的困难如下：第一，需要有人愿意清洗牛奶盒；第二，需要有人愿意收集牛奶盒；第三，需要有一定数量的牛奶盒，废品站才愿意回收；第四，在清洗牛奶盒的过程中也浪费了一些水资源。他们设想，如果有专门的机构去做这件事情，政府给予更多的支持和补贴，这样牛奶盒的回收就会更容易实现。

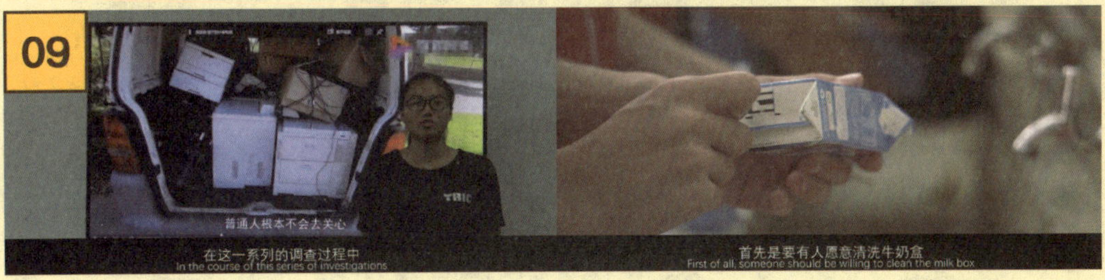

6位科学少年建议政府设置牛奶盒退盒费，一手退牛奶盒，一手退钱。在德国，人们只要将牛奶盒收集起来，放入到超市的自动回收箱，便能在超市收银台获得退盒费。退盒费并不是额外奖励，而是消费者购买牛奶时已经支付的押金。例如，购买一瓶3元的牛奶，需要额外支付1.5元的押金。这便会促使人们主动退还牛奶盒，否则就拿不回押金。他们期待更多人想出更好的办法，让这些可回收利用的牛奶盒拥有别样“人生”。

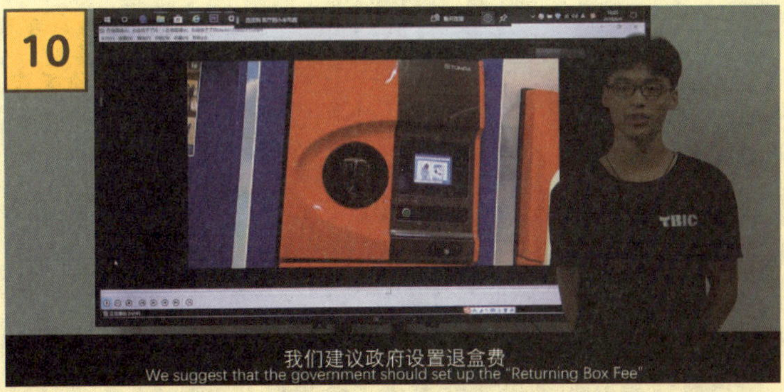

专家点评

短片选题好，有意义，接地气。6位科学少年发现了牛奶盒的用量较大，回收环节缺失，再循环、再利用存在技术困难，减量化同样不现实。面对重重困难，6位同学异想天开，用最原始的方法——粉碎、浸泡、搅拌、过滤、倒纸浆、烘干纸浆——处理废弃牛奶盒。他们一步一步不厌其烦、饶有兴致，他们心中怀着对美好环境的向往，对垃圾减量化的追求，一遍一遍地探索有效的方法。

从运动构图、画面剪辑、音乐配合、出镜设计等方面看，观众可以感受到短片节奏欢快、叙述流畅，不难体会到6位科学少年乐此不疲进行科学探究的状态。尤其是他们还把自己的研究成果拿到小学去推广，看到屏幕上一群儿童把手浸在水里认真地捞废牛奶盒的碎屑，观众忍不住感动起来。一群弟弟、妹妹跟随着哥哥、姐姐，正在用自己的实际行动诠释热爱科学、保护环境！还有比这更美好的画面吗？

虽然6位科学少年研究出牛奶盒的回收方法费时、费力、费钱，很难得到大规模的推广和应用，但是科学探究的可贵之处在于把奇思妙想变成现实，他们做到了！相信6位科学少年还会继续研究下去，这次探究正在影响他们的一生。

二十八、闯红灯之心理因素探究

3rd International Youth Science Fair for Discovery Videos

第三屆國際青少年科學發現影像大賽

獲獎證書

茲頒發給「亨達」熱愛家鄉專項獎 獲得者。特頒此證，以資鼓勵。

項目名稱 ：闖紅燈之心理因素探究

作　　者 ：朱柏年、呂穎欣、阮樂彤、王丹怡、嚴嘉欣、伍偉霖、余穎潼、何映霏

所在學校 ：澳門培正中學

指導教師 ：高泳詩

張波 博士

在内地观赏影片：

3rd International Youth Science Fair for Discovery Videos

Hantec Special Award — Care for Hometown

is hereby awarded to

Mr. Paknin Chu, Ms. Wengian Loi, Ms. Loktong Yuen, Ms. Tani Wong, Ms. Kaian Im, Mr. Wailam Ng, Ms. Wengtong Yu & Ms. Iengfei Ho

from

Pui Ching Middle School

for their discovery video project on

The research about psychological factors of running red light

under supervision of

Ms. Wengsi Kou

Dr. BO Zhong

Chair

September 30 to October 6, 2018

Boston, U.S.A

在境外观赏影片：

探究故事

蓝鲸的话

你所在的城市市民有闯红灯的行为吗？你对他们的行为表示理解，还是坚决反对？澳门培正中学的8名同学没有对身边闯红灯的现象展开道德批判，而是把闯红灯现象当作一个科学问题来探究。他们的研究就像一股清新的风，引发了我们如何让城市更智慧的积极思考。

在日常生活中，朱柏年、吕颖欣、阮乐彤、王丹怡、严嘉欣、伍伟霖、余颖潼、何映霏8位科学少年时常看到人们会闯红灯。经过讨论后，他们决定要做一个与红绿灯有关的研究。

他们设计了一份调查问卷来了解市民的想法。他们在学校附近进行访问，却遭到不少人的拒绝。

幸好有部分热心人愿意接受访问，使科学少年们得以针对澳门的红绿灯等待时长及行人闯红灯的原因等问题展开调查。

04

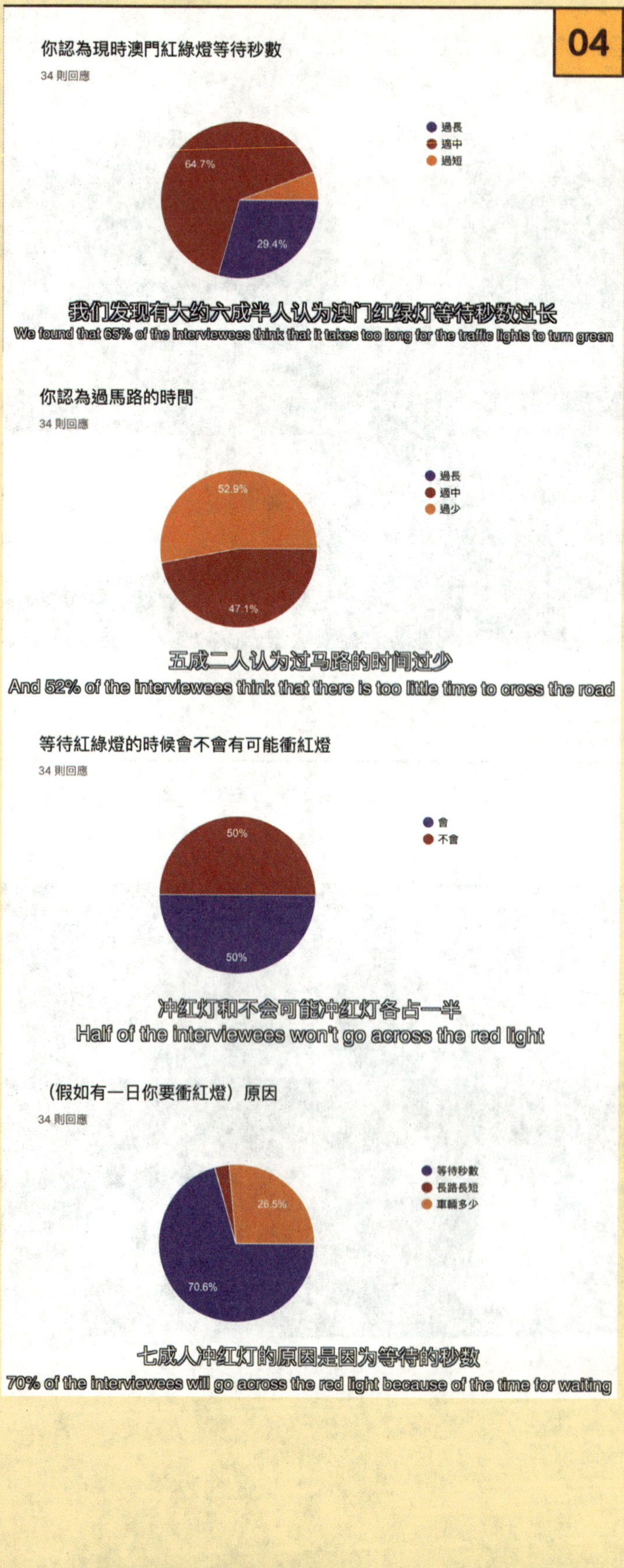

他们统计调查数据发现，大约有64.7%的人认为澳门红绿灯等待秒数过长，大约有29.4%的人认为等待时间适中；大约有52.9%的人认为过马路的时间过短，大约有47.1%的人认为过马路的时间适中；闯红灯和不闯红灯人数各占50%；70%的人闯红灯的原因是等待的秒数过长，26.5%的人闯红灯是因为看到路口车辆较少。

他们决定联系同学去实际调查人们闯红灯的原因。他们选择同一区的红绿灯，统计10分钟以内闯红灯的人数和遵守交通规则过马路的人数之比。为了取得平均情况下行人闯红灯的数据，他们在不繁忙的时段进行调查，避免有人因为赶着上班或者上课而闯红灯。

05

他们把数日的统计数据记录下来汇总到电脑里，又去记录了红灯与绿灯的秒数，借此研究红灯秒数是否与闯红灯的人数有关。他们把记录下来的资料制作成动画，以方便观看分析。

06

他们发现红灯时间为红绿灯总时长的63.1%，比绿灯的时间长。通过动画可以看到马路上布满了红绿灯，而他们认为其中一部分并没有设置的必要。

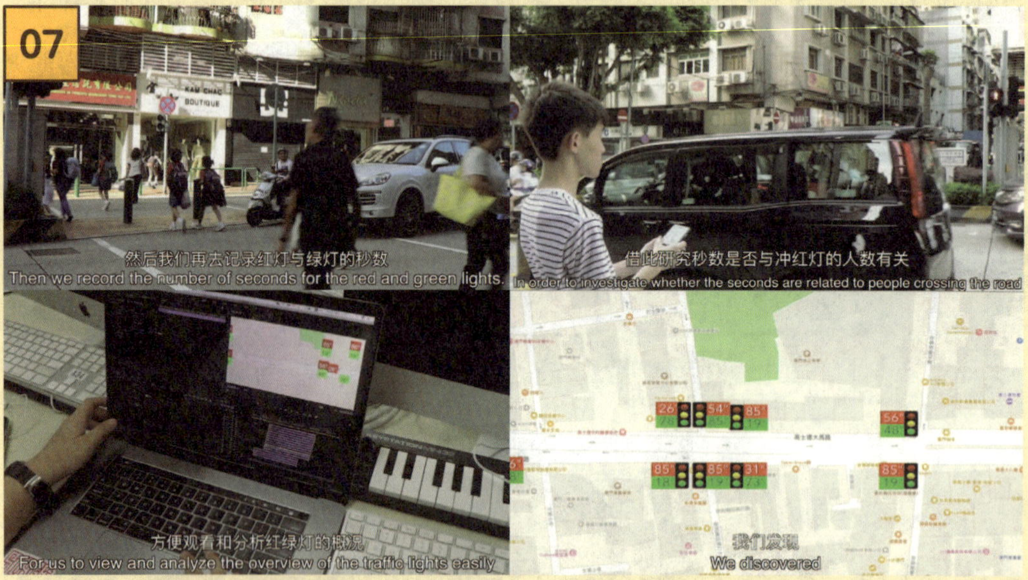

之后几位科学少年又测量了马路的宽度，看看这个因素是否会对闯红灯行为造成影响。他们利用红外线探测器测量马路宽度，为了避免受到阳光干扰，他们选择在晚上测量。

通过整理收集的数据他们发现，闯红灯的人数比例为19.7%。无论红灯等待秒数长短，总会有人闯红灯。但当红灯秒数增加后，人们闯红灯的行为大大上升。他们还发现马路的宽度也会影响人们闯红灯的行为。

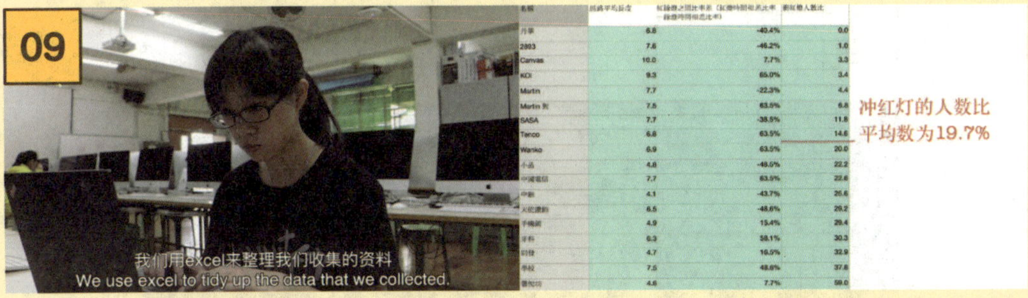

他们还发现，有些红灯，等待时间很短，却有很多人闯。经过讨论，他们认为是因为车辆的方向单一，容易判断，所以行人选择闯红灯。

8位科学少年在红绿灯灯杆发现了一个黄色按钮。查询后发现，这个按钮是给视障人士或行人过马路时使用的一种辅助工具。

他们起初以为这是能加快转灯的按钮，但计时后发现该按钮并没有加快转灯。所以他们认为，红绿灯的设计需要改良，可使用红外线感应是否有来车或行人，从而自动调节转灯秒数，使整个城市更加智慧及人性化。

专家点评

闯红灯是一个常见的社会现象，但是要探究隐藏在现象背后的原因和规律，要运用心理学、统计学、城市规划设计等多方面的知识。短片中的科学少年们首先采用问卷调查的方法解析闯红灯的心理原因；再采用实地考察的方法探索闯红灯的人数与哪些因素有关；采用实地勘测的方法，认真做了路口距离与红灯时长的数据统计分析，找出设计上的不合理因素；最后研究小组提出了对澳门红灯设置地点、红灯时长设计等方面的改进意见。

课题选择非常有现实意义，研究方法恰当，问题分析层层深入，调查、采访、勘查等工作量相当大，研究结论和建议合理。

短片配音表述清晰，出镜状态自然，交流、访问都表现出积极的探究精神。但采访时要注意机位，要以被访问者为主体，采访者应与被访问者进行目光的交流，引导被采访者说出真实想法。

二十九、黄金跳水记

2019 New York • International Youth Science Video Fair

國際青少年科學影像大賽

獲獎證書

茲頒發給「亨達」最佳STEM獎 獲得者。特頒此證，以資鼓勵。

項目名稱 ：黃金跳水記

作　　者 ：黎政彤、林芷愉

所在學校 ：澳門培正中學

指導教師 ：高泳詩

國際青少年科學影像大賽評審委員會

姜冬梅 博士　袁小軍 博士

2019年9月30日至10月6日於美國紐約

主辦方：HKYSA 香港青少年科學院 Hong Kong Youth Science Academy　Columbia University in the City of New York Lamont-Doherty Earth Observatory

在内地观赏影片：

2019 New York • International Youth Science Video Fair

HantecBest STEM Award

is hereby awarded to

Chengtong Lai & Chiu Lam

from

Pui Ching Middle School

for their discovery video project on

Research on Toilet Water Splashes and Investigates Method to Avoid

under supervision of

Wengsi Kou

Dr. Dongmei Jiang
CO-Chair
International Youth Science Videos Fair

Dr. Xiaojun Yuan
CO-Chair
International Youth Science Videos Fair

Organizers: HKYSA 香港青少年科學院 Hong Kong Youth Science Academy　Columbia University in the City of New York Lamont-Doherty Earth Observatory

在境外观赏影片：

探究故事

蓝鲸的话

生活中总会遇到一些尴尬的时候，让人烦恼不已，但是又难以启齿。澳门培正中学的科学少年们这次就研究了一个“尴尬的烦恼”，我真不好意思说出口。你看他们憋着笑的样子，就知道他们这次科学探究充满了好奇、欢乐。别站着傻笑了，让我们一起来做实验，解除尴尬的烦恼吧！

你在上厕所的时候有没有被一个“讨厌”的事情困扰过？那就是在大便时被马桶里的水溅到屁股。是不是想想都觉得恶心呢？澳门培正中学的黎政彤和林芷愉两位科学少年同样感到了困扰，但是他们却没有放过这个令人厌恶的小问题，反而希望通过自己的探究去解决这个问题。

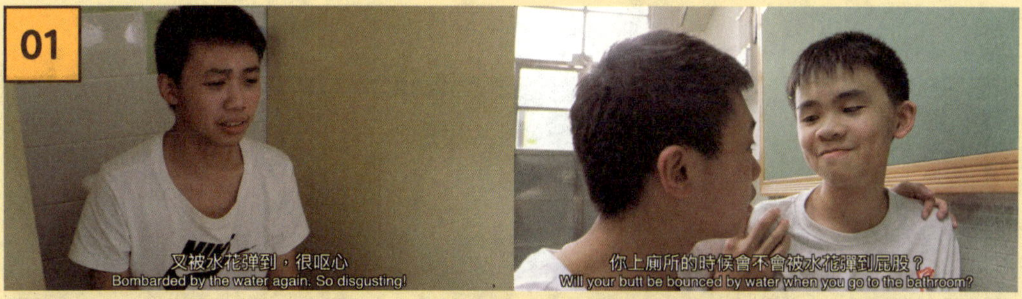

首先，他们通过探访发现，人们普遍存在这样的困扰，但大部分人对这个问题都表示无奈，不知道该怎么解决。其中有一位同学告诉他们，如果提前放一张卫生纸在水面上，就可以解决“溅水”的问题，并表示这和水的表面张力有关系，但具体该如何解释，他也不明所以。

于是，两位科学少年希望通过实验设计，找到最佳的避免“溅水”的方法。他们找到了澳门的娱乐场所、政府部门及家居厕所的马桶作为标准模型，拿香蕉模拟粪便，并且利用3D打印技术制作了香蕉滑落的轨道。

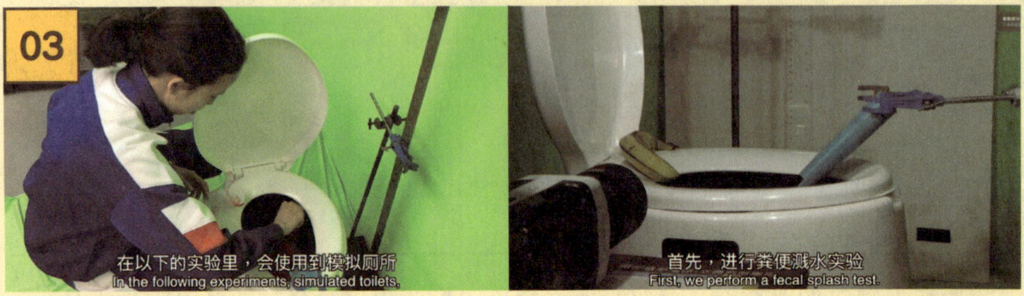

首先进行粪便溅水实验。向模拟坐便内注水，直至水平面与坐垫的距离为16.5厘米，这是正常家用坐便水面与坐垫的距离。用夹子固定滑道于坐便上方，模拟倾斜45° 的人体排泄姿势，将香蕉放置于指定高度滑下。

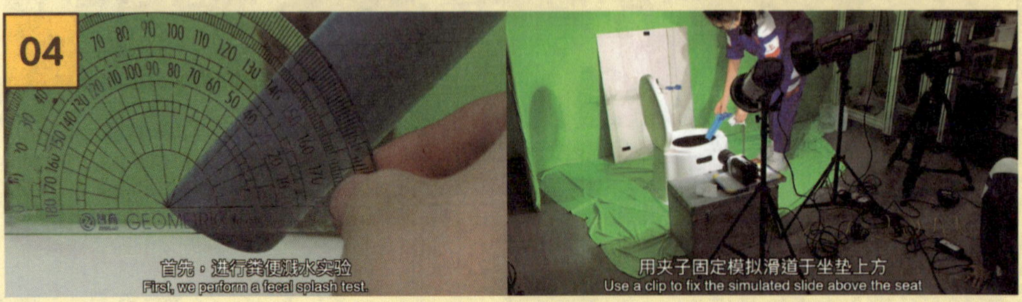

正式开始实验之前，他们先进行了测试，保证正式实验的时候实验设备不会移动或者变形。随后开始实验，他们测量香蕉落入水中后溅起水花的高度，并利用高速摄影来记录这一瞬间。重复实验10次，结果取平均值，以保证实验数值的稳定性。透过这次实验，黎政彤和林芷愉发现一般家居厕所在正常排泄姿势下所产生的水花平均高度达23.9厘米。

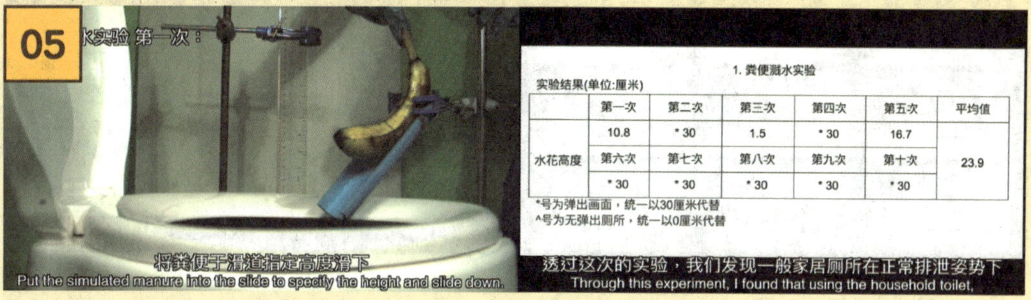

1. 粪便溅水实验

实验结果(单位:厘米)

	第一次	第二次	第三次	第四次	第五次	平均值
水花高度	10.8	*30	1.5	*30	16.7	23.9
	第六次	第七次	第八次	第九次	第十次	
	*30	*30	*30	*30	*30	

*号为弹出画面，统一以30厘米代替
^号为无弹出厕所，统一以0厘米代替

接下来他们改变坐便水位的高低，来观察对产生水花的影响。实验设备和步骤同上。将水面与坐垫的距离调整为正常距离的1.2倍，也就是20厘米（高水位），同样实验10次，取平均值。他们发现，如果水位变高所产生的水花平均达23.47厘米。

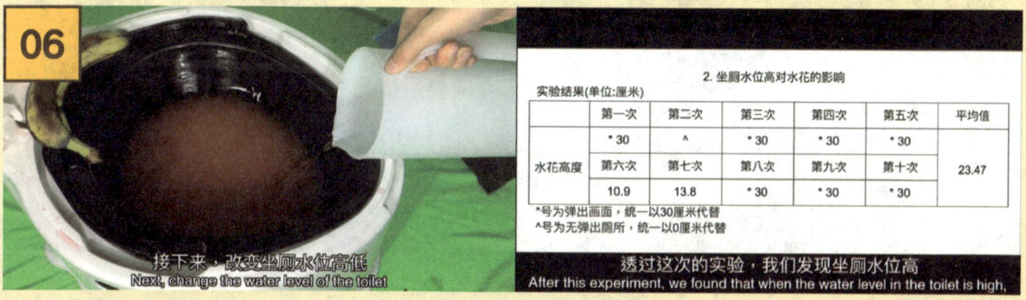

2. 坐厕水位高对水花的影响

实验结果(单位:厘米)

	第一次	第二次	第三次	第四次	第五次	平均值
水花高度	*30	^	*30	*30	*30	23.47
	第六次	第七次	第八次	第九次	第十次	
	10.9	13.8	*30	*30	*30	

*号为弹出画面，统一以30厘米代替
^号为无弹出厕所，统一以0厘米代替

接着，他们将水平面调整至距离坐垫2/3的高度，即11厘米（低水位）。同样进行10次实验，得到的平均水花高度为20.8 厘米。由此他们得出结论，低水位能够有效地降低水花溅起的高度。

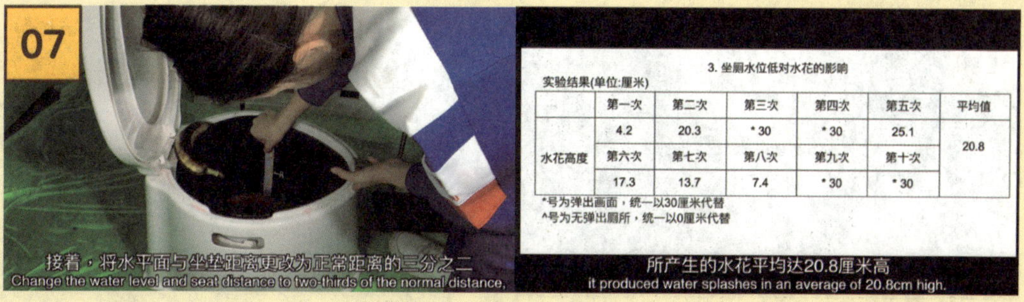

3. 坐厕水位低对水花的影响

实验结果(单位:厘米)

	第一次	第二次	第三次	第四次	第五次	平均值
水花高度	4.2	20.3	*30	*30	25.1	20.8
	第六次	第七次	第八次	第九次	第十次	
	17.3	13.7	7.4	*30	*30	

*号为弹出画面，统一以30厘米代替
^号为无弹出厕所，统一以0厘米代替

最后，他们在水面上放置纸巾来观察溅起水花的高度。实验设备与实验步骤同上。实验所使用的纸巾为一般的面纸巾。结果发现，放入一张纸巾对实验结果没有太大影响，但是放入两张纸巾后，平均的水花溅起高度为3.06 厘米。由此可见，纸巾可以有效地降低水花溅起的高度。

08

然后又延伸出一个新的问题，就是关于厕所的含菌量。他们抽取了几种不同的样本进行测试。首先用500 毫升水配15克的LB培养基，将它们放入瓶中，并摇晃均匀。然后将培养基放入高温高压的灭菌釜内进行灭菌。

09

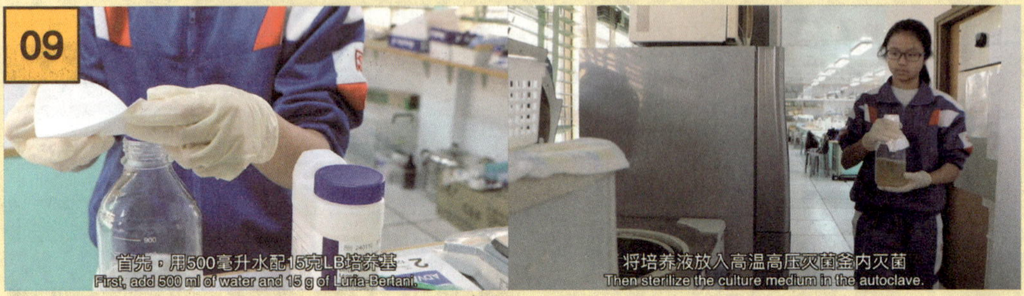

灭完菌后，他们在无菌操作箱内将培养液倒入培养皿里，然后将培养皿放入冰箱内冷藏，冷藏后将培养皿带入培养箱，接着在培养皿上写上样本的名称，分别为厕所水（冲水前）、厕所水（冲水后）、马桶坐垫、马桶内壁、马桶外壁、冲水按钮、厕所空气以及对照组。除厕所空气外，其他实验样本均为两个，一共15个样本。

10

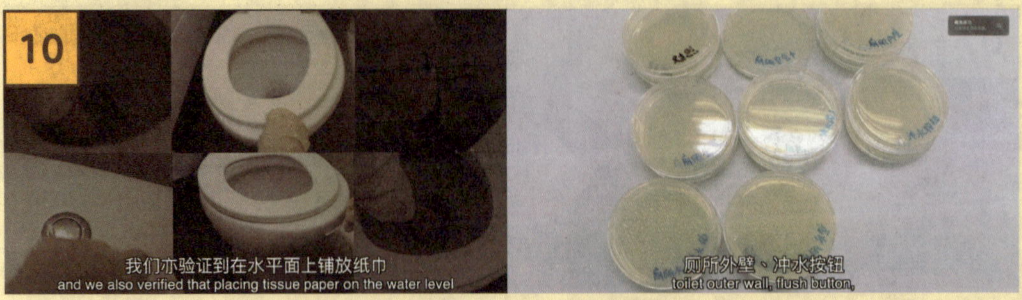

取好样本后，他们把不同的样本接种在培养基上，培养一至两天。黎政彤和林芷愉比较了培养1天和2天的实验样本后发现，冲水前的厕所细菌数量最多，紧随其后的是冲水后的厕所水。综合以上实验结果，他们认为，厕所水含菌量众多，所以建议在如厕前可以放两张纸在水面上，用来控制脏水的溅起高度。他们希望通过实验来提高大家对厕所卫生的警觉性，更好地保护自己。

11

培養皿細菌數量

12月21日	廁所水(沖水前)	廁所水(沖水後)	廁所坐墊	廁所內壁	廁所外壁	沖水按鈕	廁所空氣	對照實驗
樣本1	104	34	7	31	5	5	0	0
樣本2	127	20	14	22	11	7		0

12月22日	廁所水(沖水前)	廁所水(沖水後)	廁所坐墊	廁所內壁	廁所外壁	沖水按鈕	廁所空氣	對照實驗
樣本1	317	185	7	33	6	5	1	0
樣本2	273	94	25	23	19	9		0

专家点评

短片中的科学少年从身边一个看似很小的烦恼中找到科学探究的选题，要研究粪便落入马桶会溅出水花的问题，找到避免水花溅出的方法。这个问题看似小，听上去这个研究也会很简单，但是真正研究起来却困难重重。这组科学少年的奇思妙想层出不穷！

短片中科学少年采访了有同样烦恼的多个路人，证明了选题很接地气，这个烦恼存在普遍性和研究价值。他们选用了香蕉作为实验对象，生动形象，使观众能够接受实验过程和结果。他们又设计了多组对比实验，通过模拟实验探究观众同样想了解的“落水”过程，是全片最精彩的部分，扣人心弦，引人入胜。他们还选用了高速摄像机，应用非常到位，非常精彩，展现了不同参数下的实验结果的真实差异，实验效果令人耳目一新，有效地引导观众跟随科学少年们一起思考。短片中科学探究层层深入。但解说不够简洁，要充分考虑解说与画面的关系。

科学少年们的好奇心、动手能力、探究精神，以及风趣幽默乐观向上的态度都深深地打动了观众，令观众忍俊不禁，同时又上了一堂生动的科学探究课，是一个经典的STEM活动案例。

三十、澳门台风与窗户之防灾探究

2019 New York • International Youth Science Video Fair

國際青少年科學影像大賽

獲獎證書

茲頒發給 **「亨達」最佳科學表達獎** 獲得者。特頒此證，以資鼓勵。

項目名稱 ： 澳門颱風與窗戶之防災探究

作　　者 ： 蔣文琪、張展柔、林芯瑩

所在學校 ： 澳門培正中學

指導教師 ： 楊宇恒

國際青少年科學影像大賽評審委員會

姜冬梅 博士　袁小軍 博士

2019年9月30日至10月6日於美國紐約

主辦方： HKYSA 香港青少年科學院 Hong Kong Youth Science Academy　Columbia University in the City of New York Lamont-Doherty Earth Observatory

在内地观赏影片：

2019 New York • International Youth Science Video Fair

Hantec Best Scientific Expression Award

is hereby awarded to

ManKei Cheong, Chinlao Cheong & Samleng Lam

from

Pui Ching Middle School

for their discovery video project on

A Study of Disaster Reduction for the Prevention of Typhoon and Windows in Macau

under supervision of

Uhang Ieong

Dr. Dongmei Jiang
CO-Chair
International Youth Science Videos Fair

September 30 to October 6, 2019
New York, USA

Dr. Xiaojun Yuan
CO-Chair
International Youth Science Videos Fair

Organizers: HKYSA 香港青少年科學院 Hong Kong Youth Science Academy　Columbia University in the City of New York Lamont-Doherty Earth Observatory

在境外观赏影片：

探究故事

蓝鲸的话

澳门培正中学的同学们生活在一个经常受到台风侵袭的地方，每年都会有台风不请自来。台风每年都会造成人们的生命和财产的损失，澳门培正中学的同学们看在眼里，急在心里。他们着急地想："怎样才能减少损失呢？如果能减少一块玻璃破损，也是有意义的！"为此科学少年们开始行动了。

澳门作为沿海地区，经常会受到台风的袭击。这里的人们，会在台风来临之前给窗户贴上"米"字形、"井"字形的胶带。人们认为，这种贴胶带的方法会让窗户在台风吹袭时不易破碎。这种方法到底有没有效果？蒋文琪、张展柔、林芯莹3位科学少年决定通过实验的方法找到答案。

3位科学少年设计实验进行探究，她们准备了1个800克的砝码、若干片窗户玻璃、胶带、1把直尺、1把钢尺、1个盆子，准备用砝码分别撞击不同胶带贴法加固的玻璃来测试其坚韧性。

实验开始了，第一组实验是撞击不贴胶带的玻璃。保持玻璃的水平，她们将砝码从距离玻璃20厘米的高处丢下，砝码撞击玻璃，玻璃没有破裂。从30厘米处丢下砝码，玻璃破裂了，并且被撞碎的玻璃四处飞溅。

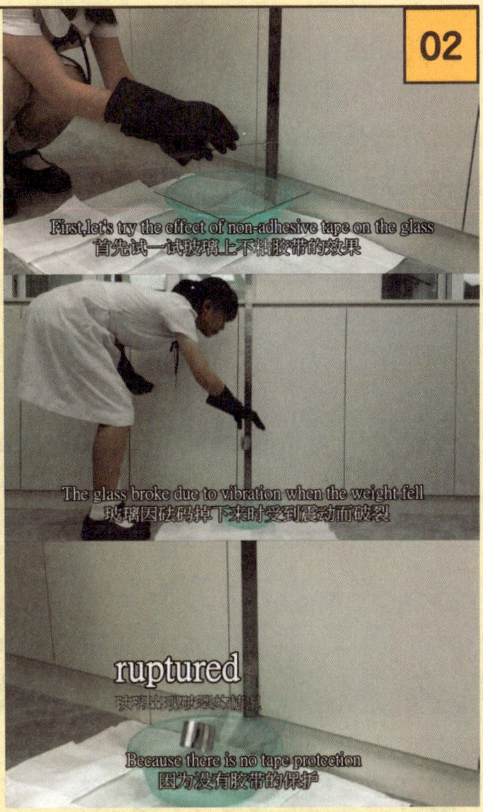

第二组实验，蒋文琪、张展柔、林芯莹在玻璃上贴上交叉型胶带，用同样的方法使砝码撞击玻璃。结果，在20厘米、30厘米、40厘米高的地方丢下砝码，玻璃都没有被撞碎。将砝码升高至50厘米处丢下，玻璃被撞碎了。但是因为贴了胶带，被撞碎的玻璃并没有四处飞溅，而是大块大块连在一起。

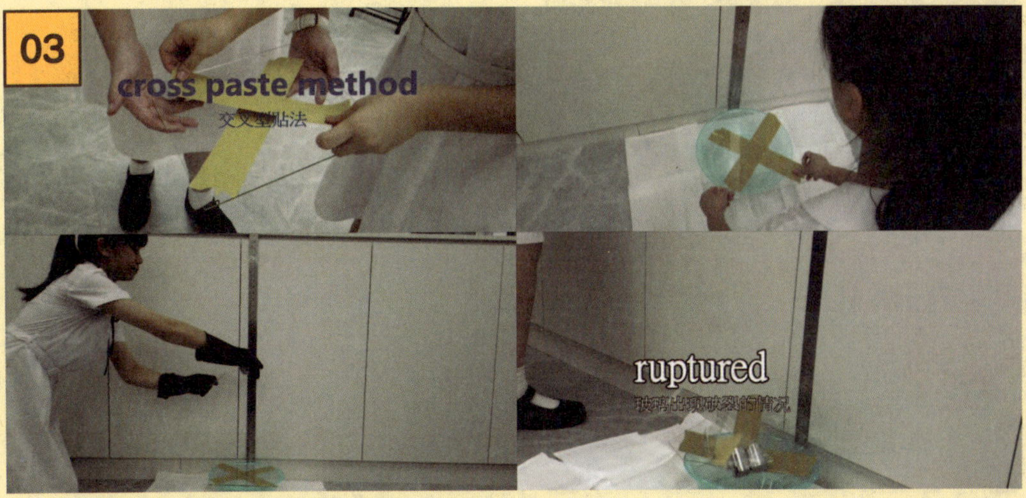

第三组实验，3位科学少年用胶带在玻璃上贴出一个“井”字，用同样的方法撞击玻璃，结果在20厘米、30厘米处，玻璃没有被撞碎。在40厘米处，玻璃被撞碎了，被撞碎的玻璃也没有四处飞溅。

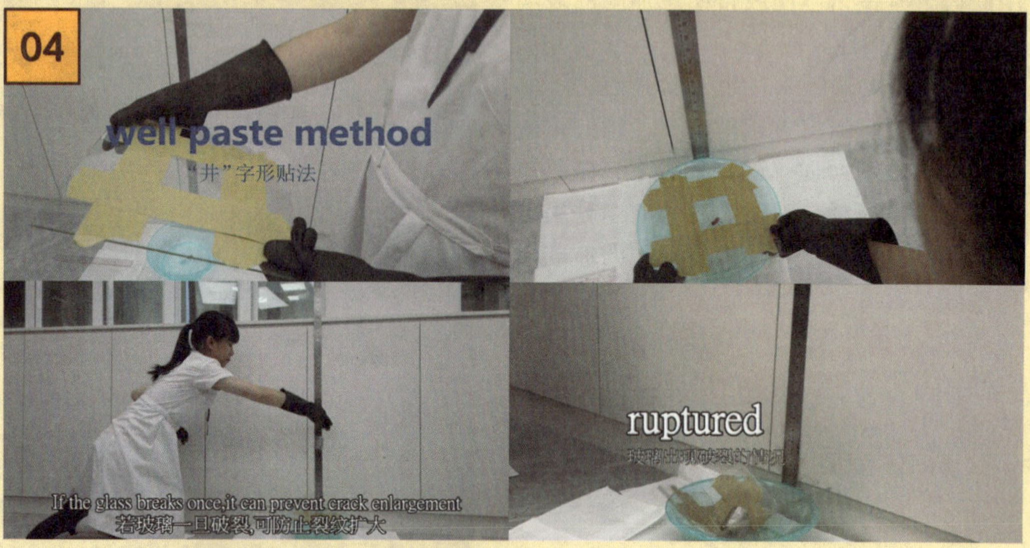

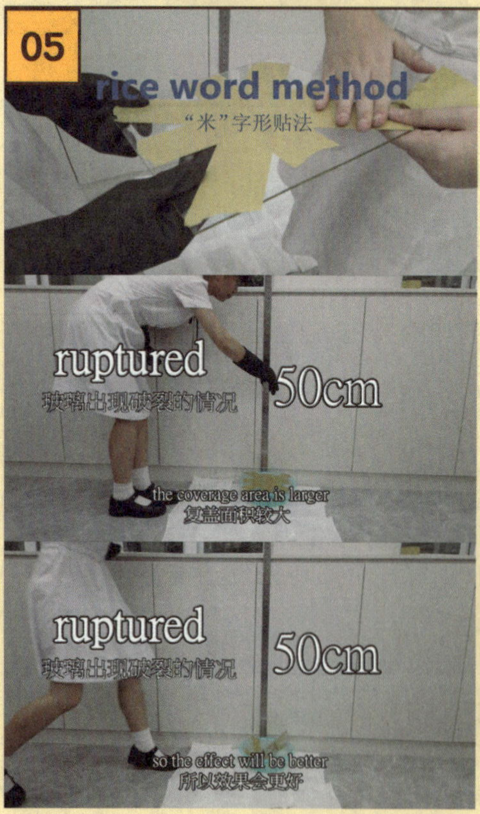

第四组实验，她们在玻璃上贴出“米”字，用同样的方法撞击玻璃，结果在20厘米、30厘米、40厘米处，玻璃没有被撞碎。在50厘米处，玻璃被撞碎了，被撞碎的玻璃没有四处飞溅。

通过这4组实验，她们认为，贴胶带确实会增强玻璃的坚韧性，起到保护作用，并且玻璃在被撞碎后也不会四处飞溅。其中，“米”字形、交叉形贴法最有效，“井”字形其次，不贴胶带的玻璃则最容易被撞碎。

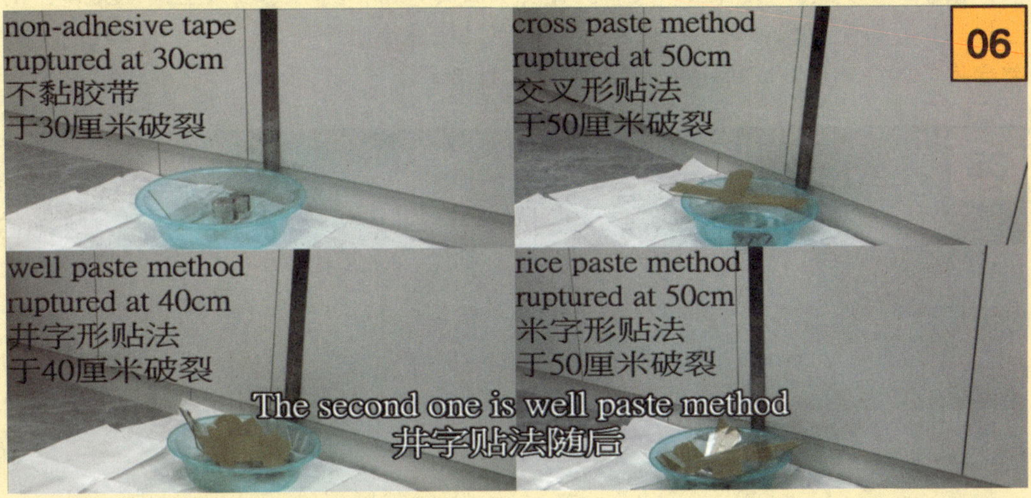

但是，蒋文琪、张展柔、林芯莹认为刚完成的实验还存在问题，因为实验只是用砝码撞击玻璃的方法去测量玻璃的坚韧性。砝码撞击玻璃所产生的力时间短、接触面积小，而真正在台风来袭时的风力常常持续不断地作用于整块玻璃上。并且砝码比较坚硬，如果用比砝码软的东西去撞击玻璃，比如给砝码裹上一层棉花，就会得到完全不同的实验数据，而她们又很难去衡量风的“坚硬”程度。真的遇到台风，贴胶带的方法是否真的足够有效呢？

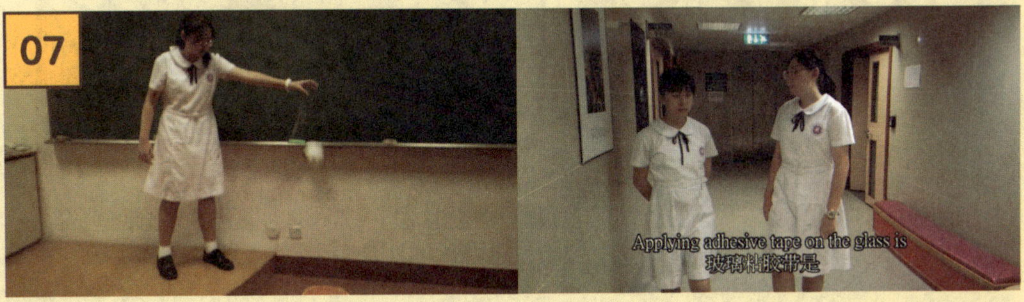

3位科学少年继续查阅资料，他们发现台风来袭时，玻璃破碎主要有3种可能：①坚硬物撞击，如果有坚硬物被台风刮起来撞击玻璃，则玻璃有可能被撞碎；②共振（澳门称作共鸣），受到风力的作用，玻璃会发生震动，如果玻璃的振动频率和风的振动频率相同，产生共振，玻璃便容易被震碎；③伯努利原理产生的压力差：刮台风时，室外空气流速大、压强小，室内空气流速小、压强大，室内外空气的压强差会将玻璃往外推，达到一定强度就会摧毁玻璃。

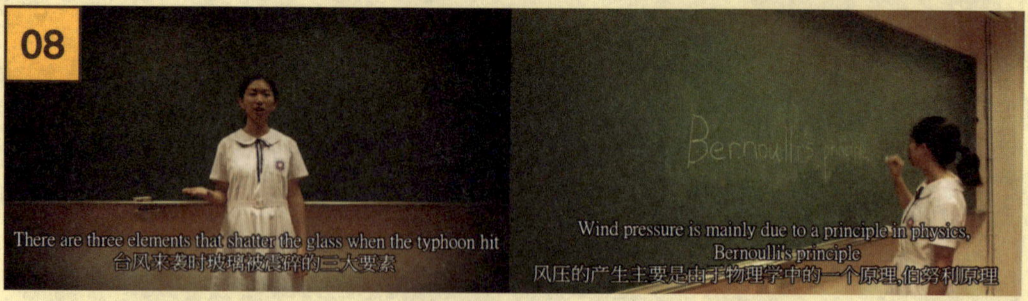

她们结合自己的实验，认为贴胶带可以从一定程度上缓解第一种玻璃破碎的可能。至于第二种、第三种可能，还需要用更多实验去验证。过去的玻璃较小，贴胶带很容易，但是现在玻璃的面积一般较大，需要贴更多的胶带，这样胶带起到的作用相当有限。目前，澳门很多场所、家庭已经使用钢化玻璃，这种玻璃比普通玻璃抗震能力更强。

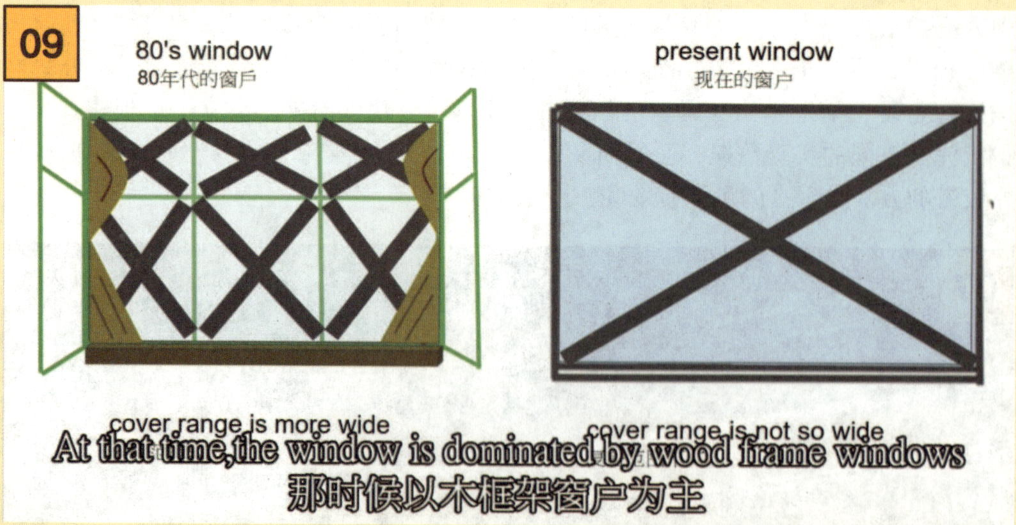

在澳门，台风的风向还被分为从东面刮来和从西面刮来。台风从东面登陆时，风是从内陆吹来；从西面登陆时，是从海面吹来。这两种情况，台风风力强度和影响分别有什么差别呢？她们决定设计另一个实验，继续探究。

蒋文琪、张展柔、林芯莹用风扇模拟台风，用乐高搭出了“内陆城市”，用水盆模拟海面，用风车测量受到的风力大小。通过实验，她们发现了两种台风的差别。台风从澳门西面登陆，风从海上吹来，经过的阻碍物少，风力被削弱得少，还会伴随风暴潮。因此，从大海吹来的台风风力较强。台风从东面登陆时，风从内陆吹来，经过的障碍物多，风力被削弱得多。因此，从内陆吹来的台风相对较弱。

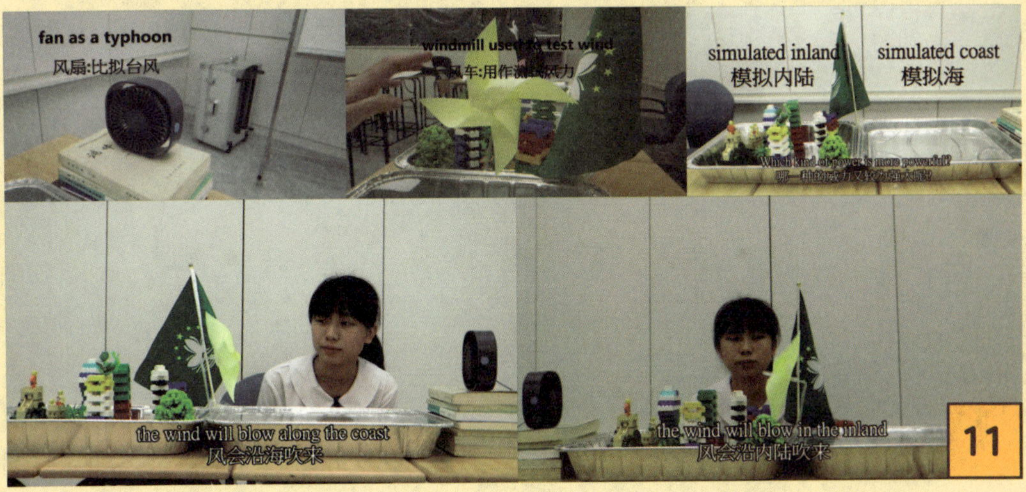

结束探究，她们通过实验，对台风和如何抵御台风有了更深入的认识。让她们收获更多的，是通过实验寻找答案的科学探究方法。

12

专家点评

短片选择当地常见的气候灾害作为切入点，开展了一系列的对比研究，选题接地气，有意义。针对贴胶带防台风的方法进行了有效的实验，但是实验的玻璃面积因素考虑不足，难能可贵的是科学少年们考虑到了风向的影响，说明同学们是很有想法的。

科学少年们在探究活动中会有许多生动的现场表现和感情流露，如果能够用摄像机记录下来这些真实的画面和同期声，并在后期剪辑制作时应用到短片中，那么这部作品会更加吸引人，建议科学少年们尽量不要“演”科学探究，而且摄影和剪辑有待提高。

另外，片中存在错别字，“水气”应为“水汽”。解说冗长，应适当删减。